U0249688

"十二五"普通高等教育本科国家级规划教材

高校建筑环境与能源应用工程学科专业指导委员会规划推荐教材

暖 通 空 调

（第三版）

Heating, Ventilation and Air Conditioning

陆亚俊　马最良　邹平华　编著

陆亚俊　主编

中国建筑工业出版社

图书在版编目(CIP)数据

暖通空调/陆亚俊主编.—3 版.—北京:中国建筑工业出版社,2015.10（2024.11重印）

"十二五"普通高等教育本科国家级规划教材.高校建筑环境与能源应用工程学科专业指导委员会规划推荐教材

ISBN 978-7-112-18516-0

Ⅰ.①暖… Ⅱ.①陆… Ⅲ.①采暖设备—高等学校—教材②通风设备—高等学校—教材③空气调节设备—高等学校—教材 Ⅳ.①TU83

中国版本图书馆 CIP 数据核字(2015)第 227981 号

本书共 14 章,主要内容包括:绪论,热负荷、冷负荷与湿负荷计算,全水系统,蒸汽系统,辐射供暖和辐射供冷,全空气系统和空气-水系统,冷剂式空调系统,工业与民用建筑的通风,悬浮颗粒与有害气体的净化系统,民用建筑火灾烟气的控制,室内气流分布,特殊建筑空气环境的控制技术,暖通空调系统的自动控制和消声隔振,建筑节能。

本书可供高校建筑环境与能源应用工程专业的学生学习使用,也可供相关工程技术人员参考。

* * *

责任编辑:齐庆梅

责任校对:李欣慰 刘梦然

"十二五"普通高等教育本科国家级规划教材
高校建筑环境与能源应用工程学科专业指导委员会规划推荐教材

暖 通 空 调
(第三版)

陆亚俊 马最良 邹平华 编著

陆亚俊 主编

*

中国建筑工业出版社出版、发行（北京海淀三里河路 9 号）
各地新华书店、建筑书店经销
北京红光制版公司制版
建工社（河北）印刷有限公司印刷

*

开本:787×1092 毫米 1/16 印张:26¾ 插页:1 字数:670 千字
2015 年 12 月第三版 2024 年 11 月第三十九次印刷
定价:**49.00** 元
ISBN 978-7-112-18516-0
(27729)

第 三 版 前 言

　　《暖通空调》是建筑环境与能源应用工程专业的主干专业课程的教材。这次修订，保留了第二版教材的课程体系，对部分章节进行了调整，内容上有所增删与更新，改正了发现的讹误。主要修改有：(1) 把第 3 章中有关风机盘管的内容移到第 6 章中，使有关空调系统的主要内容集中在第 6、7 章中。(2) 删去了第 13 章中大部分属于其他课程范畴的内容（共 7 节），小部分内容纳入其他相关章节中。新第 13 章改为"暖通空调系统的自动控制和消声隔振"。(3) 更注意贯彻节能环保的理念，增加或增强了节能的暖通空调系统的介绍。(4) 近年来许多暖通空调的规范、标准进行了修订、更新，本书将与之相关的内容进行了修改。(5) 删去了工程中实际并不应用的暖通空调系统、计算方法和手册、产品样本中可查到的设备性能表或选用图表。(6) 为使学生更快地理解空调中各种空气处理过程的物理实质，在第 6 章中适当增加了"湿空气性质"的内容，以便学生对已学过的基础知识复习与回顾。

　　本书由陆亚俊主编，并编写了第 1、6、8、10、11、12、13、14 章；马最良编写了第 2、7、9 章和 5.3 节；邹平华编写了第 3、4 章和 5.1、5.2、5.4 节。在编写过程中得到教研室同仁的支持，校友李莹莹、博士生田金乙为本书成稿做了许多辅助性工作，谨致谢意。由于作者水平有限，难免有错误不妥之处，敬请读者批评指正。

第 二 版 前 言

    "暖通空调"是建筑环境与设备工程专业的一门主干课程，是专业重新组建和命名后由全国专业指导委员会修订的本科教学计划中新设立的一门专业课程。其内容涵盖了工业与民用建筑室内热、湿、空气质量环境的控制技术，综合了采暖、通风、空气调节技术的核心内容。2002 年出版的《暖通空调》第一版是这门新课程的第一本教材，它的课程体系的特点是以建筑室内热、湿、空气质量环境的控制为主线组织课程内容。通过四年多的应用实践，对课程体系、课程内容的认识有了进一步的提高。在此基础上，作者对第一版教材进行了增删、调整，增加了习题与思考题，改正了发现的讹误，形成了第二版教材。在第二版教材中还增加了索引，便于读者查找所需的内容。

    《暖通空调》第二版完善了第一版教材的课程体系。全书分三大块，2~7 章阐述了一般工业与民用建筑热、湿环境的控制技术；8~10 章阐述了一般工业与民用建筑空气质量环境的控制技术；11~14 章阐述了建筑环境控制技术中的一些共性问题、特殊建筑室内环境控制技术。建筑室内热、湿、空气质量环境控制技术的内容很丰富，其中任何一部分内容都可独立成一门课程或开设专题讲座。《暖通空调》第二版所选内容的主体是一个暖通空调专业工作者所应具备的基本专业知识，还有一些扩大专业知识面的内容。教师在组织"暖通空调"课程的教学时，应根据教学计划的课程设置情况（如有无内容重复的选修课程）和培养方向的特色对教材内容进行取舍。

    本书由陆亚俊主编，并编写了第 1、6、8、10、11、12、14 章和 13.9、13.10 节；马最良编写了第 2、7、9 章和 5.5、13.1、13.7、13.8 节；邹平华编写了第 3、4 章和 5.1~5.4、13.2~13.6 节。全书由清华大学赵荣义教授审定，谨致谢意。

    在编写过程中，研究生马志先、李锋为本书成稿做了很多辅助性工作，谨致谢意。

    为方便任课教师制作电子课件，我们制作了包括书中公式、图表等内容的素材库，可发送邮件至 jiangongshe@163.com 免费索取。

    本教材被列为高等教育"十一五"国家级规划教材。由于所涉及的内容量大面广，限于作者的水平，难免有错误和不妥之处，敬请读者提出宝贵意见，以使本教材不断得到完善。

第 一 版 前 言

　　1997 年教育部对本科专业目录进行了调整，在原"供热、供燃气、通风与空调工程"专业的基础上组建了"建筑环境与设备工程"专业。新专业拓宽了专业面，明确了专业服务对象和学科基础。根据全国建筑环境与设备工程专业指导委员会拟订的本科教学计划的框架，"暖通空调"是主要专业课程之一，它涵盖了原三门专业课——供热工程、通风工程和空气调节工程的主要内容，主要阐述创造和维持建筑热、湿、空气品质环境的技术。

　　本课程的主要专业基础课是建筑环境学、热质交换原理与设备、流体输配管网等。本教材力图在紧密联系上述课程的基本理论的基础上，系统地阐明采暖、通风与空调技术的基本原理与应用，并能反映出这门技术当代的发展水平。以使学生在学完本课程，并辅以一定的实践环节训练后，能具有一般建筑的采暖、通风、空调系统的设计与管理的初步能力。本课程并非原"供热工程"、"通风工程"和"空气调节"三门课程主要内容的简单叠加，它有着自己的体系。本书内容按控制对象分两大部分：对建筑热、湿环境进行调节与控制；对建筑环境的污染物进行控制。前一部分将根据承担建筑内热、湿负荷的介质进行分类，依次编排章节。本书的特点有：（1）对建筑环境的控制大多是由一个系统来实现的，而不只是由某个设备来实现的，因此本课程基本内容都按"系统"进行组合。（2）主要的暖通空调设备原则上都归入相应系统的章节中介绍，其中换热设备的热工计算方法应参考"热质交换原理与设备"，本书原则上不再进行介绍了。（3）调节与控制融入相应系统的章节中，既有利于学生理解调节与控制的基本原理，又使学生对系统有完整的概念。（4）暖通空调是能源消耗大户，本书不仅在相关章节中，而且单独设章，贯彻节约能源、保护环境和可持续发展的理念。（5）本书对最基本、常用的系统做了比较深入的分析与介绍，以达到以点带面的作用；同时也尽量反映本学科的新进展与新技术。（6）本书尝试采用新的符号系统，大部分的符号及注释性的下脚标采用了英语名称的缩写字母，凡是符号上部有"·"表示是单位时间的量。

　　本书由陆亚俊、马最良、邹平华合编，陆亚俊担任主编。具体分工为：第 1、6、8、10、11、12、14、15 章和 13.12、13.13 节由陆亚俊编写，第 2、7、9 章和 5.5、13.1、13.3、13.4、13.5、13.11 节由马最良编写，第 3、4 章和 5.1～5.4 及 13.2、13.6、13.7、13.8、13.9、13.10 节由邹平华编写。

　　本书承清华大学赵荣义教授细致审阅，得到多方面的指正，谨致谢意。

　　本书编写过程中得到院、系、教研室和同仁们的支持；研究生唐晓健、高井刚、于丹、李本强、孙丽颖、梁雪梅等同学为本书成稿做了很多辅助性工作，对此谨致谢意。

　　由于时间仓促，作者水平有限，难免有错误和不妥之处，恳请批评指正。

哈尔滨工业大学

陆亚俊　马最良　邹平华

2002 年 1 月于哈尔滨

目　　录

第1章 绪 论

1.1 供暖空调的含义和内容

建筑是人们生活与工作的场所。现代人类大约有五分之四的时间在建筑物中度过。人们已逐渐认识到，建筑环境对人类的寿命、工作效率、产品质量起着极为重要的作用。人类在从穴居到居住现代建筑的漫长发展道路上，始终不懈地改善室内环境，以满足人类自身生活、工作对环境的要求和生产、科学实验对环境的要求。人们对现代建筑的要求，不只有挡风遮雨的功能，而且还应是一个温湿度宜人、空气清新、光照柔和、宁静舒适的环境。生产与科学实验对环境提出了更为苛刻的条件，如计量室或标准量具生产环境要求温度恒定（称恒温），纺织车间要求湿度恒定（称恒湿），有些合成纤维的生产要求恒温恒湿，半导体器件、磁头、磁鼓生产要求对环境中的灰尘有严格的控制，抗菌素生产与分装、大输液生产、无菌实验动物饲养等要求无菌环境，等等。这些人类自身对环境的要求和生产、科学实验对环境的要求导致了建筑环境控制技术的产生与发展，并且已形成了一门独立的学科。建筑环境学中指出，建筑室内环境由热湿环境、室内空气质量、气流环境、室内光环境和声环境组成。暖通空调是供暖通风与空气调节的简称，它是控制建筑热湿环境、室内空气质量和气流环境的技术，同时也包含对系统本身所产生噪声的控制。

供暖、通风和空气调节这三部分是在长期的发展过程中自然形成的。虽然同为建筑环境的控制技术，但它们所控制的对象与功能有所不同，它们分别为：

供暖（Heating）——又称采暖，是指向建筑物供给热量，保持室内一定温度。这是人类最早发展起来的建筑环境控制技术。人类自从懂得利用火以来，为抵御寒冷对生存的威胁，发明了火炕、火炉、火墙、火地等供暖方式，这是最早的供暖设备与系统，有的至今还在被应用。发展到今天，供暖设备与系统，在对人的舒适感和卫生、设备的美观和灵巧、系统和设备的自动控制、系统形式的多样化、能量的有效利用等方面都有着长足的进步。

通风（Ventilating）——用自然或机械的方法向某一房间或空间送入室外空气，和由某一房间或空间排出空气的过程，送入的空气可以是经过处理的，也可以是不经过处理的。换句话说，通风是利用室外空气（称新鲜空气或新风）来置换建筑物内的空气（简称室内空气）以改善室内空气质量。通风的功能主要有：（1）提供人呼吸所需要的氧气；（2）稀释室内污染物或气味；（3）排除室内工艺过程产生的污染物；（4）除去室内多余的热量（称余热）或湿量（称余湿）；（5）提供室内燃烧设备燃烧所需的空气。建筑中的通风系统，可能只完成其中的一项或几项任务。其中利用通风除去室内余热和余湿的功能是有限的，它受室外空气状态的限制。

空气调节（Air Conditioning）——对某一房间或空间内的温度、湿度、洁净度和空气流动速度等进行调节与控制，并提供足够量的新鲜空气。空气调节简称空调。空调可以实现对建筑热湿环境、空气质量和气流环境的全面控制，或是说它包含了供暖和通风的部分功能。但实际应用中并不是任何场合都需要用空调对所有的环境参数进行调节与控制，例如，寒冷地区，有些建筑只需供暖；又如有些生产场所，只需要通风对污染物进行控制，而对温湿度并无严格要求。尤其是利用自然通风来消除室内余热余湿，可以大大减少能量消耗和设备费用，应尽量优先采用。

作为建筑环境控制技术的供暖、通风与空气调节三个分支，既有不同点，又有共同点。它们经常被联系在一起，称为"暖通空调"，其缩写 HVAC（Heating，Ventilating and Air Conditioning）已为世界上业内人士所熟知。

《建筑环境学》[1]中指出建筑环境与能源应用工程学科的目标之一是创造和控制建筑室内环境，并论述了什么样的室内环境能满足人类生活和生产过程的需求。暖通空调技术的任务就是如何创造和控制我们所要求的建筑室内热湿环境、空气质量和气流环境。下面通过如何对建筑室内环境进行控制的例子来说明《暖通空调》课程的主要内容。例如，北京地区有一办公建筑，在冬季，由于室外温度低于室内温度，建筑向外传出热量，并且有冷风渗入，如不补充热量，必然导致室内温度下降；在夏季，由于太阳辐射、建筑内外温差而传入热量，室内人员、照明灯具、电气设备（如饮水机、计算机、电视等）向室内散发热量或湿量（水蒸气量），如果不把这些热量和湿量从室内移出去，必然导致室内温度、湿度升高。由此可见，在冬季要维持建筑内所要求的温度，必须向建筑供热，并在该温度下使进出建筑的热量相等，即达到热平衡；在夏季要维持建筑内所要求的温度和湿度，必须从建筑内移出热量和湿量，并在该温度和湿度下使进出建筑的热量和湿量相等，即达到热平衡和湿平衡。为达到此目的，必须有向建筑供热（加热空气）、除热（冷却空气，即向建筑供冷）、除湿的设备，并根据要求把其中某些设备按一定的技术方案组合成以建筑热湿环境控制为主的系统——供暖系统或空调系统，其中空调系统同时又实现对室内空气质量和气流环境的控制。由于对热湿环境控制的要求不同，所采用的技术方案不同，而有各种不同的供暖和空调系统。为构建一个合理的系统，还必须准确预测从建筑需要排除的热量、湿量和需要加入的热量，即预测建筑冷负荷、湿负荷和热负荷。

民用建筑中人群不仅是室内的"热湿源"，又是"污染源"，他们散发 CO_2、体味，他们的活动（如清扫、走动、抽烟等）又产生各种污染物，此外，室内的装修材料、家具、设备（如复印机）等也散发各种污染物，从而导致室内空气质量恶化。在工业建筑中，有些生产的工艺过程直接散发各种有害的气体、蒸气或固体颗粒物等污染物，空气污染更为严重。使室内空气质量达到可接受程度的方法是通风，即用新风来置换室内空气，也就是在建筑内设置送入新风和排出室内空气的通风系统来实现对室内空气质量的控制。通风过程中，进出建筑物的空气量是平衡的，并在维持室内污染物一定浓度（卫生标准规定的浓度）条件下使排出的污染物量等于室内的散发量。在通风系统中经常还设有净化空气的设备，以使送入空气的污染物浓度达到要求，或使排出的空气污染物浓度降到国家规定的排放标准。通风系统有多种形式，它与污染物的散发状态（如集中还是分散散发，散发强度大小，污染物性质和物态等）、建筑性质、室外温度等有关。空调建筑中通风系统与空调系统结合在一起。

供暖系统、空调系统和通风系统通过建立进出房间的热量、湿量、空气量、污染物量的平衡，使室内的温度、湿度、污染物浓度达到所要求的数值。然而这种平衡会因其中任一因素而破坏，但它可以在新的状态下自动恢复平衡，也可以在可控情况恢复平衡。前者将会使室内状态参数（温度、湿度、污染物浓度）偏离设定值。例如，在冬季，当室外温度下降，房间向外传热量（失热量）增加，如果这时向房间的供热量（得热量）保持不变，则房间失热量大于得热量，破坏了原来的平衡状态，必然导致室内温度下降。随着室内温度下降，房间失热量减少；当室温下降到某一值时，房间的失热量与得热量相等，又达到了新的平衡，但这时室内状态改变（室温下降）了，这是我们所不希望的。因此，暖通空调系统还必须有相应的控制手段，使室内温度、湿度、污染物浓度维持在所要求的一定范围内。

上面梗概地介绍了暖通空调系统如何实现对建筑环境进行控制。由此引申出《暖通空调》课程的主要内容如下：（1）建筑热负荷、冷负荷和湿负荷计算。（2）以建筑热湿环境控制为主的各种供暖和空调系统及组成系统相关设备的主要工作原理、设计原则、控制方法和系统适用性分析。（3）控制建筑室内空气质量的各种通风系统及组成系统的相关设备的主要工作原理、设计原则和系统适用性分析。（4）建筑气流环境控制——空调通风系统空气分布设计。（5）特殊建筑的环境控制。（6）暖通空调系统节能、自动控制、消声和隔振措施。

1.2　供暖通风与空气调节系统的分类

严格分类通常是不可能的，我们只能根据主要属性来大致分类。本节只分大类，更细的分类将在相应的章节中叙述。

1.2.1　按对建筑环境控制功能分类

可以分两大类：

（1）以建筑热湿环境为主要控制对象的系统。主要控制建筑物室内的温湿度，属于这类系统的有空调系统和供暖系统。

（2）以建筑内污染物为主要控制对象的系统。主要控制建筑室内空气质量，如通风系统、建筑防烟排烟系统等。

上述两大类的控制对象和功能互有交叉。如以控制建筑室内空气质量为主要任务的通风系统，有时也可以有供暖功能，或除去余热和余湿的功能；而以控制室内热湿环境为主要任务的空调系统也具有控制室内空气质量的功能。

1.2.2　以建筑热湿环境为主要控制对象的分类

1.2.2.1　按承担室内热负荷、冷负荷和湿负荷的介质分类

以建筑热湿环境为主要控制对象的供暖、空调系统需要通过某种介质（称热媒或冷媒）把热量或冷量传递给所控制的环境，以承担所控环境的热负荷、冷负荷和湿负荷。根据所采用的介质不同可分为以下五类系统：

（1）全水系统——全部以水为介质把热量或冷量传递给所控制的环境，以承担其热负荷或冷负荷的系统。例如目前应用很多的热水供暖系统就是以热水为介质把热量传递到所

控制的环境，以承担所控环境热负荷的全水系统。

（2）蒸汽系统——以蒸汽为介质，向建筑供应热量。它既可以直接把热量传递给所控制的环境承担其热负荷，如蒸汽供暖系统；也可以作为建筑中其他的暖通空调系统或热水供应的热源，如加热热水或空气、对空气加湿等。

（3）全空气系统——全部以空气为介质把冷量或热量传递给所控制的环境，以承担其冷负荷、湿负荷或热负荷。也就是说向所控制环境提供经冷却、去湿或加热、加湿的空气。这类系统也称全空气空调系统。

（4）空气-水系统——以空气和水为介质，共同承担所控制环境的冷负荷、湿负荷或热负荷的系统。

（5）冷剂系统——以制冷剂为介质把冷量或热量传递给所控制的环境，以承担其冷负荷、湿负荷或热负荷。实质上，这种系统是用带制冷机的空调器（空调机）来对室内空气进行冷却、除湿或加热，所以这种系统又称机组式系统。

本书将以此分类编排章节。

1.2.2.2 按冷热源集中程度分类

按冷热源集中程度分有两类系统[2]：

（1）集中式系统——一幢或多幢建筑热湿环境控制所需的热量或冷量集中在机房制取，再通过热媒或冷媒把它们输送到需要热量或冷量的地方。这种系统所用大型制冷或制热设备的能源效率高，运行费用低，维护管理方便，设备的噪声容易得到控制。

（2）分散式系统——用自带冷源或（和）热源的空调、供暖机组对建筑室内热湿环境进行控制，机组直接安放在被服务的房间或邻室。这类机组的制冷、制热能力不大，一台机组所服务的区域有限。小型机组的能源效率一般比较低，其中制冷压缩机、风机会给室内带来噪声，维修管理不便。分散式系统使用灵活，所用机组在市场上就能购得，建设周期短。

1.2.2.3 空调系统按用途分类

以建筑热湿环境为主要控制对象的空调系统，按其用途或服务对象不同可分为两类：

（1）舒适性空调系统。简称舒适空调，为室内人员创造舒适健康环境的空调系统。舒适健康的环境令人精神愉快、精力充沛，工作学习效率提高，有益于身心健康。办公楼、旅馆、商店、影剧院、图书馆、餐厅、体育馆、娱乐场所、候机或候车大厅等建筑中所用的空调都属于舒适空调。由于人的舒适感在一定的空气参数范围内，所以这类空调对温度和湿度波动的要求并不严格。

（2）工艺性空调系统。又称工业空调，为生产工艺过程或设备运行创造必要环境条件的空调系统，工作人员的舒适要求有条件时可兼顾。由于工业生产类型不同、各种高精度设备的运行条件也不同，因此工艺性空调的功能、系统形式等差别很大。例如，半导体元器件生产对空气中含尘浓度极为敏感，要求有很高的空气净化程度；棉纺织布车间对相对湿度要求很严格，一般控制在 $70\%\sim75\%$；计量室要求全年基准的温度为 $20℃$，波动为 $\pm1℃$；高等级的长度计量室要求 $20\pm0.2℃$；Ⅰ级坐标镗床要求环境温度为 $20\pm1℃$；抗菌素生产要求无菌条件，等等。

1.2.3 以建筑内污染物为主要控制对象的分类

以建筑室内污染物为主要控制对象的通风系统按用途可分为以下三类：

（1）民用建筑通风——以治理人员及其活动所产生的污染物为主的通风系统。民用建筑通风经常与空调系统结合在一起。

（2）工业建筑通风——以治理工业生产过程所产生的污染物或余热为主的通风系统。

（3）建筑防烟和排烟——控制建筑中火灾产生的烟气，创造无烟或少烟的人员疏散通道或避难区的通风系统。

本书将以此分类编排通风系统的内容。

1.3 供暖通风与空调技术的发展概况

供暖通风有着悠久的历史。西安半坡遗址，发现有长方形灶坑，屋顶有小孔用以排烟，还有双连灶形的火炕，这就是说在新石器时代仰韶时期就有了火炕供暖。夏、商、周时代就有了火炉供暖。从发掘的古墓中发现，汉代就有了用烟气做介质的供暖设备。北京故宫中还完整地保留着火地供暖系统，也可以说以烟气为介质的辐射供暖。目前北方农村中还普遍应用着古老的供暖设备与系统——火炉、火墙和火炕。自然通风在古代已经被利用，如在古建筑的布局上利用穿堂风，利用气楼进行自然通风等。早在秦、汉年间，我国就有了以天然冰作冷源对房间进行冷却的"空调房间"，据《艺文志》记载："大秦国有五宫殿，以水晶为柱拱，称水晶宫，内实以冰，遇夏开放"。

尽管我们古老文明也创造了供暖通风空调的应用技术，但是现代意义上的供暖通风空调技术的起源在西方。1673 年英国工程师发明了热水在管内流动以加热房间，这是热水供暖的雏形。在 1716 年把热水供暖用于温室，1777 年法国人把热水供暖用于房间。1784 年在英国的工厂和公共建筑中应用蒸汽供暖。1904 年在纽约建成斯托克斯交易所空调系统（制冷量 450 冷吨，即 1406kW），同一时间在德国一剧院建成类似的空调系统[3]。1911 年美国开利（Carrier, W. H.）博士发表了湿空气的热力参数计算公式[4]，而后根据公式制成了现在广为应用的湿空气焓湿图，使得空调的计算更为方便。到 1940 年全美国制冷机总安装功率（5×10^6 kW）中有 16% 用于空调。而今天在发达国家中，"空调"一词已被一般人所了解，家用空调器在家庭中应用已相当普及。1996 年日本销售家用空调器 811.6 万台。美国家用空调器销量一直保持在 280 万～560 万台/年，欧洲 150 万～160 万台/年。

现代的供暖通风空调技术在我国的发展起步较晚。在 1949 年以前，只有在大城市的高级建筑物中才有供暖系统或空调的应用，设备都是舶来品。1942 年在上海建成的我国第一座商用空调建筑——嘉道理大理石大厦（现为中国福利会少年宫），建筑面积约 3300m²；以后陆续建成的 10 层以上的高层建筑中部分公共区域中设有空调系统[5]。1932 年建的上海大光明电影院，每个座位都配有同声翻译设备，是一座当时世界一流的电影院，而后于 1941 年又安装了空调系统，冷源采用了美国产的制冷量为 582kW 的离心式冷水机组[5]。在旧中国，供暖通风与空调设备的制造基本上是空白，只有一些修造厂。

新中国成立后，供暖通风与空调技术才得到迅速的发展。在 20 世纪 50 年代，迎来了工业建设第一次高潮，苏联援建了 156 项工程，同时带来了苏联的供暖通风与空调技术和设备。这时建设在东北、西北、华北的厂房、工厂辅助建筑、职工住宅宿舍、职工医院、俱乐部等都采用了集中的供暖系统（大多是蒸汽供暖）。一些大型企业（如第一汽车厂）

还采用了热电联供。但是，由于经济的原因，当时新建的住宅中还大量采用了经改进的火炉、火墙、火炕等烟气供暖系统。污染严重的车间都装有除尘系统、机械排风和进风系统；高温车间的厂房设计考虑了自然通风。工艺性空调也得到了发展，例如在大工厂中都建有恒温恒湿的计量室，纺织工厂设有以湿度控制为主的空调系统。在这段时期建立了供暖、通风和制冷设备的制造厂，主要是仿制苏联产品，生产所需的供暖、通风和制冷产品，如暖风机、空气加热器、除尘器、过滤器、通风机、散热器、锅炉、制冷压缩机及辅助设备等。当时基本上没有空调产品和专门供空调用的制冷设备。为了培养供暖通风空调技术方面的人才，相继在八所院校设置了"供热、供燃气与通风"专业，完全按苏联的模式进行培养。

20世纪60~70年代，我国经济建设走"独立自主，自力更生"的发展道路，从而形成了供暖通风空调技术发展的时代特点，从仿制苏联产品转向自主开发。这段时期热水供暖得到快速的发展，过去采用的蒸汽供暖系统逐步被热水供暖系统所代替。城镇供暖的集中供热发展也很快。20世纪70年代末，东北、西北、华北地区集中供热面积已达1124.8万 m^2。这时期电子工业发展迅速，从而促进了洁净空调系统的发展，先后建成了十万级、万级、100级（即每立方英尺中含有≥0.5μm的灰尘不超过10万个、1万个、100个）的洁净室。舒适性空调也有一些应用，主要应用在高级宾馆、会堂、体育馆、剧场等公共建筑中。供暖通风与空调设备的制造业也有相应的发展，独立开发了我国自己设计的系列产品，如4-72-11通风机、SRL型空气加热器（钢管绕铝片）、钢板或模压散热器、钢管串片散热器、各种类型除尘器等。由于热水供暖的发展也促进了热水锅炉产品的发展，1969年我国生产了第一台2.9MW热水锅炉，以后陆续有新的热水锅炉问世。而且还开发了汽水两用炉，满足工厂同时需要热水（供暖）和蒸汽（工艺用）的要求。在这段时期内，也开发了一些空调产品，如JW型组合式空调机、恒温恒湿式空调机、热泵型恒温恒湿式空调机、除湿机、专为空调用的活塞式冷水机组等。1975年颁布了《工业企业采暖通风和空气调节设计规范》（TJ 19—75），从而结束了供暖通风与空调工程设计无章可循的历史。这一规范也体现了我国暖通空调专业工作者的一部分研究成果。

20世纪80~90年代是供暖通风与空调技术发展最快的时期。这个时期是我国经济转轨时期，为供暖通风与空调技术提供了广阔的市场。以空调来说，从原来主要服务工业转向民用。从南到北的星级宾馆都装有空调，最简易的也装有分体式或窗式空调器。商场、娱乐场所、餐饮店、体育馆、高档办公楼中普遍设有空调，而且空调器也陆续进入家庭。我国1995年房间空调器销售量480万台，2000年增加到1050万台，5年内增长了119%。而日本1995~1999年期间房间空调器销售量在709万~894万台内起伏变化[6]。"空调"一词对中国百姓来说也不再是陌生的了。

应用的增多，促进了供暖通风空调产业的发展。国际上一些知名品牌供暖通风空调设备公司纷纷到中国开办合资厂或独资厂。国内一些原有的专业生产厂经技术改造、引进技术或先进生产线，已成为行业中大型的骨干企业，同时也涌现了一些新的生产供暖通风空调设备的大型企业。产品的品种、规格与国际同步，大部分产品性能已达到国际同等产品的水平，有的产品生产量已在国际上名列前茅。例如，房间空调器2003年生产量已达到4800多万台，产量占世界首位；到2011年产量已超过9500万台[7]，在这个行业中也涌现出了公认的著名品牌。

中国的暖通空调市场潜力很大，预示着发展前景远大。展望暖通空调未来的发展，必将是稳步的可持续发展。可持续发展意味着资源持续利用、生态环境得到保护和社会均衡发展。资源中能源是一项重要的资源，石油、天然气、煤炭等石化燃料都是不可再生的能源，那是需要经过几千万年甚至几亿年才能生成的。暖通空调是不可再生能源的消耗大户，同时也直接或间接地影响着生态环境。全国城镇建筑能耗（含供暖、通风、空调能耗）占社会商品能源总消费的比例已从1978年的10％上升到2004年的25.5％[8][9]，而且随着人民生活水平的提高，建筑能耗的比例将继续增长，预期会达到35％左右。我国消耗的能源结构中，绝大部分是不可再生的石化燃料，主要是煤炭，2005年煤炭消费量占能源总消费量的68.9％。因此暖通空调的发展也意味着不可再生能源的消耗增长。不可再生能源的消耗，同时也污染了环境。燃料燃烧都会产生CO_2，地球积累这些气体太多便产生温室效应，导致地球变暖，将会改变地球的生态环境。而煤炭燃烧还会产生烟尘、SO_2、NO_x等，对大气环境造成污染。因此，供暖通风与空调在消耗不可再生能源的同时也间接地对环境造成污染。此外空调冷源使用的CFC和HCFC，对地球平流层（离地球$20\sim25km$）内的臭氧（O_3）层有所破坏，这也是当前的全球环境问题之一。从事暖通空调行业的人士，无论是从事研究、工程设计、系统管理、设备开发，都应该有可持续发展观，提高节能和环保意识，使我们从事的行业健康地发展。

参 考 文 献

[1] 朱颖心主编. 建筑环境学(第二版)，北京：中国建筑工业出版社，2005.

[2] ASHRAE Handbook. 2008HVAC Systems and Equipment(I-P Edition).

[3] Jordan, R. C., Priester, G. B. Refrigeration and Air Conditioning. Prentice-Hall, INC. 1956.

[4] 邱忠岳译. 世界制冷史. 中国制冷学会. 2001.

[5] 潘秋生主编. 中国制冷史，北京：中国科学出版社，2008.

[6] 李宁，李志浩. 房间空调器发展动态. 江苏制冷空调. 2001，(2)：1~4

[7] 江亿主编. 建筑节能技术与实践丛书—超低能耗建筑技术及应用，北京：中国建筑工业出版社，2005.

[8] 清华大学建筑节能研究中心. 中国建筑节能年度发展研究报告2009. 北京：中国建筑工业出版社，2009.

[9] 刘晓红等. 2011年国内外制冷空调行业市场分析. 制冷与空调. 2012(3)：1~8.

第2章 热负荷、冷负荷与湿负荷计算

为了维持建筑物室内空气的热湿参数在某一范围内，在单位时间内需从室内除去的热量（包括显热和潜热）称为冷负荷，其中显热部分称显热冷负荷，潜热部分称潜热冷负荷，两者之和称全热冷负荷；相反，在单位时间需向室内供应的热量称为热负荷。从室内除去潜热，相当于从室内除去水分，把单位时间内从室内除去的水分称为湿负荷。

热负荷、冷负荷与湿负荷是暖通空调工程设计的基本依据，暖通空调设备容量的大小主要取决于热负荷、冷负荷与湿负荷的大小。因此，尽管空调负荷形成的原因、室内产热产湿量、典型负荷计算方法原理等问题在《建筑环境学》中已有阐述，但本章有必要从供暖通风与空调工程设计的角度，对热负荷、冷负荷与湿负荷的计算方法作一介绍。

热负荷、冷负荷与湿负荷的计算以室外气象参数和室内要求保持的空气参数为依据。

2.1 室内外空气计算参数

2.1.1 室外空气计算参数

室外空气计算参数是指现行的《民用建筑供暖通风与空气调节设计规范》[1] GB 50736—2012（简称《规范》）中所规定的用于供暖通风与空调设计计算的室外气象参数。

室外空气计算参数取值的大小，将会直接影响热、冷负荷的大小和暖通空调费用。因此，设计规范中规定的室外空气计算参数是按允许全年有少数时间出现达不到室内温湿度要求的现象，但其保证率却相当高的原则而制定的。若室内温湿度必须全年保证时，需另行确定（参见《规范》4.1.12）。

在暖通空调设计中，应根据不同负荷的计算，按现行规范选用不同的室外空气计算参数。室外空气计算参数主要有以下几项。

2.1.1.1 夏季空调室外计算干、湿球温度

《规范》规定，夏季空调室外计算干球温度取夏季室外空气历年平均不保证50h的干球温度；夏季空调室外计算湿球温度取室外空气历年平均不保证50h的湿球温度（"不保证"系针对室外空气温度而言，下同）。这两个参数用于计算夏季新风冷负荷。

2.1.1.2 夏季空调室外计算日平均温度和逐时温度

夏季计算经建筑围护结构传入室内的热量时，应按不稳定传热过程计算。因此，必须已知夏季空调设计日的室外空气日平均温度和逐时温度。

夏季空调室外计算逐时温度（t_τ），按下式确定：

$$t_\tau = t_{o.m} + \beta \Delta t_d \tag{2-1}$$

式中 $t_{o.m}$——夏季空调室外计算日平均温度，《规范》规定取历年平均不保证5天的日平均温度，℃；

β——室外空气温度逐时变化系数，按表 2-1 确定；

Δt_d——夏季空调室外计算平均日较差，℃，按下式计算：

$$\Delta t_d = \frac{t_{o.s} - t_{o.m}}{0.52} \tag{2-2}$$

式中　$t_{o.s}$——夏季空调室外计算干球温度，℃。

室外空气温度逐时变化系数　　　　　　　表 2-1

时刻	1	2	3	4	5	6	7	8	9	10	11	12
β	−0.35	−0.38	−0.42	−0.45	−0.47	−0.41	−0.28	−0.12	0.03	0.16	0.29	0.40
时刻	13	14	15	16	17	18	19	20	21	22	23	24
β	0.48	0.52	0.51	0.43	0.39	0.28	0.14	0.00	−0.10	−0.17	−0.23	−0.26

2.1.1.3　冬季空调室外计算温度、相对湿度

冬季空调供暖时，计算建筑围护结构的热负荷和新风热负荷均应采用冬季空调室外计算温度。

《规范》规定采用历年平均不保证 1 天的日平均温度作为冬季空调室外计算温度；采用累年最冷月（指累年月平均气温最低的月份）平均相对湿度作为冬季空调室外计算相对湿度。

2.1.1.4　供暖室外计算温度和冬季通风室外计算温度

《规范》规定供暖室外计算温度取冬季历年平均不保证 5 天的日平均温度；冬季通风室外计算温度取累年最冷月平均温度。供暖室外计算温度用于建筑物供暖系统供暖时计算围护结构的热负荷，以及用于计算消除有害污染物通风的进风热负荷。冬季通风室外计算温度用于计算全面通风的进风热负荷。

2.1.1.5　夏季通风室外计算温度和夏季通风室外计算相对湿度

《规范》规定夏季通风室外计算温度取历年最热月 14 时的月平均温度的平均值；夏季通风室外计算相对湿度取历年最热月 14 时的月平均相对湿度的平均值。这两个参数用于消除余热余湿的通风及自然通风中的计算；当通风的进风需要进行冷却处理时，其进风冷负荷计算也采用这两个参数。

我国主要城市的室外空气计算参数参见《规范》[1]附录 A。本书附录 2-1 中摘录了部分城市的室外空气计算参数。

2.1.2　室内空气计算参数

室内空气计算参数的选择主要取决于：

（1）建筑房间使用功能对舒适性的要求

影响人舒适感的主要因素首先是室内空气的温度、湿度、室内各表面的温度和空气流动速度，其次是衣着情况、空气新鲜程度等。有关详细的论述见《建筑环境学》（朱颖心等编，中国建筑工业出版社出版）。

（2）地区、冷热源情况、经济条件和节能要求等因素

根据我国《规范》[1]规定，空调、供暖的室内计算参数如下：

　　1）民用建筑空调室内计算参数

人员长期逗留区域室内计算参数如下：

夏季　热舒适度等级Ⅰ级（$0 \leqslant PMV \leqslant 0.5$，$PPD \leqslant 10\%$）

温度应采用 24～26℃；

相对湿度应采用 40%～60%；

风速不应大于 0.25m/s。

热舒适度等级Ⅱ级（$0.5 < PMV \leqslant 1$，$PPD \leqslant 27\%$）

温度应采用 26～28℃；

相对湿度不应大于 70%；

风速不应大于 0.3m/s。

冬季　热舒适度等级Ⅰ级（$-0.5 \leqslant PMV < 0$，$PPD \leqslant 10\%$）

温度应采用 22～24℃；

相对湿度不应小于 30%；

风速不应大于 0.2m/s。

热舒适度等级Ⅱ级（$-1 < PMV < -0.5$，$PPD \leqslant 27\%$）

温度应采用 18～22℃；

相对湿度不规定；

风速不应大于 0.2m/s。

　　对于人员短期逗留区域空调供冷工况室内计算温度可比长期逗留区域提高 1～2℃，风速不宜大于 0.5m/s。供热工况其室内计算温度可降低 1～2℃，风速不宜大于 0.3m/s。

　　（注：PMV 为预计平均热感觉指数；PPD 为预计不满意者的百分数。）

　　2）民用建筑冬季供暖室内设计参数

寒冷和严寒地区主要房间　　18～24℃

夏热冬冷地区主要房间　　　16～22℃

辅助建筑物及辅助用房　浴室　　　　　　　不应低于 25℃

　　　　　　　　　　　更衣室　　　　　　不应低于 25℃

　　　　　　　　　　　办公室、休息室　　不应低于 18℃

　　　　　　　　　　　食堂　　　　　　　不应低于 18℃

　　　　　　　　　　　盥洗室、厕所　　　不应低于 12℃

设置热风供暖的建筑，室内活动区平均风速不宜大于 0.3m/s。

　　（3）工艺性空调室内设计参数应根据工艺要求确定，参见文献[4]。

　　工业生产车间冬季室内计算温度与工人的劳动强度、人均占有面积有关。轻作业的室内温度高一些，重作业的室内温度低一些；人均占有面积小的车间室内温度高一些，人均占有面积大的车间室内温度低一些。《工业企业设计卫生标准》GBZ 1—2010 中给出了生产车间和辅助房间的冬季室内计算温度（见表 2-3[3]）。

　　《规范》或《标准》中给出的数据是概括性的。对于具体的民用和公共建筑而言，由于建筑房间的使用功能各不相同，而其室内计算参数也会有较大的差异。我国有关部门还制定了某些特殊建筑的设计标准或卫生标准，规定了室内设计参数；设计手册中也推荐了各种建筑的室内计算参数，它们之间并不完全一致（见表 2-2[2]、表 2-3[3]）。

空气调节房间的室内计算参数   表 2-2

建筑类型	房间类型	夏 季			冬 季		
		温度 (℃)	相对湿度 (%)	气流平均速度 (m/s)	温度 (℃)	相对湿度 (%)	气流平均速度 (m/s)
住宅	卧室和起居室	26～28	64～45	≤0.3	18～20	—	≤0.2
旅馆	客 厅	24～27	65～50	≤0.25	18～22	50～40	≤0.15
	宴会厅、餐厅	24～27	65～55	≤0.25	18～22	50～40	≤0.15
	文体娱乐房间	25～27	60～40	≤0.3	18～20	50～40	≤0.2
	大厅、休息厅、服务部门	26～28	65～50	≤0.3	16～18	50～40	≤0.2
医院	病 房	25～27	65～45	≤0.3	18～22	55～40	≤0.2
	手术室、产房	25～27	60～40	≤0.2	22～26	50～40	≤0.2
	检查室、诊断室	25～27	60～40	≤0.25	18～22	60～40	≤0.2
办公楼	一般办公室	26～28	<65	≤0.3	18～20	—	≤0.2
	高级办公室	24～27	60～40	≤0.3	20～22	55～40	≤0.2
	会议室	25～27	<65	≤0.3	16～18	—	≤0.2
	计算机房	25～27	65～45	≤0.3	16～18	—	≤0.2
	电话机房	24～28	65～45	≤0.3	18～20	—	≤0.2
影剧院	观众厅	26～28	≤65	≤0.3	16～18	≥35	≤0.2
	舞 台	25～27	≤65	≤0.3	16～20	≥35	≤0.2
	化 妆	25～27	≤60	≤0.3	18～22	≥35	≤0.2
	休息室	28～30	<65	≤0.5	16～18	—	≤0.2
学校	教室	26～28	≤65	≤0.3	16～18	—	≤0.2
	礼堂	26～28	≤65	≤0.3	16～18	—	≤0.2
	实验室	25～27	≤65	≤0.3	16～20	—	≤0.2
图书馆 博物馆 美术馆	阅览室	26～28	65～45	≤0.3	16～18	—	≤0.2
	展览厅	26～28	60～45	≤0.3	16～18	50～40	≤0.2
	善本、舆图、珍藏、 档案库和书库	22～24	60～45	≤0.3	12～16	60～45	≤0.2
档案馆	缩微胶片库	20～22	50～30	≤0.3	12～16	50～30	≤0.2
体育馆	观众席	26～28	≤65	0.15～0.3	16～18	50～35	≤0.2
	比赛厅	26～28	≤65	0.2～0.5 乒乓球 ≯0.2 羽毛球	16～18	—	≤0.2
	练习厅	26～28	≤65	0.2～0.5 乒乓球 ≯0.2 羽毛球	16～18	—	≤0.2
	游泳池大厅	25～28	≯75	0.15～0.3	25～27	≯75	≤0.2
	休息厅	28～30	≤65	≤0.5	16～18	—	≤0.2
百货商店	营业厅	26～28	65～50	0.2～0.5	16～18		0.1～0.3
电视、广播 中心	播音室、演播室	25～27	60～40	≤0.3	18～20	50～40	≤0.2
	控制室	24～26	60～40	≤0.3	20～22	55～40	≤0.2
	机房	25～27	60～40	≤0.3	16～18	55～40	≤0.2
	节目制作室、录音室	25～27	60～40	≤0.3	18～20	50～40	≤0.2

工业企业供暖室内设计温度[3] 　　　　　　　　　　　　　　　　　表 2-3

生 产 车 间		辅 助 房 间	
车间性质	温度（℃）		温度（℃）
人均占有面积＜50m²		办公室，休息室，食堂	≥18
轻劳动	≥18	浴室，更衣室，妇女卫生室	≥25
中等劳动	≥16	厕所，盥洗室	≥14
重劳动	≥14		
极重劳动	≥12		
人均占有面积 50～100m²			
轻劳动	≥10		
中等劳动	≥7		
重劳动	≥5		

注：劳动强度分级参见 GBZ 2.2—2007 工作场所有害因素职业接触限值（物理因素）。

2.2 冬季建筑的热负荷

建筑物冬季供暖通风设计的热负荷在《规范》中明确规定应根据建筑物散失和获得的热量确定。对于民用建筑，冬季热负荷包括两项：围护结构的耗热量和由门窗缝隙渗入室内的冷空气耗热量。对于生产车间还应包括由外面运入的冷物料及运输工具的耗热量，水分蒸发耗热量，并应考虑因车间内设备散热、热物料散热等获得的热量。

2.2.1 围护结构的耗热量

《规范》中所规定的"围护结构的耗热量"实质上是围护结构的温差传热量、加热由于外门短时间开启而侵入的冷空气的耗热量以及一部分太阳辐射热量的代数和。为了简化计算，《规范》规定，围护结构的耗热量包括基本耗热量和附加耗热量两部分。

2.2.1.1 围护结构的基本耗热量

围护结构的基本耗热量按下式计算：

$$\dot{Q}_j = A_j K_j (t_R - t_{o.w}) a \qquad (2\text{-}3)$$

式中　$\dot{Q}_j$——j 部分围护结构的基本耗热量，W；

　　　A_j——j 部分围护结构的表面积，m²；

　　　K_j——j 部分围护结构的传热系数，W/（m²·℃）；

　　　t_R——冬季室内计算温度，℃；

　　　$t_{o.w}$——供暖室外计算温度，℃；

　　　a——围护结构的温差修正系数，见表 2-4；但是，在已知冷侧温度或用热平衡法能计算出冷侧温度时，可直接用冷侧温度代入，不再进行 a 值修正。

使用式（2-3）时，应注意下列问题：

（1）围护结构的面积 A，应按一定的规则从建筑图上量取。其规则可查阅有关的设计手册[5]。

（2）一些定型的围护结构的传热系数 K，可从设计手册上直接查取。一般情况下，根据传热学原理，可按多层匀质材料组成的结构计算其传热系数。

围护结构的温差修正系数 表 2-4

围护结构特征	a
外墙、屋顶、地面以及与室外相通的楼板	1.0
闷顶和与室外空气相通的非供暖 地下室上面的楼板等	0.9
与有外门窗的不供暖楼梯间相邻的隔墙 1～6 层建筑 7～30 层建筑	 0.6 0.5
与不供暖房间相邻的隔墙 不供暖房间有门窗与室外相通 不供暖房间无门窗与室外相通	 0.7 0.4
非供暖地下室上面的楼板，外墙有窗	0.75
非供暖地下室上面的楼板 外墙无窗，且位于室外地坪以上时 外墙无窗，且位于室外地坪以下时	 0.6 0.4
伸缩缝墙、沉降缝墙	0.3
防震缝墙	0.7

（3）不同地区各类建筑的各围护结构的传热系数应符合该地区的节能设计标准——《严寒与寒冷地区居住建筑节能设计标准》JGJ 26—2010、《夏热冬冷地区居住建筑节能设计标准》JGJ 134—2010、《夏热冬暖地区居住建筑节能设计标准》JGJ 75—2012 和《公共建筑节能设计标准》GB 50189—2005 中的有关规定。

2.2.1.2 围护结构附加耗热量

（1）朝向修正率

不同朝向的围护结构，受到的太阳辐射热量是不同的；同时，不同的朝向，风的速度和频率也不同。因此，《规范》规定对不同的垂直外围护结构进行修正。其修正率为：

北、东北、西北朝向　　　　　0～10%；

东、西朝向　　　　　　　　　−5%；

东南、西南朝向　　　　　　　−10%～−15%；

南向　　　　　　　　　　　　−15%～−30%。

选用修正率时应考虑当地冬季日照率及辐射强度的大小。冬季日照率小于 35% 的地区，东南、西南和南向的修正率宜采用−10%～0，其他朝向可不修正。修正率为"−"时，表示该朝向由于获得太阳辐射热而使耗热量减小。

（2）风力附加率

在《规范》中明确规定：在不避风的高地、河边、海岸、旷野上的建筑物以及城镇、厂区内特别高的建筑物，垂直的外围护结构热负荷附加 5%～10%。

（3）外门附加率

为加热开启外门时侵入的冷空气，对于短时间开启无热风幕的外门，可以用外门的基本耗热量乘上按表 2-5 查出的相应的附加率。阳台门不应考虑外门附加率。

外门附加率（％）　表 2-5

建筑物性质	附加率
公共建筑或生产厂房的主要出入口	500
民用建筑或工厂的辅助建筑物，当其楼层为 n 时	
有两个门斗的三层外门	$60n$
有门斗的双层外门	$80n$
单层外门	$65n$

（4）高度附加率

由于室内温度梯度的影响，往往使房间上部的传热量加大。因此规定：当民用建筑和工业企业辅助建筑的房间净高超过 4m 时，每增加 1m，附加率为 2％，但最大附加率不超过 15％。注意，高度附加率应加在基本耗热量和其他附加耗热量（进行风力、朝向、外门修正之后的耗热量）的总和上。

2.2.2 门窗缝隙渗入冷空气的耗热量

由于缝隙宽度不一，风向、风速和频率不一，因此由门窗缝隙渗入的冷空气量很难准确计算。《规范》附录 F 推荐，对于多层和高层民用建筑，可按下式计算门窗缝隙渗入冷空气的耗热量：

$$\dot{Q}_i = 0.278 L \rho_{ao} c_p (t_R - t_{o\cdot h}) \tag{2-4}$$

式中　$\dot{Q}_i$——为加热门窗缝隙渗入的冷空气耗热量，W；

L——渗透冷空气量，m^3/h，可按《规范》附录 F.0.2 中给出的公式计算；

ρ_{ao}——供暖室外计算温度下的空气密度，kg/m^3；

c_p——空气定压比热，$c_p = 1kJ/(kg \cdot ℃)$；

$t_{o\cdot h}$——供暖室外计算温度，℃。

当无确切数据时，多层建筑可按表 2-6 推荐值计算渗透冷风量[5]，表中换气次数是风量（m^3/h）与房间体积（m^3）之比，单位为 h^{-1}（次/h）。因此，房间渗入冷风量即等于表中推荐值乘以房间体积。

换次次数　表 2-6

房间类型	一面有外窗的房间	两面有外窗的房间	三面有外窗的房间	门厅
换气次数（h^{-1}）	0.25～0.67	0.5～1.0	1.0～1.5	2.0

对于工业建筑，加热由门窗缝隙渗入室内的冷空气的耗热量可按《采暖通风与空气调节设计规范》GB 50019—2003 推荐的总耗热量百分率进行估算，参见表 2-7。

渗透耗热量占围护结构总耗热量的百分率（％）　表 2-7

建筑物高度（m）		<4.5	4.5～10.0	>10.0
玻璃窗层数	单层	25	35	40
	单、双层均有	20	30	35
	双层	15	25	30

有空调的房间内通常保持正压，因而在一般情况下，不计算门窗缝隙渗入室内的冷空气的耗热量。对于有封窗习惯的地区，也可以不计算窗缝隙的冷风渗入。

2.2.3 间歇供暖系统和辐射供暖系统的供暖负荷

间歇供暖系统是指建筑物只要求在使用时间保证室内温度，而其他时间可以自然降温的供暖系统。如：夜间基本不使用的办公楼、教学楼等建筑的供暖系统；不经常使用的体育馆、展览馆等建筑的供暖系统等。对于这类供暖系统的供暖负荷应对围护结构耗热量进行间歇附加。其间歇附加率可按下列数值选取：

仅白天使用的建筑物　　　　　　　　20%

不经常使用的建筑物　　　　　　　　30%

辐射供暖系统是指主要依靠供暖部件与围护结构内表面之间的辐射换热向房间供热的供暖系统。辐射供暖与对流供暖相比，在相同的热舒适条件下，辐射供暖的室内温度可低 2~3℃。故《规范》规定：辐射供暖室内设计温度宜降低 2℃。全面辐射供暖系统的热负荷可按此室内计算温度计算。而局部辐射供暖系统的热负荷等于全面辐射供暖的热负荷乘以表 2-8 的计算系数。

局部辐射供暖热负荷计算系数　　　　　　　　　　　　　　表 2-8

供热区面积与房间总面积的比值	≥0.75	0.55	0.40	0.25	≤0.20
计算系数	1	0.72	0.54	0.38	0.30

2.3 夏季建筑围护结构的冷负荷

目前，在我国常用冷负荷系数法计算空调冷负荷。冷负荷系数法是建立在传递函数法的基础上，是便于手算的一种简化计算方法[6][7][8]（见《建筑环境学》第三章第五节）。夏季建筑围护结构的冷负荷是指由于室内外温差和太阳辐射作用，通过建筑围护结构传入室内的热量形成的冷负荷。具体计算方法如下：

2.3.1 围护结构非稳态传热形成冷负荷的计算方法

2.3.1.1 外墙和屋面非稳态传热形成的冷负荷

在日射和室外气温综合作用下，外墙和屋面非稳态传热引起的逐时冷负荷可按下式计算：

$$\dot{Q}_{c(\tau)} = AK(t_{c(\tau)} - t_R) \tag{2-5}$$

式中　$\dot{Q}_{c(\tau)}$——外墙或屋面的逐时冷负荷，W；

　　　　A——外墙或屋面的面积，m²；

　　　　K——外墙或屋面的传热系数，W/（m²·℃），可根据外墙和屋面的不同构造和厚度，在附录 2-2 和附录 2-3 中查取；

　　　　t_R——室内计算温度，℃；

　　　　$t_{c(\tau)}$——外墙或屋面的逐时冷负荷计算温度，℃，其计算方法多样，计算过程也比较复杂，常用已有的计算结果，列表查取。本书作为示例，给出了北京市不同结构外墙和屋面的 $t_{c(\tau)}$（见附录 2-4 和附录 2-5）。

必须指出：

(1)《规范》附录 H 中仅给出北京、西安、上海、广州四个代表城市外墙、屋面逐时冷负荷计算温度 $t_{c(\tau)}$。对其他城市外墙、屋面逐时冷负荷计算温度可根据相近的代表城市外墙、屋面逐时冷负荷计算温度给予修正。如与北京相近的其他城市（天津、石家庄、乌鲁木齐、沈阳、长春、哈尔滨、呼和浩特、银川、太原、大连等）修正值 Δt_P 可由表 2-9 查得。

北京相近的城市地点修正值　　　　　　　表 2-9

地点	石家庄、乌鲁木齐	天津	沈阳	哈尔滨、长春、呼和浩特、银川、太原、大连
修正值	+1	0	−2	−3

综上所述，外墙和屋面的冷负荷计算温度为

$$t'_{c(\tau)} = t_{c(\tau)} + \Delta t_p \tag{2-6}$$

则冷负荷计算式应改为

$$\dot{Q}_{c(\tau)} = AK(t'_{c(\tau)} - t_R) \tag{2-7}$$

(2) 当室温允许波动范围 $\geqslant \pm 1℃$ 时，为了减少计算工作量，对非轻型外墙，室外计算温度可采用平均综合温度代替冷负荷计算温度，即

$$t_{s.m} = t_{o.m} + \frac{\rho J_t}{\alpha_o} \tag{2-8}$$

式中　$t_{s.m}$——夏季空调室外计算日平均综合温度，℃；

　　　$t_{o.m}$——夏季空调室外计算日平均温度，℃；

　　　J_t——围护结构所在朝向太阳总辐射照度的日平均值，W/m^2，可从规范[1]附录 C 中查得；

　　　ρ——围护结构外表面太阳辐射热的吸收系数；

　　　α_o——围护结构外表面换热系数，$W/(m^2 \cdot ℃)$。

2.3.1.2　内围护结构冷负荷

当邻室为通风良好的非空调房间时，通过内墙和楼板的温差传热而产生的冷负荷可按公式（2-5）计算。当邻室有一定的发热量，空调区与邻室的夏季温差大于 3℃ 时，通过空调房间隔墙、楼板、内窗、内门等内围护结构的温差传热而产生的冷负荷，可视作不随时间变化的稳定传热，按下式计算：

$$\dot{Q}_{c(\tau)} = K_i A_i (t_{o.m} + \Delta t_a - t_R) \tag{2-9}$$

式中　K_i——内围护结构（如内墙、楼板等）的传热系数，$W/(m^2 \cdot ℃)$；

　　　A_i——内围护结构的面积，m^2；

　　　$t_{o.m}$——夏季空调室外计算日平均温度，℃；

　　　Δt_a——附加温升，可按表 2-10 选取。

附加温升　　　　表 2-10

邻室散热量 (W/m^2)	Δt_a $(℃)$	邻室散热量 (W/m^2)	Δt_a $(℃)$
很少（如办公室、走廊）<23	0~2 3	23~116	5

2.3.1.3 外玻璃窗非稳态传热形成的冷负荷

在室内外温差作用下，通过外玻璃窗非稳态传热形成的冷负荷可按下式计算：

$$\dot{Q}_{c(\tau)} = K_w A_w (t_{c(\tau)} - t_R) \tag{2-10}$$

式中　$\dot{Q}_{c(\tau)}$——外玻璃窗的逐时冷负荷，W；

　　　K_w——外玻璃窗传热系数，$W/(m^2 ℃)$，可由附录 2-6 和附录 2-7 查得；

　　　A_w——窗口面积，m^2；

　　　$t_{c(\tau)}$——外玻璃窗的冷负荷温度的逐时值，℃，可由附录 2-9 查得。

必须指出：对附录 2-6、附录 2-7 中的 K_w 值要根据窗框等情况的不同加以修正，修正值 c_w 可从附录 2-8 中查得。

因此，式（2-10）相应地变为

$$\dot{Q}_{c(\tau)} = c_w K_w A_w (t_{c(\tau)} - t_R) \tag{2-11}$$

2.3.1.4 地面传热形成的冷负荷

对于工艺性空调，当有外墙时，距外墙 2m 范围内的地面受室外气温和太阳辐射热的影响较大。因此，《采暖通风与空气调节设计规范》GB 50019 中规定距外墙 2m 范围内的地面须计算传热形成的冷负荷。传热系数通常取为：非保温地面 $0.47W/(m^2 \cdot ℃)$；保温地面 $0.35W/(m^2 \cdot ℃)$。

对于舒适性空调，夏季通过地面传热形成的冷负荷所占的比例很小，因此，《规范》[1]中规定：舒适性空调区，夏季可不计地面传热形成的冷负荷。

2.3.2 透过玻璃窗的日射得热形成冷负荷的计算方法

在介绍计算方法之前，先介绍日射得热因数的概念。

（1）日射得热因数

透过玻璃窗进入室内的日射得热分为两部分，即透过玻璃窗直接进入室内的太阳辐射热 q_t 和窗玻璃吸收太阳辐射后传入室内的热量 q_a。

由于窗的类型、遮阳设施、太阳入射角及太阳辐射强度等因素的组合太多，无法建立太阳辐射得热与太阳辐射强度之间的函数关系，于是采用一种对比的计算方法。

采用 3mm 厚的普通平板玻璃作为"标准玻璃"，在 $\alpha_i = 8.7W/(m^2 \cdot K)$ 和 $\alpha_o = 18.6W/(m^2 \cdot K)$ 条件下，得出夏季（以七月份为代表）通过这一"标准玻璃"的日射得热量 q_t 和 q_a 值，两者相加得

$$D_j = q_t + q_a \tag{2-12}$$

称 D_j 为日射得热因数。

经过大量统计计算工作，得出了适用于各地区［不同纬度带（每一带宽为 $\pm 2°30'$ 纬度）］的日射得热因数最大值 $D_{j \cdot max}$，参见附录 2-10。

考虑到在非标准玻璃情况下，以及不同窗类型和遮阳设施对得热的影响，实际日射得热因数应为 $D_{j \cdot max}$ 乘以窗玻璃的综合遮挡系数 $C_{c \cdot s}$。玻璃窗综合遮挡系数为

$$C_{c \cdot s} = C_s C_i \tag{2-13}$$

式中　C_s——窗玻璃的遮阳系数，定义为 $C_s = \dfrac{实际玻璃的日射得热}{标准玻璃的日射得热最大值}$，由附录 2-11 查得；

C_i——窗内遮阳设施的遮阳系数，由附录 2-12 查得。

有外遮阳的算法基本相同，但更为繁琐，此处不再介绍。

（2）透过玻璃窗日射得热形成冷负荷的计算方法

透过玻璃窗进入室内的日射得热形成的逐时冷负荷$\dot{Q}_{c(\tau)}$按下式计算：

$$\dot{Q}_{c(\tau)} = C_a A_w C_s C_i D_{j\cdot\max} C_{LQ} \tag{2-14}$$

式中　A_w——窗口面积，m^2；

　　　C_a——有效面积系数，由附录 2-13 查得；

　　　C_{LQ}——窗玻璃冷负荷系数，无因次，由附录 2-14 查得。

必须指出：

按公式（2-14）计算出的日射得热形成的冷负荷是指无外遮阳设施的外窗的辐射冷负荷，而对于外窗既有内遮阳设施又有外遮阳板的日射得热形成的冷负荷的计算可参照陆耀庆主编《实用供热空调设计手册》（第二版）[5]推荐的计算方法进行计算，其中外遮阳系数的计算方法可参见《公共建筑节能设计标准》GB 50189—2005 附录 A。

2.4　室内热源散热引起的冷负荷

室内热源散热主要指室内工艺设备散热、照明散热和人体散热三部分。室内热源散热包括显热和潜热两部分。潜热散热作为瞬时冷负荷，显热散热中以对流形式散出的热量成为瞬时冷负荷，而以辐射形式散出的热量则先被围护结构表面所吸收，然后再缓慢地逐渐散出，形成滞后冷负荷。因此，必须采用相应的冷负荷系数。

2.4.1　设备散热形成的冷负荷

设备和用具显热形成的冷负荷按下式计算：

$$\dot{Q}_{c(\tau)} = \dot{Q}_s C_{LQ} \tag{2-15}$$

式中　$\dot{Q}_{c(\tau)}$——设备和用具显热形成的冷负荷，W；

　　　$\dot{Q}_s$——设备和用具的实际显热散热量，W；

　　　C_{LQ}——设备和用具显热散热冷负荷系数，可由附录 2-15 查得；如果空调系统不连续运行，则 $C_{LQ}=1.0$。

设备和用具的实际显热散热量按以下方法计算：

（1）电动设备

当工艺设备及其电动机都放在室内时，设备冷负荷为

$$\dot{Q}_s = 1000 n_1 n_2 n_3 N/\eta \tag{2-16}$$

当只有工艺设备在室内，而电动机不在室内时，设备冷负荷为

$$\dot{Q}_s = 1000 n_1 n_2 n_3 N \tag{2-17}$$

当工艺设备不在室内，而只有电动机放在室内时，设备冷负荷为

$$\dot{Q}_s = 1000 n_1 n_2 n_3 \frac{1-\eta}{\eta} N \tag{2-18}$$

式中　N——电动设备的安装功率，kW；

η——电动机效率，可由产品样本查得，Y 系列电动机效率可由表 2-11 查得；

n_1——利用系数，是电动机最大实耗功率与安装功率之比，一般可取 0.7~0.9；

n_2——电动机负荷系数，定义为电动机每小时平均实耗功率与机器设计时最大实耗功率之比，对精密机床可取 0.15~0.40，对普通机床可取 0.5 左右；

n_3——同时使用系数，定义为室内电动机同时使用的安装功率与总安装功率之比，一般取 0.5~0.8。

Y 系列三相异步电动机效率　　　　表 2-11

电动机功率（kW）	0.75	1.1~1.5	2.2~3.0	4~5.5	7.5~15	18.5~22
电动机效率 η（%）	75	77	82	85	87	89

（2）电热设备散热量

对于无保温密闭罩的电热设备，按下式计算：

$$\dot{Q}_s = 1000 n_1 n_2 n_3 n_4 N \qquad (2\text{-}19)$$

式中　n_4——考虑排风带走热量的系数，一般取 0.5。

其他符号意义同前。

（3）办公及电子设备的散热量

空调区电器设备的散热量 $\dot{Q}_s$ 可按下式计算：

$$\dot{Q}_s = A q_a \qquad (2\text{-}20)$$

式中　A——空调区面积，m^2；

q_a——电气设备的功率密度，W/m^2，见表 2-12。

电器设备的功率密度　　　　表 2-12

建筑类别	房间类别	功率密度（W/m²）	建筑类别	房间类别	功率密度（W/m²）
办公建筑	普通办公室	20	宾馆建筑	普通客房	20
	高档办公室	13		高档客房	13
	会议室	5		会议室、多功能厅	5
	走廊	0		走廊	0
	其他	5		其他	5
商场建筑	一般商场	13			
	高档商场	13			

2.4.2 照明散热形成的冷负荷

当电压一定时，室内照明散热量是不随时间变化的稳定散热量，但是照明散热仍以对流与辐射两种方式进行散热，因此，照明散热形式的冷负荷计算仍采用相应的冷负荷系数。

根据照明灯具的类型和安装方式不同，其逐时冷负荷计算式分别为：

白炽灯
$$\dot{Q}_{c(\tau)} = 1000 N C_{LQ} \qquad (2\text{-}21)$$

荧光灯
$$\dot{Q}_{c(\tau)} = 1000 n_1 n_2 N C_{LQ} \qquad (2\text{-}22)$$

式中　$\dot{Q}_{c(\tau)}$——灯具散热形成的逐时冷负荷，W；

　　　N——照明灯具所需功率，kW；

　　　n_1——镇流器消耗功率系数，当明装荧光灯的镇流器装在空调房间内时，取 $n_1 =$ 1.2；当暗装荧光灯镇流器装在顶棚内时，可取 $n_1 = 1.0$；

　　　n_2——灯罩隔热系数，当荧光灯罩上部穿有小孔（下部为玻璃板），可利用自然通风散热于顶棚内时，取 $n_2 = 0.5 \sim 0.6$；而荧光灯罩无通风孔者 $n_2 = 0.6 \sim 0.8$；

　　　C_{LQ}——照明散热冷负荷系数，计算时应注意其值为从开灯时刻算起到计算时刻的时间，可由附录 2-16 查得。

2.4.3　人体散热形成的冷负荷

人体散热与性别、年龄、衣着、劳动强度及周围环境条件（温、湿度等）等多种因素有关。人体散发的潜热量和对流散热量直接形成瞬时冷负荷，而辐射散发的热量将会形成滞后冷负荷。因此，应采用相应的冷负荷系数进行计算。

为了设计计算方便，以成年男子散热量为计算基础。而对于不同功能的建筑物中有各类人员（成年男子、女子、儿童等）不同的组成进行修正，为此，引入群集系数 φ，所谓群集系数是指人员的年龄构成、性别构成以及密集程度等情况的不同而考虑的折减系数。表 2-13 给出一些数据，可作参考。

表 2-13

某些空调建筑物内的群集系数

工作场所	影剧院	百货商店（售货）	旅店	体育馆	图书阅览室	工厂轻劳动	银行	工厂重劳动
群集系数 φ	0.89	0.89	0.93	0.92	0.96	0.90	1.0	1.0

人体显热散热引起的冷负荷计算式为

$$\dot{Q}_{c(\tau)} = q_s n \varphi C_{LQ} \qquad (2\text{-}23)$$

式中　$\dot{Q}_{c(\tau)}$——人体显热散热形成的逐时冷负荷，W；

　　　q_s——不同室温和劳动性质成年男子显热散热量，W，见表 2-14；

　　　n——室内全部人数；

　　　φ——群集系数，见表 2-13；

　　　C_{LQ}——人体显热散热冷负荷系数，计算时应注意其值为从人员进入房间时算起到计算时刻的时间，由附录 2-17 查得。

但应注意：对于人员密集的场所（如电影院、剧院、会堂等），由于人体对围护结构和室内物品的辐射换热量相应减少，可取 $C_{LQ} = 1.0$。

人体潜热散热引起的冷负荷计算公式为：

$$\dot{Q}_c = q_l n \varphi \qquad (2\text{-}24)$$

式中　$\dot{Q}_c$——人体潜热散热形成的冷负荷，W；

q_l——不同室温和劳动性质成年男子潜热散热量，W，见表2-14；

n，φ——同式（2-23）。

不同温度条件下成年男子散热量（W）、散湿量（g/h）　　　　表 2-14

体力活动性质		热湿量 （W） （g/h）	室内温度（℃）										
			20	21	22	23	24	25	26	27	28	29	30
静 坐	影 剧 院 会 堂 阅 览 室	显热	84	81	78	74	71	67	63	58	53	48	43
		潜热	26	27	30	34	37	41	45	50	55	60	65
		全热	110	108	108	108	108	108	108	108	108	108	108
		湿量	38	40	45	45	56	61	68	75	82	90	97
极 轻 劳 动	旅 馆 体 育 馆 手表装配 电子元件	显热	90	85	79	75	70	65	60.5	57	51	45	41
		潜热	47	51	56	59	64	69	73.3	77	83	89	93
		全热	137	135	135	134	134	134	134	134	134	134	134
		湿量	69	76	83	89	96	109	109	115	132	132	139
轻 度 劳 动	百货商店 化学实验室 电子计算 机　房	显热	93	87	81	76	70	64	58	51	47	40	35
		潜热	90	94	80	106	112	117	123	130	135	142	147
		全热	183	181	181	182	182	181	181	181	182	182	182
		湿量	134	140	150	158	167	175	184	194	203	212	220
中 等 劳 动	纺织车间 印刷车间 机加工车间	显热	117	112	104	97	88	83	74	67	61	52	45
		潜热	118	123	131	138	147	152	161	168	174	183	190
		全热	235	235	235	235	235	235	235	235	235	235	235
		湿量	175	184	196	207	219	227	240	250	260	273	283
重 度 劳 动	炼钢车间 铸造车间 排练厅 室内运动场	显热	169	163	157	151	145	140	134	128	122	116	110
		潜热	238	244	250	256	262	267	273	279	285	291	297
		全热	407	407	407	407	407	407	407	407	407	407	407
		湿量	356	365	373	382	391	400	408	417	425	434	443

2.5 湿 负 荷

湿负荷是指空调房间（或区）的湿源（人体散湿、敞开水池（槽）表面散湿、地面积水、化学反应过程的散湿、食品或其他物料的散湿、室外空气带入的湿量等）向室内的散湿量，也就是为维持室内含湿量恒定需从房间除去的湿量。

2.5.1　人体散湿量

人体散湿量可按下式计算：

$$\dot{m}_w = 0.278 n \varphi g \times 10^{-6} \qquad (2-25)$$

式中　$\dot{m}_w$——人体散湿量，kg/s；

    g——成年男子的小时散湿量，g/h，见表 2-14；

  n，φ——同式（2-23）。

2.5.2 敞开水表面散湿量

敞开水表面散湿量按下式计算：

$$\dot{m}_\mathrm{w} = \beta A(p_\mathrm{w} - p_\mathrm{a})\frac{B_\mathrm{s}}{B} \tag{2-26}$$

式中 $\dot{m}_\mathrm{w}$——敞开水表面的散湿量，kg/s；

    A——蒸发表面面积，m^2；

    p_w——相应于水表面温度下的饱和空气水蒸气分压力，Pa；

    p_a——空气中水蒸气分压力，Pa；

    B_s——标准大气压，其值为 101325Pa；

    B——当地实际大气压力，Pa；

    β——蒸发系数，kg/（N·s）。β 按下式确定：

$$\beta = (\alpha + 0.00363v)10^{-5} \tag{2-27}$$

式中 α——周围空气温度为 15～30℃时，不同水温下的扩散系数，kg/（N·s），其值见表 2-15；

    v——水面上空气流速，m/s。

不同水温下的扩散系数 α   表 2-15

水温（℃）	<30	40	50	60	70	80	90	100
α[kg/（N·s）]	0.0043	0.0058	0.0069	0.0077	0.0088	0.0096	0.0106	0.0125

为了方便计算，计算出敞开水表面单位面积蒸发量 w，列入表 2-16 中。然后可按下式计算出敞开水表面的散湿量，即：

$$\dot{m}_\mathrm{w} = 0.278wA \times 10^{-3} \tag{2-28}$$

式中 w——敞开水表面单位面积蒸发量，kg/（m^2·h），见表 2-16；

  $\dot{m}_\mathrm{w}$、A——同公式（2-26）。

敞开水表面单位面积蒸发量 w[kg/（m² · h）]   表 2-16

室温（℃）	室内相对湿度（%）	水 温 （℃）							
		20	30	40	50	60	70	80	90	100
20	40	0.286	0.676	1.610	3.270	6.020	10.48	17.80	29.20	49.10
	45	0.262	0.654	1.570	3.240	5.970	10.42	17.80	29.10	49.00
	50	0.238	0.627	1.550	3.200	5.940	10.40	17.70	29.00	49.00
	55	0.214	0.603	1.520	3.170	5.900	10.35	17.70	29.00	48.90
	60	0.190	0.580	1.490	3.140	5.860	10.30	17.70	29.00	48.80
	65	0.167	0.556	1.460	3.100	5.820	10.27	17.60	28.90	48.70

室温 (℃)	室内相对湿度 (%)	水　温　(℃)								
		20	30	40	50	60	70	80	90	100
24	40	0.232	0.622	1.540	3.200	5.930	10.40	17.70	29.20	49.00
	45	0.203	0.581	1.550	3.150	5.890	10.32	17.70	29.00	48.90
	50	0.172	0.561	1.460	3.110	5.860	10.30	17.60	28.90	48.80
	55	0.142	0.532	1.430	3.070	5.780	10.22	17.60	28.80	48.70
	60	0.112	0.501	1.390	3.020	5.730	10.22	17.50	28.90	48.50
	65	0.083	0.472	1.360	3.020	5.680	10.12	17.40	28.50	48.50
28	40	0.168	0.557	1.460	3.110	5.840	10.30	17.60	28.90	48.90
	45	0.130	0.518	1.410	3.050	5.770	10.21	17.60	28.80	48.80
	50	0.091	0.480	1.370	2.990	5.710	10.12	17.50	28.75	48.70
	55	0.053	0.442	1.320	2.940	5.650	10.00	17.40	28.70	48.60
	60	0.015	0.404	1.270	2.890	5.600	10.00	17.30	28.60	48.50
	65	−0.033	0.364	1.230	2.830	5.540	9.950	17.30	28.50	48.40
汽化潜热（kJ/kg）		2458	2435	2414	2394	2380	2363	2336	2303	2265

注：1. 制表条件为，水面风速 $v=0.3\text{m/s}$；大气压力 $B_s=101325\text{Pa}$。当所在地点大气压力为 B 时，表中所列数据应乘以修正系数 B_s/B；
　　2. 表摘自赵荣义主编的《简明空调设计手册》。[9]

2.6 新风负荷

空调系统中引入室外新鲜空气（简称新风）是保障良好室内空气质量的关键。在夏季室外空气焓值和气温高于室内空气焓值和气温时，空调系统为处理新风势必要消耗冷量。而冬季室外气温比室内气温低且含湿量也低时，空调系统为加热、加湿新风势必要消耗能量。据调查，空调工程中处理新风的能耗要占到总能耗的 25%～30%，对于高级宾馆和办公建筑可高达 40%[7]。可见，空调处理新风所消耗的能量是十分巨大的。所以，在满足空气质量的前提下，尽量选用较小的新风量。否则，空调制冷系统与设备的容量将增大。

目前，我国空调设计中对新风量的确定，仍采用现行规范、设计手册中规定（或推荐）的原则[1][9]。有关新风量的计算详见 6.2 和 8.2 节。

夏季，空调新风冷负荷按下式计算：

$$\dot{Q}_{c.o} = \dot{M}_o(h_o - h_R) \tag{2-29}$$

式中　$\dot{Q}_{c.o}$——夏季新风冷负荷，kW；

　　　$\dot{M}_o$——新风量，kg/s；

h_o——夏季空调室外计算湿球温度下的焓值，kJ/kg；

h_R——夏季室内空气计算参数下的焓值，kJ/kg。

冬季，空调新风热负荷按下式计算：

$$\dot{Q}_{h.o} = \dot{M}_o c_p (t_R - t_o) \tag{2-30}$$

式中　$\dot{Q}_{h.o}$——空调新风热负荷，kW；

c_p——空气的定压比热，kJ/(kg·℃)，取 1.005kJ/(kg·℃)；

t_o——冬季空调室外计算温度，℃；

t_R——冬季空调室内空气计算温度，℃。

2.7　空调室内的冷负荷与制冷系统的冷负荷

图 2-1 给出了建筑物空调制冷系统负荷的组成框图。图中表示出建筑物空调室内的冷负荷与制冷系统负荷的形成过程及组成。

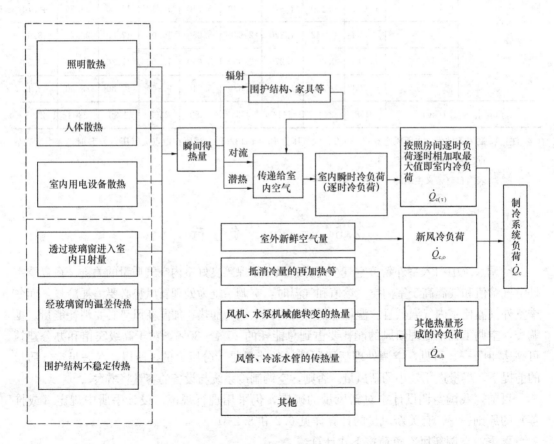

图 2-1　建筑物空调制冷系统负荷的组成框图

2.7.1　得热量与冷负荷的区别与联系

得热量和冷负荷是两个概念不同而又互相关联的量。房间得热量是指某一时刻由室内和室外热源进入房间的热量总和。冷负荷是指为维持室温恒定，在某一时刻应从室内除去的热量。瞬时得热量中以对流方式传递的显热得热和潜热得热部分，直接散发到房间空气中，立刻构成房间瞬时冷负荷；而以辐射方式传递的得热量，首先为围护结构和室内物体所吸收并贮存其中。当这些围护结构和室内物体表面温度高于室内温度后，所贮存的热量再以对流方式逐时放出，形成冷负荷。由此可见，任一时刻房间瞬时得热量的总和未必等于同一时刻的瞬时冷负荷。只有得热量中不存在以辐射方式传递的得热量，或围护结构和室内物体没有蓄热能力的情况下，得热量的数值才等于瞬时冷负荷。

2.7.2 空调制冷系统的冷负荷

空调制冷系统的冷负荷应包括室内冷负荷、新风冷负荷（制冷系统冷负荷中的主要部分）、制冷量输送过程的传热和输送设备（风机、泵）的机械能所转变的得热量、某些空调系统因采用了冷、热量抵消的调节手段而得到的热量（例如空调系统中的再加热系统，详见 6.3、6.5.1）、其他进入空调系统的热量（例如采用顶棚回风时，部分灯光热量被回风带入系统）。值得指出的是制冷系统的总装机冷量并不是所有空调房间最大冷负荷的叠加。因为各空调房间的朝向、工作时间并不一致，它们出现最大冷负荷的时刻也不会一致，简单地将各房间最大冷负荷叠加势必造成制冷系统装机冷量过大。因此，应对制冷系统所服务的空调房间的冷负荷逐时进行叠加，以其中出现的最大冷负荷作为制冷系统选择设备的依据。

2.8 计 算 举 例

【例 2-1】 试计算北京某宾馆某客房（502 客房）夏季的空调计算负荷。

已知条件：

（1）客房平面尺寸如图 2-2 所示，层高为 3500mm。

（2）屋顶：其构造从上到下为：①细石混凝土 40mm；②防水卷材 4mm；③水泥砂浆 20mm；④挤塑聚苯板 35mm；⑤水泥砂浆 20mm；⑥水泥炉渣 20mm；⑦钢筋混凝土 120mm。传热系数 K =0.49W/（m^2·K）。

（3）西外墙：

外墙的构造如下：

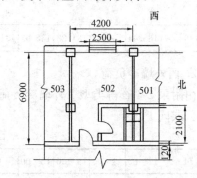

图 2-2 某宾馆 502 客房平面图

①水泥砂浆 20mm；②挤塑聚苯板 25mm；③水泥砂浆 20mm；④钢筋混凝土 200mm。传热系数 K=0.83W/（m^2·K）。

（4）西外窗：双层窗，3mm 厚普通玻璃；金属窗框，80%玻璃；白色帘（浅色），窗高 2000mm。

（5）内墙：邻室包括走廊，均与客房温度相同。

（6）每间客房 2 人，在客房内的总小时数为 16（自 16：00 至第二天的 8：00）。

（7）室内压力稍高于室外大气压力。

（8）室内照明：荧光灯明装，200W，开灯时间为晚 16：00～24：00。

（9）空调设计运行时间 24 小时。

（10）北京市室外气象条件

①北纬 39°48′，东经 116°28′，海拔 31.3m；②大气压力：夏季 100.02kPa，冬季 102.17kPa；③室外空气计算参数，夏季：空调室外计算干球温度 33.5℃，空调室外计算湿球温度 26.4℃。

（11）客房计算参数

夏季：室内空气干球温度 26℃，室内空气相对湿度≤65%；

新风量：≥30m³/（人·h）。

解： 按本题条件，分项计算如下：

1. 屋顶冷负荷

由附录 2-5 查得冷负荷计算温度逐时值，即可按式（2-7）算出屋顶逐时冷负荷，计算结果列于表 2-17 中。

屋顶冷负荷   表 2-17

时间	11：00	12：00	13：00	14：00	15：00	16：00	17：00	18：00	19：00	20：00	21：00	22：00	23：00	24：00
$t_{c(\tau)}$	39.8	39.4	39.1	39.1	39.2	39.6	40.1	40.8	41.6	42.3	43.1	43.7	44.2	44.5
Δt_p							0							
$t'_{c(\tau)}$	39.8	39.4	39.1	39.1	39.2	39.6	40.1	40.8	41.6	42.3	43.1	43.7	44.2	44.5
t_R							26							
K							0.49							
A						4.2×（6.9－0.06）=28.7								
$\dot{Q}_{c(\tau)}$	194.07	188.44	184.22	184.23	185.63	191.26	198.29	208.13	219.38	229.23	240.48	248.92	255.95	260.17

2. 西外墙冷负荷

由附录 2-4 查得类型 1 外墙冷负荷计算温度，将其逐时值及计算结果列入表 2-18 中，计算公式同上。

西外墙冷负荷   表 2-18

时间	11：00	12：00	13：00	14：00	15：00	16：00	17：00	18：00	19：00	20：00	21：00	22：00	23：00	24：00
$t_{c(\tau)}$	33.9	33.9	33.9	34.1	34.3	34.7	35.3	36.1	36.9	37.6	38.0	38.2	38.1	37.8
Δt_p							0							
$t'_{c(\tau)}$	33.9	33.9	33.9	34.1	34.3	34.7	35.3	36.1	36.9	37.6	38.0	38.2	38.1	37.8
t_R							26							
Δt	7.9	7.9	7.9	8.1	8.3	8.7	9.3	10.1	10.9	11.6	12.0	12.2	12.1	11.8
K							0.83							
A						4.2×3.5－2.5×2=9.7								
$\dot{Q}_{c(\tau)}$	63.60	63.60	63.60	65.21	66.82	70.04	74.87	81.32	87.76	93.36	96.61	98.22	97.42	95.00

3. 西外窗瞬时传热冷负荷

根据 $\alpha_i = 8.7\text{W}/(\text{m}^2 \cdot \text{K})$、$\alpha_o = 18.62\text{W}/(\text{m}^2 \cdot \text{K})$，由附录 2-7 查得 $K_w = 3.01\text{W}/(\text{m}^2 \cdot \text{K})$。再由附录 2-8 查得玻璃窗传热系数的修正值，对金属框双层窗应乘 1.2 的修正系数。由附录 2-9 查出玻璃窗冷负荷计算温度 $t_{c(\tau)}$，根据式（2-10）计算，计算结果列入表 2-19 中。

西外窗瞬时传热冷负荷 表 2-19

时间	11:00	12:00	13:00	14:00	15:00	16:00	17:00	18:00	19:00	20:00	21:00	22:00	23:00	24:00
$t_{c(\tau)}$	30.8	31.5	32.1	32.4	32.4	32.3	32.0	31.5	30.8	30.1	29.6	29.1	28.7	28.3
t_R	26													
Δt	4.8	5.5	6.1	6.4	6.4	6.3	6.0	5.5	4.8	4.1	3.6	3.1	2.7	2.3
K_w	$3.01 \times 1.2 = 3.612$													
A_w	$2.5 \times 2 = 5$													
$\dot{Q}_{c(\tau)}$	86.69	99.33	110.17	115.58	115.58	113.78	108.36	99.33	86.69	74.05	65.02	55.99	48.76	41.54

4. 透过玻璃窗日射得热引起的冷负荷

由附录 2-13 查得双层钢窗有效面积系数 $C_a = 0.75$，故窗的有效面积 $A_w = 5 \times 0.75 = 3.75\text{m}^2$。

由附录 2-11 查得遮挡系数 $C_s = 0.86$，由附录 2-12 查得遮阳系数 $C_i = 0.5$，于是玻璃窗综合遮挡系数 $C_{c.s} = 0.86 \times 0.5 = 0.43$。

再由附录 2-10 查得北京西向日射得热因数最大值 $D_{j,max} = 579\text{W}/\text{m}^2$。由附录 2-14 查得北京地区、房间类型为重型、西向的玻璃窗冷负荷系数逐时值 C_{LQ}。

用公式（2-14）计算逐时进入玻璃窗日射得热引起的冷负荷，列入表 2-20 中。

西窗透入日射得热引起的冷负荷 表 2-20

时间	11:00	12:00	13:00	14:00	15:00	16:00	17:00	18:00	19:00	20:00	21:00	22:00	23:00	24:00
C_{LQ}	0.16	0.17	0.22	0.30	0.40	0.48	0.52	0.52	0.30	0.13	0.12	0.11	0.10	0.09
$D_{j,max}$	579													
$C_{c.s}$	0.43													
A_w	$2.5 \times 2 \times 0.75 = 3.75$													
$\dot{Q}_{c(\tau)}$	149.38	158.18	205.40	280.09	373.46	448.15	485.49	485.49	280.09	121.37	112.04	102.70	93.36	84.03

5. 人员散热引起的冷负荷

宾馆属极轻劳动，查表 2-14，当室温为 26℃ 时，每人散发的显热和潜热量为 60.5W 和 73.3W，由表 2-13 查取群集系数 $\varphi = 0.93$，由附录 2-17 查得人体显热散热冷负荷系数逐时值（注意：16:00 点为人进入室内后的第 1 小时数，第二天 11:00 点应为人进入室内后的第 20 小时数。）按式（2-23）计算人体显热散热逐时冷负荷，并列入表 2-21 中。

人体潜热引起的冷负荷为潜热散热乘以群集系数，计算结果列入表 2-21 中。

人员散热引起的冷负荷　　　　　　　　　　　　　　　　表 2-21

时间	11：00	12：00	13：00	14：00	15：00	16：00	17：00	18：00	19：00	20：00	21：00	22：00	23：00	24：00
C_{LQ}	0.99	0.55	0.23	0.18	0.15	0.57	0.88	0.92	0.93	0.94	0.95	0.96	0.96	0.97
q_s							60.5							
n							2							
φ							0.93							
$\dot{Q}_{c(\tau)}$	111.40	61.89	25.88	20.26	16.88	64.14	99.03	103.53	104.65	105.78	106.90	108.13	108.03	109.15
q_l							73.3							
$\dot{Q}_{c(\tau)}$	136.34	136.34	136.34	136.34	136.34	136.34	136.34	136.34	136.34	136.34	136.34	136.34	136.34	136.34
合计	247.74	198.23	162.22	156.60	153.22	200.48	235.37	239.87	240.99	242.12	243.24	244.37	244.37	245.49

6. 客房照明散热形成的冷负荷

由于明装荧光灯，镇流器装设在客房内，故镇流器消耗功率系数 n_1 取 1.2。灯罩隔热系数 n_2 取 1.0。

由附录 2-16 查得照明散热冷负荷系数，按公式（2-22）计算，其计算结果列入表2-22 中。

照明散热形成的冷负荷　　　　　　　　　　　　　　　　表 2-22

时间	11：00	12：00	13：00	14：00	15：00	16：00	17：00	18：00	19：00	20：00	21：00	22：00	23：00	24：00
C_{LQ}	0.06	0.05	0.05	0.04	0.04	0.40	0.72	0.77	0.81	0.83	0.84	0.87	0.89	0.90
n_1							1.2							
n_2							1.0							
N							200							
$\dot{Q}_{c(\tau)}$	14.4	12.00	12.00	9.60	9.60	96.00	172.80	184.80	194.4	199.2	204.0	208.8	213.6	215.0

由于室内压力高于大气压力，所以不需考虑由室外空气渗透所引起的冷负荷。现将上述各分项计算结果列入表 2-23 中，并逐时相加，以便求得客房内的冷负荷值。

各分项逐时冷负荷汇总表　　　　　　　　　　　　　　　　表 2-23

时间	11：00	12：00	13：00	14：00	15：00	16：00	17：00	18：00	19：00	20：00	21：00	22：00	23：00	24：00
屋顶负荷	194.07	188.44	184.22	184.23	185.63	191.26	198.29	208.13	219.38	229.23	240.48	248.92	255.95	260.17
外墙负荷	63.60	63.60	63.60	65.21	66.82	70.04	74.87	81.32	87.76	93.39	96.61	98.22	97.42	95.00
窗传热负荷	86.69	99.33	110.17	115.58	115.58	113.78	108.36	99.33	86.69	74.05	65.02	55.99	48.76	41.54
窗日射负荷	149.38	158.18	205.40	280.09	373.46	448.15	485.49	485.49	280.09	121.37	112.04	102.70	93.36	84.03
人员负荷	247.74	198.23	162.22	156.00	153.22	200.48	235.37	239.87	240.99	242.12	243.24	244.37	244.37	245.49
灯光负荷	14.40	12.00	12.00	9.60	9.60	96.00	172.80	184.8	194.4	192.2	204.0	208.8	213.6	215.0
总计	755.88	719.78	737.61	811.31	904.31	1119.71	1275.52	1298.94	1109.31	952.36	961.39	959.0	953.46	941.23

由表 2-23 可以看出，此客房最大冷负荷值出现在 18：00 点，其值为 1298.94W。

另外，夏季新风冷负荷计算如下。

根据已知条件，每人的新风量为 30m³/h（8.33L/s），由湿空气性质表（或湿空气焓湿图）查得：室内空气焓值为 63.43kJ/kg（$t_R=26℃，\varphi=65\%$）；室外空气焓值为 82.3kJ/kg（夏季空调室外计算干球温度 $t_o=33.5℃$，夏季空调室外计算湿球温度 $t_{wb}=26.4℃$）。

新风负荷为

$$\dot{Q}=\dot{m}_a \cdot (h_o-h_R)$$

$$=1.2 \times \frac{30}{3600} \times 2 \times (82.3-63.43)$$

$$=0.3774kW=377.4W$$

【例 2-2】 试计算哈尔滨某多层办公楼一层办公室（101 办公室）冬季的供暖热负荷。

已知条件：

（1）101 办公室平面尺寸如图 2-3 所示，层高为 3200mm。

（2）外墙为内抹灰岩棉保温空心砖墙，传热系数 $K=0.45W/（m² \cdot ℃）$。

（3）内墙为两面抹灰一砖内墙，传热系数 $K=1.72W/（m² \cdot ℃）$。

（4）外窗为双玻塑钢窗，其传热系数为 $K=2.5W/（m² \cdot ℃）$，面积 $A_w=2.77m²$，外形尺寸为 1.85m×1.5m。

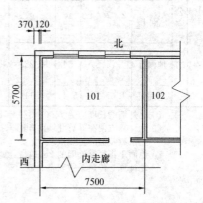

图 2-3 某办公楼 101 室平面图

（5）哈尔滨供暖室外计算温度为 $-24.2℃$，办公室室内温度为 18℃，冬季平均风速为 3.7m/s。

（6）地面为不保温地面，K 值按地带确定。

解： 按本题条件，计算如下：

1. 计算结果列入表 2-24 中。包括基本耗热量和附加耗热量，所得围护结构耗热量为：

$$\dot{Q}_1=1986.1W$$

2. 冷风渗透耗热量计算

由表 2-6 查得换气次数为 $0.3h^{-1}$。按公式（2-4）计算，其结果如下：

$$\dot{Q}_2=0.278 \times 0.3 \times 5.7 \times 7.5 \times 3.2 \times 1.2 \times 1 \times (18+24.2)$$

$$=577.8W$$

3. **房间供暖热负荷**

$$\dot{Q}=\dot{Q}_1+\dot{Q}_2$$

$$=1986.1+577.8$$

$$=2563.9W$$

围护结构耗热量计算表　　　　　　　　　　　　　表 2-24

房间编号	房间名称	围护结构 名称及方向	围护结构 面积计算	围护结构 面积 (m²)	传热系数 K [W/(m²·℃)]	室内计算温度 $t_{o.m}$ (℃)	室外计算温度 t_a (℃)	室内外计算温度差 $t_a - t_{o.m}$ (℃)	温差修正系数 a	基本耗热量 $\dot{Q}$ (W)	朝向修正率 (%)	风力附加 (%)	修正值	修正后的热量	高度附加	房间热负荷 (W)
101	办公室	北外墙①	7.9×3.2	25.28	0.45	18	−24.2	42.2	1	480.1	0	0	1.0	480.1	0	1986.1
		北外窗②	2×2.77	5.54	2.5 −0.45				1	479.3	0	0	1.0	479.3	0	
		西外墙	6.1×3.2	19.52	0.45				1	370.7	−5	0	0.95	352.2	0	
		地面Ⅰ③	2×7.4+ 2×5.6	26	0.465				1	510.2	0	0	1.0	510.2	0	
		地面Ⅱ	2×5.4+ 2×1.6	14	0.233				1	137.6	0	0	1.0	137.6	0	
		地面Ⅲ	1.6×3.4	5.44	0.116				1	26.7	0	0	1.0	26.7	0	

注：① 北外墙的长度应为 7500＋370＝7870mm，取 7.9m；西墙同样处理。
　　② 为计算方便在计算北墙面积时未扣去窗的面积，即窗已按墙的 K 值计算了传热量，故此处只计算窗墙传热系数差值的传热量。
　　③ 地面Ⅰ指紧靠外墙的 2m 地带，地面Ⅱ指紧靠地面Ⅰ的 2m 地带，余类推；在外墙角处地面Ⅰ的 4m² 需重复计算。传热系数取自文献 [5]。

2.9　空调负荷计算软件简介

随着计算机技术的快速发展，20 世纪 60 年代中期开始，在全世界先后出现了许多建筑能耗模拟软件，如：美国的 BLAST、DOE-2，欧洲的 ESP-r，日本的 HASP 和中国的 DeST 等。90 年代以后，建筑能耗模拟软件又不断完善，并出现一些功能更为强大的软件。目前常见的建筑能耗分析软件主要有：Energy-10、HAP、TRACE、DOE-2、BLAST、Energy Plus、TRNSYS、ESP-r、DeST 等。建筑能耗模拟软件已广泛用于实际空调工程的负荷计算、空调设备的选型和建筑能耗与经济性的分析等。

2.9.1　建筑能耗模拟经典方法简介

图 2-4 给出建筑能耗模拟建模的经典方法示意图[10]。由图可知，这种经典建模方法由负荷模块、系统模块、设备模块、经济模块构成，这四个模块相互联系形成一个建筑系统能耗模型。其中负荷模块是模拟建筑外围护结构及其与室外环境和室内负荷之间相互影响的。系统模块是模拟空调系统的空气输送设备（风机）、空气热湿交换设备（风机盘管、空气处理机组、新风机组）以及相关的控制装置的。设备模块是模拟冷水机组、冷却塔、锅炉、蓄能设备、泵等冷热源设备的。经济模块是计算为满足建筑负荷所需要的能源费用的。图 2-5 为计算流程图[10]。通常采用顺序模拟法，其计算步骤是：首先计算每个建筑区域的负荷，然后进行空调系统的模拟计算，即计算空气处理机组、风机盘管、新风机组等的能耗量，接着计算冷热源的能耗量，最后根据能源价格计算能耗费用。

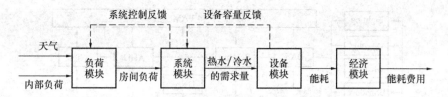

图 2-4 建筑能耗模拟建模的经典方法示意图

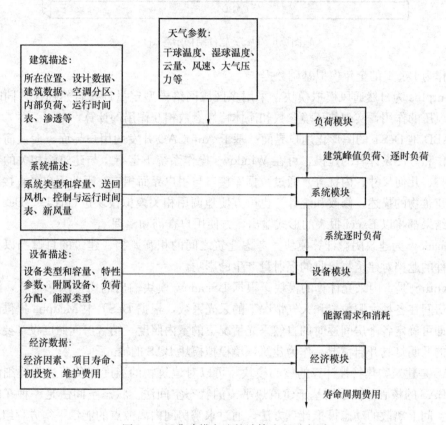

图 2-5 经典建模方法的计算流程示意图

2.9.2 DeST 软件简介

DeST 是清华大学建筑技术科学系开发的建筑能耗模拟软件，于 2000 年完成 DeST1.0 版本并通过鉴定。目前 DeST 有两个版本：应用于住宅建筑的住宅版本（DeST-h）和应用于商业建筑的商建版本（DeST-c）。

DeST 的软件结构如图 2-6 所示[11]。

其中 Medpha 为全年逐时气象数据的气象模型。Medpha 的基础数据来源于我国 194 个气象台站自建站以来约 50 年的实测逐日数据（包括气温、湿度、太阳辐射、风速风向、日照小时数和大气压力）。根据空调负荷计算中的典型年选取方法，Medpha 首先选出具有代表性的年份（如典型气象年、极高温度年、极低温度年、极大太阳辐射年、极小太阳辐射年等），之后利用各气象参数的日变化规律，模拟生成逐时的气象数据（包括空气温度、湿度、太阳直射辐射、太阳散射辐射、风速风向以及天空背景辐射温度），并以典型

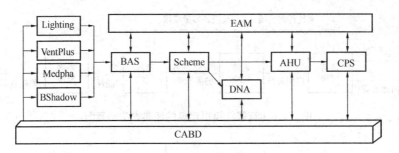

图 2-6　DeST 软件结构示意图

气象年作为 DeST 的全年模拟基础数据。

Ventplus 为自然通风模拟模块，采用多区域网络模型定量计算自然通风，同时考虑热压与风压的作用，实现热环境参数和流体特性参数相互作用的计算。

CABD 是 DeST 的图形化用户界面。基于 AutoCAD 开发的用户界面，大大简化描述定义工作和方便设计者的建模，可在 Windows 操作系统下运行。与建筑物相关的各种数据（材料、几何尺寸、内扰等）通过数据库接口与用户界面相连，因此用户可直接通过界面进行建筑物的描述、修改和统计，也可方便地调用相关模拟模块进行计算。DeST 的模拟计算结果都将以 Excel 报表的形式输出，方便用户查询和整理。

BShadow 为建筑阴影计算模块。考虑建筑之间的相互遮挡、建筑的自遮挡以及各种遮阳构件的遮挡对建筑物接收的辐射量产生的影响。

Lighting 是室内采光计算的模块。根据 BShadow 模块输出的窗户阴影面积，可以得到各个房间在各种太阳位置和天气情况下的采光系数，根据 DeST 中 Medpha 提供的气象数据，即可确定各个房间逐时的自然采光情况下的室内照度，结合房间照度设计要求，确定逐时的照明灯具开启情况，作为建筑环境模拟模块 BAS 的输入。

BAS 是建筑物热特性计算的核心模块，可以对建筑物的温度和负荷进行详细的逐时模拟。BAS 的核心算法采用基于建筑热平衡的状态空间法。状态空间法是一种在时间上连续、空间上离散的动态模拟计算方法，通过求解房间内离散点的能量平衡方程组，可得到房间对各热扰的响应系数，即房间本身的热特性，进而对房间的热过程进行动态模拟，可以有效地应用到复杂的大型建筑中，可同时处理上千个房间，计算准确迅速。

Scheme 为空调系统方案模拟模块，可以进行方案的设计和设备的选择。DNA 是 DeST 中机械通风系统分析模块，机械通风系统模拟可完成风系统设计计算和校核计算。AHU 是设备校核模拟模块，其目的就是通过模拟手段对设计者提出的空气处理方案进行全年校核，为设计人员的方案提供量化的比较依据。CPS 是冷热源系统与水系统的方案设计模块，通过模拟手段对方案进行量化的模拟分析，为设计人员提供比较不同方案的依据。EAM 为经济性评价模块，包括方案设计阶段、初步设计阶段、施工图设计阶段、设计后的经济评价四个阶段。

计算空调负荷时室内热源散热引起的冷负荷是冷负荷中较重要的一项。为了描述各种室内发热量（人体、照明、设备）的大小随时间的不断变化，DeST 采用作息模式描述室内发热量大小随时间的变化规律。DeST 采用室内发热量每一时刻的实际大小与设定最大值的比值作为该发热量的作息值（即室内相对发热量），例如，人员密度的作息指的是某时刻的人员密度与设定最大人员密度的比值，灯光的作息指的是某时刻的灯光功率与设定最大功率的比值，而设备的作息指的是某时刻的设备功率与设定最大设备功率的比值。对于人员产热的描述内容包括：单位人体的潜热产热量和显热产热量，显热对流辐射比，房间的人员数量指标，以及人员产热的作息模式。设备产热的描述内容包括：房间设备的潜热产热指标、显热产热指标，显热对流辐射比，以及设备产热的作息模式；照明产热的描述内容包括：房间照明的显热产热指标，显热对流辐射比，以及照明产热的作息模式。

下面通过一个例子，说明 DeST 软件的负荷计算过程。模型建筑为办公类建筑，共 5层，总建筑面积 5100m²，图 2-7 给出了模型建筑首层平面图。建筑地点选取为北京，表2-25 给出了模型建筑的围护结构热工参数。

围护结构热工参数 表 2-25

类 别	方 案	传热系数［W/(m²·℃)］
外 墙	240mm 重砂浆黏土砖＋60mm 聚苯板内保温	0.564
外 窗	普通中空玻璃（中空 12mm），遮阳系数 0.830	2.900
外 门	25mm 玻璃外门	4.650
屋 顶	200mm 多孔混凝土＋130mm 钢筋混凝土	0.812

表 2-26 给出了建筑主要功能房间环境控制参数。表 2-27 给出主要功能房间设计用参数。图 2-8 给出了工作日设备、人员和灯光的作息规律。

建筑主要功能房间环境控制参数 表 2-26

房间功能	夏 季		冬 季	
	温度（℃）	相对湿度（%）	温度（℃）	相对湿度（%）
办公室、多功能室	24～26	50～60	20～22	—

主要功能房间设计用参数 表 2-27

房间功能	家具系数	最多人数/（人/m²）	灯光产热/（W/m²）	设备产热/（W/m²）	最低新风量/［m³/(h·人)］
办公室、多功能室	10	0.1	10	20	30

图 2-9 给出了全年的逐时负荷计算结果（正值为热负荷，负值为冷负荷），设计热负荷为 336kW，设计冷负荷为 575kW，累积供热量为 1247GJ，累积供冷量为 1136GJ。

有关 DeST 的更深入的介绍可以参阅《暖通空调》杂志从 2004 年 34 卷第 7 期以来的十四期连载和清华大学 DeST 开发组合著的文献。

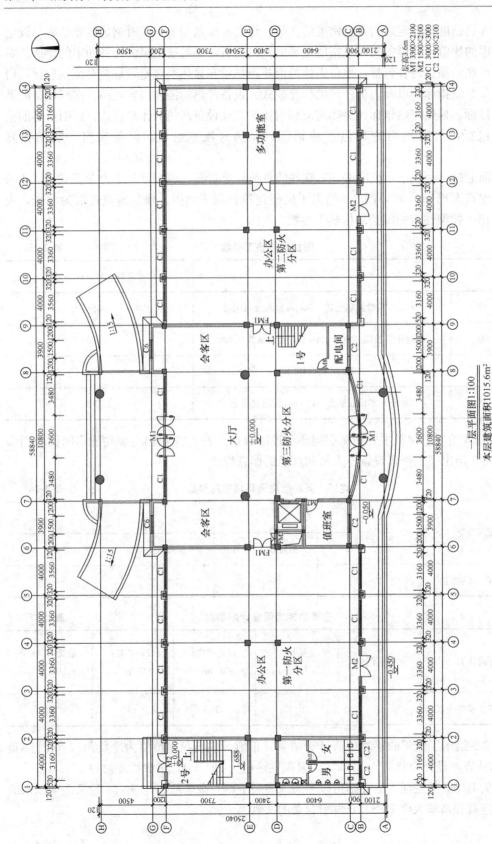

一层平面图1:100

本层建筑面积1015.6m²

图 2-7　模型建筑首层平面图

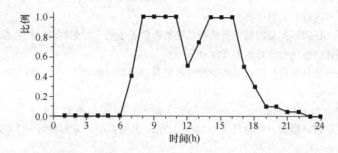

图 2-8　工作日设备、人员和灯光的作息规律

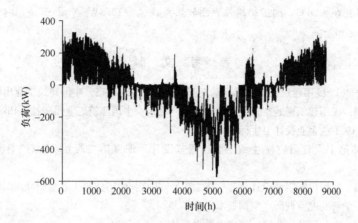

图 2-9　建筑逐时负荷

思考题与习题

2-1　夏季空调室外计算干球温度是如何确定的？夏季空调室外计算湿球温度是如何确定的？

2-2　试计算北京市夏季空调室外计算逐时温度（$t_τ$）。

2-3　冬季空调室外计算温度是否与供暖室外计算温度相同？为什么？

2-4　冬季通风室外计算温度是如何确定的，在何种工况下使用？

2-5　夏季通风室外计算温度和相对湿度是如何确定的，在何种工况下使用？

2-6　在确定室内空气计算参数时，应注意什么？

2-7　建筑物围护结构的耗热量包括哪些？如何计算？

2-8　在什么情况下对供暖室内外温差不需要进行修正？

2-9　评价围护结构保温性能的主要指标是什么？

2-10　试计算北京某单层民用建筑物的北侧围护结构冬季的供暖热负荷。

　　已知条件：

　　（1）北外墙长 21m，高 6m，外墙为内抹灰外保温空心砖墙，传热系数 $K=0.56W/（m^2·℃）$。

　　（2）北外墙上有六个单框中空木窗，其传热系数 $K=2.8W/（m^2·℃）$，外形尺寸为 1.5m×3m。

　　（3）此建筑物两面有外窗。

　　（4）此建筑物供暖房间体积为 $21×12×6=1512m^3$。

2-11　什么是得热量？什么是冷负荷？简述二者的区别。

2-12　室内冷负荷包括哪些内容？

2-13　空调制冷系统负荷包括哪些内容？

2-14　新风负荷如何确定？

2-15 湿负荷包括哪些内容? 如何计算?

2-16 在什么情况下, 任何时刻房间瞬时得热量总和的数值等于同一时刻的瞬时冷负荷?

2-17 外墙和屋面的逐时冷负荷计算温度如何计算?

2-18 试计算石家庄市某空调房间围护结构的瞬时冷负荷, 计算时间为 8:00~20:00。

已知条件:

(1) 屋顶面积为 $21 \times 12 = 522 m^2$, $K = 0.73 W/(m^2 \cdot ℃)$, 结构类型 3;

(2) 南窗为双层玻璃钢窗。外窗尺寸为 1.5m×3m, 共有六个, 总面积为 $1.5 \times 3 \times 6 = 27 m^2$, 内挂浅色窗帘;

(3) 南外墙面积为 $21 \times 6 - 27 = 99 m^2$, 外表面为浅色, $K = 0.56 W/(m^2 \cdot ℃)$, 结构类型 3;

(4) 室内温度 $t_R = 26℃$, 围护结构外表面放热系数 $\alpha_o = 16.3 W/(m^2 \cdot ℃)$, 内表面放热系数 $\alpha_i = 8 W/(m^2 \cdot ℃)$。

参 考 文 献

[1] GB 50736—2012 民用建筑供暖通风与空气调节设计规范. 北京: 中国建筑工业出版社.

[2] 顾兴蓥主编. 民用建筑暖通空调设计技术措施. 北京: 中国建筑工业出版社, 1996.

[3] GBZ 1—2010 工业企业设计卫生标准.

[4] 电子工业部第十设计研究院主编. 空气调节设计手册 (第二版). 北京: 中国建筑工业出版社, 1995.

[5] 陆耀庆主编. 实用供暖空调设计手册 (第二版). 北京: 中国建筑工业出版社, 2008.

[6] 中国建筑科学研究院空调所. 空调技术. 1983. No1.

[7] 薛殿华主编. 空气调节. 北京: 清华大学出版社.

[8] 柴慧娟等编著. 高层建筑空调设计. 北京: 中国建筑工业出版社, 1995.

[9] 赵荣义主编. 简明空调设计手册. 北京: 中国建筑工业出版社, 1998.

[10] 龙惟定, 武涌主编. 建筑节能技术. 北京: 中国建筑工业出版社, 2009.

[11] 马最良, 姚杨主编. 民用建筑空调设计. 北京: 化学工业出版社, 2009.

第3章 全水系统

3.1 全水系统概述

3.1.1 全水系统的组成

供暖空调系统中传递能量的介质称为"热媒"或"冷媒"。以水为介质将热量从热源或冷量从冷源传输到室内的供暖或供冷设备,以承担室内热负荷或冷负荷的系统称为全水系统。在全水系统中传递热量的"热媒"称为"热水";传递冷量的"冷媒"称为"冷水"(工程中又常称"冷冻水")。

按提供热量还是冷量,将全水系统分为:供热的全水系统、供冷的全水系统和既供热又供冷的全水系统。全水系统由热源或(和)冷源、管道系统和末端装置组成。供热的全水系统由热源、输送热水的管道系统和室内供热设备(末端装置)组成。热水在热源得到热量温度升高,由管道系统输送到末端装置,在末端装置内向室内供热后温度降低,回到热源加热后再被送出。供冷的全水系统由冷源、输送冷水的管道系统和室内供冷设备(末端装置)组成。冷水在冷源得到冷量温度降低,由管道系统输送到末端装置,在末端装置内向室内供冷后温度升高,回到冷源冷却后再被送出。既供热又供冷的全水系统中同时有热源和冷源,末端装置既是供热设备,又是供冷设备。全水系统中的热水或冷水不断地循环,不断将热量或冷量供给房间,以调节和控制室内空气参数,创造满足一定舒适度要求的人工环境。

3.1.2 全水系统末端装置

末端装置是指供暖空调系统中、置于室内的释放热量或冷量的终端设备或器具。全水系统中常用的末端装置有散热器、暖风机、风机盘管和辐射板。其中散热器和暖风机只有供暖功能;风机盘管和辐射板具有供暖和供冷功能。

末端装置按与空气换热的方式可分为对流型和辐射型两类。以对流换热为主的末端装置是对流型,如暖风机、风机盘管等;与对流型末端装置相比辐射换热量较大的末端装置是辐射型,如辐射板。

对流型末端装置按与空气对流换热的方式又可分为自然对流型与强迫对流型两种。空气靠其密度差产生的重力压头驱动,掠过换热器表面的是自然对流型末端装置;空气靠风机驱动,掠过换热表面的是强迫对流末端装置。暖风机和风机盘管属于此类。

末端装置的热媒可以是水、蒸汽等。散热器、暖风机和辐射板不仅可用于全水系统,也可用于蒸汽系统;风机盘管用于全水系统或空气-水系统。供暖空调系统中用水作为热媒或(和)冷媒的末端装置称为全水系统的末端装置。

3.1.3 全水系统的分类

全水系统按所采用的末端装置不同可分为：采用散热器的全水系统；采用暖风机的全水系统；采用辐射板的全水系统；采用风机盘管的全水系统。

供暖是向室内供热，使室内保持生活或工作所需温度的技术、装备或服务的总称。空调是使房间的空气温度、湿度、洁净度和空气流速等参数达到给定要求的技术、装备或服务的总称[1]。全水系统在供暖和空调系统中得到应用。常见供暖系统按热媒不同分为热水供暖系统和蒸汽供暖系统（见第4章）。其中只有供暖功能的全水系统是热水供暖系统。按末端装置的不同，热水供暖系统有散热器热水供暖系统和暖风机热水供暖系统等。它们是本章在下面要介绍的主要内容。采用辐射板和风机盘管的全水系统将分别在第5章和第6章阐述。

3.2 散热器和散热器热水供暖系统

散热器是应用最广泛的供暖系统的末端装置。散热器热水供暖系统是目前国内外应用最广泛、最主要的供暖方式。

3.2.1 散热器

散热器内部流通热媒——热水或蒸汽，外部掠过室内空气。由于其表面温度高于供暖房间内的空气、围护结构，通过对流与辐射换热把热量传递给房间，散热器内的热水温度降低或蒸汽凝结成冷凝水。房间不断地获得热量，从而保持一定的室内温度，达到供暖的目的。

散热器的金属耗量和造价在供暖系统中占有相当大的比例，因此，散热器的正确选用涉及供暖系统的经济指标的高低和运行效果的优劣。

3.2.1.1 对散热器的要求

对散热器的要求是多方面的，可归纳为以下四个方面：

（1）热工性能

散热器应具有优良的传热性能。同样材质的散热器，其传热系数数值越高、热工性能越好。可采用在外壁加翼（肋）片来增加传热面积以及优化散热器的外形和尺寸；提高散热器周围空气的流动速度（见3.2.1.2加罩钢管串片散热器）；减少散热器各组成部件间的接触热阻（如保证钢制串片散热器的钢管与串片的紧密嵌套）和强化散热器外表面辐射强度（如外表面饰以辐射系数高的涂料）等增大传热系数的措施来增强散热器的热工性能。

（2）经济指标

散热器单位散热量的成本（元/W）越低，安装费用越低，使用寿命越长，其经济性越好。同样材质散热器的金属热强度（在标准测试工况（见3.2.1.4）下，每1℃传热温差单位质量金属的散热量（单位为W／（kg·℃））越高，耗金属量越少，其消耗资源少，经济性越好。

（3）安装使用和工艺方面的要求

散热器应具有一定的机械强度和承压能力。对于片式铸铁散热器，应便于安装和组合成所需的散热面积；对整体式钢制散热器，应便于选择出所需的散热面积。散热器尺寸应较小，少占用房间面积和空间；安装和使用过程不易破损；制造工艺简单、适于批量生产。

（4）卫生和美观方面的要求

散热器表面应光滑，易于清除灰尘；外形应美观，与房间装饰协调。

3.2.1.2　散热器的种类

散热器按传热方式分为辐射散热器和对流散热器。对流散热器的对流散热量几乎占100%，有时称其为"对流器"；相对对流散热器而言其他散热器同时以对流和辐射散热，有时称其为"辐射器"。

散热器按材质分为铸铁散热器、钢制散热器和其他材质的散热器。

我国市场上的散热器品种繁多，不胜枚举，下面仅介绍其主要品种。

（1）铸铁散热器

20世纪开始采用的铸铁散热器用灰口铸铁浇铸而成。由于结构简单、耐腐蚀、使用寿命长、水容量大而沿用至今。其金属耗量大、笨重、金属热强度比钢制散热器低。铸铁散热器（图 3-1）有柱形、翼形、柱翼形和板翼形等[2][3]。有的铸铁散热器有"足片"与"无足片"（中片）之分，分别用于落地和挂墙安装。

铸铁柱形散热器是外形呈中空柱状的单片散热器，用对丝将散热器片按所需散热面积组对成一组散热器。常用铸铁柱形散热器根据单片竖向水流通道的数量分为二柱（图a左图）、三柱和四柱（图a右图）等。柱形散热器外形美观，传热系数较大，单片散热量小，容易组对成所需散热面积，积灰较易清除；体形较宽，占地较大。

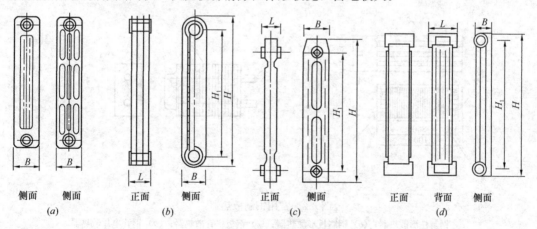

侧面　　侧面　　　　正面　　侧面　　　　正面　　侧面　　　　　正面　　背面　　侧面

（a）　　　　　　　（b）　　　　　　（c）　　　　　　　　（d）

图 3-1　铸铁散热器

（a）柱形散热器；（b）翼形散热器；（c）柱翼形散热器；（d）板翼形散热器

图中 H 为中片高度；H_1 为热媒进出口中心距；L 为单片长度；B 为宽度

铸铁翼形散热器（图 b）是在外表面铸造有翼片的散热器。翼片可增大换热系数较小的外侧（空气侧）的换热面积，从而增大散热器的传热量，但翼片不利于清除积灰。

铸铁柱翼形散热器（图 c）是柱形和翼形的结合体，在过水的柱形通路外表面增加翼片，从而增加散热面积。组装灵活、外形美观、体形较紧凑。

铸铁板翼形散热器（图 d）的主体及翼片在散热器的正面形成平面、其他翼片在侧面或后面，组装后在散热器的正面形成大平面。体形紧凑、外形美观，组装灵活、金属热强度高，正面便于擦拭。

（2）钢制散热器

钢制散热器有柱形、板形、扁管、钢管串片和光排管等多种形式[4]。除光排管外，其他类型钢制散热器的问世晚于铸铁散热器，它是用钢材制成的，制造工艺先进，适于工业化生产，外形美观，易实现产品多样化、系列化，适应于各种建筑物对散热器的多功能要求，金属耗量少，安装简便，承压能力较强，占地面积小。但耐腐蚀能力差，要求供暖系统进行水处理，非供暖期需满水养护。施工安装时要防止磕碰。钢制散热器水容量小，热惰性小。在间歇供暖时，停止供暖后，延续供暖效果差，因此不宜与铸铁散热器混用于同一个间歇供暖的供暖系统中。不宜用于有腐蚀性气体的生产厂房和相对湿度较大的房间。常见钢制散热器见图 3-2。

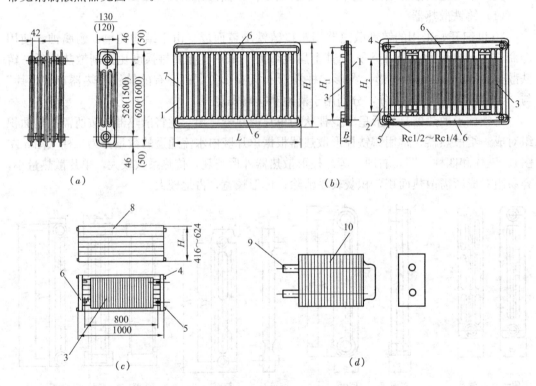

图 3-2 常用钢制散热器

(a) 钢制柱形散热器；(b) 钢制板形散热器；(c) 钢板扁管散热器；(d) 钢管串片散热器

1—面板；2—背板；3—对流片；4—进水口；5—出水口；6—联箱；7—竖水道；
8—扁管；9—钢管；10—钢串片

钢制柱形散热器，见图 3-2（a）。其构造与铸铁柱形散热器相似，但所用材质和制造工艺不同。钢制柱形散热器由若干单片组成，用氩弧焊焊成整体。

钢制板形散热器，见图 3-2（b）。由面板 1、背板 2、对流片 3、进水口 4 和出水口 5 等组成。面板和背板用 1.2～1.5 mm 冷轧钢板冲压成型。面板与背板滚焊成整体后形成水平联箱 6 和竖向水道 7。背板后面可焊对流片增加散热面积，进出水口连到联箱上。

钢制扁管形散热器，见图 3-2 (c)。由长方形扁管 8 平排成平面，并在背面、扁管两端加联箱 6 焊成整体。背面可点焊对流片 3，还可以构成双板（面板和背板均为图 3-2c 中所示扁管 8）中间夹对流片的形式。

钢管串片散热器，见图 3-2 (d)，带管孔的钢串片 10 套在钢管 9 上制成。该种散热器分无罩（如图中所示）和有罩两种。有罩钢制串片散热器的外罩，可强化钢串片外表面的对流换热，是典型的对流散热器。

光排管散热器，见图 3-3，由钢管组合焊接而成。可以现场制作，易于清除积灰，承压能力高，但较笨重，金属热强度小，占地面积大。适用于工厂车间，特别是生产过程中灰尘较大的场所。图 (a) 为用于热水供暖系统的光排管，图中各水平管串联。过水短管 1 连通各水平钢管，支撑短管 2 为非过水短管，仅起支承作用；图 (b) 为用于蒸汽供暖系统的光排管，各水平钢管为并联，有两个凝结水出口，可根据供暖系统的形式选择其中的一个。

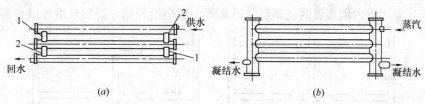

图 3-3 光排管散热器

(a) 用于热水供暖系统的光排管散热器；(b) 用于蒸汽供暖系统的光排管散热器

1—过水短管；2—支撑短管

（3）其他材质散热器

除铸铁和钢制散热器外，还有铝、铜、钢铝复合、铜铝复合、不锈钢铝复合和搪瓷等材料的散热器[3]。铝合金散热器加工方便、结构紧凑、金属热强度高、重量轻、外形美观、不怕氧腐蚀，但不如铸铁散热器耐用，不能经受碱性水腐蚀。铜制散热器耐腐蚀、使用寿命长、铜的导热性好、承压能力高、易加工，但要消耗有色金属铜。搪瓷散热器耐腐蚀、外形美观、易清洁，但忌强烈撞击。

3.2.1.3 散热器的选择、布置

（1）散热器的选择

散热器的投资费用在供暖系统总投资中所占的比例较大，而且又布置在人们经常活动的空间，因此在选择散热器时除应考虑热工性能和经济性之外，还要兼顾承压能力、耐用、美观和与环境协调等。所选散热器应注重考虑以下要求：

① 热工性能好，在同类散热器中传热系数高。供热能力应满足房间供暖要求。

② 承压能力符合要求。热水供暖系统下部各层散热器承受的压力比上部各层大，因此散热器的承压能力应大于供暖系统底层散热器的实际工作压力。

③ 外形应与室内装饰协调，其尺寸应适应建筑尺寸和要求。在标准高的建筑中更应注重其外形美观。

④ 易清除积灰。

在产尘和对防尘要求较高的工业建筑中，应采用易于清除灰尘的散热器。在有腐蚀性气体的生产厂房或相对湿度较大的车间，地下水为水源且水质或水处理不佳时应采用铸铁

散热器。若供热系统水质符合要求时，可选用钢制、铝制、铜制散热器[3]。安装热量表和恒温阀的热水供暖系统宜选用清除铸砂的铸铁散热器。间歇供暖的同一系统中不宜混用水容量差别较大的不同类型的散热器。

（2）散热器的布置

图 3-4 表示散热器的布置方案。图（a）散热器布置在外墙的窗下，该方案的优点是少占用室内使用面积，提高外墙和外窗下部墙体内表面的温度，减少对人体的冷辐射；阻止渗入室内的空气形成下降的冷气流，房间贴近地面处的空气温度较高，从而可提高房间的热舒适性。其缺点是增加了散热器挂靠处外墙的热损失。图（b）表示散热器靠内墙布置。其优点是某些场合下可减少管路系统的长度。其缺点是沿房间地面流动的空气温度较低，降低舒适度；占用室内使用面积，影响家具及其他设施的布置；天长日久散热器上升气流中所含微尘附着于散热器上方内墙表面，影响美观。图 3-5 描绘了不同散热器布置方案下室内气流循环和冷热气流的流动趋势[5]。其中图（a）、（b）表示沿外墙布置时的情况，图（c）表示沿内墙布置时的情况。散热器一般多沿外墙，特别是沿外窗布置。

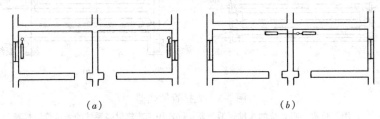

图 3-4　散热器在室内的平面布置

（a）置于外墙下；（b）置于内墙下

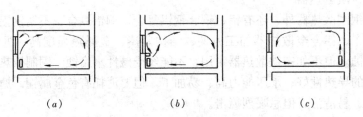

图 3-5　散热器不同布置方案下室内空气循环示意图

（a）置于无窗台板的外墙下；（b）置于有窗台板的外墙下；（c）置于内墙下

散热器可以明装或暗装。明装时，易于清除灰尘、布置简单、有利散热。暗装加罩，增加费用。大多数情况下会减少散热器的散热量，但更美观和安全。对房间装饰要求较高的居住、公用建筑或要防止人员烫伤和磕碰的场所可加装饰罩。老年住所、幼托园所和有特殊功能要求的建筑物的散热器应加罩暗装。

楼梯间的散热器应尽量布置在其底层及下部各层，被加热的空气自行上升到上部，保持楼梯间的供暖温度。为了防冻，两道外门之间的门斗内不应布置散热器，居住建筑楼梯间底层、车间靠近外门等处的散热器应远离外门。

铸铁散热器质量较大，为了便于施工安装和保证片与片之间对丝连接的严密性，粗柱形（包括柱翼形）铸铁散热器的组装片数不宜超过 20、细柱形散热器的组装片数不宜超过 25。如房间热负荷较大，计算所得散热器片数超过上述规定，则应将其分为多组布置。

3.2.1.4 热水散热器用量的计算

散热器供给房间热量,以满足房间供暖所需热负荷。理论上所选择的散热器及其用量应保证其在设计条件下单位时间内的散热量等于房间的供暖设计热负荷。

任一工况下,热水散热器的散热量用下式计算:

$$\dot{Q} = \frac{1}{3600}\dot{M}c(t_i - t_o) = kA\Delta t \tag{3-1}$$

式中 $\dot{Q}$——散热器的散热量,W;

$\dot{M}$——通过散热器的热水流量,kg/h;

c——水的比热,$c=4187$ J/(kg·℃);

t_i、t_o——分别为散热器的进、出口水温,℃;

k——散热器的传热系数,W/(m²·℃);

A——散热器的散热面积,m²;

Δt——散热器热媒平均温度 t_m 与室内空气温度 t_R 之差,℃,$\Delta t = \dfrac{t_i + t_o}{2} - t_R = t_m - t_R$;

t_m——散热器的平均水温,℃,$t_m = \dfrac{t_i + t_o}{2}$;

t_R——室内空气温度,℃。

散热器的传热性能受到许多因素影响:材质、形状、尺寸、内外表面状况、制造质量、有无遮挡等自身条件;内侧热媒的种类、温度、流量以及流动状况等与流体有关的性能;外侧室内空气的温度和流动状况等客观因素。由于影响散热器传热的因素交错、多变,使得散热器的传热性能很难用理论公式计算。只得应用在规定的、标准化的散热器热工性能试验台上测试所得到的数据[6]。在工程中使用这些试验数据时,对与测试条件不同的因素引起的散热量的变化进行修正。

散热器标准化的热工性能测试时,将一定的片数(例如,铸铁柱型用 8 片)或一定长度(例如,钢制板型用 1m 长)的散热器、同侧上进下出连接进出水支管、明装在标准规定尺寸和结构的测试小室内。先使工况稳定在规定标准工况(供、回水温度为 95℃/70℃,测试小室基准点室内温度为 18℃,对应的流量为标准流量)下测试各有关量。然后维持标准流量和小室室内温度,改变供回水温差进行多工况测试[7]。将多次试验结果进行回归,得到标准流量工况下散热器的传热性能公式(3-2)或公式(3-3)。

$$k = a\Delta t^b = a(t_m - t_R)^b \tag{3-2}$$

式中 k——散热器的传热系数,W/(m²·℃);

a、b——回归实验结果得到的散热器传热特性系数;

其他符号同前。

$$\dot{q}_r = c(t_m - t_R)^B \tag{3-3}$$

式中 $\dot{q}_r$——单片散热器的散热量,W/片;

c、B——回归实验结果得到的单片散热器传热特性系数;

其他符号同前。

由于 $$\dot{q}_r = kA_r(t_m - t_R) = aA_r(t_m - t_R)^{1+b} = c\Delta t^B \tag{3-4}$$

因此　　　　　　　　　　　系数 $c = aA_r$，指数，$B = 1 + b$。

式中　A_r——单片散热器的散热面积，$m^2/$片；

然后改变流量，进行测试，得到流量对散热器热工性能的影响。

当使用条件与测试条件不同时，散热器的传热性能发生变化，散热器计算面积（或片数，或长度）用式（3-5）式（3-6）计算：

$$A = \frac{\dot{Q}}{k(t_m - t_R)}\beta_1\beta_2\beta_3\beta_4 \tag{3-5}$$

式中　A——散热器计算面积，m^2；

　　　$\dot{Q}$——供暖设计热负荷，W；

　　　β_1——散热器片数（或长度）修正系数；

　　　β_2——散热器支管连接方式修正系数；

　　　β_3——散热器的安装形式修正系数；

　　　β_4——散热器流量影响系数。

$$n = \frac{A}{A_r} = \frac{\dot{Q}}{\dot{q}_r}\beta_1\beta_2\beta_3\beta_4 \tag{3-6}$$

式中　n——散热器的计算片数（或长度）；

其他符号同前。

几种散热器的传热系数、单位（单片或 1m 长）散热器的散热量见附录 3-1、3-2，其他散热器的传热系数查有关设计手册[8]。

例如：四柱 760 型铸铁散热器，$A_r = 0.235m^2$，$k = 2.357(\Delta t)^{0.316}$，则 $\dot{q}_r = 0.554$ $(\Delta t)^{1.316}$。在现行标准规定的标准工况下：$\Delta t = \frac{95 + 70}{2} - 18 = 64.5℃$，$k = 2.357 \times 64.5^{0.316} = 8.79W/(m^2 \cdot ℃)$，$\dot{q}_r = 0.554 \times 64.5^{1.316} = 133.3W/$片。

若供暖系统设计供回水温度为 75～50℃、室内供暖设计温度为 18℃，则 $\dot{q}_r = 0.554 \times 44.5^{1.316} = 81.8W/$片。设计供回水温度为 75～50℃比设计供回水温度为 95～70℃时，一片散热器的散热量减少 39%。

散热器的散热面积是其与空气接触的所有表面面积之和。用式（3-6）计算的优势在于不必计算散热器的散热面积，直接由试验结果得到系数 c 和 B 的数值确定每片散热器的散热量，计算散热器的片数时可以不涉及散热器的散热面积。

式（3-5）、式（3-6）中所列入的四个系数是考虑使用条件与试验条件不同，散热器传热性能变化而对散热器面积和计算片数进行的调整。

由单片组装成的散热器两边（端）的散热器片，其外侧没有相邻片遮挡，因此其散热量比中间片稍大。当实际片数少于测试时规定的片数时，边片传热面积在总传热面积中所占比例增大，使一组散热器单位传热面积传热量增大，即传热系数增加，所需散热器片数应有所减少，片数修正系数 $\beta_1 < 1$；同理，当实际片数多于测试规定片数时，$\beta_1 > 1$。对钢制板型及钢制扁管等整体式散热器进行长度修正，其道理与片数修正类似。当所选散热器长度小于试验条件（例如 1m 长）时，则长度修正系数 $\beta_1 < 1$；同理，当所选散热器长度大于试验条件时，$\beta_1 > 1$。如有不同长度规格的散热器的试验数据，则直接选用对应的数据，不必进行长度修正。散热器安装片数（或长度）修正系数 β_1 的数值可查表 3-1。

散热器安装片数（或长度）修正系数 β_1 表 3-1

散热器形式	各种铸铁及钢制柱形				钢制板形及扁管形		
每组片数或长度	<6 片	6~10 片	11~20 片	>20 片	≤600mm	800mm	≥1000mm
β_1	0.95	1.00	1.05	1.10	0.95	0.92	1.00

　　散热器在供暖系统中可以采用图 3-6 所示的 6 种支管连接方式。连接方式不同时散热器内部的水流趋势、分配以及外表面温度分布不同，使传热量发生变化，用支管连接方式修正系数 β_2 来进行修正。试验时连接方式为上进下出，散热器内的水流总趋势与水在散热器中冷却降温后的重力作用方向一致，而使其传热性能较好，传热系数较大。取这种连接方式下 $\beta_2=1$。若为下进上出时，散热器

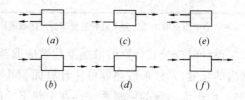

图 3-6 散热器支管基本连接方式
(a) 上进下出（同侧）；(b) 上进下出（异侧）；
(c) 下进上出（异侧）；(d) 下进下出；
(e) 下进上出（同侧）(f) 上进上出

内的水流总趋势与水在散热器中冷却降温后的重力作用方向相反，使散热器散热性能变差，传热系数减小。在相同热负荷下与上进下出连接方式相比，所需散热器面积略有增加，则 $\beta_2>1$。散热器安装支管基本连接方式修正系数 β_2 的数值可查表 3-2。

散热器支管连接方式修正系数 β_2 表 3-2

连接方式					
各类柱形	1.0	1.009	1.251	1.39	1.39

注：柱形散热器为原 M-132 型所测数据，其他类型散热器可参考采用，数据来源于原哈尔滨建工学院。

　　测试散热器性能时为明装。若加罩、暗装，使散热器传热性能有变化，用安装形式修正系数 β_3 来修正。加罩暗装后散热器辐射散热量减少，对流散热量可能增加。大多数散热器加罩暗装后散热量减小。只有在采取暗装措施致使对流散热量的增加值大于辐射散热量的降低值时其散热量才是增加的。如加罩后其散热量减小，则 $\beta_3>1$，需要增加散热器用量；反之，$\beta_3<1$，则可减少散热器用量。散热器安装形式修正系数 β_3 的数值可查表 3-3。

散热器安装形式修正系数 β_3 表 3-3

安 装 形 式	β_3
装在墙体的凹槽内（半暗装）散热器上部距墙距离为 100mm	1.06
明装但散热器上部有窗台板覆盖，散热器距离台板高度为 150mm	1.02
装在罩内，上部敞开，下部距地 150mm	0.95
装在罩内，上部，下部开口，开口高度均为 150mm	1.04

　　流量变化时，散热器内部水流分配、流动状态变化可能导致传热性能变化，用流量影响系数 β_4 来调整。一般情况下，实际流量增加时，散热器传热性能增强，则 $\beta_4<1$。散热器流量影响系数 β_4 的数值可查表 3-4。

进入散热器的流量修正系数 β_4

表 3-4

散热器类型	流量增加倍数						
	1	2	3	4	5	6	7
柱形、柱翼形	1.0	0.9	0.86	0.85	0.83	0.83	0.82
扁管形	1.0	0.94	0.93	0.92	0.91	0.90	0.90

注：表中流量增加倍数为 1 时的流量即为散热器进出口水温为 25℃时的流量，亦称标准流量。

设计时按公式计算的散热器片数应取整（对板式散热器等类型的散热器应取规格中所列出的长度）。柱形散热器可比计算面积小 $0.1m^2$，翼形或其他类型散热器可比计算值小 5%。由于大多数的供暖系统存在上热下冷的失调（见 3.9），因此还可采用上层减、下层加的办法取整（或选规格）。运行时散热器的实际散热量与需求值不一致时，会使室内温度偏离设计温度。这是经常发生的实际问题。在散热器的供水支管上加恒温阀或调节阀（见 3.2.2.3），可使供暖房间室内温度控制在确定水平，避免所采用散热器面积偏差造成的失调和达到节能的目的。

3.2.2 散热器热水供暖系统

散热器热水供暖系统是以散热器作为末端设备的热水供暖系统。它不仅在公用建筑、居住建筑中得到最广泛的应用，而且在工业建筑及其辅助建筑中也是常见的供暖形式。

3.2.2.1 散热器热水供暖系统的设计供回水温度

热水供暖系统设计供水温度和设计供回水温差的取值应综合热源种类及所提供的参数、室外供热管网设计及运行数据、热用户的要求，考虑舒适、安全、经济、节能等因素，通过经济技术比较确定。目标是在满足用户供暖需求的条件下降低系统投资和运行费用、减少能源和资源消耗。对不同热源类型、不同室外热网形式其取值应有所不同。一般情况下利用常规能源的系统，热源为热电厂或使用化石燃料的锅炉房，设计供水温度的取值可以稍高；利用太阳能、地热水等再生能源的系统，设计供水温度的取值可以稍低。根据设计供水温度的取值高低，将热水供暖系统分为高温水供暖系统和低温水供暖系统。各国高温水与低温水的界限不一样。我国将设计供水温度高于 100℃的系统称为高温水供暖系统；设计供水温度低于 100℃的系统称为低温水供暖系统。高温水供暖系统主要用于对卫生要求不高的工业建筑及其辅助建筑中。设计供水温度可取较高数值，但一般不超过 130℃。散热器表面温度高，易烫伤皮肤，烤焦有机灰尘，卫生条件及舒适度较差，但可节省散热器用量、减少资源消耗和降低投资。低温水供暖系统主要用于住宅及公用建筑中，设计供水温度可取 70~95℃。其优缺点与高温水供暖系统正好相反，室内舒适感和卫生条件较好，但增大散热器用量、增加资源消耗和投资。

设计供回水温差较大时，可减小管道系统管径，降低输送热媒所消耗的电能，节省运行费用。设计供回水温差过大时，对应的流量偏小，管材用量和输送能耗减少，系统容易失调（失调是指向用户（或散热器）的实际供热量或流量偏离设计或需求的热量或流量）。设计供回水温差较小时，则正好相反。对高温水供暖系统，设计供回水温度及其温差可取较大一些的数值。常取设计供回水温度 120℃/70℃、110℃/70℃；设计供回水温差常取40~50℃等。低温水供暖系统的设计供回水温度可取 75℃/50℃、85℃/60℃、95℃/70℃

等；设计供回水温差常取 20～25℃。我国现行规范规定民用建筑散热器热水供暖系统供回水温度宜按 75℃/50℃进行设计，且设计供水温度不宜大于 85℃，设计供回水温差不宜小于 20℃[9]。热源采用地热、太阳能等再生、绿色能源，供水温度可取 50～60℃[10]。

3.2.2.2 热水供暖系统的循环动力

水在热水供暖系统中的循环动力称为作用压头。按循环动力的不同，将热水供暖系统分为重力（自然）循环系统和机械循环系统，见图 3-7。

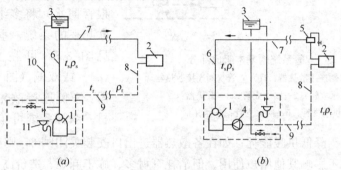

图 3-7 按系统循环动力分类的热水供暖系统
(a) 重力循环热水供暖系统；(b) 机械循环热水供暖系统
1—锅炉；2—散热器；3—膨胀水箱；4—循环水泵；5—集气罐或自动放气阀；
6—供水主立管；7—供水干管；8—立管；9—回水干管；10—信号管；11—排水设备

重力循环系统（图 a）中水靠其密度差循环，该作用压头称为重力循环作用压头。水在锅炉 1 中受热，温度升高到 t_s，体积膨胀，密度减少到 ρ_s，使水沿供水主立管 6 上升、经供水干管 7、立管 8、进入散热器 2 中。在散热器中水温降低到 t_r，密度变大到 ρ_r，沿回水干管 9 回到锅炉内重新加热，这样周而复始地循环，不断把热量从热源送到房间。膨胀水箱 3 的作用是吸纳系统水温升高时热膨胀而多出的水量，补充系统水温降低和泄漏时短缺的水量，稳定系统的压力和排除水在充水和加热过程中所释放出来的空气。为了顺利排除空气，供水干管 7 的标高应沿水流方向下降（图中坡度箭头指向管道标高降低处），因为重力循环系统中水流速度较小，可以采用气水逆向流动，使空气从管道高点所连膨胀水箱排除。干管坡度 $i \geqslant 0.002$。重力循环系统不需要外来动力，运行时无噪声、调节方便、管理简单。由于作用压头小，同等流量时所需管径大，只宜用于没有集中供热热源、对供热质量有特殊要求的小型建筑物中。是最早应用的热水供暖系统形式。

机械循环系统（图 b）中水的循环动力主要来自于循环水泵 4，该系统的循环动力称为机械作用压头。大多数情况下膨胀水箱 3 接到系统循环水泵 4 的入口侧。在此系统中膨胀水箱不能起排气作用，所以在系统水平供水干管末端（为管段高点）设有集气罐 5，进行集中排气。供水干管的标高向集气罐提升。机械循环系统作用半径（作用半径指主立管到最远立管的展开水平长度）大，是集中供暖系统的主要形式。图 3-7 中虚线框表示系统的热力中心（小型锅炉房或热力站）。

3.2.2.3 散热器热水供暖管道系统

散热器热水供热管道系统有多种形式。应充分了解各种管道系统的特点并结合热源热媒参数和管道的来向、建筑物的规模、层数、布置管道的条件和用户要求等来选择。其基本形式有以下几类。

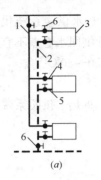
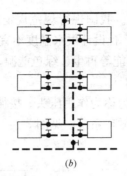

图 3-8 双管系统的基本组成部分

(a) 立管单侧连接散热器；(b) 立管双侧连接散热器

1—供水立管；2—回水立管；3—散热器；

4—供水支管；5—回水支管；6—阀门

(1) 双管系统与单管系统

按连接相关散热器的管道数量，将散热器热水供暖系统分为双管系统与单管系统。

双管系统是用两根立管或两根水平支干管（一根管供水、一根管回水）将多组散热器相互并联起来的系统。垂直式双管系统见图 3-8。可在立管单侧（图(a)）或双侧（图(b)）连接散热器。双侧连接散热器时可节省管材。双管系统可单个调节散热器的散热量，有利于降低供暖能耗；如在各散热器进出口安装关闭阀 6，则维修和改变散热器的散热量时，不影响其他用户使用。但消耗管材多、施工麻烦、造价高。双管系统用于要求供暖质量较高、可单个调节散热器散热量的建筑。

单管系统是用一根立管或一根水平支干管（既是供水管，又兼回水管）将多组散热器依次串联起来的系统。在图 3-9 中给出垂直式单管系统的基本形式[5]。同样可在立管单侧或双侧连接散热器，图中仅以单侧连接散热器示出。单管系统比双管系统节省管材，造价低，施工进度快，单管系统立管中的热水依次流进各层散热器，各层散热器的进出水温度完全不等。散热器进、出水温度按供水到达各组散热器先后顺序依次递减，而散热器面积递增。若串联的散热器组数过多，各散热器的温差过小，恒温阀的调节性能变得很差。另外若为垂直水平式系统式，因系统底层散热器供水温度偏低、所需片数较多，有时造成散热器布置困难。因此水平式（或垂直式）单管系统每一支路（或每一立管）散热器不宜超过 6 组（6 层）[9]。

单管系统分为顺流式、跨越管式和分流管式三大类。图(a)为顺流式，立管 1 中的全部热水依次流过各层散热器 2；图(b)为跨越管式。在散热器 2 的供水支管 3 上安装

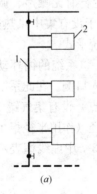
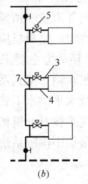
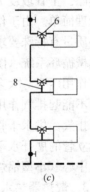

图 3-9 单管系统的基本形式

(a) 顺流式；(b) 跨越管式；(c) 分流管式

1—立管；2—散热器；3—供水支管；4—回水支管；5—两通调节阀（或温控阀）；

6—三通调节阀；7—跨越管；8—分流管

两通调节阀5，立管中的热水依次流到各层后部分流进跨越管8、部分流入散热器2。图（c）为分流管式，设有分流管8和三通调节阀6。当三通调节阀完全关闭分流管时，通过分流管的流量为零（因此将该短管称为"分流管"，而不是跨越管），立管中的热水全部流进各层散热器2，系统相当于顺流式；当三通调节阀部分关闭散热器分流管时，立管中的热水部分流进散热器2、部分进入分流管8，系统相当于跨越管式。

图3-9中所给出几种单管系统也有各自的优缺点。图（a）为顺流式单管系统。每一立管中热水依次流经各层散热器，与各层散热器流量相等，结构简单；无跨越管、节省管道；比跨越管式单管系统减少散热器用量；散热器支管无调节阀，减少阀门费用。因此造价低、施工简便。但不能单个调节散热器的散热量，不利于节能和提高供暖质量。可用于公共建筑的厅堂、馆所和工业建筑的车间等建筑面积大、不需对单个散热器的散热量进行调节的处所。图（b）为跨越管式单管系统。与顺流式相比散热器的散热量可调，因而可以节能和提高供暖质量。但要增加跨越管、散热器和两通调节阀门的费用，增加系统的阻力损失，安装稍麻烦。可用于要求单个调节散热器散热量的各类建筑中。图（c）为分流管式单管系统。该系统兼有顺流式系统可减少散热器用量和跨越管式系统可调节室温、节能的优点。而且比跨越管式系统散热器散热量的调节范围要大，更加有利于调节室温和节能。与顺流式相比要增加三通调节阀门的费用，增加系统的阻力损失。是单管系统中最有利于实现单个散热器调节的系统。该系统取分流管的流量为零的工况为设计工况。

（2）垂直式系统与水平式系统

根据各楼层散热器的连接方式，热水供暖系统分为垂直式系统与水平式系统。垂直式系统如图3-7～图3-9所示，位于同一垂线上、不同楼层的各散热器与立管连接。水平式系统如图3-10所示，同一楼层的散热器与水平支干管相连接。垂直式系统与水平式系统都可采用双管与单管（顺流式、跨越管式或分流管式）式。

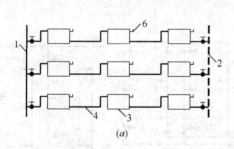 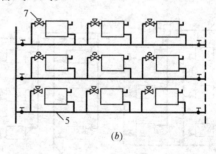

图3-10　水平式供暖系统

（a）顺流式；（b）跨越管式

1—供水立管；2—回水立管；3—散热器；4—水平支干管；5—跨越管；6—放气阀；7—两通调节阀

垂直式系统大直径的干管可布置在底层（或管沟）顶棚下或设备层内，立管多，但无水平支干管。便于集中排气。同一用途房间（例如楼梯间 、卫生间等）的散热器可连接在同一立管上，便于调节、维修，以及维修时不影响其他房间供暖。

水平式系统便于分层或分户控制和调节。大直径的干管少、水平支干管多、穿楼板的立管少，有利加快施工进度。系统中单独设置膨胀水箱时，水箱标高可以降低。室内无立管比较美观。但靠近地面处布置管道，有碍清扫。水平式系统以往多用于有大面积的厅、堂等公用建筑中，近年来用于居住建筑分户热计量系统。

图 3-11 表示出水平式系统的排气和热补偿措施。排气有两种方式——在各散热器上设置放气阀 3 (图中上层散热器)排气或将多组散热器上部对丝口用空气管 4 串联起来集中 (图中下层散热器)排气。当水平支管较长时，由于热胀冷缩可能引起管道变形和接口漏水，可每隔几组散热器加方形补偿器 2，利用补偿器的变形来补偿管段的热胀冷缩。以防止管道变形和接口渗漏。图中下层散热器供水管有多个弯头，管道的热胀冷缩可得到自然补偿，不需再设方形补偿器。

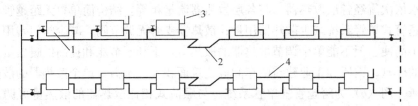

图 3-11　水平式系统的排气及热补偿措施
1—散热器；2—方形补偿器；3—放气阀；4—空气管

（3）干管位置不同的系统

根据建筑物布置干管的条件，热水供暖管道系统可采用图 3-12 所示的上供下回式、上供上回式、下供下回式和下供上回式。"上供"是指供水干管在所有散热器之上，热媒沿立管从上向下供给各楼层散热器；"下供"是指供水干管在所有散热器之下，热媒沿立管从下向上供给各楼层散热器。"上回"是指回水干管在所有散热器之上，热媒沿立管从下向上由各楼层散热器回流；"下回"是指回水干管在所有散热器之下，热媒沿立管由各楼层散热器从上向下回流。干管位置不同系统的基本组成部分可以为单管或双管系统，可以是垂直式或水平式系统。图 3-12 中仅以垂直双管系统示出。

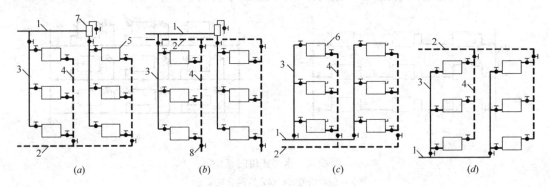

图 3-12　干管位置不同的供暖系统
(a) 上供下回式；(b) 上供上回式；(c) 下供下回式；(d) 下供上回式
1—供水干管；2—回水干管；3—供水立管；4—回水立管；5—散热器；6—放气阀；
7—集气罐或自动放气阀；8—放水阀

1）上供下回式系统（图 a），布置管道方便，排气顺畅，顶层和底层都要有布置干管的条件。是用得最多的系统形式。

2）上供上回式系统（图 b），干管不与地面设备及其他管道发生占地矛盾。但立管消耗管材量稍多，立管下面均要设放水阀。主要用于下部布置干管发生困难的场所。

3）下供下回式系统（图 c），因供回水干管都设在系统底部，如果干管布置在地下室，干管的散热量能得到有效利用。顶棚下无干管，比较美观；安装一层即可供暖，给冬季施工带来便利条件。底层需要设管沟或有地下室，以便于布置两根干管；要在每一组散热器上设放气阀排除空气或设空气管集中排气（见图 3-45）。

4）下供上回式系统（图 d），与上供下回式系统相对照，被称为倒流式系统。图（d）的下供上回式系统是双管式系统，若为单管式系统，底层散热器平均温度高，从而可减少底层散热器面积，有利于解决某些建筑物中底层房间热负荷大、散热器面积过大、难于布置的问题。立管中水流方向与空气浮升方向一致，有利于将水中分离出来的空气由下至上带到系统顶部排除，是图 3-12 所示的系统中最有利于排气的系统。但散热器采用下进上出连接，其用量增加。

中供式系统将建筑物供暖系统分为上下两部分，供水干管水平部分（或供回水干管）设置在建筑物中部，分别向其上部和下部供水。如图 3-13 所示，上半部分系统为下供式系统；下半部分系统为上供式系统。要求建筑物中部有布置干管 1（或 1、2）的条件，上半部分系统与下半部分系统可共用（图 a）或单设（图 b）回水干管 2。中供式系统可减轻竖向失调，但计算和调节都比较麻烦。是楼层数较多建筑物可供选择的系统形式之一。

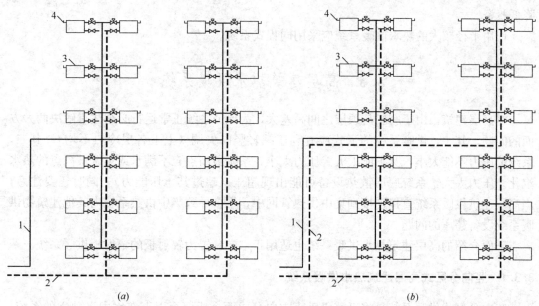

图 3-13 中供式热水供暖系统
(a) 共用回水干管；(b) 单设回水干管
1—供水干管；2—回水干管；3—散热器；4—放气阀

（4）同程式系统与异程式系统

按各并联环路水的流程长度的异同，供暖系统可分为同程式系统与异程式系统，如图 3-14。热媒通过各个立管的流程基本相等的系统称为同程式系统，如图（a）。系统立管①离供水总干管 1 最近，离回水总干管 2 最远；立管④离供水总干管 1 最远，离回水总干管 2 最近。从 A 点到 B 点通过①～④各立管环路的长度基本相同。热媒沿各个立管的流程长度不同的系统称为异程式系统，如图 (b)。图中从 A 点到 B 点热媒通过立管①的流程最短；通过立管④的流程最长。通过立管①~④的流程长度都不同。

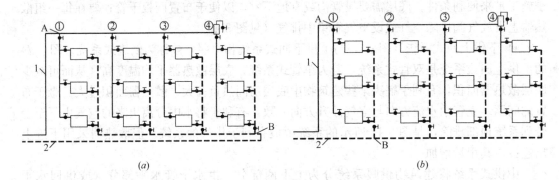

图 3-14 同程式系统与异程系统
(a) 同程式系统 ；(b) 异程式系统
1—供水总干管；2—回水总干管

同程式系统设计水力计算时各环路易于平衡。一般情况下要多耗费些管材，其增量决定于系统的具体条件和布管的技巧，布置管道得当时增加不多。异程式系统节省管材，可降低投资。

作用半径较大的热水供暖系统应采用同程式系统。

3.3 高层建筑热水供暖系统

对高层建筑，由于底层与顶层之间高差大，为保证系统正常运行必须注重解决两大方面的问题，其一，供暖系统的形式应有利于减轻竖向失调（上下各层冷热不均）；其二，系统的压力不能太小，又不能太大。压力太小，系统最高点充不满水或系统最高点的热水汽化。压力太大，系统底层散热设备可能出现超压（超过其承压能力）。同时还要注意，当高层建筑供暖系统直接连接到集中供热管网中，不会导致集中供热系统内其他建筑物供暖系统设备超压的问题。

下面介绍的高层建筑热水供暖系统也适用于末端装置为辐射板的辐射板供暖系统。

3.3.1 竖向分区式高层建筑热水供暖系统

竖向分区式供暖系统是将系统沿垂直方向分成两个或两个以上在水力上独立的系统，减少了各分区供暖系统的层数。其优点是可同时防止系统下部散热器超压和减轻系统竖向失调。可根据集中供热管网的压力工况、建筑物总层数、所选散热器的允许承压能力等条件将系统分为高、低区或高、中、低区。

竖向分区式高层建筑热水供暖系统有如下两种基本形式：

1. 高区采用间接连接的竖向分区式热水供暖系统

图 3-15 为分为两个区的竖向分区式高层建筑热水供暖系统。低区采用直接连接，室外供热管网中的热水进入热用户供暖系统。高区采用间接连接，室外供热管网通过换热器给室内供暖系统提供热量，不直接使用热媒，高区设置换热设备 1、循环水泵 2

和膨胀水箱3等设备。低区选择直接连接，可以简化系统、节省造价和运行费用，但增加集中供热管网的失水量。间接连接系统要增加设备、增加投资，但减少集中供热管网的失水量。

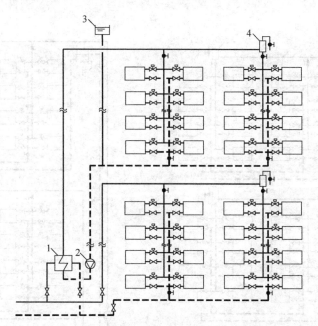

图 3-15　竖向分区式高层建筑热水供暖系统（高区间接连接）
1—换热器；2—循环水泵；3—膨胀水箱；4—集气罐或自动放气阀

室外供热管网在用户处提供的资用压头较大、供水温度较高时可采用高区间接连接的系统。在这种情况下，允许换热器1具有较大的传热温差，以减小其传热面积；有足够的资用压头可克服换热器较大的阻力损失。向高区供热的换热站可设在该建筑物的底层、地下室及中间技术层内，还可设在室外的集中热力站内。当换热站设在底层时，应注意所选设备、管路附件等的承压能力符合要求。

低区供暖系统可根据需要采用直接连接或间接连接。

2. 高区采用双水箱或单水箱的竖向分区式供暖系统

图 3-16 为高区采用双水箱或单水箱的竖向分区式供暖系统。图（a）在高区设两个水箱，用水泵1将供水注入供水箱2，依靠供水箱2与回水箱3之间的水位高差（图中的 h）作为高区供暖系统的循环动力[11]。图（b）在高区设一个回水箱3，利用水泵1出口的压力与回水箱3的水位差作为高区供暖系统的循环动力。系统停止运行时，水泵出口止回阀使系统高区与室外供热管网供水管水力隔离，系统高区的静水压力传递不到底层散热器及连接到室外供热管网的其他热用户。系统热力入口设水泵1，将热水提升到高区，并提供高区供暖系统的循环动力。由于回水箱溢流管6内的水位高度取决于室外供热管网回水管的压力值。回水箱高度超过用户所在室外供热管网回水管的压力。溢流管管6上部为非满管流，供水箱起到将高区系统与室外供热管网回水管隔离的作用。与高区采用间接连接的竖向分区式热水供暖系统相比，高区采用直接连接，回避了采用间接连接时换热器传热温差偏小、换热面积过大的问题。该系统简单，省去了设置换热站

的费用。但建筑物高区水箱占地，建筑结构要承受其荷载。水箱为开敞式，系统容易掺气，增加氧腐蚀。当室外供热管网在用户处提供的资用压头较小、供水温度又较低时，可采用高区设置水箱的系统。

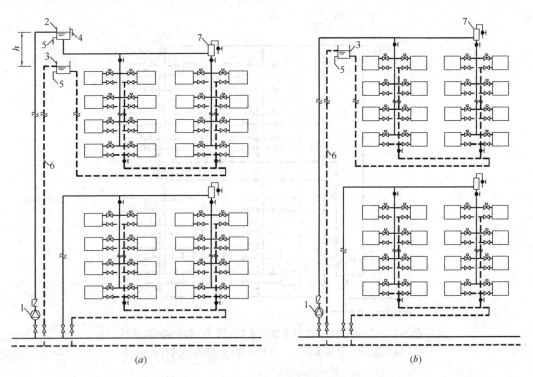

图3-16 高区采用双水箱或单水箱的高层建筑热水供暖系统
(a) 高区双水箱；(b) 高区单水箱
1—水泵；2—供水箱；3—回水箱；4—供水箱溢流管；5—信号管；6—回水箱溢流管；7—集气罐或自动放气阀

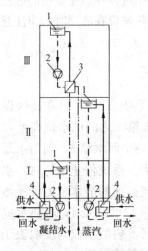

图3-17 并用热水和蒸汽为
热媒的超高层建筑供暖系统
1—膨胀水箱；2—循环水泵；
3—汽水换热器；4—水水换热器

此外，还有不在高区设水箱，在供水总管上设水泵，回水总管上安装减压阀的分区式系统[12]和高区采用下供上回式系统，回水总管上设"排气断流装置"的分区式系统[13]。这些系统可以免去在建筑物高处设置水箱的难处。

3.3.2 并用热水和蒸汽为热媒的超高层建筑供暖系统

对超高层建筑（例如高度大于160m的建筑），如采用一般的热水供暖系统，其底层具有的水静压力已超过一般的管道及其管路附件、散热设备的承压能力（一般管道及其管路附件为1.0MPa～1.6MPa；散热设备为0.4MPa～0.6MPa）。为此，对超高层建筑物可采用沿竖向分成高、中、低三个区或三个以上的区。图3-17为分为三个区的系统[5]。高区供暖系统利用蒸汽为加热热媒，其汽水换热器3的蒸汽来源于室外蒸汽管网或位于底层的蒸汽锅炉房，被加热热媒为高区供暖系统中的循环水。蒸汽密度小，不会给底层管道和设备带来超压的问题。中、低区供暖系统采用热水作为热媒，根据集中供热管网的压力和温度决定其系统采用直接连接或间接连接。图 3-17 中低区采用间接连接。这种系统既可解决系统下部散热器超压的问题，又有利于减轻竖向失调。

3.4 户式热水供暖系统

户式热水供暖系统是指用在供暖规模和面积较小的一个住户内的独立供暖系统。其特点是供暖总负荷不大，供暖参数（温度、压力）不高，散热设备不多；在一个住户有限的面积内将小型热源和散热设备用管道连成系统。这种系统以单层设置散热器居多，也有设置 2~3 层的系统。近年来随着电锅炉和小型燃气锅炉的生产和居民对冬季供暖需求水平的提高，在一些对环境有特别要求的地方、没有集中供暖设施的城镇和农村、冬冷夏热地区，户式供暖形式得到一定程度的应用。该系统安装快捷，用户启停随意灵活、控制方便，有利节能。如采用电或燃气作为能源，要注意安全和有配套设施。本节仅介绍户式供暖系统。

户式供暖系统有重力循环式和机械循环式之分。热源可采用电锅炉、燃气锅炉或燃煤锅炉。燃气锅炉或燃煤锅炉应将烟气排放到室外。

3.4.1 重力循环户式供暖系统

重力循环户式供暖系统如图 3-18 所示。没有水泵运行噪音，不耗电。用于供暖面积较小、有条件设置膨胀水箱 2（兼排气）的住户。由于循环动力小（见 3.7.1.1），应尽量增加散热器 3 与锅炉 1 之间的高差以增加循环动力、尽量减小管路长度、散热器入口配置阻力小的阀门。最好采用调节阀。安装时注意供水干管的坡度和坡向，以保证顺利排气。

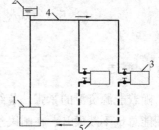

图 3-18 重力循环式户式供暖系统
1—锅炉；2—膨胀水箱；3—散热器；
4—供水干管；5—回水干管

3.4.2 机械循环户式供暖系统

机械循环户式供暖系统常用图 3-19 所示。可采用双管系统（图 a）、单管跨越管式系统（b）或单管顺流式系统（c）。图中虚线框表示小型热源设备。由于设置有循环水泵 2，比重力循环户式系统的供暖范围可大一些。应选运行噪声小的水泵。热源设置小型气压罐 3，以取代膨胀水箱。双管系统中在散热器供水管上安装调节阀，便于个体调节，用集气罐或自动放气阀排气。水平式单管系统用散热器上的放气阀放气。水平单管跨越管式系统在散热器支管上设两通调节阀，以调节散热器的散热量。水平单管顺流式不能对单个散热器进行调节，难于控制房间的温度，宜用于房间数量少、对控制室温要求不高的场合。

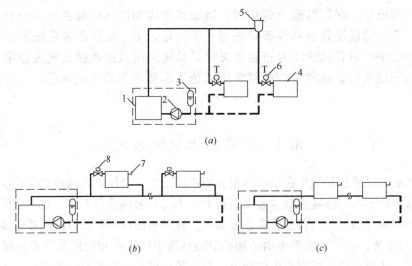

图 3-19 机械循环户式热水供暖系统

(*a*) 双管系统；(*b*) 单管跨越管式系统 (*c*) 单管顺流式系统

1—锅炉；2—循环水泵；3—气压罐；4—散热器；5—集气罐或自动放气阀；

6—温控阀；7—放气阀；8—两通调节阀

3.5　热水供暖系统的热计量及其系统形式

3.5.1　概述

随着能源资源的紧张，节约能源、保护环境与发展经济之间的矛盾日益突出。由于建筑用能总量不断攀升、在国民经济总能耗中占有举足轻重的比例，而供暖能耗在建筑用能中又占有很大的份额，因此降低供暖能耗成为重要的问题。而另一方面随着社会现代化水平的提高，人们对供暖的要求提高、功能呈现多样性的变化，使按需供热、按量收费的问题提到日程上来。在能源紧张的 20 世纪的 70 年代欧洲一些国家开始实行热计量收费，我国酝酿于 80 年代，起步于 90 年代。虽然有一些世界其他国家经验可以借鉴，但由于我国供暖地区广阔、经济发展不平衡、能源供应也不同，建立适合于中国国情的热计量收费体系需要进行大量的工作。热计量收费既涉及供暖系统形式、热量表和热计量装置、自动控制技术及仪表、建筑围护结构诸方面的技术问题，又关系到有关部门制定热费收缴及分摊方式方面的经济政策。在遵循国家经济持续发展和节能的方针政策的前提下，既要保护用户的合法权利，又要有利调动供热企业的积极性。因此，热计量收费是一个涉及许多因素的、关系到社会和谐和稳定的复杂技术经济问题。

就"热计量"一词而言，其范围应包含所有各种形式的热用户和所消耗的各类热能的计量。目前所言"热计量"主要是针对"供暖热计量"。所以本节主要介绍有关供暖热计量的技术问题。为了能够真正实现按需供热、合理收费和达到节能的目标，实行热计量的系统应具备三个方面的条件：(1) 室外供热管网有足够的供应能力，能保证用户对供热参数和流量的要求。(2) 设置热量计量系统，能实现用热量的计量（累计）和分配。(3) 热水供暖系统及其配置应能与所采用的热计量装置和热费分摊方法匹配，系统和用户散热器的供热量（用热量）应可控、可调。

3.5.2 供暖热量计量装置

供暖热量计量装置由计量（含累计）热量的仪表和热量分摊装置组成。

3.5.2.1 热量表

热量表（又称热表）是计量（含累计）热量的仪表。规范规定集中供暖的新建建筑和既有建筑在进行节能改造时，用于热量结算的热量计量装置必须采用热量表[9]。供暖耗热量是系统中同一处流量与供回水温差之积。因此热量表应能测量流量以及供水温度、回水温度（或供回水温差），并能实现耗热量的累计。热量表是由流量计（传感器）、温度传感器和积算仪等多部件组成的机电仪表，可直接计量和显示用户的用热量。其中流量计用于计量热水流量；温度传感器用于测量供暖系统的供、回水温度，采用铂电阻或热敏电阻等制成；积算仪根据流量计与温度计测得的流量和温度信号计算温差、流量、热量及其他参数，可显示、记录和输出所需数据[14]。热量表应经过计量部门检定后使用，保证精度要求。可用于单个热用户和热量结算点多用户的热量计量与结算。

热量表根据流量传感器的不同分为机械式、超声波式、电磁式等。热量表有分体式和一体式。分体式热量表是积分仪和传感器可以分离的热量表；一体式是积分仪和传感器不分离的热量表。图 3-20 是热量表安装示意图。流量传感器 1、供水温度传感器 2 和回水温度传感器 3 的信号输入积分仪 4，根据测得的流量和供回水温度的数值计量及累计热量。图中虚线表示热量表的主要部件。流量计前后应保证一定长度的直管段。入口应装置 Y 形过滤器 6，防止流量计堵塞。过滤器前后安装压力表 7，监视过滤器的运行情况。压差调节阀 5 根据供回水压差来调节用户流量。热量表安装在热量结算点。用于计量热量结算点辖区内的耗热量并实行累计，作为与供热企业进行费用结算、对热用户进行热费分摊的依据。当热量表安装在住户入口时，也可直接利用该热量表的数据进行分户热计量及分摊该用户在整个建筑物耗热量中的比例。户用热量表费用高，抄表和维护工作量大，口径小，在水质不佳时易发生堵塞。

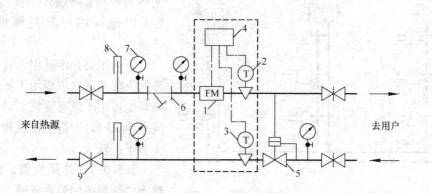

图 3-20 热量表安装示意图

1—流量传感器；2—供水温度传感器；3—回水温度传感器；4—积分仪；

5—压差调节阀；6—Y 形过滤器；7—压力表；8—温度计；9—关断阀

3.5.2.2　热量计量与分摊装置

供暖热量计量装置应能计量热量，并在用户之间实现合理分配提供条件。为此必须具备数据采集和热量分摊两大功能。它由热量结算表、传感器、数据采集控制器、通讯模块及通信线路、计算机及热量分摊软件组成[15]。热量分配系统的数据采集系统性能应稳定可靠、技术性能应满足热费计量要求。热量分摊系统的数据采集有以下多种方法：（1）散热器热分配计法。散热器热分配计有蒸发式、电子式和电子远传式三类，直接贴于各散热器表面使用。蒸发式热分配计通过计量表内水分蒸发量的多少来反映散热器散热量的大小。电子式热分配计通过测量散热器表面温度的高低来反映散热器散热量的大小。蒸发式和电子式热分配计需要定期、单个逐一读数，抄表工作量大。电子远传式具有远传功能，可减少人工管理工作量。用于既有建筑热计量改造时，工作量较小、对住户影响小、费用少。（2）分户测量并采集与用户供热量有关的物理量的方法。这些物理量包括热水的供、回水温度、流量、室内温度和供热通断时间等。计量并累计这些量中的一个或几个量来反映耗热量从而又派生出多种热计量方法，再由热量分摊系统结合每户的供热面积来分摊热量结算点热量表计量的总耗热量。

由于不同的分摊方法特点及设备不同，都有一定的应用条件和特点。规定同一热量结算点内，用户分摊方式应统一，仪表的种类和型号应一致[9]。

3.5.3　热计量热水供暖系统

公共建筑热计量供暖系统可以按交热费客体或用途进行分区，每个分区设置热量计量，多用户的分区还需设置分摊装置。每个分区内的供暖系统根据建筑特点和用途可采用能够调节室温的供暖系统形式：水平式和垂直式单管分流管式、跨越管式系统或垂直式双管系统。不需要调节每一个散热器散热量的厅堂等大房间可采用顺流式单管系统。

居住建筑热计量供暖系统通常以一栋建筑或建筑类型相同、建筑年代相近、围护结构雷同、热费分摊方式相同的多栋建筑作为一个热费结算点进行热计量和分摊。用于热计量的垂直式单管跨越管式、分流管式系统和垂直式双管系统的基本形式（见3.2.2.3），主要用于既有住宅建筑。为了达到热计量的目的，要在各热力入口安装自力式压差控制阀使热力入口供回水管间压差保持恒定，以保证用户有足够的流量和热量。

下面主要介绍共用立管、按户分环的供暖系统。主要用于新建居住建筑，也可用于既有建筑。只不过用于既有建筑时，改造工作量和对用户的生活干扰较大。

3.5.3.1　共用立管、按户分环热水供暖系统的公用管道

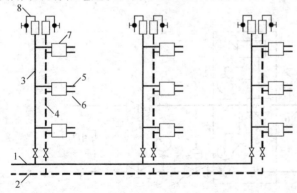

图 3-21　共用立管、按户分环热水供暖系统的公用管道
1—供水干管；2—回水干管；3—单元供水立管；4—单元回水立管；5—住户供水支干管；6—住户回水支干管；7—用户入口装置；8—集气罐或自动放气阀

该系统在公共空间设置公用管道，其布置见图 3-21。通常建筑物的一个单元设一组单元供、回水立管 3

和4，各住户的供回水支干管5和6通过用户入口装置7（内部有关断阀、热计量或分摊热量用的设施）与单元供回水立管相连。单元供、回水立管与供、回水干管1、2可采用同程式或异程式连接（图中为异程式），单元数较多时宜用同程式。供、回水干管可设在室内或室外管沟中。单元供、回水立管设在公共空间（例如：楼梯间）的竖井内，顶部设放气装置，竖井在各层设检查门，便于供热管理部门控制、管理和实施收费。通往同一层多家住户（本节图中仅用一个用户示出）的管路系统在竖井中并联。

3.5.3.2 共用立管、按户分环热水供暖系统形式

共用立管、按户分环热水供暖系统常用以下几种形式[15]：

（1）共用立管、按户分环单管系统

共用立管、按户分环热水供暖系统在户内为水平式，与一般水平式系统的主要区别在于：（a）水平支路长度限于一个住户之内，设入户装置（内有关断阀等）；（b）各住户之间的管路为并联关系；（c）能够实现分户计量和调节供热量。在各组散热器供水支管上应设置散热器恒温控制阀或其他调节阀，使用户可根据意愿控制室温；在立管或水平支干管上安装调节阀，可实现供暖系统的流量调节。

共用立管、按户分环单管系统如图3-22所示。布置管道方便，节省管材，应解决好排气问题，如果户型较小，又不拟采用 DN15 的管道时，水平管中的流速有可能小于气泡的浮升速度，可调整局部管道坡度，采用气水逆向流动，利用散热器聚气、借助放气阀8排气，防止形成气塞。

（2）共用立管、按户分环的双管系统

共用立管、按户分环的双管系统如图3-23所示。图（a）为上供上回式，图（b）为下供下回式。除

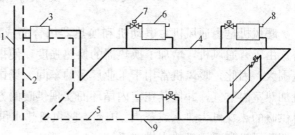

图 3-22 公用立管、按户分环分流管式单管热水供暖系统

1—单元供水立管；2—单元回水立管；3—入户装置；
4—住户供水支干管；5—住户回水支干管；6—散热器；
7—调节阀；8—放气阀；9—跨越管

图中所示形式之外，还可采用其他形式如上供下回式等。该系统一个住户内的各散热器3并联，便于分室控制室温，其水力稳定性不如水平单管系统，耗费管材。在散热器供水支管上采用温控阀5，以调节控制室温。若在回水支管上安装普通关断阀，也可根据需要分室控制室温。

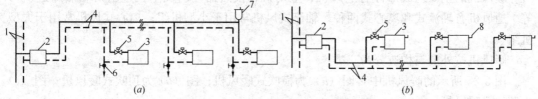

图 3-23 共用立管、按户分环双管热水供暖

（a）户内上供上回式；（b）户内下供下回式

1—单元供回水立管；2—入户装置；3—散热器；4—住户供回水干管；5—温控阀；
6—放水阀；7—集气罐或自动放气阀；8—放气阀

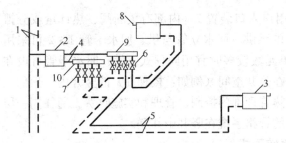

图 3-24 共用立管、按户分环的放射式
热水供暖系统示意图

1—单元供回水立管；2—入户装置；3—散热器；
4—住户供回水支干管；5—散热器供回水支管；
6—调节阀；7—关断阀；8—放气阀；9—分水器；
10—集水器

（3）共用立管、按户分环的放射式系统

图 3-24 为共用立管、按户分环的放射式系统。户内设分水器 9 和集水器 10，各房间散热器 3 并联。连接到集水器和分水器的支管 5 呈辐射状（因此又称为"章鱼式"）引至各个散热器。通往各散热器的供水支管上有调节阀 6，回水支管上有关断阀 7。可单独调节各散热器的散热量和便于维修。户内管道采用铝塑复合管等管材埋地敷设，因此要增加楼层地面的厚度和造价。施工时要保证埋地管道的施工质量，以免运行期管道发生泄漏。

3.6　暖风机和暖风机热水供暖系统

暖风机是由通风机、电动机和换热器组合而成的整体供暖机组，是大型供暖末端设备。由于有通风机，增加了换热器的换热强度，使得暖风机比散热器单体供热量大、供暖范围大。因此，暖风机常用于工业厂房的车间、场馆等大空间场所。暖风机供暖是用暖风机加热室内空气，并使其在室内循环而实现供暖的方式，它是热风供暖的形式之一。暖风机供暖的热媒可为热水或蒸汽。因而有暖风机热水供暖系统和暖风机蒸汽供暖系统。本节介绍暖风机和暖风机热水供暖系统。

3.6.1　暖风机

3.6.1.1　暖风机的种类

按热源不同，暖风机可分为热水暖风机、蒸汽暖风机和电暖风机。电能是高品位能源，一般不宜直接用来加热空气。因此电暖风机只用于无条件建锅炉房，而当地电能又比较充裕（如有水电站）的地方；需要临时供暖的场所。电暖风机的结构与热水暖风机和蒸汽暖风机的结构类似，不同之处是电暖风机中用电加热器代替热水暖风机或蒸汽暖风机中的换热器。下面只介绍热水暖风机和蒸汽暖风机。

暖风机的主要组成部件有通风机、电动机、换热器，以及空气进出口和热媒进出口等。通风机有轴流式和离心式两种。轴流式风机常用于小型机组；离心式风机常用于大型机组。

暖风机按外形与构造分为三类：

图 3-25 所示的暖风机中，图（a）为横吹式暖风机；图（b）为顶吹式暖风机；图（c）为落地式暖风机。

（1）横吹式暖风机的轴流通风机 1 在电动机 2 的驱动下运转，将空气从一侧吸风口 6 吸入外壳 5 中，流经换热器 3 被热媒加热，热空气从另一侧出风口 7 吹出，送到供暖空间并造成室内空气循环。出风口有导流叶片 4，可调节出风口气流的角度。射流有一定的射

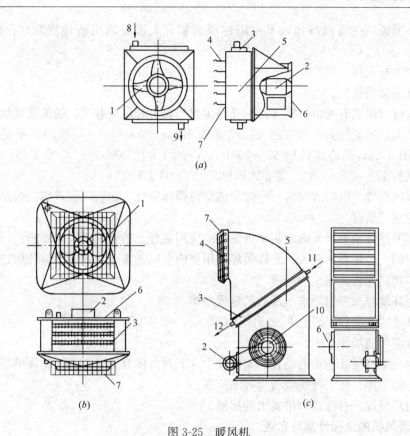

图 3-25 暖风机

(a) 横吹式暖风机；(b) 顶吹式暖风机；(c) 落地式暖风机

1—轴流通风机；2—电动机；3—换热器；4—导流叶片；5—外壳；6—吸风口；7—
出风口；8—小型机组热水或蒸汽入口；9—小型机组热水或蒸汽出口；10—离心式
通风机；11—大型机组蒸汽入口；12—大型机组凝结水出口

程，使所担负的供暖区间空气充分掺混，温度均匀。热媒的进、出口分别为 8 和 9。

（2）顶吹式暖风机的轴流风机 1 置于机组的下方，空气从暖风机的四个侧面进入，经立置的换热器 3 加热后，热空气向下从出风口 7 送出。风机出风口 7 所装导向叶片用来扩大下送气流的射流面。

（3）落地式暖风机的离心式风机 10 置于机组下方，空气从下侧吸风口 6 进入外壳 5。经换热器 3 加热后，热空气从上部出风口 7 送出。出口有导流叶片 4 可调节送风角度。热媒的进、出口分别为 11 和 12。这类机组的风量大，送出热风的射程远，可负担较大区域的供暖。运行时噪声大。适用于工厂厂房的供暖。

暖风机按风量从 1000~50000m³/h，分为 18 种规格。相应的热水暖风机的额定工况（见 3.6.1.3）供热量 7.4~369.8kW；蒸汽暖风机的额定工况（见 3.6.1.3）供热量为 9.1~453.8kW[16]。在相同风量下蒸汽暖风机的额定工况供热量大于热水暖风机的额定工况供热量。

3.6.1.2 暖风机供暖的特点

暖风机供暖的优点：

（1）单机供热量大，在相同热负荷下，所用末端设备的数量少。

(2) 小型暖风机可以吊挂，不占用建筑面积，大型暖风机落地安装，占地面积也有限。

(3) 启动升温快。

暖风机供暖的缺点：

(1) 运行时风机有噪声。暖风机的噪声主要与风机和风量有关。轴流式风机的噪声比离心式风机大。风量越大，噪声越大。风量从 3150～20000 m³/h，噪声水平是：轴流风机 67～77dB（A），离心式风机 62～73dB（A）。风量从 20000～50000m³/h，噪声水平是：轴流风机 77～83dB（A），离心式风机 73～83dB（A）。

(2) 暖风机置于供暖房间内，直接加热室内循环空气，如新风仅依靠门窗渗入，难于保证室内的空气质量。

可根据上述优缺点，来确定暖风机供暖的应用场合。适宜用于以下场所：

(1) 空间大、供暖负荷大、允许循环使用室内空气的工业建筑或少数公用建筑。

(2) 需要迅速提高室温的场所。

(3) 对环境噪声控制要求不高的厂房或场馆。

(4) 某些实行间歇供暖的非三班制生产车间。

不适宜应用的场所如下：

(1) 空气不能循环使用的场合，如空气中含有对人体有害、有毒性物质的厂房；工艺过程产生易燃易爆气体、纤维或粉尘等的厂房。

(2) 对环境噪声有比较严格要求的房间。

3.6.1.3 暖风机的选择计算与布置

设计暖风机供暖系统时，首先要确定暖风机的型号、台数及布置方案。

(1) 暖风机的型号与台数的确定

应根据建筑物的具体条件、要求暖风机供暖系统承担的热负荷、在一定条件下单台暖风机的实际供热能力和气流作用范围来选择供暖空间内所设置的暖风机型号，并确定其台数。

暖风机的台数用下式计算[8]：

$$n = \frac{\dot{Q}}{\eta \dot{q}} \tag{3-7}$$

式中　n——暖风机的台数；

　　　$\dot{Q}$——要求暖风机承担的供暖热负荷，W 或 kW；

　　　$\dot{q}$——单台暖风机设计条件下的供热量，W/台或 kW/台；

　　　η——暖风机的有效供热系数。

暖风机出口热射流上升，使其被有效利用供热量减少，从而要求暖风机供出的供暖热负荷增加，用有效供热系数 η 来考虑。对热水系统，$\eta = 0.7$；对蒸汽系统，$\eta = 0.7 \sim 0.8$。

暖风机供暖系统有两种设计方案：一种方案是由暖风机承担全部供暖设计热负荷；另一种方案是暖风机承担部分供暖设计热负荷。后一方案用散热器供暖系统维持最低室内温度（一般不低于 5℃，称为值班供暖），其余热量由暖风机供给。其优点是非工作时间可以不开启暖风机，节省电能和热能，不需要管理。正常使用时间开启暖风机可迅速提高室温。该方案中暖风机所承担的热负荷为供暖设计热负荷扣除值班供暖系统（非工作时段的供暖系统）承担的热负荷。上式中要求暖风机承担的供暖热负荷 $\dot{Q}$ 应根据其设计方案和功能来确定。为了使供暖场所室内温度和气流分布比较均匀，宜选两台以上同型号的暖风机。

暖风机的额定工况规定如下：热水暖风机——空气进口温度 15℃，热水进口温度可为 90℃、110℃、130℃，出口温度 70℃；蒸汽暖风机——空气进口温度 15℃，饱和蒸汽表压力可为 0.1MPa、0.2MPa、0.3MPa、0.4MPa[16]。

产品样本或设计手册中通常给出了单台暖风机的额定工况供热量 $\dot{q}_0$。若设计条件与额定工况不一致时，需对暖风机的供热量进行修正。

对热水暖风机用下式进行修正[16]：

$$\dot{q}_0 = \dot{q}(t_m - t_i)/(t_{mo} - 15) \tag{3-8}$$

式中　$\dot{q}_0$——单台暖风机额定工况供热量，W/台或 kW/台；

　　　t_m——设计条件下的暖风机进、出口热水的平均温度，℃；

　　　t_i——设计条件下的机组进风温度，一般可取室内温度，℃；

　　　t_{mo}——额定工况下暖风机进、出口热水的平均温度，℃。

其他符号同式（3-7）。

对蒸汽暖风机用下式进行修正[16]：

$$\dot{q} = \dot{q}_0(t_v - t_i)/(t_{v0} - 15) \tag{3-9}$$

式中　t_v——设计条件下的暖风机进口饱和蒸汽温度，℃；

　　　t_{v0}——额定工况下暖风机进口饱和蒸汽温度，℃；

其他符号同式（3-8）。

此外还应校核小型暖风机在实际使用下的送风温度。一般不低于 35℃，以免有吹冷风的感觉；不得高于 55℃，以免热射流过分上升，使建筑物上部热损失增加，暖风机有效供热量减少。为使室内温度均匀，所选用暖风机的总风量宜使房间换气次数（换气次数是暖风机每小时送风量与房间容积之比）不小于 1.5 次/h。

暖风机的射程，可按下式估算[8]。

$$X = 11.3v_0 D \tag{3-10}$$

式中　X——暖风机的射程，m；

　　　v_0——暖风机出风口的风速，m/s；

　　　D——暖风机出风口的当量直径，m。

（2）暖风机的布置

在厂房或场馆内布置暖风机时，应考虑建筑平面形状、工作区域、工艺设备、原料或产品等的分布位置以及暖风机气流作用范围等因素，应尽可能使室内气流分布合理、温度均匀。横吹式小型机组暖风机可采用图 3-26 所示的布置方案，小型暖风机可悬挂在墙上、柱上、梁下。不宜挂于外墙，朝向室内吹风。其中图（a）为直吹，暖风机挂在毗邻小厂房的内墙或多跨厂房中间柱上向外墙送风；图（b）为斜吹，暖风机挂在厂房中间跨的柱上向两侧送风；图（c）为顺吹，暖风机挂在外墙柱上，其射流互相衔接、在供暖空间形成大的空气环流。顶吹式暖风机可吊挂在顶棚下或梁下，吸入房间上部较高温度的空气送至房间下部，减小室内竖向温度梯度。应使向下的气流覆盖工作区。有些样本中给出了机组在不同高度处的扩散面积，设计者可据此布置顶吹式暖风机。如无此数据，可利用自由射流扩散角近似估算[17]。

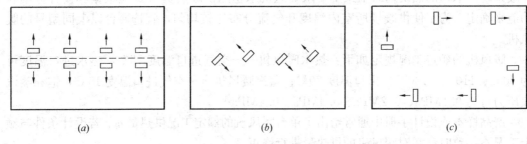

图 3-26 横吹式暖风机平面布置方案
(a) 直吹；(b) 斜吹；(c) 顺吹

小型暖风机的安装高度（指出风口离地面的高度）与出口风速有关。当出口风速≤5 m/s 时，宜采用 2.5～3.5m；当出口风速大于 5m/s 时，宜采用 4～5.5 m[8]。适宜的安装高度，可增加供暖范围和免除对地面人员的吹风感和减少无效能耗。

大型暖风机出口风速和风量都很大，应沿供暖空间长度方向送风，并使气流射程覆盖供暖区。大型暖风机直接固定在厂房、仓库等的地面或根据需要设置在平台上，吸风口底部离地面的高度不应小 0.3m。出风口离地面的高度应根据厂房高度和回流区的分布位置等因素确定，为 3.5～7m。当厂房较低（下弦高度≤8m）时，取 3.5～6m；当厂房较高（下弦高度>8m）时，取 5～7m。送风口的风速可采用 5～15m/s。当厂房高、送风温度较高时，送风口处宜设置向下倾斜的导流叶片。工作区的风速一般不宜大于 0.3m/s。室内不应有影响气流流动的高大隔墙或设备[8]。

3.6.2 暖风机热水供暖系统

暖风机热水供暖系统中，一般将小型暖风机布置在同一高度。管道系统可以采用上供下回式或上供上回式系统。车间地面以下有管沟时，可考虑采用上供下回式系统；车间地面设备或者物品较多时，宜采用上供上回式系统。如车间较大、一条干管上并联暖风机台数较多时，宜采用同程式系统。管道系统可根据暖风机的布置方案分为几条支路。图3-27暖风机热水供暖系统为上供下回、同程式系统，分为两条支干线，分别向两个车间供暖。

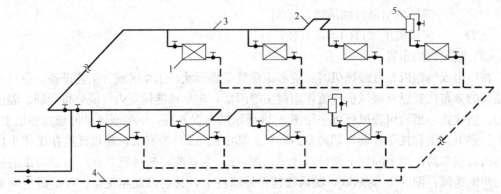

图 3-27 暖风机热水供暖系统
1—暖风机；2—补偿器；3—供水干管；4—回水干管；5—集气罐或自动放气阀

直线管道较长时设补偿器 2 防止运行时管道变形。如供水为高温热水，则管道的热补偿问题更应引起足够重视。为了便于关闭、调节、维修和管理，每台热水暖风机的热水进、出口应设阀门。

3.7 热水供暖管道系统的设计计算

新建热水供暖管道系统设计计算的主要任务是在选定热水供暖系统形式之后，确定系统中各管段的流量、管径，并确定系统的总阻力损失，为选择循环水泵提供数据。

3.7.1 热水供暖系统的作用压头

作用压头是热水供暖系统的循环动力，阻力损失是系统运行时产生的能量损失。运行时供暖系统中产生的阻力损失等于其实际作用压头。设计时应使在设计条件下水力计算得到的系统总阻力损失等于其作用压头。本节先分析重力循环热水供暖系统作用压头的计算原理，然后介绍机械循环热水供暖系统作用压头的计算方法。

3.7.1.1 重力循环热水供暖系统的作用压头

重力循环作用压头是由于供暖系统中水不同温度、密度不同造成的。它是重力循环热水供暖系统的循环动力。重力循环作用压头虽小，但它是机械循环热水供暖系统中引起失调的重要因素。因此对它要有充分的了解并给予足够的重视。供暖系统中的水在散热器和管道内冷却都会产生重力循环作用压头，为简化起见，先仅研究由水在散热器内冷却产生的重力循环作用压头。

（1）简单垂直式重力循环热水供暖系统的作用压头

图 3-28 为最简单的、只有一组散热器的垂直式重力循环热水供暖系统。其工作原理在第3.2.2.2 中已有阐述，现在介绍其作用压头的计算。若不考虑管道散热，认为水在锅炉或换热器1 中被加热到供水温度 t_s，对应水的密度 ρ_s；只在散热器 2 内冷却到回水温度 t_r，对应水的密度为 ρ_r。假设循环环路最低点断面 A-A 处有一个假想阀门，若突然将阀门关闭，则断面 A-A 右侧和左侧受到的水柱压力 P_1 和 P_2 分别为：

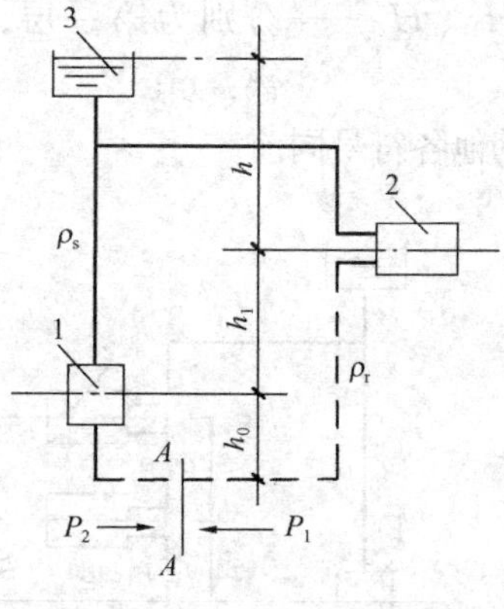

$$P_1 = g(h_0\rho_r + h_1\rho_r + h\rho_s)$$
$$P_2 = g(h_0\rho_r + h_1\rho_s + h\rho_s)$$

图 3-28 重力循环热水供暖系统工作原理图
1—锅炉或换热器；2—散热器；3—膨胀水箱

因为 $\rho_r > \rho_s$，所以 $P_1 > P_2$；右侧与左侧压力之差就是重力循环热水供暖系统的作用压头。依靠作用压头使水在系统内循环，并将水从用热设备送回热源。因此，系统的作用压头为

$$\Delta P_g = P_1 - P_2 = gh_1(\rho_r - \rho_s) \tag{3-11}$$

式中　ΔP_g——重力循环热水供暖系统的作用压头，Pa；

　　g——重力加速度，$g=9.81\text{m/s}^2$；

h_1——冷却中心到加热中心（即散热器中心到锅炉或换热器中心）的垂直距离，m；

ρ_s——供水密度，kg/m^3；

ρ_r——回水密度，kg/m^3。

由式（3-11）可见，重力循环热水供暖系统作用压头的大小取决于冷却中心与加热中心高差 h_1 对应的水柱密度差。若 $h_1 = 1m$、$t_s = 95℃$、$t_r = 70℃$，则重力循环作用压头为：

$$\Delta P_g = gh_1(\rho_r - \rho_s) = 9.81 \times 1 \times (977.81 - 961.92) = 156Pa$$

若 $h_1 = 1m$、$t_s = 75℃$、$t_r = 50℃$，则重力循环作用压头为：

$$\Delta P_g = gh_1(\rho_r - \rho_s) = 9.81 \times 1 \times (988.07 - 974.89) = 129Pa$$

上述计算中不同温度水的密度，查附录3-3。

（2）垂直式重力循环单管热水供暖系统的作用压头

图3-29为垂直式重力循环上供下回单管热水供暖系统。图（a）为顺流式系统；图（b）为跨越管式系统。

顺流式和设计工况下的分流管式单管系统（分流管流量为0）立管上的散热器串联、通过散热器的流量与立管流量相等，一根立管上所有散热器只有一个共同的重力循环作用压头。根据式（3-11），系统的作用压头为

$$\Delta P_g = gh_1(\rho_1 - \rho_s) + gh_2(\rho_2 - \rho_s) = gH_2(\rho_2 - \rho_s) + gH_1(\rho_1 - \rho_2) \tag{3-12}$$

式中 ρ_1、ρ_2——分别为第一层、第二层散热器出水温度所对应的水的密度，kg/m^3；

h_1、h_2——分别为第一层散热器中心到锅炉或换热器中心、第一层散热器中心到第二层散热器中心的垂直距离，m；

H_1、H_2——分别为第一层、第二层散热器中心到锅炉或换热器中心的垂直距离，m；

其他各符号同前。

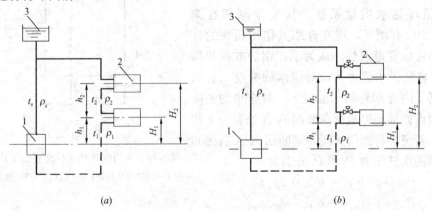

图3-29 重力循环垂直顺流式和跨越管式单管热水供暖系统重力循环作用压头计算图

(a) 顺流式；(b) 跨越管式

1—锅炉或换热器；2—散热器；3—膨胀水箱

在低温水范围内，水的密度差与温度差成正比[5]，即

$$\beta = \frac{\rho_r - \rho_s}{t_s - t_r} \tag{3-13}$$

式中　β——密度差与温度差之比值，kg/(m³·℃)，由水的温度和密度数值计算得到，对 95/70℃ 的系统，$\beta=0.64$；对 75/50℃ 的系统，$\beta=0.53$；

　　　t_s、t_r——分别为供水和回水的温度，℃；

其他各符号同前。

图 3-30 所示垂直式分流管式单管热水供暖系统，立管上总共有 N 组散热器。图中 i 表示从底层起算的立管上任一层散热器的顺序数（同楼层数）。在设计工况下重力循环作用压头的计算公式如下

$$\Delta P_g = \sum_{i=1}^{N} gh_i(\rho_i - \rho_s) = \sum_{i=1}^{N} gH_i(\rho_i - \rho_{i+1}) = \beta g \sum_{i=1}^{N} H_i(t_{i+1} - t_i) \qquad (3\text{-}14)$$

式中　N——立管上散热器的总组数；

　　　i——表示从底层起算的立管上任一层散热器的顺序数；

ρ_{i+1}、ρ_i——分别为流出第 $i+1$ 层、第 i 层散热器的水的密度，kg/m³；

t_{i+1}、t_i——分别为流出第 $i+1$ 层、第 i 层散热器的水的温度，℃；

　　　h_i——第一层散热器与加热中心的垂直式距离或第 i 与（$i-1$）层散热器之间的垂直距离，m；

　　　H_i——第 i 层散热器到锅炉或换热器中心的垂直距离，m；

其他各符号同前。

式（3-14）中各层立管管段中的水温可根据散热器的热平衡式求得。以图 3-30（a）为例，对第二层散热器可写出：

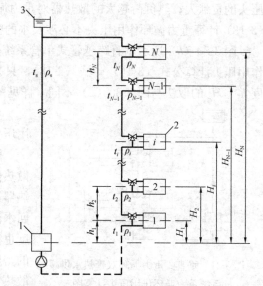

$$t_s - t_2 = \frac{\dot{Q}_2}{c\dot{M}_p}$$

对第一层散热器可写出：

$$t_s - t_1 = \frac{\dot{Q}_1 + \dot{Q}_2}{c\dot{M}_p}$$

将上两式及式（3-13）代入式（3-12）中，得到下面的重力循环作用压头计算公式：

$$\begin{aligned}
\Delta P_g &= g[h_1(\rho_1 - \rho_s) + h_2(\rho_2 - \rho_s)] \\
&= \beta g[h_1(t_s - t_1) + h_2(t_s - t_2)] \\
&= \frac{\beta g}{c\dot{M}_p}[\dot{Q}_2(h_1 + h_2) + \dot{Q}_1 h_1] \\
&= \frac{\beta g}{c\dot{M}_p}[\dot{Q}_2 H_2 + \dot{Q}_1 H_1] \qquad (3\text{-}15)
\end{aligned}$$

图 3-30　有 N 组散热器的垂直分流管式（设计工况）或顺流式单管热水供暖系统重力循环作用压头计算图
1—锅炉或换热器；2—散热器；3—膨胀水箱

式中　c——水的比热，$c=4187$J/(kg·℃)；

　　　$\dot{Q}_1$、$\dot{Q}_2$——分别为第一层、第二层散热器的热负荷，W；

　　　$\dot{M}_p$——立管的流量，kg/s；

其他各符号同前。

参照式（3-15），对有 N 层散热器的设计工况下分流式单管系统可写出其重力循环作

用压头计算公式如下[5]：

$$\Delta P_{\mathrm{g}} = \frac{\beta g}{c \dot{M}_{\mathrm{p}}} \sum_{i=1}^{N} \dot{Q}_i H_i \tag{3-16}$$

式中 $\dot{Q}_i$——第 i 层散热器的热负荷，W；

其他各符号同前。

由式（3-16）可见，不必计算散热器的进水和出水温度，即可计算得到分流管单管热水供暖系统的重力循环作用压头值。

将由式（3-13）计算得到的 β 值代入式（3-14）、式（3-16）则可写出下式：

95～70℃ 热水供暖系统

$$\Delta P_{\mathrm{g}} = 6.28 \sum_{i=1}^{N} H_i (t_{i+1} - t_i) = \frac{6.28}{c \dot{M}_{\mathrm{p}}} \sum_{i=1}^{N} \dot{Q}_i H_i \tag{3-17}$$

75～50℃ 热水供暖系统

$$\Delta P_{\mathrm{g}} = 5.20 \sum_{i=1}^{N} H_i (t_{i+1} - t_i) = \frac{5.20}{c \dot{M}_{\mathrm{p}}} \sum_{i=1}^{N} \dot{Q}_i H_i \tag{3-18}$$

从式（3-16）～式（3-18）可看出：位于高处的散热器（ H_i 值大）对重力循环作用压头的贡献大；热负荷越大的散热器对重力循环作用压头的贡献越大。用式（3-16）～式（3-18）计算重力循环作用压头不必涉及水的密度，使用方便、快捷。

图 3-30（b）所示垂直跨越管式单管系统仍可采用上述分流管式单管系统的重力循环作用压头计算公式（3-16）～式（3-18），只是要注意式中加热中心到冷却中心的垂直高度 h_i、H_i 的取法与图 3-30（a）不同（详见图 3-29（b）中所标注高度的上界）。

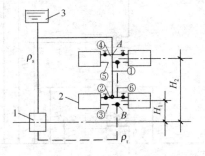

图 3-31 垂直式重力循环双管热水供暖
系统重力循环作用压头计算图
1—锅炉或换热器；2—散热器；3—膨胀水箱

（3）垂直式重力循环双管热水供暖系统的作用压头

图 3-31 所示的垂直式重力循环双管系统中各散热器并联。如不计管道散热损失，认为各层散热器进、出水温度相同，均为系统入口的供水、回水温度 t_s、t_r。各层散热器的进水、出水的密度也都等于系统入口供水、回水温度所对应的水的密度 ρ_s、ρ_r。参照式（3-11）可写出通过各层散热器环路的重力循环作用压头：

$$\Delta P_{gi} = g H_i (\rho_r - \rho_s) = \beta g H_i (t_s - t_r) \tag{3-19}$$

由于各层 H_i 不同，使得系统通过各层散热器环路的重力循环作用压头 ΔP_{gi} 不同。通过最高层散热器环路的重力循环作用压头最大，通过最底层散热器环路的作用压头最小。最底层散热器环路的重力循环作用压头用下式计算：

$$\Delta P_{g1} = g H_1 (\rho_r - \rho_s) = \beta g H_1 (t_s - t_r) \tag{3-20}$$

对 95/70℃ 的供暖系统

$$\Delta P_{g1} = g H_1 (\rho_r - \rho_s) = 0.64 g H_1 (95 - 70) = 157 H_1$$

对 75/50℃ 供暖系统 $\Delta P_{g1} = 130 H_1$

设计时，应根据通过最低层散热器环路的作用压头确定环路的管径，使环路的阻力损失等于其作用压头；然后设计通过上层散热器环路与最低层散热器环路并联的部分管段。图 3-31 中一层和二层散热器支路在 A、B 两点并联。设计时应使水从 A 点流到 B 点经过管段④、⑤、⑥比流经管段①、②、③的阻力损失要大。大出的数额为二层与一层散热器重力作用压头的差值。否则，实际运行时流经二层散热器的流量将超过设计值而偏热，流经一层散热器的流量将低于设计值而欠热，势必引起上层过热、下层欠热的竖向失调（见 3.9.1）。由此可见通过上层散热器支路的重力循环作用压头不仅不能用做计算值，而且是引起系统竖向失调的根源之一。

（4）水平式热水供暖系统的重力循环作用压头

图 3-32 所示水平式热水供暖系统中各楼层散热器支路为并联。通过每一层的散热器支路的环路中有一个共同的作用压头。用下式计算：

$$\Delta P_{gi} = gH_i(\rho_r - \rho_s) = \beta gH_i(t_s - t_r) \tag{3-21}$$

式中　H_i——冷却中心（散热器）到加热中心（锅炉或换热器）之间的高度，m；

其他符号同前。

式（3-21）与图 3-31 所示垂直式双管热水供暖系统重力循环作用压头的计算公式形式相同，只是注意式中 H_i 的取法（见图 3-32）。冷却中心的位置在图上用空心小圆圈表示。水平顺流式系统与水平跨越管式系统散热器的冷却中心位置不同。

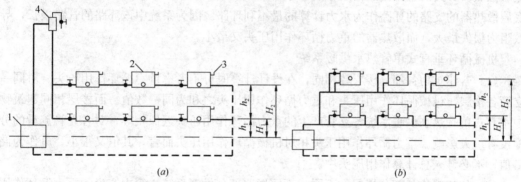

图 3-32　水平式热水供暖系统散热器的重力循环作用压头计算图
（a）水平顺流式单管系统；（b）水平跨越管式单管系统
1—锅炉或换热器；2—散热器；3—放气阀；4—集气罐或自动放气阀

3.7.1.2 机械循环热水供暖系统的作用压头

机械循环热水供暖系统的作用压头由水泵提供的机械作用压头和重力循环作用压头合成。

$$\Delta P = \Delta P_p + \Delta P_g \tag{3-22}$$

式中　ΔP——机械循环热水供暖系统的作用压头，Pa；

ΔP_p——水泵提供的机械作用压头，Pa；

ΔP_g——水在系统内冷却产生的重力循环作用压头，Pa。

水在系统内冷却产生的重力循环作用压头应包括水在管道内冷却和在散热器内冷却所产生的重力循环作用压头两部分。在 3.7.1.1 中，为了简化起见只研究了在散热器内冷却所产生的重力循环作用压头。水在管道中冷却产生的重力循环作用压头的大小与水温、系统形式、散热器到锅炉房的高度、建筑物的层数（即系统的总高度）、系统的水平距离等因素有关。

由式（3-14）、式（3-15），式（3-17）～式（3-21）可见，重力循环作用压头是随系统中的水温变化而变化的。在设计条件下，热负荷最大，供回水温度和温差最大，重力循环作用压头最大；供暖初期或终期由于供暖负荷最小、供回水温差和温度最小，重力循环作用压头最小。相对水泵提供的机械作用压头 ΔP_p 而言，重力循环作用压头 ΔP_g 的数值较小（见 3.7.1.1）。由于重力循环作用压头是造成供暖系统竖向失调的重要原因。因此必须选一个合适的数值来设计供暖系统，使整个供暖期系统水力失调最轻。对不同的机械循环热水供暖系统，需考虑的重力作用压头不完全相同，下面分别进行分析。

机械循环垂直式双管热水供暖系统

（1）必须计算水在管道内冷却和在散热器内冷却所产生的重力循环作用压头。水在管道内冷却所产生的重力循环作用压头直接查表[8]；取水在散热器内冷却所产生的重力循环作用压头的最大值（用设计供水和回水温度计算）的 2/3 作为水在散热器内冷却所产生的重力循环作用压头设计值[8][9]，该设计值与用供暖季室外平均温度下对应的供回水温度计算重力循环作用压头值对应。

（2）通过各层散热器环路的机械循环作用压头和重力循环作用压头之和不等。通过最底层散热器支路的重力循环作用压头最小（见式 3-20）。所以原则上取通过最远立管、最底层散热器的支路的环路作为水力计算的最不利环路。因为系统中该环路的管路最长，导致阻力损失最大，而散热器的重力循环作用压头又最小。

机械循环垂直式单管热水供暖系统

（1）若建筑物各部分楼层数相同，在设计计算时可不考虑重力循环作用压头。对同一立管各楼层，机械循环作用压头和重力循环作用压头之和为同一数值。而楼层相同建筑物中垂直式单管热水供暖系统各立管产生的重力循环作用压头近似相等，对各立管流量的分配没有重大影响。重力循环作用压头相对机械循环作用压头而言，其值又很小，可作为储备值，不必计入总计算作用压头中。

（2）如建筑物各部分楼层数不同，不同楼层部分供暖系统立管中产生的重力循环作用压头不同，设计计算时须考虑重力循环作用压头。

机械循环水平式热水供暖系统

（1）水平支路上的流量分配由机械循环作用压头和重力循环作用压头共同作用。通过不同楼层并联的水平支路上的机械循环作用压头相等、重力循环作用压头不同，设计计算时须考虑重力循环作用压头。

（2）取哪个环路作为设计水力计算的最不利环路要进行权衡。因为通过低层散热器的支路重力循环作用压头小，而管路短；通过高层散热器的支路重力循环作用压头大，而管路也长。

3.7.1.3　单管热水供暖系统散热器的小循环和进流系数

单管热水供暖系统中在散热节点处热媒出现分流。设立管流量为 $\dot{M}_\mathrm{p}$，进入散热器的流量为 $\dot{M}_\mathrm{r}$，将进入散热器的流量与立管流量之比称为散热器的进流系数，用 α 表示，即 $\alpha = \dot{M}_\mathrm{r}/\dot{M}_\mathrm{p}$。

图 3-33 所示跨越管单管系统，散热器进、出口温度分别为 t_i 和 t_o，散热器的热媒平

均温度为 $t_m = \dfrac{t_i + t_o}{2}$ 。图中小圆圈表示散热器的冷却中心。如忽略管道散热，跨越管内水温为 t_i ，则 $t_m < t_i$ 。散热器内的平均水温低于跨越管内的水温。流过图中第 1 点与第 2 点并联管路中的水存在密度差，使通过散热器的管路中水的密度大、产生附加的重力循环作用压头。它被称为散热器的小循环作用压头，用 Δp_{g1-2} 表示。Δp_{g1-2} 用下式计算[5]：

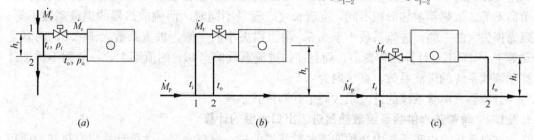

图 3-33　跨越管式单管系统的小循环和进流系数
(a) 垂直式系统；(b) 水平式系统（支管同侧连接）；(c) 水平式系统（支管异侧连接）

$$\Delta p_{g1-2} = gh_r\left(\frac{\rho_i + \rho_o}{2} - \rho_i\right) = g\frac{h_r}{2}(\rho_o - \rho_i) \tag{3-23}$$

式中　　h_r——散热器冷却中心相对立管或水平支干管的高度，m；

　　　　ρ_i、ρ_o——分别为散热器进、出口水的密度，kg/m³；

其他各符号同前。

由图 3-33 可见，h_r 的取值与单管系统中散热器的支管连接方式有关。

根据并联节点压力平衡原理，并考虑考虑散热器的小循环作用压头。对图 3-34 中 1、2 两点可写出：

$$\Sigma(Rl + Z)_{1-r-2} = \Sigma(Rl + Z)_{1-p-2} \pm \Delta P_{g1-2} \tag{3-24}$$

式中　　$\Sigma(Rl + Z)_{1-r-2}$——水流经散热器及供回水支管的总阻力损失，Pa；

　　　　$\Sigma(Rl + Z)_{1-p-2}$——水流经跨越管的总阻力损失，Pa；

　　　　　　　　　R——管道单位长度阻力损失（比摩阻），Pa /m；

　　　　　　　　　l——管道长度，m；

　　　　　　　　　Z——管道的局部阻力损失，Pa；

其他符号同前。

ΔP_{g1-2} 按式（3-23）计算。式（3-24）中的 ΔP_{g1-2} 的符号：当系统为上供下回垂直式系统时，取"＋"；当系统为下供上回垂直式系统时，取"－"。

式（3-23）中散热器进、出口水的密度与其水温有关，已知进口水温 t_i，可用下式求出散热器的出口水温 t_o：

$$t_o = t_i - \dot{Q}_r/(\alpha\dot{M}_p c) \tag{3-25}$$

式中　　$\dot{Q}_r$——散热器的热负荷，W；

　　　　$\dot{M}_p$——立管流量，kg/s；

其他符号同前 。

因为计算 $\Sigma(Rl + Z)_{1-r-2}$、$\Sigma(Rl + Z)_{1-p-2}$ 和 ΔP_{g1-2} 时，散热器的进、出口水温及流量都是未知的。必须先假定进流系数，联立（3-23）～式（3-25）进行多次试算。直到基本满足式（3-24）的要求为止。可见计算进流系数 α 是比较麻烦的，必要时可编制程序，用计算机求解。

对图 3-9（a）所示垂直顺流式单管系统，如果立管双侧连接散热器时也存在进流系数问题。当立管两侧房间热负荷相等、散热器散热面积和温降相同，支管长度、管径及局部阻力相同时，立管两侧水的流量相等、散热器进流系数各等于 0.5。当立管两侧房间热负荷不等、散热器散热面积不同，支管长度、管径不同时，两侧散热器的进流系数不等。阻力损失大的一侧，进流系数小于 0.5；阻力损失小的一侧，进流系数大于 0.5。两者之和等于 1。只不过计算比较费事，而且往往进流系数偏离 0.5 的值不大，一般就不详细计算顺流式系统的进流系数，直接取为 0.5。

分流管式单管系统的进流系数同单管顺流式系统。

3.7.1.4 单管热水供暖系统散热器进、出口水温的计算

在单管热水供暖系统中必须知道各散热器的进、出口水温，才能计算出散热器的面积或片数；在需要计算重力循环作用压头时，还要利用其数值。下面分别介绍顺流式、分流管式单管系统与跨越管式单管系统散热器进、出口水温的计算。

（1）垂直顺流式和设计工况下的分流管式单管系统散热器进、出口水温的计算

图 3-30 所示垂直顺流式（或设计工况下的分流管式）单管系统有 N 层散热器。从底层到顶层，各层散热器的供暖热负荷分别为 $\dot{Q}_1、\dot{Q}_2、\cdots、\dot{Q}_{N-1}、\dot{Q}_N$。若不计管道热损失，则立管热负荷为

$$\sum_{i=1}^{N} \dot{Q}_i = \dot{Q}_1 + \dot{Q}_2 + \cdots + \dot{Q}_{N-1} + \dot{Q}_N$$

立管流量为
$$\dot{M}_p = \frac{\sum_{i=1}^{N} \dot{Q}_i}{c(t_s - t_r)} \tag{3-26}$$

式中　$\dot{Q}_i$——第 i 层散热器的热负荷，W；

　　c——水的比热，$c = 4187 \text{J}/（\text{kg} \cdot \text{℃}）$；

其他各符号同前。式中 $t_r = t_1$。

目前供热工程中流量的因次还习惯采用 kg/h，此时式（3-26）具有以下形式：

$$\dot{M}_p' = \frac{\sum_{i=1}^{N} \dot{Q}_i}{c(t_s - t_r)} = \frac{3600}{4187} \frac{\sum_{i=1}^{N} \dot{Q}_i}{(t_s - t_r)} = 0.86 \frac{\sum_{i=1}^{N} \dot{Q}_i}{(t_s - t_r)} \tag{3-27}$$

式中　$\dot{M}_p'$——立管流量，kg/h，$\dot{M}_p' = 3600 \dot{M}_p$；

其他各符号同前。

对第二到第 N 层散热器，也可参照式（3-27）写出下式：

$$\dot{M}_p = \frac{\dot{Q}_2 + \dot{Q}_3 + \cdots + \dot{Q}_{N-1} + \dot{Q}_N}{c(t_s - t_2)}$$

从上式可算出，流出第二层散热器的水温　$t_2 = t_s - \dfrac{1}{c\dot{M}_p}(\dot{Q}_2 + \cdots + \dot{Q}_{N-1} + \dot{Q}_N)$

将式（3-26）代入上式，得　$t_2 = t_s - \dfrac{(\dot{Q}_2 + \cdots + \dot{Q}_{N-1} + \dot{Q}_N)}{\sum_{i=1}^{N} \dot{Q}_i}(t_s - t_r)$

同理，对第 j 层散热器出口水温为　　$t_j = t_s - \dfrac{\sum\limits_{i=j}^{N} \dot{Q}_i}{\sum\limits_{i=1}^{N} \dot{Q}_i}(t_s - t_r)$ 　　　　　　（3-28）

式中　　t_j——流出第 j 层散热器的水温，℃；

$\sum\limits_{i=j}^{N} \dot{Q}_i$——沿水流方向，立管上第 j 层散热器之前（含第 j 层）所有散热器热负荷之

和，W；

其他各符号同前。

（2）跨越管式单管系统散热器的进、出水温计算

比较图 3-30 中的顺流式（或设计工况下的分流管
式）单管系统与图 3-34 中的跨越管式单管系统。若两
系统各层散热器的热负荷 $\dot{Q}_i$、系统供回水温度 t_s、t_r
相同，且不计管道热损失，则各层散热器的进水温度
t_i、立管中的水温（对跨越管式系统为上层来水的温
度）t_n、t_{n-1}、…、t_2、t_1 也相同。但由于跨越管式单管
系统中立管流量只有部分进入散热器，则各层散热器
的出水温度 $t_{o.i}$ 不同：

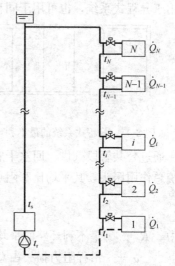

图 3-34　垂直跨越管式热水供暖系统
散热器进出水温计算图

$$\dot{M}_{r.i} = \alpha_i \dot{M}_p = \frac{\dot{Q}_i}{(t_{i.i} - t_{o.i})c}$$

$$t_{o.i} = t_{i.i} - \frac{\dot{Q}_i}{\alpha_i c \dot{M}_p},$$

$$t_{m.i} = \frac{t_{i.i} + t_{o.i}}{2} = t_{i.i} - \frac{\dot{Q}_i}{2\alpha_i c \dot{M}_p} \qquad (3-29)$$

式中　　$\dot{M}_{r.i}$——通过某层散热器的流量，kg/s；

α_i——某层散热器的进流系数；

$t_{i.i}$——某层散热器的进水温度，℃；

$t_{o.i}$——某层散热器的出水温度，℃；

$t_{m.i}$——某层散热器的平均水温，℃；

其他各符号同前。

从式（3-29）可以看出：由于跨越管式单管系统的进流系数 $\alpha < 1$，当立管或水平支
路的流量、散热器的热负荷及系统设计供、回水温度相同时，跨越管式单管比顺流式单管
系统中散热器的出水温度降低，因而其水的平均温度降低，散热器用量增加。因此应设法
增大其进流系数。

3.7.2　热水供暖系统的水力计算

室内热水供暖系统的水力计算，通常有以下三种情况：

（1）已知系统各管段的流量和系统的总作用压头，确定各管段的管径；

（2）已知系统各管段的流量和各管段的管径，计算系统的阻力损失和确定所需的作用压头；

（3）已知系统各管段的管径和允许阻力损失，确定各管段的流量。

水力计算的目的是解决和协调系统中各管段的流量、管径和阻力损失之间的关系，并与作用压头协调。热水供暖系统的水力计算方法有等温降和不等温降两种。

3.7.2.1　等温降水力计算方法

等温降方法认为水流过垂直式系统的各立管或水平式系统的各水平支路时其温降相等，而且等于系统入口的设计供回水温差，并据此计算各立管或各支路的流量。该方法既可用于异程式系统，也可用于同程式系统。

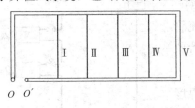

图 3-35　异程式系统的最不利环路

（1）异程式系统等温降水力计算方法

1）计算最不利环路

一个供暖系统中，有多个环路。异程式系统设计计算时，一般从最不利环路开始。把路程最长的环路称为最不利环路。图 3-35 所示异程式系统中，热媒从 O 点到 O' 点可通过 5 个立管。通过公共管段（供、回水干管）和立管 V 的环路为最不利环路用双线表示。若已知系统总作用压头，其平均比摩阻可用下式计算：

$$R_{\mathrm{m}} = \frac{\alpha \Delta P}{\Sigma l} \tag{3-30}$$

式中　　R_{m}——最不利环路的平均比摩阻，Pa/m；

　　　　α——沿程阻力损失占总阻力损失的百分比，通常取 α 为 0.5；

　　　　ΔP——最不利环路的作用压头，Pa；

　　　　Σl——最不利环路的管路总长度，m。

从式（3-30）可见，最不利环路也是允许平均比摩阻最小的环路。根据 R_{m} 和已知的最不利环路各管段的设计流量，查热水供暖系统水力计算表（参见文献［8］），得到在设计流量下各管段的管径和实际比摩阻 R 的数值。如果作用压头 ΔP 未知，也可用设计实践中通常采用的推荐比摩阻值 $60 \sim 120 \mathrm{Pa/m}$，来确定出最不利环路各管段的管径和对应的实际比摩阻。最不利环路的阻力损失为该环路中所有的串联管段阻力损失之和。

$$\Delta H = \sum_{i=1}^{n}(R_i l_i + Z_i) = \sum_{i=1}^{n} R_i(l_i + l_{\mathrm{e},i}) = \sum_{i=1}^{n} R_i L_{\mathrm{e},i} \tag{3-31}$$

式中　　ΔH——最不利环路阻力损失，Pa；

　　　　R_i——环路中任一管段的比摩阻，Pa/m；

　　　　l_i——环路中任一管段的长度，m；

　　　　Z_i——环路中任一管段的局部阻力损失，Pa；

　　　　$l_{\mathrm{e},i}$——环路中任一管段的局部阻力损失的当量长度，m；

　　　　$L_{\mathrm{e},i}$——环路中任一管段 i 的折算长度，m。

$$L_{\mathrm{e},i} = l_i + l_{\mathrm{e},i}$$

2）计算富裕压头值和富裕度

比较系统可资利用的作用压头（简称资用压头）ΔP 和计算得到的总阻力损失 ΔH，

求出富裕压头值。系统的作用压头应留有 10% 以上的富裕度,用于考虑设计计算中未计入的阻力损失,即

$$\Delta = \frac{\Delta P - \Delta H}{\Delta P} \times 100\% \geqslant 10\% \tag{3-32}$$

式中　Δ——系统作用压头的富裕度,%;

其他各符号同前。

如不满足上式,则需要调整环路中某些管段的管径。如 $\Delta < 10\%$,则要增大串联管路中某一个或几个管段的管径,减小其计算阻力损失;如 Δ 远大于 10%,则要减少某一个或某几个管段的管径,增大其计算阻力损失。如用减小管径的办法来减少阻力损失已无可能,只能在运行中借助于减小用户入口阀门的开启度来增加阻力损失。

3) 绘出最不利环路的压力和阻力损失的变化图,确定各立管的资用压头

异程式系统最不利环路水力计算完毕即可得到沿供水干管、回水干管以及最远立管的阻力损失,据此可绘出最不利环路的压力和阻力损失变化图,如图 3-36 粗线所示。图中横轴为干管沿程长度 L,Ⅰ、Ⅱ、Ⅲ、Ⅳ、Ⅴ 各点根据各立管距热力入口的水平展开距离确定。纵轴为系统的作用压力 ΔP 或各管段的阻力损失 ΔH。例如图中 1、2 两点纵坐标的连线的

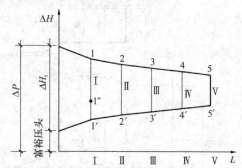

图 3-36　异程式系统压力和阻力损失的变化

降度表示立管 Ⅰ 和立管 Ⅱ 之间供水干管的阻力损失的数值以及压力降低的情况。从图中还可得到各立管(立管 Ⅰ～Ⅳ)的资用压头,即线段 1-1′、2-2′、…分别表示立管 Ⅰ、Ⅱ、…的资用压头。

4) 计算其他立管的阻力损失

在等温降方法中,各立管流量已事先计算出来。为了防止实际运行时通过各立管的流量过分偏离设计流量,设计时力求使并联管路的资用压头与阻力损失相等。例如:如 1、1′点的压头分别用 H_1 和 $H_{1'}$ 表示,则立管 Ⅰ 的资用压头 $\Delta P_{\text{Ⅰ}} = H_1 - H_{1'}$。设计计算时力求使其阻力损失等于资用压头。然而由于管径规格的限制,这一要求常常是不易实现的。因此在确定立管 Ⅰ、Ⅱ、Ⅲ、Ⅳ 的阻力损失时允许并联管路的阻力损失不平衡,只要不平衡率不大于 15%,都认为符合要求。例如对立管 Ⅰ,其资用压头用 $\Delta P_{\text{Ⅰ}}$ 表示,若其计算阻力损失为 $\sum(Rl + Z)_{1-1''}$,则

$$\delta = \left| \frac{\Delta P_{\text{Ⅰ}} - \sum(Rl + Z)_{1-1''}}{\Delta P_{\text{Ⅰ}}} \right| \times 100\% \leqslant 15\% \tag{3-33}$$

式中　δ——并联管路阻力损失不平衡率。

一般离热力入口越远的立管剩余压头越小,离热力入口越近的立管剩余压头越大。如果各并联环路不平衡率过大,在运行时干管和立管中流量重新分配,并偏离设计工况。一般是近处立管 Ⅰ 的实际流量偏大,远处立管 Ⅳ、Ⅴ 的实际流量偏小。这就是由各环路水力不平衡引起的水平水力失调,从而引起水平热力失调。为了减少和避免水平失调,一种方法是采用不等温降的计算方法(见 3.7.2.2);另一种方法是在立管上安装阀门(最好采

用调节阀）或孔板消耗剩余资用压头，否则室温要偏离设计水平。近年来，各类自动调节阀得到应用，它能自动调节开启度，将室温控制在设计水平，减轻了失调。

（2）同程式系统水力计算方法

因同程式供暖系统中通过各立管环路的管长接近相等，它比异程式系统更适于采用等温降的水力计算方法。其主要步骤如下：

1）计算"主计算环路"并绘制其阻力损失变化线

由于同程式系统通过各立管环路的管长基本相同，最不利环路不一定是通过离热力入口最远立管的环路，在设计计算时并不知道通过哪个立管的环路为最不利环路，可以称开始计算时的环路为主计算环路。

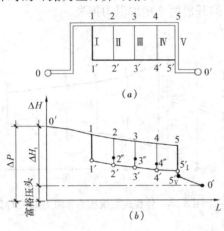

图3-37 同程式系统水力计算方法示意图
(a) 计算环路的选择；(b) 水力计算压力和阻力损失变化图

一般先选定通过最远立管的环路为"主计算环路"。如图 3-37（a）双线所示管路。外网给用户提供作用压头为 ΔP。用与异程式供暖系统最不利环路计算方法一样计算出供水干管、立管V及回水总干管的管径及其阻力损失为 $\Delta H_{0-1-5-5'_V-0'}$。图 3-37（b）为同程式系统的压力和阻力损失变化图，其绘制方法与图3-36类似。在图中先确定纵轴和横轴，然后将"主计算环路"的计算结果表示在图 3-37（b）中，注意使横轴中各管段的管长应与系统示意图对应。总阻力损失 $\Delta H_{0-1-5-5'_V-0'}$ 在图中用 ΔH_t 表示；从入口到出口的压力变化线为图中 0-1-2-3-4-5-5'_V-0'。其中 5-5'_V 表示根据主计算环路计算得到的立管V的阻力损失。用下式验算热力入口处作用压力的富裕度：

$$\Delta = \frac{\Delta P - \Delta H_t}{\Delta P} \times 100\% \geqslant 10\%$$

2）计算"次计算环路"并绘制其阻力损失变化线

选定通过最近立管I的环路为"次计算环路"。如图 3-37（a）中粗线所示管路。确定出立管I及回水干管 1'到 5'点的管径及阻力损失 $\Delta H_{1-1'-5'_I}$。同样将其表示在图 3-37（b）中。阻力损失变化线如图中 1-1'-2'-3'-4'-5'_I。图中 5'_I 表示根据次计算环路计算结果得到的、立管V与回水干管相连处 5'点在压力图上的位置。一般情况下，5'_V 点与 5'_I 是不重合的。

3）计算上述两并联环路的阻力损失不平衡率，使其值在±5%以内，即

$$\left|\frac{\Delta H_{1-5-5'_V} - \Delta H_{1-1'-5'_I}}{\Delta H_{1-5-5'_V}}\right| \times 100\% \leqslant 5\%$$

实际运行时，通过供水干管或回水干管从第1点到第5'点两条管线的阻力损失一定相等，即 5'_I 与 5'_V 一定是重合的，因此设计时应限制其不平衡率。使实际运行时的流量分配不至于过大地偏离设计工况。

4）确定其他各立管的资用压头

供回水干线的压力和阻力损失变化如图 3-37 (b) 中所示。从图上可知系统的富裕压力、总阻力损失 ΔH_i 及其余各立管的资用压头值。例如立管Ⅱ的资用压头 $\Delta P_{Ⅱ}$，即为图 3-37 (b) 中 2 和 2′点间的纵坐标差。

5) 确定其他各立管的管径。

根据其他各立管的设计流量来选其管径。先计算立管的阻力损失并与相应立管的资用压头进行比较，使其平衡率在±10％以内，例如计算得到立管Ⅱ的总阻力损失为 2 与 2″两点间对应的纵坐标差，则

$$\left| \frac{\Delta P_{Ⅱ} - \Sigma(RL+Z)_{2-2''}}{\Delta P_{Ⅱ}} \right| \times 100\% \leqslant 10\%$$

如验算立管不平衡率达不到要求，则要改换立管管径。如改换立管管径还不满足立管阻力平衡的要求，有时还要回过来调整个别供、回水干管的管径。

同程式系统中各立管环路管长基本相等，易于达到平衡要求。但不进行阻力平衡计算也会发生失调，一旦发生失调比异程式系统的调整还要麻烦。在实践中多次遇到中间立管欠热的情况。因此也可采用选通过中间环路为"主计算环路"，最近、最远立管环路为"次计算环路"的计算方法。图 3-38 中双线管道表示"主计算环路"，粗线表示"次计算环路"。在同程式系统的水力计算中，这种选主计算环路的方法对防止同程式系统中间立管环路不热或欠热的情况是非常有效的[5]。

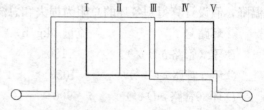

图 3-38 选通过中间立管环路为主计算环路的同程式系统示意图

3.7.2.2 不等温降水力计算方法

不等温降水力计算方法的实质是在设计阶段考虑实际运行时并联管路的阻力损失相等的原理，在管路形式确定后按这一原理分配流量，从而在设计阶段避免或大大减轻失调。原则上不等温降水力计算方法既可用于异程式系统，也可用于同程式系统；既可用于垂直式系统，也可用于水平式系统。由于对垂直式异程式系统设计计算时，采用等温降水力计算方法远近立管的不平衡率往往不满足要求，实际运行时调整不好，容易产生水平失调。所以不等温降水力计算方法以往多用于垂直式单管异程式系统，近年来也开始用于水平式系统。采用不等温降水力计算方法对垂直式系统是从设计计算方法上来消除或减轻水平失调；对水平式系统是从设计计算方法上来消除或减轻竖向失调。下面以垂直式系统来进行介绍。该方法一般也是从通过最远立管的环路开始。下面以图 3-39 系统为例介绍不等温温降的计算方法。这是一个由

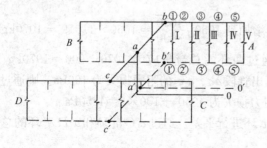

图 3-39 不等温降水力计算方法例题图

四个大环路组成的异程式系统，设该系统的总设计热负荷 $\dot{Q}=140\times10^3$ W，设计供回水温度为 95℃/70℃，A、B、C、D 四个环路的设计热负荷分别为 37200W、38530W、34840W、29430W。

计算步骤如下：

(1) 计算最远立管Ⅴ所在环路A的平均比摩阻 R_m（同等温降计算方法）。

(2) 设最远立管Ⅴ的温降比设计供回水温差高2～5℃，由此根据该立管的热负荷求得该立管的设计流量。根据该流量和平均比摩阻确定立管Ⅴ、供水干管⑤和回水干管⑤的管径及其阻力损失。

(3) 选定立管Ⅳ的管径。立管Ⅳ与管路⑤-Ⅴ-⑤并联，可根据已知的立管Ⅳ的立、支管长度和各管件的局部阻力系数，根据并联管路阻力损失相等的原则，用试算法求出立管Ⅳ的流量和温降。同时确定出供水干管④、回水干管④的管径及其阻力损失。

(4) 用同样的方法顺次确定立管Ⅲ、Ⅱ、Ⅰ的管径、流量及温降，以及干管③、③；②、②；①、①的管径及流量。

(5) 假设计算出环路A（从 b 立管Ⅴ-b'）的总阻力损失为4513Pa、总流量为1196kg/h。

(6) 用同样的方法计算其他各环路，得到各管段的管径、流量及阻力损失以及各立管的温降，假设计算得到各环的总阻力损失和总流量如下：

环路号	流量（kg/h）	阻力损失（Pa）
B环（管路 b-B-b'）	1180	4100
C环（管路 c-C-c'）	1050	3900
D环（管路 c-D-c'）	900	4050

从计算结果可见，并联环路的计算阻力损失不等，而实际运行时其实际阻力损失一定相等。为此，必须进行平差，在各并联环路阻力损失相等的条件下重新分配流量。

(7) 对并联环路平差。其步骤如下：

1) 对A、B环进行平差。B环计算阻力损失比A环小，为此增加B环流量，使A环与B环的阻力损失相等。由于阻力损失与流量平方成正比，当B环的流量增加到 $1180\sqrt{\dfrac{4513}{4100}} = 1180 \times 1.049 = 1238$ kg/h时，其阻力损失与A环同为4513Pa。调整B环后，通过A、B环两环的总流量应为 $1196 + 1238 = 2434$ kg/h。假设用这一流量计算管段 ab、$a'b'$ 的阻力损失为75Pa。则A（或B）环（由 a-A（或B）环-a'）总阻力损失为 $4513 + 75 \times 2 = 4663$ Pa。

2) 对C、D环进行平差。使C环流量增加到 $1050\sqrt{\dfrac{4050}{3900}} = 1050 \times 1.019 = 1070$ kg/h时，C与D环的阻力损失同为4050Pa。通过两环的总流量应为 $1070 + 900 = 1970$ kg/h。假设用调整C环后的C与D环的总流量算出管段 ac、$a'c'$ 的阻力损失为100Pa。则通过C（或D）环（由 a-C（或D）环-a'）的总阻力损失为 $4050 + 100 \times 2 = 4250$ Pa。

3) 对 a-A(或B)-a' 环与 a-C（或D）-a' 环进行平差。通过 a-C-a' 环和 a-D-a' 环的总流量为 $1970\sqrt{\dfrac{4663}{4250}} = 2064$ kg/h 时，则通过 a-C-a' 环或 a-D-a' 环的阻力损失同为4663Pa。C、D环的流量增加 $(2064 - 1970)/1970 = 4.75\%$，其值分别为 $1070 \times 1.0475 = 1121$ kg/h 和 $900 \times 1.0475 = 943$ kg/h。至此完成了四个环路的平差，并计算出系统的总流量为 $2434 + 2064 = 4498$ kg/h。

（8）用平差后的总流量和已知的总热负荷，算出系统的总温降为 $\Delta t = \dfrac{0.86 \times 140 \times 10^3}{4498} = 26.8℃$ 。

（9）调整平差后的总温降、计算系统总流量和总阻力损失。若该供暖系统与室外供热管网相连，还应要求系统的计算总温降与外网的设计供回水温差一致。本例中外网设计供回水温差为 25℃，则上述计算总温降应减少 25/26.8＝0.93 倍，即各环、各管段的流量应增大 1/0.93＝1.071 倍。从而可计算出与室外供热管网提供的设计供回水温度一致的系统总流量为 4498×1.071＝4816kg/h，A、B、C、D 环的最终流量分别为 1280、1326、1200、1010kg/h。从 a 点流经 A、B、C、D 中的任一环路到 a′ 点，系统的总阻力损失为

$$\Delta t = \left(\frac{4816}{4498}\right)^2 \times 4663 = 5346Pa 。$$

（10）计算各环的温降调整系数。温降调整系数与流量调整系数成反比。根据第一次计算得到的流量和调整的最终流量算出 A、B、C、D 环的流量调整系数分别为 1.071、1.124、1.143、1.122；A、B、C、D 环的温降调整系数分别为 0.933、0.890、0.875、0.891。用各环的温降调整系数乘以各立管第一次计算温降，得到最后各立管的温降用于计算相应各立管散热器的面积。

由于各立管的计算温降不同，通常得到的计算结果为近处立管流量比按等温降法计算得到的温差小而流量大，因此，近处立管散热器面积比等温降方法计算时会有所减少，从而从设计方法上改善了等温降方法中阻力损失不平衡时近热远冷的水平失调。如果一个供暖系统只有两个大环路，其平差方法与上例相同，只不过计算步骤将简化，省去所有涉及 C、D 环的计算步骤即可。

3.8 全水系统的主要设备和管路附件

本节所介绍的内容除适用于热水供暖系统之外，还可用于空调系统的冷水和热水管路系统。

3.8.1 水系统的定压及其设备

定压设备使水系统稳定运行在确定的压力水平下，防止系统内出现汽化、超压等现象。常用定压设备有膨胀水箱、补给水泵和定压罐等。这些定压设备设置在热源、热力站、制冷站以及独立的水系统中时，其作用原理与计算方法相同，只是设备容量大小有区别。

3.8.1.1 膨胀水箱定压

用膨胀水箱定压的优点是系统压力稳定，设备简单，管理工作量少。缺点是水箱应放置于系统最高处，占据一定空间。建筑物要承受水箱及水的荷重。它是中小型热水供暖系统与空调水系统中常用的定压方式。

（1）膨胀水箱的构造

膨胀水箱用钢板制成圆柱体或长方体。图 3-40 为圆形膨胀水箱构造示意图。膨胀水箱配有溢流管 1、排水管 2、循环管 3、膨胀管 4 和信号管 5。除排水管设在箱底之外，其

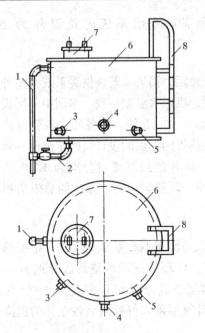

图 3-40 圆形膨胀水箱构造示意图

1—溢流管；2—排水管；3—循环管；4—膨胀管；
5—信号管；6—箱体；7—人孔；8—人梯

余各管都应设在水箱壁以防堵塞。膨胀管连接水箱与系统，供系统水进出之用。溢流管用于水箱或系统水量过多时溢流、排水之用，溢流管末端接到附近的排水设备上方，不允许直接接入到下水管道中。信号管用来检查膨胀水箱是否存水。一般将信号管引到管理人员便于观察和操作的排水设备上方，信号管末端有关闭阀。水从膨胀管进入水箱经循环管流回系统，循环管防止膨胀水箱内的水冻结。膨胀管、溢流管和循环管上严禁安装阀门，以防误操作使系统超压、水溢出水箱或冻结。在不供暖房间除水箱应保温之外，膨胀管、循环管和信号管也应保温，减少无效热损失和防冻。排水管用于清扫膨胀水箱时，排除箱内污水用。

（2）膨胀水箱容积的计算

热水供暖系统或空调系统运行时其供回水温度要随着热负荷或冷负荷的变化而变化，导致其水的密度和容积也要变化。但由于一个系统中所容纳的水的质量是一定的，其变化规律应满足：

$$\rho_0 V_0 = \bar{\rho} V \tag{3-34}$$

式中 ρ_0、$\bar{\rho}$——分别为充水水温 t_0 对应的水的密度和运行时水的平均密度，kg/m^3；

V_0、V——分别为系统充水时和运行时水的容积，m^3。

由于供暖或空调系统内约有一半水为供水温度，一半水为回水温度。所以式（3-34）中水的密度取运行时供、回水温度对应的水的平均密度。

对于供暖空调系统，充水时系统水容积可按下述公式计算

$$V_0 = \frac{1}{1000} \left(\sum_{i=1}^n V_i \right) \dot{Q}_0 \tag{3-35}$$

式中 $\dot{Q}_0$——系统的总设计热负荷或冷负荷，kW。

V_i——分别为每 $1kW$ 热（冷）负荷所对应的系统中的设备（散热器、表冷器或换热器、锅炉、冷水机组）和管道的水容量，L/kW。其值可从设计手册[8]查得。

膨胀水箱用以调节系统水的容积，并能收纳和补偿温度变化时系统水容积的最大变化量。将式（3-34）代入下式，并计入 20% 的储备系数，得到膨胀水箱的容积计算公式如下：

供热时
$$V_{ex} = 1.2\Delta V = 1.2(V - V_0) = 1.2\left(\frac{\rho_0}{\bar{\rho}} - 1\right)V_0 = \beta V_0 \tag{3-36}$$

$$\beta = 1.2\left(\frac{\rho_0}{\bar{\rho}} - 1\right) \tag{3-37}$$

同理，供冷时
$$\beta = 1.2\left(1 - \frac{\rho_0}{\bar{\rho}}\right) \tag{3-38}$$

式中 β——膨胀水箱容积计算系数；

其他各符号同前。只是注意在计算膨胀水箱的容积时，应取系统设计供、回水温度对应的水的平均密度来计算 $\bar{\rho}$。常见系统的 β 值如表 3-5。

膨胀水箱容积计算系数 β 的数值 表 3-5

		供暖工程	空调工程	
			供暖	供冷
系统设计供回水温度（℃）	95/70	0.037		
	85/60	0.029		
	75/50	0.022		
	60/50	0.017	0.017	
	7/12			0.0065

注：1. 供暖系统计算 β 值时充水温度 t_0 取冬季自来水温度 5℃；
　　 2. 空调系统计算 β 值时充水温度 t_0 取夏季环境温度 35℃。

若充水温度 t_0、系统的设计供回水温度以及储备系数与表 3-5 不同，其 β 值应根据式（3-37）～式（3-38）另行计算。空调系统既供热又供冷时，其容积应按冬季供热工况来确定。

根据膨胀水箱的计算容积，在设计手册[8]中选取与计算容积（有效容积）接近的型号为所设计的膨胀水箱型号。

（3）膨胀水箱的安装位置及接管

膨胀水箱一般都放在水系统的最高处。将膨胀管连接在循环水泵入口。供暖系统中膨胀水箱配管与连接如图 3-41 所示。膨胀管 4 和循环管 3 在回水干管上的连接点相距 1.5～3m。在循环水泵 2 的作用下，水流过 1.5～3m 长的管段产生压降，在此压降和水在循环管中冷却产生的重力循环作用压头下，水从膨胀管进入水箱、经循环管流回系统，水箱 3 内的水成为"活水"而防冻。空调水系统是否设循环管和接循环管应根据具体情况而定。只在夏季用的供冷系统或者冬夏都运行的长江流域和南部地区的空调系统，不存在管道防冻问题，不用设置循环管。

膨胀水箱的安装高度除与连接点有关之外，还与系统形式有关。

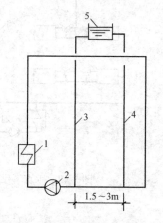

图 3-41 膨胀水箱与机械循环
热水供暖系统的连接
1—锅炉或换热器；2—循环水泵；
3—循环管；4—膨胀管；
5—膨胀水箱

垂直式上供下回式系统中膨胀水箱的安装高度及连接如图 3-42 所示，膨胀水箱置于建筑物顶部。膨胀水箱 2 不起排气作用，要另设集气罐或其他排气装置。膨胀水箱的最低水位与集气罐 3 的放气管 4 之间的高差 Δh 应大于 0.3～0.5m。小系统，Δh 取小值；大系统，Δh 取大值。

垂直式下供上回式系统（倒流式）中膨胀水箱的安装高度及连接如图 3-43 所示。连接的特点是，全部回水流经膨胀水箱，再由回水总立管 3 进入循环水泵 1，这种安装

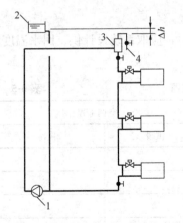

图 3-42 垂直式上供下回式系统中的
膨胀水箱安装高度及连接示意图

1—循环水泵；2—膨胀水箱；
3—集气罐；4—放气管

方式的膨胀水箱 2 称为穿流式膨胀水箱。在这种方式中膨胀水箱能排气。安装时应保证膨胀水箱最低水位高于上部回水水平干管的最高点 O 点。图 (a) 安装方式，膨胀水箱的安装高度稍高；图 (b) 的安装方式膨胀水箱安装高度比图 (a) 低。采用图 (b) 的方式时，水箱可以置于楼梯间。

垂直式下供下回式系统中的膨胀水箱的安装高度及接管如图 3-44 所示。如整个系统都在末端装置上安装放气阀 1 排气，则膨胀水箱 3 的最低水位只须高出顶层散热器，是所有垂直式供暖系统中膨胀水箱安装高度最低的情况，此时水箱可放在顶层末端装置所在楼层或楼梯间；如整个系统都采用空气管 2 排气，则水箱最低水位须高出空气管高点，图中 h 为两者的高差。图示的系统具备了上述两种排气方式，则应按安装空气管的条件来确定水箱安装高度。

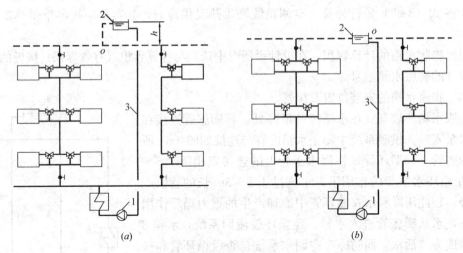

(a)   (b)

图 3-43 垂直下供上回式系统中的膨胀水箱膨胀水箱安装高度及连接示意图
(a) 水箱较高位；(b) 水箱较低位
1—循环水泵；2—穿流式膨胀水箱；3—总回水立管

水平式系统也有上供式、下供式等形式。水平式系统中水箱的安装高度根据供回水干管的位置是上供式、下供式等参照上述情况来确定。

3.8.1.2 补给水泵定压

（1）补给水泵定压方式及其原理

补给水泵定压的主要设备是补给水箱和补给水泵。容易实现，效果好，但要消耗电能。是目前暖通空调水系统的主要定压方式。

全水系统补给水泵定压可采用图 3-45 所示的两种形式[5]。图 (a) 为补给水泵连续补水定压系统示意图。定压点设在循环水泵 6 的入口，利用压力调节阀 3 保持定压点 O 的压力恒定。O 点压力增加，则压力调节阀 3 开度减小，补给水泵 1 的补水量减少，使系统内压力降低到设定水平；当 O 点压力减小时，则压力调节阀 3 开度增大，补给水泵 1 补水量增加，O 点压力回升到设定水平。图 (b) 为补给水泵间歇补水定压系统示意图。图 (a) 与图 (b) 的主要区别是：图 (a) 中的压力调节阀 3 用图 (b) 中的电接点压力表 4 代替。O 点压力下降到某一设定的下限数值时，电接点压力表触点接通，补给水泵 1 启动，向系统补水，O 点压力升高。当压力升高到某一设定的上限数值时，电接点压力表触点断开，补给水泵停止补水。停止补水后系统压力逐渐下降到压力下限，水泵再启动补水，如

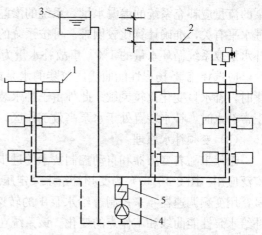

图 3-44 垂直式下供下回式系统中的膨胀水箱
膨胀水箱安装高度及接管示意图
1—放气阀；2—空气管；3—膨胀水箱；
4—循环水泵；5—锅炉或换热器

此反复，使定压点压力在上、下限之间波动。补给水泵间歇补水定压比连续补水定压节省电能，设备简单，但系统内压力不如连续补水方式稳定。上、下限之间的差值根据系统的压力工况来确定，一般可以为 $2\sim5m$ 水柱。

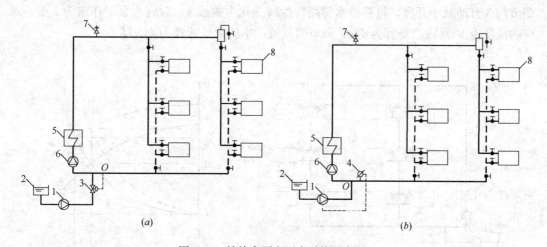

图 3-45 补给水泵定压水系统示意图
(a) 连续补水定压；(b) 间歇补水定压
1—补给水泵；2—补给水箱；3—压力调节阀；4—电接点压力表；5—锅炉、
换热器或冷水机组；6—循环水泵；7—安全阀；8—供热或供冷用户末端装置

（2）补给水泵的选择

用补给水泵定压时，补给水泵的台数应选两台以上，以兼顾备用，可以不单独设备用泵。选泵时要分别考虑正常和事故工况补水要求。例如选两台时，正常工况下一台工作，一台备用，事故工况下两台同时运行。室内供暖通风空调的水系统一般采用低于 $95℃$ 的水，补给水泵的扬程应保证将水送到系统最高点并留有 $2\sim5mH_2O$ 的富裕压头。补给水

泵的流量应补充系统的渗漏水量。系统的渗漏水量与系统的规模、施工安装质量和运行管理水平有关，准确计算比较困难。可按系统的循环水量进行估算。正常条件下补水装置的补水量取系统循环水量的 1%，事故补水量为正常补水量的 4 倍[8]。

应选择流量-扬程性能曲线比较陡的水泵或泵组进行补水，使得压力调节阀开启度变化时，补水量变化比较灵敏。此外由于补水装置连续运行，事故补水的情况较少，应力求正常补水时，补水装置处于水泵高效工作区，以节省电能。

（3）变频补水原理

近年来随着变频器和自动控制技术的进步，配置变频调速器的补给水泵定压方式得到广泛应用。图 3-46（a）为变频补给水泵定压系统原理图。该系统可根据压力传感器的信号，用变频调速器 4 来控制补给水泵 1 的转速，并达到定压的目的。图（b）表达了变频补给水泵性能曲线和工作点的变化。该系统在设计条件下水泵的性能曲线为 1、对应转速 n_1；补给水管路特性线为曲线 3；对应的水泵工作点为 a 点（对应的补给水量为 V_a、扬程为 H_a）。其中（H_a-H_0）用于克服补给水泵管路的阻力损失。若运行时转速减低到 n_2、对应的水泵性能曲线为 2、水泵工作点为 b 点。补给水量减至 V_b，扬程降低到 H_b。定压点压力对应的水柱高度 H_0 不变。随着补给水管路中流量的减少，其阻力损失也减少到（H_b-H_0）。

由于水泵所消耗的功率与转速呈三次方关系，当水泵转速降低时所耗功率将大大降低，从而大大节省电能。如采用图 3-45（a）的定压方式，若补给水量降低到 V_c，则压力调节阀 3 自动减小开度，将补给水管路特性线变化为曲线 4，对应水泵工作点为 c 点。对应的流量为 V_c=V_b、扬程为 H_c。调节阀截流产生的无效能耗为 H_c-H_b。

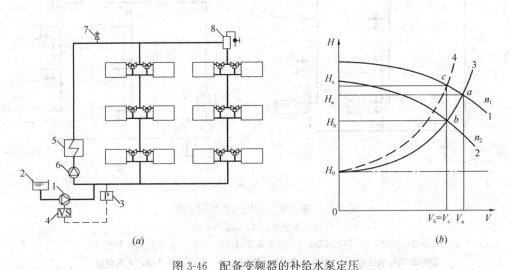

(a) (b)

图 3-46 配备变频器的补给水泵定压
（a）配备变频器的补给水泵定压系统原理图；（b）变频补给水泵性能曲线和工作点的变化
1—补给水泵；2—补给水箱；3—压力传感器；4—变频调速器；5—锅炉或换热器；
6—循环水泵；7—安全阀；8—集气罐

3.8.1.3 气压罐定压

图 3-47 为气压罐定压的工作原理图。气压罐 1 是钢制圆筒形有压容器，图中 O 点连接到供暖或空调水系统循环水泵入口的干管上实现定压。气压罐 1 在设定的下限压力 P_1

和上限压力 P_2 间工作。当系统漏水或水温下降时，罐内水位下降，随之压力下降。当压力传感器 7 测得压力低于下限压力 P_1 时，自动控制系统启动补给水泵 2 向系统补水；罐水位回升，压力增高。当补水或系统内水受热膨胀时，罐内水位升高，随之压力增高。当压力增高到上限压力 P_2 时，补给水泵停止运行。图中 O 点的压力稳定在 $P_1 \sim P_2$ 之间。

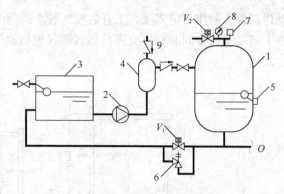

图 3-47　气压罐定压原理图

1—气压罐；2—补给水泵；3—补给水箱；4—补气罐；5—水位传感器；6—安全阀；7—压力传感器；8—电触点压力表；9—止回阀；V_1—泄水电磁阀，V_2—排气电磁阀

如果压力达到 P_2 后，进一步升高至电触点压力表 8 设定的上限压力 P_4（一般 P_4 比 P_2 高 $0.01 \sim 0.02$MPa）时，电磁阀 V_1 打开泄水，使罐内压力下降。当压力下降到电触点压力表 8 设定的下限压力 P_3（一般 P_3 比 P_4 低 $0.02 \sim 0.04$MPa）时，电磁阀 V_1 关闭，停止泄水。

每启动一次补给水泵，补气罐 4 内空气随水进入压气罐内。当压气罐内空气过多，而使水容量减少到水位传感器 5 设定的水位时，电磁阀 V_2 开启排气，直到水位恢复正常。每当补给水泵停止工作，补气罐内压力下降，空气自动经止回阀 9 进入补气罐内。

安全阀 6 设定压力为 P_5（一般 P_5 比 P_4 高 $0.01 \sim 0.02$MPa），是最后一道超压安全保护。

气压罐相当于低位闭式膨胀水箱，可调节系统的水量和实现定压。但不能排除系统中的空气。

3.8.2　水系统的排气及其设备

由于水系统启动时内部留存有空气、水在加热过程中分离出空气，如不排除有可能在管道中形成气塞、减少换热设备的换热面积，影响系统的正常运行。因此水系统中应在管道的高点和设备的上部设置排气装置。

3.8.2.1　集气罐

集气罐是较早应用的排气装置之一，具有分离、积聚和排除系统内空气的作用。集气罐如图 3-48 所示，有立式（图 a）和卧式（图 b）之分。集气罐的直径应大于或等于所连接干管直径的 2 倍。常用 $DN100 \sim DN250$ 的钢管制作筒体。图中给出的是 $DN250$ 型号的集气罐尺寸。立式集气罐贮气空间比卧式大，要求所连接管道上部高度较大；卧式集气罐贮气空较小，要求系统管道上部高度较小。集气罐上方的放气管用 $DN15$ 的钢管，放气管末端有阀门，定期打开此阀门将从系统中分离并积聚在集气罐内的空气排除。集气罐常见三种安装方式如图 3-49 所示。三种分离方式中集气罐都是安装在系统最高处，位于房间顶棚下或梁下。管道的坡向应保证集气罐接管为管段的最高点。图中集气罐的具体位置不同，图（a）中集气罐起不到分离系统空气的作用，空气有可能被带入靠近末端的几根立管；图（b）对两侧管道坡度要求严格，如坡向不对，最末一根立管容易发生气塞；图（c）效果最佳，可更好起到分离、积聚、排除空气三大作用。集气罐制作简单、没有动作部件、耐用；但需要人工开启放气管上阀门3排气、占地较大，设计时要考虑房间顶棚下或梁下的空间和高度应满足集气罐（包括放气管）所占位置和所连水平干管有坡度的要求。

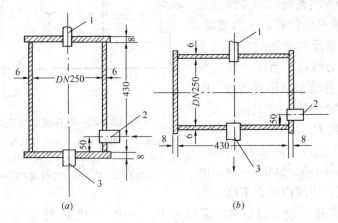

图 3-48 集气罐

(*a*) 立式；(*b*) 卧式

1—放气管；2—进水口；3—出水口

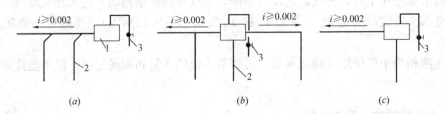

图 3-49 集气罐安装方式

(*a*) 位于水平供水干管末端；(*b*) 位于倒数第二根立管与水平干管交汇处；

(*c*) 位于末端立管与水平干管交汇处

1—集气罐；2—立管；3—放气阀

3.8.2.2 自动排气阀

自动排气阀可替代集气罐，实现自动排除水系统中的空气。自动排气阀有立式（图3-50）和卧式（图3-51）之分。其原理是利用阀体内的浮球或浮筒随水位升降而打开或关闭阀孔达到自动排气的目的。在图3-50中当阀体1上方积聚大量空气时，浮球2下降，空气从排气孔4排出。随着空气体积减少，浮球上升，浮球顶部阀针堵住排气孔，防止水流出。导向套筒3防止浮球阀针偏斜失灵。图3-51靠浮筒3的升降产生的杠杆力来启闭排气孔5。自动排气阀占地小，无需人员操作，但质量不好时容易漏水，应选择优质的自动排气阀。

3.8.3 水系统的除污器和过滤器

除污器（或过滤器）安装在用户入口供水总管、热源（冷源）、热用户、用热（冷）设备、水泵、调节阀等入口处，用于阻留杂质和污垢，防止堵塞管道与设备。

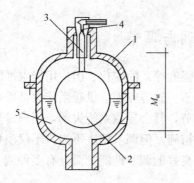

图 3-50 立式自动排气阀
1—阀体；2—浮球；3—导向套筒；
4—排气孔；5—空气；6—水

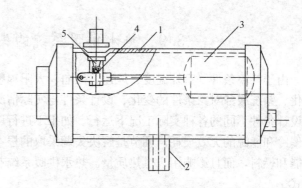

图 3-51 卧式自动排气阀
1—外壳；2—接管；3—浮筒；4—阀座；5—排气孔

3.8.3.1 除污器

除污器分立式和卧式两种。图 3-52 为立式除污器示意图。它是一个钢制圆筒形容器，水从进水管 2 进入除污器筒体 1，流速降低，大块污物沉积于底部，经出水花管 3 将较小污物截留，除污后的水流向下游的管道。其顶部有排气阀 5，底部有排污用的丝堵 6 或手孔 7。除污器应定期清通。

3.8.3.2 过滤器

图 3-53 为 y 形过滤器示意图。它是利用过滤网 5 阻留杂质和污物。过滤网为不锈钢金属网，过滤面积为进口管面积的 2～4 倍。y 形过滤器有丝扣连接和法兰连接两种，小口径过滤器为丝扣连接。y 形过滤器有多种规格（DN15～DN450）。它与立式或卧式除污器相比有体积小、重量轻、可在多种方位的管路上安装、阻力小（约为上述除污器的一半）等优点。应注意安装方向和定期将过滤网卸下清洗。

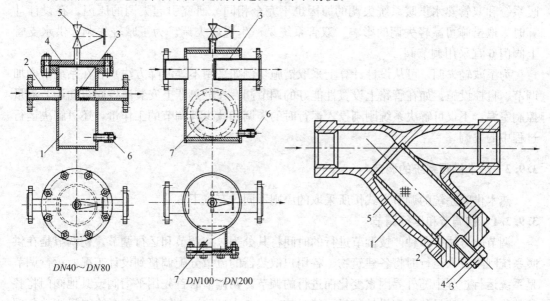

DN40～DN80

7 DN100～DN200

图 3-52 立式除污器
1—除污器筒体；2—进水管；3—出水花管；4—法兰盖；
5—排气阀；6—丝堵；7—手孔

图 3-53 y 形过滤器
1—阀体；2—封盖；3—螺栓；4—垫片；5—过滤网

3.9　热水供暖系统的失调与调节

由于气象条件（室外温度、风速、风向、太阳辐射强度等）的变化、用户用能水平的变化、系统服务对象条件的变化、设计条件与实际情况不一致等原因，供暖系统总是要在与设计条件不同的各种实际工况下运行。如果不进行调节，就会导致系统失调，用户过热或偏冷和能源的无效损耗。调节是解决失调采取的根本措施。但调节解决不当，不仅浪费电能和燃料，而且影响用户供热质量。热水供暖系统有良好的调节性能，而且有多种调节方式。

3.9.1　热水供暖系统的失调

供暖系统的失调可分为水力失调和热力失调。水力失调是指实际流量分配偏离设计或所需求的流量，热力失调是指供热量及室内温度偏离设计要求。水力失调是引起热力失调的主要原因之一。供暖系统一旦投入运行，如同一层的各房间、上下层的各房间室内温度都符合设计要求（偏差值在规定范围内），其效果是最好的，是设计者的努力方向。要达到这一要求除精心进行设计之外，还要依靠适当和合理地安装自控装置。系统实际运行往往存在失调。供暖系统有竖向失调与水平失调。竖向失调是指同一建筑物内不同楼层用户室内温度偏离设计要求的失调；水平失调是指同一建筑物内同一楼层用户室内温度偏离设计要求的失调。垂直式系统存在竖向失调时，往往是上层偏热、下层偏冷；存在水平失调时，多数情况是靠近热力入口的立管供热较好、远离热力入口的立管供暖稍差。加大用热设备及其支管路的阻力，越不易水力失调。单管热水供暖系统比双管热水供暖系统水力稳定性好。导致热水供暖系统失调的原因是多方面的，单管热水供暖系统和双管热水供暖系统失调的原因也不完全相同。研究引起失调的原因，在设计计算时采取措施可减轻失调的影响。双管系统易产生竖向失调。为了减轻失调，供水支管上阀门 6 宜采用调节阀。

为了减轻失调，可从设计计算上采取措施（例如采用不等温降方法）和在系统中增加调节、自控设施。如在管路上设置性能好的调节阀、在散热器上安装温控阀自动调节流量控制室温，不仅可解决系统刚刚投入运行时的失调和减少其调节的工作量，还可解决运行过程中的失调。

3.9.2　热水供暖系统的调节

热水供暖系统的调节方式按所采取的原则不同，有以下方法。

3.9.2.1　初调节和运行调节

调节的方法有多种。按调节进行的时间将其分为：初调节和运行调节。初调节是在供暖系统刚刚投入运行时将各建筑物、各用户散热器的流量分配调整到设计工况。运行调节是系统运行过程中随外界因素变化而进行的调节。初调节时首先用平衡阀或其他阀门将各建筑物入口的流量分配到设计流量，然后依次用各大环路、立管、支管上的阀门调整各部分的流量。如无自动调节阀，对异程式供暖系统首先应逐个调小离热源较近热用户热力入口阀门的开度。调小室内各环路中较近立管的阀门开度，将各剩余压头消耗在阀门处，以减轻离热源或热力入口近处的用户或立管偏热，离热源或热力入口远处的用户或立管偏冷的弊病。对同程式系统应逐个调小靠近偏热热用户所在立管阀门的开度。供暖系统是一个多用户的水力、热力耦合的复杂管网系统，局部的调整可能影响到全局，因此上述调节过程往往要反复进行多次。

3.9.2.2 集中调节、局部调节和个体调节

按调节地点将调节分为：集中调节、局部调节和个体调节。集中调节是在热源处进行的调节；局部调节是在热力站或用户入口处进行的调节；个体调节是在用热设备处进行的调节。集中调节调控范围大、简便、易于实现，是最主要的调节方式。由于热源及室外供热管网供热能力不同、各建筑物和各用热设备的用热规律不同、供暖系统形式不同，各建筑物以及一个系统内的各房间失调程度不可能完全相同，因此最佳调节方式应以集中调节为主、以局部调节和个体调节为辅，三者相结合的调节方式。

3.9.2.3 热水供暖系统的集中调节

集中调节是在热源处根据热负荷的变化对所有供暖用户进行的统一调节方式。按集中调节的参数将调节分为：质调节、分阶段改变流量的质调节、量调节、质量流量综合调节等。

质调节是改变供给热媒温度、不改变热媒流量的集中调节。房间供暖热负荷主要与室外温度有关（参见 2.2）。在供暖室外计算温度 t_0' 时，为设计热负荷 $\dot{Q}'$、对应设计的供、回水温度分别为 t_s'、t_r'。随着室外温度 t_0 的升高，热负荷 $\dot{Q}$ 减小，相应的供、回水温度 t_s、t_r 降低，供、回水温差也减小。质调节曲线如图 3-54 所示。图中 t_s 和 t_r 随 t_0 的变化曲线可通过根据系统的供热量、散热器的散热量和房间供暖热负荷三者相等的关系式推导得到[11]。质调节只需调节热源的供水温度、容易实现；由于不改变系统的流量，不易产生水力失调，输送供热介质能耗高。

为节省输送能耗，可采用分阶段改变流量的调节，其调节曲线如图 3-55 所示。图中 t' 为供热设计室外温度，t_{01} 为改变运行流量对应的室外温度。在室外温度较低的阶段（$t_0' \sim t_{01}$），运行在设计流量下。在室外温度较高（$t_{01} \sim +5℃$）的阶段，采用较小的流量，而提高供水温度（与虚线相比）和加大供、回水温差。从而节省输送能耗。

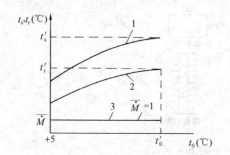

图 3-54 质调节曲线
1—供水温度曲线；2—回水温度曲线；
3—流量变化曲线

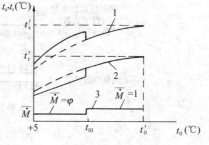

图 3-55 分阶段改变流量的质调节曲线
1—供水温度曲线；2—回水温度曲线；
3—流量变化曲线

量调节是改变供给热媒流量的调节方式。量调节能节省循环水泵的电耗，但需要配置变频装置。按照供暖系统的特性，采用质量流量调节。其节能效果是可观的。质量流量调

节是同时改变热水的温度和流量的调节方式。

此外，还有间歇调节。它是供暖初期或终期，保持某一供水温度不变，而随室外温度的提高减少每日供暖小时数的调节方式。

热水供暖系统集中调节后，还会引起系统失调。例如，采用质调节后，供回水温发生变化，导致双管热水供暖系统各楼层散热器的重力循环压头变化不同，而引起水力失调；对单管热水供暖系统，因水温变化引起的各层散热器传热温差的变化不同、散热量变化不同而导致热力失调。因此，如前所述除了采用集中调节之外，还应辅以局部调节和个体调节，即综合调节方式。

思考题与习题

3-1 什么是全水系统？全水系统由哪几部分组成？

3-2 全水系统的末端装置有哪几大类？

3-3 什么是散热器的金属热强度？

3-4 试论述铸铁散热器与钢制散热器的区别。

3-5 散热器靠外墙布置和靠内墙布置各有何优缺点？

3-6 影响散热器散热量大小有哪些因素？

3-7 试写出供暖散热器计算面积公式，并说明为什么要进行各项修正？

3-8 图 3-56 为同一组散热器。当进出水温度和室内温度相同，而接管方式不同时，试比较其传热系数的大小。

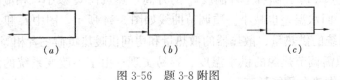

图 3-56 题 3-8 附图

3-9 比较图 3-57 中同一类型散热器散热的优劣或大小，并说明为什么？（比较前提：除图中表示出的条件外，其他条件相同）

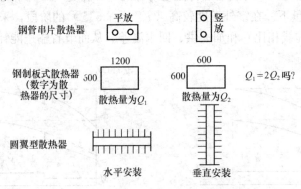

图 3-57 题 3-10 附图

3-10 某供暖系统设计供回水温度为 95℃/70℃，散热器面积和房间设计热负荷计算都正确。但实际运行时供水温度只能达到 80℃，试问能否满足供暖要求？如果供水温度能达到 90℃，能否满足供暖要求？

3-11 论述重力循环和机械循环热水供暖系统的主要区别。

3-12　试比较机械循环双管热水供暖系统和单管热水供暖系统的主要特点。

3-13　单管热水供暖系统有几种基本形式？各有什么特点？

3-14　设计水平式热水供暖系统时应注意什么问题？

3-15　同程式热水供暖系统有什么优缺点？

3-16　设计高层建筑热水供暖系统时要注意解决哪些问题？高层建筑热水供暖系统有哪几种形式？

3-17　热计量供暖系统应具备哪些基本条件？住宅分户热计量系统可采用哪些形式？

3-18　暖风机有哪些基本部件组成？暖风机的台数如何计算？小型暖风机如何布置？

3-19　暖风机供暖和散热器供暖有什么不同？

3-20　自然循环热水供暖系统的作用压头应如何确定？

3-21　计算图 3-58 中两个热水供暖系统的设计工况下的自然循环作用压头。并说明管路水力计算时用哪个数值作为作用压头？

已知：高差：$h_1 = 2m$，$h_2 = 3m$，$h_3 = 3m$；散热器的设计热负荷：$Q_1 = 1000W$，$Q_2 = 500W$，$Q_3 = 1000W$；设计供回水温度：$t_s = 95℃$，$t_r = 70℃$。题中各种温度下水的密度查附录 3-3。

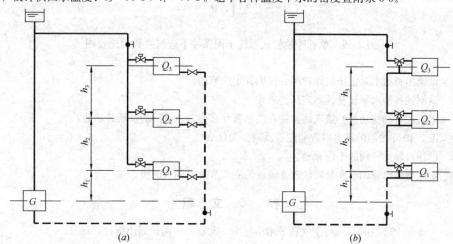

图 3-58　重力循环热水供暖系统

(a) 双管系统；(b) 分流管式单管系统（设计工况）

3-22　什么是散热器的进流系数？进流系数的数值与哪些因素有关？

3-23　什么是跨越管式单管系统的小循环？图 3-59 中哪个散热器进流系数大？

图中 t_s、t_r——设计供、回水温度，Q——散热器热负荷，d_1、d_2——散热器供回水支管的管径，d_3——跨越管的管径，l——支管的管长。

3-24　什么工况是分流管式单管供暖系统的设计工况？为什么分流管式单管供暖系统比跨越管式单管系统节省散热器面积？为什么分流管式单管供暖系统比跨越管式单管系统散热器的流量调节范围大？

3-25　什么是热水供暖系统水力计算时作用压头的富裕度？什么是并联管路的阻力不平衡率？什么是资用压头？

3-26　供暖系统采用不等温降计算方法有何优越性？

3-27　膨胀水箱的作用是什么？

3-28　什么是膨胀水箱的有效容积？如何计算确定膨胀水箱的有效容积？

3-29　膨胀水箱有哪些接管？分别接到供暖系统什么地方？哪些接管上不允许设置阀门？

3-30　膨胀水箱的膨胀管连接在供水管上方与连接在循环水泵入口时有何区别？

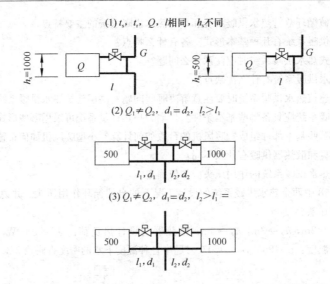

图 3-59　单管跨越管式系统不同条件下进流系数的比较图

3-31　试绘出补给水泵定压的原理图并说明其定压原理。

3-32　试阐述补给水泵设变频器定压的原理。

3-33　集气罐有哪些功能？集气罐连接在供水管什么位置能最好地实现其功能？

3-34　图 3-49 除污器的进出口方向能否反向？为什么？

3-35　试述自动排气阀的工作原理。

3-36　定性地画出质调节和分阶段改变流量的质调节时的调节曲线。

参 考 文 献

[1]　GB 50155—1992 供暖通风与空气调节术语标准．北京：中国计划出版社，1992．

[2]　GB 19913—2005 铸铁采暖散热器．北京：中国计划出版社，2005．

[3]　胡必俊．新型供暖散热器的选用．机械工业出版社，2003．

[4]　GB 29039—2012 钢制采暖散热器．中国标准出版社 2013．

[5]　С. И. Сканави，Л. М. Махов. Отопление. Москва：Издат. АСВ. 2008.

[6]　GB/T 13754—2008 采暖散热器散热量测定方法．

[7]　哈尔滨建筑大学供热研究室．ISO 国际标准低温热水散热器热工性能实验台．暖通空调，1985(5)：20-22．

[8]　陆耀庆主编．实用供热空调设计手册．北京：中国建筑工业出版社，2008．

[9]　GB 50736—2012 民用建筑供暖通风与空气调节设计规范．北京：中国建筑工业出版社，2012．

[10]　Svend Frederiksen，Sven Werner. District Heating and Cooling. Sweden Studentlitteratur 2013.

[11]　贺平，孙刚．供热工程．北京：中国建筑工业出版社，1993．

[12]　王宗潘．高层建筑分层式热水供暖系统浅析．区域供热，1997(1)，16-19．

[13]　刘孟真，庄纯旭，李易辛．高层建筑无水箱直连供暖系统在工程上的应用．暖通空调，1998(6)：53-56．

[14]　方修睦，孙杰．基于热量结算表的热量分配方法的分配原则．暖通空调，2013. No11：43-46．

[15]　黄维．北京供热计量技术．北京：中国建筑工业出版社，2010．

[16]　JBT 7225—1994 暖风机．北京：机械科学研究院出版，1995．

[17]　屠大燕．流体力学与流体机械．北京：中国建筑工业出版社，1994．

第4章 蒸 汽 系 统

4.1 蒸 汽 系 统 概 述

蒸汽是暖通空调系统中常用的热媒之一。以蒸汽为热媒，将热量从热源传递到用热设备，承担建筑热负荷的系统称为蒸汽系统。

4.1.1 蒸汽在暖通空调中的应用

蒸汽可以直接利用其热量，也可以用蒸汽制备热水加以利用。蒸汽在暖通空调中的应用如下：

（1）供暖热媒

作为供暖系统的热媒。蒸汽供暖系统的蒸汽压力 P 一般不大于 0.39MPa（表压，以后如无特殊说明，蒸汽压力均指表压）。供暖设备可以是散热器和暖风机。

（2）加热空气

冬季在寒冷地区为阻挡室外冷风侵入建筑物，常在人员出入频繁、经常开启的外门设热空气幕。蒸汽做热媒的热空气幕供热能力大，一般采用蒸汽压力 $P{\leqslant}0.39$MPa 的蒸汽，但也可以应用 0.5～0.6MPa 的蒸汽。

在通风系统、全空气空调系统或空气—水空调系统中，冬季用蒸汽/空气换热器加热空气。

（3）制备热水

用汽/水换热器制备热水，供给热水供暖系统、空气—水空调系统或全空气系统使用。

用汽/水换热器间接加热或直接加热自来水，用于热水供应系统，满足生活和生产用热水的需求。

（4）加湿空气

在有现成蒸汽热源时，用干蒸汽加湿器（参见 6.6）对空气进行加湿。它不仅加湿迅速、均匀、稳定、效率高（接近 100%）、不带水滴和细菌，而且节省电能，运行费用低，布置方便。所需蒸气压力为 0.02～0.4MPa。

（5）制冷热源

吸收式制冷是用热能作动力的制冷方法，可使用蒸汽或热水。热媒的压力或温度愈高，吸收式制冷的热力系数就愈高。采用蒸汽压力 $P=0.6～0.8$MPa 的双效溴化锂吸收式制汽机与采用 $P=0.02～0.1$MPa 的单效溴化锂吸收式制汽机相比，热力系数约高 60%～70%。因此，为提高热力系数，应尽量使用压力高的饱和蒸汽，但一般不能高于 0.8MPa（表压）。

此外，蒸汽还广泛应用于许多国民经济生产部门。用做原料或产品加工、工艺过程的热媒；用做拖动汽动泵、蒸汽机以及蒸汽锻锤等设备的动力源。不同工艺所要求的蒸汽温度和压力不同，取决于各类工艺设备对用汽参数的要求。在某些工业企业中，甚至是不可替代的热媒。本章主要介绍蒸汽在供暖系统中的应用。蒸汽系统的热源参见《建筑冷热源》教材，蒸汽在暖通空调中的其他应用参见本书相关章节，蒸汽在国民经济其他生产部门的应用见其他文献。

4.1.2　蒸汽系统示意图

图 4-1 为用蒸汽为热媒向蒸汽供暖系统（图 a）、热水供暖系统（图 b）、热水供应系统（图 c）、通风空调、制冷系统（图 d）和工艺用热设备（图 e）等热用户供热的系统简图[1]。蒸汽系统有凝结水回收和无凝结水回收两种形式。图中给出的是有凝结水回收的形式。蒸汽沿蒸汽管 1 送到各用户。用热设备出口都有疏水器 5、凝结水箱 6 和凝结水泵 7，凝结水泵将凝结水沿凝结水管 2 送回热源。为了节约能源、减少运行费用，凝结水都应回收。只有在凝结水可以就地利用，而且经过技术经济比较方案合理时，才能采用无凝结水回收的形式。如果几个热用户用热性质相同，也可以共用凝结水箱和凝结水泵，用一套设备将凝结水送回热源。热用户用热系统与室外蒸汽管网的连接取决于用户系统和设备的特点，以及所供蒸汽参数。如果热用户直接使用蒸汽，则采用直接连接（图 4-1 中的 a、d、e）。蒸汽系统的供汽压力应满足最高用汽压力热用户的要求。其他用汽压力低的热用户则应在入口安装减压阀 3。如果热用户使用热水，可通过汽水换热器间接连接（图 4-1 中的 b、c）。

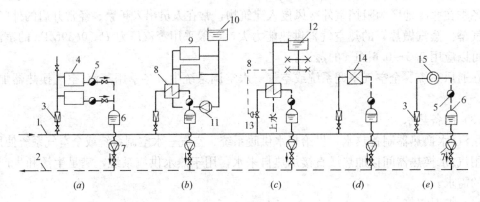

图 4-1　蒸汽系统简图
(a) 蒸汽供暖系统；(b) 热水供暖供汽系统；(c) 热水供应供汽系统；
(d) 通风、空调或制冷供汽系统；(e) 工艺设备供汽系统

1—蒸汽管；2—凝结水管；3—减压阀；4—蒸汽供暖散热器；5—疏水器；6—凝结水箱；7—凝结水泵；
8—汽/水换热器；9—热水供暖散热器；10—膨胀水箱；11—循环水泵；12—热水贮水箱；13—温度调节
器；14—通风、空调、制冷设备；15—工艺用汽设备

4.1.3　蒸汽作为热媒的特点

与热水相比，蒸汽作为热媒有如下优点：

（1）蒸汽输送无需外部动力。

（2）饱和蒸汽的压力与温度成对应关系，因此控制系统的温度可通过控制压力来

实现。

（3）蒸汽密度比水小得多，直接用于高层建筑供暖时，不会因水静压力使建筑物底部的设备和散热器超压。用蒸汽作为超高层建筑高区供暖系统的热媒，可解决系统底部管道和设备超压问题（见图 3-17）。

（4）维修或者更换设备，只需关闭供汽系统，无需放水和再充水。

（5）蒸汽可同时满足对压力和温度有不同要求的多种热用户的用热要求。

（6）蒸汽在换热设备内定压凝结放热，换热设备的热媒平均温度为相应压力下的饱和温度。因此在相同热负荷下，蒸汽系统换热设备的传热温差大，所需换热设备面积比热水系统少得多。

（7）蒸汽在用热设备中主要靠相变放出热量（放出汽化潜热）。就单位质量热媒而言，蒸汽放出的汽化潜热比热水温降放出显热要大许多倍。对相同热负荷，蒸汽比热水供热的热媒质量流量要小得多，因而凝结水比热水管的管径要小得多。由于蒸汽密度小，体积流量大得多，但蒸汽管内可采用较高流速，因此蒸汽管与热水管的管径基本相当。整体而言，蒸汽系统管道初投资低。

蒸汽作为热媒有如下缺点：

（1）蒸汽管道和设备表面温度高，散热损失大。压力高，存在漏汽问题，无效热损失大，使其比热水系统能源消耗要高。若管理不善，加上凝结水回收不佳，会加大能耗。

（2）蒸汽系统维护部件多，维修量大，维修费用高。

（3）凝结水不能全部回收，需对系统不断地、大量补水和对补给水进行水处理。增加给水和水处理费用。

（4）蒸汽和凝结水在管路内流动时，由于压力损失，状态参数（密度和流量）发生变化，甚至伴随相变。饱和蒸汽沿管路流动时，管壁散热产生凝结水，变成湿蒸汽；湿蒸汽流经阻力较大的阀门等管路附件时，被绝热节流，可能变成饱和蒸汽或过热蒸汽。这些都是流动过程中的相变。从用热设备流出的饱和凝结水通过疏水器和凝结水管路，压力下降的速率快于温降。使凝结水温高于与压力对应的饱和温度，部分凝结水重新汽化，形成"二次蒸汽"。这些特点使得蒸汽供热系统的运行状态和管理变得复杂。

（5）蒸汽系统经常间歇工作，其管道和设备内时而流动蒸汽或凝结水、时而充斥空气。氧腐蚀较严重，使用寿命短。

总之，蒸汽系统初投资低，但运行费用高、管理复杂，能耗较高，经济性较差。要根据热源条件和热用户的用热要求，并从节能减排、投资和运行费用等方面进行技术经济比较，来决定是否选择蒸汽作为热媒。某些工业企业为了保证工艺生产及其设备对用热热媒种类及参数的要求，只能采用压力和温度较高的蒸汽作热媒。在这种情况下可以兼顾生产产房和辅助建筑的供暖通风系统用热。

4.2 蒸汽供暖系统

4.2.1 蒸汽供暖系统的类型

蒸汽供暖系统可以分为多种类型。

（1）根据供汽压力 P 可分为：高压蒸汽供暖系统（供汽压力 $P>0.07\text{MPa}$）、低压蒸汽供暖系统（供汽压力 $P\leqslant0.07\text{MPa}$）和真空蒸汽供暖系统（供汽压力 $P<0\text{MPa}$）。根据供汽汽源的压力、对散热器表面最高温度的限度和用热设备的承压能力来选择高压或低压蒸汽供暖系统。工业建筑及其辅助建筑可用高压蒸汽供暖系统。真空供暖系统的优点是热媒密度小，散热器表面温度低，便于调节供热量；其缺点是需要抽真空设备，对管道气密性要求较高。因真空供暖系统需增加设施和运行管理复杂性，国内外用得都很少。

（2）根据立管的数量可分为：单管蒸汽供暖系统和双管蒸汽供暖系统。单管系统中通向各散热器的供汽和凝结水立、支管合二为一；双管蒸汽系统中的立、支管分别设供汽管和凝结水管。由于单管系统中蒸汽和凝结水在同一条管道中流动，易产生水击和汽水冲击噪声，所以单管蒸汽供暖系统用得很少，多采用垂直双管蒸汽供暖系统。

（3）根据蒸汽干管的位置可分为：上供式、中供式和下供式。

（4）根据凝结水回收动力可分为：重力回水系统和机械回水系统。凝结水靠重力流回热源，则为重力回水；凝结水靠凝结水泵送回热源，则为机械回水。

（5）根据凝结水系统是否通大气可分为：开式系统（通大气）和闭式系统（不通大气）。如果蒸汽系统有一处（一般是凝结水箱或空气管）通大气，则是开式系统；否则是闭式系统。

（6）根据凝结水充满管道断面的程度可分为：干式回水系统和湿式回水系统。蒸汽供暖系统工作时，凝结水管道断面上部充满空气，下部流动凝结水；系统停止工作时，该管内全部充满空气。这种管道断面始终未充满凝结水的凝结水管称为干式凝结水管，这种回水方式称为干式回水。无论工作或停止工作，管道断面始终充满凝结水的凝结水管称为湿式凝结水管，这种回水方式称为湿式回水。

4.2.2 低压蒸汽供暖系统

低压蒸汽供暖系统中蒸汽压力低，相对高压蒸汽供暖系统漏汽、漏水现象比较缓和，为了简化系统，一般都采用开式系统。低压蒸汽供暖系统用于有蒸汽汽源的工业厂房、工厂辅助建筑和厂区办公楼等场合。

4.2.2.1 低压蒸汽供暖系统的形式

（1）重力回水低压蒸汽供暖系统

图 4-2 为重力回水低压蒸汽供暖系统原理图[2]。图（a）为上供式，图（b）为下供式。上供式系统和下供式系统中其蒸汽干管分别位于供给蒸汽的所有各层散热器上部或下部。锅炉 1 内的蒸汽在自身压力作用下，沿蒸汽管 2 输送进入散热器 6，同时将积聚在供汽管道和散热器内的空气驱赶入凝结水管 3，经连接在凝结水管末端 B 点的空气管 5 排出。蒸汽在散热器内冷凝放热，凝结水靠重力作用返回锅炉，重新加热变成蒸汽。锅筒内水位为 I-I。在蒸汽压力作用下，总凝结水管 4 内的水位 II-II 比锅筒内水位 I-I 水位高出 h（h 为锅筒蒸汽压力折算的水柱高度），水平凝结水干管 3 的最低点比 II-II 水位还要高出 $200\sim250\text{mm}$，以保证水平凝结水干管 3 内不被水充满。系统工作时该管道断面上部充满空气，下部流动凝结水；系统停止工作时，该管内充满空气。凝结水管 3 称为干式凝结水管。总凝结水管 4 内水位 II-II 以下管道内始终充满凝结水，这一部分凝结水管 4 称为湿式凝结水管。图（b）中水封 8（见图 4-14）用于排除蒸汽管中的沿途凝结水，以防

止立管中的汽水冲击并阻止蒸汽窜入凝结水管。水平蒸汽干管应坡向水封。水封底部应设放水丝堵供排污和放空之用。图中水封高度 h' 应大于水封与蒸汽管连接点处蒸汽压力 P_B 所对应的水柱高度。

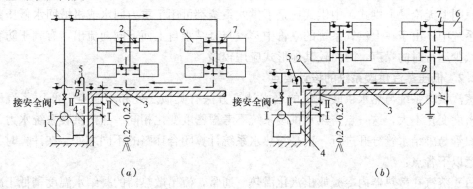

图 4-2　重力回水低压蒸汽供暖系统

(a) 上供式；(b) 下供式

1—锅炉；2—蒸汽管；3—干式自流凝结水管；4—湿式凝结水管；

5—空气管；6—散热器；7—截止阀；8—水封

重力回水低压蒸汽供暖系统简单，不需要设置占地的凝结水箱和消耗电能的凝结水泵；供汽压力低，只要初调节时调好散热器入口阀门，原则上可以不装疏水器，以降低系统造价和减少维修工作量。一般重力回水低压蒸汽供暖系统的锅炉位于一层地面以下。当供暖系统作用半径较大时，需要采用较高的蒸汽压力才能将蒸汽送入最远的散热器，图4-2中的 h 值也加大，即锅炉的标高将进一步降低。如锅炉的标高不能再降低，则水平凝结水干管内甚至底层散热器内将充满凝结水，空气不能顺利排出，蒸汽不能正常进入系统，从而影响供热质量，系统不能正常运行。因此重力回水低压蒸汽供暖系统只适用于小型蒸汽供暖系统。

(2) 机械回水低压蒸汽供暖系统

图 4-3 为中供式机械回水低压蒸汽供暖系统原理图[3]。由蒸汽锅炉输送来的蒸汽沿蒸汽管 1 输送进入散热器 9，散热后凝结水汇集到凝结水箱 6 中，再用凝结水泵 7 经凝结水管 3 送回热源重新加热。蒸汽水平干管位于散热器的层间。凝结水箱 6 应低于底层凝结水干管 2，管 2 插入水箱水面以下。从散热器 9 流出的凝结水靠重力流入凝结水箱 6。空气管 4 在系统工作时排除系统内的空气，在系统停止工作时进入空气。通气管 5 的作用是使水箱通

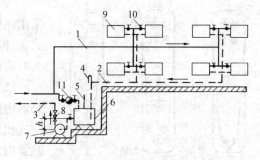

图 4-3　中供式机械回水低压蒸汽供暖系统

1—蒸汽管；2—凝结水管；3—回热源的凝结水管；

4—空气管；5—通气管；6—凝结水箱；7—凝结水泵；

8—止回阀；9—散热器；10—截止阀；11—疏水器

大气，以保持水箱内压力为大气压力。水平凝结水干管仍为干式凝结水管。图中的高度 h （其值见表4-1）用来防止凝结水泵汽蚀。止回阀 8 用于防止凝结水倒流，保护水泵。疏水

器11用于排除蒸汽管中的沿途凝结水以减轻系统的水击（疏水器的作用原理及种类详见4.3.1节）。机械回水低压蒸汽供暖系统消耗电能，但热源不必设在一层地面以下。系统作用半径较大，适用于较大型的蒸汽供暖系统。

原则上无论是上供式、中供式还是下供式系统都可用于重力回水或机械回水低压蒸汽供暖系统中。由于在上供式系统的立管中蒸汽与凝结水自上而下同向流出，有利于防止水击和减少运行时的噪声，因而较其他形式应用较多。

4.2.2.2 低压蒸汽供暖系统的设计要点

蒸汽供暖系统与热水供暖系统的水力计算方法有类似之处和不同点。低压蒸汽压力低，密度变化不大，这一点与热水供暖系统不考虑密度变化相同。蒸汽供暖系统水力计算时蒸汽管与凝结水管分开进行，这是与热水系统计算闭合环路的不同之处。在计算时特别要注意以下各点：

（1）蒸汽在散热器内冷凝放出汽化潜热。通常，流出散热器的凝结水温度稍低于凝结压力下的饱和温度，低于饱和温度的数值称为过冷度。其值相对于汽化潜热而言比较小，一般可忽略不计。因此，供给散热器的蒸汽流量用下式计算：

$$\dot{M} = \frac{\dot{Q}}{1000r} \tag{4-1}$$

式中　$\dot{Q}$——设计条件下，散热器的设计热负荷，W；

　　　$\dot{M}$——蒸汽设计流量，kg/s；

　　　r——蒸汽在凝结压力下的汽化潜热，kJ/kg。

设计条件下，散热器的设计热负荷应等于散热器所在房间的供暖设计热负荷。工程中蒸汽流量常用单位为 kg/h，因此式（4-1）变为

$$\dot{M} = \frac{3600\dot{Q}}{1000r} = 3.6\frac{\dot{Q}}{r} \tag{4-2}$$

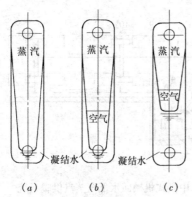

图4-4　蒸汽在散热器内的
凝结与空气的聚集

（2）蒸汽供暖系统计算散热器传热面积时，应采用热媒为蒸汽时试验测得的散热器传热系数公式，计算所需散热器面积。散热器热媒的平均温度为对应压力下蒸汽的饱和温度。

（3）低压蒸汽供暖系统中，空气比蒸汽重，散热器内如有空气，则会聚集在下部或中部偏下处。空气积聚在散热器内会影响传热。图4-4表示了散热器内热媒与空气的几种状态。蒸汽供暖系统通常是间歇运行，停止运行时系统内充满空气。系统重新启动后，空气在有压蒸汽的驱赶下，经散热器、凝结水管、空气管（参见图2-2和图2-4）而排出。图（a）表示了空气被排除干净后散热器正常工作状态，散热器内充满蒸汽，在壁面上膜状凝结，凝结水下流到底部后，顺利排出。图（b）表示了系统运行开始状态，空气被驱赶到散热器内后会聚在下部，在有压蒸汽驱赶下，与凝结水一起排入凝结水管；若这时散热器前蒸汽压力太小（一般要求 2000Pa，参见式

（4-3）），凝结水排除不畅，散热器内凝结水水位上升，空气被滞留在散热器内，如图（c）所示。

（4）为简化计算，低压蒸汽供暖系统水力计算时，不考虑沿途蒸汽密度的变化和沿途凝结水对蒸汽流量的影响。蒸汽压力用于克服蒸汽管路的阻力损失。从锅炉出口到最远散热器的管路为最不利管路。该蒸汽管路的平均比摩阻用下述公式计算：

$$R = \frac{\alpha (P - 2000)}{\sum l} \tag{4-3}$$

式中　R——最不利蒸汽管路平均比摩阻，Pa/m；

α——沿程阻力损失占总阻力损失的百分数，一般取 $\alpha = 60\%$；

P——锅炉出口或用户入口的蒸汽表压力，Pa；

2000——散热器入口预留蒸汽压力，Pa；

$\sum l$——最不利蒸汽管路的总长度，m。

散热器入口预留压力为 2000Pa（约 200mmH$_2$O 柱），用于克服蒸汽流入散热器时的阻力损失（含供汽支管上阀门的阻力损失）并驱赶空气。

水力计算表用蒸汽密度 ρ 为 0.6kg/m^3（对应饱和蒸汽压力 $P = 5$kPa）和管道的当量粗糙度 $K = 0.2$mm 编制。在蒸汽压力 $P = 5 \sim 20$kPa 范围内使用，计算误差不大。如不知锅炉出口或用户入口的蒸汽压力，一般可取最不利蒸汽管路平均比摩阻的推荐值 60Pa/m 进行计算。然后推算锅炉出口或用户入口所要求的蒸汽压力 P。

（5）低压蒸汽进入散热器后，压力降低到接近大气压，散热器凝结水支管上可不设疏水器。也可在每一支路或一个立管下部设一个疏水器，阻止蒸汽通过，排除凝结水和空气。

（6）为了防止凝结水泵内产生汽蚀，水泵应在凝结水箱最低水位以下，以保证图 4-3 中所示的最小正水头 h 值。h 值见表 4-1。

凝结水泵最小正水头的数值			表 4-1
凝结水温度（℃）	80	90	100
最小正水头（m）	2	3	6

（7）蒸汽管或凝结水管通过门或洞口时采用图 4-5 的方式安装[3]。图（a）用于湿式凝结水管；图（b）用于蒸汽管和干式凝结水管。两者的区别在于：图（a）中 1 为湿式凝结水管，设有排气阀 6（公称直径 $DN15$），当过门下返管 7 内存有满管凝结水，则用过门空气管 2 和排气阀 6 积聚和排放空气；图（b）中管 4 为蒸汽管或干式凝结水管，绕行管 5 用于管 4 的下返管 7 积满沿途凝结水时通过蒸汽（管 4 为蒸汽管时）或通过空气（管 4 为干式凝结水管时）。空气管 2 和绕行管 5 的公称直径为 $DN20$。图

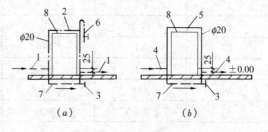

图 4-5　门或洞口处管道的安装

(a) 湿式凝结水管时；

(b) 蒸汽管和干式凝结水管时

1—湿式凝结水管；2—空气管；3—排污放水丝堵；4—蒸汽管或干式凝结水管；5—绕行管；6—排气阀；7—下返管；8—门或门洞

中门或门洞 8 的两边管 1（图 a）或管 4（图 b）高差 25mm，以利排除凝结水。

（8）蒸汽供暖系统一般采用送饱和蒸汽，管道散热损失生成沿途凝结水，它可能被高速蒸汽裹带，形成随蒸汽流动的高速水滴；它可能落在管底，被高速蒸汽重新掀起、积聚，形成"水塞"，随蒸汽一起高速流动。在遇到阀门、弯头或向上延伸的管段，流线改组或流向改变时，高速水滴或水塞与管子或管件发生撞击，产生"水击"，出现噪声、振动或瞬时高压，严重时破坏管件接口的严密性和管路支架。

为了减轻水击现象，水平供汽管道必须有足够的坡度，并尽可能使蒸汽和沿途凝结水同向流动。汽水同向流动时，蒸汽干管坡度 $i \geqslant 0.002$，散热器支管坡度 $i \geqslant 0.01 \sim 0.02$。蒸汽干管向上拐弯处，必须设置疏水器（如图 4-3 中的 11）或设水封（图 4-2b 中的 8），以排除蒸汽管中的沿途凝结水。

蒸汽供暖系统通常是间歇供热。当停止供汽时，原来充满在管路和散热器内的蒸汽凝结成水，由于凝结水的容积远小于蒸汽的容积，空气能通过图 4-2 中的空气管 5 和图 4-3 中的空气管 4 进入系统内，则不会形成真空。从而避免了空气从系统的接口或缝隙等不严密处渗入系统内，加剧接口或缝隙的腐蚀，增加漏汽量。

（9）干式和湿式重力回水凝结水管管径的确定

低压蒸汽供暖系统重力回水凝结水管的坡度 $i \geqslant 0.005$，以保证凝结水靠重力和管道有坡度回流到热源。凝结水管所需管径可根据管道负担的热负荷、凝结水管的特征（干式或湿式凝结水管）、管道长度查表 4-2[5]。

从表 4-2 的数值定性分析可知，由于干式凝结水管内的凝结水未充满断面，热负荷相同时，干式凝结水管比湿式凝结水管要大得多；由于垂直管的重力作用压头大，干式凝结水管中相同管径的垂直管段比水平管段承担的热负荷要大。

低压蒸汽供暖系统干式和湿式重力回水凝结水管管径选择表   表 4-2

凝结水管公称直径（mm）	形成凝结水时，由蒸汽放出的热量（kW）				
	干式凝结水管		垂直或水平的湿式凝结水管		
	水平管段	垂直管段	管段总计算长度（m）		
			50 以下	50～100	100 以上
15	4.7	7	33	21	9.3
20	17.5	26	82	53	29
25	33	49	145	93	47
32	79	116	310	200	100
40	120	180	440	290	135
50	250	370	760	550	250
60	580	875	1750	1220	580
80	870	1300	2620	1750	875
100	1450	2150	4070	2675	1455

注：表中凝结水管总计算长度用实际长度 l 乘以系数 K 得到。系数 K 用来考虑管道局部阻力的影响，干管 $K=$ 1.1，其余管段 $K=1.5$。

（10）低压或高压蒸汽供暖系统中蒸汽的最大允许流速不应超过表 4-3 所给数值。

蒸汽供暖系统中蒸汽的最大允许流速 表 4-3

蒸汽管公称直径（mm）	蒸汽入口表压力 P（MPa）下的最大流速（m/s）		
	$P \leqslant 0.07$		$P > 0.07$
	汽水同向流动	汽水逆向流动	汽水同向流动
15	14	10	25
20	18	12	40
25	22	14	50
32	23	15	55
40	25	17	60
50	30	20	70
>50	30	20	80

4.2.3 高压蒸汽供暖系统

与低压蒸汽相比，对高压蒸汽供暖系统而言用蒸汽作为热媒的特点更加显著。例如，散热器表面温度更高，节省散热器面积。但更易烫伤、造成有机灰尘挥发；压力高，漏汽可能更严重；凝结水回收率不高，能耗更大等。因此高压蒸汽供暖系统只用于对供暖卫生条件和室内温度均匀性要求不高、不要求调节每一组散热器散热量的生产厂房。高压蒸汽供暖系统的供汽压力 $P > 0.07$MPa，但一般不超过 0.39MPa。

一般高压蒸汽供暖系统与工业生产用汽共用汽源，而且蒸汽压力往往大于供暖系统允许最高压力，必须减压后才能和供暖系统连接。高压蒸汽供暖系统原则上也可以采用上供式、中供式或下供式。为了简化系统及防止水击，应尽可能采用上供式，使立管中蒸汽与沿途凝结水同向流动。

图 4-6 为开式上供高压蒸汽供暖系统的示意图[2]。由锅炉房将蒸汽输送到热用户。首

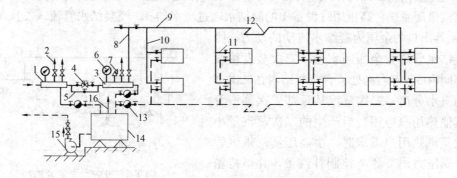

图 4-6 开式上供高压蒸汽供暖系统示意图

1—高压分汽缸；2—工艺用户供汽管；3—低压分汽缸；4—减压阀；5—减压阀旁通管；6—压力表；7—安全阀；8—供汽主立管；9—水平供汽干管；10—供汽立管；11—供汽支管；12—方形补偿器；13—疏水器；14—凝结水箱；15—凝结水泵；16—通气管

先进入高压分汽缸 1，高压分汽缸上可分出多个分支，向有不同压力要求的工艺用汽设备供汽。供给暖通空调系统的蒸汽经减压阀 4 减压后进入低压分汽缸 3。减压阀设有旁通管 5，供维修减压阀时旁通蒸汽用。安全阀 7 限制进入供暖系统的最高压力不超过额定值。从低压分汽缸 3 上还可以分出许多供汽管，分别向多个蒸汽供暖系统供汽。如有需要，还可向通风空调系统的蒸汽加湿、汽水换热器以及蒸汽加热器和用蒸汽的暖风机等设备供汽。系统中设有疏水器 13，依靠疏水器的背压（疏水器出口压力）将系统产生的凝结水排到凝结水箱 14 中，凝结水箱上有通气管 16 通大气，排除箱内的空气和二次蒸汽，也因此称为开式系统。凝结水箱中的水由凝结水泵 15 送回凝结水泵站或热源。

高压蒸汽供暖系统每一组散热器的供汽支管和凝结水支管上都要安装阀门，用于调节供汽量或关闭散热器，供维修、更换散热器时截断供汽和阻止凝结水汽化逸出。高压蒸汽供暖系统温度高，为防止长直管道热胀冷缩量较大而引起的管道变形和损坏，应注意热补偿问题。图 4-6 中水平供汽干管和凝结水干管上设置方形补偿器 12，用补偿器的变形来吸收管道热胀冷缩时产生的应力，防止管道被破坏。凝结水从疏水器出口到开式凝结水箱的流动过程中，管道（实际工程中该管的长度比图示要长）内压力降低，饱和温度也降低。

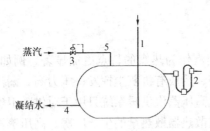

图 4-7 闭式凝结水箱

1—凝结水进入管；2—安全水封；3—压力调节器；4—凝结水排出管；5—补汽管

由于凝结水管散热量比较小，温度下降缓慢，而压力下降较快。当温度高于压力所对应的饱和温度时，部分凝结水汽化，所产生的蒸汽称为"二次蒸汽"。二次蒸汽将从通气管 16 排掉，浪费了热能。若在高压蒸汽供暖系统中采用图 4-7 所示的闭式凝结水箱，可节省热能，同时防止空气进入，减轻系统腐蚀。设置闭式凝结水箱的高压蒸汽供暖系统称为闭式高压蒸汽供暖系统。该水箱由补汽管 5 向箱内补给蒸汽，使其内部压力维持在 5kPa 左右（由压力调节器 3 控制）。水箱上设置安全水封 2（安全水封的作用原理详见 4.3.4），防止箱内压力升高、二次蒸汽逸散和隔绝空气。

当工业厂房中用汽设备较多，用汽量大时，凝结水系统产生的二次蒸汽量大，还可以利用二次蒸发箱将二次汽汇集起来加以利用。图 4-8 是设置二次蒸发箱（参见图 4-20）的高压蒸汽供暖系统。高压用汽设备 1 的凝结水通过疏水器 3，经凝结水管流入二次蒸发箱 5。疏水器出口的余压为凝结水流动的动力，因此该凝结水管称为余压回水管。二次蒸发箱设置在车间内 3m 左右高处。含汽凝结水在二次蒸发箱内汽水分离，二次蒸汽从顶部二次蒸汽管送到其他热用户应用。当产生的二次蒸汽量小于二次蒸汽热用户需求时，由高压蒸汽供汽管补充。靠压力调节器 7 控制补汽量，并保持箱内压力 20～40kPa，当二次蒸发箱内二次蒸汽量超过二次蒸汽热用户的用汽量时，二次蒸发箱内压力增高，箱上安装的安全阀 6 开启，排汽降压。

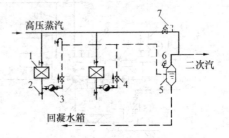

图 4-8 设置二次蒸发箱的高压蒸汽供暖系统

1—高压用汽设备；2—放水阀；3—疏水器；4—止回阀；5—二次蒸发箱；6—安全阀；7—压力调节器

设计高压蒸汽供暖系统重点要考虑以下问题：

（1）高压蒸汽供暖系统的设计计算与低压蒸汽供暖系统有异同之处。不同之处在于高压蒸汽供暖系统的设计供汽压力差别较大，例如散热器内设计蒸汽压力可为 0.2、0.29、0.39MPa，因此计算蒸汽管时应根据散热器内的压力选用不同的水力计算表。

相同之处在于，由于室内系统作用半径不大，仍认为整个系统的蒸汽密度为常数。沿途凝结水使蒸汽流量减少的因素也可忽略不计。蒸汽管路计算可用平均比摩阻法和推荐流速法。采用平均比摩阻法时，蒸汽管主干线的平均比摩阻按下式计算：

$$R_m = \frac{0.25\alpha P}{\sum l} \qquad (4-4)$$

式中　R_m——最不利蒸汽管路平均比摩阻，Pa/m；

　　　α——摩擦阻力损失占起始点蒸汽压力的百分数，高压蒸汽采暖系统 $\alpha=0.8$；

　　　P——高压蒸汽供暖系统起始点的压力，Pa；

　　　$\sum l$——最不利蒸汽管路总长度，m。

式中的数字 0.25 是指起始点压力的 1/4 用于克服最不利蒸汽管路的阻力损失，剩余压力用于克服疏水器及凝结水管路的阻力损失，以保证顺畅地排除凝结水，同时有利于远近支路的压力平衡。

平均比摩阻法用于已知或给定系统入口供汽压力 P 时。如 P 为待定值时，则可采用推荐流速法，取蒸汽推荐流速 $v=(50\%\sim60\%)v_{max}$，v_{max} 为最大允许流速。室内高压蒸汽供暖系统蒸汽管的最大允许流速 v_{max} 的数值查表 4-3。系统入口所要求的压力由下式计算：

$$P = (1.10 \sim 1.15)\sum(Rl+Z) + P_r \qquad (4-5)$$

式中　P_r——散热器内的蒸汽压力，Pa；

$\sum(Rl+Z)$——最不利蒸汽管路的阻力损失；

1.10~1.15——安全系数。

（2）高压蒸汽系统并联管路达到平衡是比较困难的，一般不进行并联管路阻力平衡计算，管道布置尽可能采用上供式和同程式。图 4-9 所示异程式高压蒸汽供暖系统中散热设备 1、2、3、4 的供汽压力 $P_1>P_2>P_3>P_4$，使各散热设备回水压力 $P'_1>P'_2>P'_3>P'_4$。即离入口越近，散热设备的回水压力越高。从而有可能阻碍远处散热设备凝结水回流及空气排除，导致远处散热设备不热。同程式系统中并联立管压力易于平衡，一般不会产生上述情况。因此系统较大时最好采用同程式。

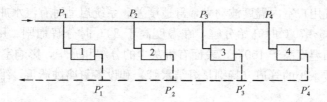

图 4-9　异程式高压蒸汽供暖系统

（3）高压蒸汽供暖系统除必须经常维修拆卸的地方采用法兰连接外，应尽量用焊接，不用螺纹连接，以减少热胀冷缩引起的泄漏。

高压蒸汽供暖系统从用热设备到疏水器之间的凝结水管中充斥凝结水、二次汽，有时还有未排出的空气，这种流动状态属于非满管流。凡非满管流凝结水管的管径可根据管段的设计热负荷查表4-4[5]确定。

高压蒸汽系统非满管流凝结水管管径选择表　　　　表 4-4

凝结水管设计热负荷（kW）	9.3	30.2	46.5	98.8	128	246	583	860	1340	2190	4950
凝结水管公称直径 DN（mm）	15	20	25	32	40	50	70	80	100	125	150

高压蒸汽供暖系统疏水器出口到凝结水箱的凝结水管是余压回水管。

4.2.4 蒸汽供暖与热水供暖的比较

蒸汽供暖系统与热水供暖系统由于所采用的热媒性能不同，决定两种供暖方式有各自的优缺点。

热水供暖靠水在散热设备中温度降低放出显热。热水在系统中流动靠外界提供的动力。与蒸汽供暖相比，热水供暖有以下优点[2]：

（1）运行管理简单，维修费用低。

（2）热效率高，漏水现象较轻，因而节能。

（3）供暖期可随室外温度的变化采用多种调节方法改变供热量（见3.8），有利于节能。

（4）供暖效果好。连续供暖时，室内温度波动小，室内舒适度高。

（5）管道和设备锈蚀较轻，使用寿命长。

其缺点是：

（1）散热设备传热系数和传热温差较低，因此在相同供热量下，所需供暖设备较多，管道系统的管径较大，造价高。

（2）在相同的设计热负荷下，热媒为热水时流量大，输送热媒消耗电能多。

综合来看，从有利于节能、环保、提高舒适度、维修简便和延长使用寿命诸方面而言，热水供暖系统的优点是主要的。

蒸汽流动的动力来自于自身压力，其压力与流量、温度相关，而且压力变化时，温度变化不大。除具有4.1.3阐述的蒸汽作为热媒的优缺点之外，用蒸汽供暖还有以下特点：

（1）蒸汽供热系统热惰性小，供汽时热得快，停汽时冷得也快。

（2）蒸汽供暖不能采用改变热媒温度的质调节，只能采用间歇调节（见3.8）。因此使得蒸汽供暖系统用户室内温度波动大，舒适度差。系统启动时有汽水冲击噪声。

（3）灰尘在65～70℃时开始分解，在温度高于80℃时分解加剧。用蒸汽作热媒时，散热器和管道表面温度高于100℃，表面有机灰尘的分解和升华，影响室内空气质量。

（4）蒸汽供暖系统的管道（特别是凝结水管）和设备氧腐蚀严重，维修工作量大，使用寿命短。

综上所述，热水供暖系统比蒸汽供暖系统初投资和输送热媒能耗高，但供暖质量好、总能耗和运行费用低、管理简单、总体经济性较好。20世纪70年代以前受经济条件的制约，有许多民用建筑中采用蒸汽供暖。由于热水供暖的优势，70年代后逐步将民用建筑中的蒸汽供暖改为热水供暖。目前民用建筑和公用建筑都采用热水供暖，热水供暖已是当今国内外供暖的主要方式。但在某些场合蒸汽供暖也是可考虑的供暖方案。例如，有些工业建筑为满足生产工艺要求，必须有蒸汽热源，而当地供暖期又短、对供暖质量要求又不高的厂房，可考虑用蒸汽供暖。又如，某些建筑要求间歇供暖，供暖时希望室温上升快、不供暖时希望管道和设备不受冻害。此时采用蒸汽供暖突显其优点。

4.3 蒸汽系统专用设备

蒸汽系统专用设备较多。正确选择、计算这些设备，不仅关系到充分发挥设备的功能，而且关系到系统的正常运行和节能。

4.3.1 疏水器具

4.3.1.1 疏水器具功能及其分类

如蒸汽在用热设备内不能全部凝结，则就会进入凝结水管。蒸汽管沿途凝结水不及时排除会产生水击。因此在蒸汽管路上以及在用热设备出口都要安装凝结水排除器具。它们能顺利排除凝结水（有的还能同时排除空气），防止蒸汽逸漏。疏水器具的性能影响到系统运行的可靠性和经济性。疏水器具有疏水器、水封和孔板式疏水阀。

疏水器根据作用原理不同，可分为以下三种类型：

（1）利用疏水器内凝结水液位变化动作的机械型疏水器。浮筒式、吊桶式（倒吊桶式）、浮球式疏水器均属于此类疏水器。

（2）靠蒸汽和凝结水流动时热动力特性不同来工作的热动力型疏水器。热动力式、脉冲式属于此类疏水器。

（3）靠疏水器内凝结水的温度变化来排水阻汽的热静力式（恒温型）疏水器。波纹管式、双金属片式疏水器均属于此类疏水器。

4.3.1.2 常用疏水器具

（1）浮筒式疏水器

浮筒式疏水器的构造如图 4-10。图 4-11 示意了浮筒式疏水器的工作原理。启动时，凝结水流入疏水器外壳 2 内，当壳内水位升高时，浮筒 1 浮起，带动阀杆 8 上部的顶针 3 上升，到最高位置时，将阀孔 4 关闭；水继续进入外壳，并继而从外壳进入浮筒 1 中。当

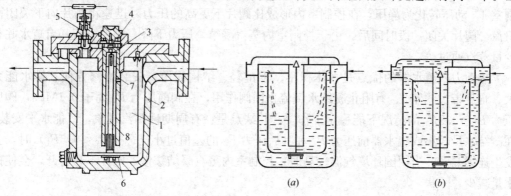

图 4-10　浮筒式疏水器　　　　　图 4-11　浮筒式疏水器工作原理

1—浮筒；2—外壳；3—顶针；4—阀孔；5—放气阀；　　（a）凝结水进入；（b）凝结水排除

6—重块；7—水封套筒排气孔；8—阀杆

浮筒内充水到重力（含重块 6 及阀杆等的重量）大于浮力时，浮筒下沉，阀孔被打开，凝结水借蒸汽压力排到凝水管。当凝结水排出一定数量后，浮筒的总重量减轻，浮筒再度浮起，又将阀孔关闭。凝结水继续进入浮筒内，如此反复循环动作。浮筒的容积，浮筒（含重块 6 及阀杆 8 等）的重量，阀孔直径及阀孔前后凝结水的压差决定着浮筒的正常浮沉工作。浮筒底附带的重块 6 可换，用来调节重力和浮力之间的配合关系，适应不同凝结水压力和压差等工作条件。放气阀 5 用于排除系统启动时的空气，其阀芯提高时外壳内的空气通过放气阀 5 排到凝结水管中。水封套筒上的排气孔 7 用于排除浮筒上浮和下降时套筒内的空气。图 4-11 中图 (a) 表示浮筒 1 上浮，凝结水进入浮筒，阀孔 4 处于关闭状态时的情况；图 (b) 表示浮筒 1 下沉，在系统压力作用下凝结水排出，阀孔 4 处于开启状态的情况。留在浮筒内的一部分凝结水起到水封作用，阻止蒸汽逸漏。

浮筒式疏水器结构简单、制造方便，是最早的、生产历史最长的疏水器，它只能水平安装在用热设备下方。浮筒式疏水器的优点是在正常工作情况下，漏气量很小。它能排出具有饱和温度的凝结水。疏水器前凝结水的表压力 P_1 在 50kPa 或更小时便能启动疏水。排水孔阻力较小，因而可有较高的背压（疏水器出口剩余压力）。它的主要缺点是体积大、排凝结水量小、活动部件多、筒内易沉渣结垢、阀孔易磨损、可能因阀杆被卡住而失灵，维修量较大。

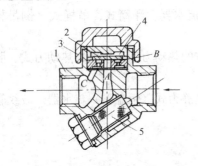

图 4-12　热动力式疏水器
1—阀体；2—阀片；3—阀盖；
4—控制室；5—过滤器

（2）热动力式疏水器

热动力式疏水器的构造原理如图 4-12 所示。当过冷的凝结水流入孔 A 时，靠圆盘形阀片 2 上下的压差顶开阀片，水流经阀座上的环形槽 B，通过阀片下的出水孔 C 排出。由于凝结水的比容几乎不变，凝结水流动通畅，阀片常开，连续排水。当凝结水带有蒸汽时，蒸汽从孔 A 经阀片 2 下的环型通道 B 流向出口。在通过狭窄出水孔 C 时，压力下降，蒸汽比容急骤增大，阀片下面蒸汽流速激增，使阀片下面的静压下降。与此同时，蒸汽在槽 B 与出水孔 C 处受阻，被迫从阀片 2 和阀盖 3 之间的缝隙冲入阀片上部的控制室 4，动压转化为静压，在控制室内形成比阀片下更高的压力，迅速将阀片向下关闭而阻汽。阀片关闭一段时间后，由于控制室内蒸汽凝结，压力下降，阀片重新开启疏水并有少量蒸汽通过。

热动力式疏水器的优点是：体积小、重量轻、结构简单、安装维修方便、排水能力大、自身带过滤器 5、有阻止凝结水倒流止回阀作用，在阀前压力 P_1 高于 0.1MPa，阀后压力 $P_2=0.5P_1$ 的情况下能稳定工作[3]。其缺点是：有周期性漏汽现象，只能水平安装；在凝结水量较小或疏水器前压力 P_1 和其后压力 P_2 的差值过小（$P_1-P_2<0.5P_1$）时，会发生连续漏汽；当周围环境气温较高时，控制室内蒸汽凝结缓慢、阀片不易打开，会使排水量减少。

（3）恒温式疏水器

恒温式（热静力式）疏水器用于低压蒸汽系统。其构造示意图见图4-13。阀孔 4 的启闭由一个能热胀冷缩的薄金属波纹盒 2 控制。盒内装有少量受热易蒸发的液体（如酒精）。

当蒸汽流入时，波纹盒被迅速加热，其内部液体蒸发压力升高，波纹盒伸长。盒底部的锥形阀 3 堵住阀孔 4，防止蒸汽逸出。直到疏水器内蒸汽凝结成饱和水并稍有过冷后，波纹盒收缩，打开阀孔，排出凝结水。当含有蒸汽的凝结水流入时，阀孔关闭；当空气或冷的凝结水流入时，阀孔常开，顺利排除。恒温式疏水器正常工作时，流出的凝结水为过冷状态，不再出现二次汽化。

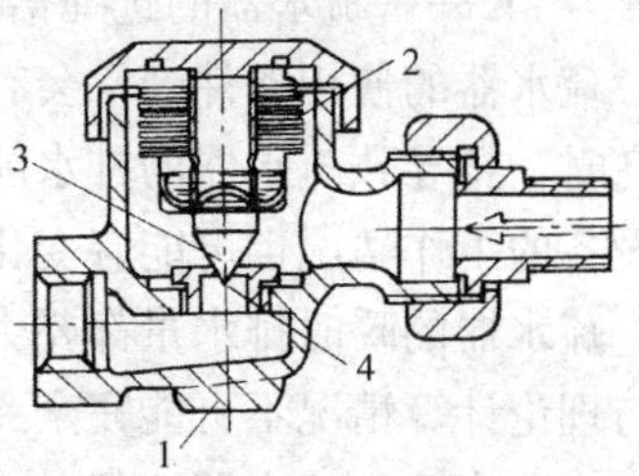

图 4-13　恒温式疏水器

1—外壳；2—波纹盒；
3—锥形阀；4—阀孔

（4）水封

水封（图 4-14）用于低压蒸汽系统起到阻汽疏水的作用[3]。其优点是：结构简单、无活动部件。图 4-14 水封中积存的凝结水可阻止蒸汽通过，水封的高度 H 应等于水封安装处前后管路压差相当的水柱高度，并考虑 10% 的富裕值。水封用于蒸汽压力小于 0.05MPa 的地方。因蒸汽压力较大时，水封高度大，不便于安装和使用。水封上部有放气阀 1，可以排气；底部有放水丝堵 2，供排污和放空之用。

（5）孔板式疏水器

图 4-15 所示的孔板式疏水阀阻汽疏水的作用原理是：纯凝结水的密度大，能顺利通过孔板内面积很小的阀孔 d；蒸汽或含汽凝结水的密度小，通过孔板内面积很小的阀孔时受到阻碍，从而达到阻汽疏水的作用。孔板式疏水阀不能用于排除蒸汽管的沿途冷凝水，可用于蒸汽压力小于 0.6MPa，而且蒸汽流量的波动值不超过 30% 的场合。图（a）为无逆止作用的孔板式疏水阀；图（b）为有逆止作用的孔板式疏水阀。有阻止凝结水倒流作用，图（b）所示疏水阀优于图（a）。

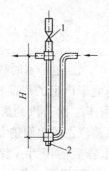

图 4-14　水封

1—放气阀；
2—放水丝堵

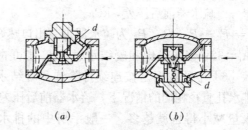

（a）　　　　　　（b）

图 4-15　孔板式疏水阀及其安装

（a）无逆止作用的孔板式疏水阀；（b）带逆止
作用的孔板式疏水阀

4.3.1.3　疏水器的选择计算

（1）选择疏水器时，应使其排水能力大于用热设备的理论排水量，即

$$\dot{M}_{de} = K\dot{M}_{th} \tag{4-6}$$

式中　$\dot{M}_{de}$——疏水器设计排水量，kg/s 或 kg/h；

　　　$\dot{M}_{th}$——用热设备的理论排水量，kg/s 或 kg/h；

　　K——疏水器的选择倍率。

　　疏水器的使用条件经常会有变化，将导致其排水能力的变化。如供汽压力下降或背压升高时，将导致疏水器的排水能力下降；设备用汽量增加时，凝结水量会增加等。此外用热设备的工作情况也可能有变化。在低压力、大负荷下启动或要求用热设备迅速投入使用时，疏水器的瞬时排水量都要大于设备正常运行时的疏水量。选择倍率 K 是考虑实际条件与理论计算情况不可能完全一致而引入的系数。

　　应适当确定疏水器选择倍率 K 的数值，不是越大越好。对浮筒式疏水器，K 值大，疏水器体积大、造价高；对热动力式疏水器，K 值大，易造成漏汽。大多数疏水器间歇工作，应防止疏水器动作频繁，否则阀孔及阀座会磨损很快。不同热用户系统的疏水器选择倍率 K 值，可按表 4-5 选用。

疏水器选择倍率 K 值　　　　　　　　　　　　　　　表 4-5

系统	使用情况	选择倍率 K	系统	使用情况	选择倍率 K
供暖	$P \geqslant 100\text{kPa}$ $P < 100\text{kPa}$	$2 \sim 3$ 4	淋浴	单独换热器 多喷头	2 4
热风	$P \geqslant 200\text{kPa}$ $P < 200\text{kPa}$	2 3	生产	一般换热器 大容量、常间歇、速加热	3 4

　　注：P—疏水器前蒸汽表压力。

　　（2）疏水器排水量的计算

　　疏水器的排水量可按下式计算：

$$\dot{M} = 0.1 A_t d^2 \sqrt{\Delta P} \tag{4-7}$$

式中　$\dot{M}$——疏水器的排水量，kg/h；

　　　A_t——疏水器的排水系数；

　　　d——疏水器的排水阀孔直径，mm；

　　　ΔP——疏水器前后压差，kPa。

　　$\Delta P = P_1 - P_2$，P_1、P_2 为疏水器进、出口热媒压力，kPa。当通过冷水时疏水器的排水系数 $A_t = 32$；当通过饱和凝结水时，A_t 值可查表 4-6[6] 或生产厂家的产品样本选用。参考文献 [6] 中的数据是按连续排除饱和凝结水得到的，由于二次蒸汽的影响，$A_t < 32$。在排水孔直径相同的情况下，疏水器前后压差越大，二次蒸汽占的比例越大，排水系数和排水量减小得也就越多。一般手册中的排水量是对疏水器后的压力（背压）为零（P_2 为大气压力）给出的，在疏水器前后压差相同的情况下，背压增高（P_2 大于大气压力），二次汽化量减小，排水能力要大于手册中给出的数值。如果采用手册中的数据，是较安全的。

疏水器排水系数 A_t 的值　　　　　　　　　　　　表 4-6

排水阀孔直径 d （mm）	$\Delta P = P_1 - P_2$（kPa）									
	100	200	300	400	500	600	700	800	900	1000
2.6	25	24	23	22	21	20.5	20.5	20	20	19.8
3	25	23.7	22.5	21	21	20.4	20	20	20	19.5
4	24.2	23.5	21.6	20.6	19.8	18.7	17.8	17.2	16.7	16

排水阀孔直径 d (mm)	$\Delta P = P_1 - P_2$ (kPa)									
	100	200	300	400	500	600	700	800	900	1000
4.5	23.8	21.3	19.9	18.9	18.3	17.7	17.3	16.9	16.6	16
5	23	21	19.4	18.5	18	17.3	16.8	16.3	16	15.5
6	20.8	20.4	18.8	17.9	17.4	16.7	16	15.5	14.9	14.3
7	19.4	18	16.7	15.9	15.2	14.8	14.2	13.8	13.5	13.5
8	18	16.4	15.5	14.5	13.8	13.2	12.6	11.7	11.9	11.5
9	16	15.3	14.2	13.6	12.9	12.5	11.9	11.5	11.1	10.6
10	14.9	13.9	13.2	12.5	12	11.1	10.9	10.4	10	10
11	13.6	12.6	11.8	11.3	10.9	10.6	10.4	10.2	10	9.7

（3）疏水器前、后压力的确定原则

疏水器前、后设计压力及其设计压差的数值，关系到疏水器孔径的选择以及疏水器后余压回水管路资用压力的大小。

疏水器前的表压力 P_1 取决于疏水器在蒸汽供热系统中连接的位置。当疏水器用于排除蒸汽管路的凝结水时，$P_1 = P_{tr}$（P_{tr} 为疏水点处蒸汽管中的表压力）；当疏水器安装在用热设备（如换热器、暖风机等）的出口凝结水支管上时，$P_1 = 0.95 P_{eq}$（P_{eq} 为用热设备前的蒸汽表压力）；当疏水器安装在凝结水干管末端时，$P_1 = 0.7 P_s$（P_s 为供热系统入口蒸汽的表压力）。

凝结水通过疏水器及其排水阀孔时，有能量损失，使疏水器后的压力 P_2 比其进口压力 P_1 低。为保证疏水器正常工作，必须有一个最小的压差 ΔP_{min}。如 P_1 给定后，P_2 不得超过某一最大允许值 P_{2max}。

$$P_{2max} \leqslant P_1 - \Delta P_{min} \tag{4-8}$$

疏水器的最大允许背压 P_{2max} 值，取决于疏水器的类型和规格。通常由厂家提供试验数据。多数疏水器的 P_{2max} 约为 $0.5 P_1$（浮筒式的 ΔP_{min} 值较小，约为 50kPa，亦即最大允许背压 P_{2max} 高）。设计时疏水器选较高的背压数值，有利于疏水器后的余压凝结水管路的允许阻力损失较大。但疏水器前后压差减小，不利于选择合适的疏水器。同时，P_2 值不得高于最大允许背压 P_{2max} 值。如低压蒸汽供暖系统，按干式凝结水管设计时，取 P_2 等于大气压。

根据疏水器前后压力差 ΔP、疏水器排水阀孔直径 d，可查到疏水器的排水系数 A_t，从而计算出疏水器的排水量 $\dot{M}$，该排水量应大于疏水器的设计排水量。

4.3.1.4　疏水器与管路的连接方式

疏水器与管路的连接方式见图 4-16。疏水器 1 通常多为水平安装。图（a）为最简单的安装方式，图中连接到疏水器前后的截止阀 6 和 7 用于维修时将疏水器与凝结水管路隔开。冲洗管 2 附带阀门，位于疏水器入口的截止阀 6 之前。冲洗管路时先关闭疏水器前的截止阀、开启冲洗管上的阀门排水和放气。检查管 3 附带阀门，位于疏水器后、截止阀 7 之前，必要时开启检查管上的阀门用以检查疏水器的工作情况。旁通管 5 可以水平安装或垂直安装（图b）。图（c）为多台疏水器并联安装设旁通管的情况。旁通管的作用是：

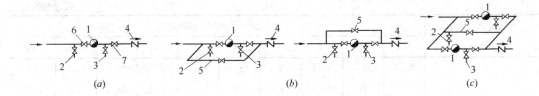

图 4-16　疏水器的安装

(*a*) 无旁通管式；(*b*) 有旁通管式；(*c*) 多台疏水器并联式

1—疏水器；2—冲洗管；3—检查管；4—止回阀；5—旁通管；6、7—截止阀

①系统启动时排除凝结水和空气；②检修疏水器时不中断用热设备正常用汽和排除凝结水。为了防止蒸汽窜入凝结水系统，运行时旁通管上的阀门应关闭，以免影响其他用热设备排除凝结水、干扰凝结水管路的正常工作及浪费热能。疏水器有活动部件，也需要经常维修、更换，因此，对不允许中断供汽的生产设备，为了进行检修时不影响生产，必须安装旁通管。对一般的蒸汽供暖系统，疏水器可不设旁通管，以免旁通管上的阀门关闭不严造成泄漏。当凝结水要排到高处时，疏水器出口装止回阀 4。如疏水器的凝结水流入大气或流到凝结水泵站中的凝结水箱内时，由于无反压作用，可取消止回阀。

4.3.2　减压阀

减压阀是对蒸汽节流减压，并能自动地将阀后压力维持在一定范围内的阀门。目前国产减压阀有活塞式、薄膜式和波纹管式等几种。活塞式和薄膜式减压阀工作可靠，维修量小和减压范围大。波纹管式减压阀调节范围大。

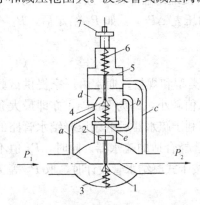

图 4-17　活塞式减压阀工作原理图

1—主阀；2—活塞；3—下弹簧；4—脉冲阀；5—薄膜片；6—上弹簧；7—旋紧螺丝

图 4-17 是活塞式减压阀的结构和工作原理图。减压阀出厂时，上弹簧 6 呈松弛状态，脉冲阀 4 呈关闭状态。启动时，先顺时针旋转调节螺丝 7，压紧上弹簧 6，薄膜片 5 向下弯曲，打开脉冲阀 4。阀前压力为 P_1 的蒸汽便通过阀体内通道 a、室 e、室 d 和通道 b 到达活塞 2 上部空腔，活塞向下移动，打开主阀 1。蒸汽通过主阀 4 被节流，压力由 P_1 减到 P_2。薄膜片 5 的弯曲程度由上弹簧 6 和阀后蒸汽压力 P_2 的相互作用来操纵。主阀 1 的开度由活塞 2 上面的阀前蒸汽压力 P_1 与下弹簧 3 的弹力相互作用来控制。当某种原因使阀后压力 P_2 升高时，薄膜片 5 由于下面的作用力变大而上弯，脉冲阀 4 关小，活塞 2 上方的推力下降，主阀上升，阀孔通道变小，P_2 下降。反之，动作相反。从而保持 P_2 在一较小范围（一般为 $\pm5\%P_2$）内波动。阀后压力 P_2 依靠旋转调节螺丝 7 对上弹簧 6 的压紧程度来设定。

不同类型、不同型号减压阀的性能和适用范围不尽相同，确定其公称直径时应查手册或厂家样本。例如 GP-1000 型活塞式减压阀的适用范围：工作压力低于 1.0 MPa、阀前压力 0.1～1.0 MPa、阀后 0.05～0.9 MPa、工作温度≤220℃[5]。图 4-18 为 GP-1000 型活塞式减压阀选用图。例如：①当确定 $P_1=0.6\text{MPa}$，$P_2=0.4\text{MPa}$，流量 $\dot{M}=800\text{kg/h}$ 的减压阀公称直径时，在图的上部由 $P_1=0.6\text{MPa}$ 和 $P_2=0.4\text{MPa}$ 得到其交点 A 点；由 A 点向下，在图的下部与 $\dot{M}=800\text{kg/h}$ 的斜线得到 B 点。B 点界于 $DN40$ 与 $DN50$ 之间，选择偏大的直径，即选公称直径为 $DN50$ 的减压阀。②当确定 $P_1=0.8\text{MPa}$，$P_2=0.05\text{MPa}$，流量 $\dot{M}=600\text{kg/h}$ 的公称直径时，在图的上部由 $P_1=0.8\text{MPa}$ 和右下短斜线得到交点 C；沿短斜线与 $P_2=0.05\text{MPa}$ 的水平线得到交点 D。由 D 点向下，在图的下部与 $\dot{M}=600\text{kg/h}$ 的斜线得到 E 点，E 点界于 $DN32$ 与 $DN40$ 之间，选公称直径为 $DN40$ 的减压阀。

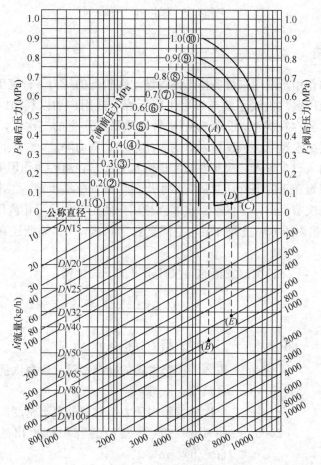

图 4-18 GP-1000 系列减压阀选用图

当要求减压阀前后压力比大于 $5\sim7$ 倍或阀后蒸汽压力 P_2 较小时，应串装两个减压阀，以便减小减压阀工作时的振动、噪声和保证可靠运行。在减压阀前后压力比大而且热负荷波动频繁、剧烈时，其中一个减压阀可用节流孔板代替。图 4-19 为减压阀接管安装图。发生故障需要检修时，可关闭减压阀 1 前后的截止阀 7，从旁通管 3 供汽。减压阀前、后应分别装设压力表 4。为防止减压后的压力超过允许的限度，阀后应装安全阀 5。阀前放水阀 6，用于排污和放水。图中两种减压阀接管安装方式中的旁通管均可水平或垂直安装。

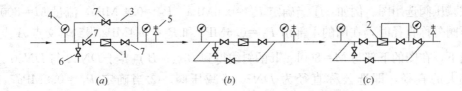

图 4-19　减压阀的接管安装

(*a*) 活塞式减压阀旁通管垂直安装；(*b*) 活塞式减压阀旁通管水平安装；

(*c*) 薄膜式或波纹管式减压阀安装

1—活塞式减压阀；2—薄膜式或波纹管式减压阀；3—旁通管；4—压力表；

5—安全阀；6—放水阀；7—截止阀

4.3.3　二次蒸发箱

二次蒸发箱的作用是把用汽设备排出的凝结水在较低的压力下分离出二次蒸汽，并将二次蒸汽输送到低压蒸汽供暖系统或热水供应系统等热用户加以利用。二次蒸发箱如图4-20所示。因疏水器存在漏汽，以及凝结水管散热沿途产生的二次汽，高压凝结水管中含有蒸汽。高压凝结水经二次蒸发箱入口的阀门节流，压力降低，二次汽再增加。汽水混合物沿切线方向的入口1进入二次蒸发箱实现汽水分离。在离心力作用下水滴甩向壁面而流到箱的底部，积聚在箱的下部，并从凝结水出口2流到凝结水箱；二次蒸汽积聚在箱的上部，并从顶部二次蒸汽出口3供给二次蒸汽热用户使用。为显示箱内压力，顶壁有压力表接口4。为防止箱内压力超过允许值，上部有安全阀接口5。侧壁还有显示凝结水量的水位计6。

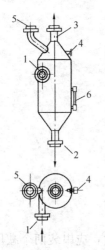

二次蒸发箱的蒸汽容积可按下式计算：

$$V = \frac{\dot{M}x}{2000\rho} = 0.0005\frac{\dot{M}x}{\rho} \tag{4-9}$$

式中　V——二次蒸发箱的容积，m^3。

$\dot{M}$——进入二次蒸发箱的凝结水量（含蒸汽量），kg/h；

x——含汽率，kg/kg；

ρ——二次蒸发箱内压力所对应的蒸汽密度，kg/m^3；

2000——每 $1m^3$ 二次蒸发箱的容积分离出的蒸汽体积流量，(m^3/h) /m^3。

含汽率 x 是二次蒸发箱中分离出的二次蒸汽量与流入二次蒸发箱的凝结水量（包括含蒸汽量）的比率。含汽率 $x = x_1 + x_2$。其中 x_1 是疏水器的漏汽率，取决于疏水器的类型、产品质量、工作条件及管理水平，因此使用时其值可能在较大范围内波动，计算时，一般取 0.01～0.03。x_2 是二次蒸发汽率。当不计凝结水管热损失时，可用下式计算：

$$x_2 = \frac{h_1 - h_2}{r_2} \tag{4-10}$$

图 4-20　二次蒸发箱

1—凝结水入口；

2—凝结水出口；

3—二次蒸汽出口；4—压力表接口；5—安全阀接口；6—水位计

式中　h_1 ——凝结水管起始端（疏水器前）压力 P_1 对应的凝结水熔值，kJ/kg；

　　　　h_2 ——二次蒸发箱内压力 P_2 对应的饱和水的熔值，kJ/kg；

　　　　r_2 ——二次蒸发箱内压力 P_2 对应的饱和水的汽化潜热，kJ/kg。

根据式（4-10）计算所得到的 x_2 的值制成表 4-7，设计时可根据 P_1、P_2 查表即可。

二次蒸发汽率 x_2 的数值　　　　　　　　　　　　　　　　　　　　　　表 4-7

始端压力 P_1 (10^5Pa) (abs)	二次蒸发箱内压力 P_2 (10^3Pa) (abs)										
	1	1.2	1.4	1.6	1.8	2.0	3.0	4.0	5.0	6.0	7.0
1.2	0.01										
1.5	0.022	0.012	0.004								
2	0.039	0.029	0.021	0.013	0.006						
2.3	0.032	0.043	0.034	0.027	0.02	0.014					
3	0.064	0.054	0.046	0.039	0.032	0.026					
3.5	0.074	0.064	0.056	0.049	0.012	0.036	0.01				
4	0.083	0.073	0.065	0.058	0.051	0.046	0.02				
5	0.098	0.089	0.081	0.074	0.067	0.061	0.036	0.017			
6	0.134	0.125	0.117	0.11	0.104	0.098	0.073	0.054	0.038	0.024	0.012
10	0.152	0.143	0.136	0.129	0.122	0.117	0.093	0.074	0.058	0.044	0.032
15	0.188	0.18	0.172	0.165	0.161	0.154	0.13	0.112	0.096	0.083	0.071

二次蒸发箱内断面蒸汽流速不应大于 2.0m/s，凝结水的流速不应大于 0.25m/s。若箱中 20% 存水，80% 为分离的蒸汽空间。则选择二次蒸发箱的规格时按式（4-9）计算得到的容积 V，还要增大 $1/0.8=1.25$ 倍。

在全国通用建筑标准设计—动力设施标准图集《二次蒸发罐》89R413 中给出了公称容积从 $0.05\sim1.5\text{m}^3$ 的 5 个规格二次蒸发箱的有关数据，可供选用。

4.3.4　安全水封

安全水封用于闭式凝结水回收系统，其组成见图 4-21。它由三个水罐（压力罐 A、真空贮水罐 B、下贮水罐 C）和四根管 1、2、3、4 组成。其作用是系统正常工作时用罐、管内的水封将凝结水系统与大气隔绝；在凝结水系统超压时排水、排汽，起到安全的作用。管 3 与闭式凝结水箱相连，系统启动前充水至 I′-I′ 高度。在正常的凝结水箱内压力作用下，下贮水罐 C 内贮满水，管 2 内水面比管 4、管 1 内水面低高度 h（系统高于大气压的水柱高度），管 1、2、4 内的水柱将凝结水系统与大气隔绝。当系统压力高于大气压力 H_1m 水柱时，凝结水或蒸汽从管 2、管 4 经压力罐 A 流入大气，将系统压力释放，保证系统安全；当系统压力回落时，压力罐 A 中的水自动补充到管 2 和管 4 中。当无凝结水返回水箱，而启动

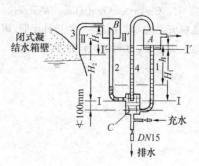

图 4-21　安全水封

A—压力罐；B—真空贮水罐；C—下贮水罐

凝结水泵时，水箱内水位下降，压力降低，这时管1、管4内水面下降，管2内水面上升，只要箱内真空度小于 H_2 m 水柱，管2内的水封就不会被破坏，安全水封仍能起隔绝大气的作用；高度 H_2 应按水箱内可能出现的最大真空度设计。一旦水箱内真空度消失，真空贮水罐 B 中的水立即由管2端部的孔眼充入管2、4及管1中。如水箱内水过多，水箱内水位上升，超过 H_3 后，水由管2、4排入大气，系统不会超压。

思 考 题 与 习 题

4-1 蒸汽作为热媒在暖通空调系统中有哪些用途？

4-2 比较蒸汽和热水作为热媒的主要特点。

4-3 蒸汽供暖系统和热水供暖系统中空气排放有何不同？

4-4 重力回水低压蒸汽供暖系统中为什么凝结水干管要比锅炉水位低 $h+(0.2\sim0.25)$m？

4-5 机械回水低压蒸汽供暖系统中为什么要设通气管和空气管？

4-6 写出蒸汽供暖系统流量的计算公式，并与热水供暖系统的流量计算公式进行比较。

4-7 为什么凝结水泵应在凝结水箱最低水位以下？两者的高差如何确定？

4-8 计算低压蒸汽管路的平均比摩阻公式中为什么要减去 2000Pa？

4-9 室内高压蒸汽供暖系统为什么尽量采用同程式？

4-10 为什么室内高压蒸汽管路水力计算时允许压力降取 $0.25P$（P 为蒸汽供暖系统起始点表压力）？

4-11 试比较蒸汽供暖与热水供暖的主要优缺点。

4-12 说明浮筒式和热动力式疏水器的构造及作用原理。

4-13 什么是疏水器的选择倍率？为什么要考虑选择倍率？什么是疏水器的背压？背压大小对疏水器的排水能力有何影响？

4-14 试述疏水器前后配置阀门和连接管道的作用，分析配置旁通管的利弊。

4-15 活塞式减压阀如何控制阀后压力基本稳定？

4-16 安全水封用在什么地方？它如何防止凝结水系统超压？

4-17 可以采用哪些措施降低蒸汽系统的能耗指标？

参 考 文 献

［1］ 贺平，孙刚. 供热工程. 北京：中国建筑工业出版社，1993.

［2］ П. Н. Каменев и др. . Отопление и вентиляция. Ч.1 Отопление. Москва：Строй-издат. 1975.

［3］ B. M. Спиридонов и др. . Внутренние санитарно-технические устройства. Ч.1 Отопление. Москва：Стройиздат, 1990.

［4］ А. И. Сканави. Отопление. Москва：Стройиздат. 1988.

［5］ 陆耀庆主编. 实用供热空调设计手册(第二版). 北京：中国建筑工业出版社. 2008.

［6］ 陆耀庆主编. 供暖通风设计手册. 北京：中国建筑工业出版社，1987.

第5章 辐射供暖和辐射供冷

辐射供暖技术始于 1905 年，至今已有百余年的历史[1]；辐射供冷技术的起始要晚一些，至少也有几十年的历史。

近年来由于各类高质量聚合物塑料管材的大量研发和生产、各种能源形式在暖通空调中应用的推动以及人们对暖通空调系统形式的多样性的要求，辐射供暖和辐射供冷得到广泛应用，技术水平迅速提高。

5.1 辐射供暖（供冷）与辐射板

5.1.1 辐射供暖和辐射供冷

辐射供暖是依靠温度较高的辐射供暖末端设备与围护结构内表面的辐射换热和与室内空气的对流换热，使房间围护结构（包括供暖辐射板）内表面的平均温度 $t_{s \cdot m}$ 高于室内空气温度 t_R 的供暖[1]，即

$$t_{s \cdot m} > t_R \tag{5-1}$$

辐射供冷是依靠温度较低的辐射供冷末端设备与围护结构内表面的辐射换热和与室内空气的对流换热，使房间围护结构（包括供冷辐射板）内表面的平均温度 $t_{s \cdot m}$ 低于室内空气温度 t_R 的供冷，即

$$t_{s \cdot m} < t_R \tag{5-2}$$

辐射供暖（供冷）比对流供暖（供冷）的辐射能量交换量在总能量交换量所占的比例要高。

辐射供暖按能源和热媒分为：热水辐射供暖、蒸汽辐射供暖、电辐射供暖和燃气辐射供暖等。目前的辐射供暖系统，大多数以热水作为热媒。在有蒸汽汽源的工业建筑中，辐射供暖也可用蒸汽为热媒。辐射供冷通常只采用冷水作冷媒。以水为热（冷）媒的辐射供暖（供冷）系统由热源（冷源）、输送热水（冷水）的管网和末端装置构成。辐射供暖系统的热媒可来自于锅炉房、热电厂及热泵站等热源。辐射供冷系统的冷媒可来自热泵站、冷冻站等冷源。通常将辐射供暖（供冷）系统中的末端设备称为辐射板。

5.1.2 辐射板

本节主要介绍以水为热媒（或冷媒）的辐射板。

辐射板按与建筑物围护结构的结合关系分为：整体式、贴附式和悬挂式[1]。整体式辐射板将辐射板与围护结构合为一体。图 5-1 为与地面结合的整体式辐射板。流通热媒（或冷媒）的管道——换热管（用于供暖时称为加热管；用于供冷时称为供冷管）1 埋设在混凝土楼板 2 上。为了减少向下层房间的传热（或冷）量，在其下方设置有绝热层 3（泡沫

塑料或发泡水泥等）。换热管用卡钉锚固。换热管的轴向间距取决于对单位面积传热量和地面温度均匀性等要求。换热管周围为填充层 4（豆石混凝土或水泥砂浆）。填充层上部为找平层 6（水泥砂浆）和面层 5（陶瓷地砖或木地板等）。与土壤相邻的地面（无楼板）应在绝热层下增设防潮层，防止土壤中的水分向上入侵绝缘层影响传热效果；潮湿房间地面在填充层下应增设隔离层，防止地面水分向下进入各结构层影响传热效果。

贴附式辐射板是将辐射板贴附于围护结构表面。在图 5-2 中给出了贴附于墙面的辐射板。辐射板除了与墙面贴附之外，还可以贴附于其他围护结构。

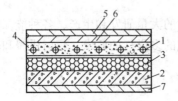 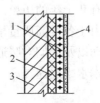

图 5-1　与建筑结构结合的地面　　　　图 5-2　贴附于墙面的辐射板图
　　　　辐射板（整体式）　　　　　　　　1—辐射板；2—绝热层；

1—换热管；2—钢筋混凝土楼板；3—绝热层；4—填充层；　　3—墙体；4—外饰层

5—找平层；6—面层；7—水泥砂浆抹灰层

悬挂式辐射板将辐射板吊挂在室内。图 5-3 所示的悬挂式辐射板主要用于工业建筑。它是由换热管 1、挡板 2、辐射屏 3（或 5）和绝热层 4 制成的金属辐射板。其中（a）为波状辐射屏；（b）为平面辐射屏。当采用高温水时该悬挂式辐射板可以串联成带状，见图 5-4[2][3]。图中辐射板 1 均匀吊挂在标高超过吊车顶的厂房顶棚下；辐射板 2 离地 3～4m，与地面倾斜成 45°，沿工作区周边靠外墙均匀悬挂。图中箭头表示热水的进、出口。悬挂式辐射板可自由悬挂，也可以有机地和公用建筑的天花板组合在一起。可选择使用专用的挂件，也可以选用吊顶龙骨安装。

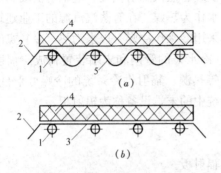 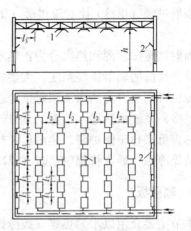

图 5-3　悬挂式辐射板（单体式）　　　　图 5-4　单体式辐射板的安装

（a）波状辐射板；（b）平面辐射板　　　　1—顶棚下吊装；2—靠墙悬挂

1—加热（供冷）管；2—挡板；3—平面辐射屏；

4—绝热层；5—波状辐射屏

按辐射板在供暖或供冷房间的位置将其分为：地面式、墙面式和顶棚式。

由于地面辐射供暖相对墙面式和顶棚式辐射供暖舒适度高（详见5.2.1），因此地面辐射板主要用于辐射供暖。地面辐射板的结构如图5-1，它是在现场制作的方式，是最早应用的地板辐射供暖形式。为了提高装配化程度、施工进度和质量，可采用工厂预制部件、在现场安装或拼装的供暖辐射板。近年来研制了预制轻薄供暖板和预制沟槽保温板两大类预制供暖辐射板[5]。预制轻薄供暖板是由保温板、塑料加热管、支撑木龙骨和集水装置等组成的，并可在工厂预制的一体化地面辐射供暖板。预制沟槽保温板是由工厂预制的带沟槽的聚苯乙烯类塑料或其他保温材料的板块，在现场把加热管或加热电缆放于沟槽内的地面辐射供暖板。沟槽的尺寸与加热管或加热电缆相吻合，不需填充砂浆，即可在上面铺设面层。地面辐射板主要应用于住宅和公用建筑的供暖。地面辐射供暖特别适用于热负荷大、散热器布置不便的住宅以及公用建筑的入口大厅；希望地面温度较高的幼儿园、托儿所，期盼脚底有温暖感的游泳池边的地面；需解决玻璃幕墙建筑周边区供暖，而布置散热器不便的场所。

墙面式辐射板一般设置于间墙。有单面有效散热（向墙体一侧房间供热）和双面有效散热（向墙体两侧房间供热）两种[3]。图5-2为单面散热辐射板，其背面应有绝热层，减少辐射板背面向墙体背面的热损失。墙面式辐射板可用于多种情况下。例如：希望贴近房间地面处温度较高和不希望散热设备明露的公用建筑。

顶棚式辐射板位于房间的顶棚处，可以与顶棚结合为一体或悬挂在顶棚下。由于顶棚式辐射供冷相对地面、墙面式辐射供冷比较舒适，因此辐射供冷多采用顶棚式。并将这种辐射板称为供冷顶板。图5-5是常用民用建筑中的顶棚式辐射供冷板（又称冷却吊顶）[4]。图（a）为辐射板与顶棚结合的一体式，即将换热管与供冷顶板制成一体，直接形成辐射供冷顶板单元；图（b）为镶嵌式，将换热供冷的毛细管镶嵌在吊顶内，组成辐射供冷顶板单元。图（c）为肋片式，通过传热肋片把换热供冷管和金属顶板联接起来，形成辐射顶板单元。其中图（a）、（b）两种结构形式为常见。

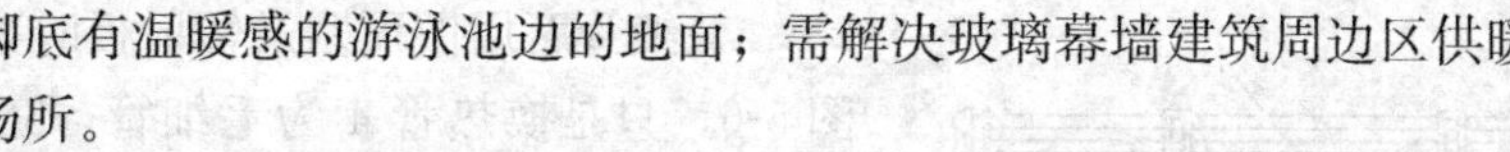

图5-5 顶棚式辐射供冷板
(a) 一体式；(b) 镶嵌式；(c) 单元式

图5-6为吊棚式顶棚辐射板。辐射板由通热（冷）媒的换热管道4、绝热层3和薄金属装饰孔板5构成。吊件1的一端可预埋或用射钉固定在钢筋混凝土楼板2中，另一端悬吊辐射板。通热（冷）媒的管道4下方带孔的薄钢板或薄铝板在传热的同时还能起装饰作用[1][2]。吊棚式辐射板主要应用于办公楼等公共建筑中。其中吊棚式辐射板热惰性小，能隔声，供暖用时比地面辐射板可适当提高供水温度，在吊棚的上方可敷设照明电缆和通风管道等其他管道，检修时可不破坏建筑结构。其缺点是要增加

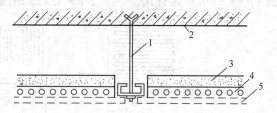

图5-6 吊棚式顶棚辐射板
1—吊件；2—楼板；3—绝热层；4—换热管；5—装饰孔板

房高。

一般一个建筑物中只选择一种辐射板，最多不超过两种，以免使系统过于复杂。大部分辐射板既可用于供暖，也可用于供冷。

近年来用毛细管席作辐射末端装置的供热、供冷技术在国内外也得到应用，是德国工程师根据仿生学原理在 20 世纪 70 年代发明的一种新型供暖（冷）末端设备。毛细管席的基本结构见图 5-7。由毛细管管束 1 和集水管 2 组成。毛细管是用无规共聚聚丙烯管（PP-R）或耐热聚乙烯管（PE-RT）等材质制成的细小管材，其内径 3～5mm、壁厚 0.5～0.8mm，间距有 10mm、20mm、30mm 等几种。由于类似植物的叶脉和人体皮肤下的血管等毛细管故称为毛细管。多根 U 形毛细管并联于集水管上，分块制作成"毛细管席"，用热熔焊或快速接头连接成所需供热（冷）面积。可固定于顶棚、墙面、地面上做成顶棚式、墙面式、地面式辐射板。还可预制成金属模块式毛细管席辐射板。

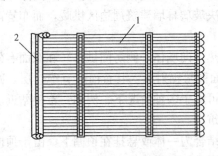

图 5-7　毛细管席辐射板
1—毛细管管束；2—集水管

毛细管席用做顶棚式辐射板时，其安装参见图 5-6，只是换热管 4 为毛细管；3 为石膏板；5 为 10～15mm 的水泥砂浆抹灰层。毛细管席的集水管在吊顶内与水系统相连接。详细安装图可参见厂家的样本手册。

毛细管席辐射板表面温度均匀、厚度薄、占用室内建筑空间小；重量轻（充水后的重量约为 600～900g/m²）、安装快速、布置简易灵活、施工简便。换热面积大，传热速度快。有 60% 的能量通过辐射方式进行，因而比其他形式的末端装置舒适性高。但对水质要求高。毛细管席的供热（冷）量与规格、介质温度等诸多因素有关，可查相关产品样本。

此外还有电热辐射板，它只用于供暖。将在 5.4 中介绍。

5.1.3　辐射板中的换热管

换热管是辐射板中流通热（冷）媒，向空间散发热量的管道。以水为热（冷）媒的辐射板，可采用热塑性塑料管、铝塑复合管、钢管、铜管等作为换热管。除了预制的地面辐射供暖用的轻薄供热板和预制沟槽保温板、由生产商制造的其他定型辐射板（如：悬挂式辐射板、毛细管网辐射板等）之外，辐射板中的换热管都需设计确定。

地面辐射板的换热管布置形式有图 5-8 所示的几种：（a）平行排管式；（b）蛇形排管式；（c）螺旋形盘管式[3][5]。近年来地面辐射板的换热管采用铝塑复合管等热塑性管材。

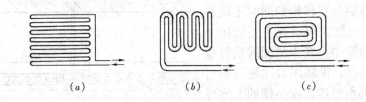

（a）　　　　　　　　（b）　　　　　　　　（c）

图 5-8　地面辐射板的换热管
（a）平行排管式；（b）蛇形排管式；（c）螺旋形盘管式

平行排管式易于布置，板面温度不均匀性较大，适合于各种结构的地面。蛇形排管式板面温度较均匀，但在局部区域温度不均匀性较大，有一半数目的弯头曲率半径小。螺旋形盘管式板面温度也并不均匀，但只有两个小曲率半径弯头，施工方便。地面辐射板表面的温度分布状况见 5.2.2.2 和图 5-13。

墙面辐射板的换热管可采用图 5-9 所示的两种形式[1][5]。其中图 (a) 用于双管水系统；图 (b) 用于跨越管式（或分流管式）水系统。

悬挂式辐射板的换热管如图 5-10 所示，目前多用于供暖。其加热管有蛇形管（图 a）和排管（图 b）两种形式。应尽量减少加热管 1 与辐射屏 2 之间的间隙，以免放热量显著减少。波形辐射屏能减少或防止加热管之间互相吸收辐射热。

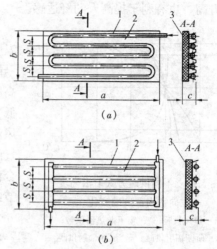

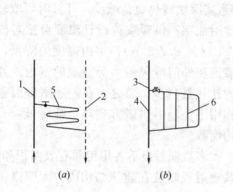

图 5-9　墙面辐射板的换热管

(a) 用于双管水系统；

(b) 用于跨越管式单管水系统

1—双管系统的供水立管；2—双管系统的

回水立管；3—单管系统的立管；

4—跨越管；5、6—换热管

图 5-10　悬挂式辐射板的加热管

(a) 蛇形管（波形辐射屏）；

(b) 排管（平面辐射屏）

1—加热管；2—辐射屏；3—绝热板

5.2　辐射供暖系统

根据辐射板表面的温度可以将辐射供暖分为低温（低于 70℃）、中温（70～250℃）和高温（250～900℃）[1]。辐射供暖系统的热媒可以采用热水或蒸汽。中、高温辐射供暖以及采用蒸汽为热媒时，表面温度高，传热强度高，通常用于工业厂房。辐射供暖分为全面辐射供暖和局部辐射供暖。全面辐射供暖是指对一个有限的大空间全部用辐射方式供暖；而局部辐射供暖是指对一个有限大空间的某一部分辐射供暖，而其余部分无供暖要求的辐射供暖方式。本节主要介绍以热水为热媒的低温辐射供暖及其系统。

5.2.1　辐射供暖的特点

同对流供暖相比辐射供暖提高了辐射换热量的比例。所提高的辐射换热量的比例与热媒的温度、辐射热表面的位置等有关。各种辐射供暖方式的辐射换热量在其总换热量中所占的大致比例是：顶棚式 70%～75%；地面式 30%～40%；墙面式 30%～60%（随辐射板在墙面上的位置高度和板面温度的增加而增加）[6]。同时辐射供暖提高了围护结构内表面的温度（高于房间空气的温度），减少人体的辐射换热量，设计合理的辐射供暖，相比其他供暖方式有较高的舒适性[3]。

辐射供暖时沿房间高度方向温度比较均匀。图 5-11 给出不同供暖方式下沿高度 h 方向室内温度 t_R 的变化[6]。以房间高 1.5m 处，空气温度 18℃ 为基础来进行比较。图中的热风供暖指的是直接输送并向室内供给被加热的空气的供暖方式。从图上可看出，热风供暖时（曲线 1）沿垂直方向温度变化最大，房间上部区域温度偏高，工作区温度偏低。采用辐射供暖，（曲线 3 和 4），特别是地面辐射供暖（曲线 4）时，工作区温度较高。地面附近温度升高，也有利于提高人的舒适感。

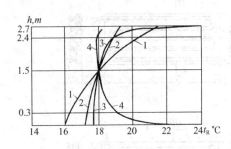

图 5-11　不同供暖方式下沿高度
方向室内温度的变化

1—热风供暖；2—窗下散热器供暖；

3—顶棚辐射供暖；4—地面辐射供暖

全面辐射暖系统设计热负荷时，房间上部温度增幅降低，使上部围护结构传热温差减小，导致实际供暖热负荷减少，计算时可取较低的高度附加率；供暖室内设计温度可比对流供暖低 2℃（见 2.23 节），室内温度的降低，使冷风渗透和外门冷风侵入等造成的室内外通风换气的耗热量减少。总之，在上述诸多因素的综合作用下，辐射供暖方式热负荷降低，有利于节约能源。

大多数辐射板不占用房间有效面积和空间。一些辐射板暗装在建筑结构内，无明露供热设备，显得美观。

没有强烈的对流，室内空气流动速度低，无尘土飞扬，卫生条件较好，使辐射供暖除可用于住宅、公用建筑和空间高大的厂房、场馆之外，还用于对洁净度有特殊要求的场合（如精密装配车间和医院手术室）和对静音要求比较高的地方。

如果需要，在辐射板加热管中通以冷水，可实现夏季供冷。

辐射供暖利用加热管向辐射表面供热。地面辐射板加热管埋设在地面面层下，通过地面散热，散热面大大增加。因而在相同的供暖设计热负荷下，地面辐射散热表面的温度可大幅度降低，正好适合人体健康的需求，并为利用 40～60℃ 的低温热水（热泵机组供水、地热水、余热水等）创造条件。

整体式或贴附式供暖辐射板，热惯性大，启动时间长，调节室温缓慢。在间歇供暖时，室内温度波动较小。不适宜用于要求迅速提高室内温度的间歇供暖系统。如发生渗漏，大多数辐射板维修困难。要求在施工安装和使用中，对加热管可能发生渗漏和堵塞的问题应给予足够的重视。

5.2.2　辐射供暖系统的供热量

辐射板的供热量与辐射板的类型及位置、换热管的形式（管径、长度和间距等）和辐射板的结构和面积、热媒参数、室内供暖温度、辐射板对室内各围护结构辐射放热的相对位置等许多因素有关。

5.2.2.1 辐射供暖系统的热媒参数

辐射供暖系统采用的热水平均温度，直接影响和决定着辐射板的表面温度、进而影响辐射板的散热量和辐射供暖的效果。辐射板表面温度的最高限值不仅影响房间的舒适度，还要受到管材允许最高温度的限制。

辐射供暖系统的热水供回水温度，应根据供暖辐射板的类型、布置位置和对表面温度的要求等条件决定（见5.2.3）。

研究和计算表明，整体式供暖辐射板的表面温度取决于混凝土等表面覆盖物的厚度，加热管内的热媒温度可比地表面温度高 20～40℃。对民用建筑顶棚式、地面式、墙面式供暖辐射板应选较低的设计供水温度和较小的温降[1]。我国规定热水地面辐射供暖系统设计供水温度不应大于 60℃，设计供回水温差不宜大于 10℃且不宜小于 5℃。一般采用 35～45℃[5]。如室外热网设计供水温度超过 60℃时，宜在楼栋入口处设混水装置（利用较低温度的回水与较高温度的供水混合，降低供水温度的装置）或换热装置[5]。

对水平布置的供暖辐射板，确定其布置方式和计算其流量时，应注意保证水平管中水流速度不小于 0.25m/s[1][5]，有利排气。

对用于厂房和场馆的悬挂式供暖辐射板（见图 5-3），可选较高的设计供水温度。如加热管采用钢管时除可以用高温水作热媒之外，还可以用蒸汽作热媒，蒸汽的压力可以与高压蒸汽供暖系统一样，高达 0.39MPa（见 4.2.3）。

对毛细管网辐射供暖系统的设计供水温度规定如下：墙面式和顶棚式 25～35℃；地面式 30～40℃。供回水温差宜采用 3～6℃[5]。

辐射供暖系统的压力与一般对流供暖系统一样，系统中的最大压力应不超过加热管的承压能力。

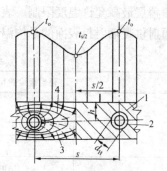

图 5-12　两面放热的供暖辐射板——地面—顶棚混凝土供暖辐射板中的温度场和板表面温度的变化
1—供暖辐射板；2—加热管；
3—等温线；4—热流线

5.2.2.2 地面供暖辐射板的表面温度

供暖辐射板的表面温度 t_s 及其均匀程度与热媒温度 t、房间温度 t_R、加热管的管径 d、管间距 s、管子埋设厚度 h、混凝土等覆盖物的导热系数 λ 等有关[2][7]。图 5-12 中示出了地面—顶棚混凝土供暖辐射板中每一加热管周围的地面材料层内形成的温度场，图中细实线为等温线，带箭头的虚线表示热流[1]。热流线起始于加热管，终止于辐射板表面。沿加热管周边不同热流方向材料层的热阻是变化的，使得地面表面的温度曲线呈波状起伏。加热管管顶所对应的地面表面温度最高，为 t_0；两相邻加热管之间（距离 $s/2$ 处）的地面表面温度最低为 $t_{s/2}$。地面辐射板不仅每两两加热管之间上部地面表面温度不均匀，而且沿水的流程地表表面温度也是不均匀变化的。图 5-13（a）、（b）、（c）分别表示采用平行排管式、蛇形排管式和螺旋盘管式地面供暖辐射板沿房间进深表面温度的变化情况[7]。图中 Δt_s 表示地面表面平均温度的变化范围。图（a）平行排管式用单根管道平排成蛇形，辐射板表面平均温度沿水的流程逐步均匀降低，温度变化曲线为小波单向倾斜；图（b）蛇形排管式供水管和回水管并列平排成蛇形，辐射板表面温度在小面积上波动大，平均温度分布较均匀，温度变化曲线呈波状起伏；图（c）螺旋盘管式供水管和回水管并列盘成螺旋形，辐射板表面平均温度沿水的流程波动，波幅较小。可见三种排管表面温度的分布和波动情况不同。在辐射板中加热管之上均铺设金属板或金属箔作为均热层，可改善辐射板表面温度的不均匀性。

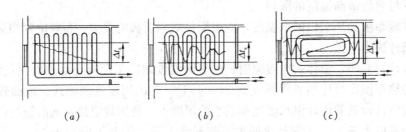

图 5-13　地面供暖辐射板表面温度的变化
(a) 平行排管式；(b) 蛇形排管式；(c) 螺旋盘管式

　　辐射板表面的平均温度是计算辐射供暖的基本数据，辐射板表面最高允许平均温度应根据卫生要求、人的热舒适性条件和房间的用途来确定。顶棚辐射板温度过高，使人头部不适，层高较低的顶棚辐射板宜有较低的表面温度值。地面辐射板温度过高，时间长久之后，人体也会不适。人员停留时间长的地面供暖辐射板表面的适宜温度值较低；住宅和托幼机构的供暖辐射板表面的适宜温度值较低。地面供暖辐射板表面的平均温度还应受地面覆盖层最高允许温度限制。表 5-1 中列出了《辐射供暖供冷技术规程》JGJ 142 中规定的辐射供暖辐射板表面的平均温度[5]。

辐射供暖辐射板表面平均温度（℃）　　　　　　　　　表 5-1

辐射板设置位置		宜采用的平均温度	平均温度上限值
地面	人员经常停留	25~27	29
	人员短期停留	28~30	32
	无人停留	35~40	42
顶棚	房间高度 2.5~3.0m	28~30	—
	房间高度 3.1~4.0m	33~36	—
墙面	距地面 1m 以下	35	—
	距地面 1m 以上，3.5m 以下	45	—

5.2.2.3　供暖辐射板供热量计算

　　供暖辐射板以对流和辐射两种方式向房间供热。供暖辐射板的供热量与辐射板的类型和结构，热媒参数和流量，辐射板表面的平均温度及其分布，室内温度；加热管的形式、管径、材质、间距，覆盖层材料的导热系数、厚度，辐射板的位置、在室内所占的面积及布局等许多因素有关。对确定的辐射板，其供热量 $\dot{Q}$ 可用下式表示[1]：

$$\dot{Q} = f(t、t_R、d、s、h、\lambda、A_r、\varphi) \tag{5-3}$$

式中　t ——热媒温度；

　　　t_R ——室内空气温度；

　　　d ——加热管的管径；

　　　s ——管间距；

h——覆盖层的厚度；

λ——覆盖层的导热系数；

A_r——辐射板面积；

φ——辐射板与其他围护结构之间的角系数。

显然，根据辐射换热的具体条件全面考虑上述因素，分别计算辐射板的辐射传热量和对流传热量，详细计算辐射板的供热量是相当复杂和繁琐的。在有关的规程、手册和样本中提供一些定型的辐射板、一定条件下的性能数据，可方便使用[5][8]。

辐射板的供热量应满足房间所需供热量。一般辐射板在下层或背面设置有绝热层，它们只能减少向下层或背面传热。因此在向上层或正面供热的同时，仍向下层或背面传热。

对地面辐射板，除顶层房间外，各房间的得热量是地面供暖辐射板向上的供热量和上层房间地面供暖辐射板向下的供热量之和（见图 5-14）。如认为各层房间传给下层房间的热量接近相等，则可写出下式：

$$\dot{Q} = \dot{Q}_1 + \dot{Q}_2 \tag{5-4}$$

式中　$\dot{Q}$——房间设计热负荷，W；

$\dot{Q}_1$——辐射板向上供热量，W；

$\dot{Q}_2$——辐射板向下传热量，W。

当房间均匀铺设地面辐射板时，房间所需单位地面面积向上的供热量用下式计算：

$$\dot{q}_1 = \beta \frac{\dot{Q} - \dot{Q}_2}{A_r} \tag{5-5}$$

式中　$\dot{q}_1$——单位地面面积向上的供热量，W/m²；

β——考虑家具等遮挡的安全系数，$\beta \geqslant 1$，根据实测数据得到；

A_r——辐射板面积，m²；

其他符号同式（5-4）。

对顶层房间，$\dot{Q}_2 = 0$。对底层房间，计算房间供暖设计热负荷时不计算地面热损失。

地面向下的供热量用下式计算：

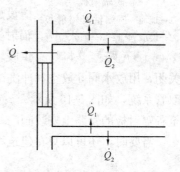

图 5-14　地面供暖辐射板
房间的热平衡

$$\dot{Q}_2 = \dot{q}_2 A_r \tag{5-6}$$

式中　$\dot{q}_2$——单位地面面积向下的供热量，W/m²；

其他符号同式（5-5）。

同时，可按下式核算辐射板表面平均温度[5]：

$$t_p = t_R + 9.82 \left(\frac{\dot{q}_1}{100}\right)^{0.969} \tag{5-7}$$

式中　t_p——地表面平均温度，℃；

t_R——室内空气温度，℃；

其他符号同式（5-5）。

计算所得到的地表面平均温度不应超过表 5-1 的数值。

在辐射供暖供冷技术规程中列出了结构一定的整体式地面辐射板，在不同的平均水温、室内温度和管间距下单位面积向上的供热量 $\dot{q}_1$ 和向下的传热量 $\dot{q}_2$，设计时可直接查用[5]。如计算所得到的单位面积供热量与查得的数值不同，则改变辐射板加热管的管径、间距、热水平均温度等重新计算。

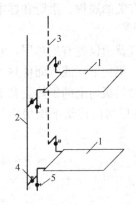

**图 5-15　下供上回双管
系统中的地面—顶棚
供暖辐射板**

1—地面—顶棚供暖辐射板；
2—供水立管；3—回水立管；
4—调节阀；5—放水阀

如为悬挂式辐射板、电热膜和加热电缆（见 5.4）等其他类型辐射板，其单位供热面积或单位长度的供热量可查相关产品的样本或说明书。如无相关数据，则需按文献 [5] 提供的公式进行计算。

5.2.3　辐射供暖水系统的设计

5.2.3.1　辐射供暖水系统的系统形式

热水辐射供暖系统的管路设计与一般热水供暖系统基本相同。可采用上供式或下供式、单管或双管系统。地面供暖辐射板和顶棚供暖辐射板一般应采用双管系统，以利于调节和控制。大多数辐射板加热管的管径较小，为了防止堵塞，应在辐射板供暖用户入口供水管上设置过滤器。供暖辐射板水平安装时，应设放气阀和放水阀。图 5-15 表示了下供上回式双管系统中的辐射板与管路连接方式[1]。此系统有利于排除辐射板中的空气。供暖辐射板 1 并联于供水立管 2 和回水立管 3 之间，可用阀门 4 关闭，用放水阀 5 放空和冲洗。同一用户有多个房间，连接多个辐射板时，可采用放射式双管系统，如图 5-16 所示[1]。在用户入口设关断阀。在分、集水器上设放气阀，并在引至各辐射板的管路上安装阀门（图上未示出），供调节和维修之用。

需要时，还可以只在建筑物的个别房间（例如公用建筑的进厅）装设供暖辐射板。在

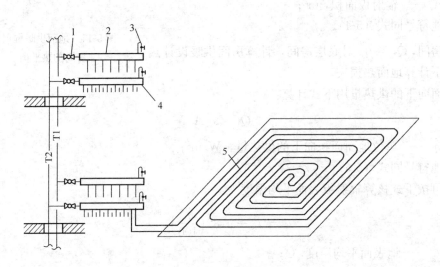

图 5-16　放射式双管供暖辐射板的水系统
1—关断阀；2—分水器；3—放气阀；4—集水器；5—辐射板加热管

这种情况下热水供暖系统的设计供回水温度是根据建筑物主要房间的供暖系统（例如散热器热水供暖系统）确定的。采用顶棚或地面供暖辐射板的个别房间要求供水温度低一些，这时可采用散热器热水供暖系统的回水作为辐射板的供水。图 5-17 给出了一个大厅两块地面供暖辐射板 1 连到热水供暖系统回水干管 6 连接的情况。从回水干管 6 流入的供暖系统回水温度正好适合地面供暖辐射板所要求供水温度较低的条件。经辐射板供热之后，回水温度进一步降低再返回热源。不仅美观，而且

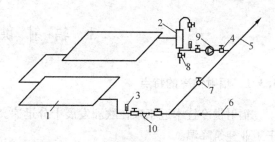

图 5-17　地面供暖辐射板与回水干管的连接
1—地面供暖辐射板；2—集气罐；3—温度计；4—阀门；
5—去热源的回水干管；6—来自其他供暖系统的回水干管；
7—旁通管调节阀；8—放水阀；9—水泵；10—过滤器

可解决一层进厅等需要散热器面积大、布置困难的问题。集气罐 2 用于集气和排气，旁通管上的阀门 7 可调节流入辐射板的流量。温度计 3 显示辐射板的供热情况。

布置地面和顶棚供暖辐射板时，宜将水温较高的加热管优先布置于房间设计热负荷较大的外窗或外墙侧。

在房间的部分顶棚、部分地面布置供暖辐射板时，一般沿房间顶棚的周边、地面靠外墙处或布置家具少的地面中央。

在严寒和寒冷地区，供暖辐射板，尤其是地面供暖辐射板应适当远离外门，以防由于排气不畅等原因，导致加热管水冻结，影响整个辐射板供暖系统。固定设备和卫生器具下方的地面，不应布置加热管。

供暖辐射板作为末端装置，其阻力损失（2~5mH$_2$O）比散热器大得多，使辐射供暖系统不易产生水力失调。不同的辐射板阻力损失差别较大，因此在一个供暖系统中宜采用同类辐射板，否则应有可靠的调节措施及调节性能好的阀门调节流量。

对热水系统，一般最大工作压力处于系统的底层。地面辐射供暖系统的工作压力不宜大于 0.4MPa，应不超过辐射板承压能力。当超过上述压力时，应采取相应的措施。例如，采用竖向分区式热水供暖系统（见图 3-15、图 3-16）。

5.2.3.2　辐射供暖水系统的水力计算

辐射板供暖系统的水力计算方法原则上与一般热水供暖系统基本相同。供回水干管、立支管的水力计算与一般热水供暖系统完全相同。也是先分别计算长度阻力损失和局部阻力损失，然后求和得到管段的总阻力损失。区别仅在于辐射板中加热管的阻力计算有些不同，而且与辐射板的形式、管材有关。如加热管用钢管和铜管，其水力计算公式与一般热水供暖系统相同。如加热管为塑料管和铝塑管时，水力计算所采用的比摩阻公式和局部阻力系数与一般热水供暖系统稍有不同。由于塑料管和铝塑管的材质和制造工艺与钢管不一样，应考虑管子的管径及壁厚制造偏差来确定管子的计算直径[7]。该方法已被我国《辐射供暖供冷技术规程》JGJ 142—2012[5] 所采纳。该规程附录 D 中给出了塑料管和铝塑管的水力计算公式、水力计算表和局部阻力系数，计算时可采用这些公式和表格。水力计算表中的数值是用某一个平均热水温度计算得到的。如水温有变化，比摩阻的数值要进行修正。

5.3　辐射供冷系统

5.3.1　辐射供冷的特点

辐射供冷技术近年来在欧洲发展十分迅速。辐射供冷既可用于民用建筑供冷，也可用于工业建筑降温。

辐射供冷原则上可采用顶棚式和地面式供冷辐射板。其中顶棚式供冷辐射板——冷却吊顶是目前用得较多的供冷辐射板。这种辐射供冷方式施工安装和维护简便，不影响室内设施的布置，单位面积辐射板供冷量大。顶棚式供冷辐射板从房间上部供冷，可降低室内垂直温度梯度、避免"上热下冷"现象，舒适度高，尤其是采用毛细管席的供冷辐射板，重量轻、易于安装，已受到人们重视。

辐射供冷要防止辐射板表面结露，为此辐射供冷系统供水温度应保证供冷辐射板的表面温度高于室内空气露点温度 1~2℃。供回水温差不宜大于 5℃且不应小于 2℃。辐射供冷表面平均温度宜符合表 5-2 的规定[5]。

辐射供冷辐射板表面平均温度（℃） 表 5-2

设置位置		平均温度下限值（℃）	设置位置	平均温度下限值（℃）
地面	人员经常停留	19	墙面	17
	人员短期停留	19	顶棚	17

辐射供冷系统无除湿能力，应与除湿系统或新风（经冷却去湿处理后的室外空气）系统（见第 6.8 节）结合在一起应用。新风系统用来承担房间的湿负荷（潜热负荷），同时又满足了人们对室内新风的需求。

5.3.2　辐射供冷系统的供冷量

民用建筑地面辐射供冷房间的冷负荷，应按现行国家标准《民用建筑采暖通风及空气调节设计规范》GB 50736 和《辐射供暖供冷技术规程》JGJ 142 的有关规定进行计算。全面辐射供冷室内设计温度可提高 0.5~1.5℃[5][9]。通常建筑物室内冷负荷（包括显热冷负荷和潜热冷负荷）由辐射供冷系统和具有除湿能力的空气系统（一般为新风系统）共同承担，其中辐射供冷系统只能承担显热冷负荷，其承担的冷负荷份额与新风处理方案（详见 6.8.2）有关。

确定辐射供冷系统承担的冷负荷后，须校核所选用和布置的辐射板的供冷量是否与之匹配。辐射板依靠辐射和自然对流向室内供冷，两者的传热比例取决于辐射板的位置、结构形式以及辐射板附近的空气流动方式。供冷辐射板的供冷量与辐射板的结构、位置、面积，冷水温度和流量、室内空气温度等因素有关。当辐射板选定以后，则主要与冷水温度、流量和室内空气温度有关。冷却吊顶和毛细管席等定型辐射板产品可根据生产企业提供的样本或选用手册来确定其型号和规格。样本或选用手册中给出了辐射板在不同传热温差下的供冷量，据此很容易确定所选辐射板的供冷量。如与冷负荷不一致，可改变辐射板的型号、规格或供水温度，使供冷量与所需冷负荷相符。

5.3.3 辐射供冷系统的水系统设计

辐射供冷水系统形式与辐射供暖水系统形式类似，可有多种形式。宜采用双管系统，以利于供冷量的调节。辐射供冷系统与辐射供暖系统的水力计算方法基本相同（见5.2.3.3）。辐射供冷系统与辐射供暖系统一样无论采用何种冷源，供冷水系统冷媒的温度、流量和资用压差等参数，都应同冷源系统相匹配；冷源系统应设置相应的控制装置。

由于辐射供冷系统通常与新风系统结合在一起应用，因此在给辐射供冷系统提供冷水的同时，须考虑新风的处理方案。新风系统的主要任务是承担房间的湿负荷（潜热冷负荷），需对新风进行除湿，以获得比较干燥的空气供给房间。除湿的方法有冷却除湿——用温度较低的冷水，对空气进行冷却除湿，也可以采用吸收式除湿（或称溶液除湿）或吸附式除湿（见12.4）。

如果新风系统采用冷却除湿，通常用6~7℃的冷水对空气进行冷却除湿；如果新风系统采用吸收式除湿或吸附式除湿，则只需用15~18℃的冷水对空气进行冷却处理。为了防止辐射板表面结露，辐射板的冷水供水温度一般在14~18℃之间。实际设计中常采用16℃。因此，当辐射供冷与冷却除湿的新风系统联合应用时，就需要由冷源提供两种供水温度相差较大的冷水。下面讨论如何解决供应两种水温的方案。

（1）辐射供冷系统与新风系统的冷水分别由两个独立的冷源供应

如果新风系统与辐射供冷系统都采用了同一冷源（冷水机组），冷水机组只能按要求最低的冷水供水温度来运行，而要求温度较高的辐射供冷系统的供水只能靠二次换热或混合的办法来获得。辐射供冷系统与新风系统的冷水分别由两个独立的冷源供应的优点是辐射供冷系统的冷水机组可提高供冷水的温度，从而提高了该冷水机组的性能系数。因为冷水机组制取15~18℃的冷水要比制取6~7℃的冷水的性能系数高约高35%，因此该方案在节能和节省运行费用方面有明显优势。其缺点是增加冷源设备初投资。此外，由于辐射供冷要求的冷水温度高，可以利用冷却塔供冷和利用地下水、深湖水等天然冷源[10]。

（2）冷水机组供冷和冷却塔供冷相结合的辐射供冷水系统

辐射供冷系统与新风系统的冷水分别由两个独立的冷源供应时，辐射供冷系统可采用冷水机组供冷和冷却塔供冷相结合的辐射供冷水方案[11]，如图5-18所示。冷水机组2选用供水温度为15~18℃的为机型[12]。当室外温度适宜时，可停止运行冷水机组，而利用闭式冷却塔3进行自然供冷。两套水系统共用循环水泵6。若两个系统的阻力相差悬殊时，可分别设循环水泵。辐射供冷水系统为独立的系统。电磁阀10用于控制（开或关）冷水流量，调节室温。为防止辐射供冷系统冷水被污染，宜采用闭式冷却塔，也可采用开式冷却塔，但冷却水须通过板式换热器冷却。冷却塔自然供冷的供冷量和

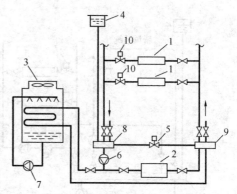

图5-18 冷水机组与冷却塔供冷
相结合的辐射供冷水系统

1—供冷辐射板；2—冷水机组；3—闭式冷却塔；
4—膨胀水箱；5—压差调节阀；6—冷水系统循环水泵；7—冷却塔淋水泵；8—集水器；9—分水器；
10—电磁阀

使用延续时间与系统所在地点的空气湿球温度有关。例如上海，当室外空气湿球温度达到 10℃时，冷却塔的出水温度约 15℃左右。完全能满足辐射供冷系统进水温度的要求。查上海气象统计资料，可知该地室外空气湿球温度低于和等于 10℃的天数约为 130 天[13]。文献［13］曾对国内哈尔滨、乌鲁木齐、西安、兰州、北京、上海、广州等七个城市使用冷却塔的节能性进行了模拟分析，结果表明：除广州之外，其余城市节能率为 12.5%～37.7%。其中西北地区的乌鲁木齐和兰州效果最佳，北方地区的哈尔滨和北京次之。因此，在室外空气湿球温度低的一些城市（如：乌鲁木齐、兰州、西宁和昆明等）利用冷却塔自然供冷系统实现辐射供冷对节能是非常有利的。

（3）辐射供冷系统与新风系统的冷水由同一冷源供应

当辐射供冷系统与新风系统的冷水由同一冷源供应时，则冷水机组需按新风系统对冷水温度的要求（6～7℃）制备冷水；辐射供冷系统的冷水，则用 6～7℃的冷水通过板式换热器或用混合法来制取[11]。图 5-19 为用混合法制备冷却吊顶辐射板冷媒的水系统。冷水系统采用二级泵水系统。一次泵 3 负责集管 9 和冷水机组 2 水系统的循环；二次泵 4 和 5 分别负责新风和辐射供冷系统的冷水的循环。辐射供冷系统的供水温度（如 16℃）由三通电动调节阀 8 调节 6～7℃的冷水与辐射供冷系统的回水的混合比来实现。由磁阀 7（开或关）控制各辐射供冷板的供冷量。

（4）利用空调系统回水的辐射供冷水系统

当只在建筑物某些区域设置辐射供冷，而大部分区域设置其他空调系统时，辐射供冷系统的冷水可以直接利用其他空调系统（简称主系统）的回水，如图 5-20 所示。由于主系统的回水温度（一般 12℃左右）仍低于辐射供冷系统所要求的水温，因此用循环水泵 2 从主系统的回水干管 4 提取部分回水与辐射供冷系统的回水混合，以满足辐射供冷系统的要求。循环水泵的扬程只需提供辐射供冷水系统的循环动力。电动三通调节阀 3 用于改变混水比来调节辐射供冷系统的供水温度。

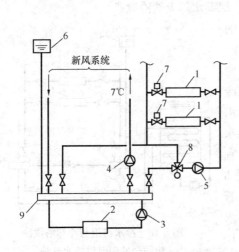

图 5-19　用混合法制备冷水的辐射板
供冷水系统

1—冷却吊顶辐射板；2—冷水机组；3—一次泵；
4—二次泵；5—辐射板水系统二次泵；6—膨胀水
箱；7—电磁阀；8—电动调节阀；9—集管

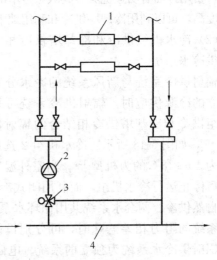

图 5-20　利用空调系统回水的
辐射供冷水系统

1—供冷辐射板；2—循环水泵；
3—电动三通调节阀；4—空调
系统回水干管

5.4 电热辐射供暖和燃气辐射供暖

5.4.1 电热辐射供暖和燃气辐射供暖的特点

电热辐射供暖是直接将电能转换为热能的供暖。电辐射供暖除具有一般辐射供暖的优点（见5.2.1）之外，还有如下优点：没有直接的燃烧排放物；便于分室、分户调节与控制室内温度；系统安装和运行简便；无热水供暖系统漏水的隐患；如用于间歇供暖时室温上升快、停止供暖时无冻坏供暖设备之忧。不足之处是供电系统要增加增容费用；直接将高品位能源电能转换为低品位的热能不符合能量逐级利用的原则和节约能源、提高能源利用率的基本国策。因此只有在当地供电政策允许、有丰富的电力资源可供利用、无燃气或集中热源、环保有特殊要求，以及作为其他可再生能源或清洁能源供热时的辅助和补充能源等条件下经过论证才可选电辐射供暖。由于可节省供暖电耗和减少用户费用，宜用于节能建筑。

燃气辐射供暖是利用燃气在专门的燃烧设备（如燃气辐射管等）中燃烧而辐射出红外线进行供暖，因此又称为燃气红外线辐射供暖。燃气辐射管发出的红外线波长在 $3.5 \sim 5.5 \mu m$ 之间。红外线通过空气时，不会被空气所吸收，而被房间围护结构和物体所吸收，并转变为热能。能源可以采用天然气、液化石油气等可燃气体。燃气辐射供暖的主要优点是：燃气燃烧的热量不需要转换为热水或蒸汽的热能，而直接用于供暖；系统简单，投资和运行费用低；燃气辐射器悬挂在房间上方向下辐射，空气不吸收热量，室内竖向温度梯度小；启动迅速、升温快，停机后降温慢。缺点是：辐射器温度高，有一定的安全隐患，必须采取相应的防火防爆安全措施；外观欠美观；燃烧产物对室内空气质量有一定的影响，必要时应配置有效的通风换气装置。燃气辐射供暖主要用于厂房、仓库、体育馆、游泳馆等高大空间的建筑和温室大棚中。

5.4.2 电热辐射供暖

目前电热辐射供暖有加热电缆辐射供暖和电热膜辐射供暖两类。可用于全面辐射供暖和局部辐射供暖系统。

5.4.2.1 加热电缆辐射供暖

加热电缆是以供暖为目的、通电后能够发热的电缆，是电热辐射供暖中的核心部件之一。加热电缆辐射供暖是用发热均匀、热功率稳定、能承受较高温度的加热电缆线组成辐射供暖散热面的供暖方式。加热电缆有供暖、融冰、伴热等多种用途。目前加热电缆多用于室内地面辐射供暖。

（1）加热电缆的结构

加热电缆由发热导线、绝缘层、金属屏蔽接地网和外护套等组成[5]。发热导线为多股合金电阻线，通过电流时产生热量，是加热电缆中将电能转换为热能的金属线。其工作电压为 $200 \sim 250V$ ，表面温度一般不低于 $65℃$ 。有单导线和双导线之分。单导线发热电缆中只有一根发热导线，双导线发热电缆又可分为双导线单发热和双导线双发热两种。其中前者只有一根导线发热，另一根导线是电源线（又称为冷线）；后者两根导线都是发热导线。双导线发热电缆的优点是电源可以从电缆一端接入，安装方便；电缆中两根导线自成回路，产生方向相反、强度相等、可互相抵消电磁场，减少了电磁场对人体的辐射危害。发热电缆与电源线的接头在工厂加工，质量好、故障率低。缺点是只能选用在工厂生产的、长度一定的发热电缆，使用时不能根据需要任意切断。为此企业都生产不同长度、不同功率的发热电缆供用户选用。用做室内辐射供暖时，应选双导线加热电缆，图5-21为双导线发热电缆。发热线芯1外有能承受较高温度的硅橡胶的绝缘层2起电绝缘的安全保护作用。外护套4采用PVC材料，以保护加热电缆内部不

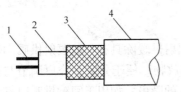

图5-21 加热电缆的结构
1—发热线芯；2—绝缘层；3—金属屏蔽网；
4—外护套；5—地线

受外界环境影响（如腐蚀、受潮等）。在绝缘层和外护套之间还有采用铝箔、镀锡铜丝或不锈钢丝编织而成的金属屏蔽网3，用于屏蔽电磁场，也是加热电缆的地线。

（2）加热电缆辐射供暖系统的设计

加热电缆辐射供暖系统由电源、加热电缆地面辐射板和温控器等组成。电源可以是城市电网或太阳能光伏发电设备。加热电缆地面辐射供暖板与热水地面辐射供暖板的做法类似（参见5.1.2）。温控器的作用是根据要求的房间温度自动调节加热电缆的功率。

电能转换为热能的效率很高，在设计时可认为电能全部转换为热能，因此，确定加热电缆的供热量就是确定其电功率。生产企业在样本中给出单位长度加热电缆的功率。还有的厂家用加热电缆制成加电热缆席，在样本中给出单位面积的功率。设计加热电缆地面辐射供暖系统主要是选用加热电缆并确定其所需长度（或面积），以及设计加热电缆地面辐射供暖板。加热电缆的布线应考虑地面家具对散热量的影响。尽管埋于地面下的发热电缆下面有保温层，仍有部分热量向下层空间散发。因此，安装功率要比设计热负荷大，所增加的数额与加热电缆辐射供暖所采用的面层和绝热层的材料有关。当建筑物各楼层地面和发热电缆结构一样时，可以认为，发热电缆向下层房间传递热量等于上层房间从顶棚传递下来的热量。加热电缆的长度用下式计算[5]。

$$L \geqslant \frac{(1+\delta)\beta\dot{Q}}{p_l} \tag{5-8}$$

式中 L——按产品规格选定的加热电缆计算总长度，m；

δ——考虑向下传热量的修正系数；底层和中间层 $\delta=0$，顶层 $\delta=0.15\sim0.27$（与地面结构有关）[5]；

β——考虑家具等遮挡的安全系数；

$\dot{Q}$——房间热负荷，W；

p_l——加热电缆单位长度的功率，根据可从生产企业的样本上根据型号和规格来选取，W/m。

加热电缆的布线间距按下式计算。

$$s \approx 1000 \frac{A_c}{L} \tag{5-9}$$

式中 s——加热电缆的布线间距，mm；

A_c——敷设加热电缆的地面面积，m^2；

L 同式（5-8）。

计算得到加热电缆的布线间距，要满足最小间距不宜小于 100mm、最大不宜超过 300mm 的要求。如不合适，再选择不同规格的发热电缆重新计算。

5.4.2.2 电热膜辐射供暖

电热膜是通电后能发热的一种薄膜，是由绝缘材料与封装其内的发热电阻组成的平面型发热元件。大部分能量以辐射方式传递。由特制的可导电油墨、金属载流条经印刷和热压在两层绝缘聚酯薄膜之间制成的一种特殊的发热体。根据电绝缘材料不同分为柔性和刚性电热膜，供暖用的电热膜绝大多数为柔性电热膜[14]。制成片状，每片的功率可为 10～50W。电热膜辐射供暖系统由发热元件（电热膜）、控制装置（外置的温度传感器探头和温控器）、配电装置和供电系统组成。可贴附在房间地面、顶棚、墙面及供房间全面或局部辐射供暖之用。电热膜具有自限温功能、可靠接地和防止漏电等保证安全的措施。控制装置可根据室内温度的变化自动调节供热量。

（1）电热膜辐射供暖的结构

地面电热膜辐射供暖地面温度高、舒适性好、造价低，目前比顶棚电热膜辐射供暖用得多。安装电热膜的地表面平均温度应不超过规定值，见表 5-1。地面电热膜辐射供暖板的结构如图 5-22 所示。电热膜 3 下面为绝热层 2（用厚 20mm 的挤塑板），用于减少无效热损失；电热膜上面有防护层 4（用厚 0.05mmPE 膜），用于保护电热膜不受填充层粗糙物损伤；填充层 5（可用 30mm 的豆石混凝土或水泥砂浆），使电热膜不直接承受地面荷载及表面温度均匀化；饰面层 6 均化表面温度和美化地面外观。

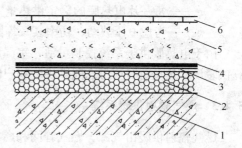

图 5-22　地面式电热膜辐射板的结构

1—钢筋混凝土楼板；2—绝热层；

3—电热膜；4—防护层；

5—填充层；6—饰面层

顶棚式电热膜不影响室内设备的布局以及不因室内设备占地影响电热膜散热效果，不易损坏；由于电热膜表面的装饰层较薄，所以顶棚表面温度欠均匀。因要吊挂电热膜及其附件，其外表面要达到室内装修要求、住户不再进行重复装修，因此造价比地面式高。安装电热膜的棚面平均温度不应高于 36℃[15]。图 5-23 为顶棚式电热膜安装示意图。图（a）中电热膜 2 被饰面层 1 和绝热层 3 夹紧，并用自攻螺钉（图中未示出）固定在轻钢龙骨 5 上。图（b）中的龙骨吊件间隔设置，轻钢龙骨 5 被龙骨吊件 6 卡吊住，并用射钉 7 固定

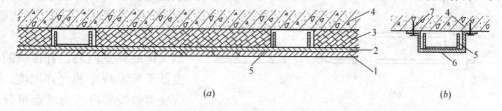

（a）　　　　　　　　　　　　　　　　　　（b）

图 5-23　顶棚式电热膜辐射供暖安装示意图

（a）剖面图；（b）轻钢龙骨的吊挂

1—饰面板（石膏板等）；2—电热膜；3—绝热层；4—钢筋混凝土楼板；5—轻钢龙骨；6—龙骨吊件；7—射钉

在钢筋混凝土顶板 4 下。将多片电热膜连成组。用导线将电热膜组与温控器连到电源回路中。

墙面式电热膜分有龙骨和无龙骨两种，安装在距地面 200～2000mm 的墙面。安装电热膜的表面平均温度不应高于 35℃[15]。

（2）电热膜片数的计算

经测试电热膜的热电转换效率很高，认为其单位时间的供热量近似等于其电功率。由于其导电体由非金属的特制的可导电油墨、金属载流条经印刷而成，与一般的金属导电体性能有所不同。电压波动对其功率影响较大，而且存在功率衰减现象。供暖房间所需电热膜片数用下式计算。

$$N = (1+k)\frac{\dot{Q}}{\dot{q}} \tag{5-10}$$

式中 N——电热膜的计算片数；

$\dot{Q}$——电热膜计算热负荷，W；

$\dot{q}$——每一片电热膜的额定供热量（功率），W/片；

k——考虑电压波动、功率衰减等因素而的附加系数，取 $k = 0.2$。

由于电热膜供暖系统控制灵活，室温调节方便，便于用户间歇使用，因此必要时在计算供暖设计热负荷时要考虑间歇供暖和户间传热[15]。

5.4.3 燃气辐射供暖系统

燃气辐射供暖由气源、燃气管网和燃气辐射器组成。气源可以是城市燃气管网或液化石油气气化站。有关燃气进户及管网设计参阅《燃气输配》（第四版）[16]。

燃气辐射器主要有燃气辐射板（燃气红外线辐射板）和燃气辐射管两大类。

燃气辐射板的燃烧板面用多孔陶瓷板或几层金属网构成，燃气在燃气辐射板上明火燃烧，表面温度达 870～890℃。燃烧废气直接排放到室内。其安装高度宜≥6m。

燃气辐射管的结构及烟气的产生与流向示意图见图 5-23。它由燃烧器 1、辐射管 2、引风机 3 和反射罩 4 组成。燃烧器内有燃气喷嘴、电子点火器和控制设备。燃气从喷嘴喷出时引射空气进入燃烧器，并在燃烧器内点火燃烧，火焰和烟气进入辐射管内，由引风机排出。它是利用燃气燃烧产生的烟气在大直径的钢质辐射管内流动，借助温度可达 650℃以下的钢管壁面和反射罩向周围环境辐射热量。其安装高度宜为 4～10m。引风机排出的烟气可以在其出口接烟管排至室外；也可直接排到室内。后者因烟气中的显热和潜热都释放到室内，因而有利节能，但影响室内空气质量。不过实测表明，在厂房内应用天然气的辐射管，烟气排放到室内后，有害物的浓度低于标准规定的允许浓度。燃气辐射管按管内压力状态可分为负压式和正压式。图 5-24 为负压式燃气辐射管，是目前使用最多的一类。用引风机驱动烟气在辐

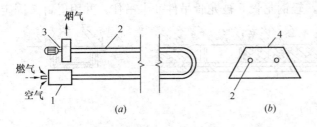

图 5-24 燃气辐射管的结构示意图

(a) 平面图；(b) 剖面图

1—燃烧器；2—辐射管；3—引风机；4—反射罩

射管内流动，将尾气排至室外。正压式燃气辐射管将风机置于起始端。按管数或布置形式又可分为单管型、双管型（又称为"U型管"）和多燃烧器管网型。图5-25即是由多台燃烧器和多根辐射管组成的管网型燃气辐射器。

燃气辐射供暖既可用于全面供暖，又可用于局部供暖。燃气辐射供暖很适用于局部供暖。其中燃气辐射板更适用于小范围的供暖。特别是在人员不多、工作岗位固定的车间宜采用局部供暖。局部辐射供暖所需的辐射器应根据所需辐射强度来选择。所需的辐射强度与供暖周围环境的空气温度有关，如周围环境温度越低，所需辐射强度越大。有关局部燃气辐射器的选择参见文献［8］。全面燃气辐射供暖系统的设计步骤如下：

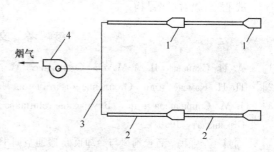

图 5-25　多燃烧器管网型燃气辐射器
1—燃烧器；2—辐射管；3—排烟管；4—引风机

（1）初步选择辐射器型号与规格

首先确定采用烟气内排式还是外排式的燃烧辐射器。若燃气辐射器燃烧所用的空气取自室内，则应校核通风量是否满足燃烧所需的空气量。房间的通风量可取 $0.5V$ m³/h（V 为房间的体积，m³）；燃烧所需空气取 23m³/kWh（即每 kW 需要空气 23m³/h）。如房间通风量小于燃烧所需计算空气量，则需要从室外引入新风。

（2）在室内布置初步选定的辐射器

应沿外墙布置，尤其是在大门处布置辐射器。

（3）根据产品样本提供的燃气辐射器的性能，计算总供热量是否与供暖设计热负荷相符。如不符，则改变燃气辐射器的规格或变更布置方案。直到总供热量与供暖设计热负荷相匹配为止。

思 考 题 与 习 题

5-1　辐射供暖（供冷）与对流供暖（供冷）的主要区别是什么？辐射板有哪些形式？

5-2　辐射供暖为什么比对流供暖节能？地面辐射供暖板有哪些形式？

5-3　辐射供暖有哪些特点？适宜用在哪些场合？

5-4　影响地面供暖辐射板散热量的因素有哪些？说明地面供暖辐射板表面温度分布曲线的大致形状。

5-5　为什么要限定供暖辐射板的表面温度？各类供暖辐射板的表面温度大致是多少？

5-6　房间供暖设计热负荷为 3200W，采用地面辐射供暖。加热管为 PE-X 管，传热平均温差为 20℃，间距150mm。试分别确定面层材料为陶瓷面砖和木地板时需铺设地面辐射板的面积。

5-7　简述毛细管网的结构和辐射供暖（冷）和使用注意事项。

5-8　辐射供暖系统可以采用哪些介质做热媒？用在什么场合？

5-9　辐射供暖和供冷系统为什么不容易产生水力失调？

5-10　辐射供冷有哪些特点？适宜用在哪些场合？

5-11　对顶棚辐射供冷板的供水温度有何要求？一般情况下其供水温度、供回水温差的数值是多少？

5-12　辐射供冷和新风系统要求两种温度不同的冷水，试分析解决供应两种水温冷水的几种方案优缺点。

5-13　简述电辐射供暖的特点及应用条件。

5-14　简述加热电缆的结构和使用注意事项。

5-15　简述地面和顶棚式电热膜的结构和优缺点。

5-16　简述燃气辐射供暖的特点。

5-17　试述燃气辐射管的结构。

参 考 文 献

［1］　А. И. Сканави，Л. М. Махов. Отопление. М.：АСВ. Издат.，2008.

［2］　П. Н. Каменев и др.. Отопление и вентиляция Ч.1 Отопление. Москва：Стройиздат，1975.

［3］　В. М. Спиридонов и др.. Внутренние санитанро-технические устройства. Ч.1 Отопление. Москва：Стройиздат，1990.

［4］　周鹏，李强民. 置换通风与冷却顶板 暖通空调 1998（5）.

［5］　JGJ 142—2012 辐射供暖供冷技术规程. 北京：中国建筑工业出版社，2012.

［6］　А. И. Сканави，Л. М. Махов. Отопление. М.：стройиздат，1988.

［7］　СП41-102-98 Проектирование и монтаж трубопроводов систем отопления с использованием металлополимерных труб. Москва：Стройиздат，1999.

［8］　陆耀庆主编. 实用供热空调设计手册. 北京：中国建筑工业出版社，2008.

［9］　GB 50736—2012 民用建筑供暖通风与空气调节设计规范. 北京：中国建筑工业出版社，2012.

［10］　陆亚俊，马世军，王威. 建筑冷热源. 北京：中国建筑工业出版社，2009.

［11］　孙丽颖，马最良. 冷却吊顶空调系统的设计要点. 暖通空调新技术（2），中国建筑工业出版社，2000.

［12］　王子介. 低温辐射供热与辐射供冷. 北京：机械工业出版社，2004.

［13］　马最良，孙宇辉. 冷却塔供冷技术在我国应用的模拟与预测分析暖通空调 2000，30（2）：5～8.

［14］　JG/T 286—2010 低温辐射电热膜. 北京：中国标准出版社，2010.

［15］　JGJ 319—2013 低温辐射电热膜供暖系统应用技术规程. 北京：中国建筑工业出版社，2013.

［16］　段长贵主编，燃气输配（第四版）. 北京：中国建筑工业出版社，2011.

第6章 全空气系统和空气-水系统

6.1 湿空气性质与焓湿图

空气是多种气体的混合物，我们把除了水蒸气外的气体混合物称为干空气，干空气和水蒸气的混合物称为湿空气。干空气的主要成分是氮（体积百分比约占78%）和氧（体积百分比约占21%），余下约1%是二氧化碳、氩、氖、氦等气体。全空气系统和空气-水系统等空调系统为使房间内的空气达到设定的温度和湿度，必须对空气进行各种处理（如冷却、去湿、加热、加湿），所有的这些处理过程和某一状态的空气送入房间后的变化过程的分析、计算却必须充分掌握湿空气的性质及其焓湿图。有关湿空气的性质及焓湿图已在《工程热力学》[1]课程中进行了详细论述，本节只对其主要内容作一回顾，以便读者更快地明白本书以下章节中进行的有关分析。

6.1.1 湿空气的状态参数

6.1.1.1 压力

环绕地球的大气层对地球表面的压力称为大气压力，用符号 B 表示，单位为 kPa。大气压力等于干空气分压力 p_a（kPa）和水蒸气分压力 p_w（kPa）之和，即

$$B = p_a + p_w \tag{6-1}$$

大气压力与地区有关，海拔愈高，大气压力愈小；还与气温有关，同一地区，冬季的大气压力高于夏季的大气压力。水蒸气分压力与湿空气中水蒸气的含量有关，水蒸气含量大，其分压力愈大。因此，空气中水蒸气分压力的大小直接反映了空气中水蒸气含量的大小。

6.1.1.2 含湿量

含湿量是湿空气中单位质量干空气所含的水蒸气质量，用符号 d 表示，单位为 g/kg（d.a），"d.a"指干空气，以后均省略。根据理想气体状态方程，可以推得如下关系式：

$$d = 622 \frac{p_w}{B - p_w} \tag{6-2}$$

上式揭示了湿空气中水蒸气的含量与水蒸气分压力的关系。

6.1.1.3 相对湿度

湿空气中水蒸气只能以过热或饱和状态存在。当空气的温度低于该空气中水蒸气分压力所对应的饱和温度时，空气中的水蒸气就凝结析出。例如，已知湿空气的水蒸气分压力为3.36kPa，对应的饱和温度为26℃，当空气温度>26℃时，水蒸气呈过热状态存在；当空气温度=26℃时，水蒸气呈饱和状态存在；当空气温度<26℃时，就会有一些水蒸气从空气中凝结析出。由此可见，湿空气在一定温度下有一极限的含湿量，此含湿量称为饱和含湿量（d_s），它即是该温度所对应的饱和水蒸气分压力（$p_{w.s}$）下的含湿量（由式（6-2）

确定）。含湿量达到饱和含湿量的湿空气称为饱和空气。相对湿度定义为某一温度下湿空气中水蒸气分压力与同温度下饱和水蒸气分压力之比，用符号 φ（%）表示，即

$$\varphi = \frac{p_{\mathrm{w}}}{p_{\mathrm{w.s}}} \times 100\% \tag{6-3}$$

利用式（6-2）可以推得

$$\varphi \approx \frac{d}{d_{\mathrm{s}}} \times 100\% \tag{6-4}$$

将式（6-3）中 p_{w} 代入式（6-2）得

$$d = 622 \frac{\varphi p_{\mathrm{w.s}}}{B - \varphi p_{\mathrm{w.s}}} \tag{6-5}$$

【例 6-1】　已知大气压力为 100kPa、温度为 26℃湿空气的水蒸气分压力为 2.016kPa，求该空气的饱和含湿量、相对湿度和含湿量。

【解】 26℃对应的饱和水蒸气分压 $p_{\mathrm{w.s}}$＝3.36kPa，根据式（6-2）可计算得到该空气的饱和含湿量为

$$d_{\mathrm{s}} = 622 \times \frac{3.36}{100 - 3.36} = 21.6\mathrm{g/kg}$$

该空气的含湿量为

$$d = 622 \times \frac{2.016}{100 - 2.016} = 12.8\mathrm{g/kg}$$

该空气的相对湿度为

$$\varphi = \frac{2.016}{3.36} \times 100\% = 60\%$$

6.1.1.4　湿球温度与干球温度

湿球温度是用以下方法测得的空气温度：在温度计的感温包（球部）包裹上湿纱布，并使它保持湿润，这温度计称湿球温度计，所测得的空气温度称为湿球温度（用 t_{wb} 表示）。而把感温包裸露的温度计所测得的空气温度称为干球温度（用 t 表示）。当把湿球温度计置于 $\varphi<100\%$ 的空气中时，在湿球的表面形成一层很薄的对应于湿纱布水温的饱和空气层，设开始时水温等于空气温度，则在湿球表面空气与周围空气之间存在水蒸气分压力差，纱布表面水蒸气迁移到周围空气中去，纱布中的水分吸取自身的热量而蒸发，致使纱布中水分温度下降，形成湿球与周围空气的温差。这一温差使周围的空气向湿球传热，当所传递的热量尚不足以抵消水分蒸发所需的热量时，不足部分仍来自纱布中的水分，从而使纱布中水分温度继续下降。最后，当湿球与周围空气之间达到某一温差，水分蒸发所需的热量等于周围空气向湿球传递的热量时，湿纱布中水分的温度不再下降而保持一稳定值，这时湿球温度计的读值即为湿球温度，在湿球表面是一层很薄的对应于湿球温度的饱和空气层。

在测量空气的湿球温度同时可测空气干球温度。干球温度与湿球温度有一温差，这一温差标志了空气相对湿度的大小。当干湿球温差为 0 时，则表示该空气是饱和空气；干湿球温差愈大，则表示空气的相对湿度愈小。我们经常用干、湿球温度计测空气的相对

湿度。

6.1.1.5 露点温度

如对湿空气逐渐进行冷却，当达到某一温度时，空气中的水蒸气开始凝结析出，这个温度称为露点温度，简称露点（t_{dew}）。露点温度实质上就是空气中水蒸气分压力所对应的饱和温度。

6.1.1.6 焓

湿空气的焓是干空气和水蒸气焓之和，以每 kg 干空气计的焓称为比焓，本书以后简称为焓，它应为

$$h = c_{p.a}t + 0.001c_{p.v}dt + 0.001dr \tag{6-6}$$

式中 h——湿空气的焓，kJ/kg（d.a），简写成 kJ/kg；

$c_{p.a}$——干空气空压比热，取 1.01kJ/kg；

$c_{p.v}$——水蒸气空压比热，取 1.84kJ/kg；

d——含湿量，g/kg；

t——湿空气干球温度，℃；

r——0℃水汽化潜热，2500kJ/kg。

将上述数值代入式（6-6），整理后得

$$h = 1.01t + 0.001d(2500 + 1.84t) \tag{6-7}$$

6.1.2 湿空气的焓湿图及其应用

6.1.2.1 湿空气的焓湿图

上面介绍了湿空气的状态参数 B、t、t_{wb}、d、φ、h 和 p_w、$p_{w.s}$、d_s、t_{dew}，其中大气压力 B 可以根据地区进行确定为已知，p_w、$p_{p.w}$、d_s、t_{dew} 只是其他参数单值函数，例如，若 d 已知，则根据式（6-2）就确定了 p_w，对应 p_w 的饱和温度即为露点温度 t_{dew}；当 t 已知，则饱和水蒸气分力 $p_{w.s}$ 就确定了，再根据式（6-2）就可确定 d_s。因此实际上独立的空气状态参数就 5 个——t、t_{wb}、d、φ、h，只要知道其中两个参数，空气的状态就确定了，也就可以确定其余的参数。空调工程中经常需要把某一状态的空气处理到另一状态，或某一状态的空气送入房间后变化到另一状态，为便于对这些湿空气状态变化过程的分析与计算，我们把在一大气压力下的湿空气状态之间的关系画成以焓（h）和含湿量（d）为坐标的湿空气性质图，称焓湿图（h-d 图）。图 6-1 为湿空气焓湿图（部分）的示意图。该图是以 1kg 干空气的湿空气为基准绘制的。不同大气压的焓湿图是不同的。附录 6-1 是 101.3kPa（760mmHg）的湿空气焓湿图。当地大气压与之相差较大时，应选用相近大气压的焓湿图（有些空气调节设计手册中附有多种大气压的湿空气焓湿图[1]）。焓湿图的横坐标轴（d）与垂直的纵坐标轴（h）成 135°夹角，焓湿图上有几种等值参数线：等焓（h）线——与纵坐标轴成 135°角的斜直线；等含湿量（d）线——平行纵坐标轴的直线；等干球温度（t）线——近似水平的直线；等相对湿度（φ）线——图中的曲线；等湿球温度（t_{wb}）线近似与等焓线平行，等焓线可以看作等湿球温度线，其值等于等焓线与 φ＝100% 交点的干球温度，因饱和空气的干球温度与湿球温度相等；水蒸气分压力（p_w）与 d 成单值函数关系，其值表示于 d 值的上方，等 p_w 线平行于等 d 线；图的右下方给出了

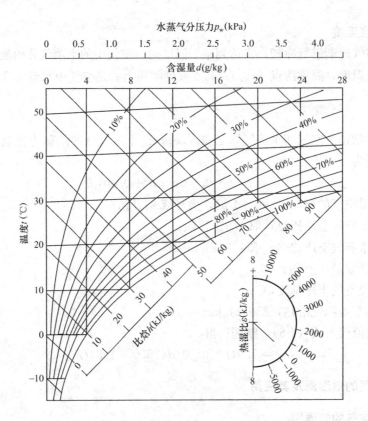

图 6-1 湿空气焓湿图（示意图）

热湿比 $\varepsilon\left(1000\dfrac{\Delta h}{\Delta d},\ \text{kJ/kg}\right)$ 的方向线，热湿比又称为角系数。在 h-d 图上还可以确定一已知状态空气的饱和水蒸气分压力 $p_{\text{w.s}}$、饱和含湿量 d_{s} 和露点 t_{dew}。设在 h-d 图一点 A，通过 A 的等温线与 $\varphi=100\%$ 的交点的水蒸气分压力值即为 A 状态空气的 $p_{\text{w.s}}$，交点的含湿量值即为 d_{s}；通过 A 点的等含湿量线与 $\varphi=100\%$ 的交点的温度值即为 A 状态空气的 t_{dew}。

已知湿空气的两个独立状态参数，即可在焓湿图上确定该状态点，并可读出该状态下湿空气的其他参数。例如，已知在大气压 101.3kPa 下，湿空气的干球温度为 25℃，相对湿度为 55%，则可在大气压 101.3kPa 的湿空气焓湿图（附录 6-1）上确定出一点，并可得到该状态点的其他参数：$h=53\text{kJ/kg}$，$d=10.8\text{g/kg}$，$t_{\text{wb}}=18.7℃$，$p_{\text{w}}=1.73\text{kPa}$，露点温度 $t_{\text{dew}}=15.4℃$，$p_{\text{w.s}}=3.16\text{kPa}$，$d_{\text{s}}=20\text{g/kg}$。

美英等国家的暖通空调技术书[2][3][4]中的湿空气性质图与上面介绍的图不一样，有两种坐标系[3]：(1) 用焓和含湿量作坐标的 h-d 图（非直角系坐标），如 ASHRAE❶ 制作的图；(2) 用温度和含湿量作坐标的 t-d 图（直角坐标系），如开利等大型企业所制作的图。两种图基本相似，同一状态下所查得的值相差小于 1%。图 6-2 为 ASHRAE 所绘制的 h-d 图示意图。与图 6-1 的焓湿度相比较，除了都有等焓（h）线、等含湿量（d）线、等干球

---

❶ ASHRAE 为 American Socitey of Heating, Refrigerating and Air-Conditioning Engineers 的编写，即美国供暖、制冷与空调工程师学会。

温度（t）线、等相对湿度（φ）线外，还有等比容（v）线和等湿球温度（t_{wb}）线，此线与水平线的夹角略大于等 h 线与水平线的夹角。图的左上角给出了热湿比 ε $\left(\dfrac{\Delta h}{\Delta d},\ \mathrm{kJ/g}\right)$ 的方向线。如果把此图画在透明纸上，逆时针转 $90°$，再翻到背面看此图，即与我国所用的焓湿图（图 6-1）类似。

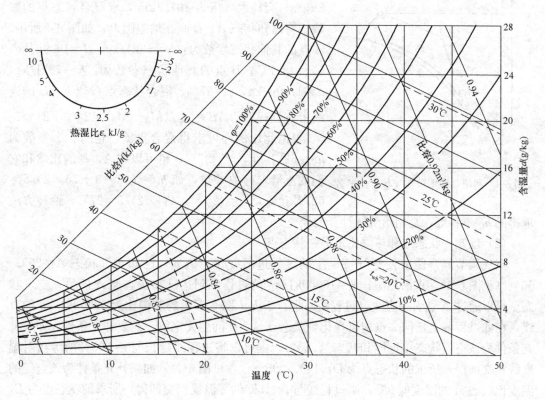

图 6-2　ASHRAE 的焓湿图

6.1.2.2　焓湿图上过程线的物理意义

图 6-3 表示了空调工程中常遇到的空气状态变化过程。图中 0-1 为空气冷却去湿过程（空气在表冷器或喷水室中的冷却去湿过程）；0-2 为空气干冷却过程（当用表冷器处理空气，且其表面温度高于空气露点温度时，空气在表冷器中的冷却过程，$d=$ 常数，$\varepsilon=-\infty$）；0-3 为空气冷却加湿过程（热空气送入空调房间的空气状态变化过程，$\varepsilon<0$）；0-4 为空气等焓加湿过程（喷水室中喷淋循环水的空气冷却加湿过程接近此过程，$\varepsilon=0$）；0-5 为空气等温加湿过程（喷蒸汽加湿过程接近此过程）；0-6 为空气升温加湿过程（冷空气送入空调房间的空气状态变化过程）；0-7 为空气加热过程（$d=$ 常数，$\varepsilon=\infty$）；0-8 为空气去湿增焓过程（如转轮式除湿机对空气的除湿过程）；0-9 为空气去湿减焓过程（喷淋盐溶液的空气除湿过程，其方向与溶液温度有关）。

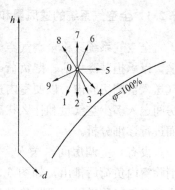

图 6-3　焓湿图上几种典型的过程线

6.1.2.3　焓湿图的应用

（1）已知两种状态空气按比例混合求混合状态参数

设有 A、B 两种状态的空气，空气 A 的温、湿度为 25℃、55％，空气量 $\dot{M}_A$＝3kg/s；

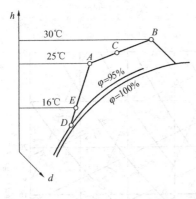

图 6-4　利用焓湿图求空气状态点参数

空气 B 的干、湿球温度为 30℃、25℃，空气量 $\dot{M}_B$＝2kg/s；当地大气压为 101.3kPa，求混合状态点的参数。将已知状态 A、B 画在焓湿图上，如图 6-4 所示。A 点的其他状态参数为：h＝53kJ/kg，d＝10.9g/kg，t_{wb}＝18.7℃；B 点的其他状态参数为：h＝76kJ/kg，d＝17.9g/kg，φ＝67％。混合状态点 C 位于 AB 的连线上，且有 AC/AB＝$\dot{M}_B/(\dot{M}_A+\dot{M}_B)$＝2/（3＋2）＝2/5，根据此比例即可求得混合点 C，它的状态参数为 h_C＝62kJ/kg，t_C＝27℃。也可以按 A、B 的比焓和它们的流量求有关参数，如 h_C＝（53×3＋76×2）/5＝62.2kJ/kg，t_C＝（25×3＋30×2）/5＝27℃。两种方法求得的 h_C 不相等，是用焓湿图计算的误差。

（2）已知一状态点和热湿比求另一状态点

空气调节经常需要使空气按设定的过程进行变化。例如，已知空气状态 A：25℃，55％（见图 6-4），求沿热湿比 ε＝10000kJ/kg 的过程线到达已知状态点 A 的另一空气状态。可以通过 A 点引一直线（过程线）平行于 h-d 图右下角的热湿比为 10000kJ/kg 的直线，在此过程线上任何一点均可变化到状态点 A，此问题无定解，需要补充条件。如果补充条件为该空气状态接近饱和状态（95％），则可以将过程线延长与 φ＝95％的等相对湿度线相交即得，所求的状态点为 D：14℃，95％（参见图 6-4）；如果补充条件为该空气的温度比状态 A 的温度低 9℃，则过程线与 t＝16℃的等温线相交即得，所求的状态点为 E：16℃，86％（参见图 6-4）。

6.2　全空气系统的送风量、送风参数和新风量

6.2.1　全空气系统的送风量和送风参数

全空气系统又称全空气空调系统，它以空气为介质，把冷量或热量传递给所控制的环境，以承担其冷负荷、湿负荷或热负荷。实际上就是把经过冷却、去湿或加热、加湿的空气送入空调房间内，以便室内达到所要求的温度和湿度。那么，为达到此目的，究竟应向房间送入多少空气量和什么状态参数的空气呢？下面进行详细分析。

设有一空调房间，送入一定量经处理的空气，消除室内负荷后排出，如图 6-5 所示。假定送入室内的空气（称送风）吸收热量和湿量后，状态变化到室内状态，且房间内温、湿度均匀，排出房间的

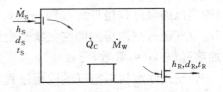

图 6-5　空调房间的热湿平衡

空气参数即为室内空气的参数。当系统达到平衡后，全热量、显热量和湿量都达到平衡，即

全热平衡
$$\dot{M}_s h_s + \dot{Q}_c = \dot{M}_s h_R \tag{6-8}$$

$$\dot{M}_s = \frac{\dot{Q}_c}{h_R - h_s} \tag{6-9}$$

显热平衡
$$\dot{M}_s c_p t_s + \dot{Q}_{c,s} = \dot{M}_s c_p t_R \tag{6-10}$$

$$\dot{M}_s = \frac{\dot{Q}_{c,s}}{c_p (t_R - t_s)} \tag{6-11}$$

湿平衡
$$\dot{M}_s d_s \times 10^{-3} + \dot{M}_w = \dot{M}_s d_R \times 10^{-3} \tag{6-12}$$

$$\dot{M}_s = \frac{1000 \dot{M}_w}{d_R - d_s} \tag{6-13}$$

式中　$\dot{M}_s$——送入房间的风量，称送风量，kg/s；

$\dot{Q}_c$、$\dot{Q}_{c,s}$——分别为房间的全热冷负荷和显热冷负荷，kW；

$\dot{M}_w$——房间湿负荷，kg/s；

h_R、h_s——分别为室内空气和送风的比焓，kJ/kg；

t_R、t_s——分别为室内空气和送风的温度，℃；

d_R、d_s——分别为室内空气和送风的含湿量，g/kg；

c_p——空气定压比热，kJ/(kg·℃)。

上述公式（6-9）、（6-11）、（6-13）都可以用于确定消除室内负荷的送风量，即送风量计算公式。

图6-6为送入室内的空气（送风）吸收室内的热量、湿量的状态变化过程在 h-d 图上的表示。图中 R 为室内状态点，S 为送风状态点。变化过程的热湿比为：

$$\varepsilon = \frac{1000 (h_R - h_s)}{d_R - d_s} \tag{6-14}$$

热湿比 ε 的单位为 kJ/kg。根据式(6-9)、(6-13) 有：

$$\varepsilon = \frac{\dot{Q}_c}{\dot{M}_w} \tag{6-15}$$

在系统设计时，室内状态点 R 是已知的（可根据规范或工艺要求确定），冷负荷与湿负荷及室内过程的热湿比 ε 也是已知的，待确定量是 $\dot{M}_s$ 和送风状态点 S 的状态参数。从图6-5上可以看到，送风状态点在通过室内状态点 R、热湿比 ε 的线上。如果预先选定送风温度，则其他参数及送风量也就很易确定了。工程上常根据送风温差 $\Delta t_s = t_R - t_s$ 来确定送风状态点 S。显然 Δt_s 越大，风量越小，相应的空气处理设备和管路也越小，系统比较经济；但是，风量小会导致室内温湿度分布均匀性和稳定性差。因此，对于温湿度控制严格的场合，送风温差应小些（详见第12章）。对于舒适性空调和温湿度控制要求不严格的工艺性空调，可以选用较大的送风温差。我国民用建筑供暖通风与空气调节设计规范规定[5]，当采用上部送风，且送风口高度小于或等于5m时，Δt_s 宜取 5～10℃，送风口高

度大于 5m 时，Δt_s 宜取 5～15℃。目前工程设计中经常采用"露点"送风，即送风状态点取空气冷却设备把空气冷却到的状态点，一般是相对湿度为 90%～95% 的 D 点（称"机器露点"，见图6-6）。

对于全年应用的全空气空调系统，冬季的送风量就取夏季设计条件下确定的送风量。这时只需要确定冬季的送风状态点。在冬季室外温度较低的地区，室内通常要供热。其空调设计热负荷主要是建筑围护结构热负荷。当室内有稳定的热源、湿源时，总热负荷中应扣除热源的散热量，还应考虑湿源的散湿量；而当室内的热源和湿源随机性很大时，就不宜考虑。

图 6-7 为冬季对室内供热的空调系统的送风在室内的状态变化过程。室内有热负荷和湿负荷，送风在室内的变化一般是减焓增湿过程。因此，根据式（6-14），热湿比 ε 为负值。式（6-9）、（6-11）、（6-15）中分子项均用全热热负荷或显热热负荷取代，并取负值。若送风量取夏季的送风量，则送风温度应为

$$t_s = t_R - \frac{\dot{Q}_{h,s}}{\dot{M}_s c_p} \tag{6-16}$$

式中　$\dot{Q}_{h,s}$——室内显热热负荷（负值），kW。

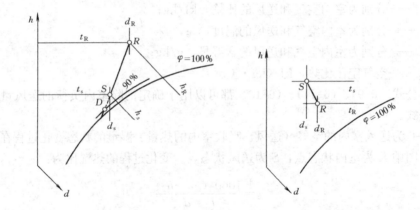

图 6-6　送风状态的变化过程　　　图 6-7　冬季送风状态变化过程

冬季送风量也可以与夏季不同，可取较大的送风温差和较小的风量。

【例 6-2】　某空调房间室内全热冷负荷为 75kW，湿负荷为 8.6g/s，室内状态为 25℃，60%，当地大气压力为 101.3kPa，求送风量和送风状态。

【解】（1）根据式（6-15）求热湿比

$$\varepsilon = \frac{1000 \times 75}{8.6} = 8721 \text{kJ/kg}$$

（2）在 h-d 图（图 6-6）上确定室内状态点 R，并从此点做 $\varepsilon = 8721$kJ/kg 的过程线。若采用露点送风，取 ε 线与 $\varphi = 90\%$ 线的交点 D 为送风状态点 S。在 h-d 图上，查得 $h_s = 42$kJ/kg，$t_s = 16$℃，$d_s = 10.25$g/kg，$h_R = 55.5$kJ/kg，$d_R = 11.8$g/kg。

（3）利用式（6-9）计算送风量，即

$$\dot{M}_s = \frac{75}{55.5 - 42} = 5.56 \text{kg/s} = 20000 \text{kg/h}$$

也可以利用式（6-13）进行计算，即

$$\dot{M}_s = \frac{8.6}{11.8 - 10.25} = 5.55\text{kg/s} = 19974\text{kg/h}$$

两者计算有差值，是查 h-d 图带来的误差。

空调系统的送风温差 $\Delta t_s = 25 - 16 = 9℃$，符合规范[5]要求。

6.2.2 全空气空调系统的新风量

全空气空调系统除了实现对室内的温、湿度控制外，还必须提供足够量的新鲜空气（简称新风）。全空气系统的送风量中应当包含空调房间必需的新风量。新风量应根据以下几个因素确定：（1）满足人员对卫生要求所必需的新风量；（2）补充房间内燃烧设备燃料燃烧所消耗的空气量；（3）补充房间内局部排风系统的排风量；（4）维持房间正压要求的空气量。关于满足人员对卫生要求所必需的新风量将在 8.2 节中详细论述。在污染物集中散发点处设污染物捕集和排放的局部排风系统，是有效治理其对室内环境危害的手段，有关局部排风系统的排风量确定详见 8.5、8.6。下面只讨论燃烧需要的空气量和保持正压的空气量。

（1）燃烧需要的空气量

民用建筑中的燃烧设备主要有燃气灶、火锅、燃气热水器等。燃烧设备燃烧时要消耗空气中的氧气。如果这些燃烧设备在空调系统所控制的室内环境中，系统必须给予补充新风，以弥补燃烧所耗的空气。燃烧所需的空气量可从燃烧设备的样本或说明书中获得，如无确切资料时，可根据燃料的种类和消耗量来估算，估算公式如下：

液体燃料 $\qquad\qquad V_1 = 0.228 \times 10^{-3} q_1$ $\qquad\qquad\qquad$ (6-17)

气体燃料 $\qquad\qquad V_g = 0.252 \times 10^{-3} q_g$ $\qquad\qquad\qquad$ (6-18)

式中 V_1——每 kg 液体燃料需要的空气量，m^3/kg；

$\qquad V_g$——每 m^3 气体燃料需要的空气量，m^3/m^3；

$\qquad q_1$——液体燃料的热值，kJ/kg；

$\qquad q_g$——气体燃料的热值，kJ/m^3；

火锅餐厅中常用的燃料——酒精，燃烧需要的空气量实测值约为 $3.81\text{m}^3/\text{kg}$。

（2）保持正压空气量

保持房间正压的新风量，等于在室内外一定压差下通过门缝、窗缝等缝隙渗出的风量，可按下式计算：

$$\dot{V}_i = \mu A_c (\Delta p)^n \qquad\qquad\qquad (6-19)$$

式中 $\dot{V}_i$——从房间缝隙渗出的风量，也就是正压新风量，m^3/s；

$\qquad A_c$——缝隙（门、窗等）面积，m^2；

$\qquad \Delta p$——房间内正压，缝隙两侧的压差，一般取 $5\sim10\text{Pa}$，不应大于 30Pa[5]；

$\qquad \mu$——流量系数，$0.39\sim0.64$；

$\qquad n$——流动指数，$0.5\sim1$，一般取 0.65。

根据上式还衍生出各种形式的按缝长计算的公式，这里不再赘述。按公式计算比较繁琐，而且在设计时，尚无确定的缝隙资料，因此，工程上常按换气次数估算：有外窗的房间，正压新风量可取 $1\sim2h^{-1}$（根据窗的多少取值）；无窗和无外门房间取 $0.5\sim0.75h^{-1}$。苏联暖通空调设计规范[6]关于正压新风量的规定为：当房间高度≤6m时，取 $1h^{-1}$；当房间高度＞6m 时，按每平方米地板面积 $6m^3/h$ 风量确定。

综上所述，按不同要求需向房间提供的新风量有：人员卫生要求的新风量 $\dot{V}_p$；燃烧需要补入的新风量 $\dot{V}_b$；补充房间内局部排风的新风量 $\dot{V}_{ex}$；保持正压的新风量 $\dot{V}_i$。那么房间需要的新风量应该多少呢？为人员卫生要求的新风量和燃烧需要的新风量是不可兼用的，对同一房间来说应叠加，即 $\dot{V}_p+\dot{V}_b$；补充排风的新风量和保持正压的新风量也不可兼用，也应叠加，即 $\dot{V}_{ex}+\dot{V}_i$，但它们进入房间后可兼作满足人员卫生要求和燃烧所需的新风。因此，全空气空调系统中的新风量应取 $(\dot{V}_p+\dot{V}_{ex})$ 和 $(\dot{V}_{ex}+\dot{V}_i)$ 中的大值。还应指出，燃烧设备只有长时间使用（如食堂、餐厅中的火锅、燃气灶等）时，房间补入的新风量才应计入 $\dot{V}_b$。

上述新风量确定的计算方法和原则同样适用于其他类型的空调系统中，也可用于民用建筑和一般工业建筑（需要用通风治理工业污染物的建筑除外）的通风系统的新风量确定。

6.3　定风量全空气空调系统

全空气空调系统有两类：定风量系统和变风量系统。定风量系统的送风量在运行中始终保持恒定；变风量系统的送风量在运行中将随着负荷的变化而变化。本节主要阐述定风量系统的组成与工作原理。

6.3.1　露点送风系统

6.3.1.1　系统图

图 6-8 为一最简单的定风量露点送风全空气空调系统。露点送风指空气经冷却处理到

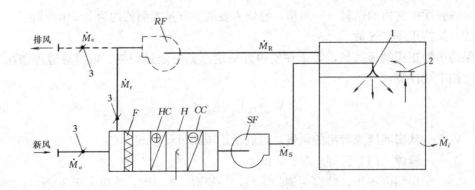

图 6-8　定风量露点送风全空气空调系统

SF—送风机；*CC*—冷却盘管（表冷器）；*HC*—加热盘管；*F*—空气过滤器；*H*—加湿器；*RF*—回风机

1—送风口；2—回风口；3—调节风阀

接近饱和状态点（称机器露点）❶，不经再加热送入室内。夏季工况为：送风在机房内经冷却去湿处理后，送到室内，消除室内的冷负荷和湿负荷；回风机从室内吸出空气（称回风），一部分空气用于再循环（称再循环回风），并与新风混合，经处理后再送入房间，另一部分直接排到室外，称为排风。冬季工况为：送风在机房内经过滤、加热、加湿后，送到房间，其循环方式同夏季。这个系统的送风是部分回风与新风的混合风，故又称回风式系统（混合式系统）。图中回风机可以设置，也可以不设置，不设置时系统无排风（图中虚线）。设有回风机的系统称为双风机系统，这种系统可根据季节调节新、回风量之比，在过渡季可以充分利用室外空气的自然冷量，实现全新风经济运行，从而节约能耗；而在夏季和冬季可以采用最小新风量。不设回风机的系统称单风机系统，这种系统在过渡季难于实现全新风运行，除非在房间内设排风系统，否则会造成房间内正压太大，导致门启闭困难。在一些寒冷地区，新风与回风的混合点可能处于雾区（详见图 6-24），这时必须对新风进行预热。图 6-8 的系统是可以全年运行的全年性空调系统，如果取消加热盘管（HC），则成为只在夏季运行的季节性空调系统。对于全年性空调系统，加热盘管（HC）在寒冷地区应配置在冷却盘管的上游，以避免当混合风温度低于 0℃时，将冷却盘管（通常存有水）冻坏。

由图 6-7 可见，系统中风量之间存在如下关系：

$$\dot{M}_s = \dot{M}_R + \dot{M}_i \tag{6-20}$$

$$\dot{M}_R = \dot{M}_r + \dot{M}_e \tag{6-21}$$

$$\dot{M}_s = \dot{M}_r + \dot{M}_o \tag{6-22}$$

$$\dot{M}_o = \dot{M}_e + \dot{M}_i \tag{6-23}$$

式中　$\dot{M}_s$、$\dot{M}_R$——系统的送风量和回风量，kg/s；

$\dot{M}_r$、$\dot{M}_e$——系统再循环回风量和排风量，kg/s；

$\dot{M}_o$、$\dot{M}_i$——系统室外风量（新风量）和房间维持正压的渗风量，kg/s。

对于单风机系统，系统无排风量 $\dot{M}_e = 0$，回风全部再循环，即 $\dot{M}_r = \dot{M}_R$，因此有

$$\dot{M}_s = \dot{M}_o + \dot{M}_R \tag{6-24}$$

$$\dot{M}_o = \dot{M}_i \tag{6-25}$$

当 $\dot{M}_o = 0$ 时，即为再循环系统；$\dot{M}_r = 0$ 时为直流（全新风）系统。

6.3.1.2　设计工况分析

图 6-9 为系统夏季的设计工况在 h-d 图上的表示。R、O 分别为室内、室外状态点。室内状态点 R 可根据规范、标准或工艺要求确定。室外状态点取当地历年平均不保证 50h/年的干球温度和湿球温度，参见本书附录 2-1。设已知室内的冷负荷（包括显热冷负

---

❶　机器露点接近饱和状态的程度与冷却设备的结构、入口空气参数、迎面风速等因素有关，对于表冷器（入口空气相对湿度≥55%，迎面风速为 2.5～3.5m/s），4 排管时的机器露点 $\varphi_D = 89\% \sim 97\%$；大于或等于 6 排管时 $\varphi_D = 95\% \sim 99\%$；对于双排喷嘴的喷水室，$\varphi_D = 95\% \sim 98\%$。

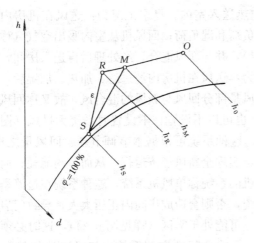

图 6-9　露点送风系统夏季工况
在 h-d 图上的表示

荷和潜热冷负荷）$\dot{Q}_c$（kW）和湿负荷 $\dot{M}_w$（kg/s）。根据冷负荷与湿负荷计算出热湿比 ε，则可在湿空气的 h-d 图上通过 R 点按 ε 画出送风在室内的状态变化过程线，该线与 $\varphi=90\%\sim95\%$ 线相交，即为送风状态点 S。利用公式（6-9）或式（6-11）、（6-13）即可计算出送风量 $\dot{M}_s$；系统最小新风量 $\dot{M}_o$ 按 6.2 节的方法确定；根据式（6-22）即可确定再循环回风量 $\dot{M}_r$；将最小新风量 $\dot{M}_o$ 与送风量 $\dot{M}_s$ 之比 $\dot{M}_o/\dot{M}_s$ 称为最小新风比 m。根据两种空气混合的原理，在 h-d 图上，混合点 M 应位于 RO 线上，且满足

$$m=\frac{RM}{RO}=\frac{h_M-h_R}{h_o-h_R} \tag{6-26}$$

式中　h_R、h_o、h_M 分别为室内状态点 R、室外状态点 O、混合点 M 的焓（kJ/kg）。由公式（6-26）可确定出 M 点的焓值 h_M 及其他状态参数。MS 就是混合空气的空气处理过程，空气处理设备需提供的制冷量 $\dot{Q}_{p,r}$（kW）应为

$$\dot{Q}_{p,r}=\dot{M}_s(h_M-h_s) \tag{6-27}$$

式中　h_s 为送风的比焓，kJ/kg。空气处理设备所提供的冷量，实质上包括两部分：（1）室内冷负荷 $\dot{Q}_c$；（2）新风冷负荷。其中新风冷负荷为

$$\dot{Q}_{c,o}=\dot{M}_o(h_o-h_R) \tag{6-28}$$

式中　$\dot{Q}_{c,o}$——新风冷负荷，kW。

　　室内湿负荷 $\dot{M}_w$ 比较大的场合，角系数 ε 往往很小，可能与 $\varphi=90\%\sim95\%$ 不相交，这表明空气处理设备难于处理到所要求状态。这时可以在条件许可的情况下改变室内设计参数（如增大相对湿度）。如果改变室内设计参数后，仍无法确定出送风状态点，这表明用露点送风在设计条件下无法达到所要求的室内参数。若要求必须达到室内设计参数，则应采用再热式系统（见 6.3.2 节）。

　　图 6-10 为系统冬季工况在 h-d 图上的表示。设冬季室内热负荷为 $\dot{Q}_h$（kW）及稳定的湿负荷为 $\dot{M}_w$（kg/s），

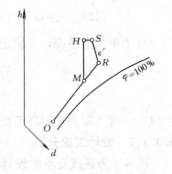

图 6-10　冬季工况在 h-d 图上的表示

由此可以计算得到冬季送风在室内变化过程角系数 ε'。送风进入室内的变化过程是冷却加湿过程，按热湿比的定义（式（6-14）），ε' 为负值。热负荷 $\dot{Q}_h$ 应是全热热负荷。当有稳定湿负荷时，室内全热热负荷应是显热热负荷（房间的失热量，负值）与潜热热负荷（房

间获得的与湿负荷相当的潜热，正值）的代数和。通过 R 点作 ε' 线，并根据式（6-16）求送风温度 t_s，t_s 等温线与 ε' 线的交点即为送风状态点 S。空气处理过程为：室外新风（状态 O）与再循环回风（状态 R）混合到 M 点，经加热器加热到 H，喷蒸汽加湿到点 S。HS 为近似等温过程，SR 即为送风进入室内的状态变化过程。

目前空气加湿的方法除了喷蒸汽等温加湿外，还有电极式、电热式、超声波、喷水室（喷循环水）、淋水填料层、高压喷雾等加湿方法。其中除电极式和电热式加湿器为等温加湿外，其余均为等焓加湿。如果用等焓加湿，则应将空气加热到通过 S 点的等焓线上。系统加湿设备的加湿量 $\dot{M}_{\mathrm{p,w}}$（kg/s）应为：

$$\dot{M}_{\mathrm{p,w}}=\dot{M}_{\mathrm{s}}(d_{\mathrm{s}}-d_{\mathrm{M}})\times10^{-3} \qquad (6\text{-}29)$$

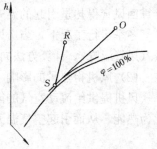

图 6-11　全新风系统夏季
工况在 h-d 图上的表示

式中　d_{s}、d_{M}——送风点和混合点的含湿量，g/kg。

6.3.1.3　全新风系统和再循环系统

送风全部采用新风的系统称为全新风系统，或称直流式系统。全新风系统的夏季工况如图 6-11 所示。室外新风 O，直接处理到送风状态点 S（机器露点），再送入空调房间消除室内的冷负荷和湿负荷。

全新风系统要求的送风量 $\dot{M}_{\mathrm{s}}$ 一般大于系统的最小新风量 $\dot{M}_{\mathrm{o}}$，大部分地区夏季室外空气的焓 h_{o} 大于室内空气的焓 h_{R}，系统的能耗高。因此，这种系统适用于不允许有回风的场合及防止污染物互相传播的场合。

送风全部采用回风（无新风）的系统称再循环系统，或称封闭式系统。室内空气（状态 R）处理到送风状态点 S，再送到室内消除室内冷、热负荷（参见图 6-11）。不难看出，这个系统无新风负荷，节省能量。但是室内无新风供应，卫生条件差。因此在有人员的空调房间不应采用这样的系统。然而对于间歇运行的系统，如体育馆、剧场等的空调系统，在对房间预调节时，这时人员极少，可以采用再循环系统运行，从而降低能耗。

6.3.1.4　风管温差传热和风机得热量对系统的影响

（1）风管温差传热的影响

在夏季工况运行时，送风温度一般都低于周围环境温度，管壁传热使送风获得热量，最终表现为送入室内的送风温度升高，该温升可按下式计算：

$$\Delta t_{\mathrm{d}}=\frac{kpl(t_{\mathrm{e}}-t_{\mathrm{i}})}{c_{\mathrm{p}}\dot{M}} \qquad (6\text{-}30)$$

式中　Δt_{d}——风管温差传热引起的温升，称风管温升，℃；

　　　k——风管的传热系数，W/(m² · ℃)，可按表 6-1 取值；

　　　c_{p}——空气定压比热，1005J/(kg · ℃)；

　　　$\dot{M}$——风管内空气流量，kg/s；

　　　p——风管的周长，m；

　　　l——风管的长度，m；

　　　t_{i}、t_{e}——分别为风管内和环境空气的温度，℃。

风管传热系数 k　　　　　　　　　　　　　　表 6-1

保温层导热系数 [W/(m·℃)]	0.035		0.040		0.058	
保温层厚度(mm)	20	25	20	25	20	25
k[W/(m²·℃)]	1.48	1.21	1.67	1.38	2.21	1.86

回风管在空调房间内时，可不考虑传热温差；而在非空调房间内时，应按式(6-30)计算回风管得热量引起的温升。

冬季运行工况下，当送风温度高于环境温度，应考虑风管的热损失，引起送风温度降低（风管温降），计算方法同上。

（2）风机得热量的影响

风机提供给流动空气的能量，用于克服流动过程中的各种阻力。这些机械能最终又转化为热能，从而引起空气温升。当风机的电动机不在输送的空气中时，其引起的温升为

$$\Delta t_{\mathrm{f}} = \frac{P}{\rho\, c_{\mathrm{p}}\, \eta_{\mathrm{f}}} \tag{6-31}$$

风机的电动机在输送的空气中时，其引起的温升为

$$\Delta t_{\mathrm{f}} = \frac{P}{\rho\, c_{\mathrm{p}}\, \eta_{\mathrm{f}}\, \eta_{\mathrm{m}}} \tag{6-32}$$

式中　　Δt_{f}——风机温升，℃；

　　　　P——风机全压，Pa；

　　　　ρ——风机输送空气的密度，kg/m³；

　　　　η_{f}——风机全压效率，一般可取 0.5～0.8；

　　　　η_{m}——电动机的效率，一般可取 0.8～0.9。

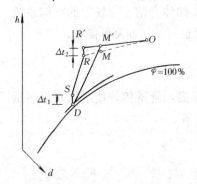

图 6-12　考虑风管风机温升后的
夏季工况在 h-d 图上的表示

对于单风机全空气系统，风机全压有一部分用于克服回风管阻力，而导致回风的温升；对于双风机全空气系统，近似地可以看成送风机引起送风温升，回风机引起回风温升。

（3）风管温升与风机温升对处理过程的影响

由于风管的温差传热和风机引起的温升，原来的夏季处理过程（图 6-9）将变为图 6-12 所示的过程。图中 Δt_1 是风管和送风机温升；Δt_2 是回风机温升。从图上不难看到，考虑这些温升后，空气处理设备的冷量增加了，或是说，系统的冷负荷增加了。当系统在冬季运行时，风管温降使系统的热负荷增加了。为了清楚地表示不同系统的设计工况，由风管、风机引起的温升经常在图内不予示出，但设计时则应考虑。

在考虑风管、风机温升确定送风温度时，一般由于尚未设计风管系统和选择风机，无法详细计算温升，为此可先取送风温差的 15% 作为风管、风机温升估算值，然后再进行校核。

6.3.2 再热式系统

6.3.2.1 系统图

图 6-13 为定风量再热式全空气空调系统。它与图 6-8 系统的不同点是，从机房送出同一参数的送风，在送入每个房间或区域前，经过再热盘管加热，然后才送入室内。这样每个房间或区域可以根据各自设定的温度或根据自己负荷的变化调节送风温度。因此适用于各房间或区域有不同温度要求或负荷变化不同的场合。再热盘管可以用水或蒸汽作热媒，也可用电加热。如果只用于一个区域或房间，再热盘管放于机房内即可。

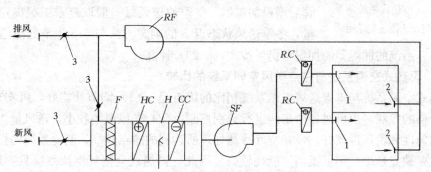

图 6-13 定风量再热式全空气空调系统

RC—再热盘管；其余同图 6-8

6.3.2.2 设计工况分析

图 6-14 为再热式系统夏季工况在 h-d 图上的表示。已知室内、外状态点 R、O，通过 R 点按热湿比线 ε 画出送风在室内的状态变化过程，再根据送风温差确定送风状态点 S。由 S 点作等 d 线与 $\varphi \approx 95\%$ 线相交得机器露点。夏季工况的过程为

$$
\begin{array}{c}
新风 O \\
回风 R
\end{array}
\left.\right\}
\xrightarrow{\text{混合}} M
\xrightarrow{\text{冷却去湿}} D
\xrightarrow{\text{再加热}} S
\xrightarrow{\quad\varepsilon\quad} R
$$

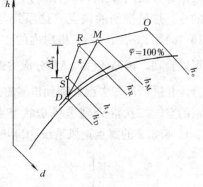

由图 6-14 可见，对冷却后的空气进行再加热，既多消耗了制冷量，又多消耗了热量。从 D 点加热到 S 点的再热量应为

$$\dot{Q}_{re} = \dot{M}_s(h_s - h_D) \qquad (6-33)$$

式中 h_D——空气冷却后的状态点（相对湿度 $\varphi \approx$ 95% 的机器露点）的比焓，kJ/kg；

图 6-14 再热式系统夏季工况在 h-d 图上的表示

$\dot{Q}_{re}$——再热量，既是再热盘管的热负荷，也是多消耗的制冷量和热量，kW。

不难看到，送风温差 $\Delta t_s = t_R - t_s$ 越小，冷、热量抵消（多耗的制冷量和热量）越多；但送风量大，对房间温、湿度的均匀性和稳定性有利。因此，在满足舒适和工艺要求的条件下，Δt_s 宜大一些。系统的空气冷却设备的制冷量仍可按式（6-27）计算。但它包含三

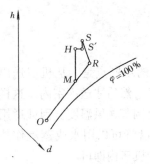

图 6-15　再热式系统冬季
工况在 h-d 图上的表示

项能量——室内冷负荷、新风冷负荷和再热量，后两项负荷可分别按式（6-28）和式（6-33）进行计算。

图 6-15 为再热式空调系统的冬季工况在 h-d 图上的表示。图上 MH 为空气混合后的加热过程；HS' 为喷蒸汽的等温加湿过程。$S'S$ 为再加热过程。当为多个房间服务时，可以根据各个房间温度调节再热量，如只为一个房间服务，则在机房内集中调节再热量。当各个房间的散湿量相差较大，并需要对各个房间的湿度进行严格控制时，则可在再加热盘管后增设加湿器。冬季的送风量一般取夏季工况确定的送风量，冬季送风状态点 S 的确定方法与 6.3.1 节露点送风空调系统一样。系统的加湿器的加湿量仍可按式（6-29）计算。

6.3.2.3　再热式空调系统与露点送风空调系统的比较

再热式空调系统与露点送风空调系统相比的优点是：（1）调节性能好，可实现对温、湿度较严格的控制，也可对各个房间进行分别控制；（2）送风温差较小，送风量大，房间温度的均匀性和稳定性较好；（3）空气冷却处理所达到的露点较高，制冷系统的性能系数较高。主要缺点是冷、热量抵消，能耗较高。因此，再热式全空气空调系统只宜用在温、湿度有严格控制的场所[5]。

6.3.3　二次回风系统

有些湿负荷较大的场所，露点送风系统的送风温差超过了规范[5]的要求。当然用再热式系统可以提高送风温度，减小送风温差，但此系统能耗高，一般不宜采用。二次回风系统采用部分回风与经冷却去湿的空气再混合一次的办法来提高送风温度，避免了再热式系统的冷、热量抵消的缺点。这系统与露点送风的区别仅是机房内的空气处理过程。图 6-16（a）为二次回风系统机房内的空气处理过程，其余部分同露点送风（图 6-8）。从图中可以看到，再循环回风 $\dot{M}_r$ 分成两部分——一部分回风量 $\dot{M}_{r1}$（称一次回风量）与新风混合，并进行冷却去湿处理到机器露点；另一部分回风量 $\dot{M}_{r2}$（称二次回风量）与处理到露点的空气二次混合到送风送状态点。这个系统有两次混合，故称二次回风系统，而 6.3.1、6.3.2 的露点送风系统和再热式系统就称为一次回风系统。二次回风系统夏季工

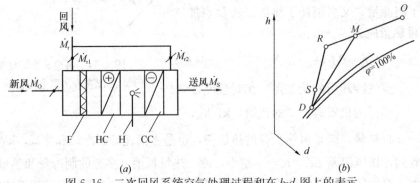

图 6-16　二次回风系统空气处理过程和在 h-d 图上的表示
（a）空气处理过程；（b）在 h-d 上的表示
图中符号同图 6-8

况在 h-d 图上的表示见图 6-16（b），图中 M 为一次回风与新风的混合状态点，送风状态点 S 是二次回风与处理到露点 D 的空气混合点，它应在 RD 联线上。在设计工况下，室内外状态点 R、O 和室内过程的热湿比 ε 是已知的；送风温差可根据规范[5]确定，即送风状态点是已知的，从而可在 h-d 图上确定 D。并按露点送风系统类似的方法确定送风量 $\dot{M}_s$、新风量 $\dot{M}_D$ 和再循环回风量 $\dot{M}_r$。根据空气混合法则有

$$\frac{\dot{M}_{r2}}{\dot{M}_s} = \frac{SD}{RD} = \frac{t_s - t_D}{t_R - t_D} \tag{6-34}$$

则二次回风量为

$$\dot{M}_{r2} = \dot{M}_s \left(\frac{t_s - t_D}{t_R - t_D} \right) \tag{6-35}$$

一次回风量为

$$\dot{M}_{r1} = \dot{M}_r - \dot{M}_{r2} \tag{6-36}$$

新风与一次回风的混合点 M 可根据 $\dot{M}_o$、$\dot{M}_r$ 求得，空气处理需提供的冷量为

$$\dot{Q}_{p \cdot r} = (\dot{M}_o + \dot{M}_{r1})(h_M - h_D) \tag{6-37}$$

二次回风系统的冬季工况与露点送风系统一样，即仍采用一次回风系统。

6.4 定风量全空气空调系统运行调节

6.4.1 概述

全年运行的空调系统的设备容量是按夏季和冬季设计负荷选定的，实际运行时，室内负荷并不一定等于设计负荷，室外空气参数也时刻在变化，因此必须了解系统在非设计条件下的运行调节。

任何一个空调系统，都允许室内温、湿度有一定波动。但不同功能的空调房间，其调节要求不同。对于为工业生产、科学实验等环境服务的空调系统，应由工艺要求确定室内温、湿度及其允许的波动范围，有些工艺过程要求温度波动范围为 $\pm 1℃$ 或 $\pm 0.5℃$，甚至 $\pm 0.1℃$；湿度波动范围为 $\pm 10\%$ 或 $\pm 5\%$，甚至 $\pm 2\%$。但也有很多工艺要求不严格，或只对温度、湿度中一个参数要求严格，而对另一个参数并不严格。对于舒适性空调，允许温、湿度波动的范围比较宽，一般温度上下限可差 $3℃$ 左右，湿度上下限可差 40% 左右。

空调房间随着人员出入、照明的启闭、发热设备工作的变化以及室外气象条件的变化，都会导致室内负荷的变化，要保持室内温、湿度在一定允许范围内，对于全空气系统来说，只有两种调节方法——调节风量和调节送风参数。对于定风量空调系统，风量是恒定的，因此只能采用改变送风参数的方法。所谓改变送风参数，即改变送风温度和含湿量。当室内显热冷负荷减少时，由式（6-11）可知，只有提高送风温度 t_s，减少送风温差 Δt_s，才能保持室内设定的温度；而当室内湿负荷减少，只有提高送风的含湿量 d_s（见式 6-13），才能维持设定的室内相对湿度。

对送风参数的调节手段有：对空气调节机组中的空气热湿处理设备进行调节；根据室

外空气参数的变化，为充分利用室外空气的自然冷量（室外空气具有的除显热负荷和湿负荷的能力），变换空气处理过程模式进行调节。不同的空气处理设备，其调节方法也不一样。目前在全空气空调系统中，用得最多的空气冷却去湿处理设备是表冷器（或称冷却盘管）。本节只讨论采用表冷器的定风量空调系统的调节问题。

6.4.2　空气热湿处理设备的调节

6.4.2.1　露点送风系统（图 6-8）的调节

夏季工况时，主要依靠通过对表冷器冷量调节来改变空气处理后的状态点（即送风状态点）。空调建筑通常有很多不同形式的空调系统，而冷源往往只有一个，即由制冷机房集中制备冷水（又称冷冻水），供多个系统使用。因此冷水温度不可能根据各个系统的要求进行调节，只能供应一种初温的冷水。表冷器冷量的调节有两种办法——调节冷水流量和调节通过表冷器的风量，即空气旁通调节。

图 6-17（a）为三通调节阀调节冷水流量的调节方案。在表冷器冷水的出水管上安装一个三通电动调节阀，使部分冷水旁通表冷器，手动调节阀用于平衡表冷器水路的阻力。当室内显热冷负荷减少，室内温度下降时，自动控制系统根据室内温度的变化，控制三通电动调节阀动作，使旁通水量增加，通过表冷器的水量减少，经表冷器冷却的空气温度（送风温度）升高，送风温差减少，见图 6-17（c）；反之，当室内冷负荷增加，将使旁通水量减少，表冷器的水量增加，送风温度降低，送风温差增大，从而使室温保持恒定。图 6-17（b）为二通电动调节阀调节冷水流量的调节方案，其动作原理同图 6-17（a）。由于进入表冷器的冷水初温不变，当通过表冷器冷水流量改变时，经表冷器冷却的空气状态点基本上在 MS 线段上移动（点 S 为额定水流量条件下所能达到的状态点，严格说调节过程中过程线 MS' 的方向也是变化的）。从图 6-17（c）可以看到，送风状态点不仅温度变化了，而且含湿量也变化了。因此，虽然满足了室内温度调节的要求，而不一定满足湿度

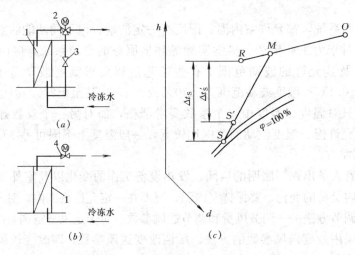

图 6-17　调节通过表冷器的冷水流量

（a）三通调节阀调节冷水流量；（b）二通调节阀调节冷水流量；

（c）表冷器冷水流量调节在 h-d 图上的表示

1—表冷器；2—三通电动调节阀；3—手动调节阀；4—二通电动调节阀

调节的要求。当表冷器的处理过程是冷却去湿时，随着送风温度的升高，送风的除湿能力降低了。如果室内湿负荷不变，则室内的相对湿度将随着送风温度的升高而增加。在民用建筑的空调系统中，往往由于人员的变化而导致室内冷负荷变化，而人员通常又是湿负荷主要的湿源。室内人员减少，不仅使室内冷负荷减少，也使湿负荷减少，因此上述调节方法不一定导致室内相对湿度升高太多。

　　图 6-18 是表冷器空气旁通调节。图中（a）为混合空气旁通，当室内的显热冷负荷减少，室内温度下降时，自动调节系统控制电动调节风门动作，开大旁通通道的风门，关小表冷器通道的风门，这样未经处理的空气与经过表冷器处理后的空气混合后的温度（送风温度）升高；反之，当室内负荷增加，旁通风量减少，混合后的送风温度下降，从而实现对室内温度的调节。混合空气旁通调节后的送风状态点 S' 在表冷器的空气处理过程线 MS 上，如图 6-18（c）所示。这种调节法的送风状态点 S' 的含湿量比用水量调节的送风状态点的含湿量更大，即随着送风温度的升高，送风的除湿能力降低得更多。图 6-18（b）是回风旁通调节，即露点送风系统在部分负荷时改为二次回风系统运行，随着室内冷负荷的减小，增加二次回风量，使送风温度升高。回风调节的送风状态点 S'' 在 RS 线上，与采用水量调节方法类似。由于采用了二次回风，一次回风量随着冷负荷的减小而减少，新回风的混合点将右移，如图 6-18（b）中的 M'。

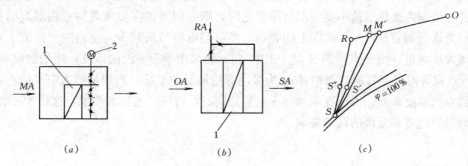

图 6-18　表冷器空气旁通调节
（a）混合空气旁通；（b）回风旁通；（c）空气旁通调节过程在 h-d 图上的表示
1—表冷器；2—电动调节风门；SA—送风；RA—回风；MA—混合风；OA—新风

　　露点送风定风量全空气空调系统，不论采用上述三种调节方法中的哪一种，只能保证室内的温度在一定的范围内，而难于同时保证室内相对湿度在一定范围内。因此对于室内湿度有严格控制要求的场所，则不能采用露点送风空调系统。

　　表冷器水量调节与空气旁通调节相比较，水量调节比较简单，调节质量较高，尤其是一二次回风比调节的控制系统复杂。故目前普遍采用水量调节方法。

　　冬季室外空气温度低，在寒冷地区，建筑内部产热量又不多的场合，通常要求对室内供热。即使在我国南方，室外空气温度不很低，甚至建筑内部尚有冷负荷，但由于系统引入了新风，一般也应对空气进行加热、加湿。在全空气系统中，目前主要采用的加热设备是以热水或蒸汽为热媒的空气加热器（或称加热盘管）。空气加热器加热量的调节有两种办法——调节热水（或蒸汽）的流量和调节通过加热器的风量，即空气旁通调节。图6-19（a）、（b）分别为热水流量调节和空气旁通调节的原理图。图（a）所示的热水流量

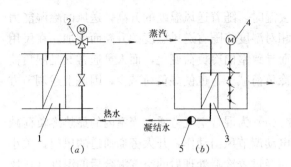

图 6-19 空气加热器的加热量调节方法

(a) 调节热水流量；(b) 调节旁通空气量

1—空气加热器（热水）；2—三通电动调节阀；

3—空气加热器（蒸汽）；4—电动调节风门；

5—疏水器

用三通电动调节阀进行调节，也可以用二通电动调节阀调节。但以蒸汽为热媒的加热器，蒸汽流量只能采用二通调节阀调节。图 (b) 为空气旁通调节的方法。由于空气加热过程在 h-d 图上是等 d 过程，因此无论调节热水（或蒸汽）流量，还是调节空气旁通流量，其加热后的状态点总是在通过加热前的状态点的等 d 线上变化。

当冬季室内湿负荷不变，而室内显热负荷变化时，可通过调节空气加热器的加热量，控制加热后的送风温度实现对室内温度的调节。图 6-20 为这种调节过程在 h-d 图上的表示。当房间温度下降时，则使 H 点升温；反之，房间温度升高，H 点降温。由于采用加湿的方法不同，空气加热后的温度是不同的；图 6-20 (a) 中 HS 为等温线，(b) 中 HS 为等焓线。另外，图中 S 和 S' 表示室内有热负荷，而 S'' 表示室内有冷负荷。当室内显热负荷不变而湿负荷变化时，则应调节加湿量实现对室内湿度的控制。图 6-21 为这种调节过程在 h-d 图上的表示。当房间内湿负荷减少，室内空气湿度下降时，则应增加加湿量，使 S 点移到 S' 点。图中 (a) 为采用喷干蒸汽的系统，当增加喷蒸汽量后，S 点在等温线上移动。图中 (b) 为采用等焓加湿的系统，当增加喷入空气的水量时，将导致空气温度降低，因此在增加喷入水量的同时，应同时增加加热量，这样才可能同时实现对房间湿度和温度的调节要求。

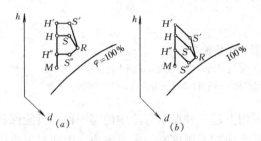

图 6-20 室内湿负荷不变，
显热负荷变化时的调节

(a) 采用喷干蒸汽的系统；
(b) 采用等焓加湿的系统

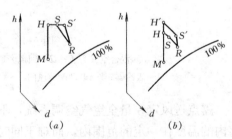

图 6-21 室内显热负荷不变，
湿负荷变化时的调节

(a) 采用喷干蒸汽的系统；
(b) 采用等焓加湿的系统

6.4.2.2 再热式系统（图 6-13）的调节

当空调房间内湿负荷不变，而显热冷负荷改变时，只需调节再加热器的加热量，改变送风温差 Δt_s，即可实现对房间温度的调节（见图 6-14）。系统中每个房间都可根据自己的显热冷负荷的变化或对房间温度的要求调节送风的再加热量。当房间内显热负荷不变，而湿负荷变化时，则应调节送风的含湿量。如果表冷器在冷却去湿工况运行，则可以调节表冷器的冷量。如图 6-22 所示，当室内湿负荷减少时，利用调节表冷器的水量，使表冷

器处理后的工况从 D 移到 D'，这时必须同时调节再加热量（因房间内显热冷负荷不变），得到新的送风状态点 S'，从而维持了室内的湿度和温度。如果表冷器在干冷却工况下运行（室外空气状况点 O 在 R 的左侧时可能出现），调节表冷器冷量时含湿量就不会变了。因此这时就不能用调节表冷器的冷量来调节送风的含湿量。由于表冷器冷却后的机器露点是根据设计工况下最大湿负荷确定的。当表冷器干工况运行时，送风的含湿量只能小于或等于设计工况下机器露点的含湿量。如不进行控制，室内湿度将会降低；如必须控制，则应采用加湿器加湿（如喷干蒸汽）。应当指出，对

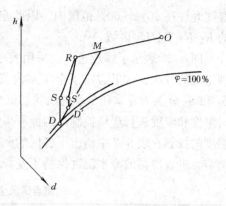

图 6-22　室内显热冷负荷不变，
湿负荷变化时的调节

于为多个房间服务的全空气系统，只能根据主要房间的湿度或按多个房间平均状态的湿度（按总回风的湿度）来调节。

冬季加热工况的调节与露点送风系统冬季工况的调节相类似；系统的送风温度可维持某一温度，而多个房间可根据各自房间的温度变化和要求来调节再加热量。同样，房间的湿度只能根据主要房间的湿度或多个房间的平均状态的湿度来调节。如多个房间都有较高要求的湿度控制，则可在每个房间的送风道内装加湿器。

6.4.2.3　二次回风系统（图6-16）的调节

二次回风系统夏季工况室温的调节可通过调节二次回风量来改变送风状态点 S（见图6-16b）来实现，在调节过程中会影响室内的湿度。这是由于随着送风状态点 S 的升高或降低，送风的除湿能力变化了。这时如果冷负荷与湿负荷并不同步变化，在根据室温的调节过程中，室内的相对湿度也将随着变化。冬季工况的调节同露点送风系统。

6.4.3　室外空气状态变化时的运行调节

室外空气的温度、湿度、太阳辐射强度等时刻在变化，它不仅影响室内负荷的变化，而且系统引入的新风直接影响空气处理过程；在一定条件下，室外新风本身具有冷却和去湿的能力，运行时应充分利用这种能力，以节约能量。因此，应根据室外气象条件的变化制定出空调系统合理的运行方案，以便在满足室内空调要求的前提下节约能源。

对于任何一个地区，在 h-d 图上，全年可能出现的室外空气状态将在由某一曲线与 $\varphi=100\%$ 饱和线所包围的区域内，该曲线称为室外气象包络线，即图 6-23 中的 1-2-3-4-5。除了某些工艺性空调外，夏季与冬季的室内温湿度要求是不同的，例如夏季 $t_R=26\,^{\circ}\mathrm{C}$，冬季 $t_R=22\,^{\circ}\mathrm{C}$；相对

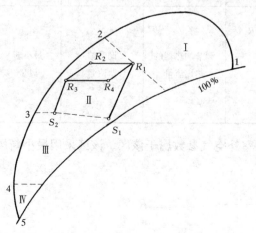

图 6-23　露点送风全空气空调系统空气处理方案

湿度允许在 $40\%\sim60\%$ 范围内。因此全年允许的室内状态点也为一小区域，如图6-18中的 R_1-R_2-R_3-R_4 区域。

图 6-23 表示了露点送风、采用表冷器和干蒸汽加湿器的全空气空调系统全年空气处理工况的分区。这里假定了全年室内都有冷负荷，但夏季冷负荷大于冬季冷负荷。图中 S_1 和 S_2 分别为夏季和冬季送风状态点。对于露点送风系统，在冷却去湿工况时无法同时对温度和湿度进行严格控制，因此所采用的调节方案是优先对温度进行控制，适当兼顾对湿度的控制。表 6-2 中给出了各区的调节方案。其中空气冷却去湿用的表冷器采用变水量调节，进表冷器的冷水温度保持不变。各区的调节方案如下：

露点送风全空气空调系统调节方案   表 6-2

工况区	范围	空气处理过程	室内温度调节	室内湿度调节	新风量
Ⅰ	$h_o>h_R$	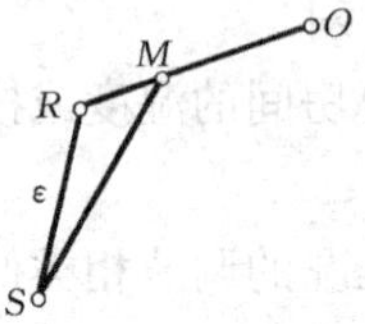	调节表冷器的水流量		最小新风量
Ⅱ	$h_o\leqslant h_r$ $t_o>t_s$	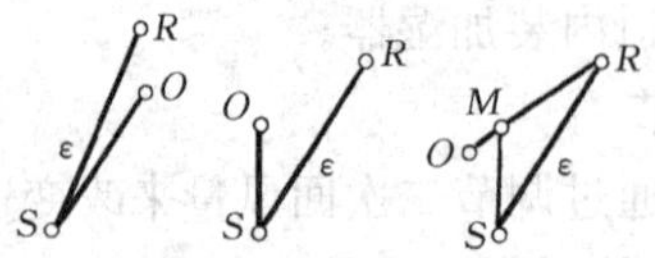	调节表冷器的水流量	新、回风混合比（$d_o<d_s$ 时）	全新风或≥最小新风量
Ⅲ	$t_o\leqslant t_s$ 且 $t_o\geqslant t_4$	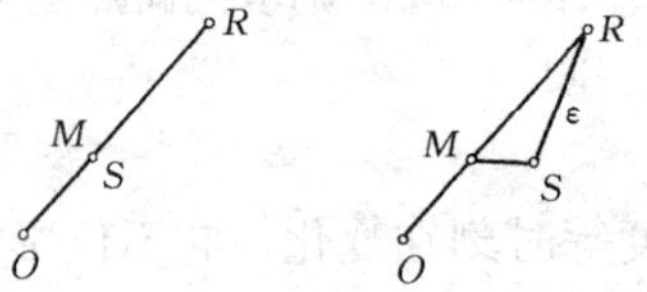	调节新、回风混合比	调节喷蒸汽量	≥最小新风量
Ⅳ	$t_o<t_4$	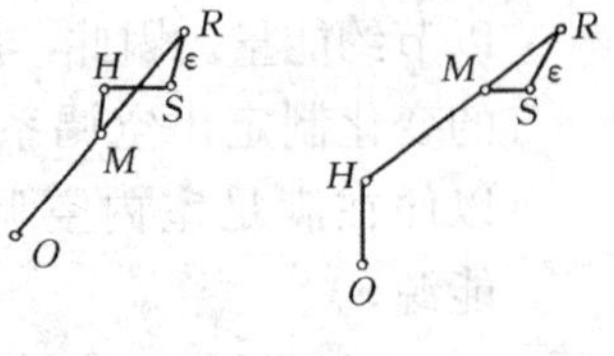	调节加热器的热媒流量	调节喷蒸汽量	最小新风量

Ⅰ区：室外空气的焓 $h_o>$ 室内的焓 h_R 的室外空气参数属于该区。该区采用最小新风量。空气处理过程如下：

$$\begin{array}{c}\text{新风}\,O\\\\\text{回风}\,R\end{array}\Big\rangle\xrightarrow{\text{混合}}M\xrightarrow{\text{冷却去湿}}S\underset{\varepsilon}{\sim\!\sim\!\sim}R$$

调节表冷器的水流量以控制室内温度。不对室内湿度进行调节，由于系统是按最大湿负荷进行设计的，一般情况下室内相对湿度符合要求。

Ⅱ区：$h_o \leqslant h_R$，且室外空气温度 $t_o >$ 送风温度 t_s 的室外空气参数属于该区。该区大部分室外状态可采用全新风运行。空气处理过程如下：

$$新风\, O \xrightarrow[\text{或干冷却}]{\text{冷却去湿}} S \underset{\varepsilon}{\sim\!\sim\!\sim} R$$

其中表冷器干冷却工况出现在被冷却的新风露点低于表冷器表面温度时。全新风运行时，室内温度通过调节表冷器水量进行控制。

有些地区室外空气比较干燥（如新疆、内蒙古、甘肃、宁夏、青海等一些地区），或室内湿负荷很小，当采用全新风运行时，可能会出现室内相对湿度 $\varphi_R < \varphi_{Rmin}$（允许最小相对湿度），这时应采用部分回风，以调节室内的湿度，空气处理方案如下：

$$\left.\begin{array}{c}新风\, O\\[4pt]回风\, R\end{array}\right\rangle \xrightarrow{\text{混合}} M \xrightarrow{\text{干冷却}} S \underset{\varepsilon}{\sim\!\sim\!\sim} R$$

Ⅲ区：$t_o \leqslant t_s$ 且 $t_o \geqslant t_4$（最小新风比的温度界限，图 6-23 中点 4 的温度）的室外空气参数属于该区。该区采用新风与回风混合后直接送入室内消除室内冷负荷。根据室内温度来调节新、回风的混合比。调节的极限是最小新风量时所对应的温度 t_4。

对于室外空气比较干燥的地区，或当室内湿负荷很小时，则可以采用喷蒸汽来调节室内湿度，而室内温度仍然采用新、回风混合比来调节。其空气处理过程为

$$\left.\begin{array}{c}新风\, O\\[4pt]回风\, R\end{array}\right\rangle \xrightarrow{\text{混合}} M \xrightarrow{\text{加湿}} S \underset{\varepsilon}{\sim\!\sim\!\sim} R$$

Ⅳ区：$t_o < t_4$ 的室外空气参数属于该区。该区采用最小新风，其空气处理过程如下：

$$\left.\begin{array}{c}新风\, O\\[4pt]回风\, R\end{array}\right\rangle \xrightarrow{\text{混合}} M \xrightarrow{\text{加热}} H \xrightarrow{\text{加湿}} S \underset{\varepsilon}{\sim\!\sim\!\sim} R$$

室内的温、湿度通过控制加热量和喷蒸汽量来调节。

在寒冷地区，Ⅳ区的温度比较低，尤其当室内要求有较大的相对湿度（如纺织车间）时，新、回风混合后可能落在 $\varphi=100\%$ 曲线右下侧的"雾区"，如图 6-24 中的点 3。这时水汽会立即凝结析出，空气成饱和空气（状态 4）。由于空气中析出了水分，空气焓值有所减少，应为 $h_4 = h_3 - 4.19(d_3 - d_4)$。但式中的后一项很小，可近似地认为 3-4 是等焓过程。

空气中水汽凝结后，有可能产生霜雪。为此，应先对新风预热，此时的空气处理过程为

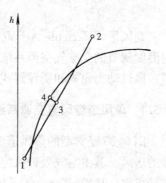

图 6-24　混合点在雾区

$$新风\, O \xrightarrow{\text{预热}} H \quad \left.\begin{array}{c}\\[6pt]回风\, R\end{array}\right\rangle \xrightarrow{\text{混合}} M \xrightarrow{\text{加湿}} S \underset{\varepsilon}{\sim\!\sim\!\sim} R$$

有的地区冬季室外温度很低，或冬季室内需要补充热量时，新风的预热负荷很大（空气加

热前后的温升很大），这时宜将新风预热到某一温度（如5℃），与回风混合后再进行加热和加湿；室温则通过控制混合后的加热量来调节。

上面讨论了定风量露点送风空调系统的全年运行调节的工况分区及调节方案，并假定了该系统采用表冷器对空气进行冷却去湿和喷蒸汽加湿的处理手段，且全年都有冷负荷。下面对该运行调节方案和其他条件下的调节问题补充说明如下：

（1）从表6-2中可以清楚地看到，除了Ⅰ、Ⅳ区采用最小新风量外，其余区的新风量均大于最小新风量，或采用全新风运行，这不仅充分利用了室外空气的自然冷量，而且有利于改善室内空气质量。

（2）上述分区的分界线应理解为在某一参数范围内浮动的界线。例如，Ⅰ、Ⅱ区的分界线并非专指设定状态点R_1的等焓线（图6-23），而应是在运行条件下室内状态的等焓线。因为在实际运行时，可能由于室内负荷变化等的原因，室内实际状态点的焓值小于设计状态点R_1的焓值，这时室外空气的焓值虽小于R_1的焓值，但未必小于实际状态点的焓值，采用全新风反而会多耗一些能量。当然，为了控制简单，也可选一个合适的参数作为固定分区界线。

（3）有些空调系统冬季室内无冷负荷，而有热负荷（即需向室内补充热量），这时仍按Ⅳ区的空气处理方案，但应增加空气加热量，使送风状态点S高于R。

（4）采用表冷器及干式蒸汽加湿器的再热式空调系统的全年运行调节与露点送风空调系统相类似。其特点是各房间的温度全年都可通过控制再加热量来调节。在Ⅰ、Ⅱ区，当表冷器在冷却去湿工况运行时，房间的湿度通过控制表冷器的空气出口状态来调节；对多房间系统，只能满足主要房间对湿度的控制要求。有关再热式系统的调节方案可由读者参照露点送风的方案进行分析。

（5）采用表冷器及干式蒸汽加湿器的二次回风系统全年运行调节与露点送风类似，由读者自行分析。

6.5 变风量空调系统

变风量（Variable Air Volume-VAV）系统是利用改变送入室内的送风量来实现对室内温度调节的全空气空调系统，它的送风状态保持不变。变风量空调系统有单风道、双风道、风机动力箱式和诱导器式四种形式。诱导器系统将在6.8节中介绍。

6.5.1 单风道变风量空调系统

图6-25是典型的单风道变风量空调系统。"单风道"是指该系统机房内只提供一种参数的送风。其中空气处理机组与定风量空调系统一样。送入每个域房间的送风量由变风量末端机组（VAV Terminal Unit，或称变风量末端装置，常写成VAV末端机组）控制。每个变风量末端机组可带若干个送风口。当室内负荷变化时，则由变风量末端机组根据室内温度调节送风量，以维持室内温度。图6-26为变风量系统夏季调节过程。由于室内的显热冷负荷和湿负荷的变化并不一定同步，即随着室内负荷的变化，室内的热湿比也在变化，那么，根据温度调节的结果，就不一定满足房间湿度调节的要求，如图6-26中调节后的室内状态点R_1、R_2的湿度偏离了原来R点的湿度。

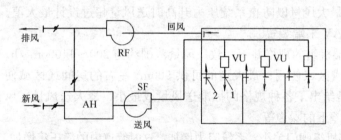

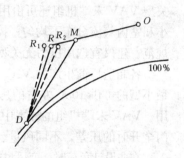

图 6-25 单风道变风量空调系统
AH—空气处理机组；VU—变风量末端机组；其他符号同图 6-8

图 6-26 单风道变风量
系统夏季调节过程

当房间负荷变化很小时，就有可能使送风量过小，导致房间得不到足够量的新风，或导致室内气流分配不均匀，最终使室内温度不均匀，影响人体舒适感。因此变风量末端机组都有定位装置，当送风量减少到一定值时就不再减少了。通常变风量末端机组的风量可减少到 30%～50%。在最小负荷时，变风量末端机组已在最小风量下运行，有可能出现室内温度过低。为此，可以在变风量末端机组中增加再热盘管，在最小风量时启动再热盘管进行补充加热，以维持室内温度。

变风量末端机组有节流型和旁通型两类。节流型是利用节流机构（如风门）调节风量。旁通型是将部分送风旁通到回风顶棚或回风道中，从而减少室内送风量。这样有部分经热、湿处理过的空气随排风被排到室外，但系统的总风量是不变的。这样的系统浪费能量，这里不再详细介绍。

图 6-27 为节流型的再热式变风量末端机组结构示意图。该 VAV 末端机组箱体内贴保温吸声材料（如玻璃棉毡）；采用蝶型风门调节风量；出口端的再热盘管是 1 排、2 排或 4 排管的热水盘管。如果不装再热盘管，即为普通的标准型变风量末端机组。风量调节除了蝶型风门外，还有文丘里管（配圆锥形阀）式、双套筒式（改变套筒上缝隙面积）和气囊式（利用气囊的胀缩改变空气流通断面）等形式。除此之外，还有一种诱导型变

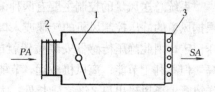

图 6-27 再热式变风量末端机组
1—蝶型调节风门；2—风量传感器；
3—再热盘管；PA—由系统来的一次
风；SA—室内送风

风量末端装置，参见 6.8.1 节。在标准型变风量末端机组出口端可直接接风管或在不同方位设有 1 个或多个出口接管（圆形和椭圆形），以便用柔性管连接风口。再热型 VAV 末端机组出口端可外接有多出口的静压箱，或直接接风管。

变风量末端机组按风量调节方式分有两类：压力有关型和压力无关型。压力有关型是由恒温控制器直接控制风门的角度，VAV 末端机组的送风量将随系统静压的变化而波动，即送风量往往不稳定。压力无关型 VAV 末端机组的风门角度根据风量给定值（有上、下限）来调节。这种 VAV 末端机组需在入口处设风量传感器（如图 6-27 所示）。风量传感器由两根测压管（全压和静压）组成，可以测流速（即流量）。风量控制器根据实测风量值与风量给定值之差值来控制风门，而恒温控制器根据室内温度的变化设定风量控制器的风量给定值，这时 VAV 末端机组的送风量不会因系统静压的变化而变化。压力无

关型 VAV 末端机组还可由用户设定最小和最大风量。控制最小风量以防止新风量供应过小和室内气流分布不均匀；控制最大风量以防止系统压力升高时送风量超过设计最大值。规范[5]建议宜选用压力无关型 VAV 末端装置。

各制造厂商生产的 VAV 末端机组的规格并不一致。风量范围约为 $200 \sim 14000 \mathrm{m}^3 / \mathrm{h}$。最小型的可供 $10 \mathrm{m}^2$ 左右的房间或区域使用；最大型的可供 $500 \mathrm{m}^2$ 左右的房间或区域使用。VAV 末端机组的样本中通常给出了各种规格的标准送风量或最小、最大送风量，风门全开时的压差，不同风量、压差下的噪声等。

在非设计负荷时，变风量末端机组阀门关小，系统阻力增加，这时管道内的静压将增加，系统漏风增加，还可能使风机处于不稳定状态工作；变风量末端机组还因阀门关得过小而调节失灵；另外过度节流会导致噪声增加。因此，在 VAV 末端机组调节的同时，还应对系统风机进行调节，使总风量适应变风量末端机组调节所要求的风量，且使管道内的静压维持在一定水平内。风机风量调节的方法有多种：变风机转速、变风机入口导叶角度、风机出口风门调节、风机旁通风量调节等。风机出口风门调节实质上是增加阻力的调节方法，并不改变风机特性，风量太小时，可能会导致风机在不稳定区工作；风量旁通调节虽然解决了风管内静压不致升高的问题，但风机能耗并未因风量下降而减少，变风量系统的节能优点就失去了；改变离心风机入口导叶角度，使空气进入叶轮时预旋一个角度，从而改变风机的特性；变风机转速（如采用变频电机）也是改变风机的特性。后两种调节方法均有节能的优点。但风机入口导叶调节减小了入口的流通面积，且随着风量的减小，流通面积更小，同时入口的撞击损失增加，导致风机全压下降。变风机转速调节的调速装置虽也有能量损失，但其节能效果仍优于风机入口导叶调节的方法。因此，推荐采用变风机转速调节的方法[5]。

系统总送风量的控制主要有两种策略：(1) 定静压控制——保持风道内的静压恒定，即根据风道的静压控制风机的转速或入口导叶的角度。实际上只能保持安装静压传感器处的静压恒定，因此静压传感器安装位置就成关键问题之一。安装点离风机愈近，调节的稳定性高，但不利于节能；离风机愈远，节能效果较好，但调节可能出现振荡，目前通常是安装在送风管上离风机出口 2/3 之管长处。大多数情况下，静压设定值为 $200 \sim 375 \mathrm{Pa}$[7]。(2) 变静压控制——在调节过程中风道内的静压根据变风量末端机组风门开度来调整。自动控制系统测定每个变风量末端机组的阀位，风道内的静压应使最大开度的变风量末端机组的风门（即最大的相对负荷）接近全开位置。当最大开度的 VAV 末端机组风门开度小于某一下限值时，则减少风道的静压设定值；反之，当风门开度大于某一上限值时，则增加静压设定值。风机转速或入口导叶角度根据变化的静压设定值进行调节[8]。除了这两种方法外，国内还提出了一种总风量控制法，即不通过静压控制总风量，而是根据压力无关型 VAV 末端机组设定的风量，确定系统总风量，计算出风机的转速，从而对风机进行调节[7]。

当系统有回风机时，应对回风机进行控制。系统的回风量应当与送风量匹配，并维持室内一定的正压。回风量的控制有以下几种策略：(1) 回风机的回风量与送风量按同一比例进行变化。这样，随着负荷的减少，新回风量差值减少，房间内正压将发生变化。因此，这种控制宜用于变风量调节的比例不太大的场合。(2) 根据室内正压进行控制。缺点是房间维持的静压差很小，且易受干扰，测量静压差困难。(3) 测量送回风的风量，控制回风机，使送、回风差值在一定范围内。但风量的现场测量有时也很难测得准确。

VAV 系统除了适应房间或区域的负荷进行调节外，还需根据室外气象参数进行运行调节。其运行调节的策略与定风量全空气空调系统类似（参见 6.4.3）。假设 VAV 系统冬夏都有冷负荷，并采用表冷器作为冷却去湿设备。当室外空气的焓值 h_o >室内空气焓值 h_R 时，采用最小新风；当 $h_o \leqslant h_R$，室外空气温度 t_o >送风温度 t_s 时，采用全新风；而后将混合风或全新风冷却到恒定的送风温度；当 $t_o \leqslant t_s$ 时，可以调节新回风混合比来保持一定的送风温度；当室外温度下降，新风量降到最小新风量时，则应采用最小新风，并用加热盘管来保持送风温度。一般来说，冬季和过渡季的室内冷负荷比夏季冷负荷小一些，这时可以适当增大送风温度的设定值。有关各区的空气处理过程及送风湿度的控制由读者自行分析。如果 VAV 系统只为建筑的周边区服务，冬季室内无冷负荷而有热负荷时，则冬季可以送热风，这时 VAV 末端机组转换控制模式——室温升高时，减少风量。如果 VAV 系统既为周边区又为内区服务，则冬季的送风温度仍应根据内区的冷负荷来确定，周边区送最小风量，并利用 VAV 末端机组的再热盘管向室内供热。

单风道 VAV 空调系统的主要优点有：（1）在部分负荷下运行，可以减少输送空气的能耗，即减少风机能耗。（2）一个系统可同时实现对很多个负荷不同、温度要求不同的房间或区域的温度控制。（3）各个房间或区域的高峰负荷参差分布时，更显示 VAV 系统的优点，这时系统的总风量及相应的设备（冷却、加热盘管等）和送风管路都比定风量空调系统要小。（4）当某几个房间无人时，可以完全停止对该处的送风，既节省了冷量或热量，又不破坏系统的平衡，即不影响其他房间的送风量。（5）当 VAV 系统的实际负荷达不到设计负荷或系统留有余量时，可以很容易增加新的空调区域或房间，且费用很低，不会影响原系统的风量分配；另外也很容易适应建筑格局变化时对系统的改造。VAV 系统的缺点有：（1）当房间在低负荷时，送风量减少会造成新风量供应不足，影响室内的气流分布，严重时会造成温度分布不均匀，影响房间的舒适度。（2）VAV 末端机组会有一定的噪声，主要是在全负荷时产生较大噪声，因此宜取比实际需要稍大一些的 VAV 末端机组；或使 VAV 末端机组负担的区域小一些，这样可以选用较小型号的 VAV 末端机组，它的噪声水平相对低一些。（3）系统的初投资一般比较高。（4）控制比较复杂，它包括房间温度控制、送风量控制、新风量和排风量控制、送回风量匹配控制和送风温度控制，这些控制互相影响，有时产生控制不稳定的现象。

6.5.2 风机动力型变风量系统

风机动力型（Fan Powered）VAV 系统是在单风道 VAV 系统的变风量末端机组上串联或并联风机的 VAV 系统。图 6-28 是串联型和并联型风机动力箱（全称为风机动力式

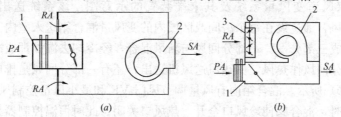

图 6-28 串联型和并联型风机动力箱示意图

（a）串联型风机动力箱；（b）并联型风机动力箱

1—变风量装置；2—离心风机；3—风阀；

RA—室内空气；其他符号同图 6-27

VAV 末端机组）示意图。它由一套压力无关型变风量装置和一台小型离心风机组合而成。风机动力箱安装在顶棚内，每台风机动力箱用风管连接若干个风口。图 6-28 (a) 为串联型风机动力箱。一次风与吸入箱内的室内空气混合后，经风机送出。一次风的风量根据室内温度进行控制，是变风量的；由动力箱送出的风量是恒定的，从而保证了室内气流分布的稳定性和温度分布的均匀性。如果在风机出口端装上再热盘管（热水型或电热型），就成为串联型再热式风机动力箱。图 6-28 (b) 是并联型风机动力箱。一次风不经箱内风机，而与风机并联，风机只诱导室内空气。因此，风机的风量小、型号较小。并联型风机动力箱中的风机只在夏季部分负荷且一次风减小到设定的最小风量时，或冬季一次风按设定的最小风量运行时，才启动工作。风阀 3 用于防止风机不工作时一次风倒流入顶棚中。当冰蓄冷系统中采用低温送风（送风温度 5~7℃）时，可以选用并联型风机动力箱 VAV 系统，利用一次风与室内空气混合（一次风量与室内风量混合比约为 6:4）提高送风温度，以防止送风口附近结露；同时增加了送风量，有利于气流分布的均匀性。这时并联型风机动力箱中的风机不仅在部分负荷，而且在设计负荷（满负荷）时也必须工作。并联型风机动力箱可以在室内空气入口处或送风出口处装再热盘管，即为并联型再热式风机动力箱。再热式风机动力箱可用于周边区在冬季时向室内供热，或用于在一次风最小风量的情况下出现房间温度过低时调节室温。

风机动力型 VAV 系统最大的优点是系统是变风量的，而室内送风量是恒定的（串联型）或有适宜的风量（并联型），避免了小负荷时 VAV 系统因送风量减小而带来的气流分布不稳定和温度分布不均的缺点。但这种系统能耗比常规的变风量系统的能耗高（多了箱内风机的能耗），同时也带来了噪声。

串联型与并联型风机动力箱各有优缺点。串联型的优点是房间送风量恒定，容易实现较为理想的气流分布模式。缺点是动力箱内风机型号比并联型的大，噪声也相对较大，风机运行时间长，能耗大。并联型的优点是风机型号小，噪声小，且只在一次风为设定的最小风量时才运行，风机的能耗小。缺点是控制比较复杂，在部分负荷且风机不工作时，室内的气流分布、温度分布的均匀性不如串联型。

为增大 VAV 系统在室内的送风量，风机动力型 VAV 系统在末端装置中设置了风机；还有一种 VAV 系统，在末端装置中设置了喷嘴，诱导部分室内空气以增大送风量，这种系统称诱导型变风量系统，详见 6.8.1。

6.5.3　双风道变风量系统

图 6-29 为双风道变风量系统及其末端装置的示意图。该系统送出两种参数的空气——冷风和热风，通过设在每个房间或区域内的变风量混合箱送入室内。室内的回风由回风机吸出后分成三部分——一部分回风与新风混合，经冷却去湿处理成冷风，由冷风送风机送出；一部分回风作热风，由热风送风机送出；还有一部分回风是排风。混合箱的工作原理如图中 (b) 所示。混合箱内有风量调节风门 VR 和最小风量控制风门 MVC。当夏季室内冷负荷大时，混合阀使冷风口全开，热风口关闭。此时恒温控制器控制风量调节风门（VR）开大或关小。随着冷负荷的减小，风量调节风门（VR）关小，最终关闭，这时风量将由最小风量控制风门保证风量不小于设定的最小送风量。若室内温度继续下降，恒温控制器将控制混合阀，使热风门开大，冷风门关小，以维持室内的温度。从变风量混合

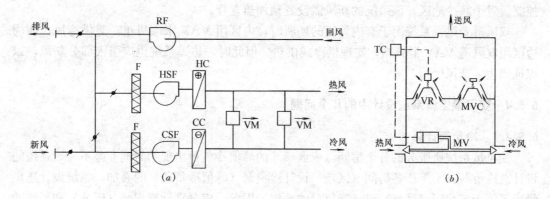

图 6-29 双风道变风量系统

(a) 双风道变风量系统原理图；(b) 双风道变风量混合箱示意图

HSF—热风送风机；CSF—冷风送风机；VM—变风量混合箱；MVC—最小风量控制风门；
VR—风量调节风门；MV—混合阀；TC—温度控制器；其余符号同图 6-8

箱的工作原理可以看到，对于每一个房间或区域来说，在冷负荷较大时，按变风量运行；当风量下降到一定值时，按定风量、双风道方式运行。从而避免了单风道变风量系统在冷负荷很小时房间的送风量太小带来的气流分布不稳定和温度场不均匀的问题。应该强调的是，热风应直接利用回风（不加热），热风与冷风混合，相当于二次回风系统。只有在回风的热量不能满足要求时，才增设加热盘管（用热水或蒸汽作热媒）补充加热，这样带来冷热抵消，一般不推荐采用。双风道变风量系统，夏季运行工况在 h-d 图的表示如图 6-30 所示，图中 R_1 为房间 1 的室内状态点，该房间有较大冷负荷；R_2

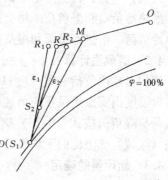

图 6-30 双风道变风量系统
运行工况在 h-d 图上的表示

为房间 2 室内状态点，该房间的冷负荷小，保持最小送风量；R 为系统的平均回风状态点。该系统的空气处理过程如下：

冷风处理过程 $\begin{matrix}O\\\\R\end{matrix}\!\!> 混合 M \xrightarrow{冷却去湿} D$

房间 1 $\quad D \xrightarrow{变风量} S_1 \underset{\varepsilon_1}{\sim\!\sim} R_1$

房间 2 $\quad \begin{matrix}D\\\\R\end{matrix}\!\!> 混合 S_2 \underset{\varepsilon_2}{\sim\!\sim} R_2$

双风道变风量系统中冷风的送风温度保持某一恒定值，通过调节表冷器的冷水流量或新回风的混合比（当新风温度小于冷风温度的设定值时）来保持冷风的送风温度。图 6-29 (a) 系统中 3 台风机都需按可能的最大风量选取。冷风、热风的送风机风量可按管路系统中的静压进行控制；而回风机的风量通过测定送风量（冷、热风量之和）及回风量来控制。对于寒冷地区，该系统的新风需设置预加热盘管。

双风道变风量系统用于有内外区的场所时，内区用 VAV 末端机组，只供冷风；而周边区用双风道 VAV 混合箱，实现供冷或供热。但此时，热风系统也应引入部分新风，以保证周边区新风供给。

6.5.4　变风量空调系统设计中的几个问题

6.5.4.1　冷负荷计算

变风量系统所服务的各个房间（或区域）的峰值冷负荷出现的时刻参差不一，系统的设计总冷负荷并不等于各房间（区域）设计冷负荷（峰值冷负荷）的叠加，系统设计送风量也不等于各房间（区域）设计送风量的叠加。因此，应分别计算房间（区域）和系统的设计冷负荷，按第 2 章介绍的方法分别计算各房间的设计显热冷负荷、潜热冷负荷和湿负荷。系统总冷负荷分两部分（围护结构冷负荷和人员、灯光、设备等冷负荷）进行计算。围护结构冷负荷应计算所有房间（区域）各朝向围护结构的逐时冷负荷，并逐时进行叠加；人员、灯光、设备等冷负荷宜考虑同时使用系数后，分别计算出系统的逐时显热冷负荷、潜热冷负荷和湿负荷。将上述两部分冷负荷分项进行叠加，其中最大值即为系统设计显热冷负荷、潜热冷负荷和湿负荷。

6.5.4.2　送风量计算

根据显热冷负荷和式（6-11）计算各房间（区域）的送风量和系统的送风量。式中的送风温度由露点送风系统所述的方法确定（见 6.3.1）。其中热湿比可根据系统的全热冷负荷与湿负荷按式（6-15）确定；当多数房间（区域）的热湿比都较小时，则取这些房间（区域）热湿比的平均值。送风温度应考虑风机和风管温升，参见 6.3.1.4。

6.5.4.3　新风量的确定

系统新风量按 6.2 节介绍的原则确定。变风量系统通常在民用建筑中应用，其新风量一般是根据人员所需新风量来确定，这时各房间（区域）按人员所需的最小新风量确定的最小新风比是不相同的，系统新风量应按第 8 章中式（8-25）进行计算。

6.5.4.4　VAV 末端机组选择

VAV 末端机组根据风量选择。有同一负荷特点的房间（区域）可选一台或多台 VAV 末端机组。台数的确定应考虑噪声、建筑隔断可能的变化、气流分布等的要求。选用规格大（风量大）的末端机组，噪声相对较大，不利于建筑隔断的变更，但初投资少。同一台 VAV 末端机组，在同一压差下有不同的风量，这表明机组中调节风门的开度是不同的。风量小，开度小；风量大，开度大。在定静压控制的 VAV 系统中，只在风管中的某一点（安装静压传感器的点）的静压在部分负荷时是恒定的，在该点下游风管中的静压和全压比设计负荷时增加了，而上游风管中的静压和全压比设计负荷时减少了。因此，在定静压点下游的 VAV 末端机组不宜按给出的最小风量（风门开度小）选用；而上游的 VAV 末端机组不宜按给出的最大风量（风门开度大）选用；以使定静压点上、下游的 VAV 末端机组都有较宽的调节范围。VAV 末端机组在风管上连接点的位置不同，其资用压力（可用于克服机组阻力的压力）也不同。送风管上游的资用压力大，下游的资用压力小。在定静压点附近的 VAV 末端，机组的压差应选取适当，以使下游机组有足够的资用压力，上游机组的资用压力不宜过大（过大压差噪声会增大）。一般定静压点附近 VAV

末端机组的压差选 150Pa 左右为宜。

6.5.4.5 送风管路各管段的风量

由于系统的设计送风量与各 VAV 末端机组风量之和并不相等，在 VAV 系统送风管设计时，必须对送风管各管段的风量进行调整，调整方法用下例进行说明。

【例 6-3】 图 6-31 为一 VAV 系统送风管路平面布置示意图（无比例关系）。系统送风量 17700m³/h，各 VAV 末端机组的风量（m³/h）标于图上。试确定各管段的风量。

【解】 首先计算系统和各管段的差异性系数（DF）。差异性系数定义为

$$DF = \frac{管段风量}{管段所接各分支送风量之和}$$

对系统总管（管段①）的 DF，其分子即为系统的送风量 17700m³/h，而分母为所有 VAV 末端机组风量之和，即 21590m³/h，因此 $DF = 17700/21590 = 0.82$。这也是整个系统的 DF。总管分并联的两个支路（②和⑨）均认为 $DF = 0.82$。考虑到管路末端的 1/3 范围内 VAV 末端机组可能同时出现最大负荷，故该范围内的管段 $DF = 1$（图中⑦、⑧、⑭、⑮）；余下 2/3 范围内，沿空气流动方向依次增加一差异值，该差异值为 $(1-0.82) \div 5 = 0.036$，即③、④、⑤、⑥管段的 DF 分别为 0.856、0.892、0.928、0.964。各管段的差异性系数确定后，再乘以该管段所接各分支送风量之和即得该管段调整后的风量。管段⑨~⑮的风量调整方法同上。计算结果列于表 6-3 中。各管段风量确定后，选择管段的尺寸，并进行水力计算。

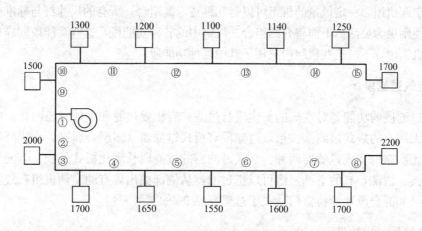

图 6-31 VAV 系统送风管路示意图

各管段 DF 及调整风量 表 6-3

管段号	②	③	④	⑤	⑥	⑦	⑧
DF	0.82	0.856	0.892	0.928	0.964	1	1
各分支送风量之和(m³/h)	12400	10400	8700	7050	5500	3900	2200
调整风量(m³/h)	10168	8902	7760	6542	5302	3900	2200

6.6 全空气系统中的空气处理机组

全空气系统中，送入各个区（或房间）的空气在机房内集中处理。对空气进行处理的设

备称为空气处理机组，或称空调机组。市场上有各种功能和规格的空调机组产品供空调用户

图 6-32　卧式空调机组

选用。不带制冷机的空调机组主要有两大类：组合式空调机组和整体式空调机组。组合式空调机组由各种功能的模块（称功能段）组合而成，用户可以根据自己的需要选取不同的功能段进行组合。按水平方向进行组合称卧式空调机组；也可以叠置成立式空调机组。图 6-32 为一卧式空调机组的外形图。该机组由风机段、空气加热段、表冷段、空气过滤段、混合段（上部和侧部风口装有调节风门）等功能段所组成。组合式空调机组使用

灵活方便，是目前应用比较广泛的一种空调机组。整体式空调机组在工厂中组装成一体，有固定的功能；有卧式和立式两种机型。这种机组结构紧凑，体形较小，适用于需要对空气处理的功能不多，机房面积较小的场合。组合式空调机组最小规格风量为 $2000 m^3/h$，最大规格风量可达 $20 \times 10^4 m^3/h$。目前国内市场上的产品规格形式都不一致。组合式空调机组断面的宽×高的变化规律有两类。有些企业生产的空调机组，一定风量的机组的宽×高是一定的；另有些企业的空调机组，一定风量的机组可以有几种宽×高组合，所有的尺寸都与标准模数成比例，它的使用更为灵活。下面将介绍组合式机组中的各种功能段，这些功能段同样也用于定型的整体机组内，不过这些机组内只用了其中几种功能段。

6.6.1　空气过滤段

空气过滤段的功能是对空气的灰尘进行过滤。有粗效过滤和中效过滤两种。中效过滤段通常用无纺布的袋式过滤器。粗效过滤段有板式过滤器（多层金属网、合成纤维或玻璃纤维）和无纺布的袋式过滤器两种。袋式过滤器的过滤段长度比板式的长。为便于定期对过滤器更换、清洗，有的空调机组可以把过滤器从侧部抽出，有的空调机组在过滤段的上游功能段（如混合段）设检修门。关于过滤器见 9.9。

6.6.2　表冷器（冷却盘管）段

表冷器是表面式冷却器的简称，又称空气冷却器或冷却盘管。表冷器段用于空气冷却去湿处理。该段通常装有铜管套铝翅片的盘管。有 4 排、6 排、8 排管的冷却盘管可供用户选择。表冷器迎面风速一般不大于 2.5m/s，太大的迎面风速会使冷却后的空气夹带水滴，而使空气湿度增加。当迎面风速＞2.5m/s 时，表冷段的出风侧设有挡水板，以防止气流中夹带水滴。为便于对表冷器的维护，有的空调机组可以把表冷器从侧部抽出，有的则在表冷器段的上游功能段设检修门。

6.6.3　喷水室

喷水室是利用水与空气直接接触对空气进行处理的设备，主要用于对空气进行冷却、

去湿或加湿处理。喷水室的优点是：只要改变水温即可改变对空气的处理过程，它可实现对空气进行冷却去湿、冷却加湿（降焓、等焓或增焓）、升温加湿等多种处理过程；水对空气还有净化作用。其缺点是：喷水室体型大，约为表冷器段的3倍；水系统复杂，且是开式的，易对金属腐蚀；水与空气直接接触，易受污染，需定期换水，耗水多。目前民用建筑中很少用它，主要用于有大湿度或对湿度控制要求严格的场合，如纺织厂车间的空调、恒温恒湿空调等。

喷水室如图6-33所示。它由喷嘴（喷水用）、喷管（输送和分配水）、挡水板（多折平行板，用于防止水滴带出）、分风板（结构形式与挡水板相似，起均流和挡水作用）、水箱（积聚喷出的水，水箱上有进水、溢流、补水、排污等管的接口）及保温的外壳组成。喷管一般为2排（一排顺喷，一排逆喷）或3排（一排顺喷，两排逆喷），也有只一排顺喷。喷嘴的出口直径一般为3~5.5mm。喷嘴孔径小，喷出水滴细，与空气接触好，效率高，但易堵塞，适宜用于空气比较清洁

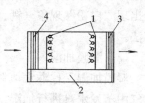

图6-33 喷水室
1—喷嘴与喷管；2—水箱；
3—挡水板；4—分风板

的场合。喷嘴的喷水压力一般取0.1~0.2MPa。喷水室的热工计算详见《热质交换原理与设备》或有关设计手册[9][10]。根据空气流速，喷水室可分为低速（2~3m/s）和高速（4.5~6m/s）两种，目前常用的为低速喷水室。

6.6.4 空气加湿段

加湿的方法有多种，组合式空调机组中加湿段有多种形式可供选择。常用的加湿方法有以下几种：

（1）喷蒸汽加湿

在空气中直接喷蒸汽。这是一个近似等温加湿的过程。如果蒸汽直接经喷管的小孔喷出，由于蒸汽在管内流动过程中被冷却而产生凝结水，喷出蒸汽将夹带凝结水，从而出现细菌繁殖、产生气味等问题。空调机组目前都采用干蒸汽加湿器，可以避免夹带凝结水。

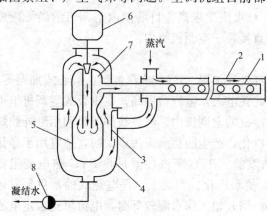

图6-34 干蒸汽加湿器
1—喷管；2—套管；3—挡板；4—分离室；
5—干燥室；6—自动调节阀；
7—消声腔；8—疏水器

干蒸汽加湿器工作原理如图6-34所示。蒸汽经套管进入分离室，在挡板及惯性作用下将凝结水分离下来。饱和蒸汽经自动调节阀节流后进入干燥室；在干燥室内二次分离水滴，在壁外的高温蒸汽加热作用下，使水滴再汽化，并使干燥室内蒸汽稍有过热。蒸汽最后经消声腔从喷管喷入空气。喷管被套管中蒸汽加热，从而保证了最终喷出的蒸汽为干蒸汽。自动调节阀（电动的或气动的）可以根据空气中的湿度调节开度，控制喷蒸汽量。干蒸汽加湿器的凝结水经疏水器排出。干蒸汽加湿器适用的蒸汽压力范围为0.02~0.4MPa（表压）。蒸汽压力大，噪声大，因此宜选

用压力较低的蒸汽。干蒸汽加湿器加湿迅速、均匀、稳定、不带水滴，加湿量易于控制，适用于对湿度控制严格的场所，但也只能用于有蒸汽源的建筑物中。

（2）高压喷雾加湿

利用水泵将水加压到 0.3～0.35MPa（表压）下进行喷雾，可获得平均粒径为 20～30μm 的水滴，在空气中吸热汽化，这是一个接近等焓的加湿过程。高压喷雾的优点是加湿量大、噪声低、消耗功率小、运行费用低。缺点是有水滴析出，使用未经软化处理的水会出现"白粉"现象（钙、镁等杂质析出）。这是目前空调机组中应用较多的一种加湿方法。

（3）湿膜加湿

湿膜加湿又称淋水填料层加湿。在填料层上喷淋循环水，利用填料层材料的湿表面向空气中蒸发水汽进行加湿。它是一个接近等焓的加湿过程。淋水填料层也是用于冷却空气的直接蒸发冷却设备，有关它的构造、特点参见 6.9.2.1。

（4）透湿膜加湿

透湿膜加湿是利用化工中的膜蒸馏原理的加湿技术。水与空气被疏水性的微孔湿膜（透湿膜，如聚四氯乙烯微孔膜）隔开，在两侧不同的水蒸气分压差的作用下，水蒸气通过透湿膜传递到空气中，加湿了空气；水、钙、镁和其他杂质等则不能通过，这就不会有"白粉"现象发生。透湿膜加湿器通常是由用透湿膜包裹的水片层及波纹纸板叠放在一起组成，空气在波纹纸板间通过。这种加湿设备结构简单、运行费用低、节能、可实现干净加湿（无"白粉"现象）。

（5）超声波加湿

超声波加湿的原理是将电能通过压电换能片转换成机械振动，向水中发射 1.7MHz 的超声波，使水表面直接雾化，雾粒直径约为 3～5μm，水雾在空气中吸热汽化，从而加湿了空气，这种方法也是接近等焓的加湿过程。这种方法要求使用软化水或去离子水，以防止换能片结垢而降低加湿能力。超声波加湿的优点是雾化效果好、运行稳定可靠、噪声低、反应灵敏而易于控制、雾化过程中还能产生有益人体健康的负离子，耗电不多，约为电热式加湿的 10%左右。其缺点是价格贵，对水质要求高。目前国内空调机组尚无现成的超声波加湿段，但可以把超声波加湿装置直接装于空调机组中。

（6）其他加湿方法

其他加湿方法有电热式或电极式加湿、红外线加湿、PTC 蒸汽加湿、离心式加湿等。前四种都是以电能转变为热能使水汽化，因此耗电大，运行费用高，在组合式空调机组中很少使用。电热（极）式目前主要用于带制冷机的空调机中。红外线加湿是利用红外线灯作热源，产生辐射热，使水表面受辐射热而汽化，产生的蒸汽无污染微粒，适宜用于净化空调系统中，有些进口空调机中带有这种加湿器。PTC 蒸汽加湿是将 PTC 热电变阻器（氧化陶瓷半导体）发热组件直接置于水中，使水汽化。实质上也是电热式的，只是发热组件的电阻随温度而变，温度低时，电阻小。当开始工作水温较低时，电流可达额定电流的 3 倍，水温很快上升而产生蒸汽，因此有加湿迅速的优点。离心式加湿的原理是，在高速旋转的转盘上的水受离心力的作用而被甩出，雾化成微小水滴，在空气中吸热汽化，它也是接近等焓的加湿过程。但水滴较大，不能完全蒸发，需有排水措施，加湿水需用软化水。

6.6.5 空气加热段

有热水盘管（热水/空气加热器）、蒸汽盘管（蒸汽/空气加热器）和电加热器三种类型。热水盘管与冷却盘管结构形式一样，但可供选择的只有1排、2排、4排管的盘管。蒸汽盘管换热组件有铜管套铝翅片或绕片管，有1排或2排管可供选择。

6.6.6 风机段

组合式空调机组中的风机段在某一风量范围内有几种规格可供选择。通常是根据系统要求的总风量和总阻力来选择风机的型号、转速、功率及配用电机。空调设备厂的样本中一般都提供所配风机的特性。而定型的整体空调机组一般只提供机组的风量及机外余压。因此在设计时，管路系统（不含机组本身）的阻力不得超过所选机组的机外余压。风机一般都是后弯叶片或前弯叶片的离心风机。后弯叶片风机效率高、噪声低，应优先选择。对于需要风压高的系统，宜选择前弯叶片风机。风机段用于系统送风时，根据风管的布置特点有四种出风方向可供选择，如图6-35所示。例如，图（a）适用于出风后风管向左拐的场合，而图（b）适用于向右拐的场合。

风机段用做回风机时，称回风机段。回风机段的箱体上开有与回风管的接口，而出风侧一般都连接分流段。图6-36为回风机段与分流段组合的情况，回风通过分流段使部分回风排到室外，部分回风参加再循环，新风也从分流段引入。新、回、排风的比例通过风门进行控制。

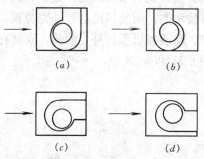

图 6-35　风机的四种出风方向

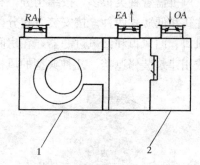

图 6-36　回风机段与分流段
1—回风机段；2—分流段；
RA、EA、OA—分别为回风、排风和新风

6.6.7 其他功能段

除了上述主要的功能段外，还有一些辅助功能段。主要有：混合段，该段的上部和侧部开有风管接口，以接回风和新风管，通过入口处的风门以调节新回风比例；中间段（空段），该段开有检修门，用于对机组内部的保养、维修，但有些厂家生产的机组主要设备都可抽出（如表冷器、加热盘管、过滤器等），可以不设中间段；二次回风段，该段开有回风入口的接管；消声段，该段用于消除风机的噪声，但使用消声段后机组过长，机房内布置困难，而且消声器理应装在风管出机房的交界处，以防机房噪声从消声器后的风管壁传入管内而传播出去，因此实际工程中很少应用，通常都在风管上装消声器。

6.7　空气-水风机盘管系统

空气-水系统是指以空气和水为介质共同承担所控制环境的冷负荷、湿负荷或热负荷的系统。水（冷水或热水）系统必需有末端设备（置于室内的供冷、供暖设备）才能把冷量或热量传递给需要温、湿度控制的房间。由于末端设备不同而伴生出不同的空气-水系统。在空气-水系统中用的末端设备有风机盘管、诱导器和辐射板，从而伴生出空气-水风机盘管系统、空气-水诱导器系统和空气-水辐射板系统。其中空气-水风机盘管系统是应用广泛的一种空调系统，本节主要讨论这类系统的组成、特点、设计与调节。

图 6-37　风机盘管
1—风机；2—盘管；3—凝结水盘

6.7.1　风机盘管机组

风机盘管机组简称风机盘管，由小型风机、电机、盘管（空气/水热交换器）和凝结水盘等组成，如图 6-37 所示。其中盘管一般是 2～3 排管的铜管串铝合金翅片的换热器，管内走冷水或热水；空气（通常是室内空气）被风机吸入，加压后从盘管的翅片间通过，从而被管内的冷水（或热水）冷却（或加热）。空气冷却时通常有凝结水析出，流入凝结水盘中，然后用水管就近引到排水点处。

风机盘管种类很多，按结构分，有卧式、立式、壁挂式、卡式四类，其中立式又分为立柱式和低矮式两种。按安装方式分，有明装和暗装两类。明装风机盘管外壳美观，自带送风口、回风口和回风过滤器，在房间内明露安装；暗装风机盘管外壳简陋，安装在顶棚内或用建筑装修遮挡。几种典型的风机盘管示于图 6-37 和 6-38 中。

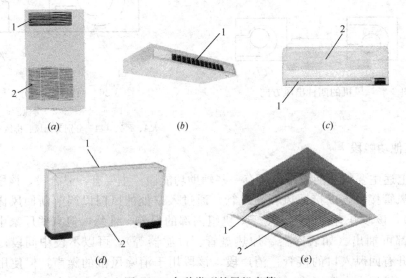

图 6-38　各种类型的风机盘管
(a) 立式明装；(b) 卧式明装；(c) 壁挂式；(d) 立式明装（低矮式）；(e) 卡式
1—送风口；2—回风口

图 6-37 为卧式暗装风机盘管，是一种用得很多的机型，安装在顶棚内，需配置送风口，回风口和回风过滤器。图 6-38 (b) 为卧式明装风机盘管，吊装在房间的顶棚下面。图 6-38 (c) 为壁挂式，也是明装风机盘管，直接挂在房间的墙壁上方。图 6-38 (a) 和 (d) 为立式明装风机盘管，其中 (a) 为柱式，高度一般约 1800mm，直接在房间内靠墙明露放置；(d) 为低矮式，高度一般为 600mm 左右，靠墙明露放置。图 6-38 (e) 为卡式风机盘管，镶嵌在顶棚上，仅送风口和回风口明露，其余部分暗藏于顶棚内，属半明装型。

风机盘管一般只有一组盘管，供冷、供热兼用；也有双盘管的风机盘管，供冷和供热盘管是专用的。风机盘管有高、中、低三档风量，用户可根据冷暖感觉选择某档风量。我国国家标准《风机盘管机组》[11]GB/T 19232（以下简称"标准"）规定：用风机盘管高档风量（称额定风量）来表示机组规格大小；额定风量范围 340～2380m³/h；按额定风量下出口静压分低静压型和高静压型两类，低静压型的出口静压 0Pa（机组自带风口和过滤器）或 12Pa（机组不带风口和过滤器），高静压型的出口静压为 30Pa 或 50Pa。

每种规格的风机盘管都在额定风量和规定的工况下标定供冷量和供热量。"标准"给出的规定工况如表 6-4 所示。规定工况下供冷量：供热量≈1：1.5。

风机盘管额定供冷量和供热量的规定工况 表 6-4

		供冷工况	供热工况
入口空气	干球温度（℃）	27	21
	湿球温度（℃）	19.5	—
冷、热水	供水温度（℃）	7.0	60
	供回水温差（℃）	5.0	—
	水量	按水温差得出	与供冷工况相同

6.7.2 风机盘管水系统

风机盘管水系统有两种形式——两管制系统和四管制系统。两管制系统由一条供水管和一条回水管组成，水系统夏季供冷水，冬季供热水。四管制系统由两条供水管和两条回水管组成，分别用于供冷水和热水。两管制系统比较简单，初投资少，是目前用得最多的一种水系统。但这种系统无法同时供冷和供热，因此适宜用于建筑内所有区域只要求按季节同时进行供冷和供热转换的建筑；或用于可以分区域进行供冷和供热转换的建筑，如建筑中内区需全年供冷水，而其他周边区要求按季节进行供冷和供热转换时，可采用分区两管制的水系统。四管制系统可同时满足建筑内同时供冷和供热的要求，控制方便，但管路系统复杂，占用建筑空间多，初投资高。适宜用于需要同时供冷和供热的建筑，或采用两管制时需要频繁转换供冷和供热工况的建筑，但因频繁转换会带来冷、热水混合的能量损失。

四管制水系统与风机盘管的连接方式见图 6-39，图 (a) 是只有一组盘管的风机盘管，通过三通电磁切换到冷水管或热水管上；图 (b) 是双盘管的风机盘管，两组盘管分别接到冷水管和热水管上，用两通电磁阀控制其中一组盘管的水路处于断路状态。

风机盘管水系统在建筑内布置方式有两种——垂直式系统，如图 6-40 (a) 所示；水平式系统如图 6-40 (b) 所示。垂直式系统在建筑内有很多立管（都有保温层），在立管的

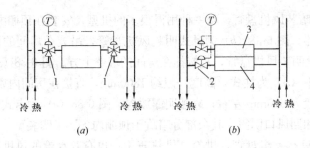

图 6-39　四管制水系统和盘管的连接方式

(a) 单盘管；(b) 双盘管

1—三通电磁阀；2—两通电磁阀；3—供冷盘管；4—供热盘管

最上端设有手动放气的集气罐或自动放气阀，另外每台风机盘管也设有手动放气阀，用于系统和机组的放气。这类系统适宜用于旅馆客房的风机盘管系统中，立管安装在卫生间附设的管道井内。水平式系统适用办公楼等建筑中，这类建筑一般无专用的管道井，每层的风机盘管都用水平支管连接，然后再接到总立管上。对于布置在窗台下的立式风机盘管，也宜采用水平连接方式，水平支管置于下一层顶棚内。对于既有建筑加设风机盘管系统时，也宜采用这种系统，这样不需要过多地在楼板上凿洞。

垂直式和水平式水系统都有异程和同程之分（见图 6-40a 的左侧和 b 的上面系统是异程系统）。所谓同程系统是指冷水或热水经过每台风机盘管的路程基本相等，因此水力平衡性优于异程系统。但水系统不大时，宜采用异程系统，因这时管道的阻力损失不大，而末端设备（风机盘管）的阻力很大（30～50kPa），系统容易达到水力平衡。高层建筑或大型建筑中，宜采用同程系统，而且干管也可按同程式与立管或支管连接。

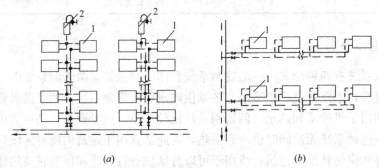

图 6-40　垂直连接和水平连接的风机盘管水系统

(a) 垂直连接系统；(b) 水平连接系统

1—风机盘管；2—集气罐

6.7.3　新风系统

空气-水风机盘管系统中的空气系统采用的是新风系统，因此，空气-水风机盘管系统也称为风机盘管加新风空调系统。新风系统既承担向空调房间提供新风的任务，又承担了部分负荷。既有建筑加装空调时，往往受建筑的限制而不设新风系统，只装风机盘管系统，这种无新风的系统即是全水风机盘管系统。房间内新风的补充依靠门、窗缝渗入或开窗进入，这种无组织补充新风，可能因过度开窗而室内温湿度达不到要求，并浪费能量；或过于密闭而使室内空气质量下降。因此，新建空调建筑不宜采用这种系统。

6.7.3.1 新风系统的划分

风机盘管加新风系统一般用于民用建筑中，因此新风系统的主要功能是满足稀释人群及其活动所产生污染物的要求和人对室外新风的需求。新风量可以根据规范和有关设计手册按人数或建筑面积进行确定。新风系统的划分原则：（1）按房间功能和使用时间划分系统，即相同功能和使用时间基本一致的可合为一个新风系统；（2）有条件时，分楼层设置新风系统；（3）高层建筑中，可若干楼层合用一个新风系统，但切忌系统太大，否则各个房间的风量分配很困难。

6.7.3.2 房间中新风的送风方式

房间中新风供应有以下两种方式：（1）直接送到风机盘管吸入端，与房间的回风混合后，再被风机盘管冷却（或加热）后送入室内。这种方式的优点是比较简单，缺点是一旦风机盘管停机后，新风将从回风口吹出，回风口一般都有过滤器，此时过滤器上灰尘将被吹入房间；如果新风已经冷却到低于室内温度，导致风机盘管进风温度降低，从而降低了风机盘管的出力。因此，一般不推荐采用这种送风方式。（2）新风与风机盘管的送风并联送出，可以混合后再送出，也可以各自单独送入室内。这种系统安装稍微复杂一些，但避免了上述两条缺点，卫生条件好，应优先采用这种方式。

6.7.3.3 新风与风机盘管负荷分配

房间的显热冷负荷和湿负荷（包括新风负荷）是由风机盘管与新风共同来承担的，因此，风机盘管与新风如何分配这些负荷是设计者必须考虑的。目前有四种设计方案：

方案一，新风冷却去湿处理到低于室内的含湿量，承担室内的湿负荷及部分显热冷负荷。这时风机盘管只承担室内部分显热冷负荷，在干工况下运行。为使盘管在干工况下运行，必须提高冷水温度，一般在 $15\sim18℃$。新风的这种处理方案的优点是：（1）盘管表面干燥，无霉菌滋生条件，卫生条件好；（2）风机盘管用的冷水温度高，如盘管用冷水由单独的冷水机组制备，则它的制冷系数高，能耗低；（3）在室外湿球温度低时，可利用冷却塔的水作风机盘管冷源，或采用地下水作冷源，以降低人工制冷的能耗。缺点是：（1）新风系统需要温度比较低的冷水，而盘管需要温度比较高的冷水，因此冷水系统比较复杂；（2）盘管在干工况下运行，其制冷能力大约只有原来标准工况（$7℃$冷水）的 60% 以下，虽然风机盘管负荷减少了，但所选用的风机盘管规格并不能减小，而这时新风系统的冷却设备因负荷增加而需要加大规格；（3）一些不可预见的原因使室内湿负荷增加（如室内人员密度增加，室外湿空气渗入房间），风机盘管也可能出现所不希望的湿工况。当空调冷源采用冰蓄冷系统时，有温度很低的冷水供应，这时宜选用这种新风处理方案。

方案二，新风冷却去湿处理到室内空气的焓值，而风机盘管承担室内人员、设备冷负荷和建筑维护结构冷负荷。新风与风机盘管的空气处理过程及送风（风机盘管送风和新风）在室内的状态变化过程在 h-d 图上的表示见图 6-41。室外新风 O 被冷却处理到机器

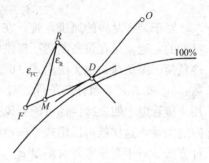

图 6-41　方案二的空气处理过程

露点 D；此点的温度根据设计的室内状态点的焓值线与相对湿度 $90\%\sim95\%$ 线的交点确定，一般可取 $17\sim19℃$。实际工程中，就按确定的温度控制对新风的处理，而不因室内焓值的变化修正控制的温度。风机盘管处理到 F 点，与新风混合后到 M 点。MR 为处理后空气送入室内的状态变化过程。这种处理方案并不一定满足房间对温湿度的要求。原因如下：在已确定条件下，室内的冷负荷和湿负荷是一定的，即室内的热湿比（ε_R）是确定的，因此要求风机盘管处理后状态点 F 与新风处理后状态点 D 混合后的状态点 M 刚好落在室内 ε_R 线上，才有可能最终达到所要求的室内状态点 R。然而风机盘管处理过程的热湿比（ε_{FC}）在一定水温、水量、进风参数及风机转速下是一定的，并不一定满足上述要求。如果混合点在 ε_R 左侧，室内相对湿度会比设计的低些，这在夏季是有利的；反之，混合点在 ε_R 的右侧，室内相对湿度会比设计值高，太高就不能满足舒适的要求。因此设计者必须对此进行校核。计算表明（本节例6-4），对于旅馆客房、人员密度小的办公室等，这种处理方案可以达到室内的设计要求。

方案三，新风经除湿（非冷却除湿）后承担室内湿负荷，风机盘管承担室内显热冷负荷。新风与用 $15\sim18℃$ 冷水冷却的盐溶液（如氯化锂溶液）直接接触，实现对新风冷却去湿处理（参见12.4.2），使新风处理后的含湿量 $<d_R$（满足除去室内湿负荷的要求），温度降到室内温度；风机盘管也采用 $15\sim18℃$ 冷水对室内空气进行冷却（承担室内显热冷负荷）。这种方案的特点是风机盘管与新风分别对室内的温度和湿度进行独立控制[12]。这种温湿度独立控制方案，既保留了方案一的优点，又避免了要求有低温冷水和要求有高、低两种温度冷水的缺点。

方案四，根据室内的冷负荷、湿负荷和风机盘管的热湿比确定新风的处理状态点。设室内的全热冷负荷为 $\dot{Q}_c$（kW），湿负荷为 $\dot{M}_w$（kg/s），新风量 $\dot{V}_o$（m³/s）。室内状态点的参数为：比焓 h_R（kJ/kg）、含湿量 d_R（g/kg）；新风处理后的状态点的参数为：比焓 h_D（kJ/kg）、含湿量 d_D（g/kg）。新风送入室内后，将给室内带入全热冷负荷 $\rho\dot{V}_o(h_D-h_R)$ 和湿负荷 $\rho\dot{Q}_o(d_D-d_R)\times10^{-3}$，上述负荷若为负值，表示新风承担了部分房间冷负荷或湿负荷。综合考虑新风带入负荷后的室内热湿比应为

$$\varepsilon_r=\frac{\dot{Q}_c+\rho\dot{V}_o(h_D-h_R)}{\dot{M}_w+\rho\dot{V}_o(d_D-d_R)\times10^{-3}} \tag{6-38}$$

式中，ρ 为送入新风的密度，kg/m³。如风机盘管的空气处理过程的热湿比 ε_{FC} 等于或稍小于 ε_r，则可满足设计要求，即必须有

$$\frac{\dot{Q}_c+\rho\dot{V}_o(h_D-h_R)}{\dot{M}_w+\rho\dot{V}_o(d_D-d_R)\times10^{-3}}\geqslant\varepsilon_{FC} \tag{6-39}$$

对于某一品牌的风机盘管，在一定水温、水量、进风参数、转速条件下，它的 ε_{FC} 是已知的，通常可在设备制造厂提供的样本上获得。但是，即使已知风机盘管的 ε_{FC} 和室内冷负荷、湿负荷，也无法由式（6-39）确定出新风处理后的状态点，因该式中有两个未知数：h_D 和 d_D，必须补充条件。对于我国大多数地区，夏季需对新风进行冷却去湿处理，用4排管以上的表冷器都把新风处理到 $\varphi=90\%\sim95\%$[13]。在该等 φ 线上 h_D 与 d_D 有确定的关系，这样就可以用式（6-39）确定出新风处理后的状态参数。例6-5说明了这种设计方法。对于夏季室外含湿量 $d_o<d_R$ 的气候干燥地区，可以对新风进行干冷却处理，即令 $d_D=d_o$，则也容易由式（6-39）确定出新风处理后的状态参数。

对于冬季工况，新风一般可以加热到室内温度，并根据房间的湿负荷确定对新风的加湿量。

对新风的处理通常采用组合式空调机组或整体式新风机组。机组一般具有过滤、冷却、加热、加湿等功能。在冬季室外新风低于0℃的地区，新风机组应有防冻措施，如在新风入口处设电动保温密闭阀，与风机联动。当停机时，密闭阀将自动关闭。另外加热盘管应位于机组内冷却盘管的上游，以防在冬季运行时，由于冷却盘管中未放水或水未放尽而冻毁盘管。

【例6-4】 一标准客房室内全热冷负荷为1.4kW；室内湿负荷为200g/h(5.56×10^{-5} kg/s)；送入新风量为60m³/h(1.67×10^{-2} m³/s)；室内设计参数为25℃和50%；当地大气压为99.3kPa，求新风应处理后的状态。

【解】 查某企业风机盘管样本，在冷水进水温度为7℃、额定流量和室内设计参数条件下，型号为FP34和FP51风机盘管的平均显热比SHF(显热/全热)=0.75，则风机盘管处理过程的热湿比为

$$\varepsilon_{FC} = \frac{2500}{1-SHF} = 10000 \text{kJ/kg}$$

根据室内参数，在大气压力为99.3kPa(745mmHg)的h-d图上查得，$h_R = 51$kJ/kg，$d_R = 10.1$g/kg，代入式(6-38)，得

$$\varepsilon_r = \frac{1.4 + 2.22 \times 10^{-2} \times 1.17(h_D - 51)}{5.56 \times 10^{-5} + 2.22 \times 10^{-2} \times 1.17(d_D - 10.1) \times 10^{-3}}$$

用试算法，取$h_D = 57.5$kJ/kg，$\varphi = 95\%$，$d_D = 14.6$g/kg，代入上式后得$\varepsilon_r = 10641$kJ/kg$> \varepsilon_{FC}$(10000kJ/kg)。要求新风处理后的焓值$h_D >$室内焓值h_R。这也说明，对于客房用的新风系统，方案二是可行的。

【例6-5】 一中餐厅的面积为100m²，就餐人数为50人，室内冷负荷为16.4kW(包括人员、食物、灯光和建筑负荷)，湿负荷为2.5g/s(包括人员及食物)，新风量为25×50=1250m³/h(0.347m³/s)，室内设计干湿球温度为27℃和20℃，当地大气压为99.3kPa，求新风处理后的状态。

【解】 某厂FP102型风机盘管在冷水进水温度为7℃、额定流量和室内设计参数条件下，其显热比$SHF = 0.667$，由此可求得$\varepsilon_{FC} = 7500$kJ/kg。在大气压99.3kPa (745mmHg)的空气焓湿图上查得$h_R = 58.2$kJ/kg、$d_R = 12.2$g/kg。利用式(6-39)进行试算求新风处理后的状态点，即首先假定h_D(或d_D)，在等相对湿度线(如$\varphi = 95\%$)上得到d_D(或h_D)，代入式(6-39)，如该式满足(左端等于或稍大于ε_{FC})，则h_D和d_D即为所求得的新风处理后状态点两个参数；如不满足式(6-39)，重新假定h_D(或d_D)再进行计算。本例求出新风处理到$h_D = 28.5$kJ/kg、$d_D = 7.4$g/kg、$\varphi_D = 95\%$时，$\varepsilon_r = 7876$kJ/kg，满足$\varepsilon_{FC} \leqslant \varepsilon_r$的条件。

从要求新风处理的参数分析可知，由于室内湿负荷大，新风必须有一定的除湿能力(即$d_D < d_R$)才有可能在与风机盘管共同作用下实现对房间温湿度调节。这时要求新风处理后的温度为10℃，用7℃的冷水实际上已难达到。若采用方案四温湿度独立控制的新风处理方案，则可以达到设计要求。如果仍按方案二的处理方法，实际运行时这类空调房间内的湿度过高。

6.7.4　风机盘管的选择

风机盘无论只为夏季应用，还是冬、夏季都用，都应先按夏季工况来选择，然后对冬季工况进行校核。若冬季供热量不足，可加大型号。选择风机盘管必需确定它应承担的冷负荷和运行条件（室内干、湿球温度、冷水初温和温差）。6.7.3.3 中给出了新风与风机盘管四个方案，不难确定各方案的风机盘管所应承担的冷负荷如下：

方案一，新风承担了湿负荷和部分显热负荷，风机盘管所应承担的显然冷负荷应为

$$\dot{Q}_{\text{FC.s}} = \dot{Q}_{\text{c.s}} - \rho\dot{V}_\text{o}c_\text{p}(t_\text{R} - t_\text{D}) \tag{6-40}$$

式中 $\dot{Q}_{\text{c.s}}$ 为室内显热冷负荷，kW；c_p 为空气定压比热，kJ/（kg·℃）；t_D 为新风处理到机器露点的温度，℃；其他符号同前。

方案二，新风处理到室内焓值，不承担室内冷负荷，因此风机盘盘管承担室内冷负荷 $\dot{Q}_\text{c}$，即 $\dot{Q}_{\text{Fc}} = \dot{Q}_\text{c}$。

方案三，温湿度独立控制，风机盘管只承担室内显热冷负荷 $\dot{Q}_{\text{c.s}}$（kW），即 $\dot{Q}_{\text{Fc.s}} = \dot{Q}_{\text{c.s}}$。

方案四，新风承担部分全热冷负荷，风机盘管应承担的冷负荷为

$$\dot{Q}_{\text{FC}} = \dot{Q}_\text{c} - \rho\dot{V}_\text{o}(h_\text{R} - h_\text{D}) \tag{6-41}$$

如果不设新风系统，则风机盘管承担所服务房间的冷负荷和渗入新风的冷负荷。

空调建筑中通常设集中的冷源为建筑内所有的空调系统（全空气空调系统、空气-水空调系统）服务，即提供一种水温和温差的冷水，风机盘管入口的冷水温度和温差取与冷源一致。室内的干、湿球温度按规范[5]来确定。有些风机盘管的供应商所提供的样本中已列出了常用的几组入口空气干、湿温度、几种冷水初温和流量的供冷量，设计者可根据它和设计工况选择合适规格的风机盘管。有的样本只给出了额定工况下的制冷量，则可以用以下的近似公式推算出设计工况下的制冷量[14]：

$$\frac{\dot{Q}_\text{t}}{\dot{Q}_{\text{t.s}}} = \frac{t_{\text{wb1}} - t_{\text{w1}}}{12.5}\left[\frac{\dot{M}_\text{w}}{\dot{M}_{\text{w.s}}}\right]^{0.367} \tag{6-42}$$

$$\frac{\dot{Q}_\text{s}}{\dot{Q}_{\text{s.s}}} = \frac{t_1 - t_{\text{w1}}}{20}\left(\frac{t_{\text{wb1}}}{19.5}\right)^{-0.7}\left[\frac{\dot{M}_\text{w}}{\dot{M}_{\text{w.s}}}\right]^{0.205} \tag{6-43}$$

式中　$\dot{Q}_\text{t}$、$\dot{Q}_\text{s}$——分别为设计工况下风机盘管全热供冷量和显热供冷量，W 或 kW；

　　$\dot{Q}_{\text{t.s}}$、$\dot{Q}_{\text{s.s}}$——分别为名义额定工况下风机盘管全热供冷量和显热供冷量，W 或 kW；

　　t_{w1}——风机盘管设计工况下进口水的温度，℃；

　　t_1、t_{wb1}——分别为设计工况下风机盘管进风口空气的干球温度和湿球温度，取室内设计参数，℃；

$\dot{M}_\text{w}$、$\dot{M}_{\text{w.s}}$——分别为设计工况和额定工况下风机盘管的供水量，kg/h。

上述公式是根据两排管盘管的性能数据回归得到的。经验算，当用三排管盘管时，其误差也在工程设计允许范围内。风机盘管额定工况下的冷水温差为 5℃，若要增大温差，应减少流量，流量减小的比例可利用式（6-42）确定。例如，在"标准"[11]规定的工况下，若温差由 5℃ 增大到 6℃，则流量约为额定流量的 75%。

风机盘管额定工况下的供热量可用下式换算到设计工况下的供热量：

$$\frac{\dot{Q}_h}{\dot{Q}_{h.s}} = \frac{t_{w1} - t_1}{39} \left(\frac{\dot{M}_w}{\dot{M}_{w.s}} \right)^{0.169} \tag{6-44}$$

式中 $\dot{Q}_h$、$\dot{Q}_{h.s}$ 分别为设计工况和额定工况下风机盘管的供热量，W 或 kW。

风机盘管选择时应考虑一定的附加，所选用的风机盘管应具有的全热供冷量 Q_{FC} 或显热供冷量分别为

$$\dot{Q}_{FC} \geqslant (1 + \beta_1 + \beta_2)\dot{Q}_c \tag{6-45}$$

$$\dot{Q}_{FC.s} \geqslant (1 + \beta_1 + \beta_2)\dot{Q}_{c.s} \tag{6-46}$$

式中　β_1——考虑积灰对风机盘管传热性能影响的附加率，仅夏季使用时，取 $\beta_1 = 10\%$；
仅冬季使用时，取 $\beta_1 = 15\%$；冬、夏两季使用时，取 $\beta_1 = 20\%$；

β_2——考虑风机盘管间歇使用的附加率。对旅馆客房中的风机盘管间歇运行的不稳定热过程模拟结果表明，当 $\beta_2 = 20\%$，大约经过 20min 室温基本上可达到舒适要求；

$\dot{Q}_c$——由风机盘管承担的全热冷负荷，W 或 kW；

$\dot{Q}_{c.s}$——由风机盘管承担的显热冷负荷，W 或 kW。

当选用高静压型风机盘管时，应计算所接风管、送风口、回风口及风口过滤器等的阻力，其总阻力不得大于机组的机外静压值。当选用低静压型的风机盘管（机外静压 12Pa）时，机组连接配件为双层百叶送风口（面积与机组出风口相等）、单层或双层百叶回风口（迎面风速≤1.5m/s）、风口过滤器（面积与回风口相等）和连接短管，其总阻力一般不会超过 12Pa，则在考虑附加率 β_1、β_2 后，按风机盘管高档风量的供冷量来选择；如风机盘管配件中采用了阻力较大风口（如可开启式百叶回风口）或加装其他部件，总阻力超过 12Pa，但不大于 30Pa，则在考虑附加率 β_1、β_2 后，按风机盘管中档风量的供冷量来选择，这是因为阻力增大后，风机盘管在高档风量运行时，风量会下降到中档风量左右。

【例 6-6】　一办公室的全热冷负荷 $\dot{Q}_c = 3.5\text{kW}$，室内计算干、湿球温度为 26、19℃，拟选用显热比 $SHF = 0.72$ 的风机盘管，经计算新风应处理到 $h_D = 42\text{kJ/kg}$，$t_D = 16℃$，新风量为 180m³/h，试为该室选择风机盘管。（注：当地大气压为 101.3kPa）

【解】　在附录 6-1 中查得 $h_R = 54\text{kJ/kg}$，根据式(6-41)可计算得到风机盘管所应承担的冷负荷为

$$\dot{Q}_{FC} = 3.5 - 1.2 \times \frac{180}{3600}(54 - 42) = 2.78\text{kW}$$

该风机盘管冬夏共用，取考虑积灰影响传热的附加率 $\beta_1 = 20\%$；由于风机盘管连续工作，取间歇运行附加率 $\beta_2 = 0$，故应选全热制冷量为 $2.78 \times (1 + 20\%) = 3.34\text{kW}$ 的风机盘管。查某公司的风机盘管样本，选用 FP-68 型风机盘管 1 台。该风机盘管在进风干、湿球温度为 26、19℃时的全热制冷量为 3.69kW，显热制冷量为 2.63kW，$SHF = 0.712$，满足题设条件。

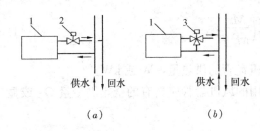

图 6-42 风机盘管水量调节

(a) 两通阀控制；(b) 三通阀旁通控制

1—风机盘管；2—两通电磁阀；3—三通电磁阀

6.7.5 空气-水风机盘管系统的运行调节

6.7.5.1 风机盘管的运行调节

风机盘管供冷量或供热量有两种调节方法——水量调节和风量调节，通常两种方法同时应用。水量调节有两种，一是在回水管上设置两通电磁阀（图 6-42a），用恒温控制器控制该阀的启闭；二是在回水管上设置三通电磁阀（图 6-42b），用温度控制器控制该阀的直通路断（或通），而旁通路通（或断），使全部水旁通流入回水管或全部通过风机盘管。

风机盘管的电机都有三挡转速，即有三挡风量，配上三速开关，用户可根据自己的感觉手动选择风量的挡次。通常三速开关与恒温控制器组合在一起，并设有供冷/供热转换开关，这样可同时进行水量和风量调节。

6.7.5.2 新风系统调节

新风系统的运行调节相对于全空气空调系统来说比较简单。夏季将新风冷却并恒定在设计确定的新风温度（t_D）。当室外新风温度 $t_o < t_D$，且室内有冷负荷时，新风可以不经冷却或加热处理直接进入室内；但当室外空气温度较低时，就不宜直接进入室内，以避免室内有吹冷风感。对于一般的舒适性空调建筑，当送新风的高度在 5m 以下时，送入新风的温度不宜低于 14～15℃；当送新风的高度在 5m 以上时，新风的温度不宜低于 10～11℃。因此，当室外温度低于上述温度时，即使室内仍有冷负荷，也应对新风进行加热，并保持某一允许的较低温度值。冬季若新风系统所负担的区域室内有热负荷，则应将新风加热到室内温度，并进行必要的加湿；若新风系统担负的区域室内有冷负荷（如内区），则宜将新风加热和加湿到制冷工况所确定的新风状态点。

6.7.6 空气-水风机盘管系统的优缺点

空气-水风机盘管系统与全空气系统相比的优点是：

(1) 各房间的温度可独立调节；当房间不需要空调时，可关闭风机盘管（关闭风机），节约能源和运行费用。

(2) 各房间的空气互不串通，避免交叉污染。

(3) 风、水系统占用建筑空间小，机房面积小，其原因是新风系统风量小，一般仅为全空气系统的 15%～30%；水的密度比空气的大，输送同样能量时水的容积流量不到空气流量的千分之一，水管比风管小得多。

(4) 水、空气的输送能耗比全空气系统小，原因同上。

它的缺点是：

(1) 末端设备多且分散，运行维护工作量大。

(2) 风机盘管运行时有噪声。

(3) 对空气中悬浮颗粒的净化能力、除湿能力和对湿度的控制能力比全空气系统弱。

6.8 空气-水诱导器系统和辐射板系统

6.8.1 空气-水诱导器系统

空气-水诱导器系统的房间负荷由一次风（通常是新风）与诱导器的盘管共同承担。空气-水式诱导器有多种形式，图 6-43 给出了几种典型的诱导器结构形式。这几种诱导器的工作原理基本上是一样的，经处理的一次风进入诱导器后，经喷嘴高速喷出，诱导器内产生负压，室内空气（二次风）通过盘管被吸入；冷却（或加热）后的二次风与一次风混合，最后送入室内。卧式诱导器中的旁通风门用于调节通过盘管的风量。卧式诱导器装于顶棚上；上送风的立式诱导器装在窗台下；一次风的风管和供回水管通常在下层顶棚内；下送风立式诱导器靠内墙明装；吊顶式诱导器装在顶棚内，下部与顶棚同高。盘管一般是1排管或2排管的铜管铝翅片结构，盘管冷热共用，也有的冷却盘管与加热盘管分开，适宜于在系统中同时有供冷和供热的情况。喷嘴的空气流速可达 20m/s 以上，故压力损失大，且有较大的噪声；新型的诱导器（如图 6-43c、d）喷嘴流速在 5～10m/s，压力损失较小，噪声较低。

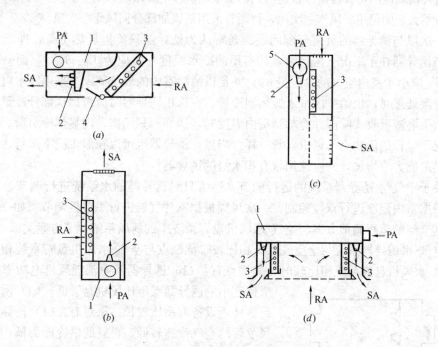

图 6-43 空气-水式诱导器

(a) 卧式；(b) 立式（上送风）；(c) 立式（下送风）；(d) 吊顶式

PA——一次风；RA——室内风（二次风）；SA——送风

1—静压箱；2—喷嘴；3—盘管；4—旁通风门；5—风管

诱导器一个重要参数是诱导比（n），它定义为二次风流量（$\dot{V}_{RA}$）与一次风流量（$\dot{V}_{PA}$）之比，即

$$n = \frac{\dot{V}_{RA}}{\dot{V}_{PA}} \tag{6-47}$$

喷嘴流速高的诱导器的诱导比 $n=3.2\sim5.6$，喷嘴流速较低的诱导器的诱导比 $n=2\sim4.4$。诱导比大小也反映了在同样的一次风量情况下，诱导器冷却（或加热）能力的大小。诱导比大，其冷却（加热）能力就大。换言之，为获得一定的冷却（或加热）能力，诱导比大的诱导器所需的一次风量小。但诱导比大小同样也反映了噪声和一次风的压力损失大小。例如某型号诱导器，当诱导比为 3.8 时，噪声为 35dB（A），一次风压力损失为 182Pa；当诱导比为 2 时，噪声为 23dB（A），压力损失为 26Pa。对于一定型号规格的诱导器，通常可配置几种不同型号的喷嘴，有几种诱导比可供选择。诱导器的性能指标除了一次风量、诱导比、一次风压力损失、噪声外，还有供冷量、供热量、水阻力等，设计时可查阅产品说明书。

　　空气-水诱导器系统在房间中的空气处理过程，与空气-水风机盘管系统中新风与盘管并联送风一样，即室内空气被诱导器的盘管处理后再与经处理的一次风混合送入室内，消除室内负荷。由于房间的负荷由一次风与诱导器共同来承担，因此也有两者之间的匹配问题。通常需确定一次风量和处理状态，分配一次风和诱导器的负荷，再选择合适的诱导器。一次风原则上采用新风，新风量按卫生要求确定。对于室内负荷相对比较大的系统，新风量（即一次风量）所对应的诱导器供冷量达不到消除室内负荷的要求时，则应加大一次风量。如果加大的量不大，则仍用新风作一次风，否则宜采用新风加部分回风作一次风。

　　一次风与诱导器的负荷分配问题。通常认为诱导器只负担显热负荷，即干工况下运行。当诱导器在干工况下运行时，其所用的冷水温度一般应为 $15\sim18℃$。而一次风的含湿量 d_{PA} 应小于室内空气的含湿量 d_R，并足以消除室内的湿负荷。当采用冷水对新风进行冷却去湿处理时，也给室内带来显热制冷量，在选用诱导器时应考虑这部分冷量。当新风采用盐类溶液吸收式除湿并冷却到室内温度时，诱导器只承担室内显热冷负荷。诱导器在干工况下运行的优缺点与风机盘管一样。当然，诱导器也可以在湿工况下运行，这时诱导器的供冷能力将增加，并应选用带有积水盘的诱导器。

　　关于空气-水诱导器系统的运行调节，通常只对诱导器的水系统进行调节，用两通电磁阀根据室内温度进行双位控制。一次风则根据室外气温进行季节性调节。如一次风是新风，其全年的运行调节方案与空气-水风机盘管系统中的新风系统调节方案类似。

　　空气-水诱导器系统与全空气系统相比较，优缺点与空气-水风机盘管系统相类似。它与空气-水风机盘管系统相比较时，其优点有：（1）诱导器不需消耗风机电功率；（2）喷嘴速度小的诱导器噪声比风机盘管低；（3）诱导器无运行部件，设备寿命比较长。缺点有：（1）诱导器中二次风盘管的空气流速较低，盘管的供冷能力低，同一供冷量的诱导器体积比风机盘管大；（2）由于诱导器无风机，盘管前只能用效率低的过滤网，盘管易积灰；（3）一次风系统停止运行，诱导器就无法正常工作；（4）采用高速喷嘴的诱导器，一次风系统阻力比风机盘管的新风系统阻力大，功率消耗多。

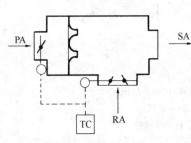

图 6-44　不带盘管的诱导器

PA——一次风；RA—室内风（二次风）；

SA—送风；TC—温度控制器

　　诱导器还有一种形式是不带盘管的诱导器。图 6-44 所示为一种不带盘管的诱导器结构示意图。该诱导器根据各房间的温度调节一次风（PA）的风量，但同时开大二次风（即回风 RA）的风门，以保证送入室内的风量基本稳定。从这种诱导器的工作原理可见，由它组成的系统不属于空气-水系统，而属于全空气系统中的单风道变风量系统，不带盘管的诱导器（或称全空气诱导器）即是变风量末端装置——诱导型变风量末端装置。这种诱导型变风量系统的空气状态变化过程如图 6-45 所示，一次风在空调机组内处理到 D，考虑风机及风管温升后到 D'，假定送到各房间的一次风均为此状态（实际上各房间的风管温升是不一样

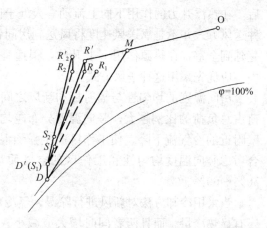

图 6-45　诱导型变风量系统的空气状态变化过程

的）。R 为各房间的平均状态，R_1、R_2 分别表示了其中两个典型房间的状态。R_1 为大负荷房间状态，此时送入房间的一次风量大，送风状态点 S_1 即 D'，虚线 S_1R_1 为送风进入室内后的变化过程。R_2 为小负荷房间的室内状态，此时送入房间的一次风量小，同时诱导了顶棚内的回风。考虑吸收了灯具散发的热量，二次风的状态为 R'_2，一次风与二次风混合后的状态为 S_2，即为小负荷房间的送风状态点，虚线 S_2R_2 为送入室内后的过程。实质上诱导器同时也利用了暗装于顶棚内灯具的热量作为房间温度调节的再热量。当房间顶棚内灯具等的热量很小时，又考虑到房间对新风的需求，一次风不能过少，则应采用装有再热盘管（热水、蒸汽或电加热）的诱导器。

一次风的风量控制与常规的单风道 VAV 系统一样。全空气诱导型变风量系统保持了常规的 VAV 系统的优点，而又避免了它在部分负荷时风量小而影响室内气流分布的特点。但是，由于诱导器在全负荷时二次风的风门（此时全闭）有漏风，一次风的冷量还必须抵消漏风带入的热量，因此系统的总风量要比常规的 VAV 系统稍大一些；另外诱导器内喷嘴有较大的风速，因此这种诱导器的压力损失比常规的 VAV 末端机组要大很多，噪声也会大些。

6.8.2　空气-水辐射板系统

利用辐射板供冷虽然可获得舒适的环境，但是它无除湿能力和无法解决新风供应问题。因此必须与新风系统结合在一起应用，这就是所谓的空气-水辐射板系统，即辐射板加新风系统。

室内湿负荷由新风系统负担，因此新风处理后的露点必须低于室内空气露点。欧洲应用这种系统的经验表明，对于人员密度不大的办公建筑，辐射板的供水温度不低于 16℃，而新风的露点温度低于 14℃。在新风系统设计时，应根据室内的湿负荷确定新风处理后的空气含湿量。

新风在室内的送风方式主要有两种：其一是混合送风方式，即要求送入的新风充分与室内空气混合，以稀释室内的污染物和使室内温度均匀。空气-水辐射板系统的新风量通常很小，用这种送风方式难于达到上述两个要求；其二是置换送风方式（详见 11.3）。低于室内温度的新风靠近地面缓慢送出，并沿地面弥散开来，遇到热源（人体或发热设备）

后，在热浮升力的作用下向上流动。人处于比较干净的新风中间，充分地利用了新风。这种送风方式并不是靠送风速度将风送到房间各处，而是靠新风密度大，下沉在底部缓慢地蔓延到全室，在热源作用下上升的，很适宜小送风量的场合。因此普遍认为在这种系统中，应优先采用这种送风方式。

房间温度的均匀性与辐射板和新风之间负荷分配有关。试验表明[15]，冷却顶板冷负荷占总负荷的比例越大，竖向温度分布越均匀，但这时墙壁温度较低，导致顶板下和墙壁附近的冷气流下降，使工作区产生强烈混合，污染物浓度高，影响室内空气质量。综合考虑竖向温度均匀性和工作区的空气质量，冷却顶板的冷负荷宜占总室内冷负荷的 $50\%\sim60\%$。

当采用冷却方法对新风进行除湿，经冷却去湿的新风不仅具有潜热冷量（除湿能力），还有显热冷量，而且两者同时增大或减小。在选用辐射板时，应考虑新风带入的显热冷量。新风也可采用盐类溶液（如氯化锂）的除湿冷却机组[12]进行处理（参见 12.4.2），使新风承担室内湿负荷，而辐射板承担室内显热冷负荷，实现对房间温湿度独立控制。

空气-水辐射板系统的室内温度控制依靠调节辐射板冷量来实现。通常用控制冷水流量来调节辐射板冷量，最简单的办法是采用由恒温控制器控制的开/关型电动阀来实现。另外，冷水系统应设置水温不得低于室内空气露点的保护控制，如关闭水路或调高水温。新风系统可只作季节性的调节，并应控制新风的露点低于室内露点。

这种系统在欧洲应用得比较多，它的主要优点是室内环境的舒适度较高；可以应用自然冷源，如采用冷却水、地下水（参见 5.3 和 14.4）；如辐射板的冷水采用独立的人工制冷装置制备时，则它的性能系数 COP 值高，比常规系统高 35% 左右，比较节能。但这种系统的供冷能力比较弱，因此只能用于单位面积冷负荷比较小的场所。

6.9　蒸发冷却空调系统

6.9.1　概述

上述各节介绍的空调系统都是利用人工制冷的方法来对空气进行冷却，本节将讨论利用蒸发冷却技术来全部或部分取代人工制冷的空调系统。水蒸发要吸热，具有冷却功能。这种物理现象早为人类所利用，例如夏季在房间内泼点水，可以使室内变得凉爽。蒸发冷却在通风空调中早期的应用有：冷却塔用蒸发冷却对水进行冷却；热车间中用喷雾风扇来降温；纺织厂中要求空气湿度大，常用高压喷雾直接对车间空气冷却加湿等。这类应用都是空气与水直接接触的接近等焓的热质交换过程，带来空气湿度增加，限制了在有湿负荷的空调中应用。从 20 世纪 80 年代开始，我国开始对蒸发冷却在空调中的应用进行了基础性研究和设备开发，21 世纪得到了推广[16-19]。

用于冷却空气的蒸发冷却有两种基本形式——直接蒸发冷却（Direct Evaporative Cooling，缩写为 DEC）和间接蒸发冷却（Indirect Evaporative Cooling，缩写为 IEC）。直接蒸发冷却是空气与循环水直接接触的等焓冷却。间接蒸发冷却是利用直接蒸发获得的冷介质通过换热器对空气进行干冷却（等湿冷却）。间接蒸发冷却又可分为两类：（1）利用直接蒸发冷却的二次空气通过换热器对一次空气（被冷却空气）进行干冷却；（2）利用蒸发冷却获得的冷水通过换热器对空气进行冷却。

6.9.2 直接蒸发冷却和间接蒸发冷却设备

6.9.2.1 直接蒸发冷却设备

直接蒸发冷却设备有喷水室和淋水填料式两种形式。喷水室的特点见 6.6.3。淋水填料式直接蒸发设备的结构原理如图 6-46 所示，它可以是组合式空气处理机组中的一段，也可以增加风机后制成单元式蒸发式冷气机。在填料层上方设有布水系统，将循环水均匀地淋洒在填料层上，使之湿润，空气通过湿润的填料层被等焓冷却。作为填料层的材料有：经特殊处理的波纹形纸板，波纹形塑料板，玻璃纤维为基材的高分子复合板材，铝合金箔等。理想的填料层材料应是空气与水的接触面积大，表面湿润性好，换热效率高，阻力小，耐用，性能稳定等。

直接蒸发冷却过程是接近等焓过程，在 h-d 图上的表示见图 6-47。终状态离 $\varphi=100\%$ 愈近，换热效果愈好。用冷却效率来评价直接蒸发的换热效能，冷却效率 E_d 的定义为

$$E_d = \frac{t_1 - t_2}{t_1 - t_{wb.1}} \tag{6-48}$$

式中　t_1、t_2——空气冷却前后的干球温度，℃；

　　　　$t_{wb.1}$——空气冷却前的湿球温度，℃。

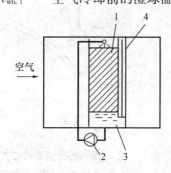

图 6-46　淋水填料式直接蒸发设备
1—填料层；2—水泵；
3—积水盘；4—挡水板

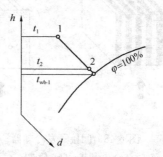

图 6-47　直接蒸发冷却
过程在 h-d 上的表示

喷水室的冷却效率与喷水室结构、空气质量流速、喷水量有关，可根据实验公式确定[9][10]。双排喷嘴的喷水室的 E_d 一般为 0.8～0.96。填料式直接蒸发冷却设备的冷却效率与填料层的材料、厚度、迎面风速等因素有关，E_d 一般为 0.7～0.95。

6.9.2.2 间接蒸发冷却器

间接蒸发冷却器类似于空气-空气换热器，换热器换热面的一侧是被冷却的空气（称为一次空气）；另一侧是蒸发冷却的空气（称二次空气），在二次空气通过的同时喷淋循环水。常用的间接蒸发冷却器有两类——板翘式和管式，如图 6-48 所示。图中（a）为板翘式间接蒸发冷却器，它由若干个平板平行叠置组成。在通道中装有波形板，波峰与平板连接在一起。相邻两个通道中一个通道通过一次空气；另一通道通过二次空气，并喷淋循环水，水在这个通道中蒸发吸热，从而把另一通道中的一次空气冷却。图中黑色表示该通道

迎空气方向是封闭的，白色表示该通道是敞开的。图（b）是管式间接蒸发冷却器。管内是被冷却的一次空气通道，管外是二次空气及喷淋水通道。间接蒸发冷却器中的一次空气和二次空气可以都是室外空气；当室内排风的焓小于室外空气的焓时，宜采用排风作二次空气。

图 6-49 是一、二次空气均为室外空气的间接蒸发冷却器空气处理过程在 h-d 图上的表示。1-2 是一次空气的等温冷却过程。冷却放出的热量通过传热壁传递给壁面上的水膜，使水蒸发；二次空气与水接触，也被蒸发冷却，但这时二次空气并非是绝热过程，由于传热温差传递给二次空气一些热量，焓值有所增加，因此，二次空气的过程 1-3 偏离了等焓过程。间接蒸发冷却器换热效能也用冷却效率来评价，它定义为

$$E_i = \frac{t_1 - t_2}{t_1 - t'_{wb}} \tag{6-49}$$

式中 E_i——间接蒸发冷却器的冷却效率；

t_1、t_2——一次空气冷却前后的干球温度，℃；

t'_{wb}——二次空气的湿球温度，℃；当一、二次空气都是室外空气时，$t'_{wb} = t_{wb.1}$。

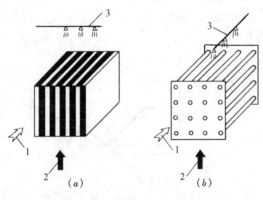

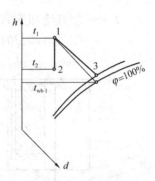

图 6-48　间接蒸发冷却器

(a) 板翅式；(b) 管式；

1——次空气；2—二次空气；3—布水系统

图 6-49　间接蒸发冷空气处理

过程在 h-d 图上表示

E_i 与间接蒸发冷却器的结构、一二次空气量之比、淋水量、迎面风速等因素有关。E_i 一般在 0.55～0.75 之间。

利用蒸发冷却获得的冷水对空气进行冷却的间接蒸发冷却所用的设备是常规的冷却塔和空气冷却器，这里不再赘述。

6.9.3　蒸发冷却空调系统

蒸发冷却空调系统主要有两种形式——全空气系统和空气-水系统。

6.9.3.1　全空气蒸发冷却空调系统

按采用蒸发冷却级数分，有以下几类形式：

（1）一级蒸发冷却系统

我国有一些地区夏季空调室外计算干、湿球温度不高，用直接蒸发冷却对室外空气进行冷却，冷却后的状态可以达到一般舒适性空调的送风要求。例如，我国西宁市夏季空调

室外计算干、湿球温度分别为 26.5℃和 16.6℃，当地大气压力为 77.2kPa，如果采用冷却效率 $E_d = 0.94$ 的直接蒸发冷却器对室外空气进行冷却，可处理到 $t_2 = 17.1$℃，$\varphi = 95\%$。设室内设计温、湿度为 26℃、60%，在大气压力接近 77.2kPa 的 h-d 图上，将上述的室内状态点和室外空气处理后的状态点标于 h-d 图上，则可查得送风进入室内后的状态变化过程线的热温比 $\varepsilon \approx 9000$kJ/kg。满足一般场所舒适性空调的要求（很多场所夏季室内负荷的热湿比一般 <9000kJ/kg）。上述这类地区在我国青海、西藏、甘肃、云南等省、自治区都有。

（2）两级蒸发冷却系统

有些地区的气候条件，虽然采用一级蒸发冷却无法达到符合要求的送风状态，但采用两级（间接＋直接）蒸发冷却有可能达到。图 6-50 为两级蒸发冷却的处理过程（其中间接蒸发冷却的一、二次空气均为室外空气）在 h-d 图上的表示。室外空气（点 1）经间接蒸发冷却后（点 2），其湿球温度也下降了，再经直接蒸发冷却后，可获得温度、含湿量均较低的送风状态（点 S）。例如，乌鲁木齐市夏季空调室外计算干、湿球温度为 33.5℃、18.2℃，当地大气压力为

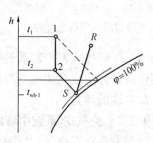

图 6-50 两级蒸发冷却在 h-d 上的表示

91.12kPa。如果采用一级蒸发冷却对室外空气进行冷却，最大限度可处理到的送风状态点 $t_s = 18.7$℃，$d_s = 14$g/kg），而室内 $t_R = 26$℃、$\varphi_R = 60\%$ 时的含湿量 $d_R = 13.7$g/kg。这时送风已无除湿能力，在一般舒适性空调中无法应用。如果先对室外空气进行间接冷却，取 $E_i = 0.6$，则可冷却到 $t_2 = 33.5 - 0.6 \times (33.5 - 18.7) = 24.3$℃；然后再进行直接蒸发冷却。假定冷却到 $\varphi_s = 90\%$，则在大气压接近 91.1kPa 的 h-d 图上得到送风状态点 $t_s = 16.4$℃，$d_s = 11.3$g/kg。仍设室内温、湿度分别为 26℃、60%，则送风进入室内的状态变化过程线 $\varepsilon \approx 6800$kJ/kg。这种送风参数已经满足湿负荷较大场所（如人员多的超市、会议厅、候车室、餐厅等）的舒适性空调的要求。

（3）三级蒸发冷却系统

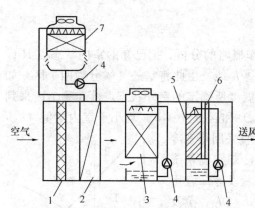

图 6-51 三级蒸发冷却系统空气处理机组
1—空气过滤器；2—空气冷却器；
3—间接蒸发冷却器；4—水泵；
5—直接蒸发冷却器；6—挡水板；
7—冷却塔

图 6-51 为三级（间接＋间接＋直接）蒸发冷却系统中的空气处理机组的组成。第一级间接蒸发冷却——室外空气用冷却塔的冷水通过空气冷却器来冷却。这种间接蒸发冷却的冷却效率不如间接蒸发冷却器（图 6-48）的冷却效率高，但一般 E_i 也可达到 0.5 以上。由第一级冷却的室外空气成为第二级间接蒸发冷却器的一次空气和二次空气。二次空气一般取一次空气的 60%～80%[9]，因此，空气处理机组入口空气量是送风量的 1.6～1.8 倍。三级蒸发冷却的空气处理过程在 h-d 图上的表示见图6-52。图中 1-2 为第一级间接蒸发冷却过程；2-3 为第二级间接蒸发冷却过程；3-S 为第三级直接蒸发冷却过程；S-R 为送风在室内

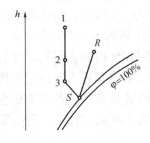

图 6-52 h-d 图上的三级蒸
发冷却的空气处理过程

的状态变化过程。从图上不难看到，与上述两级蒸发冷却相比，由于采用两级间接蒸发冷却，直接蒸发器入口空气的湿球温度被进一步降低，从而可获得温度、含湿量更低的送风状态。

还有一种不是纯蒸发冷却的三级系统，即在间接蒸发冷却器和直接蒸发冷却器之间加一组用人工冷源的表冷器。这种组合方式在使用上比较灵活，它可以有三种运行模式：（1）两级蒸发冷却系统运行模式；（2）用人工冷源的表冷器对空气进行冷却去湿，间接蒸发器用做新风预冷；（3）用人工冷源的表冷器起第二级间接蒸发冷却器的作用，即相当于三级蒸发冷却系统运行模式。这种系统适用于在设计条件下完全用蒸发冷却无法达到空调要求，而又有很多时间的气候条件适宜用蒸发冷却空调的地方。

6.9.3.2 空气-水系统中蒸发冷却的应用

蒸发冷却在空气-水系统中的应用有两种方式——冷却新风和制取冷水。

（1）冷却新风

各种空气-水系统都需要供应新风。根据当地的气候条件，采用不同的蒸发冷却系统将新风冷却到某一状态，以承担部分冷负荷。一些干燥地区，一般都可以用蒸发冷却把室外空气冷却到焓值≤室内的焓值，有的地区甚至可以冷却到含湿量小于室内含湿量。因此，蒸发冷却不仅承担了新风负荷，而且还可能承担部分室内负荷。

（2）制取空调冷水

空气-水辐射板系统、空气-水诱导器系统和温湿度独立控制空调系统都要求温度在16℃以上的冷水。一些干燥地区利用蒸发冷却技术可以制取这种温度的冷水。有一些地区，可能大部分时间的气候条件能用蒸发冷却制取温度符合要求的冷水，但在夏季空调室外计算干、湿球温度及附近达不到要求，则有一种蒸发冷却＋机械制冷复合冷水机组[20]可以全天候保证供应符合要求的冷水。

6.9.4 蒸发冷却空调适用性分析

下面就蒸发冷却空调系统应用的气候条件作概略的分析。把已知的室内状态点 R 标于当地大气压的 h-d 图上，通过 R 作等 d 线与等 h 线，由此将室外气候分为四个区，如图 6-53 所示。根据夏季空调室外计算干、湿球温度所确定的室外状态点落在哪个区来判断蒸发冷却空调的适用性。Ⅰ区：室外焓值（h_o）和含湿量（d_o）均小于室内焓值（h_R）和含湿量（d_R）。室外状态点落在这区内时，适宜采用蒸发冷却空调。离等 d 线远时，适宜采用全空气蒸发冷却空调系统或用蒸发冷却制取空调冷水；接近等 d 线时，蒸发冷却宜用于空气-水系统中冷却新风。Ⅱ区：$h_o > h_R$，而 $d_o < d_R$，蒸发冷却宜用于空气-水系统中冷却新风。当 d_o 比 d_R 小较多，且 h_o 接近 h_R 时，可考虑采用全空气蒸发冷却空调系统。Ⅲ区：$h_o > h_R$，$d_o > d_R$。当 d_o 靠近 d_R 时，蒸发冷却可用于空气-水系统中冷却新风；其余地区只能用间接蒸发冷对新风进行预

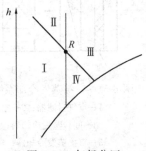

图 6-53 气候分区

冷，并宜用室内空气作二次空气。Ⅳ区：蒸发冷却可用于空气-水系统中新风冷却，但这种气候条件的地区并不多。

若要确切知道该地区的气候条件是否可用全空气蒸发冷却空调系统，应首先确定室内负荷的热湿比和要求的送风状态点后，再进行分析[9]。

6.9.5 蒸发冷却空调的特点

蒸发冷却空调的主要特点有：

(1) 能耗低，一般认为，它的运行能耗为机械制冷空调的 1/5；[21]节能也意味着温室气体和污染物排放减少。同时也无 HCFC（制冷剂，破坏大气臭氧层的气体）的排放。因此，蒸发冷却空调被誉为"绿色空调"。

(2) 全空气蒸发冷却空调系统是全新风系统，其中淋水填料式直接蒸发冷却器对空气中的 PM2.5 有很好清除作用，因此这种空调的室内空气质量好。

(3) 初投资少，维修保养费低。它们分别为传统空调系统的 63% 和 30%～40%[21]。

(4) 受气候条件的制约，蒸发冷却的应用地区和场所、系统形式受到限制。

(5) 蒸发冷却都采用循环水喷淋，容易产生水垢；淋水填料层具有清除空气灰尘的作用，但也容易被灰尘堵塞；集水盘等存水的地方也易滋生微生物，因此应加绝对系统的维护与管理。

6.10 空调系统的选择与划分原则

6.10.1 系统形式的选择

本章中介绍了各种空调系统形式，那么究竟如何选择这些系统呢？对于某一特定建筑，排除满足不了基本要求的系统外，一般都有几种系统形式可供选择。通常不可能有绝对最好的系统，只可能是几项主要指标是最优或较优的系统。需要考虑的指标也有很多，也只能择其重要的或比较重要的指标进行考虑。通常需要考虑的指标有：经济性指标——初投资和运行费用或其综合费用；功能性指标——满足对室内温度、湿度或其他参数的控制要求的程度；能耗指标——能耗实际上已反映在运行费用中，但有时为其他费用所掩盖，而节能是我国的基本国策，应当优先选择节能型系统；系统与建筑的协调性——如系统与装修、系统与建筑空间和平面之间的协调；其他，如维护管理的方便性，噪声等。在选择系统之前，还必须了解建筑和空调房间的特点与要求，如冷负荷密度（即单位面积冷负荷）、冷负荷中的潜热部分比例（即热湿比）、负荷变化特点、房间的污染物状况、建筑特点、室内装修要求、工作时段、业主要求和其他特殊要求等。系统的选择实质上是寻求系统与建筑的最优搭配。下面举例说明系统选择的分析方法：

(1) 全空气系统在机房内对空气进行集中处理，空气处理机组有多种处理功能和较强的处理能力，尤其是有较强的除湿能力。因此适用于冷负荷密度大、潜热负荷大（室内热湿比小）或对室内含尘浓度有严格控制要求的场所，例如人员密度大的大餐厅、火锅餐厅、剧场、商场、有净化要求的场所（详见第 12 章）等。系统经常需要维修的是空气处理设备，全空气系统的空气处理设备集中于机房内，维修方便，且不影响空调房间的使用，因此全空气系统也适用于房间装修高级、常年使用的房间，例如候机大厅、宾馆的大堂等。但是全空气系统有较大的风管及需要空调机房，在建筑层高低、建筑面积紧张的场所，它的应用受到了限制。

（2）高大空间的场所宜选用全空气定风量系统。在这些场所，为使房间内温度均匀，需要有一定的送风量，故应采用全空气系统中的定风量系统。因此，像体育馆比赛大厅、候机大厅、大车间等宜用全空气定风量空调系统。

（3）一个系统有多个房间或区域，各房间的负荷参差不齐，运行时间不完全相同，且各自有不同要求时，宜选用全空气系统中的变风量系统、空气-水风机盘管系统、空气-水诱导器系统等。如果这些系统中有多个房间的负荷密度大、湿负荷较大，应选用单风道变风量系统或双风道变风量系统。空气-水风机盘管系统、空气-水辐射板系统和空气-水诱导器系统适用于负荷密度不大、湿负荷也较小的场合，如客房、人员密度不大的办公室等。

（4）一个系统有多个房间，又需要避免各房间污染物互相传播时，如医院病房的空调系统，应采用空气-水风机盘管系统、一次风为新风的诱导器系统或空气-水辐射板系统。设置于房间内的盘管最好干工况运行。

（5）旧建筑加装空调系统，比较适宜的系统是空气-水系统；一般不宜采用全空气空调系统。因为空气-水系统中的房间负荷主要由水来承担，携带同样冷、热量的水管远比风管小很多，在旧建筑中布置或穿楼层较为容易；空气-水系统中的空气系统一般是新风系统，风量相对较少，且可分层、分区设置，这样风管尺寸很小，便于布置、安装。如果必须采用全空气空调系统时，也应尽量将系统划分得小一些。

（6）充分考虑当地气候条件，宜优先采用蒸发冷却空调系统，以全部或部分替代人工制冷，节约能量。

6.10.2　系统划分的原则

一幢建筑不仅有多种形式的系统，而且同一种形式的系统还可以划分成多个小系统。系统划分的原则如下：

（1）系统应与建筑物分区一致。一幢建筑物通常可分为外区和内区。外区又称周边区，是建筑中带有外窗的房间或区域。如果一个无间隔墙的建筑平面，周边区指靠外窗一侧5~7m（平均6m）的区域；内区是除去周边区外的无窗区域，当建筑宽度<10m时，就无内区。周边区还可以分为不同朝向的周边区。不同区的负荷特点各不相同。一般来说，内区中常年有灯光、设备和人员的冷负荷，冬季只在系统开始运行时有一定的预热负荷，或室外新风加热负荷，但最上层的内区有屋顶的传热，冬季也可能有热负荷。周边区的负荷与室外有着密切的关系，不同朝向的周边区的围护结构冷负荷差别很大。北向冷负荷小，东侧上午出现最大冷负荷，西侧下午出现最大冷负荷，南向负荷并不大，但四月、十月南向的冷负荷与东、西向相当。冬季周边区一般都有热负荷，尤其在北方地区，其中北向周边区的负荷最大。在有内、外区的建筑中，就有可能出现需要同时供冷和供热的工况，系统宜分内、外区设置，外区中最好分朝向设置，因为，有的系统无法同时满足内外区供冷和供热要求。虽然有再热的变风量系统或空气-水诱导器系统，可以实现同时对内区供冷和对周边区供热，但会引起冷、热量抵消，浪费能量。因此，最好把内外区的系统分开。

（2）在供暖地区，有内、外区的建筑，且系统只在工作时间运行（如办公楼），当采用变风量系统、诱导器系统或全空气系统时，无论是否分区设置，宜设一独立的散热器供暖系统，以在建筑无人时（如夜间、节假日）进行值班供暖，从而可以节约运行费用。

（3）各房间（或区）的设计参数和热湿比相接近、污染物相同、工作时间一致，负荷变化规律基本相同，可以划分为一个全空气系统。

（4）一般民用建筑中的全空气系统不宜过大，否则风管难于布置；系统最好不跨楼层设置，需要跨楼层设置时，层数也不应太多，这样有利于防火。

（5）空气-水系统中的空气系统一般都是新风系统，这种系统实质上是一个定风量系统，它的划分原则是功能相同、工作班次一样的房间可划分为一个系统；虽然新风量与全空气系统中的送风量相比小很多，但系统也不宜过大，否则各房间或区域的风量分配很困难；有条件时可分层设置，也可以多层设置一个系统。

（6）工业厂房的空调、医院空调等在划分系统时要防止污染物互相传播。应将同类型污染的房间划分为一个系统；并应使各房间（或区）之间保持一定的压力差，引导室内的气流从干净区流向污染区。

思 考 题 与 习 题

6-1 湿空气有哪几个状态参数？各个参数的单位是什么？

6-2 两种干、湿球温度分别为 32℃、26℃ 和 25℃、19℃ 的空气以 1：2 的比例混合，求混合后空气的 h、d、t（注：大气压为 101.3kPa；以下题，如无特殊说明，均设大气压为 101.3kPa）。

6-3 温度为 26℃、$\varphi=55\%$ 的空气，求在大气压为 101.3kP、93.33kPa、79.99kPa 时的 h、d、t_{wb} 和水蒸气分压力，并分析其差异的规律和相同的原因。

6-4 试确定热湿比为 8000kJ/kg 的过程线通过温、湿度为 26℃、60% 的状态点，并交 $\varphi=95\%$ 等相对湿度线的状态点的 h 和 t。

6-5 同上题，交 $t=17℃$ 等温线的状态点的 h 和 φ。

6-6 试确定热湿比为 -5000kJ/kg 的过程线通过温、湿度为 22℃、55% 的状态点，并交 $t=30℃$ 等温线的状态点的 h 和 d。

6-7 为什么说等湿球温度线近似等焓线？

6-8 空调室内的设计温、湿度为 25℃、55%，室内冷负荷为 80kW，湿负荷为 36kg/h，送风温差为 10℃，求送风量和送风状态参数（h、t、φ）。

6-9 同上题，已知送风的相对湿度为 95%，求送风量和送风温度。

6-10 图 6-8 的全空气露点送风空调系统，已知室内冷负荷为 100kW，湿负荷为 36kg/h，室内设计温、湿度为 26℃、55%，室外干、湿球温度为 30℃、25℃，新风量占总风量的 30%，求系统的送风量、新风冷负荷和空气冷却设备的冷负荷。

6-11 同上题，已知冬季建筑热负荷为 75kW（显热），湿负荷为 36kg/h，室内设计温、湿度为 22℃、55%，室外冬季温、湿度为 $-5℃$、70%，送风量、新风量同上题，求冬季室内热湿比、送风状态点、新风热负荷、空调机中空气加热设备的热负荷及喷蒸汽的加湿量（kg/h）。

6-12 同上题，若采用等焓加湿设备，试在 h-d 图上绘出空气处理过程，并求空气加热设备的热负荷。

6-13 送风风机的全压为 750Pa，送风温度为 18℃，风机效率为 0.7，电机效率为 0.82，求风机在送风气流和不在送风气流中引起的送风温升。

6-14 同题 6-10，但需考虑风管和风机温升，两项温升估计约为送风温差的 15%，送、回风管路平均分配。

6-15　同题 6-10 的条件，但采用直流式系统，计算空气冷却设备的冷负荷，并与题 6-10 进行比较。

6-16　图 6-13 的再热式空调系统，已知送风温差为 8℃，空气冷却设备将空气处理到 $\varphi=90\%$，其他条件同题 6-10，求送风量、空气冷却设备的冷负荷、再热量，并与题 6-10 进行比较。

6-17　图 6-16 的二次回风系统，已知送风温差为 8℃，空气冷却设备将空气处理到 $\varphi=90\%$，其他条件同题 6-10，求送风量，一、二次回风量，空气冷却设备的冷负荷，并与上题进行比较。

6-18　设表冷器进口空气参数和水温不变，调节表冷器的水量，试分析过程线方向的变化。

6-19　用表冷器空气旁通调节送风状态（图 6-18）时，空气经表冷器冷却后的状态点 S 将会如何变化？

6-20　露点送风系统中根据什么参数调节表冷器的冷水量？冷水流量减小后，送风状态点如何变化？如果室内热湿比不变，用上述调节方法的室内温、湿度都能满足要求吗？

6-21　空调系统的设计工况如题 6-10 的条件，并已知室内冷负荷中显热与潜热分别占 75% 和 25%，显热冷负荷中 28.6% 和室内湿负荷来自人员，人员全热冷负荷占室内冷负荷的 47%，若人员减少 35%，通过调节表冷器的冷水量改变送风状态以适应负荷的变化，问此时的送风温度、调节后的室内相对湿度为多少？

6-22　同上题，若室内人员不变，而显热冷负荷减少了 20%，问调节后的送风温度和室内相对湿度为多少？

6-23　同上题，若采用表冷器混合空气旁通调节，问送风温度、旁通风量、室内相对湿度各为多少？

6-24　同上题，若采用二次回风调节方法，问送风温度、二次回风量、室内相对湿度各为多少？

6-25　定风量再热式空调系统（图 6-13），设计工况为：室内干、湿球温度为 27℃、19.5℃，室外干、湿球温度为 31℃、25℃，最小新风比为 0.2，送风温度为 15℃，相对湿度为 80%，表冷器出口空气相对湿度为 95%，室内冷负荷中显热和潜热分别占 64% 和 36%；若显热冷负荷减小 13.5%，潜热冷负荷和湿负荷减少 30%，问如何进行调节使室内保持设计的温、湿度？并确定部分负荷时的送风状态点参数。

6-26　同上题，若室内显热冷负荷减少 20%，潜热冷负荷不变，问如何进行调节？并确定此时的送风状态点。

6-27　定风量露点送风全空气系统的设计工况为：室内空气温、湿度为 26℃、55%，室外空气干、湿球温度为 31℃、26℃，最小新风比为 0.2，室内冷负荷中显热冷负荷占 75%，送风温度为 15℃，相对湿度为 95%；若允许室内温度在 24～26℃ 范围内波动，相对湿度 40%～65%，试分析下列工况下的系统调节方案：（1）室外空气状态为 27℃、70%，室内冷负荷和湿负荷不变；（2）室外空气状态为 22℃、70%，室内显热冷负荷减少 15%，潜热冷负荷（湿负荷）减少 20%；（3）室外空气状态为 20℃、60%，室内显热冷负荷减少 30%，潜热冷负荷不变；（4）室外空气状态为 15℃、60%，室内显热冷负荷减少 40%，潜热冷负荷减少 20%。利用 h-d 图分析，估计送风状态点的参数和表冷器负荷变化的百分率。

6-28　什么叫压力有关型和压力无关型 VAV 末端机组？区别两者的特征是什么？

6-29　单风道变风量空调系统如何调节总送风量？

6-30　试述风机动力型 VAV 系统的优缺点，并比较串联型和并联型风机动力箱的优缺点。

6-31　再热型的 VAV 末端机组和风机动力箱都用在什么场合？

6-32　图 6-31 的 VAV 系统的送风管路图，下面分支所接的 VAV 末端机组的风量从左到右分别为 2400、1600、1800、1500、1700、1900、2000m³/h，上面分支从左到右的风量分别为 1700、1300、1150、1340、1200、1300、1400m³/h，系统总送风量为 18500m³/h，求图中①～⑮管段的风量。

6-33　组合式空调机组由各种功能段组合而成，常用的功能段有哪几种？

6-34　组合式空调机组中的加湿段有几种类型？试画出各种类型加湿段在 h-d 图上的加湿过程线。

6-35　试比较风机盘管水系统中四管制和两管制的优缺点，各适用于哪些场合？

6-36　空气-水风机盘管系统中新风的处理方案有哪几种？

6-37 某办公室，室内冷负荷为 4.89kW，湿负荷为 0.3g/s，送入新风量为 300m³/h，室内设计温、湿度为 26℃、55%，新风处理到室内空气熵值和 $\varphi=95\%$，问应当选用显热比小于多少的风机盘管？

6-38 某会议室，室内冷负荷为 8400W，湿负荷为 1.2g/s，新风量为 800m³/h，室内设计温、湿度为 26℃、55%，新风处理到室内空气熵值和 $\varphi=90\%$，问选用某公司显热比为 0.66 的风机盘管是否可行？ 如不行，问新风应处理到什么状态？

6-39 风机盘管如何进行调节？

6-40 空气-水诱导器有几种形式？ 简述它们的工作原理和冷量调节方法。

6-41 试述诱导器诱导比的定义，诱导比大的好，还是小的好？

6-42 什么是直接蒸发冷却和间接蒸发冷却？ 其冷却过程的特点是什么？

6-43 有一台直接蒸发冷风机置于室内冷空气，可行吗？ 为什么？

6-44 已知乌鲁木齐一展厅的室内冷负荷 135kW，散湿量 54kg/h，室内设计参数为 26℃、60%，室外设计计算参数请查 "规范"[5]。试为该展厅设计全空气蒸发冷却空调系统，求系统的送风参数、送风量和蒸发冷却设备的冷却效率。

6-45 新疆克拉玛依有一旅馆，采用空气-水风机盘管系统，如系统的新风采用两级蒸发冷却对其冷却，问新风可能处理到什么状态？（室外设计计算参数请查 "规范"[5]）

6-46 昆明夏季空调室外计算干、湿球温度分别为 26.2℃、20℃，当地夏季大气压为 80.8kPa。试分析此地区应用蒸发冷却空调的可行性。

6-47 根据你所在地区的气候条件，试分析在空调系统中如何应用蒸发冷却技术。

6-48 拟建一体育馆，其中有比赛大厅、观众休息大厅、运动员室、裁判员室、记者室、贵宾室等用房，请论述宜采用什么空调系统？ 系统如何划分？ 若体育馆在寒冷地区，供暖如何考虑？

6-49 某地拟建一宾馆，其中有客房、大堂、宴会厅、歌舞厅等主要用房，请论述宜采用什么空调系统？ 系统如何划分？

参 考 文 献

[1] 廉东明等. 工程热力学（第五版）. 北京：中国建筑工业出版社，2007.

[2] ASHRAE Handbook. 2009 Fundamentals（I. P Edition）

[3] 汪善国著，李德英等译. 空调与制冷技术手册. 北京：机械工业出版社，2006.

[4] （英）W. P. Jones 著，谭天佑，梁凤珍译. 空气调节工程. 北京：中国建筑工业出版社，1989.

[5] GB 50736—2012 民用建筑供暖通风与空气调节设计规范. 北京：中国建筑工业出版社，2012.

[6] 石云志等译. 采暖通风与空气调节设计规范（苏联建筑法规），北京：中国计划出版社，1990.

[7] 戴斌文等. 变风量空调系统风机总风量控制方法. 暖通空调. 1999（3）：1~6.

[8] 王盛卫. 集成楼宇控制系统辅助之变风量空调系统的实时优化控制. 全国暖通空调制冷 1998 年学术文集. 北京：中国建筑工业出版社，1998.

[9] 陆耀庆主编. 实用供热空调设计手册. 北京：中国建筑工业出版社，1995.

[10] 电子工业部第十设计研究院主编. 空气调节设计手册. 北京：中国建筑工业出版社，1995.

[11] GB/T 19232—2003 风机盘管机组，北京：中国标准出版社，2003.

[12] 刘晓华，江亿. 温湿度独立控制空调系统. 北京：中国建筑工业出版社，2006.

[13] 殷平. 机器露点的实验研究（一）——水冷式表冷器机器露点研究. 通风除尘. 1997（1）：11~14

[14] 韩伟国，陆亚俊. 风机盘管加新风空调系统 ε 值比较设计方法. 暖通空调. 2002（5）：80~83.

[15] 周鹏，李强民. 置换通风与冷却顶板. 暖通空调. 1998（5）：1~5.

[16] 陆亚俊. 我国气候条件下利用蒸发冷却空调的分析. 哈尔滨建筑工程学院学报. 1981（3）：72~79.

[17] 陆亚俊，张洪顺. 几种淋水填料层的热质交换规律——冷却效率和空气流动阻力. 哈尔滨建筑工

程学院学报. 1990 (2)：15～20.

[18] 陈沛霖，张旭. 板式间接蒸发冷却器中热湿传递过程的理论解及实验验证. 全国暖通空调 1998
      年学术文集. 北京：中国建筑工业出版社，1998.

[19] 黄翔，屈元，狄育慧. 多级蒸发冷却空调系统在西北地区的应用. 暖通空调. 2004 (6)：67～71.

[20] 黄翔，孙铁柱，汪超. 蒸发冷却空调技术的诠释 (2). 制冷与空调. 2012 (3)：9～14.

[21] 宋应乾，龙惟定. 低碳经济下的蒸发冷却节能空调技术. 暖通空调. 2010 (7)：55～57.

第7章 冷剂式空调系统

冷剂式空调系统是空调房间的负荷由制冷剂直接负担的系统。制冷系统蒸发器或冷凝器直接从空调房间吸收（或放出）热量。冷剂式空调系统中的核心设备是空调机组（也称空调机）故也称机组式系统。

空调机组是由空气处理设备（空气冷却器、空气加热器、加湿器、过滤器等）、通风机和制冷设备（制冷压缩机、节流机构等）组成的空气调节设备。它由制造厂家整机供应，用户按机组规格、型号选用即可，不需对机组中各个部件与设备进行选择计算。

7.1 冷剂式空调系统的分类和特点

7.1.1 冷剂式空调系统的分类

以空调机为核心设备的冷剂式空调系统，由于其服务对象的多样性和空调要求不同而组成不同形式的系统，主要可分为以下四类：

1. 分散式冷剂空调系统

空调机（或空调器）分散于每个需要热湿环境控制的房间（或区域）内，独立地实现对房间（或区域）温湿度控制，例如7.2节中介绍的窗式空调器是典型的分散式冷剂空调系统。

2. 集中式冷剂空调系统

空调房间（或区域）的空气由置于机房中的空调机组集中处理后，再通过风管、风口送入空调房间（或区域）的冷剂式空调系统。这系统相当于直接利用冷剂处理空气的全空气系统。

3. 多联式空调机系统

用制冷剂管路（液体管和气体管）把一台或多台室外机和若干台分置于各房间中的室内机组成的冷剂式空调系统。室外机由制冷压缩机、换热器（冷凝器或蒸发器）等组成；室内机由风机和换热器（蒸发器或冷凝器）所组成，它直接对房间的空气进冷却或加热。7.4节将详细介绍这系统。

4. 水环热泵空调系统

在一个封闭的水环路中并联连接若干台分置于各房间内的水/空气热泵机组所组成的冷剂式空调系统。水/空气热泵机组根据各自房间的要求可以制冷运行或热泵运行。水环路既是制汽运行机组的冷却水系统，又是热泵运行机组的低位热源系统。水环路中多余热量通过冷却塔集中排放，不足热量由外热源补充。

用于上述四种形式的冷剂空调系统中的空调机组多种多样。从空调机组本身的特征还可进行如下分类：

1. 按空调机的外形分

按空调机的外形分，有整体式和分体式。整体式是把制冷设备、空气处理设备、风机和自动控制仪表等组装成箱形或立柜形的整体式机组，可直接置于需要空调的房间或区域中应用，也可置于机房内，用风管把处理的空气输送需要空调的房间或区域中。

分体式空调机是把制冷压缩机、冷凝器（热泵运行时蒸发器）同室内空气处理设备分别组装在两个机体内的空调机。冷凝器与压缩机一起组成一个机组，一般置于室外，称室外机；空气处理设备组成另一机组，置于室内，称室内机。室内机可有壁挂式、落地式、吊顶式、嵌入式等。室内机和室外机之间用制冷剂管路连接。1 台室外机可带 1 台室内机，也可以 1 台室外机带多台室内机，后者称为多联式空调机。

2. 按空调机的用途分

按空调器的用途分有两大类：房间空气调节器（简称房间空调器）和单元式空气调节机（简称单元式空调机）。前者主要为家庭或公共建筑中单个房间或区域的舒适性空调用的小型空调机；后者是制冷量≥7kW 的用于公共建筑中舒适性空调或工业企业、电信企业、科研院所等单位中的工艺性空调的空调机。

工艺性空调用的单元式空调机由于工艺对环境的要求不同，又可分为恒温恒湿空调机、计算机房或程控机房用的机房专用空调机、除湿机、低温空调机、洁净室用空调机等。

3. 按空调机中制冷系统的冷凝器冷却方式分

可分为水冷式和风冷式空调机。

水冷式空调机中的制冷系统以水作为冷却介质，用水带走其冷凝热。为了节约用水，用户一般要设置冷却塔，冷却水循环使用，通常不允许直接使用地下水或自来水。

风冷式空调机中的制冷系统以空气作为冷却介质，用空气带走其冷凝热。制冷性能系数要低于水冷空调机，但可以免去用水的麻烦，无需设置冷却塔和循环水泵等，安装与运行简便。

4. 按空调机中制冷系统功能分

分单冷型和热泵型空调机。单冷型空调机中制冷系统只能进行制冷运行，因此只能用于只需供冷的场所，这类空调机常称为冷风机。热泵型空调机既可供冷，又可供热，可用于夏季需要供冷、冬季需要供暖的场所。

空调机还可按制冷量控制方式（如停开控制、变频控制），按被处理空气的输送方式（如按风管型和直接吹出型）等进行分类。所有这些分类并不严格，其中有交叉和重叠。但通过上述分类可以梗概地了解空调机的种类。

7.1.2　冷剂式空调系统的特点

与全空气、空气-水空调系统相比，机组式系统具有如下特点：

（1）空调机具有结构紧凑，体积小，占地面积小，自动化程度高等优点。

（2）空调机可以直接设置在空调房间内，也可安装在空调机房内，所占机房面积较小，只是全空气空调系统的 50%，机房层高也相对低些。

（3）用于分散式系统的空调机还可以使各空调房间根据自己的需要调节各自的空调机，因此，机组系统使用灵活方便。同时，各空调房间之间也不会互相污染、串声，发生火灾时，也不会通过风道蔓延，对建筑防火有利。但是，分散布置，使维修与管理较麻烦。

(4) 机组安装简单、工期短、投产快。对于风冷式机组来说，在现场只要接上电源，机组即可投入运行。

(5) 近年来，热泵式空调机的发展很快。热泵空调机系统是具有节能效益和环保效益的空调系统。

(6) 一般来说，机组系统就地制冷、制热，冷、热量的输送损失少。

(7) 机组系统的能量消费计量方便，便于分户计量，分户收费。

(8) 空调机驱动能源的选择和组合受限制。目前，普遍采用电力驱动。

(9) 空调机的制冷性能系数较小，一般在 2.5～3。同时，机组系统不能按室外一般气象参数的变化和室内负荷的变化实现全年多工况节能运行调节，过渡季也不能用全新风。

(10) 整体式机组系统，房间内噪声大；分体式机组系统房间的噪声较低。

(11) 设备使用寿命较短，一般约为 10 年。

(12) 部分机组系统对建筑物外观有一定影响。安装房间空调器后，经常破坏建筑物原有的建筑立面。另外还有噪声、凝结水、冷凝器热风对周围环境的污染。

7.2 房间空调器

7.2.1 概述

房间空调器是一种向房间或区域直接提供经冷却、除湿或加热处理的空气的小型空调机。主要用于家庭或公共建筑部分房间或区域的舒适性空调，可使房间或区域的温度控制在 18～20℃。我国标准 GB/T 7725《房间空气调节器》[1] 规定，房间空调器的制冷量范围为 1400～14000W；制热量 1600～16000W；按结构分，有整体式、分体式、一拖多（一台室外机联多台室内机）；整体式又分为窗式（装于窗上）和穿墙式（装于外墙的墙洞中）；按功能分，有冷风型（只有制冷功能）热泵型和电热型（供热运行用电加热）；按使用的气候环境分，有温带气候（最高温度 43℃）、低温气候（最高温度 35℃）和高温气候（最高温度 52℃）；按冷却方式分，有风冷式和水冷式；按控制方式分，有停开两位控制（压缩机定速运转，根据室内温度控制其运行或停止）、变频控制（改变压缩机的转速）和变容控制（压缩机定速运转，但输出制冷剂的容积可变）。

房间空调器种类很多，但它们的工作原理基本一样，作为例子，下面介绍 3 种空调器的工作原理、结构和特点。

7.2.2 窗式空调器

图 7-1 为窗式空调器的系统原理图。它由三部分组成，即空气处理部分、制冷剂系统部分和向室外空气释热部分。其空气处理部分循环路线为：

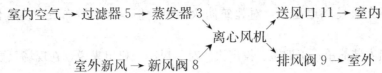

制冷剂循环路线为：

$$压缩机 1 \rightarrow 冷凝器 2 \rightarrow 毛细管 4 \rightarrow 蒸发器 3 \rightarrow 压缩机 1$$

风冷式冷凝器冷却阶质（空气）的循环路线为：

$$室外空气 \rightarrow 轴流风机 7 \rightarrow 冷凝器 2 \rightarrow 室外$$

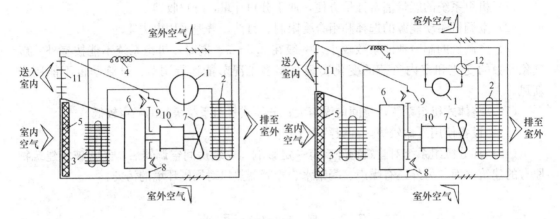

图 7-1　窗式空调器系统原理图[1]

1—制冷压缩机；2—室外侧换热器；3—室内侧换热器；4—毛细管；5—过滤器；6—离心式风机；7—轴流风机；8—新风阀；9—排风阀；10—风机电机；11—送风口

图 7-2　热泵型窗式空调器系统原理图

1—制冷压缩机；2—室外侧换热器；3—室内侧换热器；4—毛细管；5—过滤器；6—离心式风机；7—轴流风机；8—新风阀；9—排风阀；10—风机电机；11—送风口；12—四通换向阀

图 7-1 的窗式空调器只有制冷功能的冷风型窗式空调器。如果在这种窗式空调器中增加一个四通换向阀，就可组成热泵型窗式空调器，如图 7-2 所示。热泵型窗式空调器不但夏季供冷，而且冬季还可供暖。夏季供冷时，通过四通换向阀把室内换热器变为蒸发器，利用液态制冷剂气化直接吸取室内空气的热量；并把室外换热器变为冷凝器，将冷凝热量释放到室外空气中去。冬季供热时，通过四通换向阀把室内换热器变为冷凝器，用制冷剂的冷凝热量加热室内空气；此时把室外换热器变为蒸发器，从室外空气中吸取低位热量。还有一种热泵型窗式空调器增设了辅助电加热器，以增大空调机的供热能力。

窗式空调器安装在窗上，部分在室内，部分在室外。窗式空调的能效等级根据 EER（能效比＝制冷量/消耗功率）分为 1、2、3 三个等级，其 EER 分别为 3.3、3.1、2.9。

7.2.3　分体式空调器

图 7-3 给出一台典型的分体式空调器原理图。它的室内机设有蒸发器 2、风机 1、过滤器 3、进风口 4、送风口 5 等，室外机设有制冷压缩机 6、冷凝器 7、风机 8 等。通常，分体式空调器也有单冷式和热泵式两种。一般情况下，分体式空调器室内机与室外机之间的距离不大于 5m 为好，最长不得超过 10m；室内机与室外机之间的高度差不超过 5m。图 7-3 所示的室内机是落地式的，还有壁挂式、卡式（嵌入式）、吊顶式室内机。分体式空调器的能效等级也分为 1、2、3 三个等级，三个等级的 EER 分别如下：（1）制冷量≤

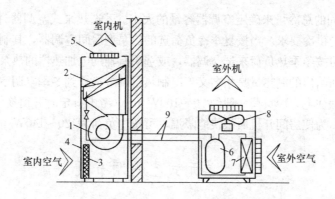

图 7-3 分体式空调器原理图
1—离心式风机；2—蒸发器；3—过滤器；4—进风口；5—送风口；
6—压缩机；7—冷凝器；8—轴流风机；9—制冷剂配管

4500W，分别为 3.6、3.4、3.2；(2) 4500W＜制冷量≤7100W，分别为 3.5、3.3、3.1；
(3) 7100W＜制冷量≤14000W，分别为 3.4、3.2、3.0。

7.2.4 一拖多房间空调器

一拖多房间空调器是指一台室外机连接多台室内机的房间空调器，它的工作原理与多联式空调机一样（详见 7.4），实际上就是制冷量（或制热量）比较小的多联式空调机。有些企业为区别这两类多联式空调机；把容量（制冷量或制热量）小的机组称为家用多联机，把容量大的机组称商用多联机。

一拖多房间空调器一般是一拖二～一拖八。有风冷型（只有供冷功能）和热泵型（具有供冷和供暖功能）两类。室内机有多种结构形式（参见 7.4），用户可根据室内装饰状况选用适宜的室内机。

7.2.5 房间空调器的选择

目前，市场上的房间空调器品种繁多，型号各异，功能多样，价格相差悬殊。房间空调器又是家用电器中的一个大件商品。因此，如何选择空调器以达到最佳的使用效果，显得十分重要。选择的原则如下：

(1) 了解家用空调器的主要技术性能指标（如制冷量、制热量、输入功率、性能系数、噪声等）；尽量选用能效等级高的空调器，既节能，又减少运行费用。

(2) 根据房间的功能、对空调的要求、安装条件、气候条件等选择空调器的机型。北方地区的建筑都有供暖设施，一般可选用冷风型的，只作夏季空调用；当然也可考虑选用热泵型的，以便在室外气温尚凉而集中供暖系统不运行时使用。黄河以南地区，当冬季要求供暖，且建筑内无集中供暖设施时，可选用热泵型机组。分体式空调安装一般不需对建筑进行改造，因此适宜用于旧建筑进行空调改造，但对建筑立面影响大。如对建筑立面美观有要求时，可选用对立面影响小一些的窗式空调器。当房间负荷变化比较大，而且空调季长时，宜选用变频空调器；当空调季短或每天使用时间少时，不宜选用变频空调器，否则增加的费用未必能得到回报。一个家庭有多个房间需要空调时，宜选用一拖多房间空调器。

（3）根据房间的总冷量来确定空调器容量的大小。若选热泵式空调器时，还应同时满足冬、夏季的供热与供冷要求。当按夏季冷负荷选的热泵型房间空调器，其制热量不满足冬季热负荷要求时，可按冬季热负荷来选空调器，或选用有辅助电加热器的热泵型空调。另外热泵型空调器样本所给出的制热量是指名义工况制热量，应换算到冬季空调室外计算温度下的制热量。对于一般住宅，冷负荷一般约 $70\sim100\text{W}/\text{m}^2$（考虑有定时开窗换气），但如果这类空调器间歇工作，为使房间开机后很快能降温，可按冷负荷为 $120\sim140\text{W}/\text{m}^2$ 选用空调器。

7.3　单元式空气调节机

单元式空气调节机（简称单元式空调机）是商业建筑和工业建筑中经常使用的设备。它是由空气处理设备、制冷设备、风机和自控系统组合而成的机组，名义制冷量 $\geqslant$ 7000W。它直接对空调房间或区域的空气进行加热、冷却、加湿、去湿、净化等处理。近年来，单元式空调机以其结构紧凑、占地面积小、适用范围广、调节、安装和使用方便等优点，被越来越多地应用于中小型空调系统中。单元式空调机按用途分有：舒适性空调用的空调机；满足工艺或设备对环境要求用的工艺性空调机，如恒温恒湿空调机、计算机房或程控机房专用空调机、洁净室用净化空调机、低温空调机、除湿机等[2]。下面介绍几种单元式空调机。

7.3.1　恒温恒湿空调机

恒温恒湿空调机是用于创造空调区域内温度、湿度恒定的设备。通常可把温度波动控制在 $\pm1\text{℃}$，湿度波动控制在 $\pm5\%$。为实现恒温恒湿，空调机具有冷却、除湿、加热、加湿和相应的控制功能。空调机供冷运行时，制冷系统实现对空气冷却、除湿功能；空调机供热运行时，制冷系统转换为热泵运行，实现对空气加热功能，或采用电加热器实现加热功能。加湿功能都采用控制精度高的电加湿器实现。为提高温度控制精度，空气处理系统都采用再热式系统（参见 6.3.2 和 6.4.2.2）。通常用电加热器进行再加热，也可利用冷凝热量作再加热（参见图 7-4）。恒温恒湿空调机按制冷系统的功能分，有单冷型和热泵型；按冷凝器冷却方式分，有水冷式和风冷式；按送风方式分，有直接吹出式和接风管式。直接吹出式空调机自带送风口和回风口，直接置于空调房间中应用；接风管式空调机预留一定的机外静压，用于克服送回风管的空气流动阻力。

图 7-4 为一热泵型恒温恒湿空调机的流程图[3]。夏季机组供冷，这时空气侧换热器 6 为蒸发器，水侧换热器 2 为冷凝器，有一组风冷冷凝器作为空气再加热器 8，利用了部分冷凝热量。其制冷剂流程为：

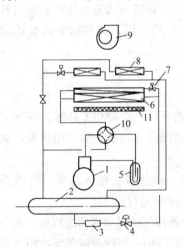

图 7-4　热泵型恒温恒湿
空调机流程图

1—压缩机；2—水侧换热器；3—干燥器；4—双向膨胀阀；5—液体分离器；6—空气侧换热器；7—电磁阀；8—再加热器；9—风机；10—四通换向阀；11—空气过滤器

压缩机 1→四通换向阀 10→$\left\{\begin{array}{l}\text{再加热器 8}\\\text{水侧换热器 2}\end{array}\right\}$→干燥器 3→双向膨胀阀 4→空气侧换热器 6 →四通换向阀 10→液体分离器 5→压缩机 1。

冬季机组供热，这时空气侧换热器为冷凝器，而水侧换热器为蒸发器。其制冷剂流程为：

压缩机 1→四通换向阀 10→空气侧换热器 6→双向膨胀阀 4→干燥器 3→水侧换热器 2→四通换向阀 10→液体分离器 5→压缩机 1。

这种机组有如下特点：用部分冷凝热量作再加热，既节省了电加热的电能，又节省了冷却水的消耗。实际运行表明，用冷凝热量作再次加热后，机组可以达到±1℃的恒温要求。使用这种机组必需有合适的水源，如江、河、湖水或地下水。如无适宜的水源，可选用风冷热泵式恒温恒湿空调机，冬季运行时，以室外空气作低位热源；或选用电热式的恒温恒温空调机。

7.3.2 屋顶式空调机

屋顶式空调机是一种大、中型单元整体式机组，其制冷、加热、送风、空气净化、自动控制等设备组装于一体，多安装于屋顶，故称屋顶式空调机组（见图 7-5）。它由压缩冷凝段、蒸发过滤段、送风段三段组成。其特点主要有：

（1）机组结构紧凑，自带冷源，风冷式冷凝器，省去了冷却水系统。近年来，机组多以模块化设计，组合方便。

（2）机组在结构上考虑了防雨措施，安装于屋顶或室外平台上时，可不另设防雨及遮阳设施。

（3）机组自动化程度高。

（4）机内运动部件已设减振装置，外部一般无减振要求。

图 7-5　屋顶式空调机组

（5）机组具有制冷量大、制冷回路简单、可靠性高，冷凝器和蒸发器一般是由带铝翅片的铜管制作，传热效率高。

（6）机组不占房间内的有效面积。采用风冷却方式，可用于缺水地区。我国香港地区由于缺水，很多建筑采用屋顶空调机，西北地区也有很好的应用前景。

屋顶式空调机组也有多种类型，主要有单冷型，热泵型，冷暖型（蒸汽加热，或热水加热，或电加热），恒温恒湿型，洁净型，全新风型等。这类机组用于集中式冷剂空调系统中。

7.3.3 机房专用空调机组

机房专用空调机组也是恒温恒湿空调机，但它是根据电子计算机房、程控机房等对空调的特殊要求（如：机房冷负荷中显热冷负荷约占 95% 左右、洁净度要求高、机房要求空调机在 24 小时内连续运行等）设计制造的，主要分成两大类：水冷式和风冷式机组。

机房专用空调机组与普通恒温恒湿机组相比，具有如下特点：

（1）机组采用大风量（风量约是一般恒温恒湿机组的两倍），并提高蒸发温度，以使机组送风处理过程的焓降小，显热冷量占总冷量之比大，以适合计算机房显热冷负荷大的特殊要求。

（2）机组设有粗效和中效两级空气过滤器，以满足机房洁净度的要求。通常，计算机主机房内在静态条件下，空气含尘量为每升空气中大于或等于 $0.5\mu m$ 的尘埃粒子少于 18000 粒。

（3）机组送风形式常为下送风，上回风。机组的冷风送入架空地板下，再从机柜下部送入，上部排出，以有效地冷却机柜内的元器件；同时有一部分冷风从地板送风口送入机房内。图 7-6 为下送风式机房专用空调机组置于计算机房内的工作示意图。

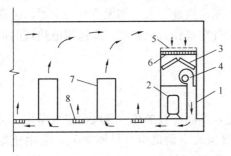

图 7-6 下送风式机房专用空调机组
工作示意图

1—下送风式机房专用空调机组；2—制冷设备；
3—蒸发器；4—风机；5—粗效过滤器；
6—中效过滤器；7—计算机机柜；8—地板送风口

由此可见，上回风下送风形式的机组安装简便灵活，投资少，占地少。但也有小型的机房专用空调机组采用顶部或上侧送风，下侧回风。

（4）由于计算机可能是全年连续不断地运行，因此，专用空调机组必须具备高可靠性。为此，机组通常设有两套或三套独立的制冷系统，以有一定备用裕量。有些企业生产模块式机组，再由几个模块组成不同规格的空调机组，这种机组实质上有多套独立的制冷系统。若选用只有一套制冷系统的机房专用空调机时，应选 2 台或 2 台以上，有一定的备用裕量。

（5）专用机组的自动控制送风温湿度的调节范围及控制精度为：温度 17~20℃±2℃，湿度 45%~65%。

（6）为了降低运行能耗，有的专用机组设有自然供冷系统。自然供冷系统是由室外盘管、室内盘管（置于机房专用空调机组内）、循环泵组成的闭环路系统，系统内用乙二醇水溶液做冷媒。冬季时，冷媒在室外盘管中被冷却，在室内盘管冷却机房内空气。当室外空气温度低于 1.6℃ 时，自然冷却系统就可提供全部冷量。当空外空气温度在 1.6~18.3℃时，可提供部分冷量，从而减少了制冷压缩机的运行时间。

7.3.4 净化空调机

医院手术室、无菌病房、无菌动物饲养、半导体元器件生产、精密加工等都需要空气中悬浮粒子受控的空间—洁净室。净化空调机是用于洁净室对空气进行热湿处理与净化的设备。国内市场上这类空调机有多种类型，主要有：热泵型和单冷型（采用蒸汽、热水或电加热），整体式和分体式；接风管型和直吹型，直吹型的外形通常是立柜式，直接置于洁净室中应用；制冷系统的冷却方式有水冷式和风冷式；等等。图 7-7 为一分体式热泵型净化空调机，室外机主要由压缩机、室外侧换热器（制冷运行时是冷凝器，制热运行时是蒸发器）、风机等组成。室内机是卧式空气处理机组，内装有粗效过滤器、室内侧换热器（制冷运行时是蒸发器，制热运行时是冷凝器）、加湿器（干式蒸汽加湿器或电加湿器）、风机、中效过滤器等。经处理的空气在送入洁净室之前还需经终端过滤器（高效或亚高效过滤器）过滤（参见 12.1 和 12.2）。

净化空调机的特点有：（1）洁净室的送风量与洁净度等级有关，洁净度等级愈高，风量愈大。因此，净化空调机通常有比较大的风量；有些企业生产的净化空调机，其中的风机可根据设计风量配置。如按冷负荷选的净化空调机的风量小于设计风量时，则可采用图 12-5 所示的系统。（2）洁净室空调系统需要对空气进行粗、中、高（或亚高）效三级过滤，其中中效过滤器是用于保护高效过滤器，以延长其使用寿命。对于只有粗、中效两级过滤的净化空调机（图 7-7），都具有较大的机外静压，用于克服终端过滤器和风管系统的阻力。对于直接用于洁净室的净化空调机，都装有高效或亚高效过滤器。

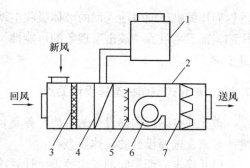

图 7-7　热泵型净化空调机
1—室外机；2—室内机；3—粗效过滤器；
4—室内侧换热器；5—加湿器；6—风机；
7—中效过滤器

7.3.5 低温空调机组

低温空调机组主要用于有低温空调环境要求的场合，如感光器材、录音带、文史资料、医药卫生用品、化工品等的贮藏、农业种子的贮存和培育、茶叶厂等某些生产工艺过程提出低温要求的特殊场合。它与常规空调机组在结构、流程、参数等方面都有较大的差异，现以-低温空调机组为例，介绍低温机组的特点。

图 7-8 为一恒温恒湿型低温空调机组的流程图。制冷剂流程线路为：

压缩机 1 →电磁阀 12 →再加热器 7 →冷凝器 2 →干燥过滤器 3 →热交换/集液器 4 →膨胀阀 5 →蒸发器 6 →热交换/集液器 4 →压缩机 1。

空气流程线路为：

过滤器 16 →蒸发器 6 →再加热器 7 →风机 8 →送风口。

低温空调机组有如下的特点：

（1）采用大风量小焓降。

（2）蒸发器采用铜管串整体波纹铝片的结构。为防止霜层堵塞空气流通，采用宽片距，该机的片距为 6mm。

（3）采用全循环风系统。

（4）设有热气冲霜系统。当蒸发器霜层太厚时，通过蒸发器前后的微压差信号使电磁阀 11 开启，从压缩机出来高压高温气态制冷剂，经积水盘加热器 13 进入蒸发器 6 中加热融霜。部分蒸汽凝结成的液体进入热交换/集液器 4 中。集液器阻止了大量液体返回压缩机，但又保证了油及液体少量

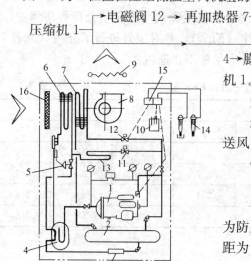

图 7-8　低温空调机组流程图
1—压缩机；2—冷凝器；3—干燥过滤器；4—热交换/集液器；5—膨胀阀；6—蒸发器；7—再加热器；8—风机；9—电加热器（用户自配）；10—加湿器；11—冲霜电磁阀；12—再加热电磁阀；13—积水盘加热器；14—电接点温度计；15—继电器；16—空气过滤器

的返回压缩机。同时使返回的液体吸收电动机等外界的热量而汽化，避免了大量液体返回压缩机而发生巨大"液击"现象的可能性。除霜完毕后，电磁阀 11 关闭，循环又逐渐恢复正常。

7.3.6 单元式空调机选择设计要点

单元式空调机选择设计的主要任务是合理选用机组组成空调系统，以满足用户对温湿度的要求。选择设计的具体要点有：

（1）确定空调房间的室内要求，计算冷负荷和湿负荷，确定新风量及新风冷负荷。

（2）根据用户的实际条件与参数选择空调机组的冷却方式——水冷或是风冷；确定空调系统的集中程度——集中系统或分散系统；确定空调机组的放置方式——设机房或是在空调房间中就地放置。

（3）确定单元式空调机的型号与台数。根据空调房间的总冷负荷（包括新风负荷）和 h-d 图上处理过程的实际要求，查空调机组的特性曲线或性能表，确定机组的容量与台数。应使机组的总冷量能满足空调房间的总冷负荷，总风量应符合房间气流分布的要求（参见第 11 章）。

（4）集中系统还需进行房间气流分布、风量分配与风管的设计与计算。风管系统的总阻力（含送风与回风系统）应小于单元式空调机铭牌上给出的机外余压。如机外余压不足克服管路系统的阻力，则需另增加风机，串联在系统中。对噪声有要求的空调房间，还需进行消声设计。

（5）为了减小能耗，降低运行费用，设计选型中，一定要优先选用能效比（EER）高的单元式空调机。我国国家标准《单元式空气调节机能源效率限定值及能效等级》GB 19576—2004 规定了单元式空调机的最小能效比（EER），并对能效进行了分级（见表 7-1），表中能效等级 5 级是最低的合格要求，设计中尽量不要选用。

单元式空调机各能效等级的 EER 值 　　表 7-1

机组类型		能效等级				
		1	2	3	4	5
风冷式	不接风管	3.2	3.0	2.8	2.6	2.4
	接风管	2.9	2.7	2.5	2.3	2.1
水冷式	不接风管	3.6	3.4	3.2	3.0	2.8
	接风管	3.3	3.1	2.9	2.7	2.5

注：不包括多联机。

7.4 多联式空调机系统

多联式空调机系统（简称多联机系统）是由室外机连接多台室内机组成的冷剂式空调系统。为了适时地满足各房间冷、热负荷的要求，多联机采用电子膨胀阀控制供给各个室内机盘管的制冷剂流量和通过控制压缩机改变系统的制冷剂循环量，因此，多联机系统是变制冷剂流量系统。20 世纪 80 年代初日本创立和采用并将这种系统注册为 VRV（VRV

全称 Varible Refrigerant Volume）系统[4]，它代表了单元式空调机组发展的新水平。

几十年来，办公楼等大型建筑中的几十万瓦以上的空调系统，一般采用集中供应冷、热水的中央空调系统。但是，由于多联机系统是以制冷剂作为热传送介质，其每千克传送的热量是205kJ/kg，几乎是水的 10 倍和空气的 20 倍，同时可根据室内负荷的变化，瞬间进行容量调整（采用变频技术或数码涡旋技术等改变制冷系统的质量流量），使多联机系统能在高效率工况下运行，是一种节能型的冷剂式空调系统。多联机系统又常以其模块式结构而可灵活组成各种系统。此外，多联机系统还可以解决集中式中央空调系统存在的诸如流体输送管道断面尺寸大、要求建筑物层高增加、占用大量的机房面积、维修费用高等难题。因此，多联机系统自诞生起发展迅速，在几百到上万平方米空调区域的新建及改建工程中都有应用。

多联式空调机系统的室外机由压缩机、换热盘管（制冷运行时是冷凝器，制热运行时是蒸发器）、风机（风冷式）、控制设备等组成；室内机由换热盘管（制冷运行时是蒸发器，制热运行时是冷凝器）、风机、电子膨胀阀等组成。室内机按外形分，有壁挂式、立式明装、卧式明装、顶棚嵌入式（卡式）等机型。

7.4.1　多联机系统的分类

（1）按改变压缩机制冷剂流量的方式，可分为：①改变压缩机电机的转速，如变频和变极；②改变压缩机气缸的吸气容积，并辅以热气旁通；③脉冲宽度调节，用这方法调节制冷剂流量的涡旋式压缩机称数码涡旋式压缩机[5]。

（2）按多台室外机组合的变流量方式分为：①单变式，其中只有一台室外机是变流量（其中一台压缩机是变频调速，另一台是恒速的），其余室外机中的压缩机都是恒速的。②全变式，一台室外机中有一台压缩机是变频调速，另一台是采用变极电机调速（三速），其余室外机中的压缩机都采用变极电机调速。全变的多联机系统比单变的更节能，因为恒速压缩机都是停开调节，电机启动电流大，导致能量损失；而变极电机都在低负荷时启动，启动电流少，能量损失小。

（3）按系统的功能可分为单冷型、热泵型、热回收型和蓄热型四个类型。单冷型多联机系统仅向室内房间供冷；热泵型多联机系统在夏季向室内供冷，冬季向室内供暖；热回收型多联机系统可同时供冷和供暖，它用于有内区的建筑，因内区全年有冷负荷，热回收型多联机系统可实现同时对周边区供暖和内区供冷，实现了回收内区的热量；蓄能型多联机系统可利用夜间电力将冷量（热量）贮存在冰（水）中，改善多联机白天运行的性能，以实现节能与电力的移峰填谷。

（4）按多联机系统制冷时冷却介质可分为风冷式和水冷式两类。风冷式系统是以空气为换热介质（空气作为单冷型系统的冷却介质，作为热泵型系统的热源与热汇），当室外天气恶劣时，对多联机系统性能的影响很大；水冷式系统是以水作为换热介质，与风冷式系统相比，多一套水系统，系统相对复杂些，但系统的性能系数较高。

7.4.2　多联机系统的组成

多联机系统由室外机、室内机、制冷剂配管（管道、管道分支配件等）和自动控制器件等组成。图 7-9 为单台室外机的多联机系统原理图。

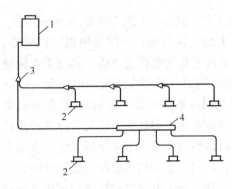

室外机与室内机相连接的管路有两条—液体管和气体管，图内用单线表示了用相同方式连接的两条管路。系统有两种配管方式，一种是用 Y 形分支接头，依次分流和连接室内机；另一种方式采用分支集管。前者可用于垂直和水平分支，后者只适宜在同一楼层水平方向分支。

图 7-9　单台室外机的多联机系统原理图
1—室外机；2—室内机；3—Y 形分支接头；
4—分支集管

图 7-10 为多台室外机共同连接若干台室内机的多联机系统原理图。多台室外机采用 Y 形分支接头并联连接后，再与室内机相连接。室外机并联的台数一般最多为 3 台或 4 台。

图 7-9 和 7-10 只适用单冷型和热泵型多联机系统，其中汽体管在制冷运行时是压缩机的低压吸气管，热泵运行时是压缩机的高压排气管。对于热回收型的多联机系统，因系统内同时有制冷和制热的室内机运行，则必需同时有低压吸气管和高压气排管，即室外机与室内机之间需要有 3 条管（液体管、低压气体管和高压气体管）连接。图 7-11 表示了热回收型多联机系统的原理图。图中的管线粗线表示有 3 条管；细线表示有 2 条管。图中 1 室内机全年制冷运行，这些室内机安装在建筑的内区，全年都有冷负荷。图中 2 室内机可以制冷运行或制热运行，这些室内机安装在建筑的周边区，夏季制冷运行，冬季制热运行，春秋季根据房间实际情况选择制冷或制热运行。由于室内机只有液体管与气体管的接口，当它们在制冷和制热运行间转换时，必须使气体管的接口在与低压气体管或高压气体管之间的连接进行转换，图中 3 转接器和 4 集合型转接器具有这种转换功能。转接器 3 可以连接多台室内机（如图所示），但这些室内机只能同时进行制冷/制热功能的切换。图中集合型转接器可以允许其中有的室内机制冷运行，有的制热运行。

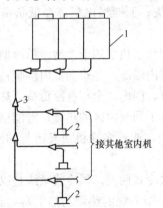

图 7-10　多台室外机的
多联机系统原理图
1、2、3 同图 7-9

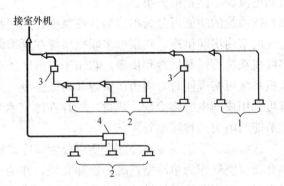

图 7-11　热回收型多联机系统原理图
1—全年制冷运行的室内机；2—制冷或制热
运行的室内机；3—转接器；4—集合型转接器

目前市场上多联机的产品很多，各企业所生产的产品规格不同，但室外机都是模块式的，然后组合成不同规格的室外机。如某公司生产的制冷剂为 R410A 的热泵型多联机，有 5 种规格的模块式室外机，名义制冷量 25.2～45kW，名义制热量 28.4～50kW；上述模块式机组经不同的组合，又派生出 16 个规格的室外机，最大制冷量 130kW，最大制热量 150kW。多联式空调系统适宜用于中、小型的舒适性空调建筑中。面积较大的建筑可采用多个多联机系统。

多联机系统的设备和管路布置应遵循如下原则：

（1）制冷剂管路长度不过长

制冷运行时，由于吸气管路太长，流动阻力和管路传热增大，导致压缩机收气压力下降和过热度增大，都会使制冷量下降，功耗增加，系统的 EER 下降。另外管路太长制冷剂的池漏可能性增大；由制冷剂带出的润滑油在管内滞留量增多，运行可靠性下降。

（2）室外机与室内机高差不过大

当室外机高于室内机布置，且高差过大，在制冷运行时，由于液柱的影响，最低处的室内机电子膨胀阀前压力增大，偏离了电子膨胀阀正常工作的压力范围，导致开度过小，出现调节不稳而产生振荡现象；而热泵运行时，液体由室内机返回室外机时，液体上升，压力下降，如液体过冷度小，有可能闪发蒸气，影响流量分配和电子膨胀阀的工作。制冷时，室内机的制冷剂蒸气经气体管返回室外机中的压缩机，为使润滑油在上升气体管中返回压缩机，必须设置回油弯，当室外机与室内机高差过大时，需设多个回油弯，这将增加吸气管阻力，降低机组的性能。当室外机低于室内机布置且高差过大时，上升的液体管有可能闪发蒸气，影响流量分配和电子膨胀阀工作。

（3）室外机之间的高差不过大，距离不过远

多台室外机并联在一起时，它们之间的高差和距离也不能过大，否则会导致液体管压力不易平衡，处于低处或远处室外机排液不畅。

（4）室内机之间的高差不过大

制冷行运时，室内机之间高差过大，会导致处于高位室内机的电子膨胀阀前压力小，而可能流量不足；而处于低位室内机的电子膨胀阀前压力大，而开度过小，运行不稳，制热运行时，处于低位室内机的回液困难。

基于上述原因，各生产企业对多联机产品的连接管的允许长度、设备间允许高差都有规定，但并不相同。下面介绍某品牌多联机的规定供参考。室外机与室内机连接管单程长度≤150m，等效长度≤170m（实际长度＋局部阻力等效长度）；配管总长度≤510m；第一分支管的最近与最远室内机之间相距的管长≤40m；室外机与室内机之间高差≤50m（室外机在上）或≤40m（室外机在下）；室外机（主机）与室外机（辅机）之间高差≤5m，连接管长度≤10m。

7.4.3 多联机系统的设计要点

7.4.3.1 多联机系统的设计内容

（1）确定采用什么形式（单冷型、热泵型、热回收型和蓄能型）的多联机系统，并要考虑室外机与室内机的位置，合理地布置系统；

（2）选择室内机（形式、容量、台数等）；

（3）选择室外机；

（4）确定新风输送方式。

7.4.3.2 室内机的选择

室内机形式主要是依据空调房间的功能、使用和管理要求来确定。应充分考虑房间的建筑平面形式（正方形、狭长型等）、室内装饰、有无吊顶、吊顶的高度及其内管线布置、凝结水的排放等问题。室内机的型号可根据空调区冷、热负荷和多联机样本所给的室内机制冷和制热能力进行预选，但应注意，当新风未经处理直接送入空调区时，选择室内机容量，应考虑新风负荷。室内机的台数选择应符合各厂家的规定，不能超过室外机可连接的室内机最多台数的限制。

7.4.3.3 室外机的选择

同一系统中室内机由于所在房间的朝向、室内人员、灯光发热设备、使用时间都不同，出现最大冷负荷时刻也不同，因此，室外机的制冷量不等于所有房间最大冷负荷之和。室内机容量是按房间的最大冷负荷确定的，也就是说室外机的容量并不等于所有室内机容量之和。室外机的容量应为所有室内机服务区域逐时冷负荷之最大值，据此选择室外机的型号与台数。室内机总容量与室外机容量之比（称配比系数）一般在 100%～130% 范围内。估算时可根据室内机使用率来确定配比系数[6]。

7.4.3.4 室内机和室外机容量修正

多联机样本上所给的室内机和室外机名义制冷量是指室内干、湿球温度 27℃、19℃，室外干、湿球温度 35℃、24℃时的制冷量；热泵名义制热量是指室内温度 20℃，室外干、湿球温度 7℃、6℃。并规定名义制冷量是在配比系数为 100%、规定的连接方式和连接管长度条件下测试确定的[7]。因此，当设计条件与上述条件不一致时，室外机与室内机的容量需进行修正。各企业都给出所生产多联机的各种修正系数或修正后的数值，但各企业绘出的数据并不相同。一般说，有以下几项修正：

（1）室内外干、湿球温度差异的修正

多联机的制冷量将随着室内湿球温度的降低而减小，随着室外温度的降低而增加。为此，有些生产企业给出了室内外不同干湿球温度下的室外机和室内机的制冷量、制热量，有的企业给出了修正系数的线算图。设计者可根据设计条件下的室内外干湿球温度，即可求出设备的实际容量。

（2）配比系数的修正

室内机和室外机容量配比系数＞100%时，这就意味着实际系统中室内机的换热面积比名义工况试验条件的换热面积大，在制冷时，必然使蒸发温度上升，系统的制冷量增加了（室外机的容量增加）；而每台室内机传热温差减小，制冷量有所下降。生产企业绘出了不同配比系数下的室外机和室内机的容量表或图。

（3）室外机与室内机之间配管长度和高差的修正

通常给出了不同配管的等效长度（实际连接管长度＋局部阻力的等效长度）和高差的修正系数。

（4）热泵运行时，换热器结霜、除霜的修正

热泵型多联机系统在冬季运行时，由于结霜而增加了室外机中蒸发器传热热阻，同时霜层的存在将加大空气的流动阻力，降低了室外空气的流量，使热泵型多联机系统在结霜工况下运行时，随着霜层的增厚而出现供热能力下降的现象；另外除霜过程也要消耗部分能量。因此，对热泵型多联机容量应乘以相应的修正系数。表 7-2 为某品牌多联机冬季结

霜、除霜的修正系数。

冬季结霜、除霜的修正系数　　　　　　　　表 7-2

室外吸气温度 (干球温度℃,相 对湿度85%)	−11	−10	−9	−8	−7	−6	−5	−4	−3	−2	−1	0	1	2	3	4	5	6
估算系数	0.97	0.97	0.97	0.96	0.95	0.94	0.91	0.89	0.88	0.87	0.87	0.87	0.88	0.89	0.91	0.92	0.95	1.0

上述各项修正的具体数值参见文献 [4]、[6]、[8]～[10]，或咨询多联机生产企业的技术部门。

7.4.3.5　新风供应方式

多联机系统新风供应有以下几种方式可供选择：

(1) 室内机自吸新风。每层或整个建筑物设置新风的总进风管，然后通过分支管与室内机相连，此时新风负荷一般由室内机承担。该方式不宜在寒冷地区使用，同时还应采取技术措施，防止当室内机停止运行时，室外空气侵入空调房间。

(2) 采用带有全热交换器的新风机组，用排风预冷（热）新风。

(3) 采用自带制冷机的专用分体式新风机组，或用直接蒸发冷却处理新风后，再送到每个房间。

也有用可接风管的室内机处理新风送到每个房间，但由于室外新风温度高，导致系统蒸发温度升高，而会使其他房间室内机的除湿能力降低，建议慎用。

7.4.4　多联机系统的特点

多联机系统主要有以下特点：

(1) 设备少，系统简单；系统中的室外机、室内机、管道连接件都是工厂的成品，在现场配管即组成系统，因此安装方便，工期短；制冷剂管路单位质量传输的热量远比水大，因此管径小，占用建筑空间和面积较少；室外机放在室外，不需制冷机房。

(2) 使用灵活，模块式的室外机可组成多种规格的机型，满足不同负荷的要求；室内机有多种形式供选择，可与不同的装饰风格相匹配。室外机的容量有余量时，无需对原系统大的改动而加接室内机，扩展空调区域。因此，很适宜用于分期投入使用的建筑中。

(3) 具有优良的能量调节特性，在部分负荷时有较高的能效比，全年运行能耗低，相对于其他中、小型空调系统具有节能效果。

(4) 自动化程度高，运行管理方便，维修量少。可根据用户的要求进行分层、分区或分户控制。系统有故障自动诊断功能，可以显示故障类型和部位，便于快速修复。运行中无需专人值班管理。

(5) 多联机系统制冷剂管路过长，导致制冷（热）能力下降，能耗增加。这是由于管路长，阻力损失大，制冷时致使蒸发温度下降，管路传热又使吸气过热，最后导致制冷量减少，输入功率增加，能效比减小。例如，某品牌制冷剂为 R22 的多联机系统，当管路等效长度为 100m 时，其容量修正系数为 0.78，即制冷量减少 22%。因此，即使多联机样本上注明允许连接管长度很长，在使用也不宜过长。由于连接管路长度的限制，多联机系统不宜在大型建筑中应用。

(6) 多联机系统内制冷剂充注量大，微小泄漏也会影响系统正常运行[11]。

7.5 水环热泵空调系统

所谓水环热泵空调系统就是小型的水/空气热泵机组的一种应用方式，即用水环路将小型的水/空气热泵机组并联在一起，构成一个以回收建筑物内余热为主要特点的热泵供暖、供冷空调系统。它在 20 世纪 60 年代出现在美国的加利福尼亚州，故也称加利福尼亚系统。20 世纪 70 年代后进入日本，20 世纪 80 年代初，在我国一些建筑物中开始应用。由于其节能效益和环保效益显著，因此 20 世纪 90 年代，水环热泵空调系统在我国得到推广应用，并将会在我国空调节能领域中发挥越来越大的作用。[12]~[14]

7.5.1 水环热泵空调系统的组成

图 7-12 给出了典型的水环热泵空调系统原理图。由图可见，水环热泵空调系统由三部分组成：(1) 水/空气热泵机组；(2) 水循环环路；(3) 辅助设备（冷却塔、加热设备、蓄热装置等）。

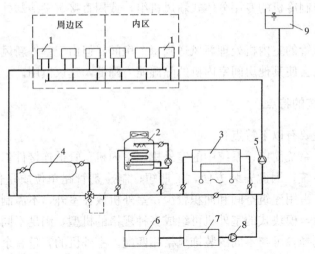

图 7-12 水环热泵空调系统原理图

1—水/空气热泵机组；2—闭式冷却塔；3—加热设备（如燃油、燃气、电锅炉）；4—蓄热容器；5—水环路的循环水泵；6—水处理装置；7—补给水水箱；8—补给水泵；9—定压装置

(1) 水/空气热泵机组

水/空气热泵机组由制冷压缩机、制冷剂/水热交换器、制冷剂/空气热交换器、节流机构、四通换向阀、风机和空气过滤器等组成，又称为水源热泵机组。其工作原理如图 7-13 所示。它的工作方式与热泵式空调机（图 7-4）、热泵式窗式空调器（图 7-2）相同，这里不再赘述。

水/空气热泵机组可分为整体式机组和分体式机组两类；按外形和安装方式分有：卧式暗装、立式暗装、立式明装、柱式、屋顶卧式等。

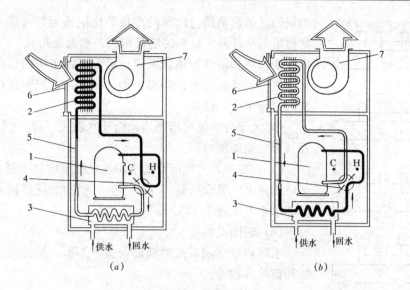

图 7-13 水/空气热泵机组工作原理图

(a) 制冷方式运行；(b) 供热方式运行

1—全封闭压缩机；2—制冷剂/空气热交换器；3—制冷剂/水热交换器；

4—四通换向阀；5—毛细管；6—过滤器；7—风机

(2) 水循环环路

所有的水/空气热泵机组都并联在一个水环路系统上，如图 7-12 所示。应使流过各台水源热泵空调机组的循环水量达到设计流量，以确保机组的正常运行。

管道的布置，要尽可能地选用同程系统。虽然初投资略有增加，但易于保持环路的水力稳定性。若采用异程系统时，设计中应注意各支管间的压力平衡问题。水环路要尽量采用闭式环路。系统内的水基本不与空气接触，对管道、设备的腐蚀较小；系统中水泵只需要克服系统的流动阻力。

水环路上设置下列部件：

1) 水系统的定压装置，通常采用膨胀水箱定压、气压罐定压和补给水泵定压；

2) 水系统的排水和放气；

3) 水系统的补水系统；

4) 水系统的水处理装置与系统；

5) 循环水泵及其附件。

根据空调场所的需要，水/空气热泵可能按供热工况运行，也可能按供冷工况运行。这样，水环路供、回水温度可能出现如图 7-14 所示的五种运行工况：

1) 在夏季，各热泵机组都处于制冷工况，向环路中释放热量，冷却塔全运行，将冷凝热量释放到大气中，使水温下降到 35℃以下。

2) 大部分热泵机组制冷，使循环水温度上升，到达 32℃时，部分循环水流经冷却塔。

3) 在一些大型建筑中，建筑内区往往有全年性冷负荷。因此，在过渡季，甚至冬季，

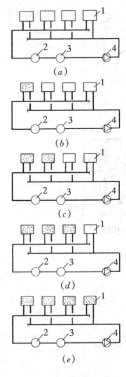

图 7-14 运行工况

(a) 所有热泵机组制冷运行；(b) 大部分热泵机组制冷运行；(c) 热收支平衡；(d) 大部热泵机组制热运行；(e) 所有热泵机组制热运行

1—水/空气热泵机组；2—冷却塔；3—辅助热源；4—循环泵

▨机组供暖；☐机组供冷

当周边区的热负荷与内区的冷负荷比例适当时，排入水环路中的热量与从环路中提取的热量相当，水温维持在 13～35℃ 范围内，冷却塔和辅助加热装置停止运行。由于从内区向周边区转移的热量不可能每时每刻都平衡，因此，系统中还设有蓄热容器，暂存多余的热量。

4）大部分热泵机组制热，循环水温度下降，到达 13℃ 时，投入部分辅助加热器。

5）在冬季，可能所有的水源热泵机组均处于制热工况，从环路循环水中吸取热量，这时，全部辅助加热器投入运行，使循环水水温不低于 13℃。

（3）辅助设备

水环热泵空调系统的辅助设备主要有：排热设备、加热设备和蓄热容器等。

1）排热设备

排热设备除了图 7-12 中所示的闭式冷却塔外，还可以采用普通的开式冷却塔。但开式冷却塔与水环路应采用间接连接（如图 7-15 所示）。有充裕水资源的地方，可直接利用水，如图 7-16 所示连接方式。

2）加热设备

目前，加热方法主要有两种：一是利用水加热设备将外部热量加入水环路中。常选用的水加热设备有电热锅炉、燃油（气）锅炉、水-水换热器、汽-水换热器等；二是利用空气电加热器将外部热量直接加入室内循环空气中，即将空气电加热器安装在水源热泵机组送、回风管内或直接安装在机组内。当环路中的水温不低于 13℃ 时，机组按热泵工况运行，当环路水温等于或低于 13℃ 时机组停止热泵工况运行，而空气电加热器投入运行，加热室内空气。通过室内气温敏感元件控制加热量，以调节室内温度。当环路水温升至 21℃ 时，停止电加热器，恢复机组按热泵工况运行。这种方式的优点主要有：

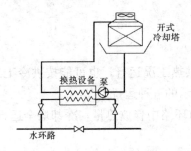

图 7-15 开式冷却塔加换热设备

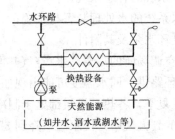

图 7-16 天然冷源加换热设备方案

①初投资低；

②电加热器易于计量，便于单户计费；

③节约建筑面积，不需要水的加热设备机房；

④由于采用非集中的加热器，因此提高了系统使用的可靠性。同时，还可以作为机组的备用或应急热源。

但应注意，电是高品位优质能，直接用于供暖是一种极不科学的用能方式。因此，只有在特殊情况下才可能采用此方式。

3）蓄热容器

蓄热容器可以实现内区制冷机组向环路中释放的冷凝热与周边区制热机组从环路中吸取的热量在一天或更长的时间周期内达到平衡，从而降低了冷却塔和水加热器的年耗能量。但是，冷却塔和水加热器的容量不能减少。这是因为恶劣天气的持续性往往要求冷却塔或水加热器按最大负荷运行。

7.5.2 水环热泵空调系统的特点

水环热泵空调系统主要具有如下特点：

（1）调节方便。用户根据室外气候的变化和各自的要求，在一年内的任何时候都可随意进行房间的供暖或供冷的调节。

（2）虽然水环路是双管系统，但与四管制风机盘管系统一样可达到同时供冷供暖的效果。

（3）建筑物热回收效果好。因此，这种系统适用于有内区与外区的大中型建筑物，即适用于大部分时间内有同时供冷供暖要求的场合。

（4）系统布置紧凑、简洁灵活。由于没有体积庞大的风管、冷水机组等，故可不设空调机房（或机房面积小），从而增大了使用面积及有效空间；环路水管可不设保温，减少了材料费用。

（5）便于分户计量和计费。

（6）便于安装与管理。水源热泵机组可在工厂里组装，减少了工地的安装工作量。由于系统设备简单，而使安装方便，启动与调整容易。

（7）小型的水源热泵机组的性能系数不如大型冷水机组。

（8）制冷设备直接放在空调房间内，噪声大。

（9）设备费用高，维修工作量大。

7.5.3 水环热泵空调系统的控制

为了确保水环热泵空调系统安全、可靠和经济运行，必须有完善的自动控制。水源热泵机组的控制与保护已由生产企业提供，空调工程师在设计中还要对水环热泵空调系统中的其他设备和系统总体控制方案提出要求。主要有：辅助设备（冷却塔、水加热设备、蓄热容器、循环泵等）的控制与保护；系统的控制与保护。具体自控设计可由建筑电气工程师来完成。

（1）系统的控制要求

环路设计水温范围一般为 10～35℃，但为了提高水/空气热泵的性能系数，在实际系统中常将环路水温控制在 13～35℃，要求通过检测水环路的水温来保证环路的水温在要求的范围内。夏季由冷却塔来控制环路水温，冬季由水加热设备来控制环路水温。

（2）附属设备的控制

1）冷却塔的控制

冷却塔的控制是通过检测水环路水温进行分级排热。对于闭式冷却系统，控制策略[15]如下：根据环路水温的变化，可先开启冷却塔风阀，进行自然对流排热；然后淋水开始，利用冷却塔喷淋水蒸发冷却排热；最后开启风机运行，开始强迫对流和蒸发冷却排热。

对于开式冷却塔系统，控制策略如下：

①控制冷却塔的运行台数；

②在冷却水供、回水管上设电动旁通阀，通过控制旁通阀开度达到控制循环水供水温度的目的。

另外，冷却塔还应有防冻保护。

2）水加热设备的控制

水加热设备也是通过检测环路水温（一般在 10～20℃范围内）来进行分级补热。具体的控制步骤如下[15]：

①环路水温降至 13℃时，水加热设备投入运行；

②环路水温升至 16℃时，水加热设备停止运行；

③水温降至 7℃时，发出低温报警；

④水温降至 4℃时，低温停机。

但是，要注意：

①当水加热器采用电加热器时，可对电加热分档投入。

②当采用燃气（油）锅炉时，可对燃烧器的燃料供应量和燃烧时间进行分级投入。

3）蓄热容器的控制

一般是通过三通阀来调节环路水和蓄热容器中水的混合比，使回水环路水温保证在设定温度以上。

4）循环水泵的控制

①主循环水泵应连续运行，当系统循环水流量不足时，备用水泵投入运行。如果水流量还不足时，应停止系统运行，进行检查，排除故障后，再重新启动。

②循环水泵与系统中所有水源热泵机组连锁。

③正常情况下，可利用时间计算器，使主循环泵和备用循环泵交替运行，以延长循环泵的使用寿命。

（3）水流保护控制

环路中保持正常的设计水流量是系统可靠而安全运行的关键。因此，要求在水系统上设置水流开关和循环泵进出口处设置压差开关。当检测到系统水流量减小时，自动投入备用水泵。若水流量不能恢复，关闭热泵机组。

7.5.4　混合式系统

水环热泵机组可以设计成独立的空调系统（如图 7-12 所示），也可以同其他空调设备共同组合成新的空调系统，常称此类系统为混合式系统。例如：

（1）带冷水机组的水环热泵混合系统

一般来说，大型冷水机组的制冷性能系数（COP）要比水环热泵机组的制冷性能系数高，也就是对于固定的或大量的冷负荷场所（如大型办公室的内区），可以选用大型冷水机组，而只对于既有冷负荷又有热负荷的周边区，设置水环热泵系统，如图 7-17 所示。这样，混合系统的运行能耗将会比传统的水环热泵系统运行能耗减少，冷水机组的冷凝热排入水环热泵的水环路中，用于周边水环热泵的供热。

（2）带单元柜式空调机的水环热泵混合系统

为了提高系统运行的经济性，在建筑物内区设置单元柜式空调机，向内区供冷。而在周边区设置水源热泵空调机组，向周边区供冷或供热，如图 7-18 所示。另外，单冷式空调机的价格也比热泵机组便宜。

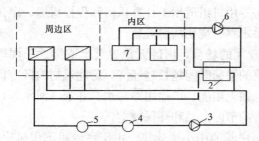

图 7-17　带离心式冷水机组的水环热泵混合系统
1—水空气热泵机组；2—离心式冷水机组；3—水环路循
环泵；4—水加热设备；5—冷却塔；6—风机盘管水
系统循环泵；7—风机盘管

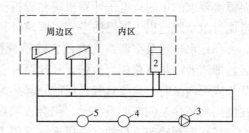

图 7-18　带单元式空调机的水
环热泵混合系统
2—单元式空调机；
1、3、4、5—同图 7-17

7.5.5　外部能源

众所周知，只有建筑内有大量余热时，通过水环热泵系统将建筑物内的余热量转移到需要热量的区域，才能收到良好的节能效果。但是，目前我国各类建筑物内部负荷不大，建筑物的内区面积小。由于这一情况，制约了水环热泵空调系统在我国的应用。为此，在水系统中设置加热装置（如电锅炉、燃油、燃气锅炉等）从外部引入高位能，以补充不足的建筑物内余热量，这种用高位能（电、燃油、燃气等）通过锅炉（或换热设备）变为循环水的低位能，再由水/空气热泵提升后向室内供暖的用能方式极不合理。解决这个问题的途径就是由建筑物外部引进新的可再生能源，以替代加热装置的高位能量。如太阳能[16]、水（地表水、井水、河水等）、土壤、空气均可作水环热泵空调系统的外部能源，用热泵机组替代传统的加热设备[13]。

7.6　机组系统的适用性

（1）一台机组服务一个房间是机组系统常见的应用方式。自 20 世纪 90 年代起，窗式空调器、分体式空调器、单元式空调机已开始步入我国百姓家庭和工作、娱乐、服务场所。该系统已成为小康住宅和布置分散的工作、娱乐、服务场合的供冷与供暖的理想系统之一。

（2）对于较大空间（如餐厅、小型会议室等），可考虑采用多台机组合用的机组式系统。

（3）一拖多（一主机为多个房间服务，详见 7.2.4）系统可用于多居室的家庭或别墅以及其他小型建筑物中。

（4）基于机组系统的特点，它适用于空调房间布置分散、空调使用时间要求灵活、无法设置集中式冷热源的场合，还适用于旧建筑改造和工艺经常变更等的场合。

（5）机组系统除满足民用之外，还可以广泛地应用于有特殊功能要求的场合。如低温空调机可用于需要低温空调环境的场所，诸如农业种子的储存和培育、感光材料、录音带、文史资料等的储藏、茶叶厂等某些生产工艺过程都有低温空调的环境要求；恒温恒湿空调机组系统适用于精密机械、化学仪器、电子仪表等车间及计量室、科研实验室等有恒温恒湿要求的房间；电子计算机房和程控机房专用机组适用于计算机房和程控机房；净化空调机组系统适用于恒温洁净室、医院外科手术室、烧伤病房等。

（6）水环热泵空调系统宜用在建筑规模较大的场合，内区面积要大于或接近于周边区，即两者冷热负荷相当为好，且这两种负荷的平衡时间越长越经济。若建筑物内区冷负荷小或无内区时，只要具有良好的外部热源（如太阳能、工业用冷却水、井水、河水等），在使用水环热泵的空调系统时，仍会收到显著的节能效益和环保效益。

（7）变制冷剂流量的多联机系统适用于多房间的中小型建筑。由于室内机不占机房，冷剂管路的管径较小而占用空间小，安装方便，因此，目前，多联式空调系统已成为最为活跃的空调系统形式之一。它适用于中小型建筑空调工程和旧建筑的空调改造工程。

思 考 题 与 习 题

7-1　试述冷剂空调系统的特点。

7-2　目前常见的冷剂式空调系统形式有哪些？

7-3　常见的房间空调器有哪些？你如何选择房间空调器？

7-4　请你归纳总结出热泵式空调机组有何特点？

7-5　试述屋顶空调机的特点。

7-6　试述机房专用空调机组的特点。

7-7　试述低温空调机组的特点及应用场合。

7-8　在选择单元式空调机时，应注意什么？

7-9　常见的变制冷剂流量多联机系统有哪几种形式？

7-10　变制冷剂流量多联机系统的设计过程中，应注意哪些问题？

7-11　简单介绍变制冷剂流量多联机系统的特点。

7-12　在多联机空调系统中，为什么要对制冷剂管路的配管长度有一定的限制？

7-13　在多联机空调系统中，室内机与室外机之间高差太大将会对其系统产生什么影响？

7-14　在多联机空调系统中，室外机之间高差太大将会对其系统产生什么影响？

7-15　简述水环热泵空调系统的工作原理，它在什么情况下能体现出最好的节能性？

7-16　为什么提出混合式系统？

7-17　如何使水环热泵空调系统的用能更合理、更科学？

参 考 文 献

[1]　GB/T 7725—2004 房间空气调节器. 北京：中国标准出版社，2004.

［2］ GB/T 17758—2010 单元式空气调节机. 北京：中国标准出版社，2010.

［3］ 陆亚俊，马最良，庞志庆. 制冷技术与应用. 北京：中国建筑工业出版社，1992.

［4］ 大金技术资料. VRV 系统热泵、单冷、热回收. 1997.

［5］ 王贻任，Arup Majumdar. 数码涡旋技术. 制冷技术. 2003，1：35～38.

［6］ 陆耀庆主编. 实用供热空调设计手册(第二版，下册). 北京：中国建筑工业出版社，2008.

［7］ GB/T 18837—2002 多联式空调(热泵)机组. 北京：中国标准出版社，2002.

［8］ 大连三洋空调机有限公司. ECO—MOLTI 工程手册. 2000.

［9］ 海尔空调电子有限公司. 海尔商用空调器选定设计和安装.

［10］ 格力电器股份有限公司. 智能多联技术服务手册.

［11］ 彦启森. 漫谈多联机. 2005 年全国空调与热泵节能技术交流会论文集：12～18.

［12］ 马最良，曹源. 闭式环路水源热泵空调系统在我国应用的评价. 空调设计. 1998(1)：59～61.

［13］ 马最良，曹源. 闭式环路水源热泵空调系统及其评价. 通风除尘. 1999(1)：6～11.

［14］ 马最良，姚杨，杨自强，姜益强. 水环热泵空调系统设计. 北京：化学工业出版社，2005.

［15］ 特灵. 水源热泵空调系统设计手册.

［16］ 马最良，杨辉. 太阳能水环热泵空调系统在我国应用的预测分析. 全国暖通空调制冷 2000 年学术文集，132～138. 北京：中国建筑工业出版社，2000.

第8章 工业与民用建筑的通风

8.1 工业与民用建筑中的污染物与治理

8.1.1 污染物的基本概念

建筑中的污染物按其物态来分有气体、蒸气、固体颗粒和液体颗粒污染物；按其性质分有化学污染物——一氧化碳（CO）、二氧化碳（CO_2）、氮氧化物（NO_x）、甲醛（HCOH）、氨（NH_3）、有机挥发物（VOC）等，物理污染物——固体和液体颗粒物、纤维（棉、石棉、玻璃纤维等）和放射性氡（Rn），生物污染物——细菌、病毒、霉菌、真菌、尘螨等。空气中的颗粒污染物是指悬浮于空气中的颗粒物，把空气动力学当量直径❶（以后简称"粒径"）$\leqslant 100\mu m$ 颗粒物的总和称总悬浮颗粒物[1]，用 TSP（Total Suspend Particle）表示。粒径 $\leqslant 10\mu m$ 称为可吸入颗粒物[1]，用 PM10（PM 是 Particulate matter 的缩写）表示。粒径愈小，对人体的危害愈大。一般认为粒径大的悬浮颗物会被挡在鼻腔内，粒径 $10\mu m$ 颗粒可沉积在呼吸系统的上呼吸道，$5\mu m$ 的可进入呼吸道的深部，$2\mu m$ 以下的可 100% 深入到细支气管和肺泡。为提高环境空气质量，我国 2012 年修订的《环境空气质量标准》中新增了对 PM2.5 细颗粒物的控制。

污染物的发生量（或称散发量）定义为单位时间内产生的污染物质量（kg/s、g/s 或 mg/s）或体积（m^3/s 或 L/s）。空气中污染物浓度反映了空气被污染的程度，用它来作为污染物的控制指标。浓度的表示方法有多种，对于气体或蒸气污染物，可用污染物与空气的体积比作浓度，如 ppm（按体积计 $1/10^6$），ppb（按体积计 $1/10^9$）或%（按体积计 1/100）；或用单位体积中污染物的体积，如 L/m^3；或用单位体积中污染物的质量，如 g/m^3，mg/m^3，$\mu g/m^3$，$\mu g/L$。其换算关系如下：

$$1\% = 10000ppm = 10^7 ppb$$
$$1L/m^3 = 0.1\% = 1000ppm$$

在温度为 25℃，压力为 760mmHg 时，有

$$(ppm)(分子量)/24.45 = (mg/m^3) = (\mu g/L)$$
$$(ppm)(分子量)/0.02445 = (\mu g/m^3)$$
$$(ppb)(分子量)/24.45 = (\mu g/m^3)$$

对于颗粒污染物，浓度可表示为 g/m^3、mg/m^3、$\mu g/m^3$；或每立方米中的粒子数（pc/m^3），每升中的粒子数（pc/L），每立方厘米中的粒子数（pc/cm^3）。当无粒子的质

---

❶ 空气动力学当量直径是指颗粒物在空气中的沉降速度与密度为 $1g/cm^3$ 球体的沉降速度相等时，球体的直径即为该颗粒物的空气动力学当量直径。

量、密度、粒径等确切资料时，近似地有

$$1mg/m^3 \approx 210pc/cm^3 = 2.1 \times 10^5 pc/L = 2.1 \times 10^8 pc/m^3$$

8.1.2 工业建筑中的污染物

工业建筑中的主要污染物是伴随生产工艺过程产生的，不同的生产过程有着不同的污染物。污染物的种类和发生量必须通过对工艺过程详细了解后获得，通常应咨询工艺工程师和查阅有关的工艺手册得到。现代工业的工艺过程很多，无法一一列举。作为示例，这里只介绍几种工业生产过程中的污染物种类。

8.1.2.1 铸造车间

铸造是把熔化的金属浇注入铸模中，凝固成一定形状、尺寸的金属零件，其中所用的铸模用砂制成。铸造车间一般有砂处理、砂准备和砂再生工部，熔化工部，造型、浇注和落砂工部，泥芯工部，清理工部，以及仓库、实验室和辅助部分。主要污染物有含二氧化硅的砂粉尘（固体粒子）、CO、SO_2、金属烟雾、烟气、水蒸气等污染物，除此之外还有大量的余热和辐射热（如熔化工部的平炉、高温铸件等）。铸造车间是机械工厂中污染严重的车间。

8.1.2.2 热处理车间

热处理是将金属加热到一定温度，然后在各种介质中冷却，以提高金属的机械性能。热处理车间有燃烧燃料的加热炉、电热炉、电热盐浴炉、电热油槽、淬火油槽、水槽等。热处理车间有大量的对流热和辐射热，散发的主要污染物有油烟、水蒸气、不完全燃烧的CO、有害蒸气（氧化铅、铅、氨、氮氧化物、硝盐、氰化物等）。

8.1.2.3 表面处理车间

表面处理车间是对金属表面进行处理的场所。主要的处理工艺有：酸洗——清除表面氧化皮及污垢；电镀——在金属表面镀上其他金属保护层；钝化——一种化学处理方法，提高防腐能力；氧化——防锈的一种方法；皂化——用肥皂水洗涤，使氧化膜钝化；铝合金制品光化——在酸溶液中进行光泽处理；铝合金的阳极氧化——在电解液中氧化；阳极氧化后的处理——在 90～100℃ 铬酸盐溶液中浸渍 15min；磷化——用化学方法在钢铁表面上生成磷酸盐薄膜；浸亮——镀锌层在溶液中进行化学处理。这些工艺过程大多在各种溶液的槽中进行。污染物主要有氟化氢、硫酸、硝酸、氰化氢、氮氧化物、氯化氢、苛性钠、苛性钾、汽油等蒸气。

8.1.2.4 焊接车间

焊接车间中的剪切、冲压、焊接、清理、油漆等工序都有污染物产生。在等离子切割和氩弧焊中有氧化氮、臭氧、一氧化碳、二氧化碳、三氯乙烯和钨、铝、氟的化合物；焊接的污染物主要是烟尘，这些烟尘中含有锰、铬、硅、氟等化合物及氧化氮、臭氧等气体。

8.1.2.5 油漆车间

有刷漆、喷漆两类生产方式。刷漆时油漆中的溶剂（如松节油、苯等）在空气中挥发；喷漆时有漆雾散发到空气中。此外，油漆前大件产品的钢丝除锈还会产生大量灰尘。

8.1.2.6 机械加工车间

在用乳化液来冷却切削机床的刃具及用苏打液、切削硫化油等冷却液来冷却磨床的磨削加工时，会有大量水蒸气、乳化液气溶胶产生。采用干磨的磨床和砂轮机等会产生大量金属粉尘。

8.1.2.7 棉纱织厂

棉纱织厂的清棉、梳棉、纺纱、织布等车间都有棉尘产生，其中含有棉绒、灰尘、细菌等，约有 7%～16%（质量）是可吸入颗粒物。过多地吸入棉尘后会得职业病——棉尘肺。

8.1.2.8 水泥工业

水泥从原料开采、破碎、粉磨、烘干、煅烧到成品出厂，都产生大量粉尘。一般情况下，我国生产 1kg 水泥产生 $10\sim15m^3$ 的烟气和含尘空气，其扬尘量可达水泥产量的 8%～14%；国外水泥厂的扬尘量约占水泥产量的 1%，新建厂已达 0.015%。

8.1.3 民用建筑中的污染物

民用建筑中污染物的来源主要有：人、宠物（狗、猫、鸟等）、人的活动（如烹饪、抽烟）、建筑物所用的材料（建筑材料、装饰材料、涂料等）、设备（复印机、空调设备等）、日用品（如清洗剂、杀虫剂）、室外空气（空气中花粉、二氧化硫等）等等。污染物主要成分有：二氧化碳、一氧化碳、可吸入颗粒物、生物污染物（细菌、真菌、病毒和尘螨等）、烟卷烟气、氮氧化物、甲醛、放射性气体氡、石棉或玻璃纤维、挥发性有机化合物和气味等。有关室内常见污染物的发生源、特性和对人体的危害性请参阅《建筑环境学》（第三版）[2]。

8.1.4 建筑中污染物的治理

治理建筑内污染物、提高室内空气质量需要采取综合措施，8.11 中将详细论述。治理室内污染物常用的主要方法有：通风和空气净化处理。本章主要讨论采用通风的方法治理室内污染物，这是改善室内空气质量行之有效的一种方法。

通风就是用机械或自然的动力向房间送入室外空气（称新风），并同时从房间排出空气。通风改善室内空气质量的原理实质是利用污染物浓度低的室外空气置换被污染的室内空气。通风除了改善室内品质的主要功能外，还具有以下功能：（1）提供人呼吸所需的氧气；（2）提供室内燃烧设备燃烧所需的空气；（3）除去室内多余的热量（称余热）或湿量（称余湿），实现对室内的温度或湿度一定的控制。当把温度或含湿量低于室内温度或含湿量的室外空气送入室内时，则可以排除室内的余热或余湿。但它的排除余热或余湿的能力受限于室外空气的温度或含湿量，因此，只宜用于对室内温度或湿度并无严格要求的场所。

通风系统的形式与污染物散发的状态、特性有关。当建筑内污染物散发是分散的或不定点的，则采用全面通风。全面通风需将污染物浓度低的新风送到房间各处，以稀释污染物浓度高的室内空气，因此，全面通风又称稀释通风。当污染物在房间某处集中散发，尤其是污染物对人体危害较大时，则应采用在散发点收集污染物并排出的局部排风系统。

8.2 室内空气质量的评价与必需的通风量

8.2.1 室内空气质量的评价

建筑室内微气候对人的影响的研究进行了近一个世纪。最初人们关心的是热环境（温度、湿度、空气流速等）的影响。现在已认识到一个卫生、安全、舒适的环境是由诸多因素决定的，它涉及热舒适、空气质量、光线、噪声、环境视觉效果等。而其中空气质量是一个极为重要的因素，它直接影响到人体的健康。显然，为保证一个良好的空气质量，首先必须控制室内的污染物浓度不超过容许浓度。各国都制定了各种污染物的容许浓度标准，有的还区别了人在该环境下停留时间的长短。我国对各类民用建筑和工业建筑都制订了各种污染物在空气中容许浓度（或称标准值）。国标《空气室内品质标准》[3]规定了居住建筑和办公建筑中可能散发的各种污染物的标准值。旅店、文化娱乐场所、商场、游泳场所、体育馆、医院候诊室、饭店（餐厅）、候车室等12类场所的卫生标准[4]分别给出了5种主要污染物（CO_2、CO、$HCOH$、$PM10$ 和细菌）的浓度标准值，其中有的场所只控制其中几种污染物，如游泳场所只控制 CO_2 和细菌总数，体育馆、图书馆控制除了 CO 外的其余4种污染物。各类场所要求污染物浓度限制也略有不同，如医院候诊室、图书馆、饭店（餐厅）$PM10$ 的标准值为 $0.15mg/m^3$，而商场、候诊室、体育馆 $PM10$ 的标准值为 $0.25mg/m^3$。国家职业卫生标准《工作场所有害因素职业接触限值》[5][6]给出了工业建筑中化学因素的各种污染物的容许浓度和超高频辐射、激光辐射、微波辐射、噪声等物理因素的限值。作为示例，表8-1给出了《室内空气质量标准》[3]中5种污染物的标准值。上述所控制的污染物，可吸入颗粒物代表了空气中悬浮的颗粒物；甲醛代表了室内人造板材、家具等散发的有害气体；一氧化碳代表室内燃烧器具产生的污染物；二氧化碳代表了人体代谢散发物；细菌总数代表微生物及其代谢物（如气味、毒素、过敏性物质等）。

室内5种污染物的标准值   表 8-1

污　染　物	单　位	标　准　值	备　注
可吸入颗粒物	mg/m^3	0.15	日平均值
甲　醛	mg/m^3	0.1	1h平均值
一氧化碳	mg/m^3	10	1h平均值
二氧化碳	％	0.1	日平均值
细菌总数	cfu/m^3	2500	撞击法测定❶

民用建筑室内空气质量的优劣，传统上用某几种污染物的浓度作为控制指标。如果空气中一种或几种污染物浓度超过控制指标，则认为空气质量不良或不清洁；如果各项污染物浓度都等于或小于控制指标，则认为空气质量为合格或好。研究表明，即使所控制的污

---

❶ 撞击法是利用撞击式空气微生物采样器采样，在抽气作用下，使空气通过狭缝或小孔而产生高速气流（含带菌粒子）撞击到营养琼脂平板上，经 37℃、48h 培养后，计算出每 m^3 空气中所含的菌落数（cfu/m^3）的采样测定方法。

染物都达到指标，但在空气中有一些低浓度（实际上也不超过控制指标）的污染物及一些尚未探明的污染物，在它们综合影响下，使人感到空气污浊、有霉味、刺激粘膜、疲劳等。因此只控制污染物浓度并不能反映空气质量的真实状况。美国、英国、德国等相继提出了空气质量新的评价标准。如美国供暖制冷和空调工程师学会（ASHRAE）颁布的ASHRAE62.1—2007 标准[7] 中提出了可接受的室内空气质量（Acceptable indoor air quality）的定义：可接受的室内空气质量应是室内已知的污染物没有达到权威机构所确定的有害浓度，处于该环境中的绝大多数（≥80%）人员没有人感到不满意。这个定义的前一句话的意思是用已知污染物的容许浓度指标作客观评价指标；后一句话的意思是用人的感觉作主观评价指标。可接受的空气质量应当既符合客观评价指标，又符合主观评价指标。例如某一环境，各项已知污染物指标都不超过容许浓度，但该环境中有 20% 以上的人对空气质量不满意，则判为该环境的空气质量不良。人类的嗅觉极为敏感，目前还未仿造出像人鼻那样灵敏的仪器。因此用人的嗅觉来感受空气中的各种低浓度和未知的污染物，从而弥补了仪器不能定量的难题。对空气质量进行主客观评价反映了当前对空气质量的要求更高、更为严格。

8.2.2 人员所需最小新风量

民用建筑中，人群是主要污染源，其 CO_2 的散发量指示了人体代谢散发物。因此，这类建筑用稀释人体散发的 CO_2 来确定人员所需的最小新风量。人体 CO_2 散发量与人体的代谢率有关，可用下式估算[8]：

$$\dot{q} = 4 \times 10^{-5} (MA_p) \tag{8-1}$$

式中　$\dot{q}$——每个人的 CO_2 发生量，L/s；

　　　M——新陈代谢率，W/m^2；

　　　A_p——人体表面积，m^2。

对于一个标准的中国男人，A_p 平均为 $1.69m^2$，其 CO_2 发生量为

$$\dot{q} = 6.76 \times 10^{-5} M \tag{8-2}$$

稀释 CO_2 所需要的通风量按下节所述的稳定状态稀释方程（8-6）来计算，即

$$\dot{v} = \frac{\dot{q}}{c - c_o} \tag{8-3}$$

式中　$\dot{v}$——每人稀释 CO_2 所需的新风量，$m^3/(s \cdot p)$；

　　　c——室内 CO_2 的容许浓度，L/m^3，我国标准规定容许浓度在 $0.07\% \sim 0.15\%$ 范围内，一般可取 $0.1\% = 1L/m^3$；

　　　c_o——室外空气 CO_2 浓度，L/m^3，一般可取 $0.3L/m^3$。

二氧化碳本身无毒，但空气中 CO_2 浓度大时也会造成人体不适。当 CO_2 浓度达到 1%（$10L/m^3$）时，人体感到不适、呼吸略有加深；达到 $3\% \sim 4\%$（$30 \sim 40L/m^3$）时，使人呼吸加深，出现头痛、耳鸣、血压增高等症状；达到 $10\% \sim 20\%$（$100 \sim 200L/m^3$）时，致人昏迷，可能会导致死亡。我国标准规定室内 CO_2 的容许浓度在 $0.07\% \sim 0.15\%$（$0.7 \sim 15L/m^3$）范围内[3][4]。标准规定的 CO_2 容许浓度比可能出现人体不适的浓度低得多，是考虑到稀释与人群有关的一些其他低浓度的污染物。

一般坐着活动的人（如办公室、教室、图书馆、住宅等），新陈代谢率 $M=70W/m^2$，根据式（8-2）和（8-3），并取 $c=1L/m^3（0.1\%）$[3]，则可计算得每人所需的新风量为 $6.76L/(s \cdot p)=24 m^3/(h \cdot p)$。我国的《民用建筑供暖通风与空气调节设计规范》[9]规定了民用建筑各类场所每人所需最小新风量，所给的值不仅考虑了人员活动的情况，还考虑了人员污染物和建筑其他污染物对人体健康的影响的程度。《规范》[9]规定办公室、旅馆客房每人所需最小新风为 $30 m^3/(h \cdot p)$；人员密集场所的最小新风量与人员密度、人员逗留时间有关，如表 8-2 的几类人员密集场所每人所需最小新风量。由于人员污染和建筑其他污染的比例随着人员密度的改变而变化，因此，人员密度大（即人均占有空间小）的场所，建筑污染的影响相对较小，每人所需最小新风就较小。人员在建筑内逗留的时间短（如商场、候车室、会议厅等），其最小新风量也较小。

几类人员密集场所，每人所需最小新风量 表 8-2

场所类型	人员密度，P_A (p/m²)		
	$P_A \leqslant 0.4$	$0.4 < P_A \leqslant 1.0$	$P_A > 1.0$
会议厅、影剧院、音乐厅、多功能厅	14	12	11
商场、超市	19	16	15
公交等候室	19	16	15
酒吧、咖啡厅、餐厅	30	25	23
教室	28	24	22
体育馆	19	16	15
健身房	40	24	22

上述各类建筑人员所需的最小新风量适用于室内禁止吸烟的场所。允许吸烟的场所，应加大新风量，文献 [8] 认为稀释烟卷散发有害物的新风量为 $20m^3/$支。

8.2.3 民用建筑房间（区域）新风量

我国规范[9]规定大部分民用建筑的房间的新风量等于人数乘以每人所需新风量；医院和居住建筑房间的新风量等于房间容积乘最小换气次数（换气次数的定义为每小时的通风量与房间容积之比——详见 8.3 节），最小换气次数参见文献 [9]。

目前，国外有些标准，如欧洲标准化组织的 prENV1752《建筑物通风：保证室内环境的设计原则》、美国 ASHRAE 标准 62.1—2007《可接受室内空气质量的通风》[7]，规定房间的通风量分别根据室内人数和房间（区域）的地面面积来确定。前者考虑了稀释人群产生的污染物，这些污染物与人数成正比；后者考虑了稀释人所在环境中建筑材料、家具等所散发的低浓度污染物，这些污染物不与人数成正比，而与地面面积成正比。用这种方法确定房间新风量比只按人数确定要合理。这种方法规定的每人所需新风量比只用人数确定房间新风量的要少。例如，ASHRAE 标准 62.1—2007[7]规定办公室每人所需新风量为 $2.5L/(s \cdot p)[9m^3/(h \cdot p)]$；单位地面面积的新风量为 $0.3L/(s \cdot m^2)[1.1m^3/(h \cdot m^2)]$。另外，ASHRAE 标准 62.1—2007 还明确规定，标准推荐的新风量是送到"呼吸区"（Breating Zone）的新风量。呼吸区定义为离墙 600mm，离地 75~1800mm 之间的区域。因此，送入房间（区域）的新风量还应除以通风效率（参见 8.3.3），标准中给出了不同送回风方式和送入冷风或热风条件下的通风效率值[7]。

上面讨论了民用建筑的室内空气质量问题。对于工业建筑，除了应保证每人新风量不小于 $30\text{m}^3/\text{h}$[5]以外，其通风量还应保证车间内已知污染物的浓度小于或等于《工作场所有害因素职业接触极限 化学有害因素》[5]规定的容许浓度，通风量计算参见 8.3 节。

8.3 全面通风和稀释方程

8.3.1 全面通风稀释方程

全面通风又称稀释通风，它的原理是用一定量的清洁空气送入房间，稀释室内污染物，使其浓度达到卫生规范的容许浓度，并将等量的室内空气连同污染物排到室外。图

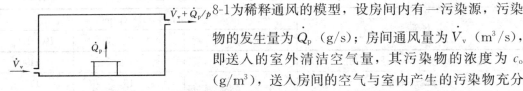

图 8-1 稀释通风模型

8-1 为稀释通风的模型，设房间内有一污染源，污染物的发生量为 $\dot{Q}_p$（g/s）；房间通风量为 $\dot{V}_v$（m^3/s），即送入的室外清洁空气量，其污染物的浓度为 c_o（g/m^3），送入房间的空气与室内产生的污染物充分混合，同时从房间向室外排出与通风量等量的空气

及室内污染物的发生量。根据上述模型可以列出室内污染物浓度随时间变化的全面通风微分方程。解此微分方程，得到如下的全面通风稀释方程[2]：

$$c = \left(c_o + \frac{\dot{Q}_p}{\dot{V}_v}\right)\left[1 - \exp\left(-\frac{\dot{V}_v}{V_r}\tau\right)\right] + c_i \exp\left(-\frac{\dot{V}_v}{V_r}\tau\right) \tag{8-4}$$

式中 V_r——房间的容积，m^3；

τ——时间，s。当 $\tau \to \infty$ 时，式（8-4）可写成

$$c = c_o + \dot{Q}_p/\dot{V}_v \tag{8-5}$$

上式表明，当经过很长时间后，室内的污染物浓度与室内的初始浓度 c_i 无关，为一定值。式（8-5）为稳定状态的稀释方程。将式（8-4）的变化曲线画在 c-τ 坐标系的图上，如图 8-2 所示。图中假设了两种室内污染物初始浓度 c_i 和 c_i'，这两种情况的室内污染物浓度最后都稳定到 $c = c_o + \dot{Q}_p/\dot{V}_v$。通常当 $\frac{\dot{V}_v}{V_r}\tau \geqslant 4$ 时，$\exp(-4) = 0.0183$，可以认为室内污染物浓度已趋于稳定。因此，在通风空调工程中，一般均利用稳定稀释方程进行计算，而且经常应用该公式计算在已知污染物浓度发生量及室内允许浓度下的通风量。式（8-5）可写成

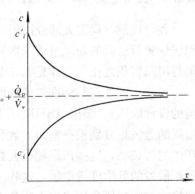

图 8-2 污染物浓度变化曲线

$$\dot{V}_v = \frac{\dot{Q}_p}{c - c_o} \tag{8-6}$$

在通风空调中常用"换气次数"的概念，它的定义为

$$n = 3600 \cdot \frac{\dot{V}_\text{v}}{V_\text{r}} \tag{8-7}$$

式中 n 为换气次数，h^{-1}（次/h）。从上式中可以看到，换气次数 n 表示房间的空气在 1h 内更换了 n 次，或每小时的通风量等于房间容积的几倍。

【例 8-1】 一体育馆比赛场的容积为 $1.5 \times 10^5 m^3$，容纳 1.2×10^4 人，每人 CO_2 发生量为 $0.005L/s$，根据《体育馆卫生标准》GB 9668—1996 场内 CO_2 的允许浓度为 0.15%。已知当地的室外空气 CO_2 的浓度为 0.03%，室内 CO_2 初始浓度等于室外浓度，求比赛场稳定状态的通风量和运行 1h、2h 后的室内 CO_2 浓度。

【解】 比赛场内 CO_2 发生量为

$$\dot{Q}_\text{p} = 0.005 \times 12000 = 60L/s$$

由于浓度 $1L/m^3 = 0.1\%$，因此 $c_0 = c_i = 0.3L/m^3$，$c = 1.5L/m^3$。利用式（8-6），求得稳定状态下的通风量（即新风量）为

$$\dot{V}_\text{v} = \frac{60}{1.5 - 0.3} = 50m^3/s$$

运行 1h 后，室内的 CO_2 的浓度可按（8-4）求得，即

$$c_1 = \left(0.3 + \frac{60}{50}\right)\left[1 - \exp\left(-\frac{50 \times 3600}{1.5 \times 10^5}\right)\right] + 0.3\exp\left(-\frac{50 \times 3600}{1.5 \times 10^5}\right) = 1.14L/m^3$$

同理可求得运行 2h 后的室内 CO_2 浓度 $c_2 = 1.39L/m^3$，即在这段时间内尚未达到稳定，实际的 CO_2 浓度低于原设定的允许浓度（$1.5L/m^3$）。体育馆的比赛场有比较大的空间，场内原来的低 CO_2 浓度的空气起着稀释作用，延缓了 c 值的升高。换言之，可以延迟新风开启时间，即在空调系统运行开始时，关闭新风阀门，利用室内原来的空气对污染物进行稀释。在这段时间内，c_i 逐渐升高到允许浓度 c，然后再开启新风。c_i 升高到 c 的时间可按下式求得：

$$c = c_i + \frac{\dot{Q}_\text{p}\tau}{V_\text{r}}$$

即

$$\tau = (c - c_i)V_\text{r}/\dot{Q}_\text{p} \tag{8-8}$$

由式（8-8），可求出本例延迟通风的时间为

$$\tau = (1.5 - 0.3) \times 1.5 \times 10^5/60 = 3000s$$

即可延迟 50min 开启新风，室内 CO_2 浓度也不会超过容许浓度。采用延迟通风的方法可以节省冷量或热量。

8.3.2 利用通风方法消除余热和余湿

有些工业厂房有大量多余的热量（余热），一般不可能采用空调来降温，而利用通风的办法来降温。室内游泳池、戏水池等场所有大量的湿负荷（或称余湿）存在，如果室外空气比较干燥，可利用通风来除湿，显然比其他除湿方法要节省大量的能量。

如果将室内余热、余湿也看做"污染物"，利用全面通风稀释的办法来消除，这时公式（8-6）可写成

$$\dot{V}_\mathrm{v} = \frac{\dot{Q}_\mathrm{h}}{c_\mathrm{p}\rho(t - t_\mathrm{o})} \tag{8-9}$$

$$\dot{V}_\mathrm{v} = \frac{1000\dot{M}_\mathrm{w}}{\rho(d - d_\mathrm{o})} \tag{8-10}$$

式中　$\dot{Q}_\mathrm{h}$——室内余热量，W 或 kW；

　　　c_p——空气定压比热，J/(kg·℃)或 kJ/(kg·℃)；

　　　ρ——空气密度，kg/m³；

　　　$\dot{M}_\mathrm{w}$——室内的余湿量（湿负荷），kg/s；

　　t_o、d_o——室外空气的温度和含湿量，℃和 g/kg；

　　　t、d——室内空气温度和含湿量，℃和 g/kg。

8.3.3　通风效率

通风效率（Ventilation efficiency）又称混合效率，定义为实际参与稀释的风量与送入房间通风量之比，即

$$E_\mathrm{v} = \frac{\dot{V}_\mathrm{v} - \dot{V}_\mathrm{ve}}{\dot{V}_\mathrm{v}} \tag{8-11}$$

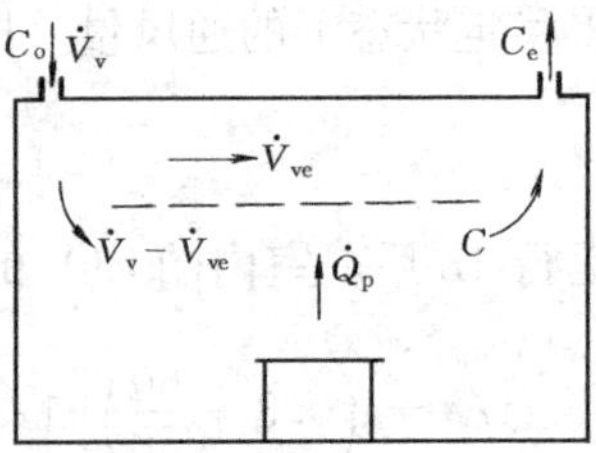

图 8-3　考虑通风效率的稀释通风模型

式中 $\dot{V}_\mathrm{ve}$ 为未参与稀释污染物而直接从排风口排出的风量，m³/s。如图 8-3 所示，送入房间的风量 $\dot{V}_\mathrm{v}$，假设只有($\dot{V}_\mathrm{v} - \dot{V}_\mathrm{ve}$)部分在房间虚线以下与污染物充分混合。因此考虑通风效率后，实际稀释污染物的风量为 $E_\mathrm{v}\dot{V}_\mathrm{v}$，则式(8-4)、(8-5)和式(8-6)可写成

$$c = \left[c_\mathrm{o} + \frac{\dot{Q}_\mathrm{p}}{E_\mathrm{v}\dot{V}_\mathrm{v}} \right] \left[1 - \exp\left(-\frac{E_\mathrm{v}\dot{V}_\mathrm{v}}{V_\mathrm{r}}\tau \right) \right] + c_i \exp\left(-\frac{E_\mathrm{v}\dot{V}_\mathrm{v}}{V_\mathrm{r}}\tau \right) \tag{8-12}$$

$$c = c_\mathrm{o} + \dot{Q}_\mathrm{p}/(E_\mathrm{v}\dot{V}_\mathrm{v}) \tag{8-13}$$

$$\dot{V}_\mathrm{v} = \frac{\dot{Q}_\mathrm{p}}{(c - c_\mathrm{o})E_\mathrm{v}} \tag{8-14}$$

上述各式中 c 应理解为房间下部（工作区）送入空气与污染物很好混合后的浓度。这时排风的污染物浓度 c_e 并不等于工作区的浓度 c。在稳定状态下，必然会有：

$$\dot{Q}_\mathrm{p} = \dot{V}_\mathrm{v}(c_\mathrm{e} - c_\mathrm{o})$$

将上代入式（8-14）中，整理后得 E_v 另一表达式：

$$E_\mathrm{v} = \frac{c_\mathrm{e} - c_\mathrm{o}}{c - c_\mathrm{o}} \tag{8-15}$$

如果送入的空气污染物浓度 $c_\mathrm{o}=0$，则上式可写成

$$E_\mathrm{v} = \frac{c_\mathrm{e}}{c} \tag{8-16}$$

由此可见，此时的通风效率为排风浓度与工作区浓度之比，不难看出，E_v 与送、排

风口的位置和形式、送风量、污染源的位置等有着密切关系，有关 E_v 与室内气流分布的关系将在第 11 章中详细论述。

8.3.4 房间内有多种污染物的通风量

房间中通常会有多种污染物，在这种情况下如何确定通风量呢？这时应首先判别各种污染物对人体危害的相关性。如果两种污染物都对人体某器官都有危害作用，应认为这两种污染物的毒性有叠加作用；否则它们是单独作用而无叠加作用。例如二氧化氮对支气管有刺激作用，接触浓度 $\geq 100ppm$ 的空气时，容易引起肺水肿；臭氧对呼吸道有刺激作用，接触浓度为 10ppm 左右的空气时，容易引起肺水肿。因此可以认为这两种污染物的毒性有叠加作用，但它们与 CO_2 则无叠加作用。房间有多种污染物的通风量与污染物之间相关性有关。

（1）各种污染物单独作用

室内有多种单独作用（无叠加作用）的污染物时，应根据每一种污染物的发生量及容许浓度分别求出通风量，取其中最大者作为该房间的通风量。

（2）各种污染物有叠加作用

设室内有多种污染物，其发生量分别为 $\dot{Q}_1$、$\dot{Q}_2$、$\cdots\cdots\dot{Q}_n$（mg/s），它们的容许浓度分别为 c_{p1}、c_{p2}、$\cdots\cdots c_{pn}$（mg/m³），并设室外空气无这些污染物，房间的通风量为 $\dot{V}_v$（m³/s），则对于每种污染物的浓度分别为

$$c_1 = \frac{\dot{Q}_1}{\dot{V}_v}、c_2 = \frac{\dot{Q}_2}{\dot{V}_v}、\cdots\cdots c_n = \frac{\dot{Q}_n}{\dot{V}_v} \tag{8-17}$$

由于这些污染物有叠加作用，则要求各种污染物的浓度相对值满足下式：

$$\frac{c_1}{c_{p1}} + \frac{c_2}{c_{p2}} + \cdots\cdots + \frac{c_n}{c_{pn}} \leqslant 1 \tag{8-18}$$

将式（8-17）代入上式，并乘以 $\dot{V}_v$，得

$$\frac{\dot{Q}_1}{c_{p1}} + \frac{\dot{Q}_2}{c_{p2}} + \cdots\cdots + \frac{\dot{Q}_n}{c_{pn}} \leqslant \dot{V}_v \tag{8-19}$$

上式中的左边各项为稀释每种污染物所必需的通风量，即

$$\dot{V}_{v1} + \dot{V}_{v2} + \cdots\cdots \dot{V}_{vn} \leqslant \dot{V}_v \tag{8-20}$$

式（8-20）表明，室内有多种叠加作用的污染物时，稀释这些污染物的最小通风量应等于稀释每种污染物通风量之和。还应该指出，这里所讲的叠加作用只考虑了单纯的相加作用，而未考虑可能存在污染物之间互相增强的作用。

8.4 全面通风系统

8.4.1 概述

全面通风按空气流动的动力分，有机械通风和自然通风，有关自然通风将在 8.8 节阐

述。利用机械（即风机）实施全面通风的系统可分成——机械送风系统和机械排风系统。对于某一房间或区域，可以有以下几种系统组合方式：（1）既有机械送风系统，又有机械排风系统；（2）只有机械排风系统，室外空气靠门窗自然渗入；（3）机械送风系统和局部排风系统（机械的或自然的）相结合；（4）机械送风系统与机械排风、局部排风系统相结合；（5）机械排风系统与空调系统相结合；（6）机械送风系统与空调系统相结合，或是说由空调系统实现全面通风的任务。

8.4.2　机械送风系统

图 8-4 为一典型的机械送风系统示意图。其中风机提供空气流动的动力，风机压力应克服从新风入口到房间送风口的阻力及房间内的压力值。风管及阀门用于空气的输送与分配，风管通常用钢板制造。一般通风用送风系统的空气处理设备具有空气过滤和空气加热（只在供暖地区有）功能。空气过滤的目的是清除新风中的悬浮颗粒物，通风系统中通常采用粗效过滤器（详见 9.9），它可有效捕集粒径 $\geq 5\mu m$ 的颗粒物。目前我国许多大城市空气中的 PM2.5 浓度超标，例如，我国东部某大城市 2010 年 PM2.5 全年的 24h 平均浓度为 $7 \sim 245\mu g/m^3$，而《环境空气质量标准》[1]规定空气质量一级的 24h 平均浓度为 $35\mu g/m^3$，二级为 $75\mu g/m^3$，因此，全年中已有很多时间超过了二级标准；PM2.5 浓度 $245\mu g/m^3$ 已经接近重度污染[10]。对于这类地区，新风过滤应增设中效过滤器，这类过滤器可有效捕集粒径 $\geq 0.5\mu m$ 的颗粒物（详见 9.5）。供暖地区冬季室外温度都在 0℃ 以下，直接把新风送入房间会导致建筑供暖热负荷增加，而且冷空气可能会直接吹到人体，引起不舒适感。为此，需对新风进行加热，一般可加热到室内温度；也可以加热到室内温度以上，以承担建筑部分热负荷。空调中用的送风系统（称新风系统）的空气处理设备中一般还具有冷却去湿和加湿功能。送风口的位置直接影响着室内的气流分布，因此也影响着通风效率（详见 11.3）。新风口是室外干净空气引入的地方。新风口设有百叶窗，以遮挡雨、雪、昆虫等。另外，新风口的位置应在空气比较干净的地方；附近有排风口时，新风口应在主导风向的上风侧，并应低于排风口；底层的新风口下缘离室外地坪不宜小于 2m，当设在绿化地带时，不宜小于 1m。为了防止室外地面的灰尘吸入系统，应尽量避免在交通繁忙道路的一侧取新风，此处的汽车尾气造成的污染比较严重。在供暖地区新风入口处应设电动密闭阀，它与风机联动，当风机停止工作时，自动关闭阀门，以防止冬季冷风渗入而冻坏加热器。如果不设电动密闭阀，也应设手动的密闭阀。

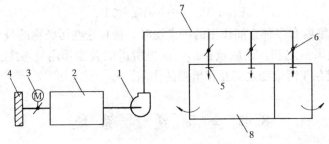

图 8-4　机械送风系统示意图

1—风机；2—空气处理设备；3—电动密闭阀；4—新风入口；
5—送风口；6—阀门；7—风管；8—通风房间

8.4.3 机械排风系统

图 8-5 为一机械排风系统。由风机、风口、风管、阀门、排风口等组成。风机的作用同机械送风系统。风口是收集室内空气的地方，为提高全面通风的稀释效果，风口宜设在污染物浓度较大的地方。污染物密度比空气小（指其密度$\leqslant 0.75\rho_a$，ρ_a 为空气密度）或虽污染物密度$>0.75\rho_a$，但室内散发的显热全年均能形成稳定的上升气流时，风口宜设在上方；当散发污染物的密度$>0.75\rho_a$，而室内散发的显

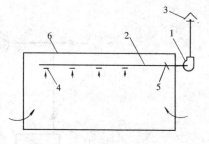

图 8-5 机械排风系统
1—风机；2—风管；3—排风口；
4—风口；5—阀门；6—通风房间

热不足以形成稳定的上升气流时，宜上、下均设风口，下部排出 2/3 总风量，上部排出 1/3 总风量，且不应小于每小时 1 次换气[11]；当房间不大时，也可以只设一个风口。排风口是排风的室外出口，它应能防止雨、雪等进入系统，并使出口动压降低，以减少出口阻力；在屋顶上方用风帽，墙或窗上用百叶窗。排风口应高于进风口，且应避免进、排风短路。风管（风道）是空气的输送通道，当排风是潮湿空气时宜用玻璃钢或聚氯乙烯板制作，一般的排风系统可用钢板制作。阀门用于调节风量，或用于关闭系统。在供暖地区为防止风机停止时倒风，或洁净车间防止风机停止时含尘空气进入房间，常在风机出口管上装电动密闭阀，与风机联动。

8.4.4 空调建筑中的通风

空调建筑通常是一个密闭性很好的建筑，如果没有合理的通风，其空气质量还不如通风良好的普通建筑。建筑中空气质量不良，容易使人患"病态建筑综合征"（Sick Building Syndrome—SBS），这是指在这些空调建筑的人员出现诸如鼻塞、流鼻涕、眼受刺激、流泪、喉痛、呼吸急促、头痛、头晕、疲劳、乏力、胸闷、精神恍惚、神经衰弱、过敏等症状，在同一建筑中人员出现的症状普遍相似。如果一栋建筑内有 20% 以上的人员出现有关的 SBS，则认为该建筑是"病态建筑"。造成空气质量不好的原因也是多方面的，但不可否认，通风不足是其中的主要原因之一。在空调建筑中，除了工艺过程排放有害气体需专项处理外，一般的通风问题由空调系统来承担。在空气-水系统中，通常设专门的新风系统，给各房间送新风，以承担建筑的通风和改善空气质量的任务。全空气系统都应引入室外新风，与回风共同处理后送入室内，稀释室内的污染物。因此空调系统利用了稀释通风的办法来改善室内空气质量。有关稀释通风中的原理同样适用于空调系统中的通风问题。但在全空气系统中，如有多个房间（或区），它的风量分配是根据负荷来分配的。因此就出现负荷大的房间获得新风多，而负荷小的房间获得的新风少。这有可能导致有些房间新风不足，空气质量下降。要解决新风不足，必须加大送风中的新风比例。加大新风比的办法如下[12]：

图 8-6 为一多房间的全空气空调系统。各房间需要的新风量分别为$\dot{M}_{o1}$、$\dot{M}_{o2}$、……$\dot{M}_{on}$，风量单位均为 kg/s，下同，各房间新风之和为

$$\dot{M}_{o,t} = \sum_{i=1}^{n} \dot{M}_{oi} \tag{8-21}$$

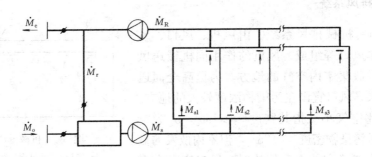

图 8-6　多房间的全空气空调系统

$\dot{M}_{s1}$、$\dot{M}_{s2}$、$\dot{M}_{sn}$—各个房间送风量；$\dot{M}_s$—系统总送风量；$\dot{M}_R$—系统总回风量；

$\dot{M}_r$—再循环回风量；$\dot{M}_o$—系统的新风量；$\dot{M}_e$—系统的排风量

各房间的送风量分别为 $\dot{M}_{s1}$、$\dot{M}_{s2}$、……$\dot{M}_{sn}$，系统的送风量为

$$\dot{M}_s = \sum_{i=1}^{n} \dot{M}_{si} \tag{8-22}$$

如果该系统引入的新风量 $\dot{M}_o$ 等于 $\dot{M}_{o,t}$，当各房间需要新风量与房间送风量之比（称房间需要新风比）均相等（即 $\dot{M}_{o1}/\dot{M}_{s1} = \dot{M}_{o2}/\dot{M}_{s2} = …… = \dot{M}_{on}/\dot{M}_{sn}$）时，则该系统的送风均可满足各房间的新风需求；当各房间需要新风比不相等时，则该系统中有些房间新风供应量不足，而有些房间新风供应量过剩。

在需要新风比不等的各房间中，必有一房间需要新风比最大，设为 F，该房间需要新风量为 $\dot{M}_{o,c}$，送风量为 $\dot{M}_{s,c}$，则 $F = \dot{M}_{o,c}/\dot{M}_{s,c}$。如果空调系统送风的新风比等于 F（即送风中含有的新风量为 $F\dot{M}_s$），则该系统满足了需要新风比为 F 的房间新风供应需求，而其他房间的新风供应量有过剩，即有一些"未被利用"的新风经回风返回系统，这部分"未被利用"的新风为

$$R\,(F\dot{M}_s - \dot{M}_{o,t})$$

式中 R 为再循环比，它应为

$$R = \frac{\dot{M}_r}{\dot{M}_s} = \frac{\dot{M}_s - \dot{M}_o}{\dot{M}_s} \tag{8-23}$$

若空调系统从新风口引入新风 $\dot{M}_o$，计入"未被利用"的新风后，其总新风量与系统送风量之比等于 F，则必须满足下式：

$$F\dot{M}_s = \dot{M}_o + R\,(F\dot{M}_s - \dot{M}_{o,t}) \tag{8-24}$$

式（8-24）的左端为新风比等于 F 时送风中应含有的新风量；等式的右端是新风的来源，其中第一项为从室外直接引入的新风，第二项为"未被利用"的新风量。将式(8-23)代入(8-24)，整理后得系统从室外直接引入的新风量为

$$\dot{M}_{o}=\dot{M}_{o,t}/\left(1-F+\dot{M}_{o,t}/\dot{M}_{s}\right) \tag{8-25}$$

上式所计算出的值介于 $\dot{M}_{o,t}$ 和 $F\dot{M}_{s}$ 之间。

上述多房间的全空气系统新风量的计算方法考虑了"未被利用"的新风，且能满足各房间的新风需要。该方法在推导过程中所有风量为质量流量（kg/s），在工程设计计算中，风量经常采用体积流量（m³/s 或 m³/h），为简便起见，可直接用体积流量代入上述公式计算，其结果误差不大。

8.5 局部通风系统与事故通风

8.5.1 局部排风系统

局部排风是直接从污染源处排除污染物的一种局部通风方式。当污染物集中于某处发生时，局部排风是最有效的治理污染物对环境危害的通风方式。如果这种场合采用全面通风方式，反而使污染物在室内扩散；当污染物发生量大时，所需的稀释通风量则过大，甚至在实际上难于实现。

污染物定点发生的情况在工业厂房中很多，如电镀槽、散料皮带传送的落料点或运转点、焊接工作台、化学分析工作台、喷漆、砂轮机等。民用建筑中也有一些定点产生污染物的情况，如厨房中的炉灶、餐厅中的火锅、学校中的化学试验台等。由此可见，局部排风的应用很广泛。

图 8-7 为一局部机械排风系统的示意图。该系统由排风罩、风机、空气净化设备、风管和排风口组成。排风罩——用于捕集污染物的设备，是局部排风系统中必备的部件，详见 8.6 节；风管——空气输送的通道，根据污染物的性质，其材料可以是钢板、玻璃钢、聚氯乙烯板、混凝土、砖砌体等；空气净化设备——用于防止对大气造成污染，当排风中含有污染物超过规范允许的排放浓度时，必须进行净化处理；如果不超过排放浓度可以不设净化设备，空气净化设备和相应的系统详见第 9 章；排风口——排风的出口，有风帽和百叶窗两种。当排风温度较高，且危害性不大时

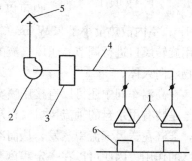

图 8-7 局部机械排风系统
1—排风罩；2—风机；3—净化设备；
4—风管；5—排风口；6—污染源

可以不用风机输送，而依靠热压和风压进行排风（热压与风压的概念见 8.8），这种系统称为局部自然排风系统。局部排风系统的划分应遵循如下原则：

（1）污染物性质相同或相似，工作时间相同且污染物散发点相距不远时，可合为一个系统。

（2）不同污染物相混可产生燃烧、爆炸、或生成新的毒害性更大或腐蚀性污染物、或易使蒸气凝结并聚积粉尘时，不应合为一个系统，应各自成独立系统。

（3）排除有燃烧、爆炸或腐蚀的污染物时，应当各自单独设立系统，并且系统应有防止燃烧、爆炸或腐蚀的措施。

（4）排除高温、高湿气体时，应单独设置系统，并有防止结露和有排除凝结水的措施。

用于排除工业生产中粉尘的局部排风系统，通常称为除尘系统。在第 9 章中将对除尘系统及其相关设备进行专门论述。

8.5.2　局部送风系统

在一些大型车间中，尤其是有大量余热的高温车间，采用全面通风已无法保证室内所有地方都达到适宜的程度，只得采用局部送风的办法使车间中某些局部地区的环境达到比较适宜的程度，这是比较经济而又实惠的方法。我国的规范[11]规定，当车间中操作点的温度达不到卫生要求时，应设置局部送风。局部送风实现对局部地区降温，而且增加空气流速，增强人体对流和蒸发散热，以改善局部地区的热环境。

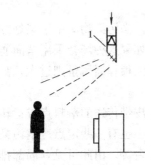

图 8-8　局部送风
1—旋转风口

图 8-8 为车间局部送风的示意图。将室外新风，以一定风速直接送到工人的操作岗位。使局部地区空气品质和热环境得到改善。当有若干个岗位需局部送风时，可合为一个系统。夏季需对新风进行降温处理，应尽量采用喷水的等焓冷却，如无法达到要求，则采用人工制冷。有些地区室外温度并不太高，可以只对新风进行过滤处理。冬季采用局部送风时，应将新风加热到 18～25℃。空气送到工作点的风速一般根据工作地点的小时平均热辐射照度和作业的强度控制在 1.5～6m/s[11]。送风宜从人的前侧上方吹向头、颈、胸部，必要时也可以从上向下垂直送风。送风到达人体，气流有效宽度宜为 1m；室内散热量小于 23W/m² 的轻作业，可采用 0.6m。当工作岗位活动范围较大时，采用旋转风口进行调节。送风气流的设计可按自由射流原理进行计算。另外，应避免将污染物吹向人体。

在高温车间中还可以直接用喷雾的轴流风机（喷雾风扇）进行局部送风，喷雾风扇实质上是装有甩水盘的轴流风机。自来水向甩水盘供水，高速旋转的甩水盘将水甩出形成雾滴，雾滴在送风气流中蒸发，从而冷却了送风气流。未蒸发的雾滴落在人身上，有"人造汗"的作用。因此可以在一定程度上改善高温车间中工作人员的条件。规范规定[11]，喷雾风扇只适用于温度高于 35℃、辐射照度＞1400W/m²，且工艺不忌细小雾滴的中、重作业的工作点。喷雾风扇的雾滴直径应小于 100μm，作业点的风速应在 3～5m/s 范围内。当不适宜采用喷雾风扇时，可用不带喷雾的轴流风机进行局部送风。工作地点的风速为：轻作业 2～3m/s，中作业 3～5m/s，重作业 4～6m/s。

在高温车间中的一些控制室、仪表间、工人休息室、天车司机室等，可以用隔热板封闭起来，并对这些局部区域进行空调。

8.5.3　事故通风

工厂中有一些工艺过程，由于操作事故和设备故障而突然发生大量有毒气体或有燃烧、爆炸危险的气体、粉尘或气溶胶物质泄出。为了防止对工作人员造成伤害和防止事故进一步扩大，必须设有临时的排风系统——事故通风系统。

事故通风的排风量宜根据工艺设计要求通过计算确定，但换气次数不应小于 $12h^{-1}$。事故排风量可以由房间中设置的排风系统和专门的事故通风系统共同承担。

事故通风的吸风口应设在有毒气体或燃烧、爆炸危险性物质散发量可能最大或聚集最多的地方。对事故排风死角处，应采取导流措施。

事故通风的排风口应避开人员经常停留或通行的地方，与机械送风系统进风口的水平距离不应小于 20m；当水平距离不足 20m 时，排风口必须高出进风口，高差不得小于 6m。如果排放的是可燃气体或蒸气，排风口应距可能溅落火花的地点 20m 以上。

事故通风的风机可以是离心式或轴流式，其开关应分别设在室内、外便于操作的位置。如果条件许可，也可直接在墙上或窗上安装轴流风机。排放有燃烧、爆炸危险气体的风机应选用防爆型风机。

事故通风只是在紧急的事故情况下应用，因此可以不经净化处理直接向室外排放，而且也不必设机械补风系统，可由门、窗自然补入空气，但应注意留有空气自然补入的通道。

8.6 排 风 罩

排风罩是局部排风系统中捕集污染物的设备。排风罩按密闭程度分，有密闭式排风罩、半密闭式排风罩和开敞式排风罩。下面分别介绍这三类排风罩的工作原理和特点。

8.6.1 密闭式排风罩

图 8-9 为密闭式排风罩（或称密闭罩）的示意图。污染源散发的污染物密闭在罩内，而后排出。密闭罩在排风时，罩外的空气通过缝隙、操作孔口（一般是手孔）渗入罩内，从而维持罩内 $5\sim10Pa$ 左右的负压。缝隙孔口处的风速一般不应小于 1.5m/s。密闭罩的排风量应防止粉尘或有害气体逸至室内的原则通过计算确定，有条件时，可按实测数据取值。密闭罩的排风量主要包括以下几部分：（1）通过缝隙、孔口进入的空气量；（2）因工艺需要送入的空气量；（3）污染源散发的气体量；（4）因热物件而使空气体积膨胀而增加的空气量；（5）物料输送过程诱导进入的风量；（6）物量装桶时挤出的空气量等等。密闭罩所配用的风机压头除了密闭罩阻力和风管系统阻力外，还应考虑由于工艺设备高速旋转导致罩内压力升高，或物料下落、飞溅（如皮带运输机的转运点、卸料点）带动空气运动而产生的压力升高，或由于罩内外有较大温差而产生的热压等。

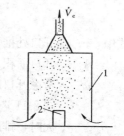

图 8-9 密闭式排风罩
1—密闭罩；2—污染源
$\dot{V}_e$—排风量

对于输送散状物料的密闭罩，为减少排风所带走的物料，密闭罩与风管连接处（称吸风口）的位置应在散发物料少的地方，吸风口的平均风速宜为：细粉料筛分过程不大于 0.6m/s；物料粉碎过程不大于 2m/s；粗粒径物料的破碎过程不大于 3m/s[11]。另外为了防止因飞溅产生的高速气流溢出排风罩，在有高速气流处不应有孔口或缝隙；或适当加大罩的体积，使高速气流自然衰减。

密闭罩应当根据工艺设备具体情况设计其形状、大小。最好将污染物的局部散发点密闭，这样排风量少，比较经济。但有时无法做到局部点密闭，而必须将整个工艺设备，甚至把工艺流程的多个设备密闭在罩内或小室中，这类罩或小室开有检修门，便于维修；缺点是风量大，占地大。

密闭罩的主要优点是：（1）能最有效地捕集并排除局部污染源产生的污染物；（2）风量小，运行经济；（3）排风罩的性能不受周围气流的影响。缺点是对工艺设备的维修和操作不便。

8.6.2　半密闭式排风罩

半密闭式排风罩指由于操作上的需要，经常无法将产生污染物的设备完全或部分地封

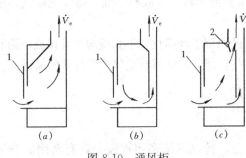

图 8-10　通风柜

（a）上排风；（b）下排风；（c）上、下排风

1—可启闭的柜门；2—调节板；$\dot{V}_e$—排风量

闭，而必须开有较大的工作孔的排风罩。属于这类排风罩的有柜式排风罩（或称通风柜、排风柜）、喷漆室、砂轮罩等。图 8-10 为三种形式的通风柜，其区别在于吸风口的位置不同，适用于密度不同的污染物。污染物密度小时用上排风；密度大时用下排风；而密度不确定时，可选用上下同时排风，且上部吸风口可调。通风柜的柜门上下可调节，在操作许可条件下，柜门开启度越小越好，这样在同样的排风量下有较好的效果。通风柜控制污染物的能力主要取决于开口处的风速，一般推荐开口处的风速为 $0.3\sim1.5\text{m/s}$。具体取值参考文献 [13]、[14]。对用于污染物散发量不大的通风柜，排风量 $\dot{V}_e$（m/s）应为

$$\dot{V}_e=vA/\varphi \tag{8-26}$$

式中　v——开口处推荐风速，m/s；

A——开口面积，m^2；

φ——考虑开口断面风速不均匀引入的系数，φ＝断面最小风速/断面平均风速，按图 8-11 选取[14]；图 8-10 中（c）型通风柜的 $\varphi=1$。当通风柜中污染物发生量大时，排风量中应加污染物发生量。

如果通风柜中产生热气体，可利用热压作用进行排风，即成为自然通风方式的通风柜，其排风量按下式计算[14]：

$$\dot{V}_e=0.032\ (\dot{Q}H)^{1/3}A^{2/3} \tag{8-27}$$

式中　$\dot{Q}$——通风柜内的余热量，W；

H——工作口到排风口的高度，m。

如果通风柜放在空调、净化或供暖房间内时，为了减少室内排风量，可以在柜门上方设风幕，风幕送出的空气可取自室外或邻室，风量约为排风量的 $70\%\sim75\%$。这种通风柜既可防止室内横向气流的干扰，又可节省室内的排风量。

半密闭式排风罩，其控制污染物能力不如密闭式。如果设计

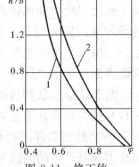

图 8-11　修正值 φ

1—上排式 φ 值曲线；
2—下排式 φ 值曲线；

h—开口高度；b—柜深度

得好，将不失为一种比较有效的排风罩。

8.6.3 开敞式排风罩

开敞式排风罩又称为外部排风罩。这种排风罩的特点是，污染源基本上是敞开的，而排风罩只在污染源附近进行吸风。为了使污染物被排风罩吸入，排风罩必须在污染源周围形成一速度场，其速度应能克服污染物的流动速度而引导至排风罩。

8.6.3.1 吸风口处的流动规律

图 8-12 给出了三种吸风口处的流动状态。假如三种吸风口的直径均为 d，风口处的风速为 v_0，离风口距离 x 处的风速为 v_x，该风速与风口风速 v_0 的关系为

$$v_x/v_0 = k \ (d/x)^2 \tag{8-28}$$

式中 k 为系数，图中 (a) 吸风口 $k = 0.06$；(b) 吸风口 $k = 0.12$；(c) 吸风口 $k = 0.24$。在 $x = d$ 处的速度，三种吸风口分别约为风口风速的 6%、12%、24%。

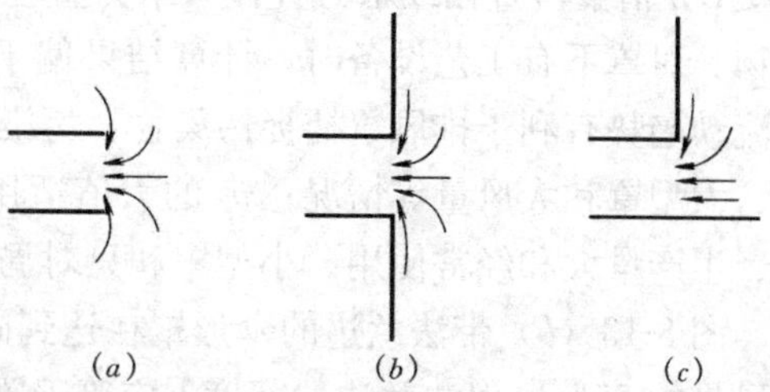

由此可得到两点结论：（1）开敞式吸风口的风速衰减很快，因此开敞式排风罩应尽量靠近污染源处；（2）吸风口处有围挡时，风速的衰减速度减缓，因此开敞式排风罩在有可能的条件下尽量有围挡。

图 8-12 三种吸风口的流动状态
(a) 球形吸风范围；(b) 半球形吸风范围；(c) 1/4 球形吸风范围

8.6.3.2 伞形罩与侧吸罩

图 8-13 是三种常见的开敞式排风罩的形式。图中 (a) 为无法兰边的伞形罩，为使罩的风速均匀，开口角宜小于 $60°$，最大 $\leqslant 90°$；(b) 为带法兰边的伞形罩；(c) 为放在工作台上的侧吸罩，相当于一侧有挡板的开敞式排风罩。

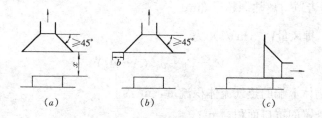

图 8-13 三种常见的开敞式排风罩
(a) 无法兰边伞形罩；(b) 带法兰边伞形罩；(c) 在工作台上的侧吸罩

根据对简单的圆形罩和边长比为 1:3 的矩形罩的实验结果[15]，四周无遮挡的无法兰边的伞形罩（图 8-13a）的排风量近似为

$$\dot{V}_e = (10x^2 + A) \ v_c \tag{8-29}$$

式中 $\dot{V}_e$——排风量，$\mathrm{m^3/s}$；

x——罩口与污染源之间的距离，m；

A——罩口面积，$\mathrm{m^2}$；

v_c——在 x 处的控制速度，或称污染物捕捉速度，m/s，按表 8-3 选用。

捕捉速度范围 v_c

表 8-3

污染物散发情况	举　例	v_c
基本上无速度散发到静止空气中	槽内液体蒸发、电镀、脱脂工艺	0.25～0.5
低速散发到比较平静的空气中	低速皮带运输机输运、焊接	0.5～1.0
高速散发到空气流速快的区域	物料装桶、皮带运输机装料、破碎机	1.0～2.5

式（8-29）的使用条件为：圆形或边长比大于 0.2 的矩形罩；污染物散发点离罩的距离≤1.5 倍罩口直径或水力直径（水力直径等于 4 倍罩口面积除以罩口周长）；罩前无障碍物。对罩下有工艺设备时，计算结果偏于安全。表 8-3 中的 v_c 的小值适用于房间内空气流动趋势有利于排风罩捕捉污染物、污染物危害程度低或仅令人讨厌、间歇生产和产量低、大型罩和大风量等情况；v_c 的大值适用于有对排风罩干扰的气流、污染物危害程度大、生产量大和经常使用、小型罩和只对局部点的控制等情况。

图 8-13（b）带法兰边的伞形罩在达到同样捕捉效果时，其排风量仅为不带法兰边的排风量的 75%。但法兰边的宽度 b 应等于罩口水力直径或捕捉距离 x[15]。

当伞形罩靠墙或靠工作台安装（图 8-13c）时，由于空气不能从墙或板的另一侧流入伞形罩，从而提高了伞形罩的效率，它的排风量可以认为是假想的、四周无遮挡的大伞形罩（罩口面积为实际面积的 2 倍）的一半，对于无法兰边的伞形罩，其排风量为

$$\dot{V}_e = (5x^2 + A)\, v_c \tag{8-30}$$

式中的符号同式（8-29）；对于有法兰边的伞形罩，上式应乘以 75%。

伞形排风罩还有其他的计算方法，如达莱瓦莱（Dalla Valle, J. M.）方程、流量比法等，参见文献 [6]。

8.6.3.3　热源上方的伞形罩

一个产热的工艺设备上方的伞形罩有两种形式：低悬罩和高悬罩。前者罩口离热源一般在 1m 以内；后者罩口离热源超过 3m。

对于低悬罩，排风量 $\dot{V}_e$（m^3/s）为[15]

$$\dot{V}_e = \dot{V}_h + v_p\,(A - A_h) \tag{8-31}$$

式中　$\dot{V}_h$——热物体上端的热气流体积流量，m^3/s；

　　　A——低悬罩的罩口面积，m^2；

　　　A_h——在热物体上端的热气流横断面面积，m^2；

　　　v_p——罩口周边的控制风速，一般可取 0.5m/s，当有横向气流干扰或热气流速度高时，此值可取大些。

在热物体上端的热气流横断面面积按如下方法确定：（1）三维热物体，A_h 近似等于该物体的平面投影面积；（2）水平热表面，A_h＝热表面的面积；（3）垂直热表面，A_h＝（0.07～0.09）热板面积。热物体最上端的热气流体积流量按下式计算：

$$\dot{V}_h = 0.038\,(\dot{Q}HA_h^2)^{1/3} \tag{8-32}$$

式中　$\dot{Q}$——热物体的散热量，W；

　　　H——三维物体或垂直热表面的高，水平热表面的长边或直径，m。

热物体的散热量可按传热学中热表面的自然对流公式进行计算。如果是热水槽的表面，它的散热量应等于热水蒸发量乘以汽化潜热。

为防止热气流泄出，低悬罩的罩口尺寸应比热物体大。当罩口与热物体距离为 x 时，矩形罩的每边长等于热物体长加 $0.8x$；圆形罩直径等于热物体直径加 $0.8x$。

对于高悬罩（见图 8-14），由于热气流上升过程中卷吸周围的空气，罩口处热气流的体积流量 $\dot{V}_z$（m³/s）应按下式计算：

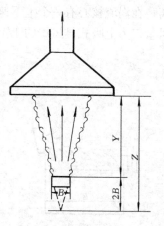

$$\dot{V}_z = 0.008\, Z^{3/2} \dot{Q}^{1/3} \qquad (8\text{-}33)$$

$$Z = Y + 2B \qquad (8\text{-}34)$$

式中　Y——热物体上表面与罩口的距离，m；

　　　B——热物体平面最大尺寸，m；

其他符号同式（8-32）。

图 8-14　高悬罩

在罩口处热气流（接近圆形）的直径 $D_z = 0.43 Z^{0.88}$。高悬罩极易受房间气流干扰，因此罩口面积要求大，一般是罩口处热气流面积的 2 倍。高悬罩总的排风量仍按式（8-31）计算，但式中的 $\dot{V}_h$ 用 $\dot{V}_z$ 取代。

8.6.3.4　槽边排风罩

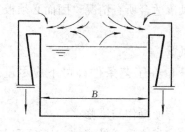

图 8-15　双侧槽边排风罩

电镀槽、清洗槽等上方有工件进出，无法在其上方设置排风罩，因此必须在槽边设排风罩。图8-15为一双侧槽边排风罩。一般用于槽宽 $B = 700 \sim 1200\text{mm}$ 的工业槽上；如果 $B < 700\text{mm}$，可以用只有一侧的单侧排风罩。在圆形槽上，也可做成圆环形的槽边排风罩。排风罩的排风量与槽的平面尺寸、槽面控制风速有关，而槽边条缝的风速一般控制在 $7 \sim 10\text{m/s}$。详细的计算方法可参阅有关文献[13]。

8.6.3.5　吹吸式排风罩

吸风口的风速衰减很快，因此各种开敞式排风罩对污染物的控制能力将随着控制距离的增加而迅速下降，而且极易受室内气流的干扰。例如很宽的工业槽，即使用双侧排风罩也可能达不到预想的效果；又如，挂得很高的伞形罩，其排除污染物的作用很弱，而且易受室内气流的影响。然而，射流具有较长的作用距离，因此可利用平面射流隔断室内气流对排风罩的影响，同时又防止污染物溢出罩外，并引导污染物到排风罩。这种既有射流又有排风的罩称吹吸式排风罩，图8-16为两种吹吸式排风罩的示意图。

吹吸式槽边排风罩，可以用于宽大于 1200mm 的工业槽。有关吹吸式排风罩的排风量和吹风量计算参阅文献 [13]、[14]、[16] 等。

还有一种四周都用风幕隔断的排风罩，称为旋风幕排风罩[17]，如图 8-17 所示。4 台小风机将室内空气通过 4 根送风立柱上一排小喷嘴以一定夹角（向里10°～20°）喷出，形成一个风幕空间。排风罩上部设吸风口。在送风射流与吸风共同作用下形成一个上升的人工旋风。这个人工旋风好像一个人工的"龙卷风"，在其中间是一个负压的旋转涡流核，涡流核具有较大的上升速度，这种上升速度沿高度方向变化不大。因此，底部的污染物沿着涡流核经吸风口排出。这种排风罩的优点是有一个封闭的风幕空间，将污染物与外界隔离；在涡流核心有一个上下速度基本相同的上升速度，从而可以远距离地排走污染物，其风量仅为上吸式排风罩的 1/10～1/2；具有较强的抗横向气流干扰的能力。

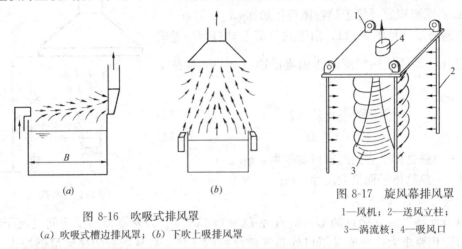

图 8-16　吹吸式排风罩

（a）吹吸式槽边排风罩；（b）下吹上吸排风罩

图 8-17　旋风幕排风罩

1—风机；2—送风立柱；

3—涡流核；4—吸风口

8.6.4　排风罩的设计原则

排风罩是局部排风系统的一个重要设备，直接关系到排风系统治理污染物的效果。工厂中的工艺过程、设备千差万别，不可能有一种万能的排风罩适合所有情况，因而必须根据具体情况设计排风罩。排风罩设计应遵守以下原则：

（1）应尽量选用密闭式排风罩，其次可选半密闭式排风罩。

（2）密闭式和半密闭式排风罩的缝隙、孔口、工作开口在工艺条件许可下应尽量减小。

（3）排风罩的设计应充分考虑工艺过程、设备的特点，方便操作与维修。

（4）开敞式排风罩有条件时靠墙或靠工作台面，或增加挡板或设活动遮挡，从而可以减少风量，提高控制污染物的效果。

（5）开敞式排风罩应尽量靠近污染源。

（6）应当注意排风罩附近横向气流（如送风）的影响。

8.7　空　气　幕

空气幕是利用条状喷口送出一定速度、一定温度和一定厚度的幕状气流，用于隔断另一气流。主要用于公共建筑、工厂中经常开启的外门，以阻挡室外空气侵入；或用于防止建筑火灾时烟气向无烟区侵入；或用于阻挡不干净空气、昆虫等进入控制区域。在寒冷的北方地区，大门空气幕使用很普遍。在空调建筑中，大门空气幕可以减少冷量损失。空气幕也经常简称为风幕。本节主要讨论大门用的空气幕。

8.7.1　空气幕的种类

空气幕按系统形式可分为吹吸式和单吹式两种。图 8-18 中（a）为吹吸式空气幕，其余三种均为单吹式空气幕。吹吸式空气幕封闭效果好，人员通过对它的影响也较小。但系统较复杂，费用较高，在大门空气幕中较少使用。单吹式空气幕按送风口的位置又可分：上送式（图 8-18b），下送式，单侧送风（图 8-18c），双侧送风（图 8-18d）。上送式空气幕送出气流卫生条件好，安装方便，不占建筑面积，也不影响建筑美观，因此在民用建筑中应用很普遍；下送式空气幕的送风喷口和空气分配管装在地面以下，挡冷风的效果好，但送风管和喷口易为灰尘和垃圾堵塞，送出空气的卫生条件差，维修困难，因此目前基本上没有应用；侧送空气幕隔断效果好，但双侧的效果不如单侧，侧送空气幕占有一定建筑面积，而且影响建筑美观，因此很少在民用建筑中应用，主要用于工业厂房、车库等的大门上。

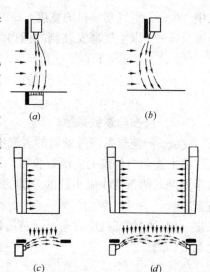

图 8-18 各种形式的空气幕
(a) 吹吸式空气幕；(b) 上送式空气幕；
(c) 单侧送风空气幕；(d) 双侧送风空气幕

空气幕按气流温度分有热空气幕和非热空气幕。热空气幕分蒸汽（装有蒸汽加热盘管）、热水（装有热水加热盘管）和电热（装有电加热器）三种类型。热空气幕适用于寒冷地区冬季使用。非热空气幕就地抽取空气，不作加热处理。这类空气幕可用于空调建筑的大门，或在餐厅、食品加工厂等门洞阻挡灰尘、蚊蝇等进入。

目前市场上空气幕产品所用的风机有三种类型：离心风机、轴流风机和贯流风机。其中贯流风机主要应用于上送式非热空气幕。

8.7.2 空气幕计算

大门空气幕通常根据门的尺寸、空气幕喷口宽度、要求的送风量，从空气幕样本进行选择。封闭门洞的空气幕风量计算方法有多种，苏联学者在下送式和侧送式空气幕方面进行了比较多的研究，他们通过理论分析和实验提出了多种计算方法，根据原理有以下几种：(1) 根据动量原理的计算方法；(2) 利用射流风速与门洞风速合成的计算方法；(3) 把射流与门洞气流看成势流，进行叠加的计算方法；(4) 根据自然通风原理的计算方法；(5) 根据实验图表的计算法。各种方法都是在一定假定的条件下获得的，因此都有一定的局限性。

8.7.2.1 侧送式空气幕

设门洞的高×宽为 $H \times B$ (m)，流向大门的室外空气是均匀流，风速为 v_o (m/s)；空气幕侧部安装，喷口出口流速为 v_c (m/s)。并假定这两股气流均为平面势流，它们的流函数分别为：

$$\psi_1 = \int_0^x v_o \mathrm{d}x \tag{8-35}$$

$$\psi_2 = \frac{\sqrt{3}}{2} v_c \sqrt{\frac{ab_c x}{\cos\alpha}} \mathrm{th} \frac{\cos^2\alpha}{ax} (y - x \mathrm{tg}\alpha) \tag{8-36}$$

式中　b_c——空气幕喷口的宽度，m；

　　　x——以空气幕安装侧的门边为起点，平行大门平面的 x 轴坐标，$x=B$ 为门的另一侧，m；

　　　y——以空气幕安装侧的门边为起点，垂直大门平面的 y 轴坐标，方向朝向室外，m；

　　　a——喷口紊流系数；

　　　α——空气幕向外倾斜的射流中心轴平面与门洞平面的夹角。

将上述两个势流的流函数叠加，得到空气幕与室外空气合成势流的流函数。根据流体力学原理，两条流线流函数的差即为这两条流线间的流量。因此可以分别求出在坐标 O 点（$x=0$，$y=0$）和大门另一侧（$x=B$，$y=0$）的流函数，两个流函数相减，即为单位长度（侧送空气幕高度方向）通过门洞的风量（空气幕风量和侵入大门的室外空气的风量之和），即有

$$\dot{V}_c + \dot{V}_o' = H\left[Bv_o - \frac{\sqrt{3}}{2}v_c\sqrt{\frac{ab_cB}{\cos\alpha}}\,\text{th}\,\frac{\cos\alpha\sin\alpha}{a}\right] \tag{8-37}$$

式中　$\dot{V}_c$——空气幕的送风量，m^3/s；

　　　$\dot{V}_o'$——空气幕工作时从大门侵入室内的室外风量，m^3/s；

而空气幕不工作时从大门侵入室内的室外风量 $\dot{V}_o = HBv_o$，m^3/s。

令

$$\varphi = \frac{\sqrt{3}}{2}\sqrt{\frac{a}{\cos\alpha}}\,\text{th}\,\frac{\cos\alpha\sin\alpha}{a} \tag{8-38}$$

$$\eta = \frac{\dot{V}_o - \dot{V}_o'}{\dot{V}_o} \tag{8-39}$$

系数 φ 是与空气幕出口倾角 α 和紊流系数 a 有关的特征值。一般取 $a=0.2$，当 α 分别为 $10°$、$20°$、$30°$、$40°$时，φ 分别为 0.23、0.38、0.46、0.48。

η 称为空气幕效率，它表示空气幕能挡住室外空气量的比值，当 $\eta=1$ 时，完全被遮挡。将式（8-38）、（8-39）代入式（8-37），整理后得

$$\dot{V}_c = \frac{\eta\dot{V}_o}{1+\varphi\sqrt{B/b_c}} \tag{8-40}$$

空气幕喷口的出口风速

$$v_c = \frac{\dot{V}_c}{Hb_c} = \frac{\eta v_o\,(B/b_c)}{1+\varphi\sqrt{B/b_c}} \tag{8-41}$$

上述计算方法也适用于下送式空气幕，但公式中 H 与 B 位置互换。

8.7.2.2　上送式空气幕

对于上送式空气幕，可以利用国内根据理论分析和实验提出的空气幕风量或出口风速的公式[18]：

$$\dot{V}_c = \frac{1}{2}\dot{V}_o C_n^{0.5}\left(\frac{H}{b_c}\sin\alpha\right)^{-0.5} \tag{8-42}$$

$$v_c = \frac{1}{2}v_o C_n^{0.5}\left(\frac{H}{b_c}\right)^{0.5}(\sin\alpha)^{-0.5} \tag{8-43}$$

$$C_n = 0.896\left(\frac{H}{b_c}\right)^{0.1331}(\sin\alpha)^{0.4383} \tag{8-44}$$

式中　C_n——综合修正系数，该式由实验回归得到；

　　　　H——大门高度，m；

其他符号同前。

该实验的条件是：$\alpha = 10° \sim 30°$；门高 $H = 0.8 \sim 1.8m$；室外风速 $v_o = 0.84 \sim$ 2.55m/s。

上述推荐的空气幕计算公式只考虑室外风速的作用，而实际上导致空气从大门流通的原因还有室内外温差产生的热压和机械送排风量不平衡产生的室内外压差。综合考虑上述因素确定空气幕风量的问题是复杂的。文献［14］中给出了侧送空气幕在冬季热压作用下，及机械排风量大于（或等于）送风量时的计算公式。对上送式空气幕数值模拟分析表明[19]，冬季热压作用下的空气幕风量计算公式与室外风速作用下空气幕计算公式相近似。因此，热压作用下的上送式空气幕风量计算可以利用风速作用下的计算公式，所带来的误差在工程上是可以接受的。计算时需将热压 ΔP_h（Pa）转换成风速 $v_o = \sqrt{2\Delta P_h/\rho_o}$（式中 ρ_o 为室外空气密度，kg/m³；热压 ΔP_h 计算见 8.8），然后再代入相应公式进行计算；或用文献［19］推荐的在热压与室外风速共同作用或单独作用下，上送式空气幕风量计算公式进行计算。

寒冷地区应采用热空气幕，以避免在冬季使用时吹冷风，同时也给室内补充热量。但热空气幕送出的热风温度也不宜过高，一般不高于50℃。

对于吹吸式的大门空气幕，由于国内基本没有应用，这种空气幕的计算方法可参阅文献［13］，这里不再介绍。

8.8　自然通风基本原理

依靠热压或风压为动力的自然通风是人们应用广泛的一种通风方式。一般的居住建筑、普通办公楼、工业厂房等的室内空气品质主要依靠自然通风来保证。然而，自然通风是难于进行有效控制的通风方式。我们只有通过对自然通风的基本原理的了解，采取一定的措施，使自然通风基本上按预想的模式进行。

8.8.1　热压作用下的自然通风

大家所熟知，大气中压力与高度有关，离地面越高，压力越小，由高程引起的上下压力差值等于(高程差)×(空气密度)×(重力加速度)。同样的高程差，不同的空气温度，则由于空气密度不同而引起的上下压差值就不一样。例如，有一单层建筑如图 8-19 所示，室内温度 t_i 与室外温度 t_o 不相等，$t_i >$ t_o，则室内的空气密度 $\rho_i <$ 室外空气密度 ρ_o，这样室内压力 p_i 随高度变化率的绝对值比室外压力 p_o 随高度的变化率绝对值小，即

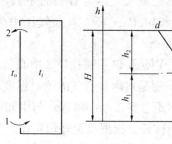

图 8-19　单层建筑热压作用下的通风

$\left|\dfrac{\Delta p_i}{\Delta h}\right| < \left|\dfrac{\Delta p_o}{\Delta h}\right|$，如图 8-19 中的压力线 p_i（线 ab）和 p_o（线 cd）有不同的斜率。假如，在下部孔口 1 处内外压力相等，即 a，c 点重合，则由于室内外空气密度不同而导致上部孔口 2 点的 $p_{i2} > p_{o2}$，在压力差（$p_{i2} - p_{o2}$）作用下，室内空气通过上部孔口 2 流向室外。随着房间内空气向室外排出，室内总的压力水平下降，则 ab 向左平行移动，这时下部孔口 1 处有 $p_{o1} > p_{i1}$，室外空气从下部孔口进入室内。如果室内始终保持室内温度 t_i，即进入的空气被加热到 t_i，而室外空气始终保持 t_o。根据质量守恒原理，当达到平衡状态时，从下部孔口进入的空气量 $\dot{M}_1$（kg/s）等于从上部孔口排出的空气量 $\dot{M}_2$（kg/s），即 $\dot{M}_1 = \dot{M}_2$。从而实现了空气从下部进入，在房间内上升，再从上部排出的通风。房间通风的动力是室内外温度差引起的压力差，称热压；它等于（室内外空气密度差）·H。这种通风称为热压作用下的自然通风。这时，上下孔口处内外都保持有某一压差值，并在某一高度处，内外压力相等，这一高度的平面称为中和面。由流体力学的基本原理可知，通过孔口的空气体积流量与孔口两侧压力差的平方根成正比（注：只适用于开启的门窗或宽的门窗缝），即

$$\dot{V}_1 = A_1 \sqrt{\frac{2\Delta p_1}{\zeta_1 \rho_o}}, \quad \dot{V}_2 = A_2 \sqrt{\frac{2\Delta p_2}{\zeta_2 \rho_i}} \tag{8-45}$$

或

$$\dot{V}_1 = \mu_1 A_1 \sqrt{\frac{2\Delta p_1}{\rho_o}}, \quad \dot{V}_2 = \mu_2 A_2 \sqrt{\frac{2\Delta p_2}{\rho_i}} \tag{8-45'}$$

式中　A_1、A_2——分别是下部和上部孔口的面积，m^2；

　　　$\dot{V}_1$、$\dot{V}_2$——分别是通过下部和上部孔口的空气体积流量，m^3/s；

　　　ζ_1、ζ_2——分别是下部和上部孔口的阻力系数；

　　　μ_1、μ_2——分别是下部和上部孔口的流量系数，它们与阻力系数的关系为 $\mu_1 = 1/\sqrt{\zeta_1}$，$\mu_2 = 1/\sqrt{\zeta_2}$；

　　　ρ_i、ρ_o——分别是室内外空气的密度，kg/m^3；

　　　Δp_1、Δp_2——分别是下部和上部孔口处的内外压差，Pa。

孔口处内外压差正比于孔口离中和面的距离和空气内外的密度差。利用理想气体状态方程，将空气密度差用室内外的绝对温度取代，则有

$$\Delta p_1 = h_1 (\rho_o - \rho_i) g = K_s h_1 \left(\frac{1}{T_o} - \frac{1}{T_i} \right) \tag{8-46}$$

$$\Delta p_2 = h_2 (\rho_o - \rho_i) g = K_s h_2 \left(\frac{1}{T_o} - \frac{1}{T_i} \right) \tag{8-47}$$

式中　K_s——与当地大气压力有关的系数，大气压力为 101.3kPa（760mmHg）时，K_s = 3460Pa·K/m；大气压力为 99.3kPa（745mmHg）时，K_s = 3392Pa·K/m；

　　　h_1、h_2——分别是孔口 1 和孔口 2 中心与中和面间的高差，m；

　　　T_i、T_o——分别是室内外空气的绝对温度，K。

从上两式不难看到，Δp_1 和 Δp_2 与中和面的位置有着密切的关系，它们随着中和面的位置变化而此消彼长。根据质量守恒定律，进风的质量流量等于排风的质量流量，利用式（8-45'）、（8-46）和式（8-47），可得到如下关系式：

$$\frac{h_1}{h_2}=\frac{T_o}{T_i}\left(\frac{\mu_2 A_2}{\mu_1 A_1}\right)^2 \tag{8-48}$$

或

$$\frac{h_1}{H}=\frac{1}{1+\left(\frac{\mu_1 A_1}{\mu_2 A_2}\right)^2 \frac{T_i}{T_o}} \tag{8-49}$$

式中，H 为上下孔口间的高差，m。由式（8-48）、（8-49）可以看到，中和面的位置与上、下开口面积、开口的流量系数和室内外的绝对温度有关。当上、下开口的面积及流量系数相等时，而 $T_o/T_i<1$，因此 $h_1/h_2<1$，表明中和面在上、下开口中间略偏下一些；中和面将随着下部开口的增大而下移，随着上部开口的增大而上移。中和面将随着室外温度的降低而下降。室内有机械排风时，会使中和面上升；有机械进风时，使中和面下降。上面的讨论是假定 $T_i>T_o$，当 $T_i<T_o$ 时，将出现上部孔口进风而下部孔口排风，式（8-48）、（8-49）中应将绝对温度的比值颠倒过来。

如果是一多层建筑物，仍设室内温度高于室外温度，则室外空气从下层房间的外门窗缝或开启的洞口进入室内，经内门窗缝或开启的洞口进入楼内的垂直通道（如楼梯间、电梯井、上下连通的中庭等），并向上流动；再经上层的内门窗缝或开启的洞口和外墙的窗、阳台门缝或开启的洞口排到室外。这就形成了多层建筑物在热压作用下的自然通风，如图 8-20 所示。其中和面的位置与上、下的流动阻力（包括外门窗和内门窗的阻力）有关，一般来说，中和面可能在建筑高度的 0.3～0.7 之间变化。当上、下空气流通面积基本相等时，中和面基本上在建筑物的中间高度附近。还应该指出，多层建筑中的热压是指室外温度 t_o 与楼梯间等竖井内的温度 t_s 差形成的，因此图 8-20 中表示了楼梯间内的压力线 p_s 与室外的压力线 p_o 之间的关系；每层的压差，也是指室外与楼梯间之间的压力差。由于空气从室外经外窗或门，再经房门、楼梯间门，进入楼梯间，因此房间内的压力介于室外压力与楼梯间压力之间。

热压作用产生的通风效应又称为"烟囱效应"。"烟囱效应"的强度与建筑高度和内、外温差有关。建筑物越高，"烟囱效应"越强烈。但也有特例，并非多层建筑的"烟囱效应"都大于单层建筑，例如，图 8-21 的多层外廊式建筑，在建筑内部没有竖向的空气流动通道，因此就不存在图 8-20 的自然通风模式。而这时每层的热压作用的自然通风与单层建筑没有本质区别。这种建筑正如沿山坡而建的单层建筑群一样。从这里也可以看到，建筑物内没有"烟囱"（竖向通道），也就没有"烟囱效应"。

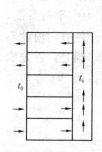 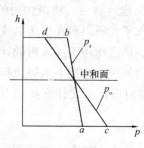 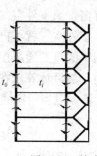 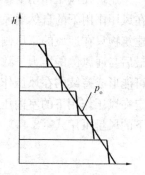

图 8-20　多层建筑在热压作用下的通风

p_s—楼梯间压力线；p_o—室外压力线；

t_s—楼梯间温度

图 8-21　外廊式多层建筑在热压作用

下的自然通风

8.8.2　风压作用下的自然通风

平行流动的流体经过固体障碍物时，发生绕流，经过一段距离后又恢复平行流动。流体绕流时，流速和压力将产生变化。在固体表面迎流体的一侧，流体流速（动压）减少，压力增加；而背流体的一侧，流体产生局部涡流，压力降低。这种现象同样发生在处于风力作用下的建筑物。图 8-22 表示了建筑物四周空气流动状况及压力分布。在建筑的迎风面一侧，压力升高了，相对于原来大气压力而言，产生了正压；在背风侧产生涡流及在两侧空气流速增加，压力下降了，相对原来的大气压力而言，产生了负压。而屋面压力变化将由其形状而定，

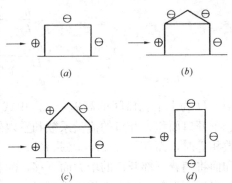

图 8-22　建筑物在风力作用下的压力分布
$\oplus$—附加压力为正；$\ominus$—附加压力为负；
(a) 平屋顶建筑（立剖面）；(b) 倾角 30°坡屋顶建筑（立剖面）；(c) 倾角 45°坡屋顶建筑（立剖面）；(d) 建筑平面图

或正或负。在建筑四周由风力产生附加压力值（称风压）按下式计算：

$$\Delta p_{\mathrm{w}} = K \frac{v_{\mathrm{w}}^2}{2} \rho_{\mathrm{o}} \tag{8-50}$$

式中　Δp_{w}——风力产生的附加压力，Pa；

　　　　K——空气动力系数；

　　　　v_{w}——风速，m/s；

　　　　ρ_{o}——室外空气密度，kg/m³。

空气动力系数 K 可正可负，K 为正值表示该处的压力比大气压力高了 Δp_{w}；反之，负值表示该处的压力比大气压力减少了 Δp_{w}。在正方形或矩形建筑物的迎风侧 K 在 0.5～0.9 范围内变化；背风侧 K 在 -0.3～-0.6 范围内变化；在平行风向的侧面或与风向稍有角度的侧面 K 为 -0.1～-0.9；倾角在 30°以下的屋面前缘 K 约为 -0.8～-1.0，其余部分 K 约为 -0.2～-0.8；大倾角的屋面迎风侧的 K 约为 0.2～0.3，背风侧约为 -0.5～-0.7。

建筑在风压作用下，在具有正值风压的一侧进风，而在负值风压的一侧排风，这就是在风压作用下的自然通风。通风强度与正压侧与负压侧的开口面积、风力大小有关。如果建筑物只在迎风的正压侧有窗，当室外空气进入建筑物后，建筑物内的压力水平就升高，最后与迎风侧的压力一致，室外空气就不再进入了。所以只在正压侧或负压侧有门窗就不可能形成持续的在风压作用下的自然通风模式。风压作用下通风量的计算步骤是：首先确定在风压作用下的室内压力；然后计算出在室内外压差作用下的进风量或排风量。在压差下的风量可用式（8-45）计算，但当门窗缝很窄时可用下式计算：

$$\dot{V} = A \mu (2\Delta p / \rho)^n \tag{8-51}$$

式中符号的意义与式（8-45′）相同，当 $n = 0.5$ 时，即是式（8-45′）。对于窄门窗缝可取 $n = 0.65$。

如迎风正压侧的开口面积为 A_1(m²)，负压侧开口面积为 A_2(m²)，不考虑室内外温

度差的影响，像式的(8-48)推导方法一样，可得到确定迎风侧的室外与室内压差的公式为

$$p_{o,1} - p_i = \frac{p_{o,1} - p_{o,2}}{1 + (A_1/A_2)^{1/n}} \tag{8-52}$$

式中，$p_{o,1}$、$p_{o,2}$ 分别为正压侧和负压侧的室外压力，它们分别为大气压力加或减该侧的风压，Pa；p_i 为室内压力，Pa；指数 n 同式（8-51）一样。

从公式（8-52）可以看出，当 $A_1 = A_2$ 时，室内压力刚好在迎风正压侧压力与负压侧压力的中间，当 $A_2 > A_1$ 时，室内压力接近负压侧的压力，即 $(p_{o,1} - p_i) > (p_i - p_{o,2})$。

8.8.3　热压与风压共同作用下的自然通风

热压与风压共同作用下的自然通风可以简单地认为它们是代数叠加。设有一建筑，室内温度高于室外温度。当只有热压作用时，室内外的压力分布如图 8-23（a）所示；只有风压作用时，迎风侧与背风侧的室外压力的分布如图 8-23（b）所示，其中 $p_{o,1}$ 为迎风侧的室外压力线，$p_{o,2}$ 为背风侧的室外压力线，虚线为未考虑温度影响的室内压力线；图8-23（c）为考虑了风压与热压共同作用的压力分布，这时室内压力分布是在上、下开口面积与正压、负压侧开口面积等共同作用下形成的。由此可以看出，当 $t_i < t_o$ 时，在下层迎风侧进风量增加了，下层的背风侧进风量减少了，甚至可能出现排风；上层的迎风侧排风量减少了，甚至可能出现进风，上层的背风侧排风量加大了；在中和面附近迎风面进风、背风面排风。建筑中压力分布规律究竟谁起主导作用呢？实测及原理分析表明：对于高层建筑，在冬季（室外温度低）时，即使风速很大，上层的迎风面房间仍然是排风的，热压起了主导作用；高度低的建筑，风速受临近建筑影响很大，因此也影响了风压对建筑的作用。

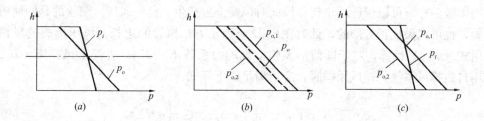

图 8-23　在热压、风压作用下建筑内外压力分布
（a）只有热压作用；（b）只有风压作用；（c）热压与风压共同作用；
p_o—无风时室外压力线，其他符号见正文中说明

风压作用下的自然通风与风向有着密切的关系。由于风向的转变，原来的正压区可能变为负压区，而原来的负压区可能变为正压区。风向是不受人的意志控制的，各个地区的风向都有统计规律，在某一季节中，会出现某一风向的发生频率比较多（称之为主导风向）。从我国的气象资料中可以看出，有很多城市只有静风的出现频率超过了 50%；而其他任一风向频率不超过 25%；大部分城市主导风向的频率在 15%～20% 左右，并且大部分城市的平均风速较低。因此，由风压引起的自然通风的不确定因素过多，无法真正应用风压的作用来设计有组织的自然通风。

虽然如此，仍应了解风压的作用原理，考虑它对通风空调系统运行和热压作用下自然

通风的影响。

8.8.4　避风天窗和风帽

如上所述，风压有很多不确定因素，因此在热车间的有组织自然通风的规划中通常只考虑热压作用，而不考虑风压。热压作用的自然通风，天窗都是用来排风的，为了避免当风向朝向天窗时，减小天窗的排风能力，经常要求把天窗做成避风天窗。避风天窗的本质就是利用风压的原理进行设计，它不论风向如何，天窗附近总是产生"负"风压。避风天窗的类型很多，这里介绍两种形式的避风天窗，如图 8-24 所示。其中图（a）为矩形避风天窗，窗扇可开启和调节角度，天窗两侧有挡风板，这样不论风向如何变化均能保证天窗附近的风压为负值。图（b）为折线形天窗，避风的原理同上，但上面无窗扇，比较简单、轻巧，阻力也很小。

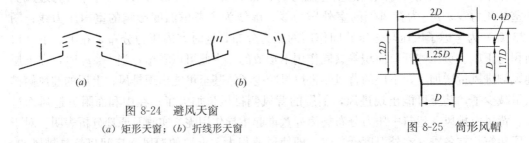

图 8-24　避风天窗
（a）矩形天窗；（b）折线形天窗

图 8-25　筒形风帽

避风风帽是具有一定自然压头（负风压）的排风口。可用于自然局部排风系统的排出口或装于屋顶上作房间全面通风的排风用。避风风帽有多种结构形式。图 8-25 为筒形避风风帽的结构示意图。它实质上是在普通风帽外围了一圈挡风圈，挡风圈的作用与避风天窗的挡风板一样，可以保证不论何种风向时风帽上方产生"负"风压。图示的是圆筒形避风风帽，也可以做成正方形的，此时图中 D 应为正方形风管的边长。风压形成的风帽压头可用式（8-50）计算，对于圆筒形风帽空气动力系数 $K=0.4$；方筒形风帽 $K=0.28$。在选用自然排风系统的避风风帽时，应当满足以下等式：

$$\Delta p_{\mathrm{w}} + K_{\mathrm{s}} H \left(\frac{1}{T_{\mathrm{o}}} - \frac{1}{T_{\mathrm{e}}} \right) \pm \Delta p_{\mathrm{r}} = \zeta_{\mathrm{h}} \frac{v_{\mathrm{h}}^2}{2} \rho + \Delta p_{\mathrm{t}} \tag{8-53}$$

式中　Δp_{w}——风压产生的压头，按式（8-50）计算，Pa；

$\quad\quad K_{\mathrm{s}}$——同公式（8-46）；

$\quad\quad H$——局部排风系统排风点到风帽之间的高差，m；

$\quad T_{\mathrm{o}}$、T_{e}——室外温度和排风温度，K；

$\quad\quad \Delta p_{\mathrm{r}}$——排风点处的室内余压，由热压、机械送排风共同作用产生，Pa；

$\quad\quad \zeta_{\mathrm{h}}$——风帽阻力系数，圆筒形风帽 $\zeta_{\mathrm{h}}=1.2$，方筒形风帽 $\zeta_{\mathrm{h}}=1.6$；

$\quad\quad v_{\mathrm{h}}$——风帽入口的风速（即直径 D 处），m/s；

$\quad\quad \Delta p_{\mathrm{t}}$——系统总阻力损失，包括局部和沿程阻力，Pa。

等式左端为系统具有的压头，其中第二项即为温度差产生的压头，参见公式（8-46）；等式的右端为系统的阻力。

8.9 热车间的自然通风和隔热

8.9.1 热车间自然通风计算

工业生产中有许多车间（如冶金工业厂房）有大量余热产生，高温和热辐射是这类车间主要室内环境问题之一。车间中的余热主要依靠自然通风来排除。在这类车间的设计或改造时，供暖通风工程师需协助土建工程师规划侧窗与天窗的面积，以满足排除车间余热的自然通风要求，也就是需进行自然通风的规划设计。

热车间自然通风计算首先应预测车间的余热量。车间中有各种各样的发热工艺设备和工件，因此必须向工艺师了解详细的工艺过程、设备使用的能源（电、燃气、煤或其他）及耗量，并查阅有关工艺和暖通设计手册，估算设备、热工件散发的热量。许多车间是连续生产的，自然通风不管车间是否工作都是昼夜连续工作的，因此负荷只需计算车间的得热量（或称余热量），不必考虑蓄热的影响。

自然通风计算只考虑热压作用，而不计算不确定的风压作用。实际的自然通风可能是随着室内外各种条件的变化而时时变化着的一个通风过程，但难于进行不稳定计算。因此都把这一个复杂问题简化成在设计条件（不利条件）下稳定的全面通风过程。在热压作用下自然通风的设计，首先确定车间需要的通风量，它应为

$$\dot{M}=\frac{m\dot{Q}_{h}}{c_{p}\left(t_{r}-t_{o}\right)}\text{或}\dot{M}=\frac{\dot{Q}_{h}}{c_{p}\left(t_{e}-t_{o}\right)} \tag{8-54}$$

$$m=\frac{t_{r}-t_{o}}{t_{e}-t_{o}} \tag{8-55}$$

$$t_{r}=t_{o}+\Delta t \tag{8-56}$$

式中　$\dot{M}$——消除车间余热的通风量，kg/s；

$\dot{Q}_{h}$——车间内热设备等散出的显热量，即余热，kW；

c_{p}——空气定压比热，1.01kJ/(kg·℃)；

t_{o}——室外空气温度，℃，取当地夏季通风室外计算温度；

t_{r}——车间工作区的室内温度，℃；

Δt——规范规定允许高于室外温度的温差，从规范[11]表3.1.5中查得，一般在2～10℃范围内；

t_{e}——排风温度，℃；

m——散热量有效系数，相当于余热量散在工作区的比例，m值与热源高度、占地面面积的比例和热源中辐射热的比例有关，从规范[11]附录F中取值。

热车间如图8-26所示，该车间除了自然通风外，还可能有机械送风和局部排风系统，因

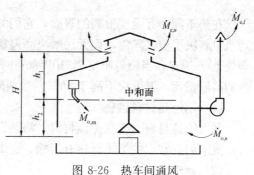

图8-26　热车间通风

此通风量（进风或排风）应为

$$\dot{M} = \dot{M}_{o,n} + \dot{M}_{o,m} \tag{8-57}$$

$$\dot{M} = \dot{M}_{e,n} + \dot{M}_{e,l} \tag{8-58}$$

式中　$\dot{M}_{o,n}$、$\dot{M}_{e,n}$——通过门窗的自然通风的进风量和排风量，kg/s；

$\dot{M}_{o,m}$——机械送风系统送入的风量，kg/s，这里认为送入的新风未经冷却处理；

$\dot{M}_{e,l}$——局部排风系统（机械或自然的）的排风量，kg/s，假定排风的温度为 t_e。

车间内的局部排风或机械送风系统一般在自然通风设计前已规划确定了，即 $\dot{M}_{o,m}$ 和 $\dot{M}_{e,l}$ 是已知的。这里假定了机械送风或局部排风的温度条件与自然通风一致，如不一致，则应通过热平衡和空气平衡来求解，稍微复杂。由式（8-54）～式（8-58）即可求出 $\dot{M}_{o,n}$ 和 $\dot{M}_{e,n}$，即自然通风需要通过窗洞进入和排出的风量。根据热压下自然通风的原理有

$$\dot{M}_{o,n} = \mu_1 A_1 \sqrt{2(\Delta p_1)\rho_o} \tag{8-59}$$

$$\dot{M}_{e,n} = \mu_2 A_2 \sqrt{2(\Delta p_2)\rho_e} \tag{8-60}$$

$$\Delta p_1 = K_s h_1 \left(\frac{1}{T_o} - \frac{1}{T_i} \right) \tag{8-61}$$

$$\Delta p_2 = K_s h_2 \left(\frac{1}{T_o} - \frac{1}{T_i} \right) \tag{8-62}$$

$$h_1 + h_2 = H \tag{8-63}$$

$$T_i = (T_r + T_e)/2 \tag{8-64}$$

上述各式中的符号意义见图 8-26 及式（8-45′）、（8-46）、（8-47）的说明。室内温度 T_i（K）在高度方向是变化的，应取平均值，即式（8-64）。另外，H 是已知的。当窗的形式确定后，流量系数 μ_1、μ_2 即可以从有关手册[13]中查得。式（8-59）～式（8-63）中有 A_1、A_2、h_1、h_2、Δp_1、Δp_2 6 个未知数。可先假定一个参数后再解，如先假定中和面位置 h_1，然后确定其他值，得出 A_1、A_2 后，再校核在建筑上安装这些窗的可能性，最后进行必要的调整。

8.9.2　隔热

在热车间中有温度很高的表面，它们的辐射照度大，有时使工作人员无法忍受。自然通风只解决了空气降温，而无法解决高温辐射的问题。辐射必须采用隔热措施来防治。我国规范[11]规定，当辐射照度≥350W/m² 时，应采取隔热措施；工人经常停留的地面或靠近的高温壁面，温度应不高于 40℃。目前隔热措施有：

（1）用绝热材料包裹

利用绝热材料（或称保温材料）将热设备或管道包裹起来，使绝热层外表面温度在允许的范围内。常用的绝热材料有岩棉、超细玻璃棉、矿渣棉、膨胀珍珠岩等。

（2）遮热

利用遮热屏遮挡设备的辐射热，操作工人在遮热屏后面免受辐射热的危害。遮热屏有透明、半透明和不透明三种。透明遮热屏有钢化玻璃屏、水幕、水幕与玻璃屏结合。半透明遮热屏有钢网水幕、链条水幕等。不透明遮热屏有隔热水箱、铁板水幕、反射式遮热屏等。工作时需要观察热设备的应采用透明或半透明的遮热屏；而不需要观察热设备的可用不透明遮热屏。

8.10 通风房间的空气平衡和热平衡

8.10.1 空气平衡

对房间进行通风，实际上风量总是自动平衡的。我们这里指的"空气平衡"是按设计者或使用者的意愿进行的有计划的平衡。如果不进行空气平衡的设计，有可能在实际运行时的平衡状态达不到通风的要求。例如，在一房间内为排除某污染源散发的污染物而安装一套局部排风系统，但运行时并不好用，风量达不到要求。其问题是该房间在地下室，密闭性较好，由于没有相应的进风系统或进风通道，致使房间负压较大，排风系统风量减小。这类情况实际上经常发生。

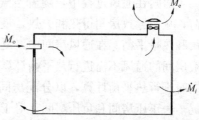

图 8-27 通风房间的风量平衡

对于有自然通风的工业厂房，在进行自然通风设计时，应当考虑空气平衡，分配各部分风量，有关这部分内容参阅 8.9 节。对于其他一般的通风房间（如图 8-27），房间内有送风系统和排风系统（全面通风及局部通风），必然存在如下恒等式：

$$\dot{M}_o = \dot{M}_e + \dot{M}_i \tag{8-65}$$

式中　$\dot{M}_o$——送入房间的室外新风量，kg/s；

　　　$\dot{M}_e$——房间的排风量，包括全面排风量和局部排风量，kg/s；

　　　$\dot{M}_i$——通过房间门、窗、墙、楼板等缝隙的渗透风量，kg/s，渗出为"＋"，渗入为"－"。

上述平衡式是一般式，有时某个房间有可能无送风系统，即 $\dot{M}_o = 0$，这时排风量 $\dot{M}_e$ 完全依靠渗透风量平衡；或某个房间可能无排风系统，送入的新风量依靠渗透排出；当然有的房间可能 $\dot{M}_o = \dot{M}_e$。上式中 $\dot{M}_i$ 的大小和方向取决于房间内外压差，有可能从部分缝隙渗入空气，另一部分渗出空气，因此，$\dot{M}_i$ 应当指渗出和渗入空气的代数和。在通风设计时，根据房间污染物危害程度及房间的清洁程度，经常使某些房间保持一定负压或一定正压。因此，有时使房间的 $\dot{M}_e > \dot{M}_o$，甚至使 $\dot{M}_o = 0$，例如汽车库、吸烟室、厕所等；也有时使房间内的 $\dot{M}_o > \dot{M}_e$，甚至使 $\dot{M}_e = 0$。当房间只有进风或只有排风时，应核对房间内的正压值或负压值，要求它们不过大，否则会造成门启闭困难，设置的系统达不到风量要求，或在孔口缝隙处有较大的风速而使人有不舒服的吹风感。一般房间的正压或负压保持在 5~10Pa 为宜。保持正压或负压的渗风量（即送、排风量之差）可根据缝隙面积由式

(6-19) 计算确定或按换气次数确定。如果房间只有排风（或送风）而无送风（或排风），为不使房间内负压（或正压）过大，宜在门上或墙上装有泄压的百叶风口，风口的面积为

$$A=\varphi \dot{V} \tag{8-66}$$

式中　A——门上或墙上的百叶窗风口迎风面积，m^2；

　　　$\dot{V}$——通过风口风量，m^3/s，房间排风量（或送风量）减去为保持负压（或正压）而通过其他缝隙的风量，m^3/s；

　　　φ——系数，当风口的内外压差为 10Pa 时，$\varphi=0.24\sqrt{\zeta}$，ζ 为风口的阻力系数，木百叶窗（有效面积 70%）的 φ 可取 0.36。

关于保持房间正压或负压的原则同样适用于空调系统，在安排房间送风量和回风量时应当防止房间的正压或负压过大。

8.10.2　热平衡

房间在通风过程中，随着空气的进、出，同时热量也进、出，再加上室内有冷热负荷，从而导致房间得热和失热，最终影响房间的温度。在空调系统设计时已实现了空气平衡和热量平衡。在通风房间中，夏季除了为消除余热的热车间通风需做热平衡计算外，一般房间的通风不需进行热平衡计算。而冬季，尤其在寒冷地区，应在进行空气平衡设计的同时进行热平衡计算，以分配房间中供暖通风设备的热负荷。冬季热平衡计算分两种情况——正压房间和负压房间。对于正压房间，热平衡式为

$$\dot{M}_o c_p t_s+\dot{Q}_h+\dot{Q}_{r,h}=(\dot{M}_e+\dot{M}_i)\,c_p t_r+\dot{Q}_l \tag{8-67}$$

对于负压房间，热平衡式为

$$\dot{M}_o c_p t_s+\dot{Q}_h+\dot{Q}_{r,h}+\dot{M}_{i,n} c_p t_n+\dot{M}_{i,o} c_p t_o=\dot{M}_e c_p t_r+\dot{Q}_l \tag{8-68}$$

式中　$\dot{Q}_h$——房间内供暖系统的设备散热量，W；

　　　$\dot{Q}_{r,h}$——房间内人员、灯光、设备等的发热量，房间得热量，W；

　　　$\dot{Q}_l$——冬季房间的热损失，W；

　　　t_s——新风加热后的温度，即送风温度，℃；

　　　t_r、t_n——房间内和邻室的温度，℃；

　　　$\dot{M}_i$——房间渗出的风量，kg/s；

　$\dot{M}_{i,o}$、$\dot{M}_{i,n}$——分别是从室外和邻室渗入的风量，kg/s；

　　　c_p——空气定压比热，1005J/(kg·℃)；

其他符号同前。

上述公式应用时应注意以下几点：

（1）在进行通风系统设计时，室外温度 t_o 一般可取当地冬季室外通风计算温度。当气温低于通风计算温度时，可适当降低标准，即减少新风量，或降低室内温度。如果房间比较重要，可取冬季空调室外计算温度。

（2）房间内人员、灯光等热量随机性很大，在设计计算时，除了有稳定的设备发热量

外，$\dot{Q}_{r,h}$常可略去不计，而作为供暖通风系统加热设备的裕量。

（3）只有排风的房间，房间内的供暖设备能力除了补充热损失外，还应考虑室外新风渗入需补充的热量。

（4）一般通风房间，供暖设备可以负担房间的热损失；也可以只负担保持房间5℃的热损失，而其余热损失由通风系统承担。

（5）通过式（8-67）或式（8-68）可计算出新风应加热的温度t_s，从而可以确定新风系统的加热盘管的负荷。

8.11 改善室内空气质量的综合措施

室内空气质量的优劣直接影响人们的健康，通风无疑是创造合格的室内空气品质的有效手段。但是真正要达到可接受的室内空气品质，还必须采取综合性的措施。

8.11.1 保证必要的通风量

在工业厂房中有可以觉察到的污染物时，人们从关心自身健康的角度，能比较自觉地应用通风系统。而在一些认为"高级"的空调场所，通风往往被忽视。例如，全空气空调系统在运行时不引入新风；风机盘管加新风系统中新风系统经常不开；更有甚者，空调设计者在设计系统时忽略了新风。现在已普遍认为，这类缺少新风的建筑将导致居住者易患"病态建筑综合征"。因此，从设计到运行管理，必须充分重视室内空气品质，而保证必要的新风量是保证室内空气品质合格的必要条件。

8.11.2 提高通风系统的效率

在8.3节全面通风论述中指出，送入房间的新风量只有一部分稀释了污染物，另有一部分未被充分利用而被排走，用通风效率E_v来表示新风有效利用部分。但8.3节只考虑了送入新风未被用于稀释污染物而被排走，而没有考虑有些污染物靠近排风口或被局部排风部分排走，而有一部分污染物未参加混合。因此只用E_v来表示通风效率不够全面。为此提出了排除效率E_c（又称捕捉效率）的概念，排除效率E_c的定义为直接被排出的污染物$\dot{Q}_{p,e}$与污染物总量$\dot{Q}_p$之比，即

$$E_c = \frac{\dot{Q}_{p,e}}{\dot{Q}_p} \tag{8-69}$$

这样，散发到室内的污染物量为$(1-E_c)\dot{Q}_p$，稳定状态的稀释方程变为

$$c = c_o + \frac{(1-E_c)\dot{Q}_p}{E_v \dot{V}_v} \tag{8-70}$$

令

$$k = (1-E_c)/E_v \tag{8-71}$$

则

$$c = c_o + \frac{k\dot{Q}_p}{\dot{V}_v}; \quad \dot{V}_v = \frac{k\dot{Q}_p}{c-c_o} \tag{8-72}$$

式中 k 为污染物发生量有效修正系数。当 $k<1$ 时，通风的效果最好。k、E_v、E_c 与房间内气流分布、污染源的分布、有无局部排风系统等有关。在对房间通风系统进行规划时，应尽量提高 E_v 和 E_c，以提高通风系统的效率。例如使新风的送风口接近人员停留的工作区，排风口接近污染源，安装有效的局部排风系统等，都是有效提高通风系统总体效率的措施。

8.11.3 加强通风与空调系统的管理

通风与空调系统的根本任务是创造舒适与健康的环境，但应该认识到，管理不善的通风空调系统也是传播污染物的污染源。例如 1976 年 7 月美国费城在某旅馆举行宾夕法尼亚退役军人大会时，有 225 人发生类似急性肺炎的病症，几天内死亡 34 人，患者包括与会者、职员、一般旅客和邻近的人。后查明是空调的冷却塔内繁殖的新革兰氏阴性杆菌，飞扬在空气中而被空调系统的新风口吸入，并经系统传播造成的。这种病症后来被命名为"军团病"（Legionnaires disease）。我国江汉油田计算站由于空调系统被污染，123 人中结核菌素实验阳性反应者占 71.5%，肺结核病占 13.1%，是全国平均发病率的 24.4 倍[20]。

通风空调系统中容易成为污染源的地方有过滤器、表冷器、喷水室、加湿器、冷却塔、消声器等。过滤器阻留的细菌和其他微生物在温暖湿润的条件下滋生繁殖，而后带入室内；空调处理设备和冷却塔等凡是潮湿的地方均容易繁殖细菌，再通过各种途径进入室内；阻性消声器的吸声材料多为纤维或多孔材料，容易产生微粒或繁殖细菌；电加湿器或蒸汽加热器因温度太高有烧焦灰尘的气味，也污染室内空气；空调系统的回风顶棚积有尘粒和微生物，也会互相传播造成污染。因此，必须加强对通风空调系统的维护管理，如定期清洗、消毒、维修、循环水系统灭菌等。

8.11.4 减少污染物的产生

不论是工业还是民用建筑，减少或避免污染物的产生是改善空气质量最有效的措施。工业生产中改革工艺过程或工艺设备，从根本上杜绝或抑止污染物的产生，例如有大量粉尘产生的工艺用湿式操作代替干式操作，可大大抑制粉尘的产生；又如采用焦磷酸盐代替氰化镀铜工艺，改有毒电镀为无毒电镀等。

在民用建筑中，吸烟的烟气、某些建筑材料散发甲醛、石棉纤维等都是常见的污染源。禁止室内公共场所吸烟，不用散发污染物超标的材料无疑是从源头上改善室内空气质量的手段。2001 年 11 月我国发布了《民用建筑工程室内环境污染控制规范》GB 50325—2001[21]，为预防和控制民用建筑工程中建筑材料和装修材料对室内环境污染，规范对建筑材料和装修材料的选择、工程勘察设计、施工、验收、检测作了具体的规定。规范规定了材料散发的常见污染物——甲醛、苯、氨、总挥发有机化合物（TVOC）、氡等的释放量限值。

8.11.5 注意引入新风的品质

用室外空气来稀释室内的污染物的通风手段，其必要的条件是室外空气的污染物含量必需很低或无与室内相同的污染物。但目前城市的室外空气质量并不理想，大部分城市的大气质量达到国家《环境空气质量标准》GB 3095—2012 的二级或三级标准，在城市的局部地区，各项污染物浓度会超过规定的指标。因此，通风和空调系统的室外取风口应尽量选在空气质量好的位置。室外污染物浓度高时，应在系统中安装相应的处理设备。例如室外空气中 PM10 或 PM2.5 浓度高时，应当安装效率满足要求的空气过滤装置。

思 考 题 与 习 题

8-1 CO_2 浓度为 0.5%，试换算成 L/m^3、ppm 和 mg/m^3 的浓度单位。

8-2 TSP、PM10、PM2.5 是什么含义？

8-3 悬浮颗粒物对人体的危害与颗粒物的粒径有什么关系？

8-4 通风有什么功能？

8-5 室内空气质量传统的评价标准与美国 ASHRAE62 标准定义的评价标准有何区别？

8-6 CO_2 无毒无害，即使含量达到 0.5% 对人体也无害，为什么在民用建筑中把它作为污染物，而且国内外许多标准中将其浓度控制在 $\leqslant 0.1\%$？

8-7 一使用面积为 $70m^2$ 的住宅，室内净高为 $2.8m$，常住 3 人，平均每人 CO_2 散发量为 $0.004L/s$，该住宅有 $0.5h^{-1}$ 的自然通风，问室内 CO_2 浓度是否符合标准要求？（提示：室外 CO_2 浓度为 0.03%，室内 CO_2 标准值 0.1%）

8-8 一会堂的容积为 $2 \times 10^4 m^3$，最多可容纳 1000 人，该会堂的新风量按平均人数 700 人设计，每人新风量为 $30m^3/h$；若会堂内有 1000 人进行会议，每人平均 CO_2 散发量为 $0.0047L/s$，问会议 1h 或 2h 后空气中的 CO_2 浓度是否符合标准要求？并求达到稳定后的室内 CO_2 浓度。（提示：同上题）

8-9 例 8-1 的体育馆，当上座率为 60% 时，问新风供应可延长多少时间？

8-10 例 8-1 的体育馆，若通风效率为 0.85，求稳定状态下的通风量和运行 1h 后室内 CO_2 的浓度。

8-11 有一面积为 $120m^2$、高为 $8m$ 的车间，发生有害气体泄漏事故，散发量为 $300mg/s$，事故发生后 6min 才启动事故排风系统的风机，排风量为 $3.5m^3/s$，该有害物的容许浓度为 $100mg/m^3$，室外有害物的浓度为 0，假定有害物分布均匀，问风机启动多长时间后室内达到容许浓度？

8-12 某车间有 A、B 两种污染物，其散发量分别为 $\dot{Q}_A = 150mg/s$ 和 $\dot{Q}_B = 20mg/s$，均匀分布。卫生标准规定的容许浓度分别为 $10mg/m^3$ 和 $0.5mg/m^3$；室外浓度均为 0。进行全面通风控制污染物的浓度，设通风效率为 0.6，A、B 两种污染物的危害性单独作用，求通风量。

8-13 同上题，设 A、B 两种污染物的危害性有叠加作用。

8-14 有一游泳池，产湿量为 $50g/s$，室内外空气含湿量分别为 $20g/kg$ 和 $16.7g/kg$，用通风进行除湿，求通风量。

8-15 某车间有余热 $300kW$，利用全面通风消除室内余热，已知当地夏季通风室外计算温度为 $26℃$，排风温度 $29℃$，求消除余热的通风量（m^3/s）。

8-16 有一全空气空调系统（图 8-6）为五个房间服务，各房间的送风量分别为 5000、3000、4000、6500、$1500m^3/h$，相应的新风量分别为 900、650、750、1000、$420m^3/h$。如考虑系统中"未被利用"的新风，确定该系统应引入的新风量。

8-17 在高温车间中采用局部送风系统和喷雾风扇改善工人的工作条件的原理是什么？

8-18 试比较密闭式、半密闭式、开敞式排风罩的优缺点。

8-19 试根据图 8-12 的三种吸风口处空气的流动规律，说明敞开式排风罩的设计原则。

8-20 有一罩口尺寸为 $400mm \times 400mm$ 的伞形罩，排风量为 $1m^3/s$，求在下述三种情况下离罩口 $400mm$ 处的控制风速：(1) 四周无遮挡，无法兰边；(2) 四周无遮挡，有法兰边，边宽=水力直径；(3) 靠墙悬挂，无法兰边；(4) 靠墙悬挂，有法兰边，边宽=水力直径。

8-21 工厂车间大门的尺寸为 $3m \times 3m$，室外风速 $2.2m/s$，设置单侧送风的空气幕，空气幕出口倾角为 $30°$，空气幕效率 $\eta = 1$，试比较风口宽度分别为 $100mm$ 和 $200mm$ 时空气幕的风量和风速，并进行评述。

8-22　试分析车间内某机械排风系统开启或关闭时中和面位置的变化(设 $T_i > T_o$),为什么?

8-23　试推导室内温度小于室外温度时,中和面位置与室内外温度和上下开口面积之间的关系式,并分析其变化规律。

8-24　某车间面积为 1000m², 其中发热设备占地 150m², 设备高 4m, 辐射散热量占总热量的 35%, 求散热有效系数 m。

8-25　同上题, 车间有余热 960kW, 当地夏季通风室外计算温度为 26℃, 下部窗 $\mu_1 = 0.6$, 上部窗 $\mu_2 = 0.4$, 上、下窗中心距 8m, 上、下窗面积比为 1:2, 求上、下窗面积。(提示:室内工作区温度根据规范[11]3.1.5 条确定)

8-26　同上题, 车间内设有局部排风系统, 排风量为 10m³/s, 求上、下窗的面积。

8-27　沈阳市某工厂的一车间, 冬季热损失 450kW, 室内设计温度为 16℃;车间内机械排风系统的排风量为 3m³/s, 相对于污染较严重的邻车间的正压风量为 0.5m³/s, 车间内设有保持室内 5℃的供暖系统, 试确定车间机械送风系统的风量、送风温度和送风系统空气加热器的热负荷。

8-28　一车间中某种污染物的散发量为 120mg/s, 室内允许浓度为 10mg/m³, 室外浓度为 0, 试比较下面两种情况下的车间通风量:(1)全面通风, 通风效率为 0.8;(2)全面通风, 通风效率为 0.8, 但有局部排风系统, 排风量为 0.8m³/s, 排除效率为 0.8。

参 考 文 献

[1]　GB 3095—2010 环境空气质量标准. 北京:中国环境科学出版社, 2012.

[2]　朱颖心等. 建筑环境学(第三版). 北京:中国建筑工业出版社, 2005.

[3]　GB/T 18883—2002 室内空气质量标准. 北京:中国标准出版社, 2002.

[4]　GB 9663~9673 和 GB 16153 公共场所卫生标准.

[5]　GBZ 2.1—2007 工作场所有害因素职业接触极限(化学因素).

[6]　GBZ 2.2—2007 工作场所有害因素职业接触极限(物理因素).

[7]　ASHRAE Standard 62.1—2004. Ventilation for Acceptable Air Quality.

[8]　D. A. 麦金太尔著, 龙惟定等译. 室内气候. 上海:上海科技出版社, 1988.

[9]　GB 50736—2012 民用建筑供暖通风与空气调节设计规范. 北京:中国建筑工业出版社, 2012.

[10]　HJ 633—2012 环境空气质量指数(AQI)技术规程. 北京:中国环境科学出版社, 2012.

[11]　GB 50019 采暖通风与空气调节设计规范. 北京:中国计划出版社, 2003.

[12]　GB 50189—2005 公共建筑节能设计标准. 北京:中国建筑工业出版社, 2005.

[13]　孙一坚主编. 简明通风设计手册. 北京:中国建筑工业出版社, 1997.

[14]　Б. М. 托尔戈费尼科夫等著, 利光裕等译. 工业通风设计手册. 北京:中国建筑工业出版社, 1987.

[15]　ASHRAE Handbook. Heating Ventilating and Air Conditioning Systems and Applicstion. Atlanta: ASHRAE, Inc. 1987.

[16]　林太郎等著, 贾衡等译. 工业通风与空气调节. 北京:北京工业大学出版社, 1988.

[17]　陆亚俊, 洪中华等. 气幕旋风排气罩的实验研究. 通风除尘. 1992(4):31~35.

[18]　汤小丽等. 横向气流作用下气幕封闭特性的实验研究. 建筑热能通风空调. 1999(3):1~5.

[19]　张学文, 陆亚俊. 上送式空气幕数值模拟与计算公式研究. 2006 年全国暖通空调制冷学术年会论文集.

[20]　徐火炬. 通风空调系统内部污染的防治. 暖通空调. 1992(6):12~14.

[21]　GB 50325—2001 民用建筑工程室内环境污染控制规范. 北京:中国计划出版社, 2002.

第9章 悬浮颗粒与有害气体的净化系统

第8章和《建筑环境学》中已介绍了工业建筑中污染物的种类及其危害。为了防止污染物对室内外环境产生危害，必须要采取有效的工业通风技术措施，创造工业建筑物内良好的生产工艺环境和防止现代工业的生产工艺过程产生的污染物对室外大气环境带来的危害。为此，本章将介绍工业建筑中的除尘系统、有害气体净化系统及悬浮颗粒与有害气体的净化设备。

在空调建筑的通风换气中同样也要对新风中悬浮颗粒物进行净化，以保证空调建筑内空气的清洁度。通常将新风中悬浮颗粒物净化过程称为空气过滤。为此，本章还将介绍空气过滤器的种类、形式及主要特性。

9.1 工业建筑悬浮颗粒和有害气体污染的治理

9.1.1 治理依据

工业建筑的工业通风控制技术的目标就是创造符合工人、居民安全和健康的工作和居住区环境。为此，工业通风设计要依据《工业企业设计卫生标准》。我国早在1962年已颁布实施《工业企业设计卫生标准》，后经多次修订，于2010年8月1日开始实施《工业企业设计卫生标准》GBZ 1—2010[1]。该标准对工业厂房设计关于防尘、防毒、防高温、防辐射等作了原则而又具体的规定，是工业建筑中的除尘系统和通风系统设计的依据。《工业企业卫生标准》指出，工作场所的治理要求达到 GBZ 2.1—2007《工作场所有害因素职业接触限值（化学有害因素）》和 GBZ 2.2—2007《工作场所有害因素职业接触限值（物理因素）》的规定。化学因素是指化学物质和粉尘，物理因素指激光、微波、紫外等辐射、高温、噪声等。所谓职业接触限值（OEL—Occupational Exposure Limits）是指劳动者在职业活动过程中长期反复接触，对绝大多数接触者不引起有害作用的容许接触水平。化学有害因素的 OEL 有3类限值—时间加权平均浓度（PC-TWA—Permissible Concentration-Time Weighted Average），短时间接触容许浓度（PC-STEL—Permissible Concentration-Short Time Exposure Limit）和最高容许浓度（MAC—Maximun Allowable Concentration）。PC-TWA 是以时间为权数规定的 8h 工作日、40h 工作周的平均容许浓度，PC-STEL 是在遵守 PC-TWA 前提下容许短时间（15min）接触的浓度；MAC 是指在操作岗位上、在一个工作日内任何时间均不应超过的容许浓度。GBZ 2.1 标准中的表1给出了339种化学物质的 PC-TWA、PC-STEL 和 MAC 中的1个或2个容许浓度，表9-1摘录了其中一些化学物质的容许浓度供参考。

GBZ 2.1 标准中对粉尘分为"总粉尘"和"呼吸性粉尘"，给出了不同的 OEL。总粉尘是指可进入整个呼吸道（鼻、咽和喉、胸腔支气管、细支气管和肺泡）的粉尘，简称

"总尘"；呼吸性粉尘是指按呼吸性粉尘标准测定方法所采集的可进入肺泡的粉尘粒子，其空气动力学直径均在 $7.07\mu m$ 以下，空气动力学直径 $5\mu m$ 的粉尘粒子的采样效率为 50%，简称"呼尘"。GBZ 2.1 标准中表 2 绘出了 47 种粉尘的容许浓度，表 9-2 摘录了其中一些粉尘的容许浓度供参考。

工作场所化学物质容许浓度　　　　　　　　　　　　　　　表 9-1

化学物质名称	OEL (mg/m³)		
	MAC	PC-TWA	PC-STEL
甲醛	0.5	—	
苯	—	6	10
二氧化氮	—	5	10
铅尘	—	0.05	
铅烟	—	0.03	
金属汞（蒸气）	—	0.02	0.04

工作场所粉尘容许浓度　　　　　　　　　　　　　　　　　表 9-2

粉尘名称	PC-TWA (mg/m³)		粉尘名称	PC-TWA (mg/m³)	
	总尘	呼尘		总尘	呼尘
硅尘[①]			煤尘，$C<10\%$	4	2.5
$10\%\leqslant C\leqslant50\%$	1	0.7	砂轮磨尘	8	—
$50\%<C\leqslant80\%$	0.7	0.3	烟草尘	2	—
$C>80\%$	0.5	0.2	电焊烟尘	4	—
水泥，$C<10\%$	4	1.5	亚麻尘	1.5	—

① 硅尘、水泥、煤尘中 C 代表粉尘中游离 SiO_2 含量，$\%$。

工业生产中产生的有害物质也是造成大气环境恶化的主要原因之一。因此，工业建筑的工业通风作为人工环境控制技术的另一个目标就是防止现代工业的生产工艺过程产生的有害物对室外大气环境带来危害。也就是说工业通风的排出气体必须符合排放标准中所规定的容许浓度。

我国 20 世纪 80 年代制订了环境空气质量标准，经几次修改，现在执行 GB 3095—2012《环境空气质量标准》。标准中对居住区、工业区、自然保护区等的环境质量做了明确的规定，分别对各种污染物（如二氧化硫、二氧化氮、颗粒物等等）规定了浓度限值。为达到环境质量标准，必须限制各种污染物的排放浓度、排放速率。国家标准《大气污染物综合排放标准》GB 16297—2012 和一些行业的污染物排放标准对此作了明确规定。其中行业标准的规定更为严格，如《大气污染物综合排放标准》规定颗粒物的最高容许排放浓度 $150mg/m^3$（现有污染源）和 $120mg/m^3$（新建污染源），而《锅炉大气污染物排放标准》GB 13271 分别规定为 $80mg/m^3$ 和 $50mg/m^3$。

《大气污染物综合排放标准》中分别规定现有污染源和新污染源 33 类污染物的排放限值（最高容许浓度），摘其中几类列于表 9-3 中。工业建筑除尘设计或有害气体处理系统设计时，其排放的浓度应符合相关行业污染物排放标准；如无行业标准，则应遵循 GB 16297《大气污染物综合排放标准》。

烟囱和除尘装置排放气体中粉尘最高容许浓度　　　　　　　　　　表 9-3

排放的有害物	最高容许排放浓度 （mg/m³）	备　注
玻璃棉尘、石英粉尘、矿渣棉尘和含二氧化硅 10% 以上的各种粉尘	80	现有污染源
炭黑尘、染料尘	22	现有污染源
石棉尘	20	现有污染源
其他颗粒物	150	现有污染源
玻璃棉尘、石英粉尘、矿渣棉尘和含二氧化硅 10% 以上的各种粉尘	60	新污染源
炭黑尘、染料尘	18	新污染源
石棉尘	10	新污染源

9.1.2　综合治理原则

工业建筑中悬浮颗粒和有害气体治理的基本原则就是优先考虑综合治理的理念与技术，而不是单靠工业通风技术措施去防治工业污染物。综合治理才是既经济，又效果好的治理原则与途径。所谓综合治理就是指：首先应从生产工艺过程和工艺设备着手治理污染物，从根本上不产生或少产生污染物。其次，在此基础上再采用科学而合理的工业通风防尘、防毒技术措施。再其次，加强运行管理和个人防护措施。只有进行综合治理，方能收到有效防治工业污染物的效果。

1. 改革工艺过程和设备

采用新工艺、新设备、新材料和向自动化、机械化、密封化生产工艺过程发展是改革生产工艺方法的主要途径，使其生产和防尘（毒）从工艺技术上得到统一。例如，在铸造车间用压力铸造、金属模铸造代替砂型铸造，用气力输送代替皮带输送型砂和旧砂，避免和减少贮运、装卸过程中粉尘的飞扬；用无毒原料代替有毒或剧毒原料（如无氰电镀等），可以从根本上防止污染物的产生；用湿式作业代替干式作业，在材料、成品加工、粉碎、研磨等工艺过程中应尽量采用湿材料、湿磨、湿碾等措施，这是防止粉尘飞扬的简单可行和效果较好的防尘方法。当生产工艺过程不允许采用湿式作业或采用湿式作业后仍不能达到防尘要求时，应对生产设备采用密封，以防止粉尘逸入车间内。

2. 工业建筑设计时各专业相互协调综合防治

工业建筑设计时，建筑师、工艺师、通风工程师应互相协调，以使建筑物在位置、朝向、间距、平剖面形式等与通风、防尘、防毒措施相结合，以达到污染物的有效防治。

3. 采用通风除尘、有害气体净化的技术措施控制污染物

除尘系统和有害气体净化系统是工业建筑中治理污染物的重要而有效的技术。其实质就是用通风的方法，把污染源处产生的污染物气体抽出，经除尘器或有害气体净化设备净化后排入大气，它的作用有二：一是保证车间空气环境中污染物浓度不超过卫生标准的限值要求；二是保证通风排气中污染物浓度达到排放标准限值的要求。

4. 加强运行管理和个人防护措施

除尘系统、有害气体净化系统投入运行后，必须有专人负责管理与运行，建立和健全

合理的运行管理和操作的规章制度，定期维修，定期检测。这样才能使系统与设备正常、可靠、安全而高效地运行。

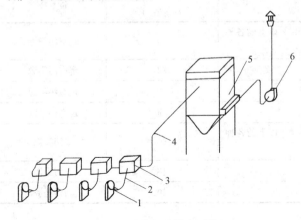

图 9-1 砂轮机组除尘系统

1—砂轮机的排尘罩；2—软管；3—沉降方箱；
4—管道；5—除尘器；6—风机

个人防护是防尘（毒）技术措施中重要的辅助措施，也是生产操作者防止职业毒害和伤害的最后一项有效措施，不可忽视。常用的个人防护用具有防尘工作服、防尘眼镜、防尘口罩、防尘（毒）面具、防尘头盔等。

9.1.3 工业建筑除尘系统的组成

工业建筑的除尘系统是一种捕获和净化生产工艺过程中产生的粉尘的局部机械排风系统。图 9-1 为砂轮机组的除尘系统，由砂轮机排尘罩捕集砂轮机产生的含尘气体，经软管导入沉降方箱，大颗粒的粉尘沉降在方箱中并被定时清扫出来，含细小粉尘的气体在风机的作用下，经风道输送到除尘器内，净化后的气体由风管排入大气，分离下来的粉尘从除尘器排出。由此可见，一个完整的除尘系统的工作流程应包括以下几个过程：

（1）用排尘罩捕集工艺过程产生的含尘气体。

（2）捕集的含尘气体在风机的作用下，沿风道输送到除尘设备中。

（3）在除尘设备中将粉尘分离出来。

（4）净化后的气体排至大气。

（5）收集与处理分离出来的粉尘。

因此，工业建筑的除尘系统主要由排尘罩、风管、风机、除尘设备等组成。也就是说，除尘系统是由风道将排尘罩、风机、除尘设备连接起来的一个局部机械排风系统。

9.1.4 有害气体净化系统的组成

有害气体净化系统同除尘系统一样，是一种捕获和净化生产过程中产生的有害气体的局部机械排风系统，不同的是有害气体净化处理方法常用吸附和吸收的处理方法。吸附处理过程是指让通风排气与某种固体物质相接触，利用该固体物质对气体的吸附能力除去其中某些有害气体的过程。而吸收处理过程是用适当的液体与混合气体接触，利用气体在液体中溶解能力的不同，除去其中有害气体组分的过程。图 9-2 示出通风排气系统有害气体的吸附净化系统实例。其系统由排风罩、风机、风管、吸附净化器等组成。用排风罩捕集工艺过程产生的有害气体，捕集的有害气体的混合气体在风机的作用下，通过风管送至过滤器和吸附净化装置，经净化后的气体排入大气。

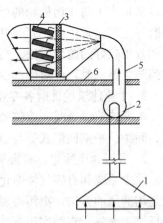

图 9-2 通风排气中有
害气体的吸附净化

1—排风罩；2—风机；3—过滤器；
4—吸附器；5—风管；6—屋顶

9.2 悬浮颗粒分离机理和设备分类

9.2.1 悬浮颗粒分离机理

悬浮颗粒分离机理（又称除尘机理）主要有以下几个方面：

（1）重力

依靠重力使气流中的尘粒自然沉降，将尘粒从气流中分离出来。如图 9-3 中颗粒 1 在其重力作用下，从气流中缓慢沉降下来。是一种简便的除尘方法。这个机理一般局限于分离 $50\sim100\mu m$ 以上的粉尘。

（2）离心力

含尘空气作圆周运动时，由于离心力的作用，粉尘和空气会产生相对运动，使尘粒从气流中分离。这个机理主要用于 $10\mu m$ 以上的尘粒。

（3）惯性碰撞

含尘气流在运动过程中遇到物体的阻

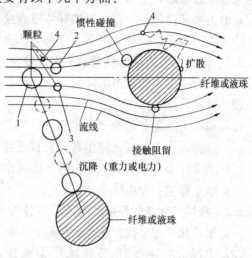

图 9-3 除尘机理示意图

挡（如挡板、纤维、水滴等）时，气流要改变方向进行绕流，细小的尘粒会沿气体流线一起流动。而质量较大或速度较大的尘粒，由于惯性，来不及跟随气流一起绕过物体，因而脱离流线向物体靠近，并碰撞在物体上而沉积下来，见图 9-3 中颗粒 2。

（4）接触阻留

当某一尺寸的尘粒（如图 9-3 中颗粒 3）沿着气流流线刚好运动到物体（如纤维或液滴）表面附近时，因与物体发生接触而被阻留，这种现象称为接触阻留。

（5）扩散

由于气体分子热运动对尘粒的碰撞而产生尘粒的布朗运动，对于越小的尘粒越显著。如图 9-3 所示，微小粒子 4 由于布朗运动，使其有更大的机会运动到物体表面而沉积下来，这个机理称为扩散。对于小于或等于 $0.3\mu m$ 的尘粒，是一个很重要的机理。而大于 $0.3\mu m$ 的尘粒其布朗运动减弱，一般不足以靠布朗运动使其离开流线碰撞到物体上面去。

（6）静电力

悬浮在气流中的尘粒，都带有一定的电荷，可以通过静电力使它从气流中分离。但在自然状态下，尘粒的带电量很小，为此必须设置专门的高压电场，使所有的尘粒都充分荷电，以获得较好的除尘效果。

（7）凝聚

凝聚作用是一种间接的除尘机理。它是通过超声波、蒸气凝结、加湿等凝聚作用，以使微小粒子凝聚增大，然后再用一般的除尘方法去除。

（8）筛滤作用

筛滤作用是指当尘粒的尺寸大于纤维网孔尺寸时而被阻留下来的现象。

9.2.2 悬浮微粒捕集设备的分类

悬浮微粒捕集设备通常有工业除尘器和空气过滤器两种。所谓的工业除尘器是指净化由工艺生产设备中排出的含尘气体的设备，它是工业建筑除尘系统的主要设备之一。它运行的好坏将直接影响到排往室外的粉尘浓度，也直接影响到周围环境卫生条件的好与坏。而空气过滤器是净化空气中尘粒的设备，它是一般空调和净化空调系统中（参见 6.3 和 12.2）的主要部件之一，它运行的好坏将直接影响到室内空气的洁净度。

除尘器与过滤器的种类很多，分类方法也很多，通常有：

9.2.2.1 根据主要的除尘机理的不同，可分为六类。

(1) 重力除尘：如重力沉降室；

(2) 惯性除尘：如惯性除尘器；

(3) 离心力除尘：如旋风除尘器；

(4) 过滤除尘：如袋式除尘器、颗粒层除尘器、纤维过滤器、纸过滤器；

(5) 洗涤除尘：如自激式除尘器、旋风水膜除尘器；

(6) 静电除尘：如电除尘器。

9.2.2.2 根据气体净化程度的不同，可分为四类。

(1) 粗净化：主要除掉粗大的尘粒，一般用做多级除尘的第一级。

(2) 中净化：主要用于通风除尘系统，要求净化后的空气浓度不超过 $100 \sim 200 \text{mg/m}^3$。

(3) 细净化：主要用于通风空气调节系统和再循环系统，要求净化后的空气浓度不超过 $1 \sim 2 \text{mg/m}^3$。

(4) 超净化：主要除掉 $1 \mu\text{m}$ 以下的细小尘粒，用于洁净空调系统。净化后的空气含尘浓度视工艺要求而定。

9.2.2.3 根据过滤器效率，空气过滤器可分为六类。

(1) 粗效过滤器：粗效过滤器的作用是除掉 $\geq 2 \mu\text{m}$ 的尘粒和各种异物，在净化空调系统中常作为预过滤器，以保护中效、高效过滤器。在空调系统中常作进风过滤器用。

(2) 中效过滤器：中效过滤器的主要作用是除掉 $0.5 \sim 10 \mu\text{m}$ 的悬浮性尘粒。在净化空调系统和局部净化设备中作为中间过滤器，以减少高效过滤器的负担，延长高效过滤器的寿命。

(3) 高中效过滤器：高中效过滤器能较好地去除 $\geq 0.5 \mu\text{m}$ 的粉尘粒子，可作净化空调系统的中间过滤器和有一般净化要求的送风系统的末端过滤器。

(4) 亚高效过滤器：亚高效过滤器能有效地去掉 $\geq 0.5 \mu\text{m}$ 的粉尘粒子，可作低级别净化空调系统（≥ 100000 级，ISO 8 级）的末端过滤器。

(5) 高效过滤器：高效过滤器对 $\geq 0.5 \mu\text{m}$ 的尘粒有极高的过滤效率（参见表 9-6），高效过滤器是净化空调系统的终端过滤设备和净化设备的核心（参见 12.1）。

(6) 超高效过滤器：超高效过滤器对 $\geq 0.1 \mu\text{m}$ 的尘粒具有极高的过滤效率，计数效率（定义见 9.3.4）$\geq 99.999\%$。

9.3 除尘器与空气过滤器的技术性能指标

除尘器的技术性能指标主要有除尘效率、压力降和处理气体量。而表征空气过滤器性能的主要指标为过滤效率、压力降和容尘量。

9.3.1 除尘效率

在除尘工程设计中一般采用除尘器全效率和分级效率两种表达方式。

9.3.1.1 全效率

除尘器全效率为在一定的运行工况下除尘器除下的粉尘量与进入除尘器的粉尘量之百分比。其计算式为

$$\eta = \frac{\dot{m}_c}{\dot{m}_i} \times 100\% \tag{9-1}$$

式中 η——除尘器的全效率，%；

$\dot{m}_i$——进入除尘器的粉尘量，g/s；

$\dot{m}_c$——除尘器除下的粉尘量，g/s。

式（9-1）要通过称重求得全效率，这种方法称为质量法。但在现场无法直接测出进入除尘器的粉尘量，因此应先测出除尘器进出口气流中的含尘浓度和相应的风量，再按下式计算

$$\eta = \frac{\dot{V}_i c_i - \dot{V}_o c_o}{\dot{V}_i c_i} \times 100\% \tag{9-2}$$

式中 $\dot{V}_i$——除尘器入口风量，m³/s；

c_i——除尘器入口空气含尘浓度，g/m³；

$\dot{V}_o$——除尘器出口风量，m³/s；

c_o——除尘器出口空气含尘浓度，g/m³。

如果除尘器结构严密，没有漏风，则 $\dot{V}_i = \dot{V}_o$，除尘效率公式为

$$\eta = \frac{c_i - c_o}{c_i} \times 100\% \tag{9-3}$$

按式（9-2）求得全效率的方法称为浓度法。在实际除尘工程中，为了使排出室外的空气含尘浓度达到排放标准的要求，常将两个除尘器串联在同一个除尘系统上，两个除尘器串联运行时，除尘器的总效率为

$$\eta = \eta_1 + \eta_2(1 - \eta_1) = 1 - (1 - \eta_1)(1 - \eta_2) \tag{9-4}$$

式中 η_1——第一级除尘器效率，%；

η_2——第二级除尘器效率，%。

应注意，两个型号相同的除尘器串联运行时，由于它们的工况不同，η_1 和 η_2 也是不相同的，而两除尘器全效率相同，则必有 η_1 要高于 η_2。

9.3.1.2 穿透率

除尘器效率虽是评价除尘器性能的重要指标之一，但是，有时两台除尘器的全效率分

别为 99％和 99.5％，似乎两者的除尘效果差别不大；然而从排出气体的含尘量看，两者的差别是很大的，前者排入大气中的粉尘量要比后者高出一倍。因此，又引入穿透率 p 来描述除尘器的除尘效果，其定义为除尘器出口粉尘的排出量与入口粉尘的进入量的百分比，即

$$p = \frac{\dot{V}_o \, c_o}{\dot{V}_i \, c_i} \times 100\% \tag{9-5}$$

如果除尘器没有漏风，则穿透率公式为

$$p = \frac{c_o}{c_i} \times 100\% \tag{9-6}$$

根据公式（9-3），则有

$$p = 1 - \eta \tag{9-7}$$

9.3.1.3 分级效率

粉尘粒径的大小会直接影响除尘器全效率的大小。例如，有的旋风除尘器处理 $40\mu m$ 以上的粉尘时，效率接近 100％，处理 $5\mu m$ 以下的粉尘时，效率会下降到 40％左右。因此，只给出除尘器全效率，对工程设计是没有意义的。要正确评价除尘器的除尘效果，就必须按粒径标定除尘器效率，这种效率称分级效率。即定义为除尘器对某一粒径 d_c 或粒径范围 Δd_c 内粉尘的除尘效率，其计算式为

$$\eta_c = \frac{\Delta \dot{m}_c}{\Delta \dot{m}_i} \times 100\% \tag{9-8}$$

式中　　$\Delta \dot{m}_c$——在 Δd_c 的粒径范围内，除尘器捕集的粉尘量，g/s；

　　　　$\Delta \dot{m}_i$——在 Δd_c 的粒径范围内，进入除尘器的粉尘量，g/s。

全效率与分级效率的关系为

$$\eta = \eta_1 n_1 + \eta_2 n_2 + \cdots\cdots + \eta_n n_n \tag{9-9}$$

式中　　　　η——全效率，以小数表示；

$\eta_1 \,、\eta_2 \cdots\cdots \eta_n$——分级效率，以小数表示；

$n_1 \,、n_2 \cdots\cdots n_n$——各粒径组进入除尘器的粉尘量占进入除尘器总粉尘量的比例，以小数表示，亦称为分散度（用％表示）。

9.3.2 除尘器的阻力

除尘器的阻力也是评价其性能的重要指标之一，它关系到除尘器的能量消耗和除尘系统中风机的合理选择。除尘器阻力等于除尘器进、出口处气流的全压绝对值之差。若除尘器出入口管道直径相同，阻力即可直接用静压差表示。在通风除尘工程中，经常采用阻力系数来评价除尘器的阻力。即当知道除尘器的局部阻力系数 ζ 值后，可用下式计算：

$$\Delta P = \zeta \frac{\rho_0 v^2}{2} \tag{9-10}$$

式中　　ΔP——除尘器的阻力，Pa；

　　　　ρ_0——被处理气体的密度，kg/m³；

　　　　v——除尘器入口处的气流速度，m/s。

9.3.3 除尘器处理气体量

处理气体量是评价除尘器处理能力大小的重要技术指标。一般用体积流量（m^3/s 或 m^3/h）表示除尘器处理气体量的大小，也有用质量流量（kg/s 或 kg/h）表示的。

除尘器的性能指标，除上述的除尘器效率、阻力和处理气体量外，还有耐温性、腐蚀性、耗钢量、耗水量等，在选择除尘器时均应全面考虑。

9.3.4 空气过滤器的过滤效率

过滤效率是表征空气过滤器性能的重要指标之一。单级空气过滤器的效率为

$$\eta = \frac{c_i - c_o}{c_i} = \left(1 - \frac{c_o}{c_i}\right)100\% = (1 - p)100\% \tag{9-11}$$

式中　c_i——过滤器入口空气的含尘浓度；

c_o——过滤器出口空气的含尘浓度；

p——穿透率，$p = \dfrac{c_o}{c_i}$。

当被过滤空气中的含尘浓度用不同方式表示时，空气过滤器就会有不同的过滤效率。例如：[1]

（1）计重效率　当被过滤空气中的含尘浓度以质量浓度（g/m^3）来表示，则效率为质量效率，习惯上称为计重效率，此法只可适用于粗效。

（2）计数效率　当被过滤空气中的含尘浓度以计数浓度（pc/L）来表示，则效率为计数效率。计数效率的尘源可以是大气尘，也可以是 DOP（邻苯二甲酸二辛酯）雾。采用大气尘粒子计数测量粒子浓度时称为大气尘计数效率，采用 DOP 粒子计数测量粒子浓度时称为 DOP 计数效率。

（3）钠焰效率　以氯化钠固体粒子作尘源。氯化钠固体粒子在氢焰中燃烧，通过光电火焰光度计测得氯化钠粒子浓度，根据过滤器前后采样浓度求得效率，它适用于高效过滤器。钠焰效率与计数效率相当。

9.3.5 过滤器阻力

过滤器阻力一般包括滤料阻力和结构（如框架、分隔片及保护面层等）阻力，其经验公式为

$$\Delta P = \alpha u^n \tag{9-12}$$

式中　ΔP——过滤器阻力，mmH_2O；

u——空气通过滤料的速度（滤速），cm/s；

α——经验系数，对于国产高效过滤器 α 为 $3\sim10$；

n——指数，对于国产高效过滤器为 $1\sim2$。

在额定风量下新过滤器的阻力称为初阻力；在额定风量下，过滤器的容尘量达到足够大而需要清洗或更换滤料时的阻力称为终阻力。工程设计中，其系统的水力计算是按终阻力来计算的，按此选择风机，以保证不会因过滤器运行中积尘而影响系统的正

常风量。

《公共建筑节能设计标准》GB 50189—2015 规定选配空气过滤器时，其阻力应符合：

(1) 粗效过滤器的初阻力小于或等于 50Pa，终阻力小于或等于 100Pa；

(2) 中效过滤器的初阻力小于或等于 80Pa，终阻力小于或等于 160Pa；

(3) 全空气空调系统的过滤器，应能满足全新风运行的要求。

9.3.6　过滤器的容尘量

在额定风量下，过滤器的阻力达到终阻力时，其所容纳的尘粒总质量称为该过滤器的容尘量。过滤器容尘量的大小主要取决于滤料的性质、粒子的特性（粒子的组成、形状、粒径、密度、黏滞性及浓度等）和使用期限的长短。因此，过滤器的容尘量变化范围很大。一般规定，当阻力为初阻力的 2～4 倍时的积尘量为容尘量。但应注意，终阻力过大会使系统阻力过大，因而风机压头也过大。

9.3.7　过滤器处理气体量

空气过滤器通过风量（处理气体量）的能力分别用面风速和滤速来描述。面风速是指空气过滤器迎风断面上通过气流的速度（m/s），而滤速是指滤料净面积上通过气流的速度，一般以 cm/s 表示。因此，面风速和滤速反映了滤料的通过能力。

9.4　重力除尘器和惯性除尘器

9.4.1　重力除尘器

重力除尘器是利用重力使粉尘从空气中分离的，它的结构如图 9-4 所示，是一种简易的除尘方式，又称重力沉降室。

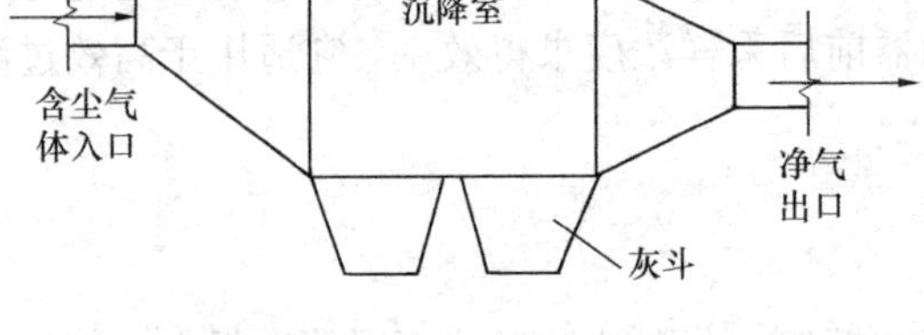

图 9-4　重力除尘器

其工作原理是：当含尘气流进入重力除尘器后，由于断面积突然扩大，使含尘气流流速下降，在层流或接近层流的状态下运动，其中的尘粒在重力的作用下缓慢地向灰斗沉降。这类除尘器主要用于分离粒径>50μm 的粉尘。

重力除尘器虽然结构简单，投资省，耗钢少，阻力小（一般为 100～150Pa），但在实际除尘工程中，由于其效率低（对于干式沉降室效率为 56%～60%）和占地面积大，很少使用。

9.4.2　惯性除尘器

惯性除尘器是使含尘气流方向急剧变化或与挡板、百叶等障碍物碰撞时，利用尘粒自身惯性力从含尘气流中分离的装置。其性能主要取决于特征速度、折转半径与折转角度。其除尘效率略高于沉降室，可用于收集大于20μm粒径的尘粒。压力损失则因结构形式不同差异很大，一般为 100～400Pa。进气管内气流速度取 10m/s 为宜。其结构形式有气流折转式、重力折转式、百叶板式与组合式几种。图 9-5 所示为前两种形式的除尘器。[2]

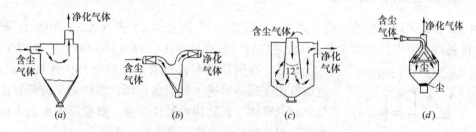

图 9-5　惯性除尘器

图 9-6 所示为带百叶的惯性除尘器，含尘气流进入除尘器后，按百叶的方向折转使粉尘分离，然后气流由排气管排出。提高冲向百叶板的气流速度，可以提高除尘效率，开始时效率随着流速的增加提高很快，当气流速度为 10m/s 以后，效率增加很慢。因此在百叶式惯性除尘器中，流速不宜太高，通常取 10～15m/s。

惯性除尘器常用做浓缩器，双级蜗旋除尘器是一典型实例（图 9-7）。双级蜗旋除尘器由蜗壳型浓缩分离器（惯性除尘器）和带灰尘隔离室的 C 型旋风除尘器组合而成。含尘气流沿着切线方向以高速（一般为 18～25m/s）进入蜗壳型浓缩分离器，形成强烈的旋转运动，尘粒由于离心力的作用向壳体外缘分离出来。气流通过蜗壳中部固定叶片时，在叶片间隙改变流向，尘粒在惯性力的作用下直接碰撞叶片表面，被反向弹向壳体外缘分离出来。

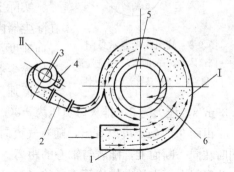

图 9-7　双级蜗旋除尘器工作原理图

Ⅰ—蜗壳型浓缩分离器；Ⅱ—C 型旋风除尘器；1—一级含尘气体入口；2—二级含尘气体入口；3—净化气体出口；4—灰尘隔离室；5—净化气体出　　　　　口；6—固定叶片

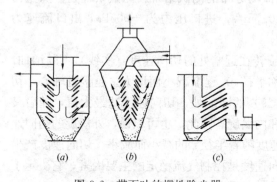

图 9-6　带百叶的惯性除尘器

大部分气体经净化后由固定叶片间隙中排出，小部分气体（约占总气体量的 10％～20％）随着被浓缩分离的尘粒，经分流口进入 C 型旋风除尘器，进行二次净化，使尘粒降落在贮灰斗中。

9.5　旋风除尘器

旋风除尘器是利用气流旋转过程中作用在尘粒上的惯性离心力，使尘粒从气流中分离出来的设备。旋风除尘器结构简单、造价低、维修方便；耐高温，可高达 400℃；[3]对于 10～20μm 的粉尘，除尘效率为 90％左右；分离最小粒径可为 5～10μm[3]。因此，旋风除尘器在工业通风除尘工程和工业锅炉的消烟除尘中得到了广泛的应用。

9.5.1　旋风除尘器的工作原理

图 9-8 为旋风除尘器的一般形式，它由圆筒体 1、圆锥体 2、进气管 3、顶盖 4、排气管 5、排灰口 6 组成。含尘气流由切线进口管以较高的速度（15～20m/s）沿切线方向进入除尘器，在圆筒体与排气管之间的圆环内作旋转运动。这股气流受到随后进入气流的挤压，继续向下旋转，由圆筒体到圆锥体一直延伸到锥体底部，这股沿外壁由上向下作螺旋形旋转的气流称为外涡旋（图 9-8 实线所示）。当其再不能向下旋转时就折线向上，随排气管下面的旋转气流上升，然后又由排气管排出，这股向上旋转的气流称为内涡旋（图 9-8 虚线所示）。向下的外涡旋和向上的内涡旋的旋转方向是相同的。气流作旋转运动时，尘粒在惯性离心力的推动下，要向外壁移动，到达外壁的尘粒在气流和重力的共同作用下，沿壁面通过排灰口落入灰斗中。

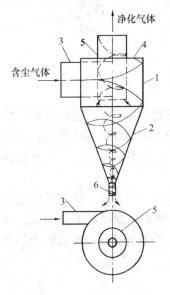

图 9-8　旋风除尘器示意图

1—圆筒体；2—圆锥体；3—进气管；
4—顶盖；5—排气管；6—排灰口

尘粒在含尘气流分离出来与旋风除尘器内的气流速度、压力分布有直接的关系。

实际上旋风除尘器内的气流状况是非常复杂的。气流在除尘器内旋转时，任意点的速度可以分解为切向速度、径向速度及轴向速度。图 9-9 为特·林顿（Ter Linder）对旋风除尘器内流场分布的测试结果。测试条件是：除尘器进口流速为 10.7m/s，进口压力为 +900Pa，出口流速为 6.36m/s，压力为 0，排灰口负压为 -300Pa。

由图 9-9（a）可以看出，随着气流向下旋转在近壁处的切向速度（实线）不断增加，同时在同一断面上，随着与轴心的距离（或称半径 r）逐渐减小而增大。越接近轴心，切向速度越大，大约在排气管直径的（0.6～0.65）的圆环处，切向速度达最大值，随后又逐渐减小。以此圆环作为分界，分为外涡旋和内涡旋。因此，也可以说，外涡旋的切向速度随着半径 r 的减小而增大，内涡旋的切向速度随着半径 r 的减小而减小。切向速度产生惯性离心力，使尘粒有向外的径向运动。切向速度是控制气流稳定的主要因素，它决定了气流圆周运动的大小，从而也决定了除尘器的效率和阻力。

除尘器内的气流除了做切向运动外，还要做径向运动，因而，还有径向速度。外涡旋的径向速度是向内的，则造成尘粒做向中心的径向运动，把尘粒推向内涡旋。内涡旋的径向速度是向外的，它对尘粒仍有一定的分离作用。径向速度如图 9-9（a）虚线所示。径向速度较切向速度要小很多，在整个断面上几乎是一个常数，在中央轴心附近接近为零。

图 9-9（b）所示为轴向速度，在外部区域，即外涡旋的轴向速度为负，表示气流向下，而在轴心部分，即内涡旋的轴向速度为正，气流向上。在内涡旋，随着气流沿着轴向由下向上逐渐上升，轴向速度不断增大，在排气管底部达到最大值。

图 9-9（c）为除尘器内静压（实线）及全压（虚线）的分布曲线。在不同半径处的压

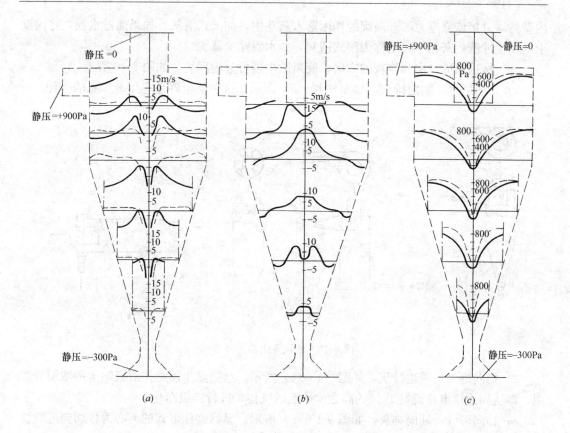

图 9-9　旋风除尘器内流场分布
(a) 切向速度（实线）和径向速度（虚线）；(b) 轴向速度；(c) 静压（实线）和全压（虚线）

力表明，外涡旋的静压、全压为正，与进口的压力相差不大。因此在壁上有孔时，气流向外冒出，但对除尘器的运行影响不大。除尘器的内涡旋压力（静压、全压）为负压，一直延伸到排灰口处的负压达最大值。即使除尘器在正压下工作，并直接排入大气时，轴心处仍有很大的负压，如图 9-9 (c) 所示，被测旋风除尘器当进口静压为 +900Pa 时，除尘器下部静压可达 -300Pa。

9.5.2　旋风除尘器的分类

可根据旋风除尘器不同的特点进行如下的分类：

（1）根据旋风除尘器的效率，可分为两类：通用旋风除尘器和高效旋风除尘器。两种旋风除尘器的效率范围见表 9-4。

通用型与高效型旋风除尘器的除尘效率范围　　　　　　　　　　表 9-4

粒径（μm）	效率范围（%）		粒径（μm）	效率范围（%）	
	通用旋风除尘器	高效旋风除尘器		通用旋风除尘器	高效旋风除尘器
<5	<50	50～80	20～40	80～95	95～99
5～20	50～80	80～95	>40	95～99	95～99

（2）按清灰方式可分为干式和湿式两种。在旋风除尘器中，粉尘被分离到除尘器筒体

内壁后，直接依靠重力和外涡旋的作用落入灰斗中，称干式清灰。如果通过水膜，将内壁上的粉尘冲洗到灰斗中，则称为湿式清灰，如水膜除尘器。

（3）按进风的方向和排灰的方向，旋风除尘器可分为四类，如图 9-10 所示。

1）切向进气，轴向排灰，如图 9-10（a）所示。这种除尘器是应用最广泛的一种。

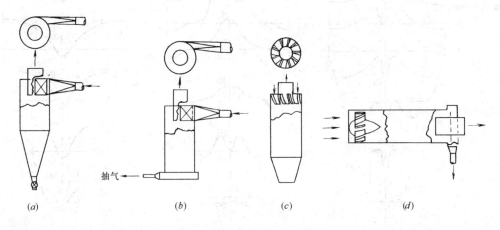

图 9-10　旋风除尘器的分类

2）切向进气，周边排灰，如图 9-10（b）所示。这类除尘器常作双级除尘的浓缩分离用，即从周边排出总流量 10% 的高含尘浓度的气体，进行二级净化。

3）轴向进气，轴向排灰，如图 9-10（c）所示。显然这种形式的离心力较切向进气要小，但它适于多管除尘器，便于布置。

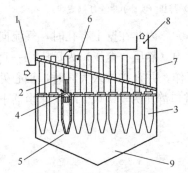

图 9-11　多管除尘器示意图
1—总进气管；2—气体分布室；
3—旋风子；4—导流片；5—旋
风子排灰口；6—旋风子排气管；
7—排气室；8—总排气口；
9—总灰斗

4）轴向进气，周边排灰，如图 9-10（d）所示。轴向进气便于除尘器并联布置，周边抽气排灰可提高除尘效率。常用于卧式多管除尘器中。

另外，还可分为单管、多管和组合式三类。

图 9-11 为多管除尘器示意图。它是由许多小直径（100～250mm）旋风管（图 9-10c，又称旋风子）并联组成的除尘器。含尘气流进入气体分布室，均匀地分配到各旋风子。含尘气体通过螺旋形导流片进入每个旋风子，在其中作旋转运动，分离出的尘粒由每个旋风子排灰口排入下部的总灰斗，净化后的气体由每个旋风子的排气管排入排气室，然后从总排气口排出。它广泛用于不含水分非纤维性粉尘，尤其适用于物质密度较大的干燥非纤维性粉尘，是工业炉窑和锅炉烟气除尘及生产性粉尘净化的重要设备。

9.5.3　影响旋风除尘器性能的主要因素

9.5.3.1　含尘气体的流量对旋风除尘器性能的影响

旋风除尘器的效率和阻力都与除尘器的进口流速有着直接的关系。旋风除尘器进口

风速的一般范围为 $6 \sim 27 \mathrm{m/s}$，而通常在 $15 \sim 20 \mathrm{m/s}$ 流速下工作。图 9-12 为 XCX 型旋风除尘器的气体流速与效率和阻力的关系。由图可见，气体流速低于 $15 \mathrm{m/s}$ 时，除尘效率较低，当流速高于 $30 \sim 40 \mathrm{m/s}$ 时，由于紊流增加和尘粒反弹等因素造成二次扬尘的增加，反而使效率下降。由于阻力与流速的平方成正比，所以流速的提高将会导致阻力的迅速提高。选择除尘器时，应综合考虑旋风除尘器的效率和阻力，来确定含尘气体进口的流速。

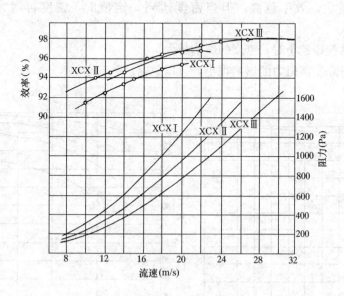

图 9-12　气体流速与效率和阻力的关系[3]

在流速变化范围不大的情况下，可按下述关系式，确定实际流速下的效率和阻力。

$$\frac{100-\eta_{\mathrm{a}}}{100-\eta_{\mathrm{b}}} = \left(\frac{\dot{V}_{\mathrm{b}}}{\dot{V}_{\mathrm{a}}}\right)^{0.5} \tag{9-13}$$

$$\frac{\Delta P_{\mathrm{a}}}{\Delta P_{\mathrm{b}}} = \left(\frac{\rho_{\mathrm{ga}}}{\rho_{\mathrm{gb}}}\right)\left(\frac{T_{\mathrm{b}}}{T_{\mathrm{a}}}\right)\left(\frac{\dot{V}_{\mathrm{a}}}{\dot{V}_{\mathrm{b}}}\right)^{2} \tag{9-14}$$

式中　$\dot{V}_{\mathrm{a}}$——试验风量，$\mathrm{m^3/s}$ 或 $\mathrm{m^3/h}$；

$\dot{V}_{\mathrm{b}}$——实际风量，$\mathrm{m^3/s}$ 或 $\mathrm{m^3/h}$；

η_{a}——试验风量下的效率，%；

η_{b}——实际风量下的效率，%；

ΔP_{a}——试验风量下的阻力，Pa；

ΔP_{b}——实际风量下的阻力，Pa；

ρ_{ga}——试验风量下气体的密度，$\mathrm{kg/m^3}$；

ρ_{gb}——实际风量下气体的密度，$\mathrm{kg/m^3}$；

T_{a}，T_{b}——分别为试验流量和实际流量下气体的绝对温度，K。

9.5.3.2　尘粒粒径大小对旋风除尘器性能的影响

图 9-13 给出了旋风除尘器的分级效率，由图看出，对于小于 $5\sim10\mu m$ 的粒子，旋风除尘器的效率较低；而对于 $20\sim30\mu m$ 的尘粒，除尘效率可达 90% 以上。因此，旋风除尘器经常作为捕集大粒径粉尘的预除尘器用。

9.5.3.3　粉尘的密度对旋风除尘器性能的影响

图 9-14 示出粉尘密度对效率的影响。由图可见：

（1）密度越大，效率越高。但当密度达到一定值时，密度再增大，效率几乎不增加。

（2）尘粒的粒径越小时，密度的影响越大。

粉尘密度对除尘器阻力的影响很小，可以忽略。

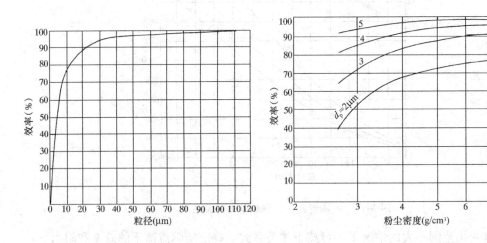

图 9-13　尘粒粒径与旋风除尘器的效率图[3]　　　　图 9-14　粉尘密度对效率的影响[3]

9.5.3.4　旋风除尘器排尘口处漏风对其效率的影响

旋风除尘器下部排尘处存在较大的负压，如果除尘器下部排尘口不严密，渗入外部空气会把正在落入灰斗的粉尘重新带走，使除尘效率显著下降。有数据表明，漏风 5% 时，除尘器效率下降 50%，若漏风 $10\%\sim15\%$，除尘器的效率基本为零。[3] 因此，在使用旋风除尘器时，排尘口处应加装锁气装置，以保证在不漏风的情况下进行正常排尘。目前常用的锁气器有双翻板式和回转式两种，见图 9-15。

双翻板式锁气器是利用翻板上的平衡锤和积灰质量的平衡发生变化时，进行自动卸灰的，它设有两块翻板轮流启闭，可以避免漏风。回转

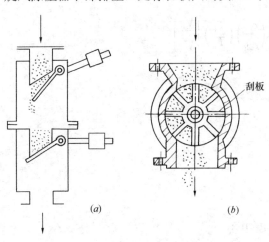

图 9-15　锁气器
(a) 双翻板式；(b) 回转式

锁气器是用外来动力使刮板缓慢旋转，转速一般在 $15\sim20r/min$ 之间，它适用于排灰量较大的除尘器。回转式锁气器能否保持严密，关键在于刮板和外壳之间贴合的紧密程度。

9.5.3.5 筒体直径 D 和排出管直径 d 对旋风除尘器性能的影响

图 9-16 示出旋风除尘器筒体直径 D 对其效率的影响[4]。由图可见，筒体直径愈小，除尘器效率愈高。这是因为筒体直径愈小尘粒受到的惯性离心力愈大。目前常用的旋风除尘器筒体直径一般不超过 800mm，风量较大时可用几台除尘器并联运行。

减小内涡旋有利于提高旋风除尘器的除尘效率，而内涡旋范围的大小是与排出管（排气管）直径 d 大小相关的。通常认为内、外涡旋交界面直径近似为 $0.6d$。因此，减小排出管直径可提高其除尘效率，但是 d 过小，将会加大其阻力。为此，旋风除尘器排出管直径 d 宜取为 $(0.5\sim0.6)D$。

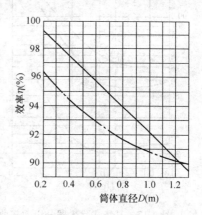

图 9-16　除尘器筒体直径-效率曲线
　— – —煤粉　　———滑石粉

9.6　袋　式　除　尘　器

袋式除尘器是一种干式的高效除尘器，它利用多孔的袋状过滤元件的过滤作用进行除尘。由于它具有除尘效率高（对于 $1.0\mu m$ 的粉尘，效率高达 $98\%\sim99\%$）、适应性强、使用灵活、结构简单、工作稳定、便于回收粉尘、维护简单等优点。因此，袋式除尘器在冶金、化学、陶瓷、水泥、食品等不同的工业部门中得到广泛的应用，在各种高效除尘器中，是最有竞争力的一种除尘设备。

9.6.1　袋式除尘器的工作原理

袋式除尘器所使用的滤料用棉、毛、人造纤维等加工而成，本身的网孔较大，一般为 $20\sim50\mu m$，表面起绒的滤料约为 $5\sim10\mu m$。因此，新滤袋的除尘效率只有 40% 左右（$1\mu m$ 粉尘），见图 9-17。当含尘空气通过滤料时，由于滤料的筛滤、拦截、碰撞、扩散和静电等作用，将粉尘阻留在滤料上，形成初层。同滤料相比，多孔的初层具有更高的除尘效率。因此，袋式除尘器的过滤作用主要是依靠这个初层及以后逐渐堆积起来的粉尘层进行，如图 9-18 所示。[5] 随着集尘层的变厚，滤袋两侧压差变大，使除尘器的阻力损失增大，处理的气体量减小。同时，由于空气通过滤料孔隙的速度加快，使除尘效率下降。因此，除尘器运行一段时间后，应进行清灰，清除掉集尘层，但不破坏初层，以免效率下降（见图 9-17）。清灰后，随着滤料上粉尘的积聚，阻力也相应增大，当阻力达到允许值上限时又再次清灰。袋式除尘器的阻力呈周期性变化。

袋式除尘器的阻力由机械设备阻力（约 $200\sim500Pa$）、滤料阻力、粉尘阻力组成。其阻力大小与除尘器结构、滤袋布置、粉尘层特性、清灰方法、过滤风速、粉尘浓度等因素有关。阻力一般为 $1000\sim2000Pa$。清灰后仍超过 $2000Pa$，通常需要换袋[5]。

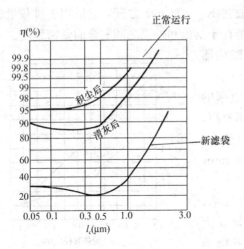

图 9-17　某袋式除尘器分级效率曲线[3]

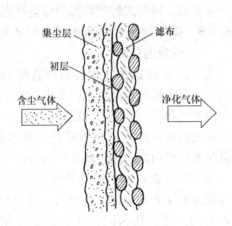

图 9-18　滤料的过滤过程

9.6.2　袋式除尘器的分类

袋式除尘器的形式、种类很多，可以根据它的不同特点进行分类。

9.6.2.1　按清灰方式分类

（1）机械振动（打）清灰的袋式除尘器

利用手动、电动或气动的机械装置使滤袋产生振动而清灰。振动可以是垂直、水平、扭转或组合等方式；振动频率有高、中、低之分。清灰时必须停止过滤，有的还辅以反向气流，因而箱体多做成分室结构，以便依次逐室清灰。

机械振动方式的清灰作用不强，只能允许较低的过滤风速，一般为 0.5～0.8m/min，阻力约为 600～800Pa，除尘器进口浓度不宜超过 3.0～5.0g/m³。目前使用越来越少。

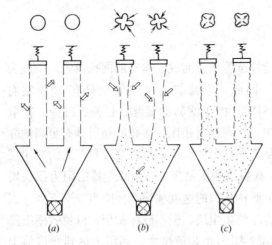

图 9-19　气流反吹清灰方式[4]

(a) 过滤；(b) 反吹；(c) 沉降

（2）气流反吹清灰的袋式除尘器

利用与过滤气流相反的气流，使滤袋形状变化，粉尘层受扰曲力和屈曲力的作用而脱落，图 9-19 是一种典型的气流反吹清灰方式。

气流反吹清灰大多采用分室清灰，也有采用部分滤袋依次清灰的方式。反向气流可由除尘器前后的压差产生，或由专设的反吹风机供给。某些反吹清灰装置设有产生脉动作用的机构，造成反向气流的脉冲作用，以增加清灰能力。

反吹气流在整个滤袋上的分布较为均匀，振动也不剧烈，对滤袋的损伤较小，其清灰能力属各种方式中的最弱者。因此，常与机械振动清灰相结合组成机械振动与反吹风袋式除尘器[3]。

（3）脉冲喷吹清灰的袋式除尘器

将压缩空气在短暂的时间（不超过0.2s）内利用喷嘴高速吹入滤袋，通过文丘里管诱导数倍于喷射气流的空气，使滤袋产生脉冲膨胀、收缩和振动，同时在自内向外气流作用下，使袋壁的粉尘吹扫下来，如图9-20所示。

喷吹时，虽然被清灰的滤袋不起过滤作用，但因喷吹时间很短，而且只有部分滤袋清灰，因此可不必采用分室结构（见图9-20）。也有采用停风喷吹方式，对滤袋逐箱进行清灰，箱体便需分隔。脉冲喷吹方式的清灰能力最强，效果最好，可容许高的过滤风速，并保持低的压力损失。

图9-21给出脉冲喷吹袋式除尘器的工作示意图。含尘气流通过滤袋时，粉尘阻留在滤袋外表面，净化后的气体经文丘里管从上部排出。每排滤袋上方设一根喷吹管，喷吹管上设有与每个滤袋相对应的喷嘴，喷吹管前端装设脉冲阀，通过程序控制机构控制脉冲阀的启闭。脉冲阀的脉冲周期（喷吹的时间间隔）为60s左右，脉冲宽度（喷吹一次的时间）为0.1~0.2s，压缩空气压力（喷吹压力）为600~700kPa。图9-21表示了最右侧的滤袋正在清灰，其他滤袋正常工作。

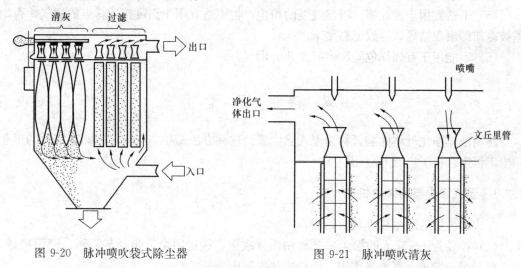

图9-20　脉冲喷吹袋式除尘器　　　　　　图9-21　脉冲喷吹清灰

9.6.2.2　按含尘气流方向分类

（1）外滤式　含尘气体由袋外侧穿过滤料流向滤袋内部，尘粒附着在滤袋的外表面上（见图9-21）。

（2）内滤式　含尘气体由袋内侧穿过滤料流向滤袋的外侧，粉尘附着在滤袋的内表面上（见图9-19）。

9.6.2.3　按滤袋形式分类

（1）圆袋　工业除尘中使用圆袋除尘器的较多，这是因为圆袋除尘器具有结构简单、便于清灰、滤袋之间不易被粉尘堵塞等优点。圆袋直径通常为120~300mm，最大不超过600mm，袋长2~12m。

（2）扁袋　目前在工业除尘中的使用量小于圆袋除尘器，这是因为扁袋除尘的结构和清灰复杂，换袋困难，滤袋与骨架的磨损较大等。但是，扁袋除尘器最大的优点是扁袋布置紧凑，与圆袋相比，在箱体相同的条件下，一般扁袋过滤面积要比圆袋增加20%~40%。

扁袋长边一般为 600～1200mm，短边为 300～500mm。扁袋可做成平板形、菱形、楔形、人字形等多种。扁袋除尘器大多用于外滤形除尘器，袋内都有一定形状的支架支撑。

此外还可以按袋式除尘器内的压力分为吸入式（负压）和压入式（正压）两种。也可按进风口的位置分为下进风和上进风袋式除尘器。

9.6.3　袋式除尘器的特点和应用

（1）袋式除尘器的除尘效率高，一般可达 99％以上。

（2）适用性强。适用于各类不同性质的干性粉尘，入口含尘浓度在较大范围内变时，对除尘器的效率、阻力的影响都不大。但入口浓度高时，为减轻袋式除尘器的负担，宜采用两级除尘系统，袋式除尘器做二级除尘器，再选用低阻力的除尘器做一级除尘器。

（3）规格多，处理风量范围大，最小几百 m^3/h，最大数十万 m^3/h。

（4）含尘气体的温度受滤料耐温性能的限制，目前常用滤料（如涤纶）适用120～130℃，有关各种滤料的耐温性能及其他特点参阅文献[2]、[3]。

（5）不适宜用于黏性强、吸湿性强的粉尘；也不适宜用于温度接近露点的烟气，否则稍被冷却即出现结露，导致滤料堵塞。

（6）不能用于有爆炸危险和带有火花的烟气。

9.7　湿　式　除　尘　器

利用液体净化气体的装置称为湿式除尘器。这种方法简单、有效，因而在实际的工业除尘工程中获得了广泛的应用。

9.7.1　湿式除尘器的除尘机理

湿式除尘器的除尘机理可归结为：

（1）粒径为 1～5μm 的粉尘主要利用惯性碰撞、接触阻留，尘粒与液滴、液膜接触，使尘粒加湿、增重、凝聚等作用，使粉尘从气流中分离。

（2）细小尘粒（粒径 1μm 以下）通过扩散与液滴、液膜接触。

（3）由于烟气增湿，尘粒的凝聚性增加。

（4）高温烟气中的水蒸气冷却凝结时，要以尘粒为凝结核，形成一层液膜包围在尘粒表面，增强了粉尘的凝聚性。对疏水性粉尘能改善其可湿性。

由此可见，湿式除尘器是通过含尘气流与液滴或液膜的接触，在液体与粗大尘粒的相互碰撞、滞留，细小的尘粒的扩散、相互凝聚等净化机理的共同作用下，使尘粒从气流中分离出来。

9.7.2　湿式除尘器的分类

湿式除尘器的种类很多。常可按以下的特征进行分类。

（1）按照水与含尘气流的接触方式，分为三类（见图 9-22）：

1）借助于水滴来捕集粉尘的湿式除尘器。用各种方式向含尘气流喷入水雾，分散于气流中成为捕尘体。属于这类的湿式除尘器有文丘里除尘器（图 9-22 a）、喷淋塔（如图

9-22 *b*）等。

2）借助于水膜来捕集粉尘的湿式除尘器。在捕尘表面形成水膜，气流中的尘粒由于惯性离心力作用而撞击到水膜；或尘粒随气流一起冲入水体内部，尘粒加湿后被水体捕集。属于这类的湿式除尘器有水膜除尘器[3][5]、水浴除尘器（图 9-23 *a*）、自激式除尘器（图 9-23*b*）等。

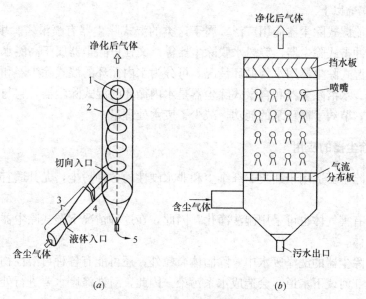

图 9-22　借助水滴来捕集粉尘的除尘器

（*a*）文丘里除尘器；（*b*）喷淋塔

1—消旋器；2—离心分离器；3—文丘里管；4—气旋调节器；5—排液口

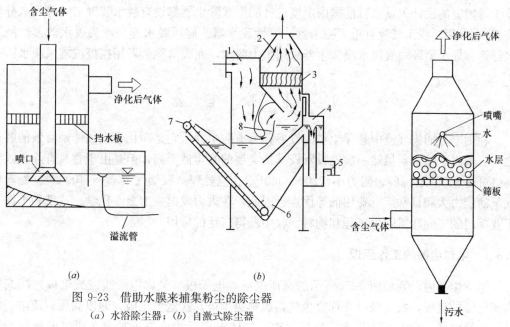

图 9-23　借助水膜来捕集粉尘的除尘器

（*a*）水浴除尘器；（*b*）自激式除尘器

1—进口；2—出口；3—挡水板；4—溢流箱；5—溢流口；

6—泥浆斗；7—刮板运输机；8—S形流道

图 9-24　泡沫除尘器

　　3）借助于气泡来捕集粉尘的湿式除尘器。当含尘气流穿过水层时，产生大小不同的气泡。水与含尘气体以气泡的形式接触，粉尘在气泡中的沉降主要是由于惯性、重力和扩散等机理的作用。属于这类的湿式除尘器有泡沫除尘器（图9-24）等。

　　（2）按照除尘器消耗的能量（除尘器阻力），可以分为低能湿式除尘器，其阻力一般为1000Pa以下；中能湿式除尘器，其阻力一般为1000～4000Pa；高能湿式除尘器，其阻力一般在4000Pa以上。

　　低能和中能湿式除尘器应用广泛。属于这类的湿式除尘器有喷淋塔、填料式洗涤器、泡沫除尘器、冲击式除尘器、旋风水膜除尘器等。文丘里除尘器属于高能水膜除尘器。

　　（3）按照湿式除尘器用水的循环情况，可分为水内循环的湿式除尘器和水外循环的湿式除尘器两种。水浴除尘器和自激式除尘器是水内循环的湿式除尘器，它与水外循环的湿式除尘器相比，节约了循环泵的耗功，减少了废水处理量。

9.7.3　湿式除尘器的应用

　　（1）湿式除尘器适用于捕集非纤维尘和非水硬性的各种粉尘，尤其适宜净化高温、易燃和易爆的气体。

　　（2）很多有害气体也可采用湿法净化，因此，在这种情况下湿式除尘器可以同时除尘和净化有害气体。

　　（3）湿式除尘器的洗涤废水中，除固体微粒外，还可能有各种可溶性物质，若将洗涤废水直接排入江河或下水道，会造成水系污染。因此，对洗涤废水要进行处理，否则会造成"二次污染"。

　　（4）在寒冷地区使用湿式除尘器，要有必要的技术措施，防止冬季结冰。

　　（5）在使用中要避免出现排气带水问题，出现这种现象是因为实际处理风量大于湿式除尘器规定的设计风量。目前国内定型设计的湿式除尘器都设有脱水装置（又称气水分离装置），常用的脱水装置有重力脱水器、惯性脱水器、旋风脱水器、弯头脱水器、丝网脱水器等。如小型卧式旋风水膜除尘器采用重力脱水，而大型除尘器用挡板或旋风脱水。

9.8　电　除　尘　器

　　利用电力捕集气流中悬浮尘粒的设备称为电除尘器，它是净化含尘气体最有效的装置之一。采用电除尘器虽然一次性投资较其他类型的除尘器要高，但是由于它具有除尘效率高（可达99％或更高）、阻力小（200～300Pa）、能处理高温烟气（350～400℃）、处理烟气量的能力大和日常运行费用低等优点，因此，在火力发电、冶金、化学、造纸和水泥等工业部门的工业通风除尘工程和物料回收中获得广泛的应用。

9.8.1　电除尘器的工作原理

　　电除尘器内设置如图9-25所示的高压电场，电晕极（又称电晕线或放电极）接高压直流电源的负极，收尘极（又称收尘筒，也称集尘极）接地为正极。通以高压直流电，维持一个静电场。在电场作用下，空气电离，气体电离后的负离子吸附在通过电场的粉尘上，使粉尘获得电荷。荷电粉尘在电场作用下，向电荷相反的电极运动而沉积在收尘极

上，以达到粉尘和气体分离的目的。在图 9-25 中，细
金属线的一端用绝缘子悬挂在接地的金属圆筒的轴心
上，靠重锤张紧，并在其上施加负高电压，当电压达
到一定值时，在金属表面上就出现青蓝色的光环，并
同时发出嘶嘶声，这种现象称为电晕放电。此时若从
金属筒底部通入含尘气体，绝大多数粉尘粒子便会吸
附运动中的负离子而荷电，在电场的作用下向圆筒运
动而沉积在圆筒的壁上。当沉积在圆筒壁上的粉尘达
到一定厚度时，借助于振打机构使粉尘落入下部灰
斗。净化后的气体便从圆筒上部排出。

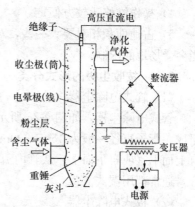

图 9-25　电除尘器基本原理示意图

　　用电除尘的方法分离气体中的悬浮尘粒的过程，
是十分复杂的物理过程，通过上述简单的分析，我们可以归纳为下述四个过程：

　　(1) 气体的电离；

　　(2) 悬浮尘粒的荷电；

　　(3) 荷电尘粒向收尘极运动；

　　(4) 荷电尘粒沉积在收尘极上。

9.8.2　电除尘器的分类

9.8.2.1　按电极清灰方式不同分类

　　(1) 干式电除尘器

　　在干燥状态下捕集含在气流中的粉尘，沉积在收尘极上的粉尘借助机械振打清灰的称为干
式电除尘器。这种除尘器振打时，容易使粉尘产生二次飞扬。大、中型电除尘器多采用干式。

　　(2) 湿式电除尘器

　　收尘极捕集的粉尘，采用水喷淋和水膜，使沉积在收尘极上的粉尘和水一起流到除尘
器的下部而排出，采用这种清灰方法的称为湿式电除尘器。这种除尘器虽然能解决干式电
除尘器粉尘二次飞扬的问题，但是极板清灰排出的水会造成二次污染。

9.8.2.2　按气体在电除尘器内的流动方式分类

　　(1) 立式电除尘器

　　气体在电除尘器内沿垂直方向流动的称为立式电除尘器。这种电除尘器适用于气体流
量小、除尘效率要求不很高和安装场地较狭窄的场合。

　　(2) 卧式电除尘器

　　气体在电除尘器内沿水平方向流动的称为卧式电除尘器。它与立式电除尘器相比，有
以下特点：

　　1) 沿气流方向（水平方向）可分为若干个电场，这样可根据除尘器内的工作状况，
各个电场可分别施加不同的电压，以便充分提高电除尘器的效率。同时，也可根据所要求
达到的除尘效率，可任意增加电场长度。

　　2) 在处理较大的含尘气体量时，卧式电除尘器比较容易保证气流沿电场断面的均匀分布。

　　3) 各个电场可以分别捕集不同粒径的粉尘，这有利于一些特殊场合回收不同粒径的
粉尘。

4）操作维修比较方便。

5）占地面积相对要大一些，对于旧厂扩建或除尘系统改造时，采用卧式电除尘器可能会受场地的限制。

9.8.2.3　按收尘极的形式分类

（1）管式电除尘器

管式电除尘器，如图 9-26 所示，收尘极由一根或一组呈圆形、六角形或方形的管子组成。管子直径一般为 150～300mm，长度为 2～5m，电晕线安装在管子中心，含尘气体自上而下（或自下而上）从管内流过，将粉尘分离。管式除尘器主要用于处理风量小的场合，通常都用湿式清灰。

（2）板式电除尘器

板式电除尘器如图 9-27 所示[6]。这种除尘器的收尘极（集尘极）由若干块平行钢板组成。为了减少粉尘的二次飞扬和增强极板的刚度，极板一般要轧制成各种不同断面形状。平行钢板之间均匀布置电晕线，极板间距离一般为 200～400mm。通道数由几个到上百个，高度为 2～12m，甚至高达 15m。目前，电除尘器常采用这种方式，大多数情况下都用干式清灰。

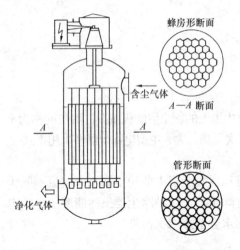

图 9-26　管式电除尘器

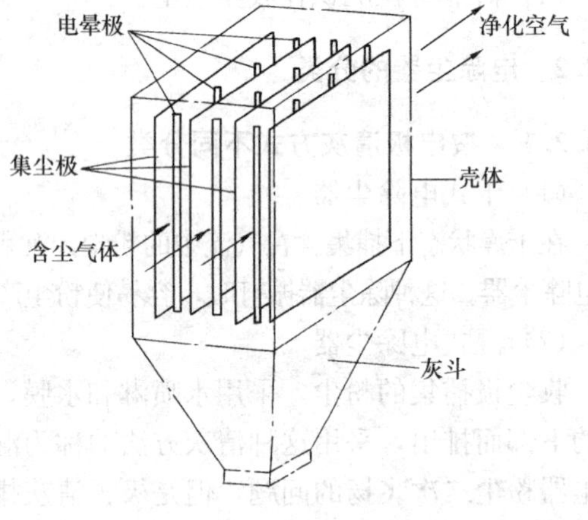

图 9-27　板式电除尘器

9.8.2.4　按粉尘荷电区和分离区布置不同分类

（1）单区电除尘器

粉尘的荷电和分离、沉降都在同一空间内完成的称为单区电除尘器，如图 9-26 和图 9-27 所示。这种除尘器的收尘极和电晕极都装在同一区域内。单区电除尘器是各个工业部门广泛采用的除尘器。

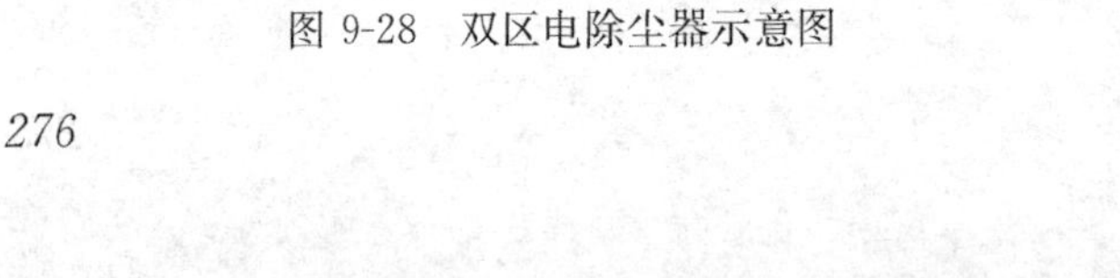

（2）双区电除尘器

粉尘的荷电和分离、沉降分别在两个空间完成的称为双区电除尘器。这种电除尘器收尘极系统和电晕极系统分别装在两个不同的区域内，如图 9-28 所示。前

图 9-28　双区电除尘器示意图

区安装电晕极，粉尘在此区域内进行荷电，这一区称荷电区。后区内装收尘极，粉尘在此区域内被捕集，称此区为收尘区。双区电除尘器电压低，一般用于粉尘浓度低的气体中除尘，通常不用于高浓度粉尘的气体中除尘[7]，通风空调系统中可用它净化空气。

单区和双区电除尘器的比较如表 9-5 所示[6]。

单区和双区电除尘器的比较[7] 表 9-5

比较项目	除 尘 器 类 别	
	单区电除尘器	双区电除尘器
捕集的粉尘	从较粗到较细的粉尘都能捕集，气体含尘浓度高或低都能适应	适合于捕集含尘浓度低的细微粉尘
处理风量	不受风量限制	适合于处理中、小风量
经济性	处理风量大，比双区式经济	处理大风量经济性不如单区式

9.8.2.5　按电晕极的极性分类

（1）电晕极施加负电压，收尘极为正电极接地。负电晕极击穿电压高，工作稳定。但会产生对人体有害的臭氧和氮氧化物。

（2）电晕极施加正电压，收尘极为负电极接地（图 9-28）。正电晕极击穿电压低，工作不如负电晕极稳定，但不会产生有害气体，故多用于空调通风中净化空气。

除上述几种分类外，还可按极间距离分为窄间距和宽间距电除尘器，按气体温度分为常温和高温电除尘器。

虽然电除尘器的类型很多，但是大多数工业窑炉常采用干式、板式、单区卧式电除尘器，新建的大、中型水泥厂，几乎全部是采用卧式电除尘器。

9.8.3　常规电除尘器的基本结构及其功能

电除尘器主要由以下三部分组成：产生高压直流电的供电装置，电除尘器本体和采用低压电源的控制装置。

9.8.3.1　供电装置

国内通常采用可控硅自动控制高压硅整流机组，由高压硅整流器和可控硅自动控制系统组成。它可以将交流电变换成高压直流电，并进行火花频率控制。

9.8.3.2　电除尘器本体

电除尘器本体如图 9-29 所示。它的主要部件有：联箱、电晕极、收尘极、气流分布板、储灰系统、壳体和梯子平台等。

（1）联箱

联箱分进气联箱和排气联箱。进气联箱是风道与电场之间的过渡段，为了使电场内气流分布均匀，在进气联箱中装有两层以上的分布板。排气联箱是已净化后的气体由电场到排气管道的过渡段，以防止因净化后气体流速的急剧变化对电场内的气流分布造成大的影响。

（2）电晕极

电晕极是产生电晕，建立电场的最主要构件，电晕极的断面形状对它的放电性能的影响很大，目前常用的有光线式、星形和芒刺式三种，如图 9-30 所示。

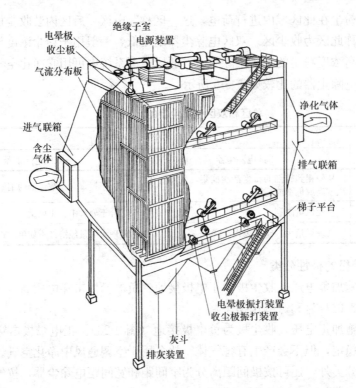

图 9-29　干式电除尘器的构造

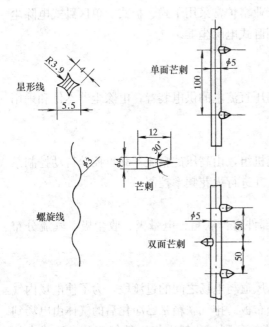

图 9-30　电晕极

1) 光线式

光线式放电导线的直径越小，它的放电效果越好。但是在实际应用中，为了防止断线，直径不宜过小，通常用直径为 1.5mm 以上的高强度合金钢材料（如镍铬线）制作。

2) 星形线是利用极线全长的四个尖角放电的，放电效果比光线式好。星形线容易粘灰，适用于含尘浓度低的气体。一般用普通碳素钢冷轧制成。

3) 芒刺形电晕线的结构形式有多种，目前常用的有单面芒刺、双面芒刺及 RS[2] 型等。

电晕线之间的间距通常为 200mm 左右。

(3) 收尘极

收尘极又称集尘极。板式电除尘器的收尘极是由若干排极板与电晕极相间排列，共同组成电场，是使粉尘沉积的重要部件。收尘极的结构形式很多，常用的几种形式见图9-31。收尘极极板的两侧通常设有沟槽或挡板，避免主气流直接冲刷板上的粉尘层，减少粉尘的二次飞扬。a 值通常取 40mm 左右，每块极板宽度 $b=230\sim500\mathrm{mm}$，极板厚 $\delta=1.2\sim2.0\mathrm{mm}$，极板间距为 250~300mm。极板间距小，电场强度高，对提高除尘效率有利，但是安装和检修困难。管式电除尘器的极板常用圆筒形。

（4）振打清灰装置和储灰系统

沉积在电晕极和收尘极上的粉尘必须通过振打及时清除，电晕极上积灰过多，会影响放电。收尘极上积灰过多，会影响尘粒的驱进速度❶，对于高比电阻粉尘还会引起反电晕。为此，通常采用振打清灰装置及时进行清灰。振打的方式有锤击振打、电磁振打等多种形式，目前锤击振打用得较多。

储灰系统是把从电极上落下来的粉尘收集起来，经排灰装置送到其他输送装置中去。主要由集灰斗、排灰阀、灰斗加热装置和料位显示、高低灰位报警等检测装置组成。

（5）壳体、管路和梯子平台等。

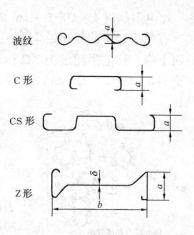

图 9-31　常用的收尘极的形式

9.8.3.3　控制装置

电除尘器还配有多功能的控制装置（用低压电源），如温度监测和恒温加热控制、振打周期控制、灰位指示、高低灰位报警和自动卸灰控制、检修门和孔等的安全连锁控制等，这些都是保证电除尘器长期安全可靠运行所不可少的。

9.8.4　粉尘比电阻对除尘器性能的影响

粉尘的比电阻是衡量粉尘导电性能的指标。某一粉尘的比电阻是指在 $1cm^2$ 圆面积上堆积 1cm 高的尘粒，沿高度方向测得的电阻值，单位为 $\Omega \cdot cm$，比电阻的倒数称为电导率。

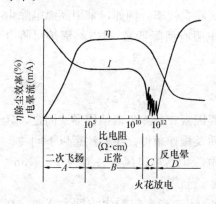

图 9-32　粉尘比电阻与除尘效率关系

粉尘的比电阻对电除尘器的运行具有显著的影响。一般认为最适宜电除尘器工作的比电阻范围为 $10^4 \sim 5 \times 10^{10} \Omega \cdot cm$。粉尘的比电阻过大（大于 $5 \times 10^{10} \Omega \cdot cm$）或过小（小于 $10^4 \Omega \cdot cm$）都会降低除尘效率，粉尘比电阻与除尘效率的关系见图 9-32。

比电阻低于 $10^4 \Omega \cdot cm$ 的粉尘，称低比电阻粉尘，如石墨粉尘、炭墨粉尘等。用电除尘器捕集低比电阻粉尘，除尘效率会下降，将会得不到预期的除尘效果。其原因是：

（1）低比电阻粉尘到达收尘极后，很快释放出其上的电荷，成为中性，因而易于从收尘极上脱落，重新进入气流，产生二次飞扬，降低除尘效率。

（2）由于静电感应获得与收尘极同性的正电荷，如果正电荷的斥力大于粉尘的黏附力，沉积的尘粒将离开收尘极，重返气流，从而降低了除尘效率。

---

❶　当静电力等于空气阻力时，作用在尘粒上的外力之和等于零，尘粒在横向作等速运动，这时尘粒的运动速度称为驱进速度。

比电阻超过 $5\times10^{10}\Omega\cdot cm$ 的粉尘，称为高比电阻粉尘，如干法生产的水泥窑粉尘、有色冶金中的氯化铅尘等。对于高比电阻粉尘，电除尘器的性能随着比电阻的增高而下降。比电阻超过 $10^{11}\Omega\cdot cm$，采用常规电除尘器就很难获得理想的效率。若比电阻更高，超过 $10^{14}\Omega\cdot cm$，采用常规电除尘器进行捕集，一般来说是不可能的。其原因是：

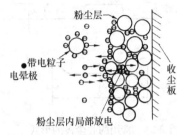

图 9-33 反电晕现象

① 高比电阻粉尘到达收尘极后，电荷释放很慢，残留着部分负电荷，这样收尘极表面逐渐积聚了一层带负电的粉尘层，由于同性相斥，使随后尘粒的驱进速度减慢。

② 会出现反电晕现象。所谓反电晕就是沉积在收尘极表面上高比电阻粉尘层所产生的局部放电现象。由于粉尘层电荷释放缓慢，于是在正极收尘板与荷负电的粉尘间形成较大的电位梯度（电压降），形成了许多微电场。当粉尘层中的电场强度大于其临界值时，就在粉尘层的空隙间产生局部击穿，空隙中的空气被电离，产生正、负离子。电压降继续增高，这种现象会从粉尘层内部空隙发展到粉尘层表面，大量的正离子便向电晕极运动，中和电晕区带负电的粒子，如图 9-33 所示。大量中性尘粒由气流带出除尘器，使除尘器效果急剧恶化。

工业部门所遇到的粉尘，许多是处于高比电阻的范围，一般来说，不宜直接采用常规电除尘器来捕集，而应采取一些技术措施来解决高比电阻粉尘的捕集问题。目前已经提出的措施主要有：

（1）对粉尘进行调节，降低比电阻，以适合电除尘器工作。降低粉尘比电阻的途径有：选择适当的操作温度、喷雾增湿、在气体中加入各种化学调节剂（如在烟气中加入 SO_3、NH_3）等。

（2）改变供电方式，采用新型电除尘器结构，提高除尘效率。例如，采用高温电除尘器来解决高比电阻粉尘的捕集问题（在高温下粉尘比电阻有所降低），对电站锅炉可将电除尘器设在空气预热器之前，温度达 $350\sim400℃$。

9.8.5 选择电除尘器应注意的问题

选择电除尘器时，应注意影响电除尘器性能的主要因素。若除尘器结构形式固定，其影响因素主要有气体在除尘器内的分布、含尘气体性质及操作条件。主要注意以下问题：

（1）气体量不超过除尘器规格所允许的气体量。电除尘器进口风速一般为 $10\sim15m/s$，而除尘器内部气体通过速度一般要求在 $0.6\sim1.3m/s$ 范围[4]。

（2）进入电除尘的气体含尘浓度不超过 $40\sim60g/m^3$。当入口粉尘浓度太高时，在极间存在大量的荷电粉尘，会影响电晕极放电，甚至形成电晕闭塞，导致粉尘荷电不足而效率降低。粉尘越细，即使浓度不大也可能出现电晕闭塞。

（3）粉尘的比电阻宜在 $10^4\sim5\times10^4\Omega\cdot cm$ 范围。

（4）对于比电阻适宜的粉尘，进入电除尘器的气体温度不宜超过 $300℃$。

（5）对于钢壳电除尘器，负压操作时，其壳体内压力不得低于 $-2000Pa$；正压操作时，不超过 $200Pa$。

（6）电除尘器适宜应用的粉尘粒径范围 $0.5\sim20\mu m$。

9.9 空气过滤器

9.9.1 概述

空气过滤器是通过多孔过滤材料（如金属网、泡沫塑料、无纺布、纤维等）的作用从气固两相流中捕集粉尘，并使空气得以净化的设备。它把含尘量低（每立方米空气中含零点几至几毫克）的空气净化处理后送入室内，以保证洁净房间的工艺要求和一般空调房间内的空气洁净度。

目前常用的空气过滤器（以下简称过滤器）的种类及主要特性列入表 9-6 中。表中的分类、性能类别、效率和初阻力值均摘自标准《空气过滤器》GB/T 14295—2008 和《高效空气过滤器》GB/T 13554—2008。性能类别 GZ 类中效过滤器称为高中效过滤器；D、E、F 类高效过滤器称超高效过滤器。表中的效率除 C3、C4 粗效过滤器是计重效率外，均为计数效率或钠焰效率。所有效率值均为用大于和等于表中所列粒径的尘源试验所得。C1、C2 粗效过滤器、中效过滤器、亚高效过滤器的效率按 GB/T 14295 标准附录 A 规定的方法进行试验确定，试验采用氯化钾（KCl）粒子作尘源。超高效过滤器的效率按标准《高效过滤器性能试验方法（效率和阻力）》GB/T 6165—2008 规定的最易透过粒径对应的穿透率进行确定。

空气过滤器种类与主要特性 表 9-6

类别	性能类别	适用含尘浓度①	额定风量下效率 η（%）		初阻力②（Pa）	容尘量③（g/m²）	滤速量级	滤料面积和迎风面积之比
粗效过滤器	C1	中~大	尘粒粒径 ≥2μm	η≥50	≤50	500~2000	1~2m/s	
	C2			50>η≥20				
	C3		标准人工大气 尘计重效率	η≥50				
	C4			50>η≥10				
中效过滤器	Z1	中	尘粒粒径 ≥0.5μm	70>η≥60	≤80	300~800	dm	10~20
	Z2			60>η≥40				
	Z3			40>η≥20				
	GZ			95>η≥70	≤100			
亚高效过滤器	YG			99.9>η≥95	≤120	70~250	cm/s	20~40
高效过滤器	A	小	尘粒粒径 ≥0.5μm 钠焰效率	η≥99.9	≤190	50~70	<2m/s	50~60
	B			η≥99.99	≤220			
	C			η≥99.999	≤250			
	D		尘粒粒径 ≥0.1μm 计数效率	η≥99.999				
	E			η≥99.9999	≤250			
	F			η≥99.99999				

注：① 含尘浓度：大—0.4~0.7mg/m³，中—0.1~0.6mg/m³，小—0.3mg/m³ 以下。

② 初阻力指在额定风量下未积尘的空气过滤器阻力。

③ 容尘量指过滤器达到终阻力（2 倍初阻力或制造厂规定值）时在每 m² 滤料上容纳的尘粒质量。

9.9.2　粗效过滤器

常用的粗效过滤器有：自动卷绕式人字形空气过滤器（图 9-34）、自动卷绕式平板形空气过滤器（图 9-35）、袋式过滤器（图 9-36）、抽屉式过滤器（滤料为玻璃纤维或泡沫塑料）（图 9-37）等。其结构形式有平板式、折叠式、袋式和卷绕式。粗效过滤器的滤料一般为无纺布、金属丝网、玻璃丝（直径约为 $20\mu m$）、粗孔聚氨酯泡沫塑料、尼龙网等。

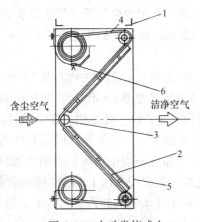

图 9-34　自动卷绕式人
字形空气过滤器

1—连接法兰；2—滤料滑槽；3—改向棍；
4—滤料；5—壳体；6—限位器

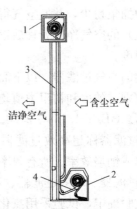

图 9-35　自动卷绕式
平板形过滤器

1—上箱；2—下箱；
3—挡料栏；4—滤料

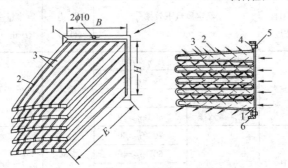

图 9-36　袋式过滤器

1—边框 $L25\times3$；2—$\phi3mm$ 铁丝支撑；3—滤层；4—螺栓 $M8$；
5—螺母 $M8$；6—现场安装框架 $L40\times3$

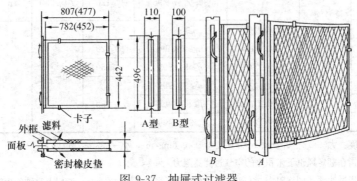

图 9-37　抽屉式过滤器

为了便于更换，平板过滤器的尺寸大多做成 $500 \times 500 \times 50$（mm），每一块的额定风量在 $1000 \sim 2700 m^3/h$，初阻力为 $30 \sim 50 Pa$。但在实际使用中，为了延长更换周期，常按小于额定风量选用，为减少占地面积和提高除尘效率，可按"人"字形排列或倾斜安装。

由于粗效过滤器主要利用它的惯性效应，因此滤料风速可以稍大，滤速一般可取 $1 \sim 2 m/s$。图 9-38 为粗效过滤器的综合特性曲线。由图可见：

(1) 粗效过滤器的初阻力随风速的增加而增加。

(2) 在风量一定的条件下，粗效过滤器的除尘效率和阻力，一般情况下是随着积尘量的增加而增加的。

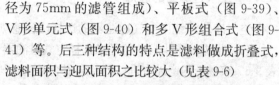

图 9-38　粗效过滤器的特性曲线

9.9.3　中效过滤器

中效过滤器的结构形式有：袋式（图 9-36）、抽屉式（图 9-37）、管式（有若干个直径为 75mm 的滤管组成）、平板式（图 9-39）、V 形单元式（图 9-40）和多 V 形组合式（图 9-41）等。后三种结构的特点是滤料做成折叠式，滤料面积与迎风面积之比较大（见表 9-6）

中效过滤器的滤料主要有玻璃纤维（纤维直径约 $10 \mu m$ 左右）、中细孔聚乙烯泡沫塑料和由涤纶、丙纶、腈纶等原料制成的合成纤维毡（俗称无纺布）。有一次性使用和可清洗的两种。由于滤料厚度和滤速的不同，它有很大的效率范围，滤速一般在 $0.2 \sim 1.0 m/s$。

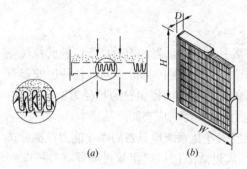

图 9-39　平板式过滤器

(a) 构造原理；(b) 外形

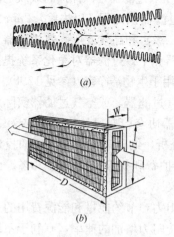

图 9-40　V 形单元式过滤器

(a) 构造原理；(b) 外形

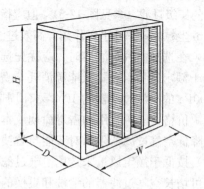

图 9-41　多 V 形组合式过滤器

9.9.4　高效过滤器

高效过滤器的结构形式有两种：有隔板折叠式和无隔板折叠式。图 9-42 为有隔板折叠式高效过滤器。其滤料为超细玻璃纤维滤纸或兰石棉纤维滤纸，孔隙非常小。采用折叠式，使过滤面积为迎风面积的 $50\sim60$ 倍，大大降低了滤速（$<2\mathrm{cm/s}$），从而增强了对微小尘粒的筛滤作用和扩散作用，提高了效率；同时也降低了初阻力。在折叠的滤纸间用波纹分隔板（图 9-42 中 2）隔开。亚高效过滤器结构形式一般与高效过滤器一样，滤料有超细玻璃纤维滤纸、超细聚丙烯纤维滤纸或植物纤维滤纸。超高效过滤器一般为无隔板折叠式结构，滤料为超细玻璃纤维滤纸，滤速更低（$1\sim1.5\ \mathrm{cm/s}$）。

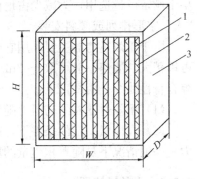

图 9-42　有隔板折叠式高效过滤器
1—滤纸；2—分隔板；3—外壳

9.9.5　空气过滤器的选择

空气净化系统中空气过滤器的选择应注意如下要点：

（1）根据要求尘粒的粒径来选择空气过滤器。各种空气过滤器的有效捕捉尘粒的粒径见表 9-6。市场上的产品有进口的、合资企业的、国产的，所遵循的标准不同，各种过滤器有效捕捉尘粒的粒径并不相同，如超高效过滤器，有的产品有效捕捉尘粒的粒径为 $\geqslant0.12\mu m$；有的高效过滤器有效捕捉尘粒的粒径为 $\geqslant0.3\mu m$。因此，使用时应查阅产品样本。

（2）根据室内洁净度的要求和设计规范，确定空气净化系统应具备的净化能力，据此选择过滤器。对于一般的舒适性空调系统，新风和回风过滤采用一级粗效过滤器（参见图 6-8）。但有些场所（如活动人员密度大的舞厅、商场等）只用粗效过滤器达不到净化要求时，应采用粗效过滤器＋中效过滤器的两级过滤处理。对于需控制 $\geqslant0.5\mu m$ 尘粒的洁净空调，必须用高效过滤器或亚高效过滤器做终端过滤器，在之前设中效过滤器，以保护高效或亚高效过滤器，延长它们的寿命；对于引入的新风还需经粗效过滤器预处理，以去除 $\geqslant2\mu m$ 的尘粒，即新风需经粗效过滤器（第一级）、中效过滤器（第二级）和高效或亚高效过滤器（第三级）的三级过滤（参见图 12-5）。但应指出，粗效过滤器和中效过滤器对净化系统提高收集 $<1\mu m$ 尘粒的效率几乎无作用。高效过滤器中 A、B 类用于生物洁净室（参见 12.1）。

（3）在选择空气过滤器时，应优先选用低阻力的空气过滤器，或空气过滤器实际使用风量小于额定风量，以降低能源消耗与费用。欧洲过滤器协会曾对风量为 $3600\mathrm{m^3/h}$、阻力为 $200\mathrm{Pa}$ 的空气过滤器的 10 年寿命周期成本进行了分析，结果表明，按当地的投资费用和能源价格，能源费用约占寿命期成本的 80%，而维护费和初投资仅占约 20%。由此可见，降低空气过滤器阻力对节能与省钱具有重要的意义。

（4）按低于额定风量来选用空气过滤器，除了降低阻力，节约能量和能源费用的好处外，还可增长空气过滤器的清洗和更换的周期，减缓系统阻力增加的速率，有利于系统风量的稳定。当然，这样会增加初投资的费用，但总而言之，利大于弊。

（5）在选择过滤器时，宜选用效率高、容尘量大、阻力低的滤料所制造的过滤器。通常，粗效、中效宜选用无纺布过滤器；亚高效宜选用超细聚丙烯纤维滤纸的过滤器。

9.10 工业建筑的除尘系统

图 9-1 给出了一个简单而完整的除尘系统，由此可知一个完整的除尘系统的组成。而本节主要论述如何确定除尘系统方案和设计除尘系统的一些基本原则。

9.10.1 工业建筑除尘系统划分的原则

工业建筑除尘系统划分的原则除了要遵守局部排风系统的划分原则（详见 8.5.1）外，还应遵守下列原则：

（1）除尘系统不宜过大，吸尘点不宜过多，通常为 5~6 个，最多不宜超过 20 个吸尘点。当吸尘点相距较远时，应分别设置除尘系统。

（2）温湿度不同的含尘气体，当混合后可能导致风管内结露的，应分设除尘系统。

（3）同时工作但粉尘种类不同的扬尘点，当工艺允许不同粉尘混合回收或粉尘无回收价值时，可合设一个系统。

（4）在同一工序中如有多台并列设备，由于它们不一定同时工作，因而不宜划为同一系统。若需把并列设备的排风划为一个系统时，系统的总排风量应按各排风点同时工作计算。

9.10.2 除尘系统的捕尘装置设计原则

粉尘发生源的捕尘装置（称抽尘罩或排尘罩）是除尘系统设计中的关键部件。捕尘装置设计的合理与否，将直接影响除尘系统的除尘效果。因此，为了使局部抽尘罩具有良好的捕尘效果，必须满足以下原则：

（1）抽尘罩的形式适宜。抽尘罩的形式很多（见 8.6 节），在设计抽尘罩时，要综合考虑粉尘特性与扩散规律、设备允许密闭程度与操作方式等因素，根据现场实际情况确定抽尘罩的形式。

（2）抽尘罩的位置正确。一般情况下，抽尘罩应尽可能包围或靠近粉尘发生源，使粉尘局限在较小的空间，以便捕集与控制；抽尘罩的吸气气流方向应尽可能与污染气流运动方向一致；抽尘罩的配置既要与生产工艺协调一致，又不要妨碍工人的操作。

（3）抽尘罩的风量适中。抽尘罩风量过大或过小都是不利的，若风量过大，既会抽走物料，又会加大除尘器负荷；若风量过小，就不能控制粉尘的飞扬，也不能抵抗周围气流的干扰。因此，抽尘罩风量的大小，要足以在需要控制产生粉尘的地点造成必要的控制风速。控制风速参见表 9-7。

（4）抽尘罩安装在设备上后，不得妨碍设备的正常检修。

控制点的控制风速   表 9-7

尘粒产生情况	控制风速（m/s）	举　例
以较低的速度放散到尚属平静的空气中	0.5~1.0	断续倾到有尘屑的干物料到容器中，焊接
以相当大的速度放散出来，或散发到空气流速较快的区域内	1.0~2.5	翻砂，脱模，高速皮带运转（>1m/min）的转换点，混合，装桶
以高速放散出来，或放散到空气流速很快的区域	2.5~10	磨床、重破碎、在岩石表面工作

文献[7]将上述设计原则归纳总结为：通、近、顺、封、便五字设计原则。通就是粉尘能够畅通地排除；近就是吸尘罩要尽可能接近尘源；顺就是吸尘罩口顺着含尘气流运动方向设置；封就是吸尘罩要尽可能地将尘源包围密封起来；便就是便于操作，便于检修。

9.10.3　除尘系统的风管设计原则

9.10.3.1　除尘系统的风管

除尘系统的风管同一般的局部排风系统风管相比，有以下一些特点：

（1）除尘系统风管由于风速较高，通常采用圆形风道，而且直径较小。但是，为了防止风管堵塞，除尘风管的直径不宜小于下列数值：

排送细小粉尘（矿物粉尘）	80mm；
排送较粗粉尘（如木屑）	100mm；
排送粗粉尘（如刨花）	130mm；
排送木片	150mm。

（2）如果吸尘点较多时，常用大断面的集合管连接各支管，如图 9-43 所示。集合管内风速不宜超过 3m/s。集合管下部设卸灰装置。

（3）为了防止粉尘在风管内沉积，除尘系统风管尽可能要垂直或倾斜敷设。倾斜敷设时，与水平面的夹角最好大于 45°，如必须水平敷设时，需设置清扫口。

（4）除尘系统风管要求的水力平衡性好。对于并联管路进行水力计算，一般的通风系统要求两支管的压力损失差不超过 15%，除尘系统要求两支管的压力损失差不超过 10%，以保证各支管的风量达到设计要求。水力计算应采用除尘风管的水力计算表[8]。

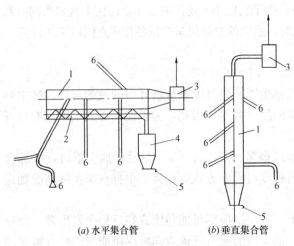

(a) 水平集合管　　(b) 垂直集合管

图 9-43　集合管示意图

1—集合管；2—螺旋运输机；3—除尘风机；
4—集尘箱；5—卸尘阀；6—排风支管

9.10.3.2　除尘风管中的风速

除尘系统风管内风速的大小，除了要考虑对其系统经济性的影响外，还要考虑到风管内风速过大对设备和风道磨损加快；风速过小，又会使粉尘沉积，堵塞管道。为了防止粉尘在管道内沉积和堵塞，管内风速不能低于表 9-8 中所列出的最低空气流速。但除尘器后风管中的风速以 8～10m/s 为宜。

9.10.3.3　除尘风管的管壁厚度

除尘系统因管壁磨损大，通常用的风管壁厚要比一般通风系统的风管壁厚（常为0.5～1.5mm 的钢板）厚得多，其最小壁厚见表 9-9。设计中选用时，除了要满足最小壁厚要求外，还需考虑磨损、腐蚀裕量等。

除尘系统风管内最低空气流速（m/s） 表 9-8

粉尘性质	垂直管	水平管	粉尘性质	垂直管	水平管
粉状的黏土和砂	11	13	铁和钢（屑）	19	23
耐火泥	14	17	灰土、砂尘	16	18
重矿物粉尘	14	16	锯屑、刨屑	12	14
轻矿物粉尘	12	14	大块干木屑	14	15
干型砂	11	13	干微尘	8	10
煤灰	10	12	染料粉尘	14~16	16~18
湿土（2%以下水分）	15	18	大块湿木屑	18	20
铁和钢（尘末）	13	15	谷物粉尘	10	12
棉絮	8	10	麻（短纤维粉尘、杂质）	8	12
水泥粉尘	8~12	18~22			

除尘系统风管管壁最小厚度（mm） 表 9-9

粉 尘		风管类别		备　　注
类 别	种　　类	直 管	异径管	
一般磨料	木工、化工原料（非磨琢性）、化肥粉尘	1.0	1.5	本表按普通钢板编制，当用其他材料时，应按要求减薄或加厚。如采用低合金钢板时，厚度可相应减少20%~30%
中等磨料	砂轮、机床散出的粉尘、铸造粉尘、煤尘	1.5	2.5	
高强磨料	各种金属、矿石粉尘、石英粉尘、炉渣	2.0	3.0	

9.10.4 除尘器的选择

9.2~9.8节已介绍了通风除尘中各种常用的除尘器，各种除尘器的除尘效率、阻力、处理风量、适用条件、除尘器的初投资和运行管理费用都不一样，详见表9-10。因此，在选择除尘器时，应对各种除尘器的性能有充分的了解，并要全面综合考虑上述各种性能对选择除尘器的影响。通常可按下述要点与原则选择除尘器：

常用除尘器的类型与性能[4][2][3] 表 9-10

型　式		干　　式							湿　　式		
除尘作用力	惯性、重力	离心力		静电力		惯性、扩散与筛分			惯性、扩散与筛分		
除尘器种类	惯性除尘器	旋风除尘器		电除尘器	高效电除尘器	袋式除尘器				自激式洗涤器	高压喷雾洗涤器	高压文丘里管除尘器
		中效	高效			振打清灰	气环清灰	脉冲清灰	高压反吹清灰			
适用范围 — 粉尘粒径（μm）	>20	>5		>0.1		>0.1				100~0.1		
适用范围 — 粉尘浓度（标准状态）（g/m³）	>10	<100		<30		3~10				<100	<10	<10
适用范围 — 温度（℃）	<400	<400		<400		<300				<400		<800
适用范围 — 阻力（Pa）	200~1000	400~2000		100~200		800~2000				800~10000		

续表

型　式	干　式								湿　式		
除尘作用力	惯性、重力	离心力		静电力		惯性、扩散与筛分			惯性、扩散与筛分		
除尘器种类	惯性除尘器	旋风除尘器		电除尘器	高效电除尘器	袋式除尘器				自激式洗涤器	高压喷雾洗涤器	高压文丘里管除尘器
		中效	高效			振打清灰	气环清灰	脉冲清灰	高压反吹清灰			
效率（％）　粒径（μm）　50	96	94	96	>99	100	>99	100	100	100	100		
5	16	27	73	99	>99	>99				93	96	>99
1	3	8	27	86	98	99				40	75	93
投资比　初投资	<1	1	2	9.5	15	6.6	9.4	6.8	6	2.7	2.6	4.7
年成本	<1	1	1.5	3.8	6.5	4.2	6.9	5.0	4.0	2.1	1.5	7.7

注：初投资和年成本为相对值，以中效旋风除尘器为1。

（1）除尘系统应满足排放标准规定的排放限值

选用的除尘器必须满足排放标准规定的排放限值。当采用一级除尘系统的排放浓度超过排放标准规定的最高容许浓度时，应采用两级或多级除尘系统。

（2）粉尘的性质和粒径分布

粉尘的性质对除尘器的性能具有较大的影响。其中粉尘的粘附性和比电阻对其影响较大。处理粘附性大的粉尘时，在旋风除尘器中粉尘易粘附于壁面上，有发生堵塞的危险；对袋式除尘器容易使滤袋堵塞；对于电除尘器则易使电晕极肥大和集尘极堆积粉尘。比电阻过大或过小的粉尘，不宜采用静电除尘器。

由表 9-10 可以看出，不同的除尘器对不同粒径的粉尘除尘效率是完全不同的，因此，分级效率是除尘器最重要的性能指标之一。例如，高效旋风除尘器捕集粒径 $50\mu m$ 的粉尘效率达 96％，如果用于捕集粒径 $5\mu m$ 的粉尘，效率仅为 76％，这就达不到预期的除尘效果了。因此，选择除尘器时，首先了解处理粉尘的粒径分布和各种除尘器的分级效率。

（3）进除尘器的气体含尘浓度

选择除尘器时，其气体含尘浓度应符合表 9-10 中给出的粉尘浓度。以惯性、重力为分离机理的除尘器中，一般说来，进口气体含尘浓度越大，除尘效率越高，可是这样又会增加出口气体含尘浓度，所以不能仅从除尘效率高就盲目认为进口气体含尘浓度愈高愈好，而要综合考虑出口气体含尘浓度才行。

（4）进除尘器的气体温度和性质

选择除尘器时，进口气体温度应符合表 9-10 中列出的温度值。对于干式除尘器，为防止结露，含尘气体的温度应在露点温度以上；袋式除尘器含尘气体的温度还应低于滤料的耐热温度，玻璃纤维滤料的使用温度一般在 300℃ 以下，其他滤料则在 80~150℃ 以下。由于粉尘的比电阻随着含尘气体的温度和湿度有很大的变化，因此，对于比电阻适宜的粉尘，电除尘器进口气体温度宜＜300℃。

为了有效利用除尘器，应根据情况，改变含尘气体的特性。如提高粉尘的凝聚性；提高易于吸湿潮解含尘气体的温度，以防除尘管道及除尘器堵塞；一氧化碳的烟气，为防爆而予以氧化，即在出口烟道的高温部位导入空气，把一氧化碳氧化成二氧化碳。

（5）容易操作与维修

在选择除尘器时，应考虑是否容易操作与维修。一般应避免除尘器有移动或转动部件，以减少磨损件。关键部件要容易进行维修或更换。

（6）费用

选择除尘器时不仅考虑除尘器本身的费用，更应着重考虑除尘系统的寿命周期成本，它包括设备费用、安装费用、运行和维修费用。

9.10.5 除尘系统的防爆

工业建筑的除尘系统中常存在可燃性悬浮料尘，如泥煤、胶木粉、铝粉、亚麻尘、面粉、烟草粉等，这些有爆炸危险的粉尘与空气的混合物因剧烈氧化反应而产生大量高温气体，使除尘系统内压力剧增而形成爆炸。这种爆炸是由化学反应所引起，故称化学性爆炸。引起工业建筑除尘系统发生化学性爆炸的基本条件为：

（1）空气中可燃物含量达到爆炸浓度极限。空气中可燃物浓度过小或过大时都不会造成爆炸。如果浓度过小，空气中可燃物质点之间的距离大，一个质点氧化反应所产生的热量还没有传递到另一个质点就被周围空气吸收，使混合物达不到氧化反应的温度。如果可燃物料浓度过大，混合物中氧气的含量相对不足，同样不会形成爆炸。因此，可燃物发生爆炸的浓度有一个范围，这个范围称为爆炸浓度极限。这个范围的最低浓度和最高浓度称为爆炸浓度的下限和上限。

（2）可燃物温度高于着火点或燃点。在爆炸浓度极限内的可燃物，如果温度低于着火点或燃点，因氧化反应速度较慢，反应发热还不足以形成火焰，故不能发生爆炸。

为了防止爆炸的发生，设计时应采取以下防爆措施：

（1）排除有爆炸危险物质的工业通风系统，其风量除了满足一般的要求外，还应校核其中可燃物的浓度，以保证风管内可燃物浓度不大于爆炸浓度下限值的 50%。如果满足不了此要求，则应加大风量。

（2）防止可燃物在除尘系统的局部地点（死角）积聚。

（3）防止有爆炸危险的通风系统出现电火花、金属碰撞引起的火花或其他火源。为此，排除或输送含有爆炸危险性物质的空气混合物的通风设备和风管均应接地；选用防爆电机，并采用直联或联轴器传动方式。如果采用三角皮带传动，可用接地电刷把静电引入地下。

（4）用于净化有爆炸性粉尘的干式除尘器和过滤器应布置在风机的吸入段。

（5）有爆炸危险的通风系统，应设防爆门。当系统内压力突然升高时，靠防爆门自动开启泄压。

9.10.6 除尘系统的风机选择原则

（1）应根据除尘系统输送的粉尘物性及现场的情况来选取不同用途的通风机，如选用排尘风机、普通风机、高压风机或者防爆风机。并应注意各种风机的区别和应用场合。

1）普通风机　用以输送比较清洁的空气，其温度不高于 80℃，含尘浓度不超过 150mg/m³。

2）高压风机　其全压大于 2940Pa（2940～14700Pa）。

3）排尘风机　用以输送含尘浓度超过 150mg/m³ 的空气，它经过特殊处理，不易被粉尘所堵塞，并较耐磨。

4）防爆风机　用以输送有爆炸危险性粉尘的空气。它的外壳和叶轮外表面覆盖橡胶或采用软金属（如铝）制造，此类风机配用防爆电机。

（2）选择风机时，应考虑除尘设备、除尘风管系统的漏风问题。因此，对风机的风量应考虑必要的安全系数，一般取 10%～15%；此外，目前生产的普通型中、低压风机，其全压允许波动于额定压力的−8%～+15%之间，因此选择风机时，对系统的压力损失应考虑风机性能降低的安全系数，一般取 10%。

（3）根据系统所需要的风量与风压，由生产厂家提供的风机样本列出的风机性能参数表或特性曲线，选用合适的风机型号，确定出转速、功率、出风口位置、旋转方向、传动方式等。

（4）对于除尘系统，一般应选用单台风机工作。

9.10.7　除尘系统粉尘的收集与处理

为了保障除尘系统的正常运行和防止再次污染环境，应对除尘器收集下来的粉尘妥善处理。其处理原则是减少二次扬尘，保护环境和回收利用，化害为利，变废为宝，提高经济效益。根据生产工艺的条件、粉尘性质、回收利用的价值以及处理粉尘量等因素，可采用就地回收、集中回收处理和集中废弃等方式。

9.10.7.1　干式除尘器排出粉尘的处理方式

（1）就地回收：所谓就地回收就是指除尘器的排尘管直接将粉尘卸至生产设备内。其特点是不需要设粉尘处理设备，维修管理简单，但易于产生二次扬尘。就地回收适用于粉尘有回收价值，并靠重力作用能自由落回到生产设备内的场合。

（2）集中处理：利用机械或气力输送设备将各除尘器卸下的粉尘集中到预定地点集中处理。其特点是，需设运输设备，有时还设加湿设备；维护管理工作量大；集中后有利于粉尘的回收利用；与就地回收相比，二次扬尘易于控制。它适用于除尘设备卸尘点较多，卸尘量较大，又不能就地纳入工艺流程回收的场合。

（3）人工清灰：适用于卸尘量较小，并不直接回收利用或无回收价值的场合。

9.10.7.2　湿式除尘器的含尘污水处理方式

（1）分散机械处理：所谓分散机械处理是指除尘器本体或下部集水坑设刮泥机等，将扒出的尘泥就地纳入工艺流程或运往他处。这种方式的刮泥机需要经常管理和维修。适用于除尘器数量少，但每台除尘设备排尘量大的场合。

（2）集中机械处理：将全厂含尘污水纳入集中处理系统，使粉尘沉淀、浓缩，然后用抓泥斗、刮泥机等设备将尘泥清出，纳入工艺流程或运往他处。其特点是，污水处理设备比较复杂，可集中维修管理，但工作量较大。它适用于大、中型厂矿除尘器数量较多，含尘污水量较大的场合。

9.11　有害气体的处理方法与系统

9.11.1　有害气体的处理方法

生产过程和生活活动中经常产生各种有害气体，含有有害气体的废气直接排入大气，将会造成大气污染，破坏环境。为此，含有有害气体的废气排入大气之前，必须进行净化处理。有害气体的处理方法大致可分为图 9-44 中所示的几大类，其中燃烧法、冷凝法、吸收法（水洗、药液洗涤）和吸附法较为常用[2]，下面将简单介绍常用的处理方法。

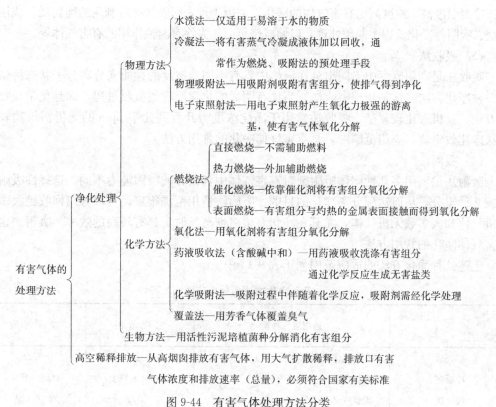

图 9-44　有害气体处理方法分类

（1）燃烧法

所谓的燃烧法是指利用通风排气中某些有害气体和蒸气可以氧化燃烧的特性，将其燃烧变成无害物的方法。其方法简单，设备投资也较少，有时还可以利用燃烧放出的热量，但是，无法回收有用物质。按燃烧条件的不同，常用的燃烧方法可分为直接燃烧、热力燃烧、催化燃烧和表面燃烧 4 种。

直接燃烧是将有害气体直接当燃料来燃烧的方法。适用于有害气体中含可燃组分浓度较高的气体。直接燃烧的设备可使用一般的炉、窑，也可在专用燃烧器或焚烧炉内进行。

热力燃烧是利用辅助燃料来加热有害气体，以帮助其燃烧的方法。热力燃烧主要用于可燃有机质含量较低的有害气体净化。

催化燃烧是利用催化剂的催化反应，使有害气体中可燃组分在较低的温度下氧化分解的净化方法。

表面燃烧实际是热力燃烧的另一种形式，其特点是在燃烧炉中设一填充层，装有缓慢下落的蓄热球（被预热到 600℃ 左右），有害气体从下而上流动，与蓄热球进行热交换，有害气体逐渐被加热，达到一定温度后氧化燃烧，温度升高到 650～750℃ 左右。下落的蓄热球逐渐被冷却，下部的蓄热球再返回炉顶，在下落过程中被燃烧的有害气体所加热，充分利用了有害气体燃烧的热量。

（2）冷凝法

液体受热蒸发产生的有害气体（如电镀车间的铬酸蒸气）可以通过冷凝使其从废气中分离，这种有害气体的净化方法称为冷凝法。其方法简单，管理方便。但其净化效率低，只适用于冷凝温度高、浓度高的有害气体的净化，或用于预先回收某些可利用的纯物质，或用做燃烧、吸附等净化流程中的预处理，以便减轻负荷、去除有腐蚀作用的有害气体等。

（3）吸收法

吸收法是利用废气中不同组分在液体中具有不同溶解度的性质来分离分子状态污染物的一种净化方法，这是物理吸收法。当伴有明显的化学反应的吸收过程，即是化学吸收净化方法，其机理比较复杂。吸收法常用于净化浓度为几百到几千 ppm 的无机污染物，吸收法净化效率高，应用范围广，是有害气体净化的常用方法。

（4）吸附法

吸附法是利用多孔性固体吸附剂对有害气体中各组分的吸附能力不同，选择性吸附一种或几种组分，从而达到分离净化的目的。吸附法适用范围很广，可以分离回收绝大多数有机气体和大多数无机气体，尤其在净化有机溶剂蒸气时，具有较高的效率。吸附法也是有害气体净化的常用方法。

上述几种净化方法的适应范围列于表 9-11 中。

几种净化方法的适用范围   表 9-11

净化方法 \ 应用范围	适用废气种类	浓 度 范 围	温 度 范 围
燃烧法	有机气体及恶臭等	几百～几千 ppm	100℃以上
冷凝法	有机蒸气	1000ppm 以上	常温以下
吸收法	无机气体及部分有机气体	几百～几千 ppm	常 温
吸附法	绝大多数有机气体和大多数无机气体	300ppm 以下	40℃以下

9.11.2 冷凝法有害气体净化系统

图9-45 为生产过程排放的高浓度盐酸尾气的冷凝法净化系统，总净化效率达 90％以上。冷凝器由石墨制作，高浓度的 HCl 废气走管内，冷却水走管间，废气温度降到露点温度以下后，HCl 及水蒸气被同时冷凝下来，得到 10％～20％的盐酸，由冷凝器底部排出，可供生产上回收再利用。从冷凝器排出的废气再进入喷淋塔，在喷淋塔中进一步用水喷淋吸收，然后排入大气。

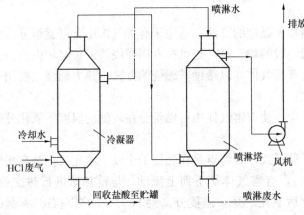

图 9-45　冷凝法有害气体净化系统

9.11.3 吸收设备和吸收法有害气体净化流程

通过液体对气体的吸收过程（如水洗、药液洗涤）来净化有害气体的设备，称为有害气体的吸收设备。液体吸收过程是以液体为吸收剂，用适当的液体与含有有害气体的排气接触，利用气体在液体中不同的溶解能力，除去其中一种或几种有害气体，从而达到净化有害气体的目的，同时还能有除尘效应。因此，它适用于需要同时进行有害气体净化和除尘的排风系统中。常见的有害气体的吸收设备有以下几种：

（1）填料塔

填料塔的结构如图 9-46（a）所示，吸收剂自塔顶通过液体分布器向下喷淋，沿填料表面向下流动，湿润填料，气体沿填料的间隙向上流动，在填料表面气液接触，进行吸收。

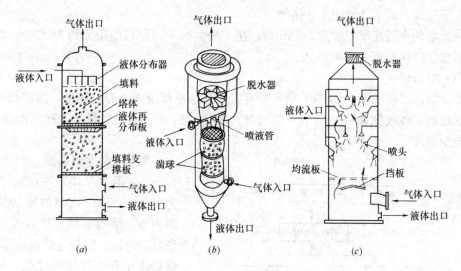

图 9-46　常见的吸收装置示意图
（a）填料塔；（b）湍流塔；（c）喷淋塔

几种常用的填料如图 9-47 所示。根据文献[2]介绍，国内推荐使用的有鲍尔环和鞍形填料。填料选择是设计经济的填料塔的最重要一环，要求填料单位堆积体积所具有的表面积（称为比表面积，m^2/m^3 堆积填料）要大，气体通过填料时的阻力要低。

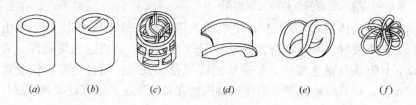

图 9-47　几种填料的形式
（a）拉西环；（b）拉辛环；（c）鲍尔环；（d）矩鞍形；（e）弧鞍形；（f）花形环

填料层高度较大时，液体在流过 3～4 倍塔直径的填料层后，有逐渐向塔壁流动的趋势，这种现象称为弥散现象。弥散使塔中部不能湿润，恶化传质。因此，如图9-46（a）所示，每隔塔直径 2～3 倍的高度处要另设液体再分布器，将液体重新均匀分布。气体在吸附塔横断面上的平均流速称为空塔速度，填料塔的空塔速度一般为 0.5～1.5m/s，每米填料层的阻力约为 300～500Pa。

填料塔结构简单，气液接触效果好，阻力中等，便于用耐腐蚀材料制造，是目前应用较广的一种吸收设备。但它不适用于有害气体与粉尘共存的场合，以免堵塞。

（2）湍流塔

湍流塔结构如图 9-46（b）所示，塔内设有开孔率较大的筛板，筛板上放置一定数量的轻质小球，相互碰撞，吸收剂自上向下喷淋，加湿小球表面，进行吸收。由于气、液、固三相接触，小球表面液膜不断更新，增大吸收推动力，提高吸收效率。小球材质要求耐磨、耐腐蚀、耐压、耐湿，密度一般选用 0.15～0.65t/m³，直径为 15～40mm，较常用的是 φ30、φ38 两种。通常塔径 D 与小球直径 d 之比取 $D/d>10$，否则，易产生小球呈集团状上下运动，影响气液的良好接触。

湍流塔的空塔速度一般为 2～6m/s，在一般情况下每层塔的阻力约为 400～1200Pa，整个塔包括除沫层不会超 6000Pa。

（3）喷淋塔

喷淋塔的结构如图 9-46（c）所示，有害气体从下部进入，经过挡板、均流板与吸收剂液滴接触，吸收剂是从上向下分层喷淋。净化后的气体经脱水器（又称气液分离器）后，排至室外。

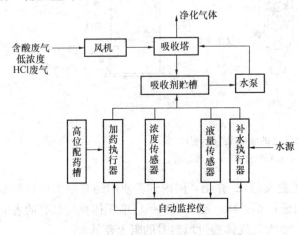

图 9-48　吸收法有害气体净化流程图

喷淋塔的空塔速度一般为 0.6～1.2m/s，阻力为 200～900Pa，液气比为 0.7～2.7L/m³。喷淋塔的优点是阻力小、结构简单、塔内无运动部件，造价低。但是它的吸收率不高，仅适用于有害气体浓度低，处理气体量不大和同时需要除尘的情况。

以处理低浓度 HCl 废气的吸收法净化系统的流程为例说明吸收设备的应用。如图 9-48 所示，其系统选用填料塔，以水为吸收剂，其原因是 HCl 易溶于水，在 20℃时其溶解度（溶质与溶剂的体积比）为 442，是氨的 8 倍、是二氧化硫的 10 倍。水由水泵送至填料塔顶部，向下喷淋，湿润填料。低浓度 HCl 废气通过风机送入塔底部，沿着填料间隙向上流动，HCl 废气被水吸收，处理后的废气排入大气。用自动控制仪表对吸收塔进行连续监控操作，使其喷液总量与浓度始终维持在最佳工况，以保证吸收塔最佳性能。

9.11.4　吸附设备与吸附法有害气体净化系统

9.11.4.1　吸附机理

利用固体对气体的吸附能力来净化有害气体的设备，称为吸附设备。所谓吸附就是有害气体与某种固体物质相接触，在界面上的扩散过程。吸附和吸收是不同的，吸收时吸收质均匀分散在液相中；吸附时，被吸附的物质只吸附在固体物质表面，形成一层吸附层。吸附可分为物理吸附和化学吸附，其不同特点列入表 9-12 中。

物理吸附和化学吸附比较　　　　表 9-12

比较项目	物 理 吸 附	化 学 吸 附
吸附热	小（21～63kJ/mol），相当于凝聚热的 1.5～3.0 倍	大（42～125kJ/mol），相当于化学反应热
吸附力	范德华力（分子间力），较小	未饱和化学键力，较大
可逆性	可逆、易脱附	不可逆，不能或不易脱附
吸附速度	快	慢（因需要活化能）
被吸附物质	非选择性	选择性
发生条件	如适当选择物理条件（温度、压力、浓度），任何固体—流体之间都可发生	发生在有化学亲和力的固体—流体之间
作用范围	与表面覆盖程度无关，可多层吸附	随覆盖程度的增加而减弱，只能单层吸附
等温线特点	吸附量随平衡压力（浓度）正比上升	关系较复杂
等压线特点	吸附量随温度升高而下降（低温吸附、高温脱附）	在一定温度下才能吸附（低温不吸附、高温下有一个吸附极大点）

在吸附现象中具有较大吸附能力的固体物质称为吸附剂，被吸附的物质称为吸附质。吸附剂表面积越大，单位质量吸附剂所能吸附的就越多。因此，用做吸附剂的物质都是松散的多孔状结构，具有巨大的表面积。单位质量吸附剂所具有的表面积称为比表面积（m^2/kg 或 m^2/g），比表面积越大，吸附的气体量越多。工业上常用的吸附剂的比表面积列入表 9-13 中。

常用吸附剂的比表面积　　　　表 9-13

吸附剂	活性炭（粒状）	活性炭（粉状）	硅胶	活性氧化铝	分子筛（沸石）
比表面积（m^2/g）	700～1500	700～1600	200～1600	150～350	400～750

一定量的吸附剂所吸附的气体量是有一定限度的，经过一定时间吸附达到饱和时，要更换吸附剂。用过的吸附剂经过再生（称解吸，又称脱附）后可重复使用。

静活性和动活性也是表征吸附剂性能的重要指标。静活性是指气体混合物中吸附质在一定温度和浓度下，达到吸附平衡（即吸附剂的吸附量与解吸量处于平衡状态，又称饱和状态）时，单位体积或单位质量的吸附剂所能吸附的最大量。动活性是指在同样条件下，气体混合物通过吸附床层，从吸附开始到离开的气体混合物中开始出现吸附质（称吸附层穿透）的时间内，单位体积或质量吸附剂所吸附的气体量。动活性总是小于静活性，在计算吸附剂用量时，要用动活性来确定。采用活性炭作吸附剂时，动活性取静活性的80%～90%，用硅胶时，取 30%～40%[2]。

活性炭是工业上应用较多的一种吸附剂。下面介绍几种常用的活性炭吸附设备与系统。

9.11.4.2　固定床活性炭吸附装置与吸附有害气体系统

固定床吸附设备可分为垂直型、圆筒型、多层型和水平型等，其结构如图 9-49 所示。图中脱附气是指再生时使用的气体。其特点和适用风量列入表 9-14 中。

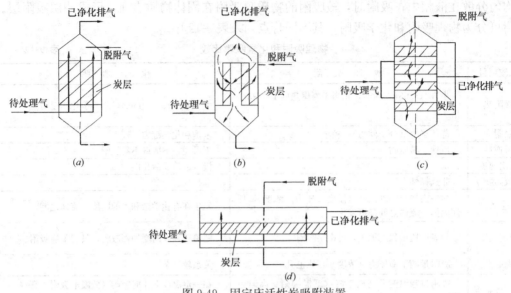

图 9-49　固定床活性炭吸附装置

(*a*) 垂直型；(*b*) 圆筒型；(*c*) 多层型；(*d*) 水平型

固定床吸附装置的特点和适用风量 表 9-14

形式	特　　点	处理风量(m³/h)	形式	特　　点	处理风量(m³/h)
垂直型	构造简单，从小型到大型，适用于高浓度、中小风量	600~42000	多层型	构造稍复杂，适用于低浓度、大风量	3000~90000
圆筒型	气体通过面积大，适用于低浓度、中小风量	600~42000	水平型	占地面积大，适用于中高浓度，大风量	16000~120000

　　固定床活性炭吸附装置的空塔速度一般取 0.5m/s 以下，吸附剂和气体的接触时间取 0.5~2.0s 以上，吸附层压力损失应小于 1kPa。在有害气体浓度较高时，为了适应工艺连续生产的需要，多采取双罐式，一罐吸附，另一罐解吸，交替切换使用。双罐式活性炭吸附法有害气体净化系统如图 9-50 所示。从图中可以看到，当一个罐内活性炭吸附达到饱和后，通过阀门切换，在另一罐对气体继续进行吸附，而此罐通入蒸汽进行解吸。解吸后的蒸汽与有害物混合物进入冷凝器中冷凝，冷凝液流入分离器中，利用溶剂比水轻的特点，把溶剂分离回收，而废水经处理后排出。

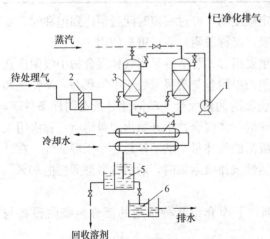

图 9-50　固定床活性炭吸附法有害气体净化系统

1—风机；2—过滤罐；3—活性炭罐；4—冷凝器；
5—分离器；6—排水处理槽

9.11.4.3　移动床活性炭吸附装置

　　图 9-51 为笼筐型移动床连续吸附装置。上箱体进行吸附过程，下箱体进行脱附过程。在该装置中，炭粒达到饱和后即从上箱体进入下箱体中进行再生，再生后

的炭粒依靠风力由风道输送到上箱体。内筒可回转，并设有导风环使活性炭作有规则的移动，从而确保吸附、脱附连续均匀。

9.11.4.4 流动床活性炭吸附装置

图 9-52 给出了流动床活性炭吸附装置原理图。装置由吸附部（多段流动床）、脱附段（移动床）、料封部、球状炭输送装置和冷凝回收装置五大部分组成。经脱附后的炭由气力输送管送到吸附部最上层多孔板上，待处理气体通过最下层多孔板与下降炭粒（形成 10~40mm 的流动层，静置时炭层高度为 10~20mm）均匀接触，其中的溶剂蒸气则被炭粒所吸附。由溢流堰溢出的炭粒逐层下降，逐层吸附，越往下落吸附有害气体的浓度越高，最后通过料封部流入脱附部。有害气体越往上升，由于逐层被吸附而浓度越低，到了最上层则与刚脱附过的炭粒相接触，被净化后排入大气。

脱附部由壳管式热交换器构成，活性炭在管内流动，管外侧通入蒸气加热。脱附气（蒸汽或其他气体）从底部通入，在管内上升，与下降的饱和炭粒相遇，进行脱附。被脱附出来的溶剂蒸气集结于脱附部上部，随后进入冷凝器。脱附温度越高，脱附气量越大，脱附效果越佳。已脱附的炭粒汇集于下面的料封部，通过气力输送系统返回到吸附部最上层。

被脱附出来的溶剂蒸气与脱附气一起进入冷凝器后，其中溶剂蒸气成分被冷凝成液态。脱附气如采用水蒸气则它将伴随着溶剂蒸气一起被冷凝，然后同溶剂一起被送入分离器进行分离，溶剂得到回收，含有少量溶剂的冷凝水需接往废水处理站进行处理。

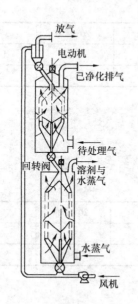

图 9-51　笼筐型移动床
活性炭吸附装置

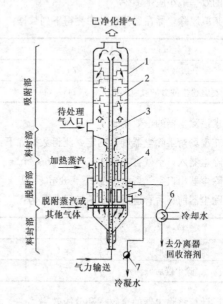

图 9-52　流动床活性炭吸附装置原理图
1—壳体；2—网板；3—气力输送管；4—预热
部；5—脱附部；6—冷凝器；7—疏水器

流动床吸附层空塔速度可达 0.7~1.0m/s，为固定床的 2 倍以上，其空塔速度必须控制在 15%~20% 的变动范围内。活性炭耗损量约为炭循环量的 0.001%~0.002%，循环周期约为 2~3.5h。

思考题与习题

9-1　工作场所粉尘或有害气体的容许浓度应查阅哪个标准？符号 OEL、PC-TWA、PC-STEL、MAC 代表什么含义？同一有害气体的 PC-TWA 和 PC-STEL 哪个大？

9-2　在工业通风设计中，为什么必须要了解"排放标准"？你所了解的"排放标准"有哪些？

9-3　一个完整的除尘系统应包括哪几个过程，其系统由哪些部件与设备组成？

9-4　工业建筑中悬浮颗粒和有害气体治理的基本原则是什么？

9-5　说明通风排气中有害气体的吸附净化系统的组成及其作用？

9-6　根据除尘机理的不同，除尘器可分为哪几类？

9-7　根据过滤效率的不同，空气过滤器有哪些主要类型？各有什么特点？各适用于什么场合？

9-8　表征除尘器性能的主要指标有哪些？

9-9　什么是穿透率？它与除尘效率有何关系？

9-10　表征空气过滤器性能的主要指标有哪些？

9-11　什么是过滤器效率？它有几种？

9-12　空气过滤器效率的检测方法有几种？各适用于什么场合？

9-13　为什么两个型号相同的除尘器串联时，它们的除尘效率是不同的？哪一级的效率高？

9-14　某两级除尘系统，系统风量为 $2.2 \mathrm{m^3/s}$，工艺设备产尘量为 $2.2 \mathrm{g/s}$，除尘器的除尘效率分别为 80% 和 95%。计算该系统的总效率和第一级除尘器出口空气含尘浓度。

9-15　某两级除尘系统，第一级为旋风除尘器，第二级为电除尘器，处理一般的工业粉尘。已知起始的含尘浓度为 $15 \mathrm{g/m^3}$，旋风除尘器效率为 85%。为了达到排放标准的要求（$150 \mathrm{mg/m^3}$），电除尘器的效率最小应是多少？

9-16　某旋风除尘器在试验过程中测得下列数据：

粒径（$\mu \mathrm{m}$）	0～5	5～10	10～20	20～40	＞40
分级效率（%）	70	92.5	96	99	100
实验粉尘的分散度（%）	14	17	25	23	21

求该除尘器的全效率。

9-17　在现场对某除尘器进行测定，测得数据如下：

除尘器入口空气含尘浓度 $c_i = 3200 \mathrm{mg/m^3}$；

除尘器出口空气含尘浓度 $c_o = 480 \mathrm{mg/m^3}$。

除尘器前、后管道内粉尘的粒径分布为：

粒径（$\mu \mathrm{m}$）	0～5	5～10	10～20	20～40	＞40
除尘器前（%）	20	10	15	20	35
除尘器后（%）	78	14	7.4	0.6	0

试计算该除尘器的全效率和分级效率。

9-18　试分析重力除尘器的工作原理。

9-19　试分析惯性除尘器的工作原理。

9-20　试分析旋风除尘器的工作原理。

9-21　分析影响旋风除尘器效率和阻力的因素。

9-22　锁气器的作用是什么？你能说出几种旋风除尘器常用的锁气器吗？

9-23　为什么将许多小直径旋风子并联组合成多管除尘器？它适用于什么场合？

9-24 试分析袋式除尘器的工作原理。

9-25 你能说出几种工业通风工程中常用的袋式除尘器吗？

9-26 在使用袋式除尘器时应注意什么问题？

9-27 试分析湿式除尘器的除尘机理。

9-28 你能说出几种工业通风工程中常用的湿式除尘器吗？

9-29 在湿式除尘器使用中应注意什么问题？

9-30 试分析电除尘器的工作原理。

9-31 为什么粉尘的比电阻过大（大于 $5 \times 10^{10} \, \Omega \cdot cm$）或过小（小于 $10^4 \Omega \cdot cm$）都会降低电除尘器的除尘效率？

9-32 选择电除尘器应注意什么问题？

9-33 在空调工程中，选择空气过滤器要注意哪些问题？

9-34 如何选择空气过滤器？

9-35 除尘风管的设计原则是什么？

9-36 引起工业建筑除尘系统发生化学性爆炸的基本条件是什么？在设计中，应如何防止爆炸的发生？

9-37 除尘系统风机的选择原则是什么？

9-38 通风除尘系统划分的原则是什么？

9-39 抽尘罩应满足什么原则？

9-40 在选择除尘器时应注意哪些原则？

9-41 常见的干式除尘器捕集粉尘粒径为多大，效率才较高？

9-42 请对几种常见除尘器进行调查，什么除尘器初投资最高？什么除尘器初投资最低？（注意调查的除尘器处理风量要相同或单位处理风量除尘器的初投资）

9-43 你能说出几种有害气体处理方法吗？并简单解释一下其处理方法。

9-44 吸收法与吸附法各有什么特点？它们适用于什么场合？

9-45 你能说出几种常见的吸收装置吗？

9-46 画图说明冷凝法有害气体净化系统。

9-47 你能说出几种固定床活性炭吸附装置吗？

9-48 画图说明活性炭吸附法有害气体净化系统。

参 考 文 献

[1] GBZ1-2010 工业企业设计卫生标准. 北京：中国标准出版社，2010.

[2] 孙一坚主编. 简明通风设计手册. 北京：中国建筑工业出版社，1997.

[3] 谭天祐，梁凤珍. 工业通风除尘技术. 北京：中国建筑工业出版社，1984.

[4] 唐敬麟，张禄福. 除尘装置系统及设备设计选用手册. 北京：化学工业出版社，2004.

[5] 孙一坚，沈恒根主编. 工业通风（第四版）. 北京：中国建筑工业出版社，2010.

[6] 刘后启，林宏等编著. 电收尘器（理论·设计·使用）. 北京：中国建筑工业出版社，1987.

[7] 林明清，何泽民，钱恒，苏汝维编. 通风除尘. 北京：化学工业出版社，1982.

[8] 陆耀庆主编. 实用供暖空调设计手册（第二版）下册. 北京：中国建筑工业出版社，2008.

第 10 章　民用建筑火灾烟气的控制

10.1　建筑火灾烟气的特性及烟气控制的必要性

火灾是一种多发性灾难，它导致巨大的经济损失和人员伤亡。建筑物一旦发生火灾，就有大量的烟气产生，这是造成人员伤亡的主要原因。了解火灾烟气的主要特性是控制烟气的前提。

10.1.1　建筑火灾烟气的成分

建筑烟气是指发生火灾时物质在燃烧和热分解作用下生成的产物与剩余空气的混合物。火灾的燃烧过程通常是一个不完全燃烧过程。一般的有机物燃烧过程大致分成两个阶段：（1）在一定温度下，材料分解出游离碳和挥发性气体；（2）游离碳和可燃成分与氧气剧烈化合，并放出热量，即燃烧。在不完全燃烧时，烟气是悬浮的固体碳粒子、液态粒子和气体的混合物。其中悬浮的固体碳粒子和液态粒子称为烟粒子。在温度较低的初燃阶段主要是液态粒子，呈白色和灰白色；温度升高后，游离碳粒子产生，呈黑色。烟粒子的粒径一般为 $0.01\sim10\mu m$，是可吸入颗粒物。烟气的化学成分主要有 CO_2、CO、水蒸气及其他气体，如氰化氢（HCN）、氨（NH_3）、氯（Cl）、氯化氢（HCl）、光气（$COCl_2$）等。

10.1.2　建筑火灾烟气的特性

10.1.2.1　烟气的毒害性

烟气中 CO、HCN、NH_3 等都是有毒的气体；大量的 CO_2 气体及燃烧消耗了空气中大量氧气，引起人体缺氧而窒息；可吸入的烟粒子被人体的肺部吸入后，也会造成危害。关于污染物的危害性请参阅文献 [1]。但还应指出，空气中含氧量 $\leqslant6\%$，或 CO_2 浓度 $\geqslant20\%$，或 CO 浓度 $\geqslant1.3\%$ 时，都会在短时间内致人死亡。有些气体有剧毒，少量即可致死，如光气在空气中浓度 $\geqslant50ppm$ 时，在短时间内就能致人死亡。

10.1.2.2　烟气的高温危害

火灾时物质燃烧产生大量热量，使烟气温度迅速升高。火灾初起（$5\sim20min$）时烟气温度可达 250℃；而后由于空气不足，温度有所下降；当窗户爆裂，燃烧加剧，短时间内可达 500℃。燃烧的高温使火灾蔓延；使金属材料强度降低，导致结构倒塌，人员伤亡。高温还会使人昏厥、烧伤。

10.1.2.3　烟气的遮光作用

当光线通过烟气时，致使光强度减弱，能见距离缩短，称之为烟气的遮光作用。能见距离是指人肉眼看到光源的距离。能见距离缩短不利于人员的疏散，使人感到恐怖，造成局面混乱，自救能力降低；同时也影响消防人员的救援工作。实际测试表明，在火灾烟气中，对于一般发光型指示灯或窗户透入光的能见距离仅 0.2～0.4m，对于反光型指示灯仅 0.07～0.16m。如此短的能见距离，不熟悉建筑物内部环境的人就无法逃生。

10.1.3 建筑火灾烟气控制的必要性

建筑火灾烟气是造成人员伤亡的主要原因，因为烟气中的有害成分或缺氧使人直接中毒或窒息死亡；烟气的遮光作用又使人逃生困难而被困于火灾区。日本 1976 年的统计表明[2]，1968～1975 年的 8 年中火灾死亡 10667 人，其中因中毒和窒息死亡的 5208 人，占 48.8%，火烧致死的 4936 人，占 46.3%。在烧死的人中多数也因 CO 中毒晕倒后被烧致死的。烟气不仅造成人员伤亡，也给消防队员扑救带来困难。因此，火灾发生时应当及时对烟气进行控制，并在建筑物内创造无烟（或烟气含量极低）的水平和垂直的疏散通道或安全区，以保证建筑物内人员安全疏散或临时避难和消防人员及时到达火灾区扑救。在高层建筑中，疏散通道的距离长，人员逃生更困难，对人生命威胁更大，因此在这类建筑物中烟气的控制尤为重要。发达国家的高层建筑已有较长的历史，有着丰富的烟气控制经验，并反映在建筑法规或防火规范中。我国在 1978 年以后，高层建筑迅速发展，建筑防火防烟也越来越被重视，因此专为高层建筑制订了《高层建筑设计防火规范》，于 1982 年试行，经修改后于 1995 年正式颁布实施。非高层建筑民用建筑和工业厂房、仓库、交通隧道等执行《建筑设计防火规范》。2014 年两个规范整合为新的《建筑设计防火规范》GB 50016—2014[3]，以下简称《防火规范》。

10.2 火灾烟气的流动规律与控制原则

10.2.1 火灾烟气的流动规律

建筑物发生火灾后，烟气在建筑物内不断流动传播，不仅导致火灾蔓延，也引起人员恐慌，影响疏散与消防人员扑救。引起烟气流动的因素有：扩散、烟囱效应、浮力、热膨胀、风力、通风空调系统等。其中扩散是由于浓度差而产生的质量交换，着火区的烟粒子或其他有害气体的浓度大，必然会向浓度低的地区扩散。但是由于扩散引起的烟粒子或其他有害气体的迁移比起其他因素（烟囱效应、浮力等）来说很弱，下面只讨论其他五种因素引起的烟气流动。

10.2.1.1 烟囱效应引起的烟气流动

当建筑物内外有温度差时，在空气的密度差作用下引起垂直通道内（楼梯间、电梯间）的空气向上（或向下）流动，从而携带烟气向上（或向下）传播。图 10-1 表示了火灾烟气在烟囱效应作用下引起的传播。图（a）表示室外温度 t_0＜楼梯间内的温度 t_s 的情况。当着火层在中和面以下时，火灾烟气将传播到中和面以上各层中去，而且随着温度较高的烟气进入垂直通道，烟囱效应和烟气的传播将增

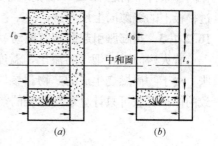

图 10-1 烟囱效应引起烟气流动
(a) t_0＜t_s 情况；(b) t_0＞t_s 情况

强。如果层与层之间没有缝隙渗漏烟气，中和面以下除了着火层以外的各层是无烟的。当着火层向外的窗户开启或爆裂，烟气逸出，通过窗户进入上层房间。当着火层在中和面以上时，如无楼层间的渗透，除了火灾层外基本上是无烟的。图（b）是 $t_0 > t_s$ 的情况，建筑物内产生逆向烟囱效应。当着火层在中和面以下时，如果不考虑层与层之间通过缝隙的传播。除了着火层外，其他各层都无烟。当着火层在中和面以上时，火灾开始阶段烟气温度较低，则烟气在逆向烟囱效应的作用下传播到中和面以下的各层中去；烟气温度升高后，密度减小，浮力的作用超过了逆向烟囱效应，烟气转而向上传播。建筑的层与层之间楼板上总是有缝隙（如在管道通过处），则在上下层房间压力差作用下烟气也将渗透到其他各层中去。

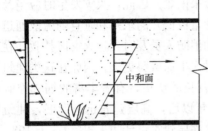

图 10-2　在浮力作用下的烟气流动

10.2.1.2　浮力引起的烟气流动

着火房间温度升高，空气和烟气的混合物密度减小，与相邻的走廊、房间或室外的空气形成密度差，引起烟气流动，如图 10-2 所示。实质上着火房间与走廊、邻室或室外形成热压差，导致着火房间内的烟气与邻室或室外的空气相互流动，中和面的上部烟气向走廊、邻室或室外流动，而走廊、邻室或室外的空气从中和面以下进入，这是烟气在室内水平方向流动的原因之一。由于建筑物烟囱效应或风压的影响，窗洞的中和面将上移或下移，同样也影响室内洞口的中和面上移或下移，着火房间与走廊、邻室或室外形成的热压差可用式（8-46）来计算。

【例 10-1】　房间着火后烟气温度为 800℃，门洞高 2.5m，走廊内温度为 20℃，求门洞上端的内外热压差。

【解】　假设中和面在门洞高的一半，根据式（8-46）有：

$$\Delta p = 3460 \left(\frac{1}{273 + 20} - \frac{1}{273 + 800} \right) \times 1.25 = 10.7 \text{Pa}$$

由此可见，在门洞的上部，内外有 10.7Pa 的压差使烟气向走廊流动。

烟气在走廊内流动过程中受顶棚和墙壁的冷却作用，靠墙的烟气将逐渐下降，形成走廊的周边都是烟气的现象。从式（8-46）的压差计算公式中还可以看出，当着火房间的层高很高时，在上部将会产生很大的压差。例如，例 10-1 房间的高度为 20m（如中庭）时，在同样条件下将会有 85.8Pa 的压差。这将增强烟气在水平方向的流动，浮力作用还将通过楼板上的缝隙向上层渗透。

10.2.1.3　热膨胀引起的烟气流动

着火房间随着烟气的流出，温度较低的外部空气流入，空气的体积因受热而急剧膨胀。由于物质燃烧生成的产物和参与燃烧的空气量相比很少，可以忽略不计。因此燃烧导致的体积膨胀可只计算参与燃烧的空气，它应为

$$\dot{V}_s / \dot{V}_a = T_s / T_a \tag{10-1}$$

式中　$\dot{V}_a$、$\dot{V}_s$——流入着火房间的空气量和燃烧后的烟气量，m^3/s；

T_a、T_s——流入着火房间的空气温度和燃烧后的烟气温度，K。

若流入空气的温度为 20℃，烟气温度为 250℃，则烟气热膨胀的倍数 $\dot{V}_s/\dot{V}_a=1.8$；烟气温度为 500℃时，则 $\dot{V}_s/\dot{V}_a=2.6$。由此可见，火灾燃烧过程中，从体积流量来说，因膨胀而产生大量体积的烟气。对于门窗开启的房间，体积膨胀而产生的压力可以忽略不计。但对于门窗关闭的房间，将可产生很大的压力，从而使烟气向非着火区流动。

10.2.1.4　风力作用下的烟气流动

建筑物在风力作用下，迎风侧产生正风压，而在建筑侧部或背风侧，将产生负风压。当着火房间在正压侧时，将引导烟气向负压侧的房间流动。反之，当着火房间在负压侧时，风压将引导烟气向室外流动。

10.2.1.5　通风空调系统引起的烟气流动

通风空调系统的管路是烟气流动的通道。当系统运行时，空气流动方向也是烟气可能流动的方向，条件是烟气可能进入系统，例如从回风口、新风口等处进入。当系统不工作时，由于烟囱效应、浮力、热膨胀和风压的作用，各房间的压力不同，烟气可通过房间的风口、风道传播，也将使火势蔓延。

建筑物内火灾的烟气是在上述多种因素的共同作用下流动、传播。各种作用有时互相叠加，有时互相抵消，而且随着火灾的发展，各种因素都在变化着，火灾烟气的流动与传播是复杂的。为此，国内外研究人员通过模拟实验、现场实测、数值模拟来探索火灾烟气的发生、发展、传播的规律，探索各种烟气控制手段的有效性，有些研究成果已反映在各国的防火法规中。国内外也已开发了一些数值模拟的软件，有动态模拟着火房间火源释热率、温度场、浓度场、流速场等的软件，从而可分析在各种情况下火灾的发生、发展规律；还有模拟烟气在各种因素下在建筑中楼层、房间之间的传播和防排烟系统的效果，等等。所有这些软件为提示火灾的规律、正确设计防排烟系统提供了有效的工具。

10.2.2　火灾烟气控制原则

烟气控制的主要目的是在建筑物内创造无烟或烟气含量极低的疏散通道或安全区。烟气控制的实质是控制烟气合理流动，也就是不使烟气流向疏散通道、安全区和非着火区，而向室外流动。主要方法有：（1）隔断或阻挡；（2）疏导排烟；（3）加压防烟。下面简单介绍这三种方法的基本原则。

10.2.2.1　隔断或阻挡

墙、楼板、门等都具有隔断烟气传播的作用。为了防止火势蔓延和烟气传播，各国的法规中对建筑内部间隔作了明文规定，规定了建筑物中必须划分防火分区和防烟分区。所谓防火分区是指用防火墙、楼板、防火门或防火卷帘等分隔的区域，可以将火灾限制在一定的局部区域内（在一定时间内），不使火势蔓延，当然防火分区的隔断同样也对烟气起了隔断作用。所谓防烟分区是由建筑内采用的挡烟设施分隔而成，能在一定时间内防止火灾烟气向同一建筑的其他地方蔓延。防火分区、防烟分区的大小和划分原则参见《防火规范》[3]。防烟分区不得跨越防火分区。防烟分区的挡烟设施可以是隔墙、顶棚下凸出不小于 500mm 的梁或其他不燃体、挡烟垂壁。图 10-3 为用梁或挡烟垂壁阻挡烟气流动。挡烟垂壁可以是固定的，也可以是活动的。固定的挡烟垂壁比较简单，但影响房间高度；活动的挡烟垂壁在火灾发生时可自动下落，通常与烟感器联动。顶棚采用非燃烧材料时，顶棚

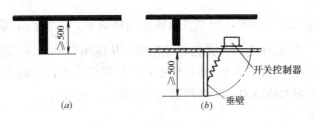

图 10-3　用梁和挡烟垂壁阻挡烟气流动
(a) 下凸≥500 的梁；(b) 可活动的挡烟垂壁

内空间可不隔断；否则顶棚内空间也应隔断。图 10-3 的挡烟措施在有排烟时才有效；否则随着烟气量增加，积聚在上部的烟气将会跨越障碍而逸出防烟分区。

10.2.2.2　排烟

利用自然或机械作用力，将烟气排到室外，称之为排烟。利用自然作用力的排烟称为自然排烟；利用机械（风机）作用力的排烟称为机械排烟。排烟的部位有两类：着火区和疏散通道。着火区排烟的目的是将火灾发生的烟气排到室外，降低着火区的压力，不使烟气流向非着火区，同时也排走燃烧产生的热量，以利于着火区的人员疏散及救火人员的扑救。对于疏散通道的排烟是为了排除可能侵入的烟气，以保证疏散通道无烟或少烟，以利于人员安全疏散及救火人员通行。《防火规范》[3] 中具体规定了哪些场所或部位应设置排烟设施。

10.2.2.3　加压防烟

加压防烟是用风机把一定量的室外空气送入房间或通道内，使室内保持一定压力或门洞处有一定流速，以避免烟气侵入。图 10-4 是加压防烟的两种情况，其中 (a) 是当门关闭时，房间内保持一定正压值，空气从门缝或其他缝隙处流出，防止了烟气的侵入；图 (b) 是当门开

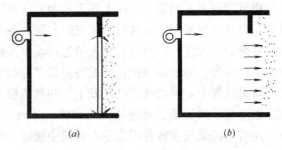

图 10-4　加压防烟
(a) 门关闭时；(b) 门开启时

启时，送入加压区的空气以一定风速从门洞流出，阻止烟气流入。当流速较低时，烟气可能从上部流入室内。由上述两种情况分析可以看到，为了阻止烟气流入被加压的房间，必须达到：（1）门开启时，门洞有一定向外的风速；（2）门关闭时，房间内有一定正压值。这也是设计加压送风系统的两条原则。加压送风是有效的防烟措施，具体规定参见《防火规范》[3]。

10.3　自　然　排　烟

自然排烟是利用热烟气产生的浮力、热压或其他自然作用力使烟气排出室外。这种排烟方式设施简单，投资少，日常维护工作少，操作容易；但排烟效果受室外很多因素的影响与干扰，并不稳定，因此自然排烟的应用场所部位有一定的限制，详见《防火规范》[3] 的规定。虽然如此，在符合条件时宜优先采用。自然排烟可以利用可开启的外窗或专设的排烟口排烟，如图 10-5 所示。专设的排烟口也可以是外窗的一部分，但它在火灾时可以人工开启或自动开启。开启的方式也有多样，如可以绕一侧轴转动，或绕中轴转动等。

关于自然排烟对外的开口有效面积，理应根据需要的排烟量，可能有的自然压力来确

定。但是燃烧产生的烟气量和烟气温度与可燃物质的性质、数量、燃烧条件、燃烧过程等有关，而对外洞口的内外压差又与整个建筑的烟囱效应大小、着火房间所处楼层、风向、风力、烟气温度、建筑内隔断的情况等因素有关，因此要考虑如此多的参数来求解这个问题在实际设计中几乎是行不通的。因此各国都是根据实际经验及一定试验基础上得出的经验数据来确定自然排烟的对外有效开口面积。我国原《高层建筑防火设计规范》中具体规定了开启窗的面积，设计时可参考。

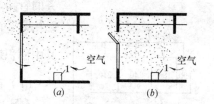

图 10-5 自然排烟
(a) 利用可开启外窗排烟；
(b) 利用专设排烟口排烟
1—火源

10.4 机 械 排 烟

机械排烟是利用风机为动力的排烟，实质上是一个排风系统。机械排烟的优点是不受外界条件（如内外温差、风力、风向、建筑特点、着火区位置等）的影响，而能保证有稳定的排烟量。当然机械排烟的设施费用高，需要经常保养维修，否则有可能在使用时因故障而无法启动。应设置排烟设施而又不具备自然排烟条件的场所和部位则应设置机械排烟设施[3]。

10.4.1 房间或烟气控制区域的排烟风量

当火灾发生时，产生大量烟气及受热膨胀的空气，导致着火区域的压力增高，一般平均高出其他区域 $10\sim15Pa$，短时间内可达到 $35\sim40Pa$。机械排烟系统必须有比烟气生成量大的排风量，才有可能使着火区产生一定负压。国外曾对 4 座高层建筑进行了机械排烟试验[4]，试验表明，当着火层或着火区有 $6h^{-1}$ 排烟量时，就能够形成一定负压。目前，许多国家为了确保机械排烟的效果，其排烟风量的标准大于 $6h^{-1}$。我国《防火规范》[3]无明确规定，一般可如下取值：内走道、房间或防烟分区的排烟风量按地面面积计的单位排烟风量不小于 $\frac{1}{60}m^3/(s\cdot m^2)$，即 $60m^3/(h\cdot m^2)$；体积 $\leqslant17000m^3$ 的中庭的排烟风量为 $6h^{-1}$；体积 $>17000m^3$ 的中庭的排烟风量为 $4h^{-1}$，但不得小于 $28.3m^3/s$（$102000m^3/h$）。

10.4.2 机械排烟系统的总风量和管路风量

机械排烟系统通常负担多个房间或防烟分区的排烟任务。它的总风量不像其他排风系统那样将所有房间风量叠加起来，这是因为系统虽然负担很多房间的排烟，但实际着火区可能只有一个房间，最多再波及邻近房间，因此系统只要考虑可能出现的最不利情况——2 个房间或防烟分区。通常可以这样设计，机械排烟系统的总风量为其中面积最大的房间或防烟分区按单位面积排烟风量 $\frac{1}{30}m^3/(s\cdot m^2)$ [$120m^3/(h\cdot m^2)$] 确定。这实质上考虑了 2 个或 2 个以上房间（或防烟分区）的排烟风量。但机械排烟系统的风量不宜小于 $2m^3/s$（$7200m^3/h$）。排烟系统管路的风量按如下方法确定：只承担 1 个房间（或防烟分区）排烟任务的管路，其风量即为该房间（或防烟分区）的排烟风量；承担 2 个或 2 个以上房间（或防烟分区）排烟任务的管路，其风量为其中面积最大的房间（或防烟分区）按单位面积排烟风量 $\frac{1}{30}$ m³/（s·m²）确定。

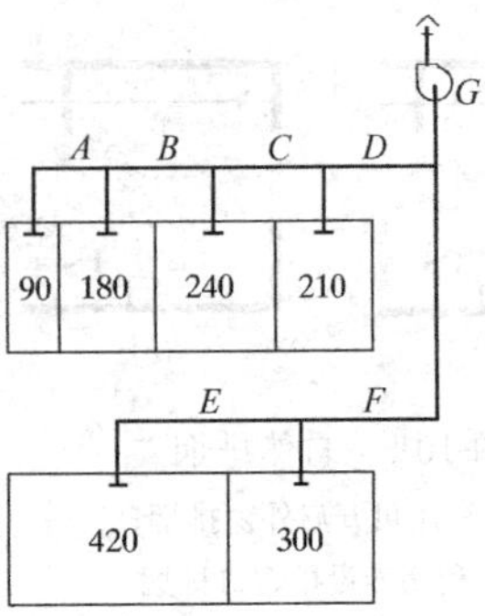

【例 10-2】　图 10-6 所示的机械排烟系统共为 6 个房间服务，每个房间的面积标于图中，试确定系统总风量和每个管路的风量。

【解】　该系统的总风量应按其中面积最大的房间进行确定，即

图 10-6　机械排烟系统

$$\dot{V} = (1/30) \times 420 = 14 \text{m}^3/\text{s}$$

根据管路风量确定的原则，系统中各管路风量分别为

管 A：$(1/60) \times 90 = 1.5 \text{m}^3/\text{s}$；　　　　管 B：$(1/30) \times 180 = 6 \text{m}^3/\text{s}$；

管 C：$(1/30) \times 240 = 8 \text{m}^3/\text{s}$；　　　　管 D：$(1/30) \times 240 = 8 \text{m}^3/\text{s}$；

管 E：$(1/60) \times 420 = 7 \text{m}^3/\text{s}$；　　　　管 F：$(1/30) \times 420 = 14 \text{m}^3/\text{s}$；

管 G：$(1/30) \times 420 = 14 \text{m}^3/\text{s}$。

10.4.3　机械排烟系统设计要点

10.4.3.1　系统组成

机械排烟系统大小与布置应考虑排烟效果、可靠性与经济性。系统服务的房间过多（即系统大），则排烟口多、管路长、漏风量大、最远点的排烟效果差，水平管路太多时，布置困难。优点是风机少、占用房间面积少。如系统小，则相反。下面介绍在高层建筑常见部位的机械排风系统划分方案。

（1）内走道的机械排烟系统

内走道每层的位置相同，因此宜采用垂直布置的系统，如图 10-7 所示。当任何一层着火后，烟气将从排烟风口吸入，经管道、风机、百叶风口排到室外。系统中的排烟风口可以是常开型风口，如铝合金百叶风口，但在每层的支风管上都应安装排烟防火阀。它是一常闭型阀门，火灾时可自动开启或手动开启，在 280℃时自动关闭，复位必须手动。它的作用是：当烟温达到 280℃时，人已基本疏散完毕，排烟已无实际意义，而烟气中此时已带火，阀门自动关闭，以避免火势蔓延。系统的排烟风口也可以用常闭型的防火排烟口，取消支管上的排烟防火阀。火灾时，该风口可自动开启或手动开启，当烟温达到 280℃时自动关闭，复位也必须手动。排烟风机房入口也应安装排烟防火阀，以防火势蔓延到风机房所在层。

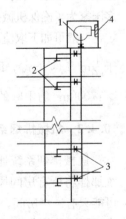

图 10-7　内走道机械排烟系统
1—风机；2—排烟风口；
3—排烟防火阀；
4—百叶风口

排烟风口的作用距离不得超过 30m，如走道太长，需设 2 个或 2 个以上排烟风口时，可以设两个或两个以上与图 10-7 相同的垂直系统。也可以只用一个系统，但每层设水平支管，支管上设 2 个或 2 个

以上排烟风口。

（2）多个房间（或防烟分区）的机械排烟系统

地下室或无自然排烟的地面房间设置机械排烟时，每层宜采用水平连接的管路系统，然后用竖风道将若干层的子系统合为一个系统，如图 10-8 所示。图中排烟防火阀的作用同图 10-7，但排烟风口是常闭型的风口，火灾时由控制中心通 24V 直流电开启或手动开启，但复位必须手动。排烟风口布置的原则是，其作用距离不得超过 30m。当每层房间很多，水平排烟风管布置困难时，可以分设几个系统，每层的水平风管不得跨越防火分区。

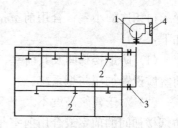

图 10-8　多个房间的机械排烟系统
1—风机；2—排烟风口；3—排烟防火阀；4—金属百叶风口

10.4.3.2　系统水力计算问题

机械排烟系统实际工作时只有 1 个或 2 个房间（或防烟分区）排烟，因此不必像通风中一般的排风系统那样进行风量平衡。另外管路系统的风量本身也并不平衡，即总管风量不等于支管风量总和（见例 10-2）。因此风管的水力计算应当选其中风量最大、风管又较长的一支进行，然后对最远的支管进行校核即可。排烟风口和风管的风速可以选得大一些，以缩小风口和风管的尺寸。排烟风口风速≤10m/s，风管内风速≤20m/s（金属风管）或≤15m/s（表面光滑的混凝土等非金属风道）。

10.4.3.3　风道

排烟风道的材料应采用有一定耐火绝热性能的不燃烧材料，竖风道经常采用混凝土或砖砌的土建风道，这类风道有较高的耐火性和一定的绝热性能，但表面粗糙，漏风量大。在顶棚内的水平风道，宜采用耐火板制作。耐火板的主要成分是硅酸钙，耐火极限可达 2~4h。也可以用钢板风道，但应该用不燃烧材料保温。

10.4.3.4　排烟风机

排烟风机应具有耐热性，可在 280℃高温下连续运行 30min。电机外置的离心式或轴流式风机都可作排烟风机。但电机处于气流中的风机，如外转子电机的离心式风机、一般的轴流风机、一般的斜流风机等不能用于排烟系统。但也有专用于排烟系统的电机内置的轴流风机、斜流风机或屋顶风机，它们的电机被包裹，并有冷却措施。

排烟风机宜设在顶层或屋顶层。除屋顶风机可直接装于屋顶外，一般应有专用的排烟风机房，机房需用不燃材料作围护结构。风机的排出管段不宜太长，因为这是正压段，如有烟气泄出，会造成危害。

10.5　加　压　防　烟

10.5.1　建筑中需要加压防烟的部位

加压防烟是一种有效的防烟措施，但它的造价高，一般只在一些重要建筑和重要的部位才用这种加压防烟措施，目前主要用于建筑中的垂直疏散通道和避难层（间）。在建筑中一旦火灾发生，电源都被切断，除消防电梯外，电梯停运。因此，垂直通道主要指防烟楼梯间和消防电梯，以及与之相连的前室和合用前室。所谓前室是指与楼梯间或电梯入口相连的小室；合用前室指既是楼梯间又是电梯间的前室。《防火规范》[3]明确规定如下：

（1）防烟楼梯间及其前室、消防电梯间前室或合用前室、避难层（间）、避难走道的前室应设置加压防烟系统。

（2）对于建筑高度不大于 50m 的公共建筑和建筑高度不大于 100m 的住宅建筑，当防烟楼梯间的前室或合用前室是敞开的阳台、凹廊或有不同朝向的可开启外窗（其面积满足自然排烟的要求）时，防烟楼梯间可不设加压防烟系统。这是认为这类前室或合用前室靠通风能及时排出漏入的烟气，并可防止烟气进入防烟楼梯间。

当防烟楼梯间设置加压防烟系统时，送入防烟楼梯间的室外空气经与之相邻的前室、走廊、门窗而排到室外，前室得到间接保护。因此，前室可不另设加压防烟系统，当防烟楼梯间与合用前室都需要设加压防烟系统时，考虑到电梯井的烟囱效应，只依靠从防烟楼梯间来的空气可能难于保持合用前室的正压，因此必须同时在防烟楼梯间和合用前室设置加压防烟系统。

10.5.2 加压防烟的基本计算公式

在 10.2 中指出了加压防烟的两条原则：门开启时，门洞有一定的向外风速；门关闭时，室内有一定正压值。加压防烟风量的基本计算公式就基于这两条原则。

10.5.2.1 门洞风速法

为维持门洞一定风速所需的风量应为

$$\dot{V}_v = (\sum A_d)v \tag{10-2}$$

式中 $\dot{V}_v$——按门洞风速法计算的加压风量，m^3/s；

  v——门洞平均风速，m/s；

  $\sum A_d$——所有门洞的面积，m^2。

门洞风速的大小与着火地点的火灾强度、烟气在走道内的流速等因素有关。如果室内无任何消防措施，火灾时，窗户未爆裂前烟气在走廊内的流速可达每秒几米。但是在现代的高层建筑中，防火规范要求设有自动喷水灭火系统；走道内有自然排烟或机械排烟系统，因此烟气侵入前室或楼梯间门洞的风速不会太大。已有的研究报告建议门洞风速也相差甚远，各国法规也不一致。例如英国规定为 0.5~0.75m/s；澳大利亚规定为 1.0m/s；美国规定为 0.25~1.25 m/s（有自动灭火装置）；我国一般采用 0.7~1.2m/s。考虑到风管漏风及不可预见的因素，系统的总风量还宜在按式（10-2）计算所得的风量上加 10%的裕量。

10.5.2.2 压差法

当门关闭时，保持一定压差所需的风量为

$$\dot{V}_p = \mu A_c (2\Delta p/\rho)^n \tag{10-3}$$

式中 $\dot{V}_p$——按压差法计算的加压风量，m^3/s；

  A_c——门缝、窗缝等的缝隙面积，m^2；

  Δp——加压区与非加压区的压差，Pa；

  μ——流量系数，0.6~0.7；

ρ——空气密度，kg/m^3；

n——指数，$0.5\sim1.0$，一般取 0.5。

如果取 $\mu=0.65$，$\rho=1.2kg/m^3$，上式变为

$$\dot{V}_p = 0.839A_c\sqrt{\Delta p} \tag{10-4}$$

Δp 应取多大为好呢？ Δp 大，防烟性能好，但太大会引起开门困难。因此最大正压差应有限制。国外研究表明，老、弱、妇、幼开门力为 133N，门为 $0.8m\times2.0m$，且有 45Nm 的弹簧力矩，则允许最大压差为 96Pa。我国有人研究认为最大压差可以为 $80\sim135Pa$。最小压差应能防止烟气通过门缝渗入，一般认为防烟楼梯间 $\Delta p=40\sim50Pa$；前室、合用前室、封闭避难层（间）$\Delta p=25\sim30Pa$。

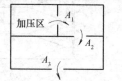

图 10-9 串联缝隙

对于加压区有多个门或窗，其缝隙面积可简单叠加即可。
当加压区的空气流通路上有串联缝隙，如图 10-9 所示，缝隙 A_1、A_2、A_3 为串联，这时加压区 Δp 分别消耗于三个缝隙处。根据式（10-4）可以导出有效流通面积（或称当量流通面积）为

$$A_e = \left(\frac{1}{A_1^2} + \frac{1}{A_2^2} + \frac{1}{A_3^2}\right)^{-1/2} \tag{10-5}$$

如果流通路上串联两个面积 A_1 和 A_2，当 $A_1\gg A_2$ 时，$A_e\approx A_2$。一般来说，$A_2/A_1\leqslant 0.2$ 时，即可认为 $A_2\approx A_e$，其误差不到 2%。

门缝、窗缝等缝隙面积按缝隙×缝长进行计算。而缝宽在系统设计时是一个不确定值，它与门窗的形式、加工质量、安装质量、使用情况等因素有关。因此只能按一般情况进行估计。建议缝宽如下：疏散门 $2\sim4mm$；电梯门 $5\sim6mm$；单层木窗和钢窗 $0.7mm$；双层木窗和钢窗 $0.5mm$；铝合金推拉窗 $0.35mm$；铝合金平开窗 $0.1mm$。上述窗缝宽是根据文献 [5]、[6] 的数据按式（10-4）计算并取整后的数值。

考虑到风管及建筑围护结构的漏风和不可预见的因素，系统总风量宜在按式（10-4）计算所得的风量上加 25% 的裕量。

10.5.3　防烟楼梯间加压系统的计算

设有一栋 n 层建筑的防烟楼梯间，其中 m 层的楼梯间门（一道门）及其前室的门（二道门）都开启，其余（$n-m$）层的一、二道门都关闭，只对楼梯间送风加压，确定加压送风量。

图 10-10（a）表示了楼梯间加压送风后，送入楼梯间的空气流动模式，其中 m 层疏散门是打开的，画于最下面两层示意，而其余的门都关闭，实际开门或关门的楼层是任意的，图中画法不影响问题的分析。图中的 $A_{s.d}$、$A_{a.d}$ 分别表示楼梯间和前室门洞的面积，$A_{s.c}$、$A_{a.c}$ 分别表示楼梯间和前室门的缝隙面积，$A_{w.c}$ 表示窗户缝隙面积，A_o 表示由走道经房间流向室外的当量流通面积。为了简化计算，作如下假定：（1）楼梯间上下的压力相等、室外上下的压力也相等；（2）空气进入走廊后，通过多个房间的门和窗（当量流通面积为 A_o）流向室外，$A_{s.c}$（或 $A_{a.c}$）$\ll A_o$；（3）门洞和缝的阻力

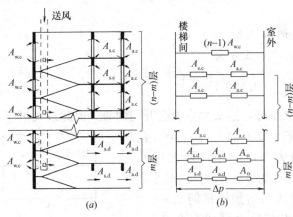

图 10-10　楼梯间加压时空气流动模式和网络图

(a) 空气流动模式；(b) 空气流动的网络图

系数一样。根据流动模式可画出空气流动的网络图，见图 10-10 (b)。通路的阻力与流通面积的倒数成正比，图中直接标为面积。由图 10-10 可见，送入楼梯间的空气量主要通过三条路线流向室外：第一条路线，经 m 层开启的一、二道门洞和房间门窗缝；第二条路线通过楼梯间的窗缝；第三条路线经 (n−m) 层楼梯间和前室关着门的缝和房间门窗缝，由于多个房间门窗缝 $A_o \gg A_{s.c}$（或 $A_{a.c}$），因此在网络图中省略了 A_o。总风量应当是三条路的风量之和。计算步骤如下：

（1）通过开启门洞的风量用式（10-2）进行计算，即

$$\dot{V}_1 = mA_{a.d}v \tag{10-6}$$

（2）分别求出三条路的当量流通面积

第一条路线当量流通面积为

$$A_{e.1} = m\left(\frac{1}{A_{s.d}^2} + \frac{1}{A_{a.d}^2} + \frac{1}{A_o^2}\right)^{-1/2} \tag{10-7}$$

第二条路线当量流通面积为

$$A_{e.2} = (n-1)A_{w.c} \tag{10-8}$$

第三条路线当量流通面积为

$$A_{e.3} = (n-m)\left(\frac{1}{A_{s.c}^2} + \frac{1}{A_{a.c}^2}\right)^{-1/2} \tag{10-9}$$

（3）求第二条路线和第三条路线的风量

由于这三条路线是并联路线，它们的风量分别与其流通面积成正比，因此有

$$\dot{V}_2 = \frac{A_{e.2}}{A_{e.1}}\dot{V}_1; \dot{V}_3 = \frac{A_{e.3}}{A_{e.1}}\dot{V}_1 \tag{10-10}$$

（4）总风量

$$\dot{V} = \dot{V}_1 + \dot{V}_2 + \dot{V}_3 \tag{10-11}$$

考虑到漏风及不可预见的原因，系统加压的风量应增加 10% 的富裕量。

上述的计算方法，实质上是用门洞风速法计算出基本风量后，再附加其他通路上的渗风量。下面讨论上述计算公式中的取值问题。

楼梯间和前室门同时开启层数 m 的取值，对计算风量起着至关重要的影响。同时开门数是一个很难确定的随机事件，它与疏散人数、疏散时间、门宽、建筑层数等因素有

关。一般认为，当某层起火，该层的人群将首先通过前室和楼梯间的门经楼梯到底层，再经过这层的两道门，通往室外，因此最少应取 $m=2$。一般认为，20 层以下，取 $m=2$；大于等于 20 层，取 $m=3$。通过概率分析，上述的取值是适宜的[7]。

由走道、房间通向室外的流通面积 A_o，如果是打开的门、窗则可以在计算中不予考虑，即式（10-7）中 A_o 可忽略；如果门窗是关闭的，A_o 等于与楼梯间相通的所有房间门、窗的缝隙面积之和。一般说按后者计算所得的风量比前一种的结果大得多。对于高层建筑，都有自然排烟或机械排烟，因此一旦起火，可认为窗是打开的，底层通向室外的门也是打开的，或是说排烟系统已启动了，因此由楼梯间流到走道的空气的出路是畅通的，走廊内无背压，即流入走道相当于流到室外。

门扇开启时的净面积一般小于门洞的面积。疏散门都是弹簧门，打开到 90° 时的情况很少，而且人通过时遮挡一部分面积，因此实际净流通面积小得多。但从设计安全和方便起见，可就取门洞的面积。

【例 10-3】 有一栋 18 层建筑，楼梯间和前室门的宽×高 = 1.6m×2m，楼梯间有 1.5m×1.5m 的铝合金推拉窗，求加压风量。

【解】（1）按式（10-6）求通过开启门洞的风量

$$\dot{V}_1 = 2 \times 2 \times 1.6 \times 0.7 = 4.48 \text{m}^3/\text{s}$$

（2）分别求出当量流通面积

取疏散门的缝宽为 3mm，窗缝取 0.35mm，从走道到室外的空气流动通道畅通，即 A_o 足够大，因此有

$$A_{e.1} = 2\left[\frac{1}{(1.6 \times 2)^2} + \frac{1}{(1.6 \times 2)^2}\right]^{-1/2} = 4.53 \text{m}^2$$

$$A_{e.2} = (18-1) \times (1.5 \times 2 + 1.5 \times 3) \times 0.35 \times 10^{-3} = 0.0357 \text{m}^2$$

$$A_{s.c} = A_{a.c} = (2 \times 3 + 1.6 \times 2) \times 0.003 = 0.0276 \text{m}^2$$

$$A_{e.3} = (18-2)\left[\frac{1}{(0.0276)^2} + \frac{1}{(0.0276)^2}\right]^{-1/2} = 0.312 \text{m}^2$$

（3）求其他通路的渗风量

$$\dot{V}_2 = \frac{0.0375}{4.53} \times 4.48 = 0.035 \text{m}^3/\text{s}$$

$$\dot{V}_3 = \frac{0.312}{4.53} \times 4.48 = 0.309 \text{m}^3/\text{s}$$

（4）求总加压风量

$$\dot{V} = (\dot{V}_1 + \dot{V}_2 + \dot{V}_3) \times 1.10 = (4.48 + 0.035 + 0.309) \times 1.10 = 5.3 \text{m}^3/\text{s}$$

（5）用压差法计算加压风量

当门全关闭时，则空气流通面积为

$$A_e = 0.0357 + 18 \times \left[\frac{1}{(0.0276)^2} + \frac{1}{(0.0276)^2}\right]^{-1/2} = 0.387 \text{m}^2$$

按式（10-4）有

$$\dot{V}_\mathrm{p} = 1.25 \times 0.839 \times 0.387 \times (50)^{1/2} = 2.87\mathrm{m^3/s}$$

由此例可见，用压差法计算得的风量远小于用门洞风速法计算的风量。一旦当门打开时，系统阻力减小，系统风量增加，但通过门洞的风速仍达不到防烟的要求。因此，以门洞风速法计算风量，再考虑其他缝隙漏风量的计算方法是比较适宜的。

10.5.4　前室加压系统的分析

电梯间前室或只对楼梯间前室的加压系统与防烟楼梯间的加压系统相比要复杂一些。

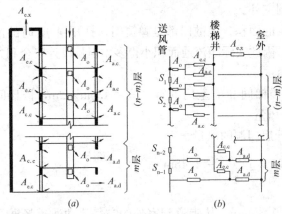

图 10-11　电梯间前室加压系统
(a) 空气流动模式；(b) 网络图

下面就电梯间前室的加压进行分析，图 10-11 (a) 是电梯间前室加压系统的空气流动模式，其中有 m 层的前室门被开启，而其余的 $(n-m)$ 层的前室门是关闭的。在每层前室内均设有加压送风口，送风口面积为 A_o。送风口有两种形式——常开型风口和常闭型风口。若用常闭型风口，当发生火警时，着火层及其上一层（和下一层）的风口自动开启，以使加压送风的空气集中用于着火层及邻层，防止烟气侵入疏散通道。计算得到的加压总风量比常开型风口的系统略小一些。这种系统的弊端是：当系统运行，某前室的风口开启而前室门尚未开启时，前室内正压升高，以致打不开前室的门；常闭型风口有一套自动控制系统，必须经常维护，如常年闲置而未加维护，火灾时有可能失控。由此可见，常闭型风口存在一定不安全的隐患。用常开型风口的系统，系统运行时，风量将按流通管路阻力的大小进行分配。当所有前室门都关闭时，则每层得到大致相等的风量；当某层的前室门开启时，这层流通阻力减小，则会有大量空气从这层涌出，保证了门洞具有一定风速。因此可以保证在任何层的前室门开启（在设计允许的开门数以内）时，获得足够量的空气量。这种系统中每层的送风口通常按系统的 1/3 风量，并不小于一个门洞所需的风量进行选取，出风速度不宜太大。

图 10-11 是常开型风口的加压送风系统。因此，加压风量将被送到每层的前室中，这时大量空气将被送入 m 层开门的前室，并从门洞流出。设电梯间前室的门洞面积为 $A_\mathrm{a,d}$，门缝面积为 $A_\mathrm{a,c}$，电梯井排气孔面积为 A_ex（无特殊说明，一般取 $A_\mathrm{ex}=0.1\mathrm{m^2}$），送风口面积为 A_o，电梯门的门缝面积为 $A_\mathrm{e,c}$。当电梯门打开时，电梯轿厢四周的缝是空气流通面积，它与电梯门缝面积并不相等，为简单起见，认为它的面积仍为 $A_\mathrm{e,c}$。根据空气流动的模式，可以画出网络图，如图 10-11 (b) 所示，其中通过门洞、门缝、风口等的阻力特性仍用相应的流通面积表示，而在送风管内的阻力特性用 S_1、S_2……S_{n-1} 表示。送风管的空气主要由三条路线流到室外：第一条路线经送风管、送风口（A_o）、门开启的前室的门洞（$A_\mathrm{a,d}$）、走道，最后流到室外，并认为向外的出口是畅通的；第二条路线经送风管、送风口（A_o）到门关闭的前室，从这里分两路，一部分空气经前室的门缝（$A_\mathrm{a,c}$）、走廊，

再流到室外；另一部分空气，即第三条路线，经过电梯门缝 A_{cc} 进入电梯井，经电梯井的排气孔 A_{cx} 排出一部分，另有一部分将从开门的前室流到室外。后一部分空气流向的原因是，门开启的前室的压力不大（如果门洞风 1m/s，门两侧的压差也就 1.4Pa），电梯井内的压力通常会高于前室，因此电梯井内空气会有一部分通过开启门洞的前室排到室外。上述的流动模式假定了电梯井内为一等压区。由于有阻力存在送风管内并非等压区，而且开门的前室位于送风管的哪个位置，都对风量分配有影响。因此解决这个问题比防烟楼梯间的加压系统要复杂些，需要利用流量平衡与回路压力平衡的原则，用计算机进行求解。作为简化的一种手算法，将送风管认为是等压的，并且是串联路上忽略流通面积大的阻力，则可以用与防烟楼梯间相类似的方法进行计算[8]。

这里分析了防烟楼梯间和电梯井前室的加压送风的流动规律。至于楼梯间前室、合用前室等的加压系统，它们各有一定的特殊性，也有与上面分析相类似的特点，读者可自行分析。

10.5.5 避难层（间）的加压系统

在层数很多的高层建筑中，人员在短时间内全部疏散到室外是比较困难的，因此需设置临时的避难层（间）。封闭的避难层（间）通常是与防烟楼梯间的前室或合用前室相连通的，这些地方有防烟措施，因此烟气从这里进入的可能性很少。避难层可以按压差法确定风量，保持室内有 25~30Pa 的正压。

10.6 加压防烟系统的几个问题分析

10.6.1 正压区墙体的漏风量

在加压风量计算时，同时计算了通过开启门洞的风量和门缝、窗户的漏风量。而正压区（楼梯间、前室或合用前室）的围护结构都是砖墙、混凝土砌块墙或混凝土现浇墙，它们也会漏风。这些不确定因素的漏风量比门缝、窗的漏风量更多，往往更难计算。实测资料表明[9]，同一种材料漏风量相差也很大，这可能与砌筑质量及实测精度有关，现摘其中楼梯间墙实测的中间值，综合成如下漏风量公式供参考：

砖墙楼梯间 $\qquad\qquad l = 4 \times 10^{-5} (\Delta p)^{0.784}$ · (10-12)

现浇混凝土楼梯间 $\qquad\quad l = 5.8 \times 10^{-5} (\Delta p)^{0.57}$ (10-13)

式中 $\quad l$——单位面积墙体的漏风量，$m^3/(s \cdot m^2)$；

Δp——楼梯间内外压差，Pa。

当楼梯间用门洞风速法计算风量时，楼梯间内正压不到 2Pa，按上述两个公式计算得到的漏风量可能只为总风量的 2%~3%；如果按压差法计算风量时，楼梯间内保持 50Pa，漏风量约为计算风量的 30%~50%。由此可见，加压防烟系统用门洞风速法确定风量时，附加 10% 的余量考虑墙体、风管等漏风量是适宜的；如果用压差法确定风量时，宜估算墙体的漏风量。

10.6.2 正压区超压问题

防烟楼梯间、前室、合用前室等加压防烟，其风量都是按 2 层或 3 层的门同时开启保

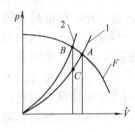

图 10-12　加压送风
系统的工作特性

证门洞一定风速并附加其他层的漏风设计的，通常比按压差法计算的风量大得多。那么如此大的风量在疏散门都关闭时将造成多大的正压呢？应该指出，该压力不能简单地根据风量公式（11-4）计算得出。该正压值由风机特性和加压系统的管路特性（含正压区的漏风）来确定。图 10-12 中曲线 F 为风机特性，设计工况下的工作点为 A，曲线 1 即为设计工况下（二层或三层的疏散门开启）的管路特性；曲线 2 为所有疏散门都关闭时的管路特性，B 为新的工作点。由于管路特性 1 是在门开启情况下的特性，而门洞的阻力在总阻力中占的比重很小，因此曲线 1 相当于送风管路从空气入口到送风口（包括送风口阻力）的管路特性。曲线 2 相当于原来的送风管路再加上正压区漏风通路的管路特性。这样，$(p_B - p_C)$ 即是在所有疏散门关闭时正压区的正压值。

下面通过实例来说明估算楼梯间内门全关闭时正压值的步骤。

【例 10-4】　上例的防烟楼梯间加压送风系统，风量为 $5.3 m^3/s$，根据管路的阻力选用 4-79 型 No.8C 风机一台，转速为 800r/min，风压为 470Pa，求该楼梯间门全关闭时的正压值。

【解】　当加压防烟风机开启而楼梯间门全关闭时，送入楼梯间的空气将从门、窗缝和墙体渗出。由此可求出楼梯间渗出这些空气的正压值。

（1）楼梯间通过门、窗缝漏风量

楼梯间的门、窗缝隙的面积已在例 10-3 中计算得到，为 $0.387 m^2$，应用式（10-4）可计算门、窗缝的漏风量，即

$$\dot{V}_1 = 0.839 \times 0.387 \ (\Delta p)^{0.5} = 0.325 \ (\Delta p)^{0.5} \tag{10-14}$$

（2）楼梯间墙体漏风量

设楼梯间为现浇混凝土结构，除门、窗外的墙体面积为 $1276 m^2$，应用式（10-13）可计算墙体的漏风量，即

$$\dot{V}_2 = 1276 \times 5.8 \times 10^{-5} \ (\Delta p)^{0.57} = 0.074 \ (\Delta p)^{0.57}$$

为方便下面的计算，将上式改写成如下形式的计算式：

$$\dot{V}_2 = 0.106 \ (\Delta p)^{0.5} \tag{10-15}$$

上式应用范围为 $\Delta p = 100 \sim 250 Pa$

（3）楼梯间总漏风量

$$\dot{V} = \dot{V}_1 + \dot{V}_2 = 0.431 \ (\Delta p)^{0.5}$$

上式可改写为

$$\Delta p = 5.38 \dot{V}^2 \tag{10-16}$$

（4）设计工况下加压送风系统的管路特性

管路特性写成 $p = S\dot{V}^2$ 形式。设计工况下风量为 $5.3 m^3/h$，阻力 470Pa，由此可求出 $S = 16.7$。加压送风系统的管路特性（图 10-12 中曲线 1）方程为

$$p = 16.7\dot{V}^2 \tag{10-17}$$

（5）楼梯间门全关闭时加压送风系统的管路特性

由于空气通过门洞的阻力很小，上式可以看做室外空气从吸入口到楼梯间的管路特性，因此，将式（10-16）和（10-17）相加就是楼梯间门全关时加压送风系统的管路特性（图10-12中曲线2），即

$$p = 16.7\dot{V}^2 + 5.38\dot{V}^2 = 22.08\dot{V}^2 \tag{10-18}$$

（6）风机特性

根据风机样本，本例所选用的风机在风量 $3.68 \sim 5.3\text{m}^3/\text{s}$ 范围内的特性为

$$p = 509 + 103\dot{V} - 20.9\dot{V}^2 \tag{10-19}$$

（7）楼梯间的门全关时的正压值

解式（10-18）和式（10-19）的联立方程，得 $\dot{V} = 4.84\text{m}^3/\text{s}, p = 517\text{Pa}$。利用式（10-16）求得楼梯间门全关时的正压值为

$$\Delta p = 5.38(4.84)^2 = 126\text{Pa}$$

此值已略大于一般认为的允许最大正压值。

（8）风机选用不当的后果

设计中常见的通病是设备选择时安全系数太大。当所选择风机裕量过大时，就会造成系统风量过大[10]。本例中如果选用了 4-79 型 No.8C 风机，转速为 1120r/min，风量在 $5.3\text{m}^3/\text{s}$ 时的全压为 1162Pa。这时即使在设计工况下，实际运行风量超过设计风量很多。用上述同样的方法，可以求出门全关闭时楼梯间内的正压值为 239Pa，大大超过了允许的最大正压值。

由上例可以看出，为防止正压区内门关闭时正压值过大，应做到正确计算系统的阻力，合理选择风机，切忌选用压力过大的风机；对室内正压值进行估算，如过高，应采取措施。防止超过最大压差的措施有：

（1）设置泄压阀（又称余压阀）

泄压阀的原理如图 10-13 所示。利用重锤的力矩与作用在阀板上的压力差平衡的原理，保持正压区一定的正压值。当压差超过设定值时，阀板被推开排风；小于设定值时阀板在重锤作用下关闭。压差设定值可通过改变重锤位置进行调整。泄压阀按需要泄出的多余空气量进行选择。余压阀排出的空气可排到通向室外的竖井中去，或建筑内部区域，或直接排到室外。排到室内时，应在泄压阀上串联一个防火阀（在 70℃ 时自动关闭，防止烟气进入正压区）。排到室外时，注意风力、风向的影响。

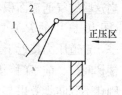

图 10-13 泄压阀
1—阀板；2—重锤

（2）风机变频调节风量

利用微差控制器，根据正压区的正压值，控制变频装置，改变风机电机的转速，从而改变风机的特性，保持正压区的正压值。这种方法调节的质量高，尤其设计不合适时，可以进行自动调整，但是初投资大。

（3）其他方法调节风量

在风机入口处设导叶式调节阀或其他节流型调节阀，或使风机压出的部分风量旁通回吸入段等，可以调节加压送风系统的风量。风量的调节也是根据正压区的正压值。节流型调节阀或旁通路上的调节阀均应采用具有较好调节性能的多叶调节阀，以保证系统有较好的调节质量。

10.6.3 热压对加压防烟系统的影响

热压产生的烟囱效应造成了室外空气和室内空气的交换流动。那么，对于楼梯间加压防烟系统有什么影响呢？图 10-14 表示了当室外温度低于室内温度时楼梯间加压送风系统运行时建筑物内的正压分布。P_o 与 P_s 为加压送风系统未运行时的室外和楼梯间内的压力分布线，此时室内走道或房间的压力应介于室外压力 P_o 与楼梯间压力 P_s 之间，即图中的阴影区。各层的走道或房间内压力与该层的门、窗开启情况有关。例如，该层的外门窗开启，而疏散门关闭，则走道或房间的压力接近室外压力；反之外门窗关闭而疏散门开启，则走道内压力接近于楼梯间压力。因此室内压力线上下不一定可以连成一直线。当加压送风系统启动后，楼梯间在短时间内就被室外空气所充满，此时楼梯间内压力分布线斜率将与室外的压力分布线斜率一样，即图 10-14 中的 P'_s。这时建筑内走道或房间的压力将重新分布，它将与建筑的情况有密切关系。这时防火楼梯间将不是建筑中的"烟囱"，但建筑内

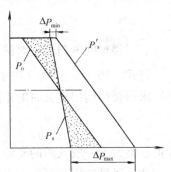

图 10-14 楼梯间加压送
风后的压力分布

P_o—室外空气压力线；P_s—建筑内压力
线；P'_s—加压送风后楼梯间内压力线

的管道井、电梯井、中厅、自动扶梯等都是建筑中的"烟囱"。在这些"烟囱"作用下，由于内隔断不同，在走道中形成不同的室内压力。走道既与防烟楼梯、消防电梯间相连接，又与管道井、中厅等的"烟囱"相连接。在这些"烟囱"上都有门、洞或其缝隙与走道相通。当这些空气通道面积大大小于外门窗和房间门或其缝隙的面积时，走道的压力接近室外压力（图 10-14 中的 P_o）；反之，走道的压力接近于"烟囱"内的压力（图 10-14 中的 P_s）。在冬季，走道压力接近"烟囱"的压力 P_s 的情况，对加压系统最为不利，就有可能在底层的楼梯间门、前室门等处出现内外压差过大，门难于开启的现象；而顶层的防烟区正压过小，则达不到防烟效果。

思 考 题 与 习 题

10-1 着火区利用可开启窗进行自然排烟，开窗后不会增强火势吗？请解释其间的矛盾。

10-2 控制火灾时烟气在建筑内流动的方式有哪几种？比较他们的有效性。

10-3 一面积为 $2400m^2$ 的房间（净高 5m），宜划分几个防烟分区？为什么在有排烟措施的房间内划分防烟分区？

10-4 "加压防烟是在门开启时，保证加压区有一定正压（25~50Pa）"，这种说法对吗？为什么？

10-5 某地下室，设有一机械排烟系统，负责地下一层和地下二层 7 个防烟分区的排烟；地下一层有 4 个防烟分区，其面积从远到近分别为 300、250、250、$400m^2$；地下二层有 3 个防烟分区，其面积从远到近分别为 500、350、$350m^2$，请确定该系统的排烟风量及各管段的风量。

10-6 例10-2的机械排烟系统，水平管 $A\sim F$ 的长度分别为7、14、15、7、19、10m，均为钢板风管；从地下二层到顶层的垂直管路为表面平整的混凝土风道（粗糙度1.0mm），地下二层与地下一层间水平管的垂直距离为5.4m，从地下一层水平管到顶层排烟风机的入口的垂直距离为51m；风机出口管为钢板风管，长1.5m，烟气由墙上的金属百叶风口排至室外；管路上的阀门、排烟口、管件按规范规定或需要设置，试确定该管路系统各管段的断面尺寸，计算系统总阻力，并为系统选择风机。

10-7 在一商场内有一高为18m的中庭，面积为320m²，试确定机械排烟系统的风量。

10-8 建筑高度为60m的宾馆，其防烟楼梯间是否一定要设置加压防烟系统？为什么？

10-9 一建筑高度为32m的商场，其防烟楼梯间是否一定要设置加压防烟系统？为什么？

10-10 有一栋15层的办公楼，在内区有一防烟楼梯间和前室，其门洞的宽×高＝1.8m×2.0m，门缝宽3mm，双扇门，试用门洞风速法和压差法确定机械加压系统的风量。

10-11 试确定16层建筑消防电梯间前室的机械加压系统的风量。已知电梯间前室门洞的宽×高＝0.8m×1.0m，门缝宽3mm；电梯门缝面积为0.06m²，电梯井上部的排气孔面积为0.1m²；前室中每层设一固定百叶风口，其有效开口面积为0.2m²。为便于手算，设风管的阻力很小，可略去不计。

10-12 如何防止加压防烟系统正压区超压？

10-13 试分析热压对加压防烟系统的影响，什么情况下出现热压对加压防烟影响最不利？如何避免？

参 考 文 献

[1] 朱颖心等. 建筑环境学（第三版）. 北京：中国建筑工业出版社，2010.

[2] 日本防火设施研究会编. 安中义，王力础译. 建筑防烟排烟设备. 北京：中国建筑工业出版社，1983.

[3] GB 50016—2014 建筑设计防火规范. 北京：中国计划出版社，2014.

[4] 赵国凌. 防排烟工程. 天津：天津科技翻译出版公司，1991.

[5] 高锡九，谈恒玉. 我国常用民用建筑外窗冷风渗透系数的确定方法及其计算参数推荐值. 暖通空调. 1985（6）：17～19.

[6] GB 50019—2003 采暖通风与空气调节设计规范. 北京：中国计划出版社，2004.

[7] 王砚玲，高甫生. 高层建筑火灾同时开启门数量的确定. 暖通空调. 2005（8）：86～90

[8] 陆亚俊. 防烟楼梯间和前室加压送风系统的设计问题. 空调设计（第2辑）长沙：湖南科技出版社，1997.

[9] ASHRAE Handbook. 2001 Fundamentals. Atlanta：ASHRAE，Inc. 2001.

[10] 李娥飞. 暖通空调设计与通病分析（第二版）. 北京：中国建筑工业出版社，2004.

第11章 室内气流分布

11.1 对室内气流分布的要求与评价

11.1.1 概述

大多数空调与通风系统都需向房间或被控制区域送入和（或）排出空气，不同形状的房间、不同的送风口和回风口形式和布置、不同大小的送风量等都影响着室内空气的流速分布、温湿度分布和污染物浓度分布。室内气流速度、温湿度都是人体热舒适的要素，而污染物的浓度是空气质量的一个重要指标。因此，要使房间内人群的活动区域（称工作区）成为一个温湿度适宜、空气质量优良的环境，不仅要有合理的系统形式及对空气的处理方案，而且还必须有合理的气流分布（Air distribution，或称空气分布）。气流分布又称为气流组织，也就是设计者要组织空气合理地流动。许多学者从不同的角度提出了对气流分布的要求与评价。例如，对有害污染物发生的车间，用有关污染物方面的指标来评价气流分布的效果，如污染物最大浓度区（应小于容许浓度）的当量扩散半径（相当球体的半径），实际的不均匀分布工作区的平均浓度与排风浓度比值[1]等；又如恒温恒湿空调房间对房间气流分布的要求是工作区内各点的温湿度均匀一致，并保持与基准的温湿度差最小。对气流分布的要求主要针对人员停留区或工作区（以下都称为"工作区"）。美国ANSI/ASHRAE标准55-2004[2]定义工作区通常为距地面1.8m以内、距外墙（窗）或供暖通风或空调设备1m和距内墙0.3m的区域。工艺性空调房间视具体情况而定。下面介绍对气流分布的主要要求和常用评价指标。

11.1.2 对温度梯度的要求

在空调或通风房间内，送入与房间温度不同的空气，以及房间内有热源存在，在垂直方向通常有温度差异（温度梯度）。从热舒适角度人体头足踝间空气的垂直温度差（以下简称温差）应控制在一定范围内。美国 ANSI/ASHRAE 标准 55-2004[2] 建议人体头和足踝间空气垂直温差＜3℃。国际标准 ISO 7730—2005[3] 分别规定了 3 个热舒适等级的头和足踝间（地面上 1.1m 和 0.1m 之间）的空气垂直温差为：A 级＜2℃，B 级＜3℃，C 级＜4℃。我国《民用建筑供暖通风与空气调节设计规范》[4] 对置换通风气流分布（参见 11.3.3）规定地面上 0.1～1.1m 间的空气垂直温差不宜大于 3℃。

11.1.3 工作区的风速

工作区的风速也是影响热舒适的一个重要因素。在温度较高的场所通常可以用提高风速的办法来改善热舒适环境。但是大风速通常是令人厌烦的，试验表明，风速在 0.5m/s

以下时，人没有太明显的感觉。各国的规范、标准或手册中对工作区的风速都有规定。我国规范规定[4]：舒适性空调室内人员长期停留区的风速冬季不应大于 0.2m/s，夏季不应大于 0.25m/s（热舒适度要求较高）或不大于 0.3m/s（热舒适要求一般）；工艺性空调室内人员活动区的风速冬季不宜大于 0.3m/s，夏季宜为 0.2～0.5m/s。

11.1.4 吹风感和气流分布特性指标

吹风感是由于空气温度和风速引起人体局部冷感，从而导致人体不舒适的感觉，它是热舒适的一个指标。吹风感用有效吹风温度（Effective Draft Temperature）θ 采评价，它定义为[5][6]

$$\theta = (t_x - t_r) - 8(v_x - 0.15) \tag{11-1}$$

式中　t_x、t_r——室内某地点的温度和室内平均温度，℃；

　　　　v_x——室内某地点的风速，m/s。

对于办公室，当 θ 在 $-1.7 \sim 1.1$℃，$v_x < 0.35$m/s 时，大多数人感觉是舒适的，小于下限值时有冷吹风感。有效吹风温度 θ 只是评价室内某点的一个热舒适指标，而室内人员停留区各点是否有吹风感则用气流分布特性指标 ADPI（Air Diffusion Perfomance Index）来评价，它定义为人员停留区内各点满足 θ 要求的点占总点数的百分比，即

$$ADPI = \frac{(-1.7 < \theta < 1.1) \text{ 的测点数}}{\text{总测点数}} \times 100\% \tag{11-2}$$

一般要求 ADPI≥80%。对于已有的房间，ADPI 可以通过实测各点的空气温度和风速来确定。在气流分布设计时，可以利用计算流体力学的办法进行预测，或参考有关文献、手册[7]提供的数值。

11.1.5 通风效率 E_v

通风效率 E_v 已在 8.3 节中进行了定义，它可理解为稀释通风时，参与工作区内稀释污染物的风量与总送入风量之比，或是污染物排风浓度与工作区浓度之比。由此可见，E_v 也表示通风或空调系统排出污染物的能力，因此 E_v 也称为排污效率。当送入房间空气与污染物混合均匀，排风的污染物浓度等于工作区浓度时，$E_v = 1$。一般的混合通风的气流分布形式 $E_v < 1$。但是，若清洁空气由下部直接送到工作区时，工作区的污染物浓度可能小于排风的浓度，这时 E_v 会大于 1。E_v 不仅与气流分布有着密切关系，而且还与污染物分布有关，污染源位于排风口处，E_v 增大。

通风效率实际上也是一个经济性指标。E_v 越大，表明排出同样发生量污染物所需的新鲜空气量越少，因此相应的空气处理和输送的能耗越小，设备费用和运行费也就越低。以转移热量为目的的通风和空调系统，通风效率中浓度可以用温度来取代，并称之为温度效率 E_T，或称为能量利用系数，表达式为

$$E_T = \frac{t_e - t_s}{t - t_s} \tag{11-3}$$

式中 t_e、t、t_s 分别为排风、工作区和送风的温度，℃。

11.1.6 空气龄

空气质点的空气龄简称空气龄（Age of air），是指空气质点自进入房间至到达室内某

点所经历的时间。局部平均空气龄定义为某一微小区域中各空气质点的空气龄的平均值。送入房间的空气到达房间某点的空气龄愈短，就表示该点的空气新鲜程度和清洁程度愈高，即掺混的污染物愈少，排除污染物的能力愈强。空气龄实测很困难，目前都是用测量示踪气体的浓度变化来确定局部平均空气龄。由于测量方法不同，空气龄用示踪气体的浓度表达式也不同。例如用下降法（衰减法）测量，在房间内充以示踪气体，在 A 点起始时的浓度为 $c(0)$，然后对房间进行送风（示踪气体的浓度为零），每隔一段时间，测量 A 点的示踪气体浓度，由此获得 A 点的示踪气体浓度的变化规律 $c(\tau)$，于是 A 点的平均空气龄（单位为 s）为

$$\tau_A = \frac{\int_0^\infty c(\tau)d\tau}{c(0)} \tag{11-4}$$

全室平均空气龄定义为全室各点的局部平均空气龄的平均值，即

$$\bar{\tau} = \frac{1}{V}\int_V \tau dV \tag{11-5}$$

式中　V——房间的容积。

到达房间内某点的空气，而后离开某点从排风口排出。把房间内某微小区域内气体离开房间前在室内的滞留时间称为局部平均滞留时间（Residence time），用 τ_r 表示，单位为 s。室内某一微小区域平均滞留时间减去空气龄即是该微小区域的空气流出室外的时间。全室平均滞留时间则为全室各点的局部平均滞留时间的平均值，用 $\bar{\tau}_r$ 表示。一个稳定的通风过程，任一时刻进出房间的空气量是相等的，全室平均空气流出的时间应等于全室平均空气龄。因此，全室平均滞留时间 $\bar{\tau}_r$ 应等于全室平均空气龄 $\bar{\tau}$ 的 2 倍，即

$$\bar{\tau}_r = 2\bar{\tau} \tag{11-6}$$

理论上活塞流（见图 11-9g）的通风过程具有最短的滞留时间，称之为名义时间常数（Nominal time constant）τ_n（s），它为

$$\tau_n = \frac{V}{\dot{V}} \tag{11-7}$$

式中　V——房间体积，m^3；

　　　$\dot{V}$——送入房间的空气量，m^3/s。

11.1.7　换气效率

换气效率（Air exchange efficiency）η_a 是评价换气效果优劣的一个指标，它是气流分布的特性参数，与污染物无关。它定义为空气最短的滞留时间 τ_n 与实际全室平均滞留时间 $\bar{\tau}_r$ 之比，即

$$\eta_a = \frac{\tau_n}{\bar{\tau}_r} = \frac{\tau_n}{2\bar{\tau}} \tag{11-8}$$

式中　$\bar{\tau}$——实际全室平均空气龄，s。

由于理论上最短滞留时间的气流分布，其空气龄（理想的、最短的平均空气龄）为 $\tau_n/2$，从式（11-8）可以看出，换气效率也可定义为最理想的平均空气龄（$\tau_n/2$）与全室平均空气龄（$\bar{\tau}$）之比。η_a 是基于空气龄的指标，因此它反映了空气流动状态的合理性。最理想的气流分布 $\eta_a=1$，一般的气流分布 $\eta_a<1$。

11.2　送风口和回风口

送风口以安装的位置分，有侧送风口、顶送风口（向下送）、地面风口（向上送）；按送出气流的流动状况分为扩散型风口、轴向型风口和孔板送风。扩散型风口具有较大的诱导室内空气的作用，送风温度衰减快，但射程较短；轴向型风口诱导室内气流的作用小，空气温度、速度的衰减慢，射程远；孔板送风口是在平板上满布小孔的送风口，速度分布均匀，衰减快。

图 11-1 为两种常用的活动百叶风口，通常安装在侧墙上用做侧送风口。双层百叶风口有两层可调节角度的活动百叶，短叶片用于调节送风气流的扩散角，也可用于改变气流的方向，而调节长叶片可以使送风气流贴附顶棚或下倾一定角度（当送热风时）；单层百叶风口只有一层可调节角度的活动百叶。双层百叶风口中外层叶片或单层百叶风口的叶片可以平行长边，也可以平行短边，由设计者选择。这两种风口也常用做回风口。

图 11-1　活动百叶风口
(a) 单层百叶风口；(b) 双层百叶风口

图 11-2 为用于远程送风的喷口，它属于轴向型风口，送风气流诱导室内风量少，可以送较远的距离，射程（末端速度 0.5m/s 处）一般可达到 10～30m，甚至更远。通常在大空间（如体育馆、候机大厅）中用做侧送风口；送热风时可用做顶送风口。如风口既送冷风又送热风，应选用可调角喷口（图 11-2b）。可调角喷口的喷嘴镶嵌在球形壳中，该球形壳（与喷嘴）在风口的外壳中可转动，最大转动角度为 30°，可用人工调节，也可通过电动或气动执行器调节。在送冷风时，风口水平或上倾；送热风时，风口下倾。

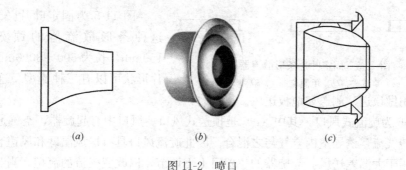

图 11-2　喷口
(a) 固定式喷口；(b) 可调角喷口照片图；(c) 可调角喷口剖面示意图

图 11-3 为三种比较典型的散流器，直接装于顶棚上，是顶送风口。图（a）为平送流型的方形散流器，有多层同心的平行导向叶片，使空气流出后贴附于顶棚流动。样本中送风射程指散流器中心到末端速度为 0.5m/s 的水平距离。这种类型散流器也可以做成矩形。方形或矩形散流器可以是四面出风、三面出风、两面出风和一面出风。平送流型的圆形散流器与方形散流器相类似。平送流型散流器适宜用于送冷风。图（b）是下送流型的圆形散流器，又称为流线型散流器。叶片间的竖向间距是可调的。增大叶片间的竖向间距，可以使气流边界与中心线的夹角减小。这类散流器送风气流夹角 θ（见图 11-10b）一般为 20°～30°。因此在散流器下方形成向下的气流。图（c）为圆盘型散流器，射流以 45°夹角喷出，流型介于平送与下送之间，适宜于送冷、热风。各类散流器的规格都按颈部尺寸 $A \times B$ 或直径 D 来标定。

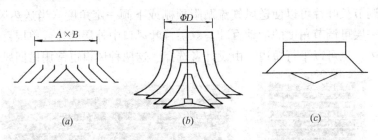

图 11-3 方形和圆形散流器
(a) 平送流型方形散流器；(b) 下送流型的圆形散流器；(c) 圆盘型散流器

图 11-4 为可调式条形散流器，条缝宽 19mm，长为 500～3000mm，可根据需要选用。调节叶片的位置，可以使散流器的出风方向改变或关闭，如图中所示。也可以多组组合（2、3、4 组）在一起。条形散流器用做顶送风口，也可以用于侧送。

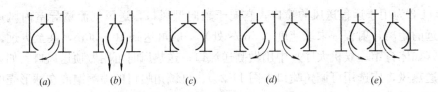

图 11-4 可调式条形散流器
(a) 左出风；(b) 下送风；(c) 关闭；(d) 多组左右出风；(e) 多组右出风

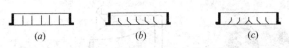

图 11-5 固定叶片条形散流器
(a) 直流式；(b) 单侧流；(c) 双侧流

图 11-5 为固定叶片条形散流器。这种条形散流器的颈宽为 50～150mm，长为 500～3000mm。根据叶片形状可以有三种流型。这种条形散流器可以用做顶送、侧送和地板送风。

图 11-6 为旋流式风口，其中（a）是顶送式风口。风口中有起旋器，空气通过起旋器后成为旋转气流，诱导室内空气与之混合。因此旋流风口具有送风温度和风速衰减快的特点，适宜用于大温差送风。起旋器的位置可上下调节，以改变气流的流型。当起旋器调节到下部时，气流呈向下吹出型，适宜送热风；起旋器上移时，气流呈散流型或贴附型。用

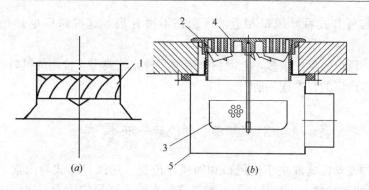

图 11-6 旋流式风口

(a)顶送型旋流风口；(b)地板送风旋流风口

1—起旋器；2—旋流叶片；3—集尘箱；4—出风格栅；5—静压箱

于高大空间向下送冷、热风的旋流风口，外壳做成圆柱体（出口无伞状散流圈），起旋器置于最下端。旋流风口还有其他形式，如内装导流叶片的旋流风口，叶片有固定的和可调角度的，后一种可根据使用场所或运行工况变化（如冷、热风转换）调节叶片角度，使送风呈吹出型、扩散型或贴附型气流。由于旋流风口的送风可调成不同的流型，因此，空间无论高或低都可用它作顶送风口。图中 (b) 用于地板送风的旋流式风口，它的工作原理与顶送形式相同。

图 11-7 为置换送风口。风口靠墙置于地上，风口的周边开有条缝，空气以很低的速度送出，诱导室内空气的能力很低，从而形成置换送风的流型（见 11.3 节）。图示的风口在 180°范围内送风，另外有在 90°范围内送风（置于墙角处）和 360°范围内送风的风口。风口的高度为 500～1000mm。

房间内的回风口在其周围造成一个汇流的流场，风速的衰减很快，它对房间的气流影响相对于送风口来说比较小，因此风口的形式也比较简单。上述的送风口中的活动百叶风口、固定叶片风口等都可以用做回风口，也可用铝网或钢网做成回风口。图 11-8 中示出了两种专用于回风的风口。图中 (a) 是格栅式风口，风口内用薄板隔成小方格，流通面积大，外形美观。图中 (b) 为可开式百叶回风口。百叶风口可绕铰链转动，便于在风口内装卸过滤器。适宜用做顶棚回风的风口，以减少灰尘进入回风顶棚。还有一种固定百叶

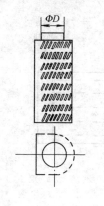

图 11-7 置换送风风口

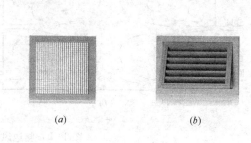

图 11-8 回风口

(a) 格栅式回风口；(b) 可开式百叶回风口

回风口，外形与可开式百叶风口相近，区别在不可开启，这种风口也是一种常用的回风口。

送风口、回风口的形式很多，上面只介绍了几种比较典型、常用的风口，其他形式风口可参阅有关生产厂的样本或手册[8]。

11.3　典型的气流分布模式

气流分布的流动模式取决于送风口和回风口位置、送风口形式等因素。其中送风口（它的位置、形式、规格、出口风速等）是气流分布的主要影响因素。房间内空气流动模式有三种类型：（1）单向流——空气流动方向始终保持不变；（2）非单向流——空气流动的方向和速度都在变化；（3）两种流态混合存在的情况。下面介绍几种常见风口布置方式的气流分布模式。

11.3.1　侧送风的气流分布

图 11-9 给出了 7 种侧送风的气流分布模式。图（a）为上侧送，同侧下部回风，送风气流贴附于顶棚，工作区处于回流区中。送风与室内空气混合充分，工作区的风速较低，温湿度比较均匀，适用于恒温恒湿的空调房间。回风口空气的污染物浓度和温度基本上等于工作区的浓度和温度，因此通风效率 E_v 和温度效率 E_T 接近于 1。但换气效率 η_a 较低，

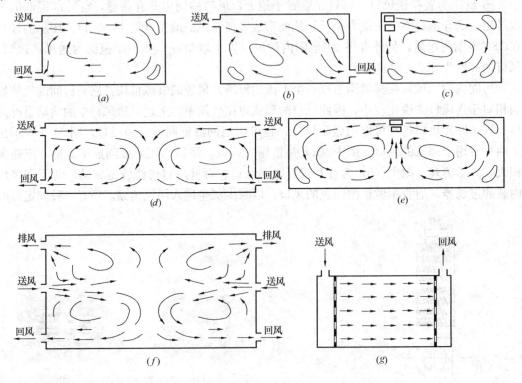

图 11-9　侧送风的室内气流分布

（a）上侧送，同侧下回；（b）上侧送，对侧下回；（c）上侧送，同侧上回；
（d）双侧送，双侧下回；（e）上部两侧送，上回；（f）中侧送，下回，上排；（g）水平单向流

大约小于0.5。图（b）为上侧送风，对侧下部回风。工作区在回流和涡流区中，回风口的污染物浓度低于工作区的浓度，$E_v < 1$。图（c）为上侧送风，同侧上部回风。这种气流分布形式与图（a）相类似，但 E_v 要稍低一些，η_a 一般在 $0.2 \sim 0.55$。图（d）、图（e）的模式分别相当于两个图（a）、图（c）气流分布的并列模式。它们适用于房间宽度大，单侧送风射流达不到对侧墙时的场合。对于高大厂房，可采用中部侧送风、下部回风、上部排风的气流分布，如图（f）所示。当送冷风时，射流向下弯曲。这种送风方式在工作区的气流分布模式基本上与图（d）相类似。房间上部区域温湿度不需要控制，但可进行部分排风，尤其是热车间中，上部排风可以有效排除室内的余热。图（g）是典型的水平单向流的气流分布模式。两侧都应设置起稳压作用的静压箱，使气流在房间的断面上均匀分布。在回风口附近，空气的污染物浓度等于排除空气的污染物浓度，$E_v = 1$；而在气流的上游侧，E_v 都大于1；在靠近送风口处，$E_v \to \infty$。水平单向流的换气效率 $\eta_a = 1$。这种气流分布模式也称为活塞流，多用于洁净空调，详见12.2节。

11.3.2 顶送风的气流分布

图11-10给出了四种典型的顶送风气流分布模式。图（a）为散流器平送，顶棚回风的气流分布模式。散流器底面与顶棚在同一平面上，送出的气流为贴附于顶棚的射流。射流的下侧卷吸室内空气，射流在近墙处下降。顶棚上的回风口应远离散流器，工作区基本上处于混合空气中。这种气流分布模式的通风效率 E_v 低于上述的侧送气流。换气效率 η_a 约为 $0.3 \sim 0.6$。图（b）为散流器向下送风，下侧回风的室内空气分布。所用的散流器具有向下送风的特点（见图11-3b）。散流器出口的空气以夹角 $\theta = 20° \sim 30°$ 喷射出，在起始段不断卷吸周围空气而扩大，当与相邻的射流搭接后，气流呈向下流动的模式。工作区位于向下流动的气流中，在工作区上部是射流的混合区。这种流型的 E_v 和 η_a 都比图（a）的气流分布高。图（c）为典型的垂直单向流。送风与回风都有起稳压作用的静压箱。送

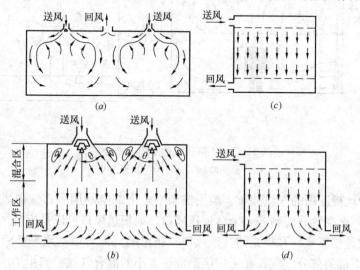

图 11-10 顶送风的室内气流分布

（a）散流器平送，顶棚回风；（b）散流器向下送风，下侧回风；

（c）垂直单向流；（d）顶棚孔板送风，下侧回风

风顶棚可以是孔板，下部是格栅地板，从而保证了气流在横断面上速度均匀，方向一致。这种流型的 $E_v > 1$，$\eta_a = 1$。图（d）为顶棚孔板送风，下侧回风，与图（c）不同之处是取消了格栅地板，改为两侧回风。因此不能保证完全是单向流，气流在下部偏向回风口。这种流型的 $E_v > 1$，$\eta_a < 1$，但比上述散流器送风的 η_a 要高。

11.3.3 下部送风的气流分布

图 11-11 为两种典型的下部送风的气流分布图。图（a）是下部低速侧送的室内气流分布。送风口速度很低，一般约为 0.3m/s。送风温度约低于工作区温度 3～6℃。温度低、密度大的送风气流沿地面扩散开来，在地面上形成速度小、紊流度低的低温"空气湖"。接近热源（人体、计算机等热物体）的空气受热后形成自然对流热射流，称羽流（Plume）。羽流卷吸周围空气及污染物向上升，从上部的风口排出房间。如果热源的羽流所卷吸的空气量小于下部的送风量，则该区域内的气流保持向上流动；当到达一定高度后，卷吸的空气量增多而大于下部送风量时，则将卷吸顶棚返回的气流，因此上部就有回流的混合区，如图中虚线以上区域。当混合区在 1.8m 以上（坐姿工作时 1.1m 以上）时，将可保持工作区有较高空气质量。这种气流分布模式称之为置换通风（Displacement ventilation）。"置换"的意思是用送入空气置换工作区的空气。置换通风气流分布的特点是：（1）室内产生热力分层，即分成上、下两区，下部工作区的气流近似向上的单向流，空气清洁，温度较低；上区出现污染气流返回、混合，其温度和污染物的浓度都较高。（2）通风效率 E_v 和温度效率 E_T 都很高，换气效率 $\eta_a = 0.5～0.6$。（3）由于送风温差小，抵消房间冷负荷的能力低。（4）送风口设在下部，在风管布置、与室内装修配合方面有一定困难。

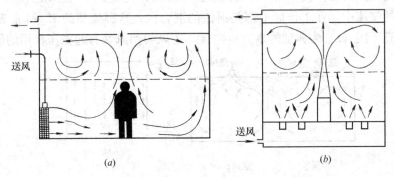

图 11-11 下部送风的室内气流分布
（a）下部低速侧送风；（b）地板送风

图（b）为地板送风的气流分布。地面需架空，下部空间用做布置送风管，或直接用做送风静压箱，把空气分配到若干个地板送风口。地板送风口可以是旋流风口（有较好的扩散性能），或是格栅式、孔板式的其他风口。送出的气流可以是水平贴附射流或垂直射流。射流卷吸下部的部分空气，在工作区形成许多小的混合气流。当小型的地板送风口送风速度小于 2m/s，且布置均匀时，也像低速侧送风一样，形成置换通风模式[9]。应该指出，无论侧送，还是地板送风，当送风速度过大或工作区的气流分布很不均匀时，都有可能破坏上、下热力分层，上部的污染热空气卷吸到下部工作区，减弱了送风气流在工作区的置换作用，甚至不成为置换通风了。在高冷负荷密度的计算机房、程控机房等场所，即使形成不了置换通风的气流分布模式，采用地板送风仍然是一种最佳选择。它可以把冷风直接送入机柜，有效地将热量带走，并辅以其他地方的地板送风口，仍可以使工作区获得清洁的、良好的热环境。

下部送风的垂直温度梯度都较大，设计时应校核温度梯度是否符合 11.1.2 中的要求。另外，送风温度也不应太低，避免足部有冷风感。下部送风适用于计算机房、办公室、会议室、观众厅等场合。污染物密度大于空气密度时，不宜使用下部送风。

下部送风除了上述两种模式外，还有座椅送风方案，即在座椅下或椅背处送风。这也是下部送风的气流分布模式，通常用于影剧院、体育馆的观众厅。

11.3.4　工位送风

工位送风是把处理后的空气直接送到工作岗位，造成一个令人满意的微环境。这种送风方式在工业建筑的热车间已广为应用（参见 8.5.2），20 世纪末开始应用于舒适性空调中。目前已用于办公室、影剧院等场所的空调系统中。送风口的风量、风向或温度通常可以由使用者根据自己的喜好进行个性化调节，故这种送风方式又称个性化送风，用这种送风的空调称为个性化空调。用于办公室工位送风的风口通常就设在桌面上，故也称为桌面送风。桌面送风装置的形式有[10]：（1）在办公桌靠近人的侧边上设风口，约 45°向上送风，气流先到达人的上半身，再经呼吸区；（2）在桌面上靠近人处设条形风口，约 45°向上送风，直达人的呼吸区；（3）在办公桌后部放置风口，风口可上下、左右调节角度，送风直达人的呼吸区，送风距离较上两种方式远；（4）活动式风口，利用机械臂使风口位置变动，能较好地使送风直达人的呼吸区。桌面送风口通常采用百叶式风口或孔板式风口。

工位送风通常与背景空调（房间或区域的空调）相结合，两者可以是同一空调系统。背景空调大多采用地板送风的气流分布。背景空调控制的室内温度可比常规空调高一些，甚至可提高到 30℃。工位送风的主要优点有：（1）送风到达人的呼吸区距离短，空气龄很小，换气效率 η_a 可达 87%[11]，空气质量好。（2）可按个人的热感觉调节风量、风向或温度，充分体现了"个性化"的特点。（3）背景空调设定的房间温度较高，且人员离开时可关闭工位送风口，因此，空调的运行能耗低。

11.3.5　诱导通风

诱导通风是利用喷口送出的射流卷吸周围的空气，并带动它沿着预设的线路流动的气流分布模式。这种气流分布模式最早由瑞典的 ABB 公司所发明，开始主要用于汽车库、仓库、车间等大空间的通风，把这种气流分布模式的系统称之为诱导通风系统。但目前已不仅用于通风系统中，也用于大空间（如展厅）的空调系统中。图 11-12 为诱导通风的室内气流分布示意图。图中 1 为诱导风机机组，又称射流风机机组，简称为诱导风机或射流风机，它由风机、喷口（1 个或多个，

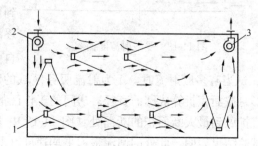

图 11-12　诱导通风室内气流分布示意图

1—诱导风机；2—新风机组；3—排风机

通常采用可调角的喷口）组成，可直接挂于楼板下。新风风机（图中 2）把室外新风送入室内，在寒冷和严寒地区，送入的新风在冬季需要加热。在喷口射流的作用下，新风和室内空气不断地掺混，稀释了室内污染物；同时射流又引导室内空气按预设的路线向排风机（图中 3）一侧流动；由排风机排出一部分室内空气。为使射流到达工作区，喷口应有向下的倾角。射流随着射程的增长，速度逐渐衰减，当轴心速度衰减到 $\geqslant 0.5 m/s$ 时，则由另一诱导风机的射流接力。射流的射程与喷口的类型、直径、出口速度等因素有关，可以按自由射流相关的公式进行计算。诱导风机产品样本中通常给出了各种规格诱导风机的风量、出口速度、射程等性能参数，设计者可直接选用。

　　引入的新风量应保证气流下游侧（排风机一侧）的污染物浓度达到有关标准规定的容许浓度；因此，在气流的上游侧的空气质量会优于下游侧。这种气流模式的通风效率 E_v 接近于 1。

　　诱导通风系统与传统的机械送排风系统相比的优点有：无断面大的风管，节省了有效空间，可在层高较低的场所（如地下车库）中应用；系统风机的总功率小，因此运行费用低；系统简单，施工方便，初投资较低；引导全场空气流动，空气不流动的滞流区小；通风效率高。

11.4　室内气流分布的设计计算

　　气流分布设计的目的是布置风口、选择风口规格、校核室内气流速度、温度等。下面就主要的几种气流分布阐述它们的设计方法。

11.4.1　侧送风的计算

　　除了高大空间中的侧送风气流可以看作自由射流外，大部分房间的侧送风气流，如图 11-9 (a) ～ (e)，都是受限射流——射流的边界受到房间顶棚、墙等限制的影响。受限射流的规律，苏联学者作了系统的实验研究[12]。研究表明，气流从风口喷出后的开始阶

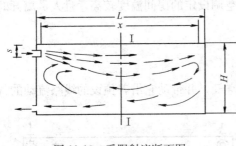

图 11-13　受限射流断面图

段仍按自由射流的特性扩散，射流的断面与流量逐渐增大，边界为一直线；当射流断面扩展到房屋断面的 20%～25% 时，射流断面扩展的速度比自由射流要缓慢；当射流断面扩展到房屋断面的 40%～42% 时，射流断面和流量都达到了最大（图 11-13 中断面Ⅰ-Ⅰ），断面和流量逐渐减小，直到消失。射流受限的程度用射流自由度 $\sqrt{A}/d_o$ 来表示，其中 A 为房间的断面积，

m^2。当有多股射流时，A 为射流服务区域的断面积；d_o 为风口的直径，m，当风口为矩形时按面积折算成圆的直径。房间的工作区都在回流区，回流区中风速最大的断面应是射流扩展到最大断面积的断面处（图 11-13 中Ⅰ-Ⅰ断面），因这里是回流断面最小的地方。试验结果表明，此处的回流最大平均速度（即工作区的最大平均速度）$v_{r,max}$（m/s）与风口出口风速 v_o（m/s）有如下关系：

$$\left(\frac{v_{r,\max}}{v_o}\right)\left(\frac{\sqrt{A}}{d_o}\right) = 0.69 \tag{11-9}$$

如果工作区允许最大风速为 $0.2\sim0.3$m/s（见 11.1.3），代入式（11-9），即可得到允许最大的出口风速为

$$v_{o,\max} = (0.29 \sim 0.43)\frac{\sqrt{A}}{d_o} \tag{11-10}$$

此外，出口风速还应考虑噪声的要求，一般宜在 $2\sim5$m/s 内选取，对噪声控制要求高的场合，风速应取小值。

在空调房间内，送风温度与室内温度有一定的温差，射流在流动过程中，不断掺混室内空气，其温度逐渐接近室内温度。因此要求射流的末端温度与室内温度之差在一定限度之内。射流温度衰减与射流自由度、紊流系数、射程等有关，对于室内温度波动允许大于 $1℃$ 的空调房间，可认为只与射程有关。中国建筑科学研究院空气调节研究所曾对受限空间非等温射流进行了试验研究。试验采用三层百叶风口，在恒温室内进行。三层百叶风口相当于在双层百叶风口（图 11-1a）的进风侧加了调节风量的叶片，目前工程上常采用双层百叶风口加风口调节阀替代三层百叶风口。试验得到了温度衰减的变化规律，见表 11-1。另外，当送冷风时，射流将较早地脱离顶棚而下落。射流的贴附长度与射流的阿基米德数 Ar 有关，Ar 数为

$$Ar = \frac{gd_o\Delta t_s}{v_o^2 T_r} \tag{11-11}$$

式中 Δt_s 为送风温差，即室内温度 t_r 与送风温度 t_s 之差，℃；$T_r = 273 + t_r$，K；g 为重力加速度，m/s^2。Ar 数越小，射流贴附长度越长；Ar 越大，贴附射程越短。中国建筑科学研究院空气调节研究所通过试验，给出了它们的关系，见表 11-2。

受限射流温度衰减规律　　　　　　　　　　　　　　　　表 11-1

x/d_o	2	4	6	8	10	15	20	25	30	40
$\Delta t_x/\Delta t_s$	0.54	0.38	0.31	0.27	0.24	0.18	0.14	0.12	0.09	0.04

注：(1) Δt_x 为在 x 处的射流轴心温度 t_x 与室内温度 t_r 之差，Δt_s 为送风温差。

(2) 试验条件：$\sqrt{A}/d_o = 21.2\sim27.8$。

射流贴附长度　　　　　　　　　　　　　　　　表 11-2

Ar（$\times10^{-3}$）	0.2	1.0	2.0	3.0	4.0	5.0	6.0	7.0	9.0	11	13
x/d_o	80	51	40	35	32	30	28	26	23	21	19

在布置风口时，风口应尽量靠近顶棚，使射流贴附顶棚。另外，为了不使射流直接到达工作区，射流混合室内空气后扩大，有一定高度，因此要求侧送风的房间高度最小为

$$H' = h + 0.07x + s + 0.3 \tag{11-12}$$

式中 h 为工作区高度，$1.8\sim2.0$m；x 和 s 见图 11-12 所示；0.3m 为安全系数。

气流分布设计时，要求射流贴附长度达到对面墙 0.5m 处；并要求该处的射流温度与工作区温度之差为 $1℃$ 左右，如果是恒温恒湿空调房间，应根据允许温度波动值来确定（详见文献 [8]、[13]）。

气流分布设计的已知条件：房间送风量 $\dot{V}$，m³/s；射流方向的房间长度 L，m；房间

总的宽度 B，m；房间净高 H，m；送风温度 t_s，℃；室内设计温度 t_r，℃。侧送风气流分布的设计步骤如下：

（1）按允许的射流温度衰减值，求出射流最小相对射程 x/d_o。对于舒适性空调，射流末端的 Δt_x 可为 1℃左右。

（2）根据射流的实际长度和最小相对射程，计算风口允许的最大直径 $d_{o,max}$。从风口样本中预选风口的规格尺寸。对于非圆形的风口，按面积折算风口直径，即

$$d_o = 1.128\sqrt{A_o} \tag{11-13}$$

式中 A_o 为风口的面积，m²。使 $d_o \leqslant d_{o,max}$。

（3）设定风口数量为 n，并计算风口的出风速度，即

$$v_o = \frac{\dot{V}}{\Psi A_o n} \tag{11-14}$$

式中 Ψ 为风口有效断面系数，可根据实际情况计算确定，或从风口样本上查找，对于双层百叶风口 Ψ 约为 0.72～0.82。出口风速一般不宜大于 5m/s。

（4）根据房间的宽度 B 和风口数计算出射流服务区断面积为

$$A = BH/n \tag{11-15}$$

由此可以计算射流自由度 $\sqrt{A}/d_o$，并由式（11-10）计算出允许的最大出口风速 $v_{o,max}$，如果大于实际出口风速，则认为合适。如果小于实际风速，则表明回流区平均风速超过了规定值。超过太多时，应重新设置风口数和风口尺寸。

（5）按式（11-11）计算 Ar，由表 11-2 确定射流贴附的射程，如果大于或等于要求的射程长度，则认为设计合理，否则重新假设风口数和风口尺寸，重复上述计算。

（6）按式（11-12）校核房间高度。

【例 11-1】已知房间的尺寸为 $L=6$m，$B=21$m，净高 $H=3.5$m；采用侧送风气流分布模式；总送风量 $\dot{V}=0.88$m³/s，送风温度 $t_s=20$℃，室内设计温度 $t_r=26$℃。试进行气流分布设计。

【解】（1）求射流最小相对射程

设 $\Delta t_x=1$℃，因此 $\Delta t_x/\Delta t_s = 1/6 = 0.167$。由表 11-1 查得射流最小相对射程 $x/d_o = 16.6$。

（2）计算风口直径

设在房间一侧墙靠顶棚安装风口，风口下边离顶棚 0.4m，离墙 0.5m，射流末端离墙 0.5m，实际射程 $x=6-0.5-0.5=5$m。由射流最小相对射程求得送风口的最大直径 $d_{o,max}=5/16.6=0.3$m。选用双层百叶风口，规格为 300mm×200mm。根据式（11-13），与其面积相当的风口直径为

$$d_o = 1.128\sqrt{0.3 \times 0.2} = 0.276\text{m}$$

（3）计算风口的出口风速

设房间内共有 5 个平行布置的风口。根据式（11-14），风口的出口风速为

$$v_o = \frac{\dot{V}}{\Psi A_o n} = \frac{0.88}{0.75 \times 0.3 \times 0.2 \times 5} = 3.91\text{m/s}$$

（4）求射流自由度和风口最大出口风速

每股射流服务区的断面积为

$$A = \frac{21}{5} \times 3.5 = 14.7 \text{m}^2$$

因此，射流自由度为

$$\frac{\sqrt{A}}{d_o} = \frac{\sqrt{14.7}}{0.276} = 13.89$$

根据式（11-11），允许风口最大出口风速为

$$v_{o,\max} = 0.29 \times 13.89 = 4\text{m/s} > v_0(3.91\text{m/s})$$

（5）求贴附射程

首先根据式（11-12）求阿基米德数，得

$$Ar = \frac{9.81 \times 6 \times 0.276}{(3.91)^2 \times (273 + 26)} = 3.55 \times 10^{-3}$$

从表 11-2 可查得，相对贴附射程为 33，因此，贴附射程为 33×0.276＝9.1m＞5m。满足要求。

（6）校核房间高度

根据式（11-12）有

$$H' = 1.8 + 0.07 \times 5 + 0.6 + 0.3 = 3.05\text{m}$$

现房高 3.5m，符合要求。

以上计算步骤与实例适用于对温度波动范围的控制要求大于 ±1.0℃ 的空调房间，对于恒温恒湿空调房间的气流分布设计参阅文献 [8]、[13]。

11.4.2 散流器送风的计算

11.4.2.1 平送型和圆盘型散流器送风

平送型散流器的气流分布模式如图 11-10（a）所示，送出的气流贴附于顶棚。圆盘型散流器送出的气流扩散角大，接近平送流型。散流器送风气流分布设计步骤是：首先布置散流器，然后预选散流器，最后校核射流的射程和室内平均风速。散流器布置的原则是：（1）布置时充分考虑建筑结构的特点，散流器平送方向不得有障碍物（如柱）。（2）一般按对称布置或梅花形布置（如图 11-14 所示）。（3）每个圆形或方形散流器所服务的区域最好为正方形或接近正方形；如果散流器服务区的长宽比

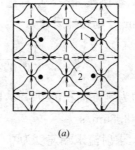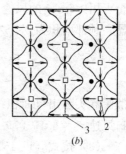

图 11-14　散流器平面布置图

（a）对称布置；（b）梅花形布置；

1—柱；2—方形散流器；3—三面送风散流器

大于 1.25 时，宜选用矩形散流器。如果采用顶棚回风，则回风口应布置在距散流器最远处。图 11-14 为两种典型的散流器平面布置形式，其中（a），对称布置；（b）为梅花形布置，这种布置方式，每个散流器送出气流有互补性，气流分布更为均匀。

散流器送风气流分布计算，主要选用合适的散流器，使房间内风速满足设计要求。根据 P.J.杰克曼（P.J.Jackman）对圆形多层锥面和盘式散流器的实验结果综合的公式，散

流器射流的速度衰减方程[8]为

$$\frac{v_x}{v_o} = \frac{KA^{1/2}}{x + x_o} \tag{11-16}$$

式中　x——以散流器中心为起点的射流水平距离，m；

　　　v_x——在 x 处的最大风速，m/s；

　　　v_o——散流器出口风速，m/s；

　　　x_o——平送射流原点与散流器中心的距离，多层锥面散流器取 0.07m；

　　　A——散流器的有效流通面积，m^2；

　　　K——系数，多层锥面散流器为 1.4，盘式散流器为 1.1。

室内平均风速 v_m（m/s）与房间大小、射流的射程有关，可按下式计算：

$$v_m = \frac{0.381rL}{(L^2/4 + H^2)^{1/2}} \tag{11-17}$$

式中　L——散流器服务区边长，m；

　　　H——房间净高，m；

　　　r——射流射程与边长 L 之比，因此 rL 即为射程，射程为散流器中心到风速为 0.5m/s 处的距离，通常把射程控制在到房间（区域）边缘之 75% 左右。

式（11-17）是等温射流的计算公式，当送冷风时，应增加 20%，送热风时减少 20%。

下面将通过实例来说明散流器的选择计算。

【例 11-2】　一 15m×15m 的空调房间，净高 3.5m，送风量为 1.62m^3/s，试选择散流器的规格和数量。

【解】　（1）布置散流器。采用图 11-14（a）的布置方式，即每个散流器承担 5m×5m 的送风区域。

（2）初选散流器。选用圆形平送型散流器，按颈部风速为 2～6m/s 选择散流器规格。层高低或要求噪声低时，应选低风速；层高高或噪声控制要求不高时，可选用高风速，甚至可用>6m/s 的风速。本例按 3m/s 左右选风口。选用颈部尺寸为 ϕ257mm 的圆形散流器，颈部面积为 0.052m^2，则颈部风速为

$$v = \frac{1.62}{9 \times 0.052} = 3.46 \text{m/s}$$

散流器实际出口面积约为颈部面积的 90%，即 $A = 0.052 \times 0.9 = 0.0468 m^2$。则散流器出口风速 $v_o = 3.46/0.9 = 3.85$m/s

（3）按式（11-16）求射流末端速度为 0.5m/s 的射程，即

$$x = \frac{Kv_o A^{1/2}}{v_x} - x_o = \frac{1.4 \times 3.85 \times (0.0468)^{1/2}}{0.5} - 0.07 = 2.26 \text{m}$$

射程与散流器到服务区边缘距离之比 2.26/2.5=0.82，射程符合要求。

（4）按式（11-17）计算室内平均速度，即

$$v_m = \frac{0.381 \times 2.26}{(5^2/4 + 3.5^2)^{1/2}} = 0.2 \text{m/s}$$

如果送冷风，则室内平均风速为 0.24m/s；送热风时，室内平均风速为 0.16m/s。所选散流器符合要求。

11.4.2.2 下送型散流器送风

下送型散流器送风的空气分布见图 11-10（b），所用的散流器如图 11-3（b）所示。为了使工作区位于向下的流动气流中，在布置散流器密度时，要使混合层（见图 11-10b）的高度 h_m 不得延伸到工作区，即

$$H - h_m \geqslant 工作区高度 \tag{11-18}$$

而

$$h_m = \frac{1}{2\mathrm{tg}\theta}(L - 2d_o) \tag{11-19}$$

式中　H——房间的净高，m，工作区高度按工艺要求确定，一般为 $1.8 \sim 2\mathrm{m}$；

　　　L——散流器的中心距，m；

　　　d_o——散流器颈部直径，m；

　　　θ——散流器射流边缘与中心线的夹角，取决于散流器叶片的竖向间距，查风口样本或手册[13]。

射流轴心速度衰减的规律为

$$\frac{v_z}{v} = \frac{0.6}{Z/d_o} \qquad (Z > 4d \text{ 时}) \tag{11-20}$$

式中　v——散流器颈部的风速，m/s；

　　　Z——从散流器出口算起的射程，m；

　　　v_z——距风口 Z 处的轴心速度，m/s。

式（11-20）可用于根据工作区要求的风速确定散流器的颈部风速。

射流的温度衰减规律为

$$\frac{\Delta t_z}{\Delta t_s} = \frac{C_z}{Z/d_o} \tag{11-21}$$

式中　Δt_s——送风温差，℃；

　　　Δt_z——射程 Z 处的射流温度与室内设计温度之差，℃；

　　　C_z——实验系数，当 $L = 2\mathrm{m}$ 时，$C_z = 1.3$；$L = 3\mathrm{m}$ 时，$C_z = 3.5$，其他间距时用插入法计算。

式(11-21)可用于校核区域温差(工作区内最高或最低温度与室内设计温度之差)是否符合要求。

11.4.3 条形散流器送风

图 11-15 为双条缝散流器平送风的气流分布模式。散流器可采用图 11-4（d）的可调式散流器或固定叶片散流器。散流器的条缝宽为 b，单位为 m；散流器长度与房间相同，装于房间（散流器服务区域）的中央。根据 P. J. 杰克曼的实验结果，条形风口速度衰减方程[8]为

$$\frac{v_x}{v_o} = K\left(\frac{b}{x}\right)^{1/2} \tag{11-22}$$

式中 x 为从条缝中心为起点的射流水平距离，m，由于条缝很小，射流原点与条缝中心很近，可视为

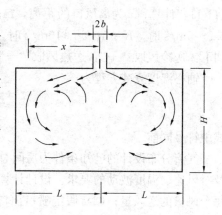

图 11-15　双条缝散流器平送风

333

同心；系数 $K = 2.35$；其余符号同式（11-16）。

室内的平均风速 v_m（m/s）与房间尺寸、射流长度有关，可按下式计算：

$$v_m = 0.25L\left(\frac{r}{L^2 + H^2}\right)^{1/2} \tag{11-23}$$

式中　L——风口中心到房间墙边或服务区域边缘的距离，m；

　　　r——射流末端风速为 0.5m/s 的射程与风口到墙边（或服务区域边缘）距离 L 之比，r 宜在 0.65～0.85 范围内。

式（11-23）为等温射流的公式。当送冷风时，v_m 应增加 20%；送热风时，减少 20%。应注意，式（11-22）、（11-23）是两个相反方向送风条缝的计算公式，也适用于两个条缝分别设在墙边相对送风的模式。平送型条形散流器设计步骤如下：（1）根据建筑平面，布置条形散流器，选择条缝宽度 b；（2）计算出口风速 v_o；（3）按式（11-22）计算射流末端风速 $v_x = 0.5$m/s 的射程 x，x 宜在（0.65～0.85）L 范围内，否则应重新选择条缝宽度 b 或改变布置方案；（4）按式（11-23）计算室内平均风速，若风速不符合要求，则重新按上述步骤进行计算。

11.4.4　喷口送风

大空间空调或通风常用喷口送风，可以侧送，也可以垂直下送。喷口通常是平行布置的，当喷口相距较近时，射流达到一定射程时会互相重叠而汇合。对于这种多股平行非等温射流的计算可采用中国建筑科学研究院空气调节研究所实验研究综合的计算公式[9]。但许多场合，多股射流在接近工作区附近重叠，为简单起见，可以利用单股自由射流计算公式进行计算。自由射流的计算公式也都是建立在实验基础上的经验公式，在《流体力学泵与风机》、《热质交换原理与设备》中都已介绍，这里为说明气流分布的设计步骤，介绍由 A. 柯斯特（A. Koestel）提出的经验公式[8][13]。

11.4.4.1　喷口垂直向下送风

轴心速度衰减方程为

$$\frac{v_x}{v_o} = K\frac{d_o}{x}\left[1 \pm 1.9\frac{Ar}{K}\left(\frac{x}{d_o}\right)\right]^{1/3} \tag{11-24}$$

式中 d_o 为喷口出口直径，m，对于矩形喷口，利用式（11-13）按面积进行折算；Ar 按式（11-11）计算；x 为离风口的距离，m；K 为射流常数，对于圆形、矩形喷口，当 v_o 为 2.5～5m/s 时，$K = 5$；$v_o \geqslant 10$m/s 时，$K = 6.2$；其他符号同前。公式中的正、负号取法如下：送冷风取"＋"，送热风取"－"。

轴心温度衰减方程为

$$\frac{\Delta t_x}{\Delta t_s} = 0.83\frac{v_x}{v_o} \tag{11-25}$$

式中符号同前。

气流分布设计的已知条件为房间总送风量、房间尺寸及净高、送风温度和工作区温度及对风速、温度波动的要求。设计计算步骤如下：（1）根据建筑平面特点布置风口，确定每个风口的送风量；（2）假定喷口出口直径 d_o，按式（11-24）计算射流到工作区（即 x ＝房间净高－工作区高度）的风速 v_x，如果 v_x 符合设计要求的风速，则进行下一步计算，如果不符合要求，需重新假定 d_o 或重新布置风口，再进行计算；（3）用式(11-25)校核区域温差 Δt_x 是否符合要求，如果不符合要求，需重新假定 d_o 或重新布置风口。

11.4.4.2 喷口侧送风

设喷口与水平轴有一倾角 α，向下倾为正，向上为负。倾角的大小根据射流预定的到达位置确定。通常送热风时下倾，而送冷风时 α 一般为 0。在图 11-16 所示的坐标系中，射流中心线轨迹方程为

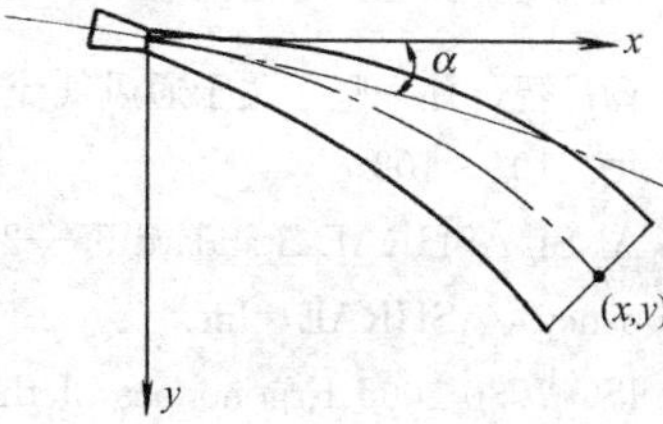

$$\frac{y}{d_o} = \frac{x}{d_o}\mathrm{tg}\alpha \pm K'Ar\left(\frac{x}{d_o\cos\alpha}\right)^n \quad (11\text{-}26)$$

图 11-16 喷口侧送射流的轨迹

式中的"$\pm$"号取法同式（11-24）；K' 和 n 为实验常数，各实验所得结果有所不同，见表 11-3。在 (x, y) 点处的射流轴心速度为

$$\frac{v_x}{d_o} = K\left(\frac{d_o\cos\alpha}{x}\right) \quad (11\text{-}27)$$

式中 K 值同式（11-24），温度衰减仍可利用式（11-25）进行计算。

喷口送风的设计步骤与垂直送风相同，这里不再赘述。

实验常数 K' 和 n 表 11-3

实 验 者	K'	n	备 注
美国，A. 柯斯特	0.065	3	$v_o \geqslant 5\mathrm{m/s}$，冷射流
日本，平山嵩	0.066~0.084	3	圆形、矩形风口，冷射流
俄国，И. A. 谢贝列夫	0.245	2.5	
俄国，Г. A. 阿勃拉莫维奇	0.052	3	

思 考 题 与 习 题

11-1 通风效率说明气流分布什么能力？它可以大于 1 吗？为什么？

11-2 三种不同的气流分布，其温度效率分别为 1、0.85、0.65，排除的余热、工作区的温度和送风温度都相等，求这三种气流分布的送风量之比。

11-3 一种气流分布的空气龄比另一种气流分布的空气龄长，问哪种气流分布的空气质量好？为什么？

11-4 试述换气效率的物理意义。

11-5 什么叫单向流？哪种气流分布是单向流？

11-6 什么叫置换通风？有何优缺点？地板送风的气流分布也是置换通风吗？

11-7 什么叫工位送风？有何优缺点？

11-8 某空调房间的平面尺寸为 24m×9m，净高 4.2m；已知送风量 $\dot{V} = 7200\mathrm{m}^3/\mathrm{h}$，送风温度为 19℃，室内温度为 26℃，采用侧送风的气流分布，在长边处布置风口，确定风口个数和尺寸。

11-9 有一 18m×36m 的空调房间，净高 3.6m，送风量为 14800m^3/h，采用圆形散流器送风，试选择散流器的规格与数量。（提示：圆形散流器规格有：颈部直径 154、205、257、308、356mm 等）

11-10 有一 18m×6m 的空调房间，净高 3m；送风量为 4670m^3/h，有两种条形散流器（b 分别为 13、19mm）可供选用，试布置风口并确定条形散流器的规格。

11-11 某体育馆采用可调角度喷口送风，已确定每个喷口的送风量为 1300m^3/h，送风温度为 19℃，室内设计温度为 27℃，喷口离地 10m，倾角 $\alpha=0$，要求射程 20m，求射流末端的轴心速度、温度及离地高度。若冬季送热风，送风温差为 4℃，室内设计温度为 20℃，要求射流末端离地 2m，求喷

口的倾角 α 和射流末端轴心速度。（提示：热射流宜用俄国学者的实验数据）

参 考 文 献

[1]　杨昌智，孙一坚. 关于通风气流组织效果评价比较方法探讨. 1994 年暖通空调制冷学术年会论文集. 104～108.

[2]　ANSI/ASHRAE Standard 55—2004. Thermal Environmental Comfort Conditions for Human Occupancy. ASHRAE，Inc.

[3]　ISO 7730-2005 Ergonomics of the thermal environment-Analytical determination and interprelation of the PMV and PPD indices and local thermal comfort criteria

[4]　GB 50736—2012 民用建筑供暖通风与空气调节设计规范. 北京：中国建筑工业出版社，2012.

[5]　朱颖心等. 建筑环境学(第三版). 北京：中国建筑工业出版社，2010.

[6]　ANSI/ASHRAE standard 113-2005 Method of Testing for Room Air Diffusion. ASHRAE，Inc.

[7]　井上宇井著. 范存养等译. 空气调节手册. 北京：中国建筑工业出版社，1986.

[8]　陆耀庆主编. 实用供热空调设计手册. 北京：中国建筑工业出版社，2008.

[9]　马仁民，连之伟，置换通风几个问题的讨论. 暖通空调. 2000(4)：18～22.

[10]　李俊，赵荣义. 个体化微环境调节研究进展. 暖通空调. 2003(3)：52～56.

[11]　薛志峰等. 超低能耗建筑技术及应用. 北京：中国建筑工业出版社，2005.

[12]　В. А. Бахарев，В. Н. Трояновский. Основы Проектирования и Расчета Отопления и Вентидядии с Сосредоточенным Выпуском Воздуха. Москва：ВЦСПС ПРОФИЗДАТ，1958.

[13]　电子工业部第十设计研究院. 空调设计手册. 北京：中国建筑工业出版社，1995.

第 12 章　特殊建筑空气环境的控制技术

12.1　洁净室与生物洁净室的基本概念

12.1.1　洁净室

洁净室是指空气悬浮粒子受控制的空调房间。在这些空调房间中，把大于或等于某一个或某几个粒径的粒子浓度控制在规定浓度以下。洁净室就是根据所控制粒子的浓度来定洁净等级，或称洁净度。用于洁净度分级的空气悬浮粒子的粒径在 $0.1 \sim 0.5 \mu m$ 范围内。洁净室除了有洁净等级外，还必须对空气的温、湿度和压力进行控制，并同时保证供给一定的新风量。除了室内空气压力（或是正压值）与洁净度有一定联系外，洁净室内的温、湿度和新风量只与室内的工艺、人员要求有关，而与洁净等级并无必然联系。

洁净室的发展与现代工业、尖端技术密切联系在一起。由于精密机械工业（如陀螺仪、微型轴承等加工）、微电子工业（如大规模集成电路、液晶显示器等生产）等对环境的要求，促进了洁净室技术的发展。国内曾统计过，在无洁净级别要求的环境下生产 MOS 电路管芯的合格率仅 $10\% \sim 15\%$，64 位存储器仅 2%。目前在精密机械、微电子、宇航、原子能等工业中应用洁净室已相当普遍。正是这些工业的发展，对洁净室的洁净级别要求越来越高，所要求控制的粒子直径越来越小。因此洁净室的标准不断地进行修订，我国 1977 年发布《空气洁净技术措施》，1984 年发布《洁净厂房设计规范》GBJ 73—84[1]，经修改后，于 2001 年发布了《洁净厂房设计规范》[2] GB 50073—2001。该规范的洁净度分级采用了国际标准 ISO 14644—1《洁净室及相关被控环境——第一部分，悬浮粒子的分级》的规定。表 12-1 给出了我国规范规定的洁净室及洁净区洁净度等级的悬浮粒子浓度限值。洁净度等级与浓度的关系式如下：

$$c_n = 10^N \left(\frac{0.1}{D} \right)^{2.08} \tag{12-1}$$

式中　N——洁净度等级，数字不超过 9，洁净度等级整数之间的中间数可以按 0.1 为最小允许递增量；

D——要求控制的粒径，μm；

c_n——大于或等于要求控制粒径的粒子最大容许浓度（最大浓度限值），pc/m^3（粒/米^3），c_n 值 4 舍 5 入至相近整数，有效位数不超过 3 位。

例如，5 级洁净室，$\geqslant 0.5 \mu m$ 粒子的最大浓度限值为 $c_n = 10^5 (0.1/0.5)^{2.08} \approx 3520 pc/m^3$。由于洁净室分级标准等效采用了 ISO 1644-1 的分级方法，故洁净室的等级也称为 ISO 等级，如 5 级洁净室也称为 ISO 5 级洁净室。洁净技术起源于美国，最早的标准都是英制。英制洁净度等级用≥0.5μm 粒子的英制浓度来命名。例如，≥0.5μm 粒子的容许浓度为 100pc/ft³（约 3530pc/m³）的洁净室，其洁净等级称为 100 级。我国 1984 年的《洁净厂房设计规范》GBJ 73—84 还沿用了英制等级名称—100 级、1000 级、1 万级、10 万级，目前工程中还在应用这种名称。上述 4 个等级与 GB 50072—2001 规范[2]中的 5、6、7、8 级相接近。洁净室的洁净度等级值越小，级别越高。同一等级的洁净室，根据工艺要求可对其中 1～2 种粒径的粒子浓度进行控制。例如，6 级洁净室可要求≥0.5μm 的粒子浓度不大于 35200pc/m³ 和≥5μm 的粒子浓度不大于 293pc/m³。

洁净室及洁净区洁净度等级的空气悬浮粒子最大浓度限值　　　　表 12-1

洁净度等级 N	大于或等于表中粒径粒子的最大浓度限值（pc/m³）					
	0.1μm	0.2μm	0.3μm	0.5μm	1μm	5μm
1	10	2				
2	100	24	10	4		
3	1000	237	102	35	8	
4	10000	2370	1020	352	83	
5	100000	23700	10200	3520	832	29
6	1000000	237000	102000	35200	8320	293
7				352000	83200	2930
8				3520000	832000	29300
9				35200000	8320000	293000

应该指出，洁净室内的洁净度与室内的状态有密切的关系。我国标准[2]与 ISO 标准均定义了三种室内状态：空态—设施已建成，净化空调系统正常运行，但无生产设备、材料及人员的状态；静态—已具备正常生产条件，净化空调系统正常运行，但室内无人员的状态；动态—净化空调系统和生产设备按规定的方式正常运行，且室内有操作人员的状态。其中"空态"只适用于新建或新改造洁净室的测试。洁净室验收的测试条件（洁净室的状态及所控制悬浮粒子的粒径）与业主商定。

12.1.2　生物洁净室

生物洁净室是指空气中微生物作为主要控制对象的洁净室。对于浮游在空气中的微生物来说，如细菌、立克次体和病毒等，在空气中难于单独生存，而是以群体存在，大多附着在空气中的尘埃上，形成悬浮的生物粒子。细菌单个大小约为 1～100μm，病毒单个大小约为 0.008～0.3μm，立克次体单个大小介于细菌与病毒之间，他们群体生存并附着于尘埃上时，一般约为 5～10μm，因此空气通过亚高效过滤器（对≥0.5μm 粒子的计数效率≥95%，<99.9%）后，可视为无菌空气。洁净室出现后，很快被引用到生物洁净技术中。生物洁净室主要用于制药、无菌动物饲养、医院中手术室、烧伤病房、白血病房、食品生产、高级化妆品生产等。我国的制药生产中应用生物洁净室已很普遍。

生物洁净室是在微电子、宇航等工业的洁净室基础上发展起来的，所以各国的生物洁净室标准大多采用洁净室分级的方法，再附加上对微生物的控制要求。不同行业各有不同的生物洁净室的标准。如我国的《药品生产质量管理规范》[3]、《食品工业洁净用房建筑技术规范》[4]、《医院洁净手术部建筑技术规范》[5]等都有各自的分级标准。下面以药品生产的生物洁净室为例介绍生物洁净室的等级及悬浮粒子和细菌最大浓度限值。表 12-2 为药品生产的生物洁净室的等级及悬浮粒子最大浓度限值（摘自文献［3］附录1）。表中 A 级适用于高风险操作区（如无菌药品的灌装区），静态和动态要求相同，对≥0.5μm 粒子的要求相当于 ISO 5 级（见表 12-1），对≥5μm 粒子的要求相当于 ISO 4.8 级。B 级适用于A 级区的背景区域，其静态和动态对悬浮粒子的要求分别相当于 ISO 5 级和 ISO 7 级。C级和 D 级适用于药品生产对洁净度要求程度较低的操作区，其中 C 级静态和动态对悬浮粒子的要求分别相当于 ISO 7 级和 ISO 8 级；D 级静态对悬浮粒子的要求相当于 ISO 8级。药品生产生物洁净室的微生物动态限值见表 12-3。表中各值均为平均值。单位 cfu 是指在规定的培养基上生成的菌落数，cfu 是英文 colony forming units 的缩写。沉降菌是在直径为 90mm 平皿上放在洁净室内不小于 4h，空气中细菌自然沉降在平皿上，在适当条件下培养生成的菌落数。表面微生物取样有接触皿（直径 55mm）法和棉签擦试法，其单位为菌落数/皿（cfu/pl）和菌落数/手套（cfu/gl）。

药品生产生物洁净室等级及粒子浓度限值　　　　　表 12-2

洁净级别	最大允许值（pc/m³）			
	静态		动态	
	≥0.5μm	≥5μm	≥0.5μm	≥5μm
A	3520	10	3520	20
B	3520	29	352000	2900
C	352000	2900	3520000	29000
D	3520000	29000	—	—

药品生产生物洁净室微生物动态限值　　　　　表 12-3

洁净级别	浮游菌 cfu/m³	沉降菌（φ90） cfu/4h	表面微生物	
			接触皿（φ55） cfu/pl	5 指手套 cfu/gl
A	<1	<1	<1	<1
B	10	5	5	5
C	100	50	25	—
D	200	100	50	

12.1.3　洁净室的尘源

洁净室内≥0.5μm 的尘粒主要来源有：室外新风带入、原料带入和室内人员活动产生。据我国对 24 个洁净厂房周围实测表明：市区大气含尘浓度平均为 $1.3×10^5$ pc/L，市郊平均 $1.17×10^5$ pc/L；农村为 $3.0×10^4$ pc/L，农村明显低得多。洁净室设计时室外大气含尘浓度按当地实测值确定。如无实测数据，大气含尘浓度可取如下数值[6]：工业城市取$3×10^5$ pc/L；工业城市郊区取 $2×10^5$ pc/L；非工业区或农村取 $1×10^5$ pc/L。室内尘粒的来源主要是人员（约占 80%～90%），其次是建筑（约占 10%～15%）。考虑人员建筑的总发尘量可用下列公式估算[6]：

劳动强度低（坐着操作）　　　$\dot{m}=83.3+2000p$　　　　　　　　　(12-2)

劳动强度中等　　　　　　　　$\dot{m}=83.3+3333p$　　　　　　　　　(12-3)

劳动强度高（活动频繁）　　　$\dot{m}=83.3+4667p$　　　　　　　　　(12-4)

式中　$\dot{m}$——单位容积的发尘量，pc/（m³·s）；

　　　　p——人员密度，p/m²。

上述公式适用于人员密度≤0.5p/m²。

【**例 12-1**】　洁净室平面为 3m×5m，高 3m，有 3 人工作，中等劳动强度，求室内人员总发尘量。

【**解**】　洁净室内的人员密度为 $p=3/(3\times5)=0.2$p/m²，代入式（12-3）有

$$\dot{m}=83.3+3333\times0.2=749.9\text{pc}/(\text{m}^3\cdot\text{s})$$

洁净室内人员总发尘量为

$$\dot{M}=\dot{m}V=749.9\times3\times5\times3=33745.5\text{pc/s}$$

12.1.4　实现洁净度要求的通风措施

洁净室要达到洁净等级，必须有综合措施，其中包括工艺布置、建筑平面、建筑构造、建筑装修、人员和物料净化、空气洁净措施、维护管理等。其中空气洁净措施是实现洁净等级的根本保证。就空气洁净而言，主要有以下几项具体措施：

（1）对洁净室的送风必须是有很高洁净度的空气。因此，必须选用高效或亚高效过滤器（洁净级别低时）作为终端过滤器，对进入洁净室的空气，进行最后一级过滤。为保护终端过滤器和延长其寿命，必须使空气先经中效过滤器进行过滤。

（2）根据洁净室的等级，合理选择洁净室的气流分布流型，在工作区应避免涡流区；尽量使送入房间的洁净度高的空气直接到达工作区；气流的流动有利于洁净室内的微粒从回风口排走。

（3）有足够的风量，既为了稀释空气的含尘浓度，又保证有稳定的气流流型。

（4）不同等级的洁净室、洁净室与非洁净区或洁净室与室外之间均应保持一定正压值。

12.2　洁净室和生物洁净室的空调系统

12.2.1　洁净室的气流分布

气流分布对洁净室等级起着重要的作用。根据气流的流动状态分，主要有以下三种气流分布的洁净室。

12.2.1.1　非单向流洁净室

非单向流洁净室，俗称乱流型洁净室，室内的气流并不都按单一方向流动。图 12-1 为几种典型的非单向流洁净室。这几个非单向流洁净室的共同特点是：（1）终端过滤器（高效或亚高效）尽量接近洁净室，它可以就是送风口或直接连送风口，也可以接到房间的送风静压箱上（如图 12-1b）；（2）回风口均设在洁净房间的下部，目的是避免出现"扬

灰"现象；非单向流洁净室中都有涡流存在，不适宜用于高洁净度的洁净室中，宜用于6～9级的洁净室中。图中（a）是顶棚均布高效过滤器风口的方案，是目前非单向流型洁净室用得比较多的一种流型。在风口下方的一定范围内基本上处于送风气流（已混有一部分室内空气）中。为了使送风气流下部的范围扩大，高效过滤器下装有扩散风口（又称扩散板）。但扩散风口在较长时间停运时会积灰，再次运行时必须擦净。当房间层高较高时，可以用图（d）的形式，即在高效过滤器出口接下送型散流器。在气流分布设计时，散流器的密度应能保证工作区处于下送风气流中，详见11.4.2.2。图中（b）是在房间顶棚的中央设一条孔板，从而可以使多个高效过滤器的风量在室内形成一条比较均匀的送风带，工作台可以设在孔板下方；缺点是孔板有积灰的可能。当房间层高很低而无法采用上送风时，可采用侧送风流型，工作区处在回风区，如图（c）所示，因此这种流型对洁净室来说很不理想，适宜用在洁净等级不高的洁净室中。

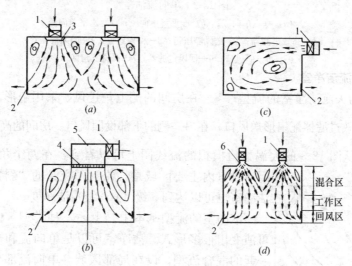

图 12-1　非单向流洁净室
1—高效过滤器；2—回风口；3—扩散风口；
4—送风孔板；5—静压箱；6—散流器

12.2.1.2　单向流洁净室

单向流洁净室气流的特征是流线平行，以单一方向流动，并且在流线的横断面上风速一致。图 12-2（a）为一垂直单向流洁净室，全顶棚满布高效过滤器，地板为漏空的格栅地板，因此气流在流动过程中的流向、流速几乎不变，也比较均匀，无涡流。它不是靠掺混的稀释作用达到室内的洁净度，而是气流的推出作用，将室内的污染物从整个回风端推出，所以这种洁净室的流型也被称为"活塞流"、"平推流"。垂直单向流洁净室的工作区完全在送风气流中，因此可以获得很高的洁净等级，通常用于 5 级及更高级别的洁净室中，但它的造价昂贵。图 12-2（b）是准垂直单向流，它是垂直单向流的一种变形，它用两侧的回风口替代全地板回风，从结构上简化了一些，但它不能保持全室都是垂直单向流，在两侧和中间的流线是垂直向下的（除了下部区域），在 1/4 室宽处最先出现流线向回风口弯曲，且在中部离地某一高度处出现涡流三角区。涡流三角区的高度与室宽有关，试验和大涡数值模拟结果表明，涡流三角区的离地高度约为室宽的 1/5～1/6[7]。选用合理的室宽，保证工作区以上是单向流，这种洁净室不失为一种既经济又可获得较高洁净等级（可达 5 级）的流型。图 12-2（c）是水平单向流洁净室，它也是"平推流"的流型，但气流的下游，尤其是接近回风端处，洁净度下降，因此只能保证上游区有较高的洁净等级。但它的造价比垂直单向流洁净室要低，水平单向流可用于 5 级洁净度。

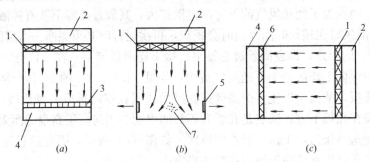

图 12-2　单向流洁净室

（a）垂直单向流；（b）准垂直单向流；（c）水平单向流

1—高效过滤器；2—送风静压箱；3—格栅地板；4—回风静压箱；

5—回风口；6—回风过滤器；7—涡流三角区

12. 2. 1. 3　矢流洁净室

图 12-3 为矢流洁净室的流型[7][8]。在房间的侧上角送风，采用扇形高效过滤器，也可以用普通高效过滤器配扇形送风口，在另一侧的下部设回风口。房间的高长比一般在 $\frac{1}{2}\sim$ 1 之间为宜。从图 12-3 的大涡数值模拟的流线图上可以看到，在两个角上出现涡流区。

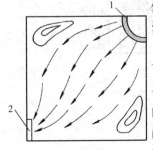

图 12-3　矢流洁净室

1—扇形高效过滤器；2—回风口

但洁净室内主要区域是气流互不交叉的"斜推"流型。这种洁净室也可以达到 5 级（100 级）洁净度。

洁净室的流型基本上是上述三种类型，但是实际应用时可演变出很多形式。洁净室可以是单向流和非单向流组合在一起的混合流型，以在局部区域（单向流部分）实现高级别的洁净度。例如，在洁净室中设水平单向流的"隧道"（一侧敞开），洁净室的其余部分是有涡流的非单向流流型，从而实现"隧道"部分达到 5 级以上洁净度，工作台就设在"隧道内"。

12. 2. 2　洁净室的换气次数

洁净室的送风量习惯上用换气次数 n（h^{-1}）来表示。对于非单向流洁净室可以利用通风中稳定的稀释方程公式（8-6）进行计算，即

$$n=\frac{3600\dot{m}\psi}{c_r-c_s}\tag{12-5}$$

式中　$\dot{m}$——室内的单位容积发尘量，可按室内人员密度确定，见 12.1.3，pc/(m³·s)。

c_r——洁净室所要达到的洁净室等级的含尘浓度，设计时取表 12-1 最高浓度限值的

1/2～1/3，例如，7 级，粒径≥0.5μm 的粒子浓度取 11×10⁴～18×10⁴ pc/m³；

c_s——送风的粒子浓度，pc/m³；

ψ——考虑室内含尘不均匀的不均匀系数。

送风由两部分组成，一部分是回风，另一部分是新风。净化空调系统的新风先经粗效过滤器过滤，然后再经中效和高效过滤器过滤后才送到洁净室内；而回风先经回风过滤器（有的系统无此过滤器）过滤，再经中效和高效过滤器后才送到洁净室内。设（回风量）/（送风量）$=r$，则送风的含尘浓度为

$$c_s = rc_r(1-\eta_r) + c_o(1-r)(1-\eta_o) \tag{12-6}$$

$$\eta_o = 1 - (1-\eta_{1,o})(1-\eta_2)(1-\eta_3) \tag{12-7}$$

$$\eta_r = 1 - (1-\eta_{1,r})(1-\eta_2)(1-\eta_3) \tag{12-8}$$

式中　η_o、η_r——分别为新风和回风路线上过滤器对大于等于某粒径粒子的总计数效率；

$\eta_{1,o}$、$\eta_{1,r}$——分别为新风粗效过滤器和回风过滤器对大于等于某粒径粒子的计数效率；

η_2、η_3——分别为中效和高效过滤器对大于等于某粒径粒子的计数效率；

c_o——室外新风含尘浓度，pc/m^3；见12.1.3推荐值。

由于式（12-6）中等式右边的第一大项（回风带入粒子）比第二大项（新风带入的粒子）小得多，常可忽略不计，式（12-6）可改写为

$$c_s = c_o(1-r)(1-\eta_o) \tag{12-9}$$

洁净室如对$\geqslant 0.1\mu m$、$0.2\mu m$或$0.3\mu m$粒子有浓度限值要求时，则应针对该粒径的粒子进行计算。

不均匀系数ψ与主流区发尘比例、送风卷吸涡流区风量大小等因素有关。$n=10h^{-1}$时，$\psi=1.45$；$n=20h^{-1}$时，$\psi=1.22$；$n=40h^{-1}$时，$\psi=1.16$；$n=60h^{-1}$时，$\psi=1.06$。

对于单向流洁净室，必须保证室内有一定的平均风速。我国规范[2]规定，1~4级洁净室的单向流平均风速取$0.3\sim 0.5m/s$；5级洁净室取$0.2\sim 0.5m/s$。对于层高为3m的垂直单向流洁净室，若平均风速取$0.2\sim 0.5m/s$，换气次数为$240\sim 600h^{-1}$。由此可见，高洁净度的单向流洁净室的送风量相当大。

对于矢流洁净室，根据实验及数值模拟结果[8]，送风量按扇形出风口风速$0.45\sim 0.55m/s$确定，扇形风口展开面积为该侧墙面的1/3左右，回风口面积取1/5~1/6送风口面积。

对于非单向流洁净室，送风量也可按《洁净厂房设计规范》[2]推荐的换气次数确定。层高小于4m的6级洁净室，换气次数为$50\sim 60h^{-1}$；7级为$15\sim 25h^{-1}$；8~9级为$10\sim 15h^{-1}$。

12.2.3　洁净室的正压与新风量

为防止悬浮粒子从室外或邻室进入洁净室，洁净室中必须维持一定的正压。洁净室与室外的正压差不小于10Pa；洁净室与非洁净区或高等级的洁净室与低等级的洁净室之间的正压差不小于5Pa[2]。

维持洁净室正压所需的风量可根据缝隙面积进行计算（参见6.2.2）；或根据由实验确定的单位长度缝隙漏风量进行计算（参见文献[2]条文6.2.3的说明）；或采用换气次数进行估算[2]。

当系统只为1~2间洁净室服务时，洁净室的正压值只需在系统投入运行时进行调整——在门窗关闭的状态下，调整风量，使回风量与排风量之和小于送风量，以使室内正压值达到设计值。当一个系统为多个洁净室服务时，各房间的正压值就难于调整到规定值。为此，应在各洁净室设置正压装置[6]，如余压阀（见图10-13）。

12.2.4　洁净室净化空调系统形式

一个洁净室除了对洁净度控制外，还必须对温度、湿度、压力等进行控制。它的冷

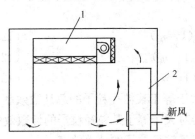

图 12-4　洁净罩与空调机组合系统
1—洁净罩；2—空调机

却、去湿、加热、加湿的方法与常规空调系统基本一样。但净化空调系统的风量是根据洁净等级确定，其风量比用冷、热负荷确定的大得多，净化等级越高，风量越大。因此，热湿处理只需对新风和一部分回风进行处理即可。根据这个特点，空气净化系统与热湿处理系统可以是两个并联的系统，也可以是一个集中的系统。图 12-4 为洁净罩与空调机的组合系统。洁净罩由风机、中效过滤器和高效过滤器组成，罩内为准垂直单向流，达到 5 级，但它自身不带热湿处理设备；而空调机组负担房间的热湿负荷和新风负荷，这两个系统各司其责。

图 12-5 为集中式净化空调系统。该系统的空气热湿处理设备有表冷器、加热器、加湿器，与一般空调系统相类似。回风有一部分经空气处理设备处理，而另一部分直接进行再循环。中效过滤器放在风机的出口段，这样在风机负压段可能漏入空气所带的粒子可以被中效过滤器清除。当回风含尘浓度高，或含有大粒灰尘或纤维时，要在回风口设粗效或中效过滤器。当

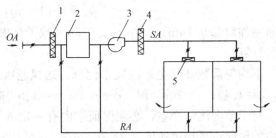

图 12-5　集中式净化空调系统
1—粗效过滤器；2—空气热湿处理设备；3—风机；
4—中效过滤器；5—高效过滤器；
OA—室外新风；SA—送风；RA—回风

一个系统负担多个房间时，各个房间的温度用装在每个房间支风管上的电加热器进行调节，不允许调节风量。

12.2.5　生物洁净室

生物洁净室对含尘量的控制与工业洁净室是一样的，因此上述的一些原则也适用于生物洁净室。但是其换气次数除了根据发尘量进行计算外，还应根据人员的散发菌量按 12.2.2 的方法进行校核计算，其散发菌量等的具体取值参看有关文献和手册[6]。另外，过滤器只能阻挡微生物，而不能杀死微生物。因此对生物洁净室还必须辅助以消毒灭菌措施，如对空调系统和洁净室定期消毒灭菌；加强对空调系统中湿表面、过滤器的清洁与维护等。

12.3　恒温恒湿空调

12.3.1　概述

一些特殊的工艺过程或科学试验，要求温度、湿度的变化偏差和区域偏差很小，例如

锦纶长丝的卷绕工艺要求温度为23℃，波动≤0.5℃，相对湿度为71%，波动≤5%；又如机械工业中高精度刻线机要求20℃±（0.1～0.2)℃。通常我们把对室内温、湿度波动和区域偏差控制要求严格的空调称之为恒温恒湿空调，它是工艺型空调中的一种类型。

空调房间（或区域）根据工艺要求所确定的温度和相对湿度称之为空调温度和相对湿度基数。空调房间（或区域）内温度和相对湿度在持续时间内偏离温、湿度基数的最大差值（Δt 和 $\Delta \varphi$）称为空调精度，即波动范围。因此恒温恒湿空调同时有温、湿度基数和空调精度的要求，例如 $t=23℃±0.5℃$，$\varphi=71\%±5\%$ 等。有些工艺可能只有恒温要求，而对湿度要求在一定范围内即可，例如Ⅰ级坐标镗床要求冬夏温度保持在 20℃±1℃，而相对湿度为40%～65%。但也有的工艺对相对湿度要求很严格，例如人造纤维工厂的物理检验室，相对湿度要求为 65%±3%，而温度为 20℃±2℃。这时，虽然温度控制的精度不高，然而温度的波动会引起相对湿度的波动。在 20℃时，当温度波动1℃，相对湿度大约波动4%时，已经超过了相对湿度的波动范围，因此这类空调必须同时控制温度的精度。

12.3.2 恒温恒湿对建筑的要求

空调精度要求高的空调房间在建筑方面也有特殊的要求，以减少外界的扰量对空调房间的影响。我国规范[9]对有精度要求的空调房间的外墙朝向、围护结构最大传热系数、楼层等都有明确的规定，见表 12-4。此外，对外窗的结构、朝向和外门的要求都有规定，详见《民用建筑供暖通风与空气调节设计规范》[9]。

对外墙、屋顶等的要求   表 12-4

空调精度 Δt（℃）	外 墙	外墙朝向	层 次	最大传热系数 $[W/(m^2 \cdot ℃)]$（热惰性指标）			
				外墙	内墙、楼板	屋顶	顶棚
±0.1～0.2	不应有外墙	—	宜底层	—	0.7	—	0.5 (4)
±0.5	不宜有外墙	有外墙时，宜北向	宜底层	0.8 (4)	0.9	— (3)	0.8 (3)
≥1	宜减少外墙	宜北向	宜避免顶层	1.0	1.2	0.8	0.9

12.3.3 恒温恒湿空调系统的形式

有空调精度要求的系统宜采用全空气定风量空调系统。目前主要采用两类系统形式——采用恒温恒湿空调机组（自带制冷机）的全空气系统和以冷水作冷却介质的全空气系统。恒温恒湿空调机组宜用在精度 $\Delta t=±1℃$，$\Delta \phi=±10\%$ 的空调系统中。在夏季，机组对湿度的控制能力较低，因为机组冷量的调节一般只有两档或三档。因此只适用于湿负荷变化比较小的空调房间。如果空调房间对湿度控制要求不高，这种机组可用于温度控制要求较高（如±0.5℃）的场合。但如果恒温恒湿空调机组采用变频控制压缩机的转速，则湿度的控制精度可达到±2%[10]。

以冷水作冷却介质的定风量全空气系统的恒温恒湿空调系统都采用再热式系统（详见6.3节）。在夏季，通过调节再加热量以控制温度，调节空气冷却设备的冷量以控制湿度。空气冷却设备如采用表冷器的系统，适宜用于湿度变化不大的场合。全年湿度变化较大或

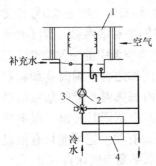

图 12-6　喷水室的水系统
1—喷水室；2—水泵；
3—三通调节阀；4—水/水换热器

湿度控制精度较高的场所，热湿处理设备宜采用喷水室。喷水室都是开式的，当冷水系统主要用于喷水室时，冷水系统可以是开式的；当系统中既有喷水室又有表冷器、风机盘管等设备时，冷水系统应当优先采用闭式系统。喷水室在闭式冷水系统中采用间接连接，如图 12-6 所示。喷水室的喷雾水经水/水换热器被一次冷水所冷却，通过调节一次冷水量控制水/水换热器喷雾水出口的水温，再利用三通调节阀调节冷水与回水的混合比控制喷雾水温度，从而控制了机器露点。系统温、湿度控制的原则如图 12-7 所示，这里假定冬夏的室内状态点 R 要求一样。湿度控制通过控制机器露点 D 实现。夏季用调节喷水温度调节露点 D，而露点 D 由室内的湿度来确定。冬季根据室内湿度调节新、回风的混合比控制混合状态点，以使经喷循环水（等焓冷却）后达到机器露点 D。根据最小新风量的最小新回风混合比确定 h_A 值，当室外新风的焓值 h_{WO} 小于 h_A 时，则先加热到 A 点，再混合、喷循环水达到 D 点。室内的温度控制冬夏季都通过控制再加热量实现。为了使室内温度的控制精度高和灵敏，再加热量中可以利用一部分电加热量，像以前讨论的全空气系统一样，为节省冷量，在夏季或过渡季节当室外焓值 $h_{SO} < h_R$ 时，可以采用全新风。

恒温恒湿的全空气空调系统对送风温差和送风量都有一定要求。显然，送风量大、送风温差小可以使空调区域温度均匀，即减少区域的温度偏差，同时使得气流分布比较稳定。因此，当温湿度的控制精度高时，应取比较大的送风量和较小的送风温差。我国规范[9]规定：当温度控制精度为 ±0.1～0.2℃时，送风量不小于 12h⁻¹ 的换气量，送风温差宜为 2～3℃；控制精度在 ±0.5℃ 时，送风量不宜小于 8h⁻¹，送风温差宜为 3～6℃；控制精度为 ±1℃ 时，送风量不宜小于 5h⁻¹，送风温差宜为 6～9℃；温度控制精度大于 ±1℃ 时，送风温差宜小于或等于 15℃。上述送风温差适用于贴附侧送、散流器平送的气流分布的空调区。

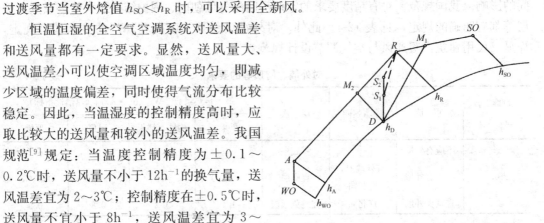

图 12-7　用喷水室的恒温恒湿空调系统的调节
SO—夏季室外状态点；WO—冬季室外状态点；
R—室内基准点；S_1、S_2—送风状态点；
M_1、M_2—混合状态点；D—机器露点

12.4　吸收式和吸附式除湿系统

12.4.1　空气除湿方法

有很多室内环境，潮湿是主要问题。例如长江以南的许多地区室外空气相当潮湿，这些地区的仓库等不需要温度控制的场所，室内相对湿度常年超高；又如地下建筑、洞库中

的室内空气也很潮湿。空气湿度过高，导致金属生锈，电器绝缘性能降低，药品、食品、粮食等物品霉变，因此在上述环境中，空气除湿成为主要的问题。还有一些生产工艺或仓库要求低湿条件或低温低湿条件，如粉末药品、片剂贮藏时要求相对湿度 30%～35%，有的药品要求 20%～30%；又如胶卷库要求 10℃，60% 条件等。这类环境用空调中常规的冷却除湿法往往不易达到要求，需要借助其他的除湿方法。在 6.7.3 节中介绍了一种温湿度独立控制空调系统，要求把新风处理成干燥空气以承担系统全部湿负荷，这也需要借助其他除湿方法。

对空气除湿的主要方法有以下几种：

(1) 冷却除湿——利用温度低于空气露点温度的冷却介质对空气进行冷却，从而使其中的水蒸气凝结析出。冷却介质可以是由冷水机组制取的冷水或制冷装置的直接蒸发的制冷剂。冷水是空调中常用的冷却介质（参见第 6 章），但由于冷水温度一般在 7℃ 左右，空气除湿后的露点最低只能达到 10℃ 左右，无法获得含湿量更低的干燥空气。用直接蒸发的制冷剂对空气进行冷却去湿可以获得露点约 5℃ 的空气，是空气除湿中应用较多的方法之一。这种除湿方法称为冷冻除湿或机械制冷除湿，详见 12.5.1。

(2) 吸收式除湿——利用盐类或有机化合物的水溶液与空气直接接触，使空气中的水蒸气迁移到溶液中去。吸收式除湿的原理及系统详见 12.4.2 和 12.4.3。

(3) 吸附式除湿——利用固体表面对气体的吸附作用除去空气中的水蒸气。吸附式除湿的原理及系统详见 12.4.5。

(4) 通风除湿——利用含湿量低的室外空气来除去室内余湿，详见 12.5.2。

(5) 空气压缩式除湿——湿空气经压缩后，水蒸气分压力（空气露点）也随之提高，再经冷却，则水蒸气凝结析出。这种空气除湿方法主要用于工厂气动仪表用压缩空气的除湿。

12.4.2 吸收式除湿概述

水中溶有盐类（如溴化锂、氯化锂等）或有机化合物（如三甘醇）后，其溶液表面的水蒸气分压力降低，当其水蒸气分压力低于与其直接接触的空气的水蒸气分压力时，空气中的水蒸气在水蒸气分压力差推动力的作用下迁移到溶液中去。例如，质量浓度 $\xi=50\%$ 的溴化锂（LiBr）溶液在 25℃ 时溶液表面水蒸气分压力为 0.85kPa，而温度为 25℃、相对湿度 60% 的空气的水蒸气分压力为 1.9kPa，当它们直接接触时，空气中的水分迁移到溶液中去。

最早应用于空气除湿的溶液是三甘醇（$C_6H_{14}O_4$）溶液（TEG 溶液），但由于这种溶液有挥发性，容易进入空调房间，影响空调房间室内空气质量；而且它的黏度大，易粘附于管道和设备壁面，影响流动与传热，现在已逐渐被溴化锂（LiBr）、氯化锂（LiCl）、氯化钙（$CaCl_2$）等盐类溶液所取代。LiBr 和 LiCl 溶液的优点有：黏度小；不挥发；对甲醛等挥发性有机化合物有吸收作用；有灭菌作用，对严重急性呼吸道综合征（SARS）病毒有明显的破坏作用；再生温度低，因而再生热量和冷却溶液的冷负荷小。缺点有：有中等强度的腐蚀性，管路、设备需要用塑料或合金等防腐材料；溶液浓度增大会出现结晶现象，在常温下，LiCl 溶液浓度大于 40% 时出现结晶，LiBr 溶液浓度在 60%～70% 会出现结晶。

在空调中应用的以吸收式除湿为原理的除湿设备有两类[11]：其一是空气与喷淋的溶液（冷却到某一温度）直接接触的除湿设备，称溶液吸收式除湿设备；溶液可以先经冷却器冷却后再喷淋，也可以使冷却与喷淋同时进行，即溶液喷淋于冷却器上，而空气同时通过冷却器。其二是固体吸收式除湿设备，目前常用的是转轮式除湿机，用浸泡氯化锂溶液特制吸湿纸做成有蜂窝状通道的转轮芯，转轮的 2/3～3/4 通道为空气吸湿区，1/3～1/4 通道为再生区。在吸湿纸内的氯化锂晶体吸收水分后生成结晶水而不变成盐水溶液。

12.4.3　溶液吸收式除湿设备与系统

图 12-8 为溶液除湿机组结构示意图和空气除湿过程在 h-d 图上的表示。图（a）为结构示意图，溶液经溶液泵加压，并经换热器冷却后喷淋在填料层上；空气通过填料层与溶液直接接触，进行了热质交换。在空气与溶液表面水蒸气分压力差的推动力作用下，空气中的水蒸气迁移到溶液中去。填料层的作用是增大空气与溶液的接触面积，以增强热质交

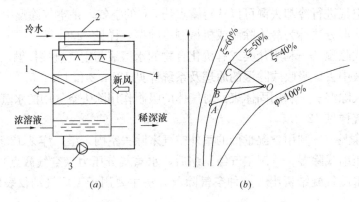

图 12-8　溶液除湿机组示意图

（a）结构示意图；（b）空气除湿过程在 h-d 图上的表示

1—填料层；2—板式换热器；3—溶液泵；4—布液器

换的效果。图（b）是空气除湿处理过程在 h-d 图上的表示。对于一定浓度的溶液，其表面的水蒸气分压力是温度的函数，因此在 h-d 可以绘出某一浓度（ξ）下溶液表面水蒸气分压力与温度的变化曲线（等 ξ 线），此线与等相对湿度（φ）线重合，图（b）示意了溴化锂（LiBr）溶液在 h-d 图上的等 ξ 线。当空气与浓度为 50%、温度低于空气温度的溶液直接接触时，空气冷却去湿释放出的热量（空气水蒸气凝结潜热和空气温度下降的显热）进入溶液中，然后在板式换热器中被冷却水所带走，如图（b）上 OA 线。如果不对溶液进行冷却，相当于喷淋再循环的溶液，则空气的处理过程接近等焓过程，如图（b）上 OC 线。如果只要求对空气除湿，则可以把溶液冷却到接近空气的温度，空气的处理过程接近等温过程，如图（b）上 OB 线。像喷水室中空气的终状态不可能达到 φ=100%一样，在溶液除湿机组中空气的终状态也不能达到溶液的等 ξ 线，即不能达到图（b）内的 A、B、C 点。在对空气进行除湿过程中，溶液吸收了水分，浓度减小（成稀溶液）溶液表面水蒸气分压力升高，传质的推动力（水蒸气分压力差）减小，机组的除湿能力降低。为保持除湿机组稳定的除湿能力，需驱除稀溶液中的水分，使之变成浓溶液（称为溶液再生）。溶液再生机组与溶液除湿机组的结构一样，但换热器内通以 70～90℃ 的热水，对溶液进行

加热，溶液表面的水蒸气分压力将随着溶液温度升高而升高。当此分压力高于空气水蒸气分压力时，溶液中的水分迁移到空气中去，溶液浓度增大成浓溶液，而空气被加湿。例如 $\xi=50\%$ 的 LiBr 溶液在 60℃ 时溶液表面的水蒸气分压力约为 5.6kPa，而温度为 25℃、相对湿度 60% 的空气的水蒸气分压力为 1.9kPa，当它们直接接触时，溶液中水分将迁移到空气中去，空气将被加湿加热，而溶液将被再生。

图 12-9 为用于温湿度独立控制空调系统中的溶液调湿新风机组[12][13]，它是由 3 个如图 12-8 (a) 的溶液除湿单元串联所组成。它既可以用于夏季除湿、冬季加湿。夏季运行时，机组中换热器通以冷却水，如图 12-9 (a) 所示。新风依次经过各个除湿单元后，可以获得较低含湿量的空气；浓溶液也依次（方向与空气相反）流经各个除湿单元而成为稀溶液，可以获得浓度较低的稀溶液，增大了浓度差（浓溶液和稀溶液的浓度差），从而减少了再生溶液流量和高温热源的消耗。图 12-9 (b) 为新风机组中空气处理过程在 h-d 图上的表示，图中状态点 a、b、c、d 与图 12-9 (a) 相对应。如果采用冷却塔的冷却水作为板式换热器的冷却介质，则空气的处理过程接近等温过程。如冷却介质采用 18℃ 的冷水，这时空气处理过程为冷却去湿过程，可获得与室内温度相近的干燥新风。冷却介质也可以采用地下水、土壤换热器提供的冷水等。图 12-9 (a) 的机组也可以作为溶液再生机组，这时机组入口的溶液为稀溶液，出口的溶液为浓溶液，板式换热器中通以热水；再生时的空气可以用建筑内的排风或室外新风，这时通过的空气将被加热、加湿。因此，图 12-9 (a) 的机组在冬季时按稀溶液再生为浓溶液的运行模式，这时机组中的换热器通以热水，稀溶液进，浓溶液出，从而对新风进行加热、加湿处理。

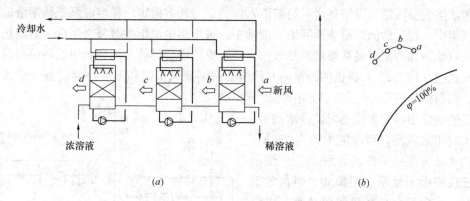

图 12-9 溶液调湿新风机组

(a) 机组原理图；(b) 空气处理过程在 h-d 图上的表示

溶液除湿的特点是除湿运行时需要冷量进行冷却，而溶液再生时需要热量进行加热。因此，可以把溶液除湿机组与热泵（同时提供冷量和热量）结合起来组成热泵式溶液调湿新风机组，如图 12-10 所示。它由 2 个与图 12-8 (a) 一样的溶液除湿单元和热泵机组所组成，其中一个除湿单元用于对新风进行热湿处理，另一个单元用于溶液再生。图示的流程为机组夏季运行模式的流程，此时图内下面的单元对新风进行冷却除湿处理，上面的单元用于溶液再生。空气冷却去湿和溶液再生处理过程与前文所述一样，不再赘述。下面只介绍热泵的制冷剂流程和溶液流程。压缩机 1 排出高压制冷剂蒸气经四通换向阀 2 后，进入制冷剂/溶液热交换器 3 中冷凝成高压液体，冷凝热量用于溶液再生过程的溶液加热；

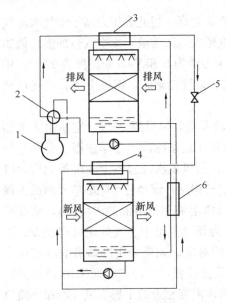

图 12-10　热泵式溶液调湿新风机组原理图
1—压缩机；2—四通换向阀；3、4—制冷剂/
溶液换热器；5—膨胀阀；6—溶液换热器

高压液体经膨胀阀 5 节流后进入制冷剂/溶液热交换器 4 中吸热汽化，其制冷量用于溶液除湿单元中的溶液冷却。这运行模式的换热器 3 起冷凝器功能，换热器 4 起蒸发器作用。冬季运行模式时，四通换向阀 2 换向，制冷剂流动换向，换热器 3、4 的功能互换，这时新风被加热加湿，而上面的再生单元中使溶液浓度降低。

无论是夏季运行模式还是冬季运行模式，新风处理单元的溶液需去溶液再生单元中再生；而溶液再生单元中的溶液需返回新风处理单元，为了节省溶液冷却和加热的冷量和热量，设置溶液热交换器 6。

各类溶液调湿新风机组的性能参数详见生产厂商的样本或文献 [14]。

当建筑中采用温湿度独立控制的空调系统时，溶液调湿新风机组通常有很多台，而再生机组只需设置 1 台，其溶液、冷水、热水系统原理图如图 12-11 所示[12]。浓溶液泵把浓溶液输送到每个溶液调湿新风机组，稀溶液溢流回到处于低处（如地下室）的稀溶液罐中。为保证进入每台溶液调湿新风机组的浓溶液量稳定，设置了浓溶液溢流箱，以使每台机组溶液入口的压力基本恒定。稀溶液泵把稀溶液输送到再生机组中，再生后的浓溶液返回浓溶液罐中。进出再生机组的溶液之间设一溶液热交换器以回收热量和冷量，提高系统的热效率。再生机组需要的热水由建筑中的热源提供。高温冷水机组（18/22℃）提供的冷量同时给溶液调湿新风机组和温度控制设备（干式风机盘管、辐射供冷板等）。系统中的溶液罐还具有蓄能的作用，在负荷小时储存浓溶液，负荷大时用来除湿，蓄冷能力约为 240kJ/kg，约为冰蓄冷的蓄冷能力的 60%。图示的系统仅表示了夏季应用模式，当在冬季运行时，需向每台新风机组供热水，机组对新风加热加湿；而向再生机组供冷却水，使浓溶液转变成稀溶液。

溶液调湿新风机组的特点有：空气经溶液喷淋后，可以除去灰尘、细菌等生物污染物，空气质量好；溶液再生的温度不高，有利于应用低品位的热能；可利用容器储存浓溶液进行蓄冷，蓄冷能力较大；但溶液除湿系统较为复杂，溶液有一定腐蚀性。

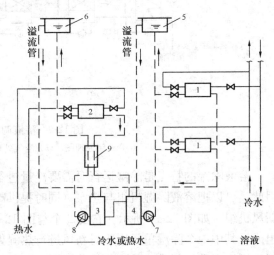

图 12-11　溶液、冷水、热水系统原理图
1—溶液调湿新风机组；2—再生机组；3—稀溶液罐；
4—浓溶液罐；5—浓溶液溢流箱；6—稀溶液溢流箱；
7—浓溶液泵；8—稀溶液泵；9—溶液换热器

12.4.4 固体吸收式除湿设备与系统

图 12-12 是用氯化锂转轮式除湿机除湿的空调系统。新风与回风混合后经表冷器冷却，然后经氯化锂转轮式除湿机的吸湿区除湿，空气含湿量减小，温度升高；最后经表冷器冷却到所要求的送风温度。除湿机的再生由加热器（电加热或蒸汽加热）加热空气（120～140℃），通过转轮的再生区将氯化锂吸收的水分驱赶出去。用转轮除湿机的空调系统的空气状态变化过程表示在图 12-13 上，其过程为：

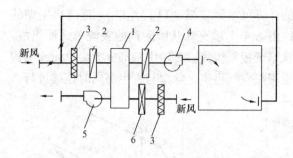

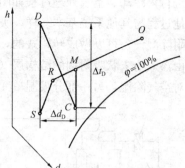

图 12-12　用转轮式除湿机的除湿空调系统
1—转轮式除湿机；2—表冷器；3—空气过滤器；
4—空调风机；5—再生系统风机；6—加热器

图 12-13　转轮除湿的空调系统的
空气处理过程

理论上吸湿过程 C—D 是等焓过程，但是由于转轮在再生时通过 120℃以上的空气，转轮蓄存的热量将在除湿过程中释放出来，因此除湿过程 C—D 将是去湿增焓过程，D 点的位置与除湿机的特性有关。生产厂通常都给出除湿机 C—D 过程的入口参数和额定风量下所能达到的湿差 Δd_D 和在再生空气温度下的温升 Δt_D。C 点的温度越低，所能达到的湿差 Δd_D 越大，因此增加第一级冷却能力可增大转轮式除湿机的除湿能力。

转轮以 8～18r/h 的低速不断地转动，同时实现了空气除湿处理和吸湿芯的再生，因此可以连续不间断地运行。为避免再生区的湿空气漏入吸湿区，在风管路设计时，应使吸湿区的干燥空气出口处的静压等于或略高于再生区的空气入口处的静压。

固体吸收式除湿系统的优点是除湿机设备紧凑，系统简单；适用的温度范围广，可在 -30～40℃温度范围内工作；能获得低露点的干空气，可用于要求相对湿度低的场所；容易实现自动化，可无人值守运行。缺点是要求再生空气的温度高，同时也增加了冷却空气的冷量；吸湿区与再生区有漏风的困扰；积灰后会影响性能。

12.4.5 吸附式除湿

在气、固两相的边界面上，如果固体表面对气体分子的引力大于气体分子间的引力时，气体分子就会被浓缩在固体表面上，这种现象称之为吸附。能吸附气体的物质称吸附剂，被吸附的气体称吸附质。常用的吸附剂有活性炭、硅胶、合成沸石（分子筛）等。用于吸附空气中水蒸气的吸附剂主要是硅胶、活性铝、分子筛等。仪表用压缩空气的去湿广泛应用分子筛作吸附剂。吸湿方法有静态和动态两种，静态吸湿法是将吸湿剂直接放在需要干燥的容器或空间中，靠吸附剂表面与空气接触面吸湿，这种方法常用于仪表电子设备的包装或小空间的吸湿。

在空调中都用动态吸附设备，动态吸附设备有周期再生型和连续再生型两类。图12-14是采用双塔吸附除湿机的除湿空调系统。双塔吸附除湿机是周期再生型。双塔中的一塔对空气进行除湿，另一塔进行再生，两塔周期性地互换工作。图示系统的双塔吸附除湿机的右侧吸附塔用以空气除湿，而左侧吸附塔用热风对吸附剂进行再生，一般4～8h再生一次。房间的温度依靠表冷器来调节，表冷器的负荷除了房间的冷负荷外，还有除湿过程中水分凝结的热量和塔内再生时的热量。如果一级冷却的能力不足，可以对除湿后的空气进行再冷却。空气处理过程如图12-15所示。其中 C—S 的去湿过程是一减湿增温过程，其他过程与其他系统基本一样，吸附设备的计算可参阅文献 [11]、[14]。连续再生型的吸附除湿设备可以做成转轮式的，转轮可以由若干个填充珠状吸附剂的吸湿单元所组成，或由渗入粉末状吸附剂的结构层（如波纹状厚纸板）组成。转轮中一部分吸湿单元或结构层对空气除湿，另一部分吸湿单元或结构层用热空气再生。除湿与再生都同时连续进行。

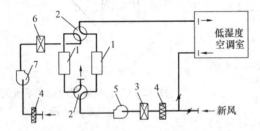

图 12-14 吸附除湿空调系统

1—吸附塔；2—四通换向阀；3—表冷器；4—过滤器
5—空调送风风机；6—加热器；7—再生空气风机

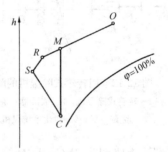

图 12-15 吸附除湿空调系统的
空气处理过程

12.5 冷冻除湿与通风除湿系统

12.5.1 冷冻除湿系统

用制冷剂直接蒸发对空气进行冷却除湿的设备称冷冻除湿机，如图 12-16 所示。图 (a) 表示了除湿机的工作流程。空气除湿处理的流程如下：在风机的作用下，湿空气经空气初效过滤器后，进入蒸发器中被冷却去湿；低温低湿度的空气再经冷凝器被加热，温度升高后的干燥空气由风机送出。除湿机的制冷剂循环如下：压缩机排出的高温高压蒸气进入冷凝器中释放出热量而冷凝成高压液体；再经膨胀阀节流，压力、温度降低；低压液体进入蒸发器中吸热汽化成低压蒸气，最后又被压缩机吸入压缩。如此周而复始循环。图 (b) 为空气处理过程在 h-d 图上的表示，图内 a、b、c 分别代表了图 (a) 空气流程中对应点的空气状态。h-d 图上过程 a-b 为空气经蒸发器的冷却去湿过程，过程 b-c 为空气经过冷凝器的加热过程。由于（冷凝器释放的热量≈蒸发器制冷量＋压缩机输入功率），因此，虽然除湿机出口空气（c 点）的含湿量降低了（$d_c < d_a$），但其温度和比焓均增加了

$(t_c > t_a, h_c > h_a)$。由此可见，这类除湿机宜用于需除湿并需供热或只要求除湿而对温度无控制要求的场所。

调温除湿机克服了上述除湿机无法对出口空气温度进行控制的缺点。这类除湿机的特点是增加了室外冷凝器（风冷式或水冷式），分流了部分冷凝热量，即由室外空气或冷却水把部分冷凝热量转移到室外环境中去，并通过调节分流冷凝热量的大小来实现"调温"的目的。

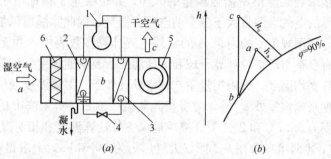

图 12-16　冷冻除湿机

(a) 除湿机流程图；(b) 空气处理过程在 h-d 图上的表示

1—压缩机；2—蒸发器；3—冷凝器；4—膨胀阀；5—风机；

6—空气过滤器

除湿能力大的除湿机空气出口留有一定余压（称机外余压），以备连接送、回风管路和风口等部件，进行干燥空气的分配，如图 12-17 所示。调温除湿机的室内机可置于专用机房内或直接置于要除湿的房间内，其室外机（风冷）置于室外，但室外机与室内机之间的高差、他们之间连接的制冷剂管路的长度应满足设备样本的要求。用于有人员工作的场所，室内机还应引入必需的新风量。小型的冷冻除湿机或调温除湿机的室内机都自带送风口和回风口，直接置于被除湿的房间内运行。

冷冻除湿的优点是：结构紧凑，系统简单；可连续工作，运行可靠；用调温除湿机可在除湿的同时对空气温度进行控制。缺点是：运行时有噪声，运行费用高；入口空气温度降低时，蒸发器表面会

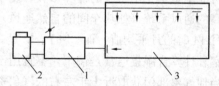

图 12-17　仓库冷冻除湿系统示意图

1—调温除湿机室内机；2—调温除湿机
室外机（风冷）；3—仓库；4—风阀

结霜，影响除湿机正常工作，除霜又增加了能耗和费用。冷冻除湿机适用于露点高于 5℃的除湿。

12.5.2　通风除湿

通风除湿的原理是利用含湿量较低的室外空气来除去室内的余湿，这是一种经济的除湿方法，通风除湿所需的通风量可根据公式（8-10）进行计算，即

$$\dot{V}_v = \frac{1000\dot{M}_w}{\rho(d - d_o)} \tag{12-10}$$

式中　$\dot{V}_v$——除湿所需的通风量（引入的新风量），m^3/s；

$\dot{M}_w$ ——室内的余湿量（湿负荷），kg；

ρ ——空气的密度，kg/m^3；

d、d_o ——分别为室内和室外空气的含湿量，g/kg。

室内的湿负荷可按本书 2.5 节中给出的方法进行计算；室内空气的含湿量则可根据要求的室内温度和相对湿度确定。在既定的室内湿负荷和室外空气含湿量条件下，当地室外空气的含湿量直接影响到除湿所需通风量的大小，并也决定了该地应用通风除湿是否可行。同一地区夏季的空气含湿量大于冬季的空气含湿量，因此除湿通风量的计算应取夏季室外计算含湿量。我国规范[9]的附录 A 的室外空气计算参数表中，并无夏季室外计算含湿量项目，而只有夏季空调室外计算干球和湿球温度、夏季通风室外计算温度和相对湿度和空调室外计算日平均温度。如果用夏季空调室外计算干、湿球温度或用夏季通风室外计算温度和相对湿度来确定室外 d 值，两者相差甚大。例如，哈尔滨市夏季空调室外计算干、湿球温度分别为 30.7℃ 和 23.9℃，夏季通风室外计算温度和相对湿度分别为 26.8℃ 和 62%；分别用上述两组参数在 h-d 图（大气压力为 99.3kPa）上求得室外含湿量 d_o 分别为 16.3g/kg 和 14g/kg。如果上述室外空气用于游泳馆的除湿，设室内温度和相对湿度分别为 28℃ 和 75%，其室内空气的 d＝18.3/kg，则室内外含湿量差 $\Delta d = d_o - d$，分别为 2g/kg 和 4.3g/kg，由此按（12-10）求得的通风量相差达 2 倍以上。哪种室外含湿量取值方法合理呢？其实这两种确定室外计算含湿量的方法都存在缺陷。因为上述 4 个室外计算参数都是为了计算某项负荷而分别统计的，而并不是为了用于确定其他室外计算参数。例如，夏季空调室外计算湿球温度（历年平均不保证 50h），用于计算新风全热冷负荷的参数，而夏季空调室外计算干球温度（历年平均不保证 50h）用于计算围护结构冷负荷或新风显热冷负荷的参数，而用这两个并不是同一时刻的参数确定的夏季室外计算含湿量，则可能不是全年中不利的计算参数；夏季通风室外计算参数主要用于对温、湿度控制要求不高的通风系统（如热车间的自然通风）设计，其中夏季通风室外计算相对湿度是历年最热月 14 时的月平均值，而 14 时恰恰是一天中相对湿度最低的时刻[15]。因此，用它来确定室外计算含湿量通常是偏小，不宜用于通风除湿中用于计算通风量。有条件时，设计者从当地气象部门获取近十年左右的气象资料，按历年平均不保证小时数（如 50h）确定夏季室外计算含湿量。也可近似地采用国内有些文献资料上发表的某些城市的室外计算含湿量，如平均不保证率 8% 的室外计算含湿量[14]，平均不保证 50h、120h 等的室外计算含湿量（如表 12-5 所示）[16]。从表中可以看到内蒙古、云南、宁夏、新疆等大部分地区很适宜采用通风除湿，通风量不大，不保证时数少；东北部分地区（如哈尔滨、长春、沈阳等）、贵州部分地区（如贵阳、安顺等）在室内设计湿度稍大（如游泳馆等）的场所适宜采用通风除湿，或只在部分时间中采用通风除湿。

某些城市几种不保证小时数的室外含湿量（g/kg）　　　　　　　　　表 12-5

城　市	平均不保证小时数（h）				
	50	120	150	200	250
呼和浩特	16.27	14.98	14.71	14.27	13.71
昆　　明	17.22	16.71	16.55	16.31	16.15
兰　　州	15.07	13.85	13.6	13.22	12.92

续表

城 市	平均不保证小时数（h）				
	50	120	150	200	250
银 川	16.80	15.53	15.17	14.78	14.49
乌鲁木齐	10.80	9.93	9.72	9.37	9.07
哈尔滨	17.99	16.66	16.32	15.83	15.45
长 春	18.82	17.63	17.24	16.65	16.38
沈 阳	19.36	18.31	17.95	17.52	17.12
大 连	19.67	18.97	18.70	18.30	17.88
贵 阳	18.57	18.00	17.92	17.72	17.56

注：根据 1978～1987 年气象资料统计。

通风除湿系统相当于通风系统，通常应同时设置机械送风系统与机械排风系统（参见8.4节），也可在墙（或窗）上设置轴流风机或顶棚上设屋顶风机代替机械排风系统。对全年运行，并有温度控制的通风除湿系统形式宜用双风机全空气系统，如图 12-18 所示。夏季按直流模式运行，即全新风运行，新风送入室内消除余湿，排风全部排到室外；如果有显热冷负荷（包括新风带入负荷）时，则在水/空气换热器中通以

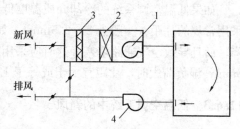

图 12-18　通风除湿系统
1—送风机；2—水/空气换热器；3—空气过滤器；4—排风机

16～18℃冷水对新风进行冷却处理。冬季室外空气含湿量很小，消除余湿所需的新风量很小，这时应与人员所需的最小新风量比较，取其中的大值估为系统新风量。若仍采用直流式系统运行，则有可能因风量很小导致室内温湿度分布不均，故宜采用回风模式运行，即用室内回风与新风混合，而保持送风量不变。当按夏季通风除湿确定的新风量（即系统送风量）很大时，为减小风机的能耗，冬季可在"最小送风量"（满足温湿度分布均匀条件下的风量）下运行。冬季的送风需加热，以承担新风带入室内的热负荷。过渡季可按直流模式（全新风）运行，风量恒定或在保证室内一定湿度条件下变风量运行，当新风量降到最小送风量以下时，应采用回风模式运行；根据室内温度的要求，对送风进行加热或冷却。若系统根据季节的变化而变风量运行时，则应选用变速风机。

通风除湿的特点是系统简单，初投资和运行费用低；但受气候条件的限制，只能在部分地区应用。宜用于湿度控制要求不严格或允许室内相对湿度稍高的场所，如室内游泳池、室内水上游乐场等。

12.6　低温空调系统

12.6.1　概述

许多工艺过程或物品的储藏，需要低温空调环境。例如，制药工艺脱脂室、食用菌培

育、农业种子的储存和培育、照相纸厂和茶叶厂中某些工艺过程、感光器材、录音带、文史资料、医药卫生用品等的储藏都要求特殊的低温空调环境。它的温度范围在 $-5\sim15℃$，相对湿度在 $40\%\sim70\%$，有的还要求一定的空调精度。这类环境既不同于常规的舒适性或工艺性空调，又不同于一般的冷藏库。因此，在有温、湿度控制要求的低温环境设计中，有一些特殊的问题需要考虑。

12.6.2　低温空调的系统形式和空调处理设备

低温空调系统主要有两种形式——全空气系统和风机盘管系统。全空气系统可以用带制冷机的低温空调机组处理空气，或用低温的冷水或乙二醇水溶液作冷却介质的表冷器处理空气。切忌使用自然对流的冷却盘管（挂在顶棚下或墙上）做末端设备，因为这种冷却盘管表面的凝结水或霜层融化后的水会滴淌到地面，污染空调房间。

如果低温空调系统的冷却介质温度低于 $0℃$ 时，则表冷器或风机盘管中的翅片管不应采用常规的片距（一般为 $2\sim2.5mm$），如此窄的片距，一旦表面结霜，不仅制冷能力下降，而且导致空气通路堵塞。这时应采用宽片距的翅片管，湿负荷不大时，片距可用 $6\sim8mm$；湿负荷大时，片距宜大于或等于 $12mm$。

12.6.3　低温空调系统中的新风

低温空调系统在夏季运行时，新风量对系统有显著的影响。处理新风所需的冷量相对于系统总冷负荷来说很大，新风带入的湿量很大，有时系统甚至无力承受。以一间 $200m^2$ 围护结构保温性能很好的低温空调房间（$15℃$，60%）为例，设围护结构和室内灯光等冷负荷为 $50W/m^2$，室内总冷负荷为 $10000W$。如果该房间有 $1h^{-1}$ 换气的新风量，即 600 m^3/h，按北京地区的夏季室外空调计算温度进行计算，则新风冷负荷为 $10300W$，新风与室内空气的含湿量差为 $13g/kg$，带入的湿负荷为 $2.17g/s$（$7.8kg/h$），其潜热冷负荷占新风冷负荷一半以上。不难看出，仅 $1h^{-1}$ 换气的新风量，其冷负荷已与室内冷负荷相当，而且冷却盘管有较大的湿负荷。冷却盘管的冷却介质在 $0℃$ 以下时，过大的湿负荷会导致冷却盘管表面结霜严重，需要经常除霜。系统除霜不仅耗费能量，而且在除霜时影响制冷量，从而影响室内的空调精度。因此，低温空调系统中，尤其是温度低于 $10℃$ 以下时，在保证人员必要的新风量条件下，应尽量避免额外的室外空气进入室内，例如门上安装空气幕，减少外窗，且对外窗密封。

对于温度低于 $10℃$，有空调精度要求的低温空调系统，且必须引入大量的新风时，为了避免系统经常除霜对室内温、湿度的影响，应首先用其他的方法对新风除湿后，再送入低温空调系统。新风除湿的方法可采用 12.4 节所述的吸收式或吸附式除湿。

思 考 题 与 习 题

12-1　什么叫洁净室？洁净室应对哪些环境参数进行控制？

12-2　什么叫 100 级、1000 级、1 万级和 10 万级？相当于我国现行规范[2]中哪几个级别？

12-3　某洁净室，测得 $\geqslant0.5\mu m$ 粒径的粒子浓度为 $11000pc/m^3$，问该洁净室的洁净度为几级？

12-4　什么叫生物洁净室？有何用途？

12-5　某生物洁净室要求 $\geqslant0.5\mu m$ 粒子浓度 $\leqslant10\times10^6 pc/m^3$，问相当于我国《洁净厂房设计规范》中几

级洁净室？

12-6 某洁净室，平面面积为 60m²，层高 3.5m，内有 15 人，中等强度工作，求室内 ≥0.5μm 粒径粒子的总发尘量。

12-7 实现洁净室洁净度要求，在通风方面应采取哪些技术措施？为什么？

12-8 请将 12.2.1 介绍的各种气流流型的洁净室按洁净等级的高低排序。

12-9 题 12-6 的洁净室，洁净度为 7 级（控制 0.5μm 粒子），位于工业城市的郊区，空调系统的粗、中、高效过滤器的计数效率分别为 0.15、0.25、0.9999，新风比为 15%，室内主要尘源是人员，试按稀释方程的公式确定洁净室的送风量。（提示：室内含尘浓度控制在 7 级的最高浓度限值的 1/2）

12-10 5 级洁净室，平面尺寸为 5.7m×5.4m，室高 3m，求在下述 3 种情况下的送风量：（1）垂直单向流洁净室；（2）水平单向流洁净室；（3）矢流洁净室。

12-11 集中式净化空调系统与一般的全空气定风量空调系统有何区别？

12-12 一恒温恒湿空调房间，面积为 360m²，净高 3.5m，设计室内温度 23±0.5℃，相对湿度 60%±5%；已知室内显热冷负荷 17kW，湿负荷 2.5g/s；采用喷水室对空气进行冷却去湿处理。试确定送风量、送风温度、机器露点和再热负荷。（提示：送风温差、送风量应满足规范[9]要求）

12-13 空气除湿的方法有哪几种？

12-14 试述溶液吸收式除湿设备与溶液再生设备的工作原理。

12-15 溶液调湿新风机组采用了除湿单元多级串联，有何优点？

12-16 固体吸收式除湿机有何优缺点？

12-17 一娱乐性室内游泳池，夏季室内计算温、湿度分别为 28℃、75%，室内散湿量 75kg/h，显热冷负荷 39kW（不含新风冷负荷），设该游泳池在呼和浩特或兰州、昆明、乌鲁木齐、银川、哈尔滨地区，试设计通风除湿系统，确定其通风量、表冷器冷负荷。（选其中一、二城市计算）

12-18 温度为 10℃ 的低温空调房间，采用冷却吊顶的空气-水系统是否可行？为什么？

参 考 文 献

[1] GBJ 73—84 洁净厂房设计规范. 北京：中国计划出版社，1985.

[2] GB 50073—2001 洁净厂房设计规范. 北京：中国计划出版社，2001.

[3] 中华人民共和国卫生部. 药品生产质量管理规范. 2010.

[4] GB 50687—2011 食品工业洁净用房建筑技术规范，北京：中国建筑工业出版社，2011.

[5] GB 50333—2002 医院洁净手术部建筑技术规范.

[6] 许钟麟. 空气洁净技术原理. 北京：中国建筑工业出版社，1983.

[7] 樊洪明. 洁净室流场大涡模拟. 哈尔滨建筑大学工学博士论文，2000.

[8] 魏学孟，樊洪明，张维功. 矢量洁净室数值模拟与实验研究. 暖通空调. 1997(2)：11～14.

[9] GB 50736—2012 民用建筑供暖通风与空气调节设计规范：中国建筑工业出版社，2012.

[10] 薛殿华等. 实现高精度恒温恒湿的新方法. 1984 年全国暖通空调制冷学术年会论文集. 415～422.

[11] 铃木谦一郎等著. 李先瑞译，除湿设计. 北京：中国建筑工业出版社，1983.

[12] 李震，江亿等. 溶液除湿空调及热湿独立处理空调系统，暖通空调. 2003(6)：26～29.

[13] 刘晓华等. 基于溶液除湿方式的温湿度独立控制空调系统性能分析. 中国科技论文在线. 2008(7)：469～476.

[14] 陆耀庆主编. 实用供暖空调设计手册. 北京：中国建筑工业出版社. 2008.

[15] 朱颖心主编. 建筑环境学(第三版). 北京：中国建筑工业出版社. 2010.

[16] 陆亚俊，高超. 通风除湿设计的室外计算参数确定. 暖通空调 1997(6)：70～72.

第13章 暖通空调系统的自动控制和消声隔振

13.1 自动控制在暖通空调中应用的概述

自动控制是指在没有人直接参与的情况下，利用外加的设备和系统，使机器、设备或某个过程的工作状态或参数按预定的规则自动运行。自动控制把人类从复杂、繁琐、甚至危险的工作环境中解放出来，并大大地提高了控制的质量。因此，凡是需要有人工控制的地方都会有自动控制的应用，暖通空调也不例外。早在1926年美国的国会大厦的空调系统中采用了自动控制[1]。随着国民经济的发展，对环境控制要求的提高和节约能源、保护环境的要求，暖通空调愈来愈需要自动控制技术。

暖通空调系统需要调节与控制，因为暖通空调系统都是按最不利条件下设计的，而且设计时留有一定裕量，系统实际的能力通常是大于实际的负荷。而且设计条件下的最不利工况出现的时间很少，例如一个空调系统，负荷在100%的时间可能不到1%，绝大部分时间系统在部分负荷下运行。因此，暖通空调系统必须要进行调节与控制，以使系统的出力与负荷相匹配和使它所控制的环境符合设计要求。系统的运行调节与控制有两种途径来实现——人工控制和自动控制。人工控制的最大优点是无需设置一套自动控制的系统，初投资少。但需要较多运行管理人员，劳动强度大，调节质量依赖于管理人员的专业知识水平、经验和责任心，一般来说调节质量不高，因为人的精力有限，难于时刻跟踪负荷的变化，且调节量不易把握，而出现过度调节或调节量不足。自动控制与人工控制相比有以下优点：

（1）保证了系统按预定的最佳方案运行，达到节能和降低运行费用的目的。系统即使有最佳的节能运行方案，如果不能完全实施，也就难于真正达到节能的目的。例如，全空气空调系统运行调节方案中有些气候条件可以加大新风量或全新风运行，既节能又改善室内空气质量（见6.4.3），调节时需要比较室内外空气的焓值与温度，并确定调节量，用人工调节就困难得多，也可能只能进行大致的调节。

（2）调节精度高。尤其是工艺性空调更离不开自动控制。例如，要求恒温精度±1℃、±0.5℃，恒湿精度±10%、±5%的空调系统，人工控制几乎无法实现，只能依靠自动控制来实现。

（3）系统的运行安全、可靠。例如，寒冷和严寒地区，冬季空调机组引入的新风温度在0℃以下，稍有不慎就会引起换热盘管中水结冰而损坏。通常在盘管表面设测温元件，自动报警或自动处置；又如，建筑中的防烟排烟系统应设自动控制，以保证火灾时系统及时按要求投入运行。

（4）运行管理人员少，劳动强度低。

自动控制的缺点是初投资大，但人工费用、暖通空调能耗费用、其他物资消耗的费用均低而得到补偿。人工控制宜用在系统比较简单，基本无调节要求的场所，如工厂中一些局部排风系统、进风系统等。自动控制在空调中的应用愈来愈广泛，基本上已经无纯人工控制的空调系统，至少是人工与自动联合控制的系统。例如，空调系统中的冷源设备（如冷水机组）都自带有自控系统，它具有自动能量调节、安全保护和运行参数显示等功能，即使空调系统中不再配置其他自控设备，这个系统也是人工与自动联合控制的系统。

现代技术的发展，自动控制已深入到各个领域。现在许多建筑中都设置有楼宇自控系统（Building Automation System——缩写 BAS），不仅对机电设备系统进行自动控制，而且在安全保卫、车库管理等方面进行监控。楼宇自控系统由以下几部分组成：（1）建筑设备运行监控与管理，其中包括暖通空调、给排水、供配电与照明。（2）火灾报警与消防联动控制、电梯运行管制。（3）公共安全防范与管理，其中包括电视监控、防盗报警、出入口管理、保安人员巡查、汽车和重要仓库管理与防范等。暖通空调系统的监控系统只是BAS 的一个子系统，它除了对建筑内的暖通空调系统实施检测和控制外，还与中央监控系统联网。现代建筑向着智能建筑（Intelligent Building）方向发展。《智能建筑设计标准》[2]中智能建筑的定义为"以建筑为平台，兼备信息设施系统、信息化应用系统、建筑设备管理系统、公共安全系统等，集结构、系统、服务、管理及其优化组合为一体，向人们提供安全、高效、便捷、节能、健康的建筑环境。"楼宇自控系统（BAS）则是智能建筑中不可少的组成部分。智能建筑的发展实质是在真正实现以人为本的前提下，达到节约能源、保护环境的可持续发展的目标，它的发展方向是"绿色建筑"（参见 14.1）。

暖通空调中的自动控制系统是由电气工程师来设计的，但暖通空调系统的运行调节控制方案应由暖通空调工程师来制订。因此，暖通空调工程师应了解自控的基本知识和各类暖通空调系统的自控方案，以能协助电气工程师制定合理的暖通空调系统的自控方案。暖通空调自动控制内容主要有：系统参数检测、参数与设备状态显示、自动调节与控制、工况自动转换、设备联锁与自动保护、能量计量以及中央监控与管理[3]。一个工程自动控制具体内容与建筑的功能与要求、系统类型、设备运行时间以及工艺对管理要求等因素决定，并通过技术经济比较确定。本章以下两节主要介绍几个典型系统的自控方案以及与之相关的自动控制基本知识。有关楼宇自控系统和智能建筑的智能化集成系统等专门技术请参阅相关书籍。

13.2 自动控制系统的基本组成

自动控制系统由传感器、控制器、执行调节机构组成，它们之间的关系如图 13-1 所示。下面分别予以说明：

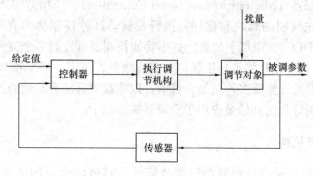

图 13-1 自动控制方框图

13.2.1　调节对象与被调参数

调节对象在暖通空调中指室内热湿环境、空气质量、洁净度或冷热源的制冷量和供热量等。被调参数是指表征调节对象特征的可以被测量的量或物理特性，在暖通空调中的被调参数指房间热湿环境的温度和湿度、冷水机组的冷水供水温度、汽/水加热器或水/水加热器的热水供水温度、流体流量、室内空气质量的 CO_2 浓度、水箱或水槽（如膨胀水箱、蓄热水池、补给水箱等）水位（控制水容量）等。扰量是指导致调节对象的被调参数发生变化的干扰因素，例如房间内人员、灯光的增减、室外气象参数的变化都是房间热湿环境的扰量，它们引起被调参数（温度和湿度）的变化。

13.2.2　传感器

传感器又称敏感元件、变送器，它测量被调参数的大小并输出信号。输出的信号可以是被调参数的模拟量，如电压、电流、压力等。传感器有很多种，按控制的参数分有：温度传感器、相对湿度传感器、压力和压差传感器、流速传感器、焓值、含湿量变送器（由温度、湿度传感器组成）、CO_2/VOC（二氧化碳/挥发性有机化合物）传感器等。温度传感器根据工作原理又可分为电阻型、温包型等。在暖通空调中应用的传感器根据安装位置可分为室内型、室外型（上两种挂于墙上）、风管型、水管型等。

13.2.3　控制器

控制器又称调节器，它接收传感器的信号与给定值（按要求设定的被调参数值）进行比较，并按设定的控制模式对执行调节机构发出调节信号。任一时刻被调参数的实测值与给定值之差称偏差，控制器对偏差按一定的模式进行计算而给出调节量（输出信号）。这种计算模式即为控制模式。目前常用的控制模式有：开关控制（双位控制），比例控制（P）——调节量正比于偏差，浮动控制——调节量正比于偏差量超出允许范围（在这范围内不输出调节信号）的时间，积分控制（I）——调节量正比于偏差对时间的积分，微分控制（D）——调节量正比于偏差对时间的导数。后两种控制模式不单独使用，常见的组合有比例积分（PI）控制、比例积分微分（PID）控制。目前有各种参数（温度、湿度、压力等）不同控制模式的控制器供用户选用。只有双位控制的控制器通常称为开关，如压差开关、流量开关、低温断路开关等。随着计算机技术突飞猛进的发展，促进了自动控制技术的发展。现代的控制器应用了微处理技术，称为数字式控制器（Digital Controller）或微处理控制器（Microprocessor based Controller）。应用数字式控制器可以按数学模型和推理（事先编制的算法和程序）进行控制，这种控制称为直接数字控制（Direct Digital Control—DDC）。市场上的数字式多功能控制器可控制多个被调参数，具有多种控制模式（P、PI、PID 和开关等）控制，可实现联锁、延迟、逻辑推理、运行模式或功能切换、焓值和含湿量计算等多种功能。目前，以非数值算法为基础的控制模式（如模糊控制、神经网络控制等）已开始被应用于空调系统控制中。

13.2.4　执行调节机构

执行调节机构接受来自控制器的调节信号，对被调介质的流量（或能量）进行调节。执行调节机构由执行机构和调节机构组成。前者将控制器的调节信号转换成角位移或线位移，再驱动调节机构（如调节阀）实施对被调介质的调节。执行调节机构有电动和气动两类。气动执行调节机构必须有气源，因此应用上受到限制。在暖通空调中常用的是电动执行调节机构，如电动调节阀（两通或三通）、开/关型电动阀、电动调节风门等。

传感器、控制器、执行调节机构可以是三个独立的部件，也可以2件或3件组合成一个设备。如传感器与控制器组合，仍称为控制器。

13.3 暖通空调系统自动控制实例

13.3.1 散热器散热量自动调节

热水供暖系统中散热器是向房间内供热的末端设备。散热器散热量的多少直接影响房间内的温度。因此，调节散热器的散热量就可以控制房间内的温度。散热器恒温阀是实现对散热量实施自动调节的自动阀门。恒温阀装在散热器的进水管上（图13-2），它根据室内温度的变化自动调节进入散热器的热水流量，从而调节了散热器的散热量。恒温调节阀有两通和三通两种形式。两通恒温阀用在双管或单管跨越管式热水供暖系统中，如图13-2 (a) 所示；该阀通过调节流通面积的大小来调节热水流量。三通恒温阀用在单管分流管式热水供暖系统中，如图13-2 (b) 所示；该阀是分流三通阀，通过调节直通流量和旁通流量比来调节进入散热器的热水流量。

散热器恒温阀由温度传感器、控制器、调节阀组成的自力式比例调节装置，是一个最简单的自动控制系统。温度传感器是装有一种特殊液体的感温包。感温包内液体的压力与阀体内的弹簧力相平衡。当感温包感应的温度发生变化时，感温包内液体压力增大或减小，破坏了液体压力与弹簧力的平衡，不平衡力带动阀杆移动，使阀门关小或开大，从而调节了通过阀门的热水流量。室温的给定值可通过调节弹簧力的大小来调整。恒温阀根据温度传感器（感温包）的位置分为内

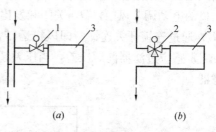

图13-2　恒温阀安装示意图
(a) 两通恒温阀的安装；(b) 三通恒温阀的安装
1—两通恒温阀；2—三通恒温阀；3—散热器

置式和远传式两种。内置式恒温阀的感温包与控制器、调节阀组合在一起。远传式恒温阀的感温包与阀体分离，感温包液体压力用细管导入阀体上的控制器。当散热器装在壁龛内，或加罩暗装，或有窗帘遮挡时，内置式恒温阀所感应的温度并不反映房间真实的温度，而出现误调节。这时宜用远传式恒温阀，传感器装在远离散热器的适当地方。

13.3.2 风机盘管（冷/热共用）的控制系统

图13-3是风机盘管（冷/热共用）的控制系统原理图。图中带三速开关的恒温控制器装有温度传感器，它测量房间温度并与给定值比较，控制开/关型电动阀开或关，从而实现对房间温度的调节。由用户自己手动选择风机的运行转速（高、中、低档三速）。室温

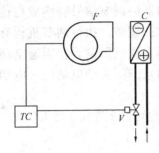

图 13-3　风机盘管控制
系统原理图

F—风机；C—盘管；TC—带三速
开关的恒温控制器；V—开/关
型电动阀

给定值也由用户根据自己的意愿手动调整。由于电动阀随温度变化的动作在供冷和供热工况时是相反的，因此在恒温控制器上还设有供热/供冷的转换开关。当供冷时，温度高于给定值，电动阀通电而开启；反之，电动阀断电而关闭。当供热时，温度低于给定值，电动阀通电而开启；反之，电动阀断电而关闭。恒温控制器直接装于房间内墙上，应避免接近出风口或阳光直射。上述控制系统是目前常用的一种控制系统。其他控制方式有直接自动控制风机转速——三档或无级调速。

13.3.3　新风系统的控制系统

图 13-4 为新风系统的控制系统原理图。该系统中设有温度控制器和湿度控制器，分别控制送出新风的温度和湿度。温度控制器（TC）根据安装在送风管上的温度传感器（T）的信号，控制电动调节阀 V1（供热）或 V2（供冷）的动作，使送风温度保持在给定值。在恒温控制器上设有供冷/供热运行模式的转换开关。也可以通过检测新风入口温度进行自动转换。送风温度的给定值一般可在 12～28℃ 范围内进行设置。湿度控制器（HC）根据安装在送风管上的湿度传感器（H）的信号，控制蒸汽管上的电动调节阀 V3 的动作，使湿度保持在给定值。为防止冬季运行时出现冻坏盘管的危险，在加热盘管的空气出口侧装低温断路开关（或称控制器，它带有温度传感器）。当风温低于给定值（一般在 2～7℃ 内设定）时，低温断路开关切断风机电路，并使新风入口的电动调节风门（D）关闭和发出报警。风机、电动调节阀 V1、V2 和电动调节风门（D）通过连锁开关连锁。即风机运转，它们打开；风机停止时，它们关闭。压差控制器（ΔP）感应过滤器前后压差，当压差超过给定值时发出报警，提醒管理人员更换或清洗过滤器。

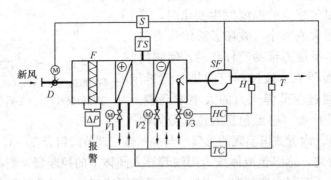

图 13-4　新风系统的控制系统原理图

TC—温度控制器；HC—湿度控制器；T—温度传感器；H—湿度传感器；TS—低温断路开关（控制器）；S—连锁开关；V1、V2、V3—电动调节阀；D—电动调节风门；ΔP—压差控制器；其他符号同图 6-7

上述控制方案中各控制器是分设的。也可以采用数字式控制器（DC）集中对各执行调节机构进行控制，并实现联锁、切换等功能。

13.3.4 定风量全空气空调系统的控制系统

图 13-5 为定风量全空气空调系统的控制原理图。该系统是舒适性空调的控制系统，采用直接数字控制。数字式控制器（DC）各有多个模拟量和数字量输入输出。内置计算模块、逻辑模块、各种模式（P、PI、PID 等）的控制模块；并带有显示装置。该控制器可与建筑中的中央监控系统连接，进行远程监控。新风、回风、送风都设有温度、湿度传感器，不仅获得了它们的温度、湿度信息，而且通过运算获得了它们的焓值及含湿量信息，从而可以根据焓值或含湿量进行控制。例如可以按 6.4.3 中的方案根据焓值进行转换控制工况。CO_2/VOC 传感器可以测量室内的 CO_2 或 VOC（挥发性有机化合物）的浓度，以控制引入系统的新风量，既保证了室内空气质量，又防止当室内人员减少时过多地引入新风。

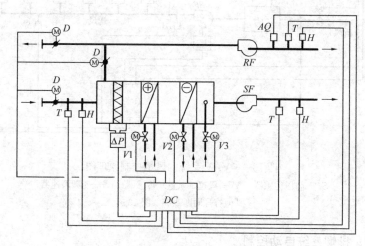

图 13-5　定风量全空气系统的控制系统

DC—数字式控制器；AQ—CO_2/VOC 传感器；其他符号参见图 13-4 和图 6-8

由于冷却盘管或加热盘管都有一定的热惰性，且系统有较长的风管，如果直接根据室内温度对盘管的电动调节阀进行调节（这种调节称为单回路调节），则滞后较大，时间常数较大，导致超调量较大，室温波动大。为此可采用串级调节来改善调节质量。串级调节系统有主、副两个调节环路，主环是根据室内温度（回风温度）的变化来调整送风温度（副环的被调参数）的给定值，而副环是根据送风温度的实测值与给定值的偏差来控制盘管的电动调节阀的动作。同样，湿度也可实现串级调节。

此外，控制器（DC）还可以事先设置运行模式，如预先设置夜间值班供暖、预冷或预热、自然冷量应用的运行模式。自然冷量应用模式指室外温度日较差较大的地方，在夜间进行全新风运行，以利用温度较低的室外空气对房间预冷，蓄存一些冷量；上述的其他模式应当按再循环运行（不引入新风）。

13.3.5 变风量空调系统的风量控制系统

变风量的温度、湿度的调节方法与上述空调系统类似，这里不再赘述。本小节只讨论 VAV 系统的风量控制。图 13-6 是 VAV 系统风量控制（方案之一）的原理图。该系统中数字式控制器（DC）既用于风量控制，又用于温湿度控制及其他工况转换等的控制。数字式控制器根据送风管的静压传感器（安装位置见 6.5 节）实测值与给定值的偏差控制变频调速器（VS）输出频率，以调节风机的转速。在新、回风和送风管上都装有风速传感器，实质是测量它们的风量。控制器根据测得的风量，通过回风机的变频调速器（SV）控制回风机的风量，使送风量与回风量之差保持一给定值，即保证室内有一定的正压。在最小新风运行模式时，在调节风机风量的同时，还应调节 D1、D2 的开度，以保证新风量不小于最小新风量。

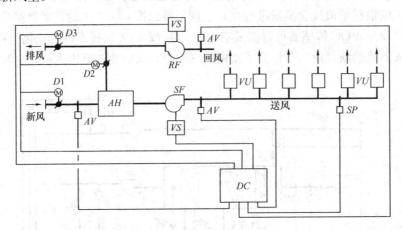

图 13-6　VAV 系统的风量控制原理图

SP—静压传感器；AV—风速（风量）传感器；VS—变频调速器；

其他符号同图 6-25、图 13-4

13.3.6　防烟、排烟系统自动控制

建筑防烟、排烟系统的自控相对于空调系统的自控来说，比较简单，它只需在火灾时开启相应的风机、阀门等设备和部件，一般无自动调节和工况转换控制的要求。防烟、排烟系统的自控系统形式与繁简与建筑类型、重要性、火灾对建筑危害程度等有关。重要建筑中没有消防控制室，有专人管理，集中对消防设施进行控制和对设备状态、火灾情况进行监测。有些建筑不设消防控制室，由值班室兼管。

防烟、排烟系统的自控系统是建筑火灾报警消防控制系统的一个子系统。消防控制室集中对火灾监控的火灾报警消防控制系统由以下几部分组成：火灾探测器，报警器和消防联动控制器。火灾探测器种类很多，具有的功能不同，但它们都有一主要功能是探测建筑中火灾的发生，因此探测器有感应火灾的传感器。传感器有感烟型和感温型两种，探测器中装有其中的一种或同时装有两种类型的传感器。最简单的探测器只有传感功能，当它感应到火灾烟雾或温度升高后产生的电流或电压变化的信号（模拟量）传输给火灾报警控制器，由控制器中的软件判断，确认火灾发生后报警。有的火灾探测器内装微处理器，具有多种功能，如能正确判断火警，剔除伪火警信号；有检测传感器污染情况、老化程度、灵敏度等自检功能；有存储器，记录探测器运行的主要数据；除了输出报警信号外，还可以直接输出控制信号（开/关）等。这类火灾探测器称智能型火灾探测器。火灾报警控制器接到火灾信号并确认后，进行声、光报警，显示火灾发生地点、时间等，同时输出信号给消防联动控制器。消防

联动控制器接到火灾信号后，启动消防设施，如启动防排烟风机、消防水泵，控制防火卷帘等。设备的工作状态的信息又返回控制器。有的公司的产品报警控制器与联动控制器组合在一起，称消防自动报警控制系统或火灾报警及联动控制系统。

联动控制器对防排烟系统的控制程序如下：开启报警探测器所在的防烟分区的排烟风口，与之联动的排烟风机运行，相应的活动挡烟垂壁下落；防烟楼梯间、前室的加压风机运行，同时开启着火层和上下各一层前室常闭型送风口；关闭空调系统、送风系统和排风系统的风机。所有这些设备的工作状态的信息返回控制器。

图 13-7 为最简单的排烟系统控制原理图。当火灾探测器探测到火灾发生时，立即使该区域的排烟风口打开；与之联动的排烟风机运行；如果

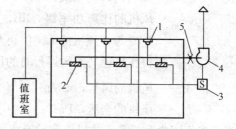

图 13-7　排烟系统控制原理图
1—火灾探测器；2—常闭型排烟风口；3—联动开关；4—排烟风机；5—280℃防火阀（常开）

有活动挡烟垂壁的话，则同时下落。火灾探测器的火灾信号同时传输到值班室。当人员在火灾现场发现火情时，也可以手动打开排烟风口，与之联动的排烟风机运行、活动挡烟垂壁（如果有的话）下落。

13.4　空调、通风系统的消声

暖通空调系统在建筑内热湿环境、空气质量进行控制的同时，也对建筑的声环境产生不同程度的影响。当系统运行产生的噪声超过一定允许值后，将影响人员的正常工作、学习、休息或影响房间功能（如电视和广播的演播室、录音室），甚至影响人体健康。因此，在进行暖通空调系统设计的同时，应当进行噪声控制设计。噪声控制有两个方面，一是暖通空调系统服务对象（房间）的噪声控制；二是暖通空调系统的设备房（机房）的噪声控制。本节讨论前者的噪声控制。

13.4.1　房间的允许噪声级

对于民用建筑的室内允许噪声级可按我国标准《民用建筑隔声设计规范》GB 50018和各类建筑的设计规范（如剧场、电影院等设计规范）的规定取值；工业建筑可按《工业企业噪声控制设计规范》GBT 50087 和其他相关的规定取值。规范中的允许噪声级一般给出了 A 声级（L_A）或 NR 的噪声评价曲线，两者之间没有恒定的换算关系。就暖通空调领域常有的噪声而言，两者相差 4~8dB，通常取如下换算关系：

$$L_A = NR + 5 \tag{13-1}$$

有关 NR 评价曲线在 8 个倍频程的声压级值可参阅《建筑环境学》[4]或空调设计手册等资料。

13.4.2　通风空调系统的噪声源

通风空调系统中的噪声源主要有风机、空调机等机械设备产生的噪声、气流产生的噪声、入射到风管内而传入室内的噪声等。

13.4.2.1　风机噪声

离心式风机噪声的声功率级可用下式估算：

$$L_W = L_{WC} + 10\lg(\dot{V}H^2) + 16 \tag{13-2}$$

式中　L_W——风机的声功率级，dB；

L_{WC}——风机的比声功率级，dB，由生产厂提供，某几种型号（如 4-72-11、4-72、4-79 等）风机的 L_{WC} 值可从设计手册[5]上查得；如无确切数据，中低压风机在接近高效区运行时的比声功率级一般可取 24dB；

$\dot{V}$——风机的风量，m^3/s；

H——风机的全压，Pa。

当无确切资料时，离心式风机和轴流式风机可以用以下经验公式计算[6]：

$$L_W = 40 + 10\lg(\dot{V}H_s^2) \tag{13-3}$$

$$L_W = 67 + 10\lg(\dot{W}H_s) \tag{13-4}$$

$$L_W = 95 + 10\lg(\dot{W}^2/\dot{V}) \tag{13-5}$$

式中　$\dot{W}$——风机电机的功率，kW；

H_s——风机的静压，Pa；

其他符号同上。

风机各频带的声功率级可根据各中心频率的声功率级减去修正值 Δb 求得，即

$$L_{Wf} = L_W - \Delta b$$

式中　L_{Wf}——各频带的声功率级，dB；

Δb——修正值，可从表 13-1 中查得。

各频带声功率级修正值 Δb　　　　　　　　　　表 13-1

通风机类型	各频带（Hz）的修正值（dB）							
	63	125	250	500	1000	2000	4000	8000
前弯叶片离心风机	2	7	12	7	22	27	32	37
后弯叶片离心风机	5	6	7	12	17	22	26	33
轴流风机	9	8	7	7	8	10	14	18

13.4.2.2　空调设备

风机盘管、房间空调器、诱导器、柜式空调机组、VRV 系统中的室内机组、水环热泵系统中的水源热泵机组等设备中都直接放在空调房间内。除了诱导器外，这些设备内都有风机，有的还有制冷压缩机，因此都有噪声产生。而诱导器内的高速气流也产生噪声，根据国家的有关标准，这些产品都有最大允许噪声的规定，通常规定了在一定距离处的 A 声级值。

13.4.2.3　风管系统的气流噪声

空气在流过直管段和局部构件（如弯头、三通、变径管、风门、风口等）时都会产生噪声。噪声与气流速度有着密切关系，当气流速度增加一倍，声功率级就增加约 15dB。直管段与风管构件产生噪声的计算方法参见文献[5]。对于一般要求的建筑，通常限制空气在风管内的流速，就不必计算气流噪声的影响，根据噪声标准要求的允许流速见表 13-2。对于某

些噪声要求高的建筑（如录音、播音室等）应对气流噪声进行核算。

不同噪声标准的风管内允许流速 表 13-2

噪声标准		允许流速（m/s）			噪声标准		允许流速（m/s）		
NR	L_A（dB）	主风管	支风管	出风口	NR	L_A（dB）	主风管	支风管	出风口
15	20	4	2.5	1.5	30	35	6.5	5.5	3.3
20	25	4.5	3.5	2.0	35	40	7.5	6.0	4.0
25	30	5	4.5	2.5	40	45	9	7.0	5.0

13.4.2.4 入射到风管内的其他噪声

全空气系统、新风系统通常服务多个房间，而其中某一个房间的噪声会通过风管传到其他房间中去。房间内的噪声源有人声、音乐声等。人群大声说话的声功率级为 90dB，一般谈话为 70dB，音乐声约为 90～115dB。这些噪声通过风口入射到风管内再传到其他房间。入射到风管内的噪声与风口的开口面积、噪声源与风口距离、风口个数、声源室的总表面积和材料的吸声系数等有关。

13.4.2.5 噪声源声功率级的叠加

几个相同声功率级的叠加可按下式计算：

$$L_W = L_{W1} + 10\lg n \tag{13-6}$$

式中 L_{W1}、L_W——分别为一个声源和 n 个声源的声功率级，dB；

n——同样声功率级的声源数。

当几个不同声功率级叠加时，则先由大到小依次排列，然后逐个进行叠加。叠加时根据两个声功率级差值在其中较高的声功率级上加附加值，附加值列于表 13-3 中。

不同声功率级叠加的附加值 表 13-3

两个声功率差（dB）	1	2	3	4	5	6	7	8	9	10	15
附加值（dB）	3	2.5	2.1	1.8	1.5	1.0	0.8	0.6	0.5	0.4	0.1

13.4.3 通风空调系统的噪声衰减

13.4.3.1 直管段噪声的衰减

金属板风管的噪声衰减量与风管的周长、长度及管壁的吸声系数成正比，与风管端面积成反比。可按表 13-4 给出的每米衰减量进行估算[5]，表中风管尺寸：圆管为直径，矩形管为当量直径 $d_e = 2ab/(a+b)$，a、b 分别为矩形风管的边长。

金属风管噪声衰减量 表 13-4

风管尺寸（mm）		各倍频带中心频率（Hz）的噪声衰减量（dB/m）				
		63	125	250	500	≥1000
矩形管	75～200	0.6	0.6	0.45	0.3	0.3
	200～400	0.6	0.6	0.45	0.3	0.2
	400～800	0.6	0.6	0.3	0.15	0.15
	800～1600	0.45	0.3	0.15	0.1	0.06
圆　管	75～200	0.1	0.1	0.15	0.15	0.3
	200～400	0.06	0.1	0.1	0.15	0.2
	400～800	0.03	0.06	0.06	0.1	0.15
	800～1600	0.03	0.03	0.03	0.06	0.06

13.4.3.2 弯头的噪声衰减

按一定曲率半径制作的弯头，噪声衰减量很小，一般可以忽略不计。弯头背部是直角时，由于声能反射的作用可以减小噪声源传递的噪声。矩形弯头的噪声衰减量见表 13-5[7]，表中风管宽度是指平面图上弯头可见面的尺寸。弯头内贴吸声材料，噪声衰减量将增加。

矩形弯头的噪声衰减量　　　　　　　　　　　　　　　　　　表 13-5

风管宽度 (mm)	各倍频带中心频率（Hz）的噪声衰减量（dB）						
	63	125	250	500	1000	2000	≥4000
200	—	—	—	1	7	7	4
250	—	—	—	5	8	4	3
320	—	—	1	7	7	4	3
400	—	—	2	8	5	3	3
500	—	—	5	8	4	3	3
630	—	1	7	7	4	3	3
800	—	2	8	5	3	3	3
1000	1	6	8	4	3	3	3
1250	1	7	7	4	3	3	3
1500	2	8	6	3	3	3	3

13.4.3.3　三通的噪声衰减

根据声能按分支管的面积进行分配的原则，由分支管 1 和 2 构成的三通中经过分支管 1 的噪声衰减量为

$$\Delta L = 10\lg\frac{a_1 + a_2}{a_1} \tag{13-7}$$

式中 a_1、a_2 分别是三通两个分支管的面积，m^2。当两支管的速度接近相等时，上式中面积比也可用总风量与分支管风量之比取代。

13.4.3.4　末端（风口）反射噪声衰减

风管内传播的噪声在风口处突然扩散到空间去，其中比管道尺寸大的波长的噪声被反射回去，并不进入房间。末端反射的噪声衰减量可按图 13-8 进行估算[6]。当末端是矩形格栅式风口时，末端尺寸取 $1.13\sqrt{A}$，A 为出风口面积。对于长宽比很大的风口，图上值有较大误差。对于圆形风口末端尺寸就取直径；散流器取喉部直径的 1.25 倍。如果风口紧接着是弯头，末端反射的噪声衰减取图 13-8 中值的 1/2。

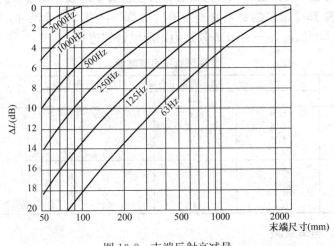

图 13-8　末端反射衰减量

13.4.3.5 房间内某点的声压级

噪声由风口传入室内后，人耳感觉到的噪声是由风口直达的声压级与房间回响声压级的叠加。房间内某点人耳感觉到的声压级的计算公式为

$$L_p = L_W + 10\lg\left[\frac{Q}{4\pi r^2} + \frac{4(1-a_m)}{Sa_m}\right]$$ (13-8)

式中　L_W——由风口进入室内的声功率级，dB；

　　　L_p——距风口 r 处的声压级，dB；

　　　r——风口与某处人身（测量点）间的距离，m；

　　　Q——指向性因素，取决于风口尺寸、位置和风口与人身（测量点）连线与水平线的夹角 α 的无因次量，由图 13-9 查得。图中 f 为噪声的倍频带中心频率；d 为风口尺寸，对圆风口 d 即为直径，对矩形风口，$d=\sqrt{A}$；A 为风口面积；

　　　S——房间总表面积，m^2；

　　　a_m——室内平均吸声系数，一般建筑取 $0.1\sim0.2$。

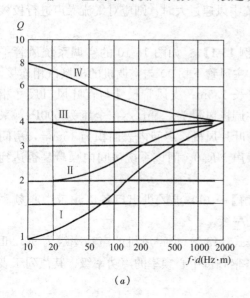

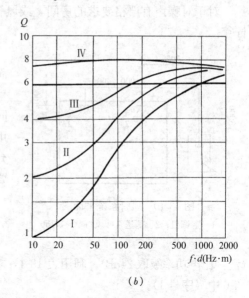

(a)　　　　　　　　　　　　　　　(b)

图 13-9　指向性因素

(a) $\alpha=45°$；(b) $\alpha=0°$

Ⅰ—房间中央突出于空间的风口；Ⅱ—墙（顶棚）中部位置的风口；
Ⅲ—位于墙上靠顶棚的风口；Ⅳ—靠近顶棚在墙角的风口

13.4.4　空调通风系统的消声设备

空调通风系统中常用的消声设备主要类型有：阻性、抗性、共振型和复合型（阻抗复合，阻性和共振复合）等消声器。阻性消声器对中、高频有较好的消声性能；抗性消声器对低频和低中频有较好消声性能；共振型消声器属抗性消声器范畴，它适用于低频或中频窄带噪声或峰值噪声，但消声频率范围窄；复合型消声器可发扬上述消声器各自的优点。

有关消声器的原理与设备可参阅《建筑环境学》[4]或有关设计手册[5][7]。

13.4.5　空调通风系统消声设计程序

空调通风系统的消声设计在系统的设备、管路、风口等构件基本设计完成后进行。对于噪声无严格要求的一般性建筑，风管系统的空气流速限定在表 13-2 范围时，消声设计的程序为：

（1）根据房间用途确定房间允许噪声值的 *NR* 评价曲线。

（2）计算通风机的声功率级，参见 13.4.2.1。

（3）计算管路系统各部件的噪声衰减量，并计算风机噪声经管路衰减后的剩余噪声，参见 13.4.3。

（4）求房间内某点的声压级，参见 13.4.3.5。

（5）根据 *NR* 评价曲线的各频带的允许噪声值和房间内某点各频率的声压级，确定各频带必须的消声量。

（6）根据必须的消声量选择消声器。

对于对噪声有严格要求的房间，或风管系统中风速过大时，则应对气流噪声进行校核计算。

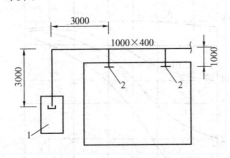

图 13-10　风管系统平面图
1—空调机；2—侧送百叶风口 500×150

【例 13-1】　如图 13-10 的空调系统风管平面图，主风管下拐 90°与空调机的出风口相连接，垂直管长 1.5m；支风管尺寸与百叶风口尺寸相同；空调机风量为 2.9m³/s，全压为 600Pa，采用后弯叶片风机；房间内表面积为 156m²，房间允许噪声 NR40。问该系统房间内噪声是否达到要求？

【解】　（1）求风机出口各倍频带中心频率的声功率级

按式（13-2）求得风机的声功率级为 96.2dB（注：比声功率级取 24dB）；利用表 13-1，求出各倍频带中心频率的声功率级，其值列于表 13-6 中（序号 1）。

（2）求风管系统噪声衰减量

风机到第 1 个房间的风口有弯头、直管段和风口等部件的噪声衰减量。弯头按表 13-5 取值；直管段按表 13-4 的每 m 风管噪声衰减量乘管长确定；三通管支管的噪声衰减量为

$$\Delta L = 10\lg \frac{0.5 \times 0.15 + 1 \times 0.4}{0.5 \times 0.15} = 8\text{dB}$$

末端风口反射噪声衰减按图 13-8 取值，末端尺寸取 $1.13\sqrt{0.5 \times 0.15} = 0.31\text{m}$。各部件的噪声衰减量列于表 13-6 中（序号 2～7）。

（3）计算出风口的噪声声功率级

出风口的噪声声功率级等于风机出口噪声减各项噪声衰减量，其值列于表 13-6 中（序号 8）。

（4）计算房间某点的声压级

计算结果汇总表 表 13-6

序号	项 目	计 算 方 法	各倍频带中心频率（Hz）的噪声（dB）						
			63	125	250	500	1000	2000	≥4000
1	风机声功率级	式（13-2），表13-1	91.2	90.2	89.2	84.2	79.2	74.2	70.2
2	弯头衰减量	表13-5，风管宽400mm	—	—	2	8	5	3	3
3	主风管衰减量	7.5m，$d_e=570$mm	4.5	4.5	2.3	1.1	1.1	1.1	1.1
4	弯头衰减量	表13-5，风管宽1000mm	1	6	8	4	3	3	3
5	三通衰减量	式（13-7）	8	8	8	8	8	8	8
6	支管衰减量	1m，$d_e=230$mm	0.6	0.6	0.45	0.3	0.2	0.2	0.2
7	末端衰减量	图13-8	11	7	3.5	1	0	0	0
8	出口声功率级	序号1−2−3−4−5−6−7	66.1	64.1	64.95	61.8	61.9	58.9	54.9
9	房间某点声压级	式（13-8）	61.8	59.7	60.5	57.3	57.5	54.5	50.5
10	房间允许噪声	按NR40评价曲线	68	57	50	44	40	37	35
11	房间剩余噪声	序号9−10	—	2.7	10.5	13.3	17.5	17.5	15.5

按式（13-8）计算离风口直线距离1.5m，$\alpha=45°$点（房间中可能的最不利点）的声压级，即

$$L_p=L_w+10\lg\left(\frac{Q}{4\pi 1.5^2}+\frac{4\,(1-0.1)}{156\times0.1}\right)$$

式中指向性因素 Q 根据图13-9（a）的线Ⅲ取值，其中 $d=\sqrt{0.5\times0.5}=0.274$m。各频带的计算结果列于表13-6中（序号9）。

（5）确定房间的允许噪声值

查《建筑环境学》（第三版）[4]或其他文献[5][6][7]的噪声评价曲线图上的 NR40 线，得各倍频带中心频率的允许噪声值列于表13-6（序号10）。

（6）房间剩余噪声

房间剩余噪声等于房间某点（最不利点）的声压级减去允许噪声所得的值（见表13-6序号11）。所得结果表明，房间某点中心频率≥125Hz的噪声均超过允许值。在该系统中宜加消声设备。可选用对中、高频消声效果好的阻性消声器，如将平面上弯头改为消声弯头，或在风机出口插一节管式消声器，其各倍频带中心频率的消声量必须大于剩余噪声。有关消声器的消声量可查阅文献[4]、[5]、[7]或生产商的样本。

13.5 隔振与机房的噪声控制

空调通风系统中的设备房有制冷机房、小型锅炉房、风机房、空调机房等，我们通称为机房。机房是暖通空调系统主要的噪声源，为了减少对邻近房间的噪声干扰，在建筑内或邻近的机房，除了控制沿风管传播的空气噪声和通过结构、水管、风管等传递的固体噪声外，还应降低机房的噪声和减少通过机房围护结构传播的噪声。

13.5.1 设备隔振

机房内各种有运动部件的设备（如风机、水泵、制冷压缩机等）都会产生振动，它直

接传给基础和连接的管件，并以弹性波传到其他房间中去，又以噪声的形式出现。另外，振动还会引起构件（如楼板）、管道振动，有时会危害安全。因此，对振源必须采取隔振措施。在设备与基础间配置弹性的材料或器件，可有效地控制振动，减少固体噪声的传递；在设备与管路间采用软连接实行隔振。常用的基础隔振材料或隔振器有以下几种：

（1）压缩型隔振材料和隔振器，主要有：橡胶垫——平板型，肋型等多种，自振频率高，适用于转速为 1450～2900r/min 的水泵隔振；软木——自振频率较高，允许荷载较小，可用于水泵和小型制冷机，不过目前市场上软木板很少；还有玻璃纤维板、毛毡、岩棉等隔振材料，但在通风空调工程中很少应用。

（2）剪切型隔振器，主要有：金属弹簧隔振器——是目前常用的隔振器，优点有承受荷载大、自振频率低、使用年限长、价格低廉，但阻尼比较小，共振时放大倍数大，水平稳定性差，适用于风机、冷水机组等隔振；橡胶剪切隔振器——自振频率低，仅次于金属弹簧减振器，对高频固体声有很高的隔声作用，阻尼比较大，不会引起自振，缺点是易受温度、油质、卤代烃气体的侵蚀，容易老化等，常用于风机、水泵等隔振。

设备隔振设计需要有力学和声学知识，为方便暖通空调工作者对隔振基础的设计，国内已有一些常用的风机、水泵、冷水机组、空调机组等产品关于隔振的标准化设计图和相应的隔振器系列产品供采用。隔振器生产厂和暖通空调设备厂的产品说明书或样本中有时也提供了隔振设计要求。

13.5.2　管路隔振

水泵、冷水机组、风机盘管、空调机组等设备与水管连接时，采用一小段软管，以不使设备的振动传递给管路。尤其是设备基础采取隔振措施后，设备本身的振动增加了，这时更应采用这种软管连接。软接管有两类：橡胶软接管和不锈钢波纹管。橡胶软接管隔振减噪的效果很好，缺点是不耐高温和高压，耐腐蚀也差，在空调供暖等水系统中大多采用橡胶接管。不锈钢波纹管也有较好的隔振减噪效果，且耐高温、高压和耐腐蚀，但价格较贵，适宜用在制冷剂管路的隔振。

风机进出口与风管间的软管宜采用玻璃纤维布或帆布制作。6 号以下规格的风机，软管的合理长度为 200mm；8 号以上规格的风机，软管合理长度为 400mm。

水管、风管敷设时，在管道支架、吊卡、穿墙处也应作隔振处理。通常的办法有：管道与支架、吊卡间垫软材料，采用隔振吊架（有弹簧型、橡胶型）。实测表明，管道吊架采用隔振处理后，比刚性搭接 A 声级可降低 6～7dB[1]。

13.5.3　机房降噪与隔声

机房内噪声通常在 80dB（A）以上，除了采用隔振措施减少对外传播噪声外，还必须采取其他措施降低机房内噪声和隔断向外传播的途径。当然最积极的措施是选用噪声小的设备。另外，选择机房位置时应尽量不靠近被服务房间，对机房本身应采取吸声和隔声处理。

13.5.3.1　吸声降噪

机房内的噪声经各界面多次反射形成混响声，使得室内人员所感受到的声压级（直达声与混响声叠加）远比设备本身的噪声大得多，理论上可增加 20dB。为确保操作人员的健康，在室内采取吸声措施，以降低噪声，一般使机房内人耳感受到的噪声（直达声和混响声的叠加）控制在 85dB（A）以下。吸声的方法是在机房的墙、顶棚贴吸声材料。如果对墙面和顶棚做局部吸声处理，使室内平均吸声系数 a_m＝0.2～0.3，则因混响增加的噪声约为 5～7dB，即比不做吸声处理的机房降低了 13～15dB；如果在墙和顶棚做较强的吸声处理，使 a_m＞0.5，则因混响增加的噪声小于 3dB，即比不做吸声处理的机房降低了 17dB 以上。更强的吸声处理，需在顶棚处增挂若干块吸声板。

对于相邻房间需安静的机房，则不论机房大小、设备多少，都应做较强的吸声处理，这对机房降噪和机房的隔声都是有利的。对于远离被服务房间的机房（如地下室），若机房容积很大，室内可不做较强的吸声处理，甚至不做处理，但这时应设有隔声很好的控制室和休息室。

墙、顶棚所用的吸声材料应根据噪声源的频谱来选择。风机房的噪声以低频为主，因此宜选用低频吸声性能强的材料，如石膏穿孔板、珍珠岩吸声板等。制冷机房、水泵房等的噪声频谱较宽，应选用以中、高频吸声性能好的材料，如超细玻璃棉毡、玻璃棉板、矿渣棉板、聚氨酯泡沫塑料等。

13.5.3.2 机房隔声

机房的墙体、楼板应具有隔声作用，它的隔声效果（隔声量）与墙或楼板的面密度（kg/m²，即材料密度×构件厚度）有关，面密度越大，隔声效果越好。但增加厚度来提高隔声量不是好办法，一般说厚度增加一倍，也就能增加 5dB 左右的隔声量。增加隔声量的好办法是在墙体、楼板中增加空气层，即两层墙体或楼板。例如一砖墙（240mm 厚）的平均隔声量（隔声量还与频率有关）为 52.8dB，一砖半墙（370mm 厚）的平均隔声量为 55.3dB，仅增加了 2.5dB 隔声量，但如果一砖半墙中夹 80mm 空气层，其平均隔声量为 58.3dB，比一砖墙增加了 5.5dB。在空气层内配置吸声材料，隔声效果更好。例如一砖墙（240mm）与 80mm 岩棉和 6mm 塑料板做成复合墙体，则平均隔声量为 62.8dB。对于楼板，通常可以在楼板下用弹性吊钩吊挂轻质板，必要时再在空气层内配置吸声材料。

机房门隔声效果与门体的隔声能力和门缝的严密程度有关。通常采用内夹吸声材料（如矿棉毡、玻璃棉毡等）的复合门，门缝采用企口挤压式（在企口上加橡胶圈、条式充气带）的密封措施。最有效的隔声是采用双道门，并在门洞内贴吸声材料；或设门斗（"声闸"），内外门错开，门斗内贴吸声材料。

房间的窗户是隔声最薄弱的环节。3mm 厚的单层玻璃窗平均隔声量为 24dB；双层 3mm 厚玻璃的单扇窗（玻璃间距 8mm）的平均隔声量 27dB。如果采用双层窗（距离 200mm，玻璃厚 3mm），并且在窗四周做吸声处理，则平均隔声量可提高到 42dB。另外窗缝是否严密也影响隔声效果。一般来说，单层窗加密封条后，单层窗的隔声量可提高约 5dB 左右，双层窗都加密封条后可提高约 11dB 左右。

13.5.4 机房外设备的噪声控制

冷却塔、风冷式冷水机组或热泵机组的室外机等都设置在室外，它们的噪声影响周围环境。据北京对 8 家有冷却塔的单位调查表明，冷却塔扰民达 8144 户[7]。因此，必须对置在室外设备的噪声进行控制。

室外设备噪声控制的原则有：

（1）尽量选用低噪声的设备。例如同一厂家生产的低噪声冷却塔可比标准型冷却塔噪声低 5～9dB，超低噪声的更低一些。同一规格不同生产厂的产品相差也甚大，因此选用设备时应多作比较。

（2）选择合理的设备位置。尽量远离需要安静的建筑和房间，设备噪声较强的一侧避免直接对着要求安静的建筑和房间。

（3）采用隔声屏障以减少设备噪声对需要安静的建筑或房间的影响。屏障离声源越近，或屏障越高，隔声越有利。当然屏障的设置还应考虑不影响设备的性能。有关屏障的设置方法可参考文献 ［7］。

思 考 题 与 习 题

13-1　试绘空气-水诱导器的自控原理图。

13-2　试绘新风系统直接数字控制原理图。

13-3　什么叫串级调节？宜用在什么场合？

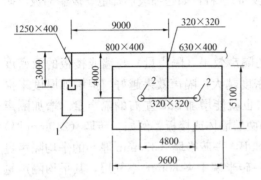

图 13-11　风管系统平面图
1—空调机；2—散流器

13-4　T4-72 No.5 型离心风机，转速为 1450r/min，风量为 $1.56\text{m}^3/\text{s}$，全压为 690Pa，出口风速为 6m/s。试用式 (13-2) 和式 (13-3) 估算该风机的声功率级。（提示：L_{wc} 从文献 ［5］或其他设计手册中查找）

13-5　同上题，计算风机各倍频带中心频率的声功率级。（注：T4-72 型风机是后弯叶片）

13-6　如图 13-11 所示的空调系统，系统总风量为 $4\text{m}^3/\text{s}$，全压为 650Pa，风机为后弯叶片的叶轮；空调机出口的垂直风管断面为 1250mm×400mm，长 1.2m；其余风管尺寸见图；散流器喉部直径为 300mm；房间室内净高 3m，室内允许噪声 NR45。求房间内剩余噪声，并为该系统选一消声器。

13-7　常用的基础隔振材料和隔振器有哪几种？

13-8　在哪些地方需要管路隔振？如何进行管路隔振？

13-9　如何防治机房的噪声？

参 考 文 献

［1］　(美)汪善国著. 李德英等译. 空调与制冷技术手册. 北京：机械工业出版社，2006.

［2］　GB/T 50314—2006 智能建筑设计标准.

［3］　GB 50736—2012 民用建筑供暖通风与空气调节设计规范. 北京：中国建筑工业出版社，2012.

［4］　朱颖心主编. 建筑环境学(第三版). 北京：中国建筑工业出版社，2010.

［5］　电子工业部第十设计研究院主编. 空调调节设计手册(第三版). 北京：中国建筑工业出版社，1995.

［6］　CIBSE 编. 龙惟定等译. 注册建筑设备工程师手册. 北京：中国建筑工业出版社，1998.

［7］　项端祈. 空调制冷设备消声与隔振实用设计手册. 北京：中国建筑工业出版社，1990.

第14章 建 筑 节 能

14.1 建筑、暖通空调与能源

建筑离不开能源，尤其是现代化建筑，更是能源消耗大户。在国民经济各部门中，建筑业能源消耗占总能耗的比例很大。建筑业能耗中包括建材生产、建筑施工、建筑日常运转等能耗。建筑日常运转能耗又称民生能耗，也称建筑能耗，它包含供暖、通风、空调、热水供应、照明、电梯、烹饪等的能耗。建筑能耗在建筑业能耗中占了绝大部分，约80%以上；其中大部分能量用于供暖、通风与空调。我国目前城镇建筑能耗占全国商品能耗的22%～24%，发达国家占1/3左右[1]。随着我国城市化程度的不断提高，建筑能耗所占总能耗的比例将会接近发达国家目前的水平。尽管我国目前供暖区范围仅限于北方城镇，大多数建筑内部热环境条件尚不够理想（有些建筑冬季温度达不到16℃），其供暖消耗的煤占我国非发电用煤量的15%～18%[1]。值得注意的是，一些大型公共建筑（高档办公楼、星级酒店、大型购物中心等）虽然它的建筑面积仅占城镇民用建筑总面积的5%～6%，但其耗电量（空调、照明、电梯、办公电器等）占民用建筑总耗电量的30%以上；单位面积年耗电量为100～300kW/(m²·a)，是住宅建筑单位面积耗电量（不包括供暖）的10倍左右[1]。此类大型公共建筑中空调用电占了建筑总用电的50%～60%，照明用电占25%～35%，其余是电梯、办公电器等的用电。而我国地域辽阔，北方寒冷，南方炎热，中部过渡地区冬冷夏热，随着现代化建筑的发展和向小康生活水平的迈进，人们对建筑环境的要求愈来愈高，供暖建筑不断向南推移，而空调建筑不断向北推移。因此，可以预计建筑能耗将会有较大幅度增加，在总能耗中的比例也将增加，建筑能源消费的增长不可能完全依赖于能源生产的增长来满足，还必须靠节能来解决。其原因是，首先，虽然我国已探明的能源资源总能量居世界第三位，但人均能源资源占有量仅是世界平均水平的51%，石油仅11%[2]。因此，按人均能源占有量来说我国是能源资源贫乏的国家，节能必将是我国发展经济的一项长远战略方针[3]。其次，20世纪90年代提出了可持续发展的理论，节能和环境保护是实现可持续发展的关键。而节能又是环境保护的关键，影响城市大气环境的悬浮粒子、SO_2、NO_x、CO主要是能源消费的后果；影响"全球环境"的CO_2等温室气体的排放也主要来自能源消费。由于我国是世界上煤炭最大的生产国和消费国，据环保部门统计，全国SO_2的排放量中，约有85%是燃煤排放的；全国大气环境质量不合格的城市中大部分是燃煤型污染。我国的电力工业中火力发电占总发电量的80%左右，而火力发电以燃煤发电为主。2011年我国发电总量已位居世界第一。温室气体CO_2的排放量也已居世界第一位。除此之外，城市中能源的消费还导致"城市热岛"现象。所谓城市热岛是指城市中心区的气温比郊区高，这是因为城市中所有能源消费的结果，最终变为热量而排入城市上方。由"热岛"引起了称作"城市风"的循环风，将周围工厂散发的污染空气吹入市区。"热岛"还导致夏季空调负荷的增加，据测算，每升高1℃，空调容量约增加 6%。因此，建筑能耗在对城市大气环境和地球环境方面起着相当重要的作用。为了实现我国可持续发展战略，建筑节能也是势在必行。建筑的发展方向是"绿色建筑"，所谓"绿色建筑"是指在建筑的全寿命周期内，最大限度地节约资源（节能、节地、节水、节材）、减少污染，为人们提供健康、舒适和高效的使用空间、与自然和谐共生的建筑（摘自绿色建筑评价标准 GB 50378—2006）。因此，建筑节能也是创建绿色建筑的必需。

我国的《节约能源法》中指出[3]，节能是指加强用能管理，采取技术上可行、经济上合理以及环境和社会可以承受的措施，从能源生产到消费的各个环节，降低消耗、减少损失和污染物排放，制止浪费，有效、合理地利用能源。节能还应包括可再生能源和新能源的开发和利用。对能源应用的评价，联合国欧洲经济委员会提出了能源系统总效率的概念，它包括三部分：开采效率（能源储量的采收率），中间环节效率（加工转换效率和贮运效率）和终端利用效率（用户所得到的有用能与用能过程输入能之比）。因此，能源系统的节能实质上是如何利用管理和技术手段提高这三部分的效率。建筑节能应理解为建筑日常运转能量的节约，其中主要部分是供暖、通风和空调的节能，也包括减少建筑物的冷、热量损失和可再生能源及新能源的利用。建筑节能应包括能源系统中的后两个环节的节能，即提高这两个环节的效率。暖通空调系统大部分是利用已加工后的能源（如电能），因此主要在于如何提高终端的能量利用效率。但有些系统也直接应用一次能源（如煤或天然气等），因此也必须注意提高能源在加工成热量和冷量及输送过程中的效率。

14.2　建筑节能综合性措施的分析

建筑节能是一个系统工程，即从建筑及其能量利用系统的规划、设计到日常运行、维护的全过程中时刻注意节能，才可能取得节能的效果。下面将简要分析建筑节能的主要措施。

14.2.1　建筑物本体的节能措施

建筑物冬季热负荷和夏季冷负荷有一部分来自建筑物的围护结构。所谓围护结构，是指外墙、窗户、阳台门、外门、屋顶、地面等。从建筑体形来说，同样面积的建筑物，接近立方体的外表面积最小，可以节能。衡量建筑物的体形是否符合节能要求的一个指标是体形系数——建筑物外表面积与其所包围的体积之比。对于一定体积的建筑物，体形系数愈大，意味着其围护结构面积愈大，建筑的热负荷和冷负荷也就愈大。因此，我国的建筑节能设计标准[4]-[7]规定了建筑的体形系数，如严寒、寒冷地区（大约北纬 34℃以北）公共建筑的体形系数应小于或等于 0.40[4]。建筑朝向对冷、热负荷的影响不一样，对于长方形（长宽比为 2）的建筑物，无论长边朝那个方向，全年供暖耗热量均大致相同；但朝向对空调冷负荷有相当大影响，长边（主要面）朝向西或东的比朝向南或北的大，最大冷负荷约大 25% 左右[8]。

围护结构的热工性能对建筑的冷负荷和热负荷的影响是不一样的。增大围护结构的保温性能无疑可以减少冬季热负荷。一些研究结果表明，增大围护结构的保温性能年空调冷负荷反而有所增加，其原因是在室外气温高的月份和时刻，保温性能好，可以节省空调冷量，但在非最热月或一天中的夜间，气温低时，不利于建筑散热，反而增加了冷负荷。但是，除了全年中热负荷很小的地区，增大围护结构保温性能，全年的冷、热负荷总和有所减小。另外，围护结构保温性能好，空调设计冷负荷会小些。

玻璃窗对空调冷负荷和供暖热负荷都有明显的影响。透过玻璃的日射得热冷负荷约占空调冷负荷的 20%～30%，冬季外窗的热损失约占总供暖热负荷的 10%～20%。减少窗墙比（窗户面积与墙面积（包括窗面积）之比）可以减少热负荷和冷负荷，但减少到一定值时，会增加照明电负荷，而反过来又增加了冷负荷。对一栋 48m×48m 的各向都有窗的建筑进行模拟计算结果表明[8]，当窗墙比在 0.3～0.5 范围内时，年总耗能量（包括冷、热负荷和照明用电负荷折合到一次能量）变化不大；当窗墙比＞0.5 时，年总耗能量将增加。

玻璃窗或幕墙的冷、热负荷与玻璃的特性有着密切的关系。改变玻璃的特性可以有效地降低玻璃窗或幕墙的冷、热负荷。通过改变玻璃原料的组分或在玻璃表面镀膜可以改变太阳辐射的透射率、反射率、吸收率和发射率。吸热玻璃就是在玻璃原料中加入一些金属离子组分，使玻璃呈现其他颜色，增加对太阳的吸收率，减小透射率，从而降低透射得热的冷负荷。镀膜玻璃是在玻璃表面镀一层金属或其氧化物的薄层，选择性地改变（即对不同波长范围）太阳辐射的透射率，比较典型的有热反射膜和低辐射膜。热反射膜可以增加对太阳的反射率，减小透射率，从而降低透射得热的冷负荷；低辐射（Low-e）膜具有长波辐射的发射率和吸收率低的特点。如把 Low-e 玻璃用于双层玻璃窗中，则可以降低玻璃间的辐射换热，即增加了两表面间辐射换热的热阻。例如普通玻璃的长波发射率 ε 约为 0.9，两表面间辐射换热的热阻约为 $0.25m^2 \cdot \mathbb{C}/W$，而低辐射膜玻璃的 ε 可达 0.05，其热阻增大到约 $3.7m^2 \cdot \mathbb{C}/W$[9]。不同用途的低辐射膜，其特性也不同。夏季型低辐射膜对可见光（波长 $0.38～0.78\mu m$，约占太阳辐射能的 43%）具有较好的透光性（透射率比普通玻璃略有降低），但对近红外线（波长 $0.78～2.5\mu m$，约占太阳辐射能量的 41%）的透射率显著降低，有效地减少太阳透射得热的冷负荷；遮阳型低辐射膜，在近红外线透射率低的基础上，将可见光的透射率降低到 50%～60%，进一步减少透射得热的冷负荷；冬季型低辐射膜，对可见光和近红外线均有较好的透射率（略低于普通玻璃），在冬季可获得较多的太阳辐射能。夏季型和遮阳型低辐射膜玻璃适用于全年只有空调冷负荷或冷负荷比重大的地区；而冬季型低辐射膜玻璃适用于只有冬季热负荷或全年热负荷比重大的地区。

建筑的内、外遮阳都是减少日射冷负荷的有效手段。建筑外表的色调，白色或浅色有利于减少冷负荷，而深色调有利于减少冬季热负荷。建筑周围环境的绿化有利于调节气候，减少空调负荷。

14.2.2　提高能量利用效率

上一小节是从能量需求侧分析了节能的措施。而对于一确定的建筑，则节能主要依靠提高建筑用能系统的能量利用效率。供暖通风与空调系统的用能过程主要由三大部分组成：冷源和热源的能量转换，冷、热量载体（水和空气）的输送，房间的供冷、供热过程。下面讨论建筑用能过程的节能措施。

14.2.2.1　合理选择供暖、通风与空调系统

本书的以上章节已经分别介绍了各种系统的特点，包括能耗情况。例如变风量（VAV）空调系统、露点送风空调系统、辐射板供冷与供热系统、水环热泵系统、变制冷剂流量系统等都具有节能的优点。但并不是所有具有节能特点的系统都适合各种场合的应用。例如，会议厅、剧场、影院并不适合采用 VAV 系统，因为这些场合并无对各小区域有不同温度的调节要求，而只需对整个空间的温湿度进行统一调节即可。采用 VAV 系统反而会因风量下降而导致区域内温度不均匀，且增加了设备费用。因此，在系统形式选择时，应当分析环境控制场合的特点（负荷特性、使用特点、调节要求、管理要求、建筑特点等）和各种系统具有的特点，使系统与被控制的环境有最佳的配合，达到在有良好的环境控制质量条件下既经济又节能的目的。

系统选择与划分应充分考虑运行时调节和管理的要求。如注意不同朝向、周边区与内区之间的差异，系统应分开设置或分环，以便分系统或分环控制与调节。这样可避免某些区域的夏季出现过冷（室内温度低于要求的温度），冬季出现过热（室内温度高于要求的温度），过冷或过热都会导致浪费能量。例如，北京 20 世纪 80～90 年代开展了十多年的建筑节能工作，按 1986 年的《民用建筑节能设计标准》JGJ 26—86 对围护结构的热工要求建成了 2700 万 m² 的节能建筑，但实际煤耗指标并未明显下降[10]。其原因之一是系统缺乏可调节的措施，住宅的室温普遍提高了，许多室温过高的用户用开窗降温的办法来调节室内温度，导致了能量的浪费。因此，新建的带集中供热的商品住宅，其供暖系统必须有单户闭锁、调节、计量的手段，这样才能使按节能标准设计的建筑真正地节约能量。2000 年 10 月实施的《民用建筑节能管理规定》中已明确规定："新建居住建筑的集中采暖系统应当使用双管系统，推行温度调节和用户热量计量装置，实行供热计量收费"。

通风空调系统的气流分布模式也是影响能耗的主要因素。具有节能优点的气流分布模式有：下送风的模式、置换通风模式、个性化空调（空气直接送到工作点，可根据个人要求调节）和背景空调（可降低区域或房间的空调对温湿度控制的要求）相结合的系统和气流分布模式。

14.2.2.2　减少空气与水输送过程的能耗

在供暖、通风与空调系统中，空气与水通常是冷、热量载体。输送过程能耗包括：通过传热的冷热量损失和输送过程的流动阻力损失。对于输送冷量的水系统或空气的管路系统，克服流动阻力的能量又转变为热量导致冷量损失。减少输送过程的能耗主要可从以下方面着手：

（1）做好输送冷、热量的水管、风管的保温。

（2）精心设计、正确计算系统阻力，选择合适的泵与风机的型号与规格，切忌选择流量、扬程或全压过大的泵与风机，避免不必要的能量损失。

（3）大温差可以减少输送过程的能耗。所谓大温差，指冷水、冷却水温差和送风温差比常规系统大，从而减少水流量和送风量，降低输送过程的能耗。常规空调的冷水和冷却水温差为 5℃，大温差系统冷水温差可增加到 8～10℃，冷却水温差增加到 8℃。常规的空调系统送风温差一般在 6～10℃，最大不超过 15℃，大温差系统的送风温差在 14～20℃。大温差不仅可以减少输送过程的能耗，同时减少了管路的断面，从而降低了管路系统的初投资。但是大温差也会影响空调设备的性能，如冷水大温差会导致风机盘管、表冷

器冷却能力和除湿能力下降，为弥补这种不利的影响，可以降低冷水的供水温度，这样又使冷水机组的性能系数降低和能耗增加。因此，确定温差时必须对利弊充分估计，也就是说，应综合考虑系统总能耗（包括输送能耗和冷水机组能耗）、经济性、环境控制质量等多方面来选择合理的温差。

我国《公共建筑节能设计标准》GB 50189—2005[4] 提出用输送能效比（ER）来衡量空调冷、热水系统输送能耗。输送能效比定义为设计工况水泵的轴功率与输送的冷量（或热量）之比，即

$$ER = \frac{9.8\rho H\dot{V}}{c\Delta t\dot{V}\rho\eta} = 0.002342H/(\Delta t \cdot \eta) \tag{14-1}$$

式中　$\dot{V}$——水系统的流量，m^3/s；

H——设计工况下水泵的扬程，mH_2O；

c——水的比热，4187J/kg；

Δt——供、回水温差，℃；

ρ——水的密度，kg/m^3；

η——水泵在设计工况点的效率，%。

该标准中规定了 ER 的最大限值，所设计的水系统的 ER 值不得大于最大限值。标准中还规定供暖系统耗电输热比（与 ER 的定义类似）和空调系统的单位风量耗功率的最大限值。

在《严寒和寒冷地区居住建筑节能设计标准》[5] 和《民用建筑供暖通风与空气调节设计规范》[11] 中也提出了类似 ER 的耗电输热（冷）比指标，计算方法详见文献[5] [11]。

14.2.2.3　合理选择冷热源

空调系统或供暖系统所消耗的能量大部分是在冷热源系统中消耗的，合理选择冷热源系统对整个空调或供暖系统的能耗至关重要。当然，选择冷、热源的形式不仅需要考虑它的能耗指标，还需要考虑其经济性（初投资和运行费用）、使用寿命、维护管理难易程度、安全性和可靠性、对环境的影响、当地能源结构、建筑特点等因素。从能耗角度来考虑，应当尽量选用能量利用效率高的热源和冷源。例如，热电厂供应的热量大部分利用了汽轮机动力循环中排出的热量，能量利用效率高，在有条件时，应优先采用；又如，选用燃气、燃油锅炉时，应选用带节能器的锅炉。空调冷源的种类很多，性能各异，应充分比较，从中选优。有关冷热源的选择详见《建筑冷热源》[12]。

14.2.3　热回收、废热与可再生能源的应用

废热，或称余热，指原来被抛弃的气、水或其他物质中所含的热能。废热资源蕴藏在各种生产过程中，据日本 291 个工厂（其中钢铁、石油、化工类工厂占 90%）的调查的结果表明，每年总废热量为 345.8×10^{12} kJ，相当于 11.8×10^6 t 标准煤[13]，可见废热资源相当丰富。由于它们的品位比较低，因此，废热利用对象主要是供暖、热水供应、供冷等民用热用户。在建筑中的废热主要有通风与空调系统的排风、建筑内区的人员、灯光、设备热量、制冷设备冷凝侧排出的热量等。建筑中废热的应用需借助热回收技术，在14.5 节中将详细论述建筑中的热回收技术。

可再生能源指太阳能、地下水、海水、湖水、河水、土壤、空气等的自然热量，这都是清洁能源，世界各国都在开发利用，其应用技术已逐渐成熟，经济上也逐步被人们所接受。有关可再生能源在暖通空调中的应用参见 14.3 和 14.4 节。

14.2.4 加强管理提高节能效益

管理包括政府的宏观管理与具体的日常运行管理。政府的宏观管理主要依靠立法和执法。节能虽然具有很大的社会效益，但有时不一定有经济效益，因此各种节能措施难于推行。例如建节能住宅，由于墙体保温增强，窗户采用二层或三层的密闭窗，必然会导致土建造价增加，开发商往往就难于接受，因此政府必须有法规，并制定一定的优惠政策进行引导。我国在建筑节能方面已经制订了一些标准与法规（见文献［4］～［7］），还将进一步扩充与完善。

日常管理是建筑节能是否实际有效的关键。一个设计再好的节能系统，如果管理不善，一样达不到节能的目的。日常管理的节能措施有：

（1）加强日常和定期的对设备和系统的维护。例如阀门、构件等的维护，防止冷、热水和冷、热风的跑、冒、滴、漏；冷凝器等换热设备传热表面的定期除垢或清除积灰；过滤器、除污器等设备定期清洗；经常检查自控设备与仪表，保证其正常工作等。

（2）对系统的运行参数进行监测，从不正常的运行参数中发现系统存在的问题，进行合理改造。设备选择过大是经常出现的问题，从而导致运行能耗高。例如某酒店冷却水的水泵过大，更换后，水泵能耗减少了 45.8%[14]。

（3）只在一段时间内运行的空调系统（如办公楼、商场等建筑的空调系统），尽可能缩短预冷或预热时间；并在预冷或预热时采用不引入新风的回风再循环运行。

（4）室内人员变化比较大的建筑，其空调系统的新风量应根据室内 CO_2 浓度进行控制，即在回风道上设 CO_2 浓度传感器，自动控制新风入口阀门，调节新风量。例如，商场在非节假日或每天刚开店和闭店前人数比例较少时，可减少新风量，从而节省冷、热量。

（5）当过渡季节中室内有冷负荷时，应尽量采用室外新风的自然冷却能力，节省人工冷源的冷量。

（6）根据季节变换，合理设置被控制房间的温度，避免夏季室内过冷，冬季室内过热的现象。过冷或过热不仅使人感到不舒适，而且额外消耗能量。

14.3 太阳能在建筑中的应用

14.3.1 概述

众所周知，太阳能是巨大的能源，地球每年从太阳获得 5.61×10^{24} J 的能量。我国气象台站的测定表明，各地的年太阳辐射总量为 $334.9 \sim 837.4 kJ/(cm^2 \cdot a)$，平均 $586.2 kJ/(cm^2 \cdot a)$。太阳能是取之不尽、用之不竭、清洁而可再生的能源，将是未来的主要能源，太阳能的利用已是各国科技工作者研究的热点。太阳能最早的开发利用是在建筑中的应用，如利用太阳能供暖、热水供应、太阳灶等。我国对太阳能利用技术的研究与开发一直被列为科技攻关项目，已取得许多成果。如中国科学院广州太阳能研究所研发的大型太阳能吸收式制冷系统，建成了国内第一套实用型的制冷量为100kW的太阳能吸收式制冷系统[9]。目前我国太阳能热水器已被广为应用，到2010年底全国太阳能热水器保有量约1.68亿 m^2。

太阳能在建筑中的应用除了供暖、供冷、热水供应等外，还有太阳能发电。太阳能利用的难点有：（1）太阳能的密度很低，例如上海地区夏季晴天中午的太阳辐射强度低于$1kW/m^2$。因此，要收集足够量的太阳能，必须有较大面积的高效集热器。（2）太阳能的强度受季节、天气阴晴和昼夜的影响，是一个不稳定的能源。因此，太阳能应用必须有相应的蓄热设备或辅助热源。（3）由集热器收集到的太阳能热量品位较低，有时需借助其他技术（如热泵）才可能利用。下面介绍太阳能在建筑中供暖、热水供应和供冷应用的系统。

14.3.2 被动式太阳房

被动式太阳房在利用太阳能供暖时不使用水泵、风机等设备，而直接利用通过窗户投射到房间的太阳能和墙体吸收的太阳能。被动式太阳房的形式有很多种。图14-1给出了四种被动式太阳房的形式[15]。图（a）是最简单的一种，通过窗户的太阳辐射热被混凝土地面吸收并蓄存，地面蓄存的热量通过对流与辐射的形式供给房间供暖。图（b）所示太阳房采用砾石蓄热地面。砾石蓄热层除吸收由窗户进入的太阳辐射外，还利用砾石层中自然循环的空气间接吸取一部分热量。图（c）所示太阳房除了利用混凝土地面直接吸收由窗户进入的太阳辐射热量外，还利用反射板将太阳辐射热反射到顶棚的蓄热板。反射板是活动的，夜晚可将窗户遮挡，减少房屋的热损失。当房间的南北墙间距大时，如图（d），在上部增加窗户面积，同时利用地面和北墙进行蓄热。图（a）、（b）、（d）所示太阳房，大面积的南窗虽然可获得较多的太阳能，但在夜

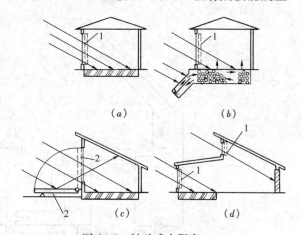

图 14-1 被动式太阳房

(a) 混凝土蓄热地面太阳房；(b) 砾石蓄热地面太阳房；
(c) 带活动反射板的太阳房；(d) 地、墙蓄热太阳房
1—可移动的保温层；2—反射板

晚南窗的热损失也很大，尤其在冬季，夜晚的热损失大约是白天的2倍。因此，为了减少夜晚玻璃窗的热损失，在南窗装有可移动的保温层，例如采用外表装饰美观的硬质保温板，或白天可卷起的保温帘。

在美国与欧洲国家，有一些被动式太阳房靠南向的吸热和蓄热墙来利用太阳能。这种墙的材料是重质的混凝土，墙外侧涂成黑色或贴上吸热膜，并在墙外侧安装玻璃，混凝土墙厚400mm时，大约可维持10h以上的传热。这种太阳房的南向无窗，欧美国家的居民乐于接受这种形式，因为大面积南向窗有过多的太阳光直射到室内，会导致家具、房屋的室内装饰褪色。但是东方人习惯希望太阳光能进入室内。从收集太阳能的效果来看，吸热和蓄热南墙的效果不如太阳能直接从窗进入的效果。

14.3.3 太阳能供暖、热水供应和供冷系统

太阳能供暖和热水供应系统的形式很多，下面介绍一种典型的系统形式。图 14-2 为太阳能供暖与热水供应系统形式之一。系统可为一套单户住宅服务，该系统由三部分组成：太阳能收集系统、热水供应系统和供暖系统。太阳能收集系统由集热器、蓄热水箱、集热器水泵组成。平板集热器朝南倾斜置于住宅屋顶上，在长江以北、黄河以南一带地区，一幢 $120m^2$ 的住宅大约需要 $16\sim24m^2$ 的平板集热器。为平衡集热器收集的能量与用热量间的不均衡性，设有蓄热水箱。集热器水泵根据集热器出口水温与蓄热器底部水温之差来控制启停，通常当温差大于 $5\sim7℃$ 时启动，温差在 $-0.5\sim2℃$ 时关闭。热水供应系统的流程是：自来水在热水箱（具有加热和蓄水作用）中用太阳能收集系统中的热水加热，然后送到浴室使用；当温度低于设定温度时，可由燃气锅炉补充加热。热水供应系统水泵的启停根据盘管进出口温差进行控制。供暖系统直接利用蓄热水箱的热水作热媒，由供暖循环水泵将热水送到各个房间的散热器或其他的末端设备，然后返回蓄热水箱。当温度低于设定值时，可由燃气锅炉补充加热。燃气锅炉是双回路的，即有两套加热水的回路，以同时满足供暖与热水供应补充加热之用。补充加热也可采用其他热源（如电热）。

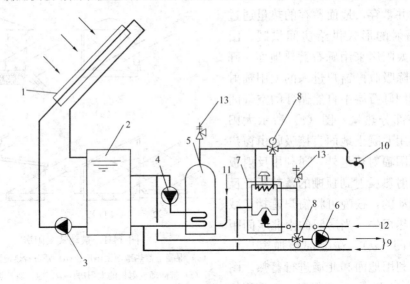

图 14-2　太阳能供暖与热水供应系统

1—集热器；2—蓄热水箱；3—集热器水泵；4—热水供应水泵；5—热水箱；
6—供暖循环泵；7—燃气锅炉；8—三通调节阀；9—接供暖设备；10—热水
供应；11—自来水；12—燃气或石油气；13—安全阀

图 14-3 为太阳能供冷和热水供应系统。该系统采用了以太阳能热量作动力的制冷机，即采用了溴化锂吸收式制冷机。冷凝器和吸收器释放出的热量由冷却塔排到室外；蓄热水箱的热水作为吸收式制冷机发生器的热源。由蒸发器制出的冷水储存于蓄冷水箱（图中6）中，再由冷水循环泵（图中11）输送到建筑内的空气处理机组（如风机盘管）。在蓄热水箱中装有用于热水供应的蓄水容器，它也是换热器。当热水供应的热水温度或吸收式制冷机的热水温度低于设定值时，由燃气锅炉补充加热。

有关太阳能集热器的类型、特性和选用方法参见文献 [12]。

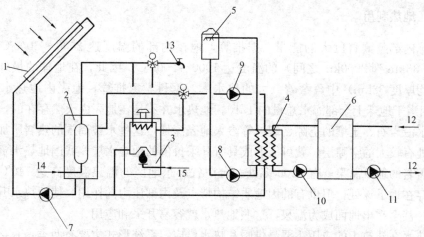

图 14-3　太阳能制冷与热水供应系统

1—集热器；2—蓄热水箱；3—燃气锅炉；4—吸收式制冷机；5—冷却塔；6—蓄冷水箱；
7—集热器泵；8—冷却塔泵；9—发生器泵；10—蒸发器泵；11—冷水循环泵；
12—接风机盘管；13—热水供应；14—自来水；15—燃气

14.4　地下水及其他可再生能源在建筑中的应用

14.4.1　地下水

地下水（井水）由于地层的隔热作用，其温度受气温影响很小。深井水的水温常年保持不变，一般比当地年平均气温高几度。我国东北的北部地区，深井水温度约为 4℃，中部地区约为 8～12℃，南部地区约为 12～14℃；华北地区深井水温度约为 15～19℃；华东地区约为 19～20℃；西北地区深井水温约为 18～20℃。不难看到，东北地区、华北部分地区深井水都具有直接用做冷源的可能。此外，地下水又是热泵良好的低位热源。

许多地区的地下水虽然很适宜作空调的天然冷源或作冬季热泵的低位热源，但是地下水资源并非到处都有，它受水文地质条件的制约。城市内即使有地下水资源，也不能随意开采。因为过度开采地下水将会造成地面下沉，地下水源枯竭。例如，上海过去在夏季大量使用地下水，地下水位逐年下降，导致地面下沉，从 1921～1967 年间最严重的地区下沉了 2.37m。因此，地下水的利用都采用抽取与回灌相结合方法，即从一口井中抽取地下水，使用其所含的冷量或热量后，再从另一口井回灌回地下含水层中。温度较低的地下水，可直接用于空气处理设备中，对空气进行冷却去湿处理。应注意适当增大使用的温差，以充分利用地下水中的"自然冷量"。温度稍高的地下水（15～18℃）可用于温、湿度独立控制的空调系统（参见 6.10.3、6.12）中对空气进行干冷却，即承担显热冷负荷。

使用地下水必须经当地的水资源管理部门的批准。井深、抽水井与回灌井的距离和位置应根据当地的水文地质资料确定。在布置井位时要考虑回灌水不要掺混到抽水井区域的水层中。井深应能达到含水层一定深度，回灌井与抽水井的深度应当有一定差值。当使用地下水的冷量时，回灌水的温度高于抽水的温度，宜使抽水井的深度大于回灌井。如果地下水用做热泵的低位热源时，宜使回灌井深一些。有关抽水井和回灌井的构造参见文献 [12]。

14.4.2 地热利用

地球内部蕴藏着巨大的能量。据推算，地核内部的温度达 2000～5000℃，而地幔（从地下 33km 到 2900km 之间）的温度达 1000～2000℃。因此，在地球的最外层——地壳（平均厚度 33km）中蕴藏着巨大的热水库。据科学家推算，地壳内地热水约有 1 亿 km^3，相当于地球上全部海水总量的 1/10。地热水并不是在地壳内天然存在的，而是地面上的雨水沿岩石、土壤的空隙、裂缝等渗入地壳深处，这些水被周围的热岩所加热。如果地壳深处有较大的空隙层，就可能形成具有开采价值的地热水层。我国地热水资源也很丰富，仅著名的地下温泉就有 2000 多处，台湾省屏东地区的温泉温度高达 140℃。地热水有的储存在地下深处，但也有的因地质结构特点及内部压力的作用，使地热水升到地壳表面附近，甚至露出地面成为温泉，这些地热水就容易开采和应用。

地热水在建筑中的应用主要是供暖和热水供应。系统形式主要有两类：直接供热和间接供热系统。直接供热系统——地热水直接用于建筑供暖系统或空调系统中加热空气；间接供热系统——利用地热水通过水/水换热器加热供暖或空调系统中的热媒。采用何种系统与地下热水的水质有关。当地热水中含有害物时，宜采用间接系统。温度低的地热水可采用地板辐射供暖系统，或作为热泵的低位热源。

14.4.3 夜间通风降温

室外空气温度昼夜交替变化，白天温度高，夜间温度低。对我国《民用建筑供暖通风与空气调节设计规范》[11]附录 A 的室外空气计算参数分析可知，我国 294 个城市中夏季室外计算平均日较差≥8℃的有 184 个，约占 62.6%，其中有 75 个城市的平均日较差≥10℃。这就是说，这些城市如果白天室外温度最高为 35℃，夜间最低温度在 27℃ 以下，有的城市可在 25℃ 以下。如果利用通风的手段，用夜间空气的自然冷量对室内降温，使房间蓄一些冷量，则可以减少白天空调能耗。尤其在北方地区，夏季夜间的气温经常在 20℃ 左右，是取之不尽的天然冷源。对于没有空调的住宅建筑，也可以利用夜间通风进行降温。实测表明，即使在长江流域，夏季利用夜间机械通风后，可使室内平均温度比室外气温低 1～2.5℃。当室外气温日较差愈大或墙体愈厚，则获得的降温幅度愈大[16]。

14.4.4 冷却塔的冷却水利用

采用人工冷源（如电力驱动的冷水机组、热力驱动的直燃式吸收式冷热水机组等）的空调系统都采用冷却塔向室外排放热量。冷却塔是利用蒸发冷却原理对水进行冷却，冷却所能达到的温度比当地室外湿球温度高 3.5～5℃。随着室外干球和湿球温度下降，冷却塔出水温度也将下降。因此，当冷却水温降到一定温度时，就有可能直接利用冷却塔的冷却水取代空调系统中的冷水。利用冷却塔的冷却水供冷的可行性及条件如下：

（1）空调建筑在室外气温较低时仍有冷负荷，通常这种建筑中有较大的内区。

（2）如果要求室内含湿量 $d_R = 15g/kg$ 以下，其露点约为 20℃（随室外大气压而变化）。因此，当冷却水温在 15℃ 以下时，就有一定的除湿能力。也就是说，当室外的湿球温度在 10℃ 以下时，冷却塔的冷却水就有被利用的可能。而这时新风已不需进行冷却，它反而对室内具有冷却去湿能力，建筑物的湿负荷主要是室内的湿负荷。

（3）冷却水的流量通常是冷水流量的 1.2 倍，设计工况下冷却塔进出口温差为 5℃。当利用冷却塔供冷时，把冷却水温差减小，则在同一温度下，冷却塔的出水温度将有所降低；同时，空调系统的空气冷却器的冷却能力，由于冷水流量增加和进出口温差减小而有所增强，在一定程度上弥补了冷水温度升高使空气冷却器冷却能力的降低。在部分负荷时，新风还带进一些冷量，冷却塔供冷可以满足负荷要求。美国有一工程应用实例，冷却水温差采用了 1.1℃。利用冷却塔供冷的系统模式有两种——直接供冷和间接供冷。所谓间接供冷，将冷却塔的冷却水通过板式换热器冷却原系统中的冷水。这时冷水泵、冷却水泵的扬程与流量基本能满足变化后的要求，因为冷却水系统中增加了板式换热器的阻力，减少了冷凝器的阻力；冷水系统中也增加了板式换热器的阻力，但减少了蒸发器的阻力。在设计时有意识地使增加与减少的阻力接近相等即可。间接系统另一优点是不使受大气污染的冷却水污染冷水系统，但间接系统将使可利用的冷水温度提高了 1.0～1.5℃。直接供冷模式将冷却塔的冷却水直接引入冷水系统中应用，其优点是可利用的水温低于间接系统。但需注意对冷却水过滤、净化和冷却水泵的扬程、流量是否匹配等问题。尤其是冷却塔位置低于冷水系统高度的情况。图 14-4 为过渡季或冬季可以用冷却水直接供冷的图式。当利用冷却水供冷时，冷水泵停止工作，电动三通阀（三个）换向，直通部分关闭，冷却水绕过冷凝器，经水泵直接送到冷水系统，图中的箭头表示了冷却水的流动方向。水路改变后出现的问题有：当冷却塔位置低于冷水系统时（如图 14-4 所示），水泵工作还需克服冷却塔到冷水系统最高点的水头，如高差太大，原冷却水泵就难于负担了；水泵停止工作时，系统的水将从冷却塔冒出，因

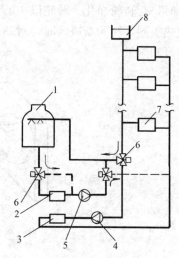

图 14-4　冷却水直接供冷系统

1—冷却塔；2—冷凝器；3—蒸发器；
4—冷水泵；5—冷却水泵；6—电动三通阀；
7—空气冷却盘管；8—膨胀水箱

此在水管上必须设防系统倒空的自动阀门；此外，原系统的膨胀水箱必需隔开。当冷却塔位置高于冷水系统时，也必须将膨胀水箱隔开，还应校核水泵扬程是否匹配。

14.5　建筑中的热回收

建筑中有可能回收的热量有排风热量、内区热量、冷凝器排出热量、排水热量等，这些热量品位比较低，因此需要采用特殊措施来回收。本节中论述的热回收也包括回收建筑中的冷量与湿量。

14.5.1　排风热回收

新风能耗在空调通风系统中占了较大的比例。例如，办公楼建筑大约可占到空调总能耗的 17%～23%。为保证房间室内空气质量，不能以削减新风量来节省能量，而且还可能需要增加新风量的供应。建筑中有新风进入，必有等量的室内空气排出。这些排风相对

于新风来说，含有热量（冬季）或冷量（夏季）。有许多建筑中，排风是有组织的，不是无组织地从门窗等缝隙挤出。这样，有可能从排风中回收热量或冷量，以减少新风的能耗。排风冷热量回收系统（以下简称"排风热回收系统"）形式与所选用的新风/排风热交换器类型有关。下面介绍几种热交换器及其系统。

14.5.1.1 转轮式全热交换器与热回收系统

图 14-5 为转轮式全热交换器与热回收系统。转轮式全热交换器的转轮用石棉纸、铝或其他材料卷成，内有蜂窝状的空气通道，转轮的厚度为 200mm。石棉纸等基材上浸涂氯化锂吸湿剂，以使石棉纸等材料与空气之间不仅有热交换，而且有湿交换，即潜热交换，因此这类换热器称为全热交换器。该热交换器有三个通道——新风区、排风区和净化扇形区。净化扇形区的夹角为 10°，使少量新风通过该区，以在转轮从排风区过渡到新风区时，对转轮净化。转轮以 10r/min 左右的速度缓慢转动。冬季，转轮在排风区从排风中吸热吸湿，转到新风区时，对新风加热加湿；夏季刚好相反。从而在排风与新风之间转移热量和湿量。

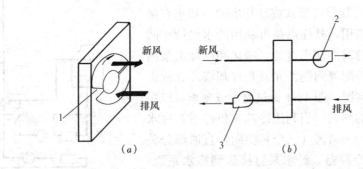

图 14-5 转轮式全热交换器及排风热回收系统
(a) 转轮式全热交换器结构示意图；(b) 热回收系统
1—净化扇形区；2—新风风机；3—排风风机

排风热回收系统见图 14-5 (b)。在风机配置时，应注意使新风区的空气压力稍大于排风区，以使少量新风通过净化扇形区进入排风通道，图中所示的风机配置是比较理想的方案。全热交换器都在新风吸入端，空气进入热交换器比较均匀。新风区的负压较小（只有入口及很短管路的阻力），而排风区的负压较大（有较长的排风管阻力），保证了少量新风进入净化扇形区。如果全热交换器在新风机的压出端，虽然可保证新风进入净化扇形区，但通过风量太大，会影响热交换效率。

全热交换器的热交换效率的定义为

$$\text{冬季：} \quad \eta_h = \frac{h_{o2} - h_{o1}}{h_{e1} - h_{o1}} \qquad \text{夏季：} \quad \eta_h = \frac{h_{o1} - h_{o2}}{h_{o1} - h_{e1}} \qquad (14\text{-}2)$$

式中 h_{o1}、h_{o2}——分别为新风进、出全热交换器的比焓，kJ/kg；

h_{e1}——排风进入全热交换器的比焓，kJ/kg。

式 (14-2) 是全热效率（或称焓效率）。如果式中用温度，则为显热效率（或称温度效率）；若用含湿量 d，则为潜热效率（或称湿度效率）。热交换器效率与产品有关，对于型号规格一定的产品，η_h 与迎面风速、新排风量比、转轮转速等因素有关，一般在 65%～80% 之间。

当转轮式全热交换器用于寒冷地区冬季排风热回收时，由于转轮芯被新风冷却到 0℃

以下，排风经过时就会出现结霜、结冰现象，从而堵塞通道。为避免这种现象出现，可采取如下措施：在新风入口段上增设预加热器，提高进入热交换器的新风温度；或使部分新风旁通热交换器，以不使转轮芯的温度降到0℃以下，但这时热交换效率降低了。

转轮式全热交换器的优点是：（1）不论冬夏季都可进行热量和湿量交换；（2）阻力较小；（3）热交换效率较高；（4）空气交替逆向通过转轮，因此有自净作用，不易被灰尘堵塞。缺点是：（1）体形比较大；（2）有驱动装置；（3）新风可能被污染，不宜用于含有有害污染物的排风；（4）排风与新风要集中在一起，给系统布置带来一定困难。

14.5.1.2 板翅式热交换器及其热回收系统

板翅式热交换器结构如图 14-6（a）所示，它由若干个波纹板交叉叠置而成，波纹板的波峰与隔板连接在一起。如果换热元件材料采用特殊加工的纸（如浸氯化锂的石棉纸、牛皮纸等），既能传热又能传湿，但不透气，从而可以使传热面两侧的新风和排风既有热交换，又有湿交换。这类用特殊加工纸做成的板翅式热交换器是全热交换器，常称为板翅式全热交换器。如果材料采用的铝板或钢板，用钎焊或焊接将波纹板和隔板连接在一起，而无湿交换，故称之为板翅式显热交换器。还有一种简单的板式显热交换器，只有隔板，而无翅片，它的热交换效率较低。

排风热回收系统如图 14-6（b）所示。热交换器在新风和排风风机的吸入端。由于热交换器无自净能力，新风和排风在进入热交换器之前应经过滤。一定规格的热交换器的热效率（全热、显热或潜热）与迎面风速、新排风量比等因素有关。国产 QHW 型板翅式全热交换器的全热效率平均值一般为 52%～72%，显热效率约为 77%～80%；压力损失约 180～320Pa。金属材料制的板翅式显热交换器的显热效率约为 60%～85%。板翅式全热交换器与转轮式全热交换器相比，无驱动部件，结构较紧凑；由于有隔板，减少了污染物从排风到新风的转移。但阻力较大，无自净能力。板翅式显热交换器的优点是：（1）传热面既不透气又不透湿，因此新风不会被排风污染；（2）无驱动部件。缺点是：（1）只能通过传热壁面进行热量交换；（2）当传热面温度低于被冷却空气（夏季为新风，冬季为排风）的露点温度时，有凝结水产生；若凝结水量大，则会堵塞通道；若新风温度很低，传热壁面温度低于 0℃时，则会结霜，通道堵塞更为严重。此类热交换器在北方寒冷地区作为冬季排风热回收设备时，也应采取上述转轮式全热交换器的避免结霜的措施。

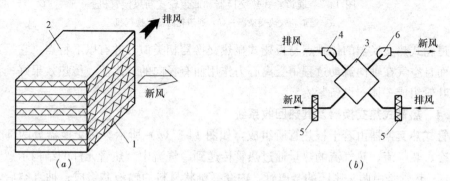

图 14-6　板翅式热交换器及排风热回收系统

（a）板翅式热交换器结构示意图；（b）排风热回收系统

1—翅片；2—隔板；3—板翅式热交换器；4—排风风机；5—过滤器；6—新风风机

14.5.1.3 通道轮式热交换器及其热回收系统

通道轮式热交换器是我国研发的一种新风、排风显热交换设备。图 14-7 为通道轮式热交换器及其组成的新风换气机。从图 14-7 (a) 可以看到，在圆筒的两端各连接一个叶轮——相当于径向叶片的风机叶轮。叶片中空，它与圆筒中用金属板分隔成若干个通道相连接，图中黑色部分表示通道开口，白色部分表示封闭；一个通道如果这侧开口，则另一侧封闭。叶轮与圆筒用电机拖动，同步转动。这时，新风从一侧叶轮端面的开口进入，经圆筒的通道（换热器），从另一侧叶轮的外圆周开口（图中的黑色部分）排出；而排风从另一侧叶轮端面开口（在这一侧是封闭的）进入，经圆筒的通道（换热器），从这一侧叶轮的外圆周开口（图中黑色部分）排出。从而实现了排风与新风的显热交换。叶轮外装有蜗式机壳，收集叶轮径向排出的空气，并使其动能转换为压力能。图 14-7 (b) 为由通道轮式热交换器组成的新风换气机。新风从左侧进入换气机，排风从右侧进入换气机；在新风入口侧装有粗效过滤器；换气机的新风出口和排风出口可以在同一侧，也可在两侧。小型机的新风、排风出、入口为圆形，便于连接圆形软管；中、大型机的新风、排风出、入口为矩形，用法兰与风管连接。新风换气机只需在机组的新风出口、排风入口用风管连接风口（如散流器），在新风入口、排风出口用风管与防雨的百叶窗连接，即可组成热回收系统。这类新风换气机的显热效率为≥65%。

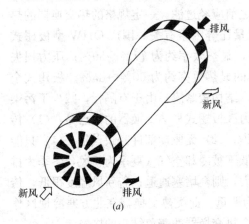
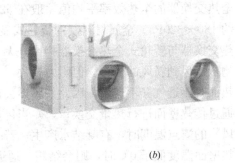

图 14-7 通道轮式热交换器和通道轮式新风换气机

(a) 通道轮式热交换器；(b) 通道轮式新风换气机

通道轮式热交换器的优缺点与板翅式显热交换器相类似，并有以下特点：它是逆流式换热，而且空气在轴向流动过程中受离心力作用而有径向的二次流，传热效果好；换热器与风机叶轮组成一体，设备紧凑。

14.5.1.4 热管式热交换器及其热回收系统

热管式热交换器由若干根热管所组成，如图 14-8 (a) 所示。热交换器分两部分，分别通过冷、热气流，热气流的热量通过热管传递到冷气流中。热管元件的结构示意图见图 14-8 (b)。热管是由两头密闭的金属管，内套纤维状材料的输液芯组成；抽真空后，充相变工质。相变工质很多，如氨、丙酮、甲醇、卤代烃类制冷剂，根据热管工作温度范围选用。当管的一端（称蒸发段）被热流体加热后，工质液体汽化成蒸气。蒸气在管内扩散并转移到另一端（称凝结段）；在这端被冷流体所冷却，蒸气凝结成液体。液体在输液芯内毛细力的作用下返回蒸发段。如此反复循环，将热量由一端转移到另一端。热管两端的结构是一样的，随着两种流体温度的变化，蒸发段与凝结段随之变化。例如，热管在新风通路的一侧夏季为蒸发段，冬季为凝结段；而热管在排风通路的一侧夏季为凝结段，冬季为蒸发段。为增强管外的传热能力，通常在外侧加翅片。热管式热交换器的特点是：只能进行显热传递；新风与排风不直接接触，新风不会被污染；可以在低温差下传递热量。热管式热交换器的显热效率与热管的排数、迎面风速、翅片管的结构等因素有关。显热效率及空气流动阻力随着排数的增加而增大；显热效率随着迎面风速的降低而增大，而空气流动阻力将减小。某公司生产的热管式热交换器，管排数为 6～10 排，迎面风速为 2～4m/s，显热效率约为 45%～75%。

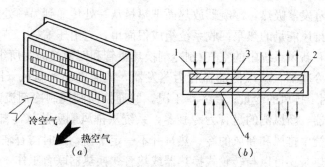

图 14-8 热管式热交换器及热管
(a) 热管式热交换器；(b) 热管
1—蒸发段；2—凝结段；3—绝热段；4—输液芯

用热管式热交换器组成热回收系统与板翅式热交换器的排风热回收系统相类似，参见图 14-6 (b)，这里不再赘述。

14.5.1.5 热回收环

图 14-9 为用热回收环回收排风能量的系统原理图。排风侧的盘管（空气/水翅片管换热器）将热量（冬季工况）或冷量（夏季工况）传递给中间介质（水或乙二醇水溶液），循环泵将中间介质输送到新风侧的盘管（空气/水翅片管换热器）中加热新风（冬季工况）或冷却新风（夏季工况）。这种热回收系统通过由排风和新风的盘管、循环泵及中间介质的管路系统组成的环路，将排风中的能量（热量或冷量）转移到新风中去，故称为热回收环。当冬季室外温度在 0℃ 以上，或只用于夏季回收排风冷量时，中间介质可以用水；当冬季室外温度在 0℃ 以下时，中间介质应当使用乙二醇水溶液，溶液的浓度视室外温度而定。热回收环的热回收能力或温度效率与中间介质的流量、盘管的排数、迎面风速、新风排风流量比等因素有关。显然盘管的排数愈多，中间介质流量愈大，

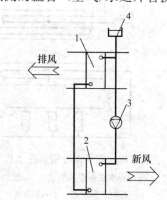

图 14-9 排风热回收环系统
1—排风侧盘管；2—新风侧盘管；
3—循环泵；4—膨胀水箱

热回收环的温度效率愈高，但这势必导致循环泵的能耗、克服盘管空气阻力的能耗及设备费用的增加。因此，应该利用最优化方法来选择热回收环中的各个设备[17]。

热回收环在寒冷地区冬季运行时，当中间介质温度在 0℃ 以下时，在排风侧的盘管上

会出现霜层，最终可能使盘管的空气流动通道被霜层堵塞，而导致热回收环无法正常运行。为此，系统应设有防结霜的调节措施，最简单的防结霜办法是：（1）调节部分新风旁通过新风盘管；（2）调节部分中间介质的流量旁通新风盘管。这两种办法均可使进入排风盘管的中间介质温度升高。

热回收环的优点是：（1）无交叉污染问题；（2）对排风和新风换热器的位置无特别要求，布置上比较灵活；（3）所有部件均可采用常规部件。缺点是：（1）循环泵需要消耗功率；（2）能量通过中间介质传递，排风与中间介质及中间介质与新风都有一定的传热温差，因此热交换效率较低，一般为 $40\%\sim50\%$；（3）只能进行显热回收。

14.5.1.6 用热泵回收排风中的能量

热泵通过从蒸发器吸热，冷凝器放热而把热量从一处传递到另一处，它同样可以用于排风能量回收。排风能量的热泵回收系统组成很简单，它由压缩机、节流机构、两台分别放置在排风系统和新风系统中的空气/制冷剂换热盘管和四通换向阀所组成。在夏季工况，排风侧的盘管为冷凝器，新风侧的盘管为蒸发器，从而冷却了新风（即从新风中提取热量），并充分利用了排风的冷量；在冬季工况，四通换向阀使制冷剂流向改变，这时排风侧的盘管为蒸发器，新风侧的盘管为冷凝器，系统从排风侧吸热（冷却了排风），而加热了新风。当然系统中排风和新风的冷、热量并不一定平衡，这时需有辅助冷热源对新风补充冷却或加热。热泵还可以与转轮式换热器或热管式换热器联合工作，以充分回收排风中的能量。有关利用热泵回收排风能量的系统参阅文献[18]、[19]。

14.5.2 内区热量回收

建筑内区无外墙和外窗，四季无围护结构冷、热负荷。但内区中有人员、灯光、发热设备等，因此，全年均有余热（或冷负荷）。回收内区热量的方案之一是采用水环热泵空调系统（参见第7章7.5节），该系统可以将内区的热量转移到周边区中。

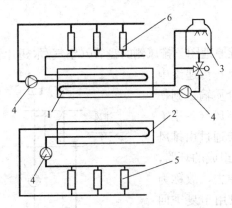

图 14-10 双管束冷凝器冷水机组的热回收系统
1—冷水机组中的双管束冷凝器；2—冷水机组
中的蒸发器；3—冷却塔；4—水泵；
5—内区盘管；6—周边区盘管

内区热量还可以利用双管束冷凝器的冷水机组进行回收，如图 14-10 所示。系统中的蒸发器供出的冷水供内区盘管使用，对内区供冷，或是说提取内区的热量。双管束冷凝器中的一部分管束加热的水供给周边区的盘管，对周边区供暖；如有多余热量可通过另一管束及冷却塔排到大气中。在冷水系统中还可以接入排风系统的盘管，而在冷凝器侧水系统中接入新风系统的盘管，这样可以同时回收排风中热量。这个系统在夏季按常规方式运行，即蒸发器的冷水作内区供冷用，而冷凝热量全部通过冷却塔排入大气。

14.5.3 建筑内其他热量的回收

现代建筑中都设有空调系统，通常有大量的冷凝热量排到周围环境中去，这不仅浪费了热量，而且还对周围环境产生热污染。比较容易实现的冷凝热量利用是用做生活热水的预热或游泳池水加热等，即使已有的空调系统也可很容易进行改造。

建筑的排水蕴藏着大量的热量，利用热泵技术可以将这些热量提取出来作生活热水供应或供暖。欧洲许多国家已建成以城市排水作低位热源的区域供热站。例如挪威奥斯陆以城市排水作为热源的热泵供热站，供热能力为 $8 \times 10^6 \mathrm{W}$[18]。我国也已有多项污水源热泵空调系统的实际工程，取得了良好的节能效果。在哈尔滨、大庆的几个污水源热泵系统，直接取用城市排水管的污水，其制热性能系数为 $3.75 \sim 4.0$[20]。

思 考 题 与 习 题

14-1 建筑节能有何重要意义？

14-2 有哪些措施可减少建筑的冷、热负荷？针对自己居住的建筑，提出减少冷、热负荷的措施。

14-3 北京（或哈尔滨）地区有一栋 $21.6\mathrm{m} \times 9.6\mathrm{m}$，高 18m 的既有居住建筑，长边朝南；南向、北向和东西向的窗墙比分别为 0.35、0.2 和 0.1；现进行节能改造，措施如下：外墙、屋顶增加保温层（其增加热阻分别为 ΔR_w、ΔR_r），更换外窗，详见下表；请估算该栋建筑改造后每年围护结构传热量减少的百分率。（提示：按该地的度日数进行估算，度日数是指供暖期内室温与各日平均室外温度差值之和，$\mathrm{℃ \cdot d}$，度日数查文献[5]；单框双层玻璃塑钢窗的 $K = 2.5\mathrm{W/(m^2 \cdot ℃)}$，单框三层玻璃塑钢窗 $K = 1.9\mathrm{W/(m^2 \cdot ℃)}$）。

围护结构改造措施

地 区	原 围 护 结 构			改 造 措 施		
	外 墙	屋顶 K [$\mathrm{W/(m^2 \cdot ℃)}$]	外 窗	外墙 ΔR_w ($\mathrm{m^2 \cdot ℃/W}$)	屋顶 ΔR_r ($\mathrm{m^2 \cdot ℃/W}$)	外 窗
北 京	370mm 砖墙	1.0	单层金属框窗	0.2	0.2	单框双层玻璃塑钢窗
哈尔滨	490mm 砖墙	0.8	双层金属框窗	0.59	0.32	单框三层玻璃塑钢窗

14-4 根据你所在地区的太阳能资源及气候条件，试分析在建筑中如何合理应用太阳能？

14-5 调查你所在地区深井水的温度，试分析如何应用其冷（热）量。

14-6 市场上常见的板翅式显热交换器的新风换气机在严寒地区冬季使用时会有什么问题？

14-7 某地夏季和冬季空调室外计算温度分别为 34℃ 和 −4℃，室内计算温度分别为 26℃ 和 20℃，采用显热交换器回收排风的冷量和热量，若显热效率为 60%，新风、排风均为 $10000\mathrm{m^3/h}$，问在设计工况下回收多少冷量和热量？

14-8 如何回收内区的热量？

参 考 文 献

[1] 江亿. 我国建筑能耗状况及有效的节能途径，暖通空调. 2005 (5)：30～40.

[2] 周凤起. 21 世纪中国能源工业面临的挑战. 暖通空调. 2000 (4)：23～25.

[3] 中华人民共和国节约能源法. 2007 年 10 月 28 日公布.

[4] GB 50189—2005 公共建筑节能设计标准. 北京：中国建筑工业出版社，2005.

[5] JGJ 26—2010 严寒和寒冷地区居住建筑节能设计标准. 北京：中国建筑工业出版社，2010.

[6] JGJ 134—2010 夏热冬冷地区居住建筑节能设计标准. 北京：中国建筑工业出版社，2010.

[7] JGJ 75—2012 夏热冬暖地区居住建筑节能设计标准. 北京：中国建筑工业出版社，2003.

[8] （日本）井上宇市著，范存养等译. 空气调节手册. 北京：中国建筑工业出版社，1986.

[9]　薛志峰等. 超低能耗建筑技术及其能耗. 北京：中国建筑工业出版社，2005.

[10]　温丽. 对推进我国供热系统节能的看法和建议. 暖通空调. 1998（1）：1～7.

[11]　GB 50736——2012 民用建筑供暖通风与空气调节设计规范. 北京：中国建筑工业出版社，2012.

[12]　陆亚俊主编. 建筑冷热源. 北京：中国建筑工业出版社，2009.

[13]　色尚次等著，王世康等译. 余热回收利用系统实用手册. 北京：机械工业出版社，1988.

[14]　曾庆棠. 空调冷却水系统运行分析及节能措施. 制冷. 1997（3）.

[15]　С. Танака，Р. Суда. Жилые Дома С Автономным Солнечным Теплохладоснабжением. Москва：Стройиздат，1989.

[16]　付祥钊. 长江流域住宅通风探讨. 全国暖通空调制冷学术年会论文集. 1994.

[17]　陈旸，姚杨. 热回收最佳方案确定. 全国暖通空调制冷学术年会论文集. 1990.

[18]　徐邦裕，陆亚俊，马最良. 热泵. 北京：中国建筑工业出版社，1988.

[19]　H. 基恩，A. 哈登费尔特著，耿惠彬译. 热泵（第二卷）. 北京：机械工业出版社，1987.

[20]　吴荣华等. 城市污水冷热源应用技术发展状况研究，暖通空调. 2005（6）：31～37.

附 录

我国部分城市的室外空气计算参数

附录 2-1

城市名	纬度 (北)	海拔 (m)	大气压 (kPa)		供暖室外计算温度 (℃)	冬季空调室外计算温度 (℃)	冬季空调室外计算相对湿度 (%)	夏季空调室外计算干球温度 (℃)	夏季空调室外计算湿球温度 (℃)	夏季空调日平均干球温度 (℃)	室外平均风速 (m/s)		最大冻土深度 (cm)
			冬	夏							冬	夏	
北京	39°48′	31.3	102.17	100.02	-7.6	-9.9	44	33.5	26.4	29.6	2.6	2.1	66
天津	39°05′	2.5	102.71	100.52	-7.0	-9.6	56	33.9	26.8	29.4	2.4	2.2	58
石家庄	38°02′	81	101.72	99.58	-6.2	-8.8	55	35.1	26.8	30.0	1.7	1.8	56
太原	37°47′	778.3	93.35	91.98	-10.1	-12.8	50	31.5	23.8	26.1	2.0	1.8	72
呼和浩特	40°49′	1063.0	90.12	88.96	-17	-20.3	58	30.6	21.0	25.9	1.5	1.8	156
沈阳	41°44′	44.7	102.08	100.09	-16.9	-20.7	60	31.5	25.3	27.5	2.6	2.6	148
长春	43°54′	236.8	99.44	97.84	-21.1	-24.3	66	30.5	24.1	26.3	3.7	3.2	169
哈尔滨	45°45′	142.3	100.42	98.77	-24.2	-27.1	73	30.7	23.9	26.3	3.2	3.2	205
上海	31°10′	2.6	102.54	100.54	-0.3	-2.2	75	34.4	27.9	30.8	2.6	3.1	8
南京	32°00′	8.9	102.55	100.43	-1.8	-4.1	76	34.8	28.1	31.2	2.4	2.6	9
杭州	30°14′	41.7	102.11	100.09	0.0	-2.4	76	35.6	27.9	31.6	2.3	2.4	—
合肥	31°52′	27.9	102.23	100.12	-1.7	-4.2	76	35.0	28.1	31.7	2.7	2.9	8
福州	26°05′	84.0	101.29	99.66	6.3	4.4	74	35.9	28.0	30.8	2.4	3.0	—
南昌	28°36′	46.7	101.95	99.95	0.7	-1.5	77	35.5	28.2	32.1	2.6	2.2	—
济南	36°41′	51.6	101.91	99.79	-5.3	-7.7	53	34.7	26.8	31.3	2.9	2.8	35
郑州	34°43′	110.4	101.33	99.23	-3.8	-6.0	61	34.9	27.4	30.2	2.7	2.2	27
武汉	30°37′	23.1	102.35	100.21	-0.3	-2.6	77	35.2	28.4	32.0	1.8	2.0	9
长沙	28°12′	44.9	101.96	99.92	0.3	-1.9	83	35.8	27.7	31.6	2.3	2.6	—
广州	23°10′	41.7	101.90	100.40	8.0	5.2	72	34.2	27.8	30.7	1.7	1.7	—
海口	20°02′	13.9	101.64	100.28	12.6	10.3	86	31.1	28.1	30.5	2.5	2.3	—
南宁	22°49′	73.1	101.10	99.55	7.6	5.7	78	34.5	27.9	30.7	1.2	1.5	—
重庆	29°31′	351.1	98.06	96.38	4.1	2.2	83	35.5	26.5	32.3	1.1	1.5	—
成都	30°40′	506.1	96.37	94.80	2.7	1.0	83	31.8	26.4	27.9	0.9	1.2	—
贵阳	26°35′	1074.3	89.74	88.78	-0.3	-2.5	80	30.1	23.0	26.5	2.1	2.1	—
昆明	25°01′	1892.4	81.19	80.82	3.6	0.9	68	26.2	20.0	22.4	2.2	1.8	—
拉萨	29°40′	3648.7	65.06	65.29	-5.2	-7.6	28	24.1	13.5	19.2	2.0	1.8	19
西安	34°18′	397.5	97.91	95.98	-3.4	-5.7	66	35.0	25.8	30.7	1.4	1.9	37
兰州	36°03′	1517.2	85.15	84.32	-9.0	-11.5	54	31.2	20.1	26.0	0.5	1.2	98
西宁	36°43′	2295.2	77.44	77.29	-11.4	-13.6	45	26.5	16.6	20.8	1.3	1.5	123
银川	38°29′	1111.4	89.61	88.39	-13.1	-17.3	55	31.2	22.1	26.2	1.8	2.1	88
乌鲁木齐	43°47′	917.9	92.46	91.12	-19.7	-23.7	78	33.5	18.2	28.3	1.6	3.0	139

外墙类型及热工性能指标（由外到内）　　　　　附录 2-2

类型	材料名称	厚度 (mm)	密度 (kg/m³)	导热系数 [W/(m·K)]	热容 [J/(kg·K)]	传热系数 [W/(m²·K)]	衰减	延迟 (h)
1	水泥砂浆	20	1800	0.93	1050	0.83	0.17	8.4
	挤塑聚苯板	25	35	0.028	1380			
	水泥砂浆	20	1800	0.93	1050			
	钢筋混凝土	200	2500	1.74	1050			
2	EPS外保温	40	30	0.042	1380	0.79	0.16	8.3
	水泥砂浆	25	1800	0.93	1050			
	钢筋混凝土	200	2500	1.74	1050			
3	水泥砂浆	20	1800	0.93	1050	0.56	0.34	9.1
	挤塑聚苯板	20	30	0.03	1380			
	加气混凝土砌块	200	700	0.22	837			
	水泥砂浆	20	1800	0.93	1050			
4	LOW-E	24	1800	3.0	1260	1.02	0.51	7.4
	加气混凝土砌块	200	700	0.25	1050			
5	页岩空心砖	200	1000	0.58	1253	0.61	0.06	15.2
	岩棉	50	70	0.05	1220			
	钢筋混凝土	200	2500	1.74	1050			
6	加气混凝土砌块	190	700	0.25	1050	1.05	0.56	6.8
	水泥砂浆	20	1800	0.93	1050			
7	涂料面层					0.43	0.19	8.8
	EPS外保温	80	30	0.042	1380			
	混凝土小型空心砌块	190	1500	0.76	1050			
	水泥砂浆	20	1800	0.93	1050			
8	干挂石材面层					0.39	0.34	7.6
	岩棉	100	70	0.05	1220			
	粉煤灰小型空心砌块	190	800	0.500	1050			
9	EPS外保温	80	30	0.042	1380	0.46	0.17	8.0
	混凝土墙	200	2500	1.74	1050			
10	水泥砂浆	20	1800	0.93	1050	0.56	0.14	11.1
	EPS外保温	50	30	0.042	1380			
	聚合物砂浆	13	1800	0.93	837			
	黏土空心砖	240	1500	0.64	879			
	水泥砂浆	20	1800	0.93	1050			
11	石材	20	2800	3.2	920	0.46	0.13	11.8
	岩棉板	80	70	0.05	1220			
	聚合物砂浆	13	1800	0.93	837			
	黏土空心砖	240	1500	0.64	879			
	水泥砂浆	20	1800	0.93	1050			
12	聚合物砂浆	15	1800	0.93	837	0.57	0.18	9.6
	EPS外保温	50	30	0.042	1380			
	黏土空心砖	240	1500	0.64	879			
13	岩棉	65	70	0.05	1220	0.54	0.14	10.4
	多孔砖	240	1800	0.642	879			

屋面类型及热工性能指标（由外到内）　　　　附录 2-3

类型	材料名称	厚度 (mm)	密度 (kg/m³)	导热系数 [W/(m·K)]	热容 [J/(kg·K)]	传热系数 [W/(m²·K)]	衰减	延迟 (h)
1	细石混凝土	40	2300	1.51	920	0.49	0.16	12.3
	防水卷材	4	900	0.23	1620			
	水泥砂浆	20	1800	0.93	1050			
	挤塑聚苯板	35	30	0.042	1380			
	水泥砂浆	20	1800	0.93	1050			
	水泥炉渣	20	1000	0.023	920			
	钢筋混凝土	120	2500	1.74	920			
2	细石混凝土	40	2300	1.51	920	0.77	0.27	8.2
	挤塑聚苯板	40	30	0.042	1380			
	水泥砂浆	25	1800	0.93	1050			
	水泥陶粒混凝土	30	1300	0.52	980			
	钢筋混凝土	120	2500	1.74	920			
3	水泥砂浆	30	1800	0.930	1050	0.73	0.16	10.5
	细石混凝土	40	2300	1.740	837			
	挤塑聚苯板	40	30	0.042	1380			
	防水卷材	4	900	0.23	1620			
	水泥砂浆	20	1800	0.93	1050			
	陶粒混凝土	30	1400	0.700	1050			
	钢筋混凝土	150	2500	1.740	837			
	水泥砂浆	20	1800	0.930	1050			
4	挤塑聚苯板	40	30	0.042	1380	0.81	0.23	7.1
	钢筋混凝土	200	2500	1.740	837			
5	细石混凝土	40	2300	1.51	920	0.88	0.16	11.6
	水泥砂浆	20	1800	0.930	1050			
	防水卷材	4	400	0.12	1050			
	水泥砂浆	20	1800	0.930	1050			
	粉煤灰陶粒混凝土	80	1700	0.95	1050			
	挤塑聚苯板	30	30	0.042	1380			
	钢筋混凝土	120	2500	1.74	920			
6	防水卷材	4	400	0.12	1050	0.23	0.21	10.5
	干炉渣	30	1000	0.023	920			
	挤塑聚苯板	120	30	0.042	1380			
	混凝土小型空心砌块	120	2500	1.74	1050			
7	水泥砂浆	25	1800	0.930	1050	0.34	0.08	13.4
	挤塑聚苯板	55	30	0.042	1380			
	水泥砂浆	25	1800	0.930	1050			
	水泥焦渣	30	1000	0.023	920			
	钢筋混凝土	120	2500	1.74	920			
	水泥砂浆	25	1800	0.930	1050			
8	细石混凝土	30	2300	1.51	920	0.38	0.32	9.2
	挤塑聚苯板	45	30	0.042	1380			
	水泥焦渣	30	1000	0.023	920			
	钢筋混凝土	100	2500	1.74	920			

附录 2-4

北京市外墙逐时冷负荷计算温度（℃）

墙类型	朝向	1	2	3	4	5	6	7	8	9	10	11	12	13	14	15	16	17	18	19	20	21	22	23	24
1	东	36.0	35.6	35.1	34.7	34.4	34.0	33.7	33.6	33.7	34.2	34.8	35.4	36.0	36.5	36.8	37.0	37.2	37.3	37.4	37.3	37.3	37.1	36.9	36.5
1	南	34.7	34.2	33.9	33.6	33.2	32.9	32.6	32.4	32.2	32.1	32.1	32.3	32.7	33.1	33.7	34.2	34.7	35.1	35.4	35.5	35.5	35.5	35.3	35.0
1	西	37.4	36.9	36.5	36.1	35.7	35.3	34.9	34.6	34.3	34.1	33.9	33.9	33.9	34.1	34.3	34.7	35.3	36.1	36.9	37.6	38.0	38.2	38.1	37.8
1	北	32.6	32.3	32.0	31.8	31.5	31.3	31.1	30.9	30.9	30.9	31.0	31.1	31.2	31.4	31.7	32.0	32.2	32.5	32.7	33.0	33.1	33.1	33.1	32.9
2	东	36.1	35.7	35.2	34.9	34.5	34.2	33.9	33.8	34.0	34.4	35.0	35.7	36.2	36.6	36.9	37.1	37.3	37.4	37.4	37.4	37.3	37.1	36.9	36.6
2	南	34.7	34.3	34.0	33.7	33.3	33.0	32.8	32.5	32.4	32.3	32.3	32.5	32.9	33.3	33.9	34.4	34.9	35.2	35.5	35.6	35.6	35.5	35.4	35.1
2	西	37.4	37.0	36.5	36.6	35.8	35.4	35.0	34.7	34.4	34.2	34.1	34.1	34.1	34.2	34.5	34.9	35.6	36.3	37.1	37.7	38.1	38.2	38.1	37.9
2	北	32.7	32.4	32.1	31.9	31.6	31.4	31.2	31.1	31.0	31.1	31.1	31.2	31.4	31.6	31.9	32.1	32.4	32.6	32.8	33.1	33.2	33.2	33.2	33.0
3	东	36.5	35.4	34.4	33.5	32.7	32.0	31.5	31.1	31.1	31.7	32.7	34.1	35.5	36.8	37.8	38.5	38.9	39.2	39.3	39.2	39.0	38.7	38.2	37.5
3	南	35.8	34.8	33.8	33.0	32.3	31.7	31.1	30.7	30.3	30.1	30.1	30.3	30.9	31.8	32.9	34.1	35.2	36.3	37.1	37.5	37.7	37.6	37.3	36.6
3	西	39.8	38.6	37.4	36.4	35.4	34.5	33.7	33.0	32.5	32.0	31.8	31.7	31.8	32.1	32.5	33.2	34.2	35.6	37.2	38.8	40.2	41.0	41.2	40.7
3	北	33.6	32.8	32.0	31.3	30.8	30.3	29.9	29.6	29.4	29.5	29.6	29.8	30.2	30.7	31.2	31.8	32.4	33.0	33.5	33.9	33.2	33.2	33.2	33.0
4	东	35.8	35.8	35.8	35.8	35.6	35.5	35.3	35.2	35.0	34.8	34.6	34.5	34.4	34.4	34.5	34.6	34.7	34.9	35.0	35.2	35.4	35.4	35.6	35.7
4	南	33.3	33.8	33.8	33.8	33.8	33.7	33.6	33.5	33.5	33.2	33.1	32.9	32.8	32.7	32.6	32.6	32.6	32.7	32.7	32.9	33.1	33.3	33.4	33.6
4	西	30.8	38.6	37.4	36.4	35.4	34.5	33.7	33.0	32.5	32.0	31.8	31.7	31.8	32.1	32.5	33.2	34.2	35.6	40.0	41.9	43.1	43.3	42.8	41.5
4	北	33.3	32.1	31.2	30.4	29.9	29.4	29.0	28.8	28.8	29.0	29.4	29.9	30.5	31.3	32.0	32.8	33.6	34.2	34.7	35.2	35.4	35.4	35.1	35.4
5	东	35.5	35.7	35.8	35.8	35.9	35.8	35.5	35.2	35.0	34.8	34.6	34.5	34.4	34.4	34.5	34.6	34.7	34.9	35.0	35.2	35.4	35.5	35.6	35.7
5	南	33.7	33.7	33.8	33.8	33.9	33.7	33.6	33.5	33.4	33.2	33.1	32.9	32.8	32.7	32.6	32.6	32.6	32.7	32.8	32.9	33.1	33.3	33.4	33.6
5	西	35.5	35.7	35.8	35.8	35.9	35.8	35.5	35.7	35.6	35.4	35.3	35.1	34.9	34.8	34.6	34.5	34.5	34.4	34.4	34.5	34.6	34.8	35.0	35.3
5	北	31.6	31.7	31.7	31.7	31.7	31.7	31.6	31.5	31.4	31.3	31.2	31.1	31.0	31.0	30.9	30.9	30.9	30.9	31.0	31.1	31.2	31.3	31.4	31.5

续表

墙类型	朝向	1	2	3	4	5	6	7	8	9	10	11	12	13	14	15	16	17	18	19	20	21	22	23	24
6	东	33.9	32.4	31.3	30.5	29.9	29.4	29.1	29.4	30.7	32.9	35.5	37.9	39.8	40.9	41.4	41.4	41.3	40.9	40.5	39.9	39.1	38.1	37.1	35.6
	南	33.9	32.4	31.3	30.5	29.9	29.3	28.9	28.7	28.6	28.9	29.5	30.7	32.3	34.2	36.2	37.9	39.2	39.9	40.1	39.7	39.1	38.2	37.1	35.6
	西	38.5	36.4	34.7	33.5	32.4	31.6	30.8	30.3	30.0	30.0	30.3	30.8	31.5	32.4	33.6	35.3	37.5	40.0	42.4	44.2	44.8	44.2	42.9	40.8
	北	32.4	31.1	30.2	29.6	29.1	28.7	28.4	28.3	28.6	29.1	29.6	30.3	31.1	32.0	32.9	33.7	34.5	35.1	35.5	35.9	35.9	35.6	35.0	33.9
7	东	36.1	35.4	34.9	34.3	33.8	33.4	32.9	32.7	32.8	33.3	34.2	35.1	35.9	36.6	37.1	37.4	37.6	37.8	37.9	37.8	37.7	37.5	37.2	36.7
	南	34.9	34.4	33.9	33.4	33.0	32.5	32.1	31.8	31.5	31.4	31.3	31.6	32.0	32.6	33.4	34.2	34.9	35.5	35.8	36.1	36.1	36.0	35.8	35.4
	西	38.0	37.4	36.8	36.2	35.6	35.1	34.5	34.0	33.6	33.4	33.2	33.1	33.2	33.3	33.6	34.1	34.9	35.9	37.0	38.0	38.7	39.0	39.0	38.6
	北	32.8	32.4	32.0	31.6	31.3	31.0	30.7	30.5	30.4	30.4	30.5	30.6	30.8	31.1	31.5	31.9	32.2	32.6	32.9	33.2	33.4	33.5	33.5	33.2
8	东	34.2	33.2	32.3	31.3	31.0	30.5	30.3	31.0	32.5	34.6	36.6	38.3	39.4	39.8	39.9	39.9	39.7	39.5	39.2	38.7	38.0	37.2	36.4	35.4
	南	33.8	32.8	32.0	31.6	30.7	30.3	29.8	29.6	29.6	29.9	30.7	31.8	33.3	34.9	36.4	37.6	38.3	38.6	38.5	38.1	37.5	36.7	36.0	34.9
	西	37.5	36.1	34.9	33.9	33.1	32.4	31.7	31.3	31.1	31.2	31.5	31.9	32.5	33.2	34.4	36.1	38.1	40.2	42.0	42.9	42.6	41.7	40.5	39.0
	北	32.2	31.4	30.7	30.2	29.7	29.3	29.1	29.1	29.4	29.8	30.3	30.8	31.5	32.2	32.9	33.5	34.1	34.5	34.8	35.1	34.9	34.5	34.0	33.2
9	东	35.8	35.2	34.7	34.2	33.7	33.2	32.9	32.9	33.4	34.2	35.2	36.1	36.9	37.4	37.7	37.9	38.0	38.1	38.0	37.9	37.7	37.3	36.9	36.4
	南	34.7	34.2	33.7	33.3	32.8	32.4	32.1	31.7	31.5	31.5	31.7	32.1	32.7	33.5	34.3	35.1	35.7	36.1	36.3	36.3	36.2	36.0	35.7	34.9
	西	37.8	37.1	36.5	35.9	35.3	34.8	34.3	33.9	33.6	33.4	33.3	33.3	33.5	33.7	34.2	34.9	35.9	37.1	38.2	39.0	39.4	39.3	39.0	38.4
	北	32.7	32.3	31.9	31.6	31.3	31.0	30.7	30.6	30.6	30.6	30.8	31.0	31.3	31.6	32.0	32.4	32.7	33.0	33.3	33.6	33.7	33.6	33.5	33.1
10	东	36.7	36.3	35.9	35.5	35.1	34.7	34.3	34.0	33.6	33.5	33.5	33.8	34.2	34.7	35.2	35.7	36.1	36.4	36.7	36.9	37.0	37.1	37.1	36.9
	南	35.1	34.8	34.5	34.2	33.8	33.5	33.2	32.8	32.5	32.2	32.0	31.9	31.9	32.0	32.2	32.6	33.0	33.5	34.0	34.4	34.8	35.0	35.2	35.2
	西	37.6	37.5	37.2	36.9	36.5	36.1	35.7	35.3	34.9	34.6	34.2	34.0	33.8	33.7	33.7	33.7	33.9	34.3	34.8	35.4	36.1	36.7	37.2	37.5
	北	32.7	32.6	32.4	32.1	31.9	31.6	31.4	31.1	30.9	30.8	30.7	30.6	30.6	30.7	30.8	31.0	31.3	31.5	31.8	32.0	32.3	32.5	32.7	32.8

续表

墙类型	朝向	1	2	3	4	5	6	7	8	9	10	11	12	13	14	15	16	17	18	19	20	21	22	23	24
11	东	36.5	36.2	35.9	35.9	35.1	34.7	34.4	34.0	33.7	33.4	33.4	33.5	33.7	34.1	34.6	35.0	35.4	35.8	36.1	36.4	36.5	36.6	36.7	36.7
	南	34.7	34.6	34.3	34.1	33.8	33.4	33.1	32.8	32.5	32.3	32.0	31.8	31.7	31.7	31.9	32.1	32.5	32.9	33.4	33.8	34.2	34.5	34.7	34.8
	西	37.0	37.1	36.9	36.7	36.4	36.0	35.7	35.3	34.9	34.6	34.3	34.0	33.8	33.6	33.5	33.5	33.6	33.8	342	34.7	35.3	35.9	36.5	36.8
	北	32.4	32.3	32.2	32.0	31.7	31.5	31.2	31.0	30.8	30.6	30.5	30.4	30.4	30.4	30.5	30.7	30.8	31.0	31.3	31.5	31.8	32.0	32.2	32.4
12	东	36.6	36.0	35.5	34.9	34.4	34.0	33.5	33.2	33.0	33.2	33.6	34.3	35.0	35.7	36.3	36.8	37.4	37.5	37.6	37.6	37.7	37.5	37.4	37.0
	南	35.2	34.8	34.3	33.9	33.4	33.0	32.6	32.3	31.9	31.7	31.6	31.6	31.8	32.2	32.7	33.4	33.8	35.0	35.2	35.6	35.7	35.9	35.8	35.6
	西	38.2	37.8	37.2	36.7	36.1	35.6	35.1	34.6	34.2	33.9	33.6	33.4	33.4	33.4	33.5	33.8	34.3	35.0	35.9	36.8	37.7	38.3	38.6	38.5
	北	33.0	32.7	32.3	32.0	31.6	31.3	31.1	30.8	30.6	30.5	30.5	30.6	30.7	30.9	31.2	31.5	31.8	32.1	32.5	32.8	33.1	33.3	33.3	33.2
13	东	36.5	36.1	35.7	35.3	34.8	34.4	34.1	33.7	33.5	33.5	33.8	34.3	34.8	35.4	35.9	36.3	36.6	36.9	37.1	37.2	37.2	37.2	37.1	36.9
	南	35.0	34.7	34.3	34.0	33.6	33.3	33.0	32.7	32.3	32.1	32.0	31.9	32.0	32.3	32.7	33.2	33.7	34.2	34.7	35.0	35.2	35.3	35.4	35.3
	西	37.7	37.4	37.1	36.7	36.3	35.8	35.4	35.0	34.6	34.3	34.1	33.9	33.8	33.7	33.8	34.0	34.3	34.8	35.5	36.3	37.0	37.5	37.8	37.9
	北	32.8	32.6	32.3	32.0	31.8	31.5	31.3	31.0	30.9	30.8	30.8	30.8	30.8	30.9	31.1	31.4	31.6	31.9	飞99	32.4	32.7	32.9	33.0	33.0

附录 2-5

北京市屋面逐时冷负荷计算温度（℃）

屋面类型	1	2	3	4	5	6	7	8	9	10	11	12	13	14	15	16	17	18	19	20	21	22	23	24
1	44.7	44.6	44.4	44.0	43.5	43.0	42.3	41.7	41.0	40.4	39.8	39.4	39.1	39.1	39.2	39.6	40.1	40.8	41.6	42.3	43.1	43.7	44.2	44.5
2	44.5	43.5	42.4	41.4	40.5	39.5	38.6	37.9	37.3	37.0	37.1	37.6	38.4	39.6	40.9	42.3	43.7	44.9	45.8	46.5	46.7	46.6	46.2	45.5
3	44.3	43.9	43.4	42.8	42.3	41.6	41.0	40.4	39.8	39.3	39.0	38.9	38.9	39.2	39.7	40.3	41.1	41.9	42.6	43.3	43.9	44.3	44.5	44.5
4	43.0	42.1	41.3	40.5	39.7	38.9	38.3	37.8	37.6	37.9	38.5	39.4	40.6	41.9	43.2	44.4	45.4	46.1	46.5	46.4	46.1	45.6	44.9	44.0
5	44.4	44.1	43.7	43.2	42.6	42.0	41.4	40.8	40.1	39.6	392	38.9	38.9	39.1	39.5	40.0	40.7	41.4	42.2	42.9	43.5	44.0	44.4	44.4
6	45.4	44.7	43.9	42.9	42.0	41.1	40.2	39.2	38.4	37.8	37.4	37.3	37.5	38.1	38.9	40.0	41.2	42.5	43.7	44.7	45.5	45.9	46.1	45.9
7	42.9	42.9	42.9	42.7	42.5	42.3	42.0	41.6	41.2	40.8	40.5	40.2	39.9	39.8	39.8	39.9	40.1	40.4	40.8	41.2	41.7	42.1	42.4	42.7
8	45.9	44.7	43.4	42.0	40.8	39.5	38.4	37.4	36.5	36.0	35.8	36.0	36.7	37.9	39.3	41.0	42.7	44.4	45.8	46.9	47.6	47.8	47.6	47.0

单层窗玻璃的 K_w 值 $[W/(m^2 \cdot ℃)]$ 　　　　附录 2-6

$\alpha_i[W/(m^2 \cdot K)]$ $\alpha_0[W/(m^2 \cdot K)]$	5.8	6.4	7.0	7.6	8.1	8.7	9.3	9.9	10.5	11
11.6	3.87	4.13	4.36	4.58	4.79	4.99	5.16	5.34	5.51	5.66
12.8	4.00	4.27	4.51	4.76	4.98	5.19	5.38	5.57	5.76	5.93
14.0	4.11	4.38	4.65	4.91	5.14	5.37	5.58	5.79	5.81	6.16
15.1	4.20	4.49	4.78	5.04	5.29	5.54	5.76	5.98	6.19	6.38
16.3	4.28	4.60	4.88	5.16	5.43	5.68	5.92	6.15	6.37	6.58
17.5	4.37	4.68	4.99	5.27	5.55	5.82	6.07	6.32	6.55	6.77
18.6	4.43	4.76	5.07	5.61	5.66	5.94	6.20	6.45	6.70	6.93
19.8	4.49	4.84	5.15	5.47	5.77	6.05	6.33	6.59	6.34	7.08
20.9	4.55	4.90	5.23	5.59	5.86	6.15	6.44	6.71	6.98	7.23
22.1	4.61	4.97	5.30	5.63	5.95	6.26	6.55	6.83	7.11	7.36
23.3	4.65	5.01	5.37	5.71	6.04	6.34	6.64	6.93	7.22	7.49
24.4	4.70	5.07	5.43	5.77	6.11	6.43	6.73	7.04	7.33	7.61
25.6	4.73	5.12	5.48	5.84	6.18	6.50	6.83	7.13	7.43	7.69
26.7	4.78	5.16	5.54	5.90	6.25	6.58	6.91	7.22	7.52	7.82
27.9	4.81	5.20	5.58	5.94	6.30	6.64	6.98	7.30	7.62	7.92
29.1	4.85	5.25	5.63	6.00	6.36	6.71	7.05	7.37	7.70	8.00

双层窗玻璃的 K_w 值 $[W/(m^2 \cdot ℃)]$ 　　　　附录 2-7

$\alpha_i[W/(m^2 \cdot K)]$ $\alpha_0[W/(m^2 \cdot K)]$	5.8	6.4	7.0	7.6	8.1	8.7	9.3	9.9	10.5	11
11.6	2.37	2.47	2.55	2.62	2.69	2.74	2.80	2.85	2.90	2.73
12.8	2.42	2.51	2.59	2.67	2.74	2.80	2.86	2.92	2.97	3.01
14.0	2.45	2.56	2.64	2.72	2.79	2.86	2.92	2.98	3.02	3.07
15.1	2.49	2.59	2.69	2.77	2.84	2.91	2.97	3.02	3.08	3.13
16.3	2.52	2.63	2.72	2.80	2.87	2.94	3.01	3.07	3.12	3.17
17.5	2.55	2.65	2.74	2.84	2.91	2.98	3.05	3.11	3.16	3.21
18.6	2.57	2.67	2.78	2.86	2.94	3.01	3.08	3.14	3.20	3.25
19.8	2.59	2.70	2.80	2.88	2.97	3.05	3.12	3.17	3.23	3.28
20.9	2.61	2.72	2.83	2.91	2.99	3.07	3.14	3.20	3.26	3.31
22.1	2.63	2.74	2.84	2.93	3.01	3.09	3.16	3.23	3.29	3.34
23.3	2.64	2.76	2.86	2.95	3.04	3.12	3.19	3.25	3.31	3.37
24.4	2.66	2.77	2.87	2.97	3.06	3.14	3.21	3.27	3.34	3.40
25.6	2.67	2.79	2.90	2.99	3.07	3.15	3.20	3.29	3.36	3.41
26.7	2.69	2.80	2.91	3.00	3.09	3.17	3.24	3.31	3.37	3.43
27.9	2.70	2.81	2.92	3.01	3.11	3.19	3.25	3.33	3.40	3.45
29.1	2.71	2.83	2.93	3.04	3.12	3.20	3.28	3.35	3.41	3.47

玻璃窗传热系数的修正值 　　　　附录 2-8

窗框类型	单层窗	双层窗	窗框类型	单层窗	双层窗
全部玻璃	1.00	1.00	木窗框，60%玻璃	0.80	0.85
木窗框，80%玻璃	0.90	0.95	金属窗框，80%玻璃	1.00	1.20

典型城市外窗传热逐时冷负荷计算温度 $t_{c(\tau)}$（℃）

城市	1	2	3	4	5	6	7	8	9	10	11	12	13	14	15	16	17	18	19	20	21	22	23	24
北京	27.8	27.5	27.2	26.9	26.8	27.1	27.7	28.5	29.3	30.0	30.8	31.5	32.1	32.4	32.4	32.3	32.0	31.5	30.8	30.1	29.6	29.1	28.7	28.3
天津	27.4	27.0	26.6	26.3	26.2	26.5	27.2	28.1	29.0	29.9	30.8	31.6	32.2	32.6	32.7	32.5	32.2	31.6	30.8	30.0	29.4	28.8	28.3	27.9
石家庄	27.7	27.2	26.8	26.5	26.4	26.7	27.5	28.5	29.6	30.6	31.6	32.5	33.2	33.6	33.7	33.5	33.2	32.5	31.6	30.7	30.0	29.3	28.8	28.3
太原	23.7	23.2	22.7	22.4	22.3	22.6	23.4	24.5	25.6	26.7	27.8	28.7	29.5	30.0	30.0	29.8	29.5	28.8	27.8	26.8	26.1	25.4	24.8	24.3
呼和浩特	23.8	23.4	23.0	22.7	22.5	22.9	23.6	24.5	25.5	26.4	27.3	28.2	28.9	29.3	29.3	29.1	28.8	28.2	27.4	26.6	25.9	25.3	24.8	24.3
沈阳	25.7	25.3	25.0	24.7	24.6	24.9	25.5	26.3	27.2	27.9	28.7	29.4	30.0	30.4	30.4	30.2	30.0	29.5	28.8	28.0	27.5	27.0	26.6	26.2
大连	25.4	25.2	24.9	24.8	24.7	24.9	25.3	25.8	26.3	26.8	27.3	27.7	28.1	28.3	28.3	28.2	28.1	27.7	27.3	26.8	26.5	26.2	25.9	25.7
长春	24.4	24.0	23.7	23.4	23.3	23.6	24.2	25.1	25.9	26.8	27.6	28.3	28.9	29.3	29.3	29.2	28.9	28.4	27.6	26.9	26.3	25.7	25.3	24.8
哈尔滨	24.3	23.9	23.6	23.3	23.6	24.2	23.5	25.0	25.9	26.8	27.7	28.4	29.1	29.4	29.5	29.3	29.1	28.5	27.7	26.9	26.3	25.7	25.3	24.8
上海	29.2	28.9	28.6	28.3	28.2	28.5	29.0	29.7	30.5	31.2	31.9	32.5	33.1	33.4	33.4	33.3	33.1	32.6	31.9	31.3	30.8	30.3	30.0	29.6
南京	29.6	29.3	29.0	28.7	28.6	28.9	29.4	30.1	30.9	31.6	32.3	32.9	33.5	33.8	33.8	33.7	33.5	33.0	32.3	31.7	31.2	30.7	30.4	30.0
杭州	29.8	29.4	29.1	28.8	28.7	29.0	29.6	30.4	31.3	32.0	32.8	33.5	34.1	34.5	34.5	34.3	34.1	33.6	32.9	32.1	31.6	31.1	30.7	30.3
宁波	28.6	28.2	27.8	27.5	27.4	27.7	28.4	29.3	30.3	31.1	32.0	32.8	33.4	33.8	33.9	33.7	33.4	32.8	32.0	31.2	30.6	30.0	29.5	29.1
合肥	30.2	29.9	29.6	29.4	29.3	29.6	30.1	30.7	31.4	32.1	32.7	33.3	33.8	34.1	34.1	33.9	33.8	33.3	32.7	32.2	31.7	31.3	30.9	30.6
福州	28.5	28.0	27.6	27.3	27.2	27.5	28.3	29.3	30.4	31.4	32.4	33.3	34.0	34.4	34.5	34.3	34.0	33.3	32.4	31.5	30.8	30.1	29.6	29.1
厦门	28.0	27.6	27.3	27.1	27.0	27.2	27.8	28.6	29.4	30.1	30.9	31.5	32.1	32.4	32.5	32.3	32.1	31.6	30.9	30.2	29.7	29.2	28.8	28.4
南昌	30.6	30.3	30.0	29.8	29.7	29.9	30.4	31.1	31.8	32.5	33.1	33.8	34.2	34.5	34.6	34.4	34.2	33.8	33.2	32.6	32.1	31.7	31.3	31.0
济南	29.8	29.5	29.2	28.9	28.9	29.1	29.6	30.3	31.0	31.7	32.3	33.0	33.4	33.7	33.8	33.6	33.4	33.0	32.4	31.8	31.3	30.9	30.5	30.2
青岛	26.3	26.2	26.0	25.8	25.8	25.9	26.3	26.7	27.1	27.5	27.9	28.3	28.6	28.8	28.8	28.7	28.6	28.3	28.0	27.6	27.3	27.0	26.8	26.6
郑州	28.1	27.7	27.3	27.0	26.8	27.2	27.9	28.8	29.8	30.7	31.6	32.5	33.2	33.6	33.6	33.4	33.1	32.5	31.7	30.9	30.2	29.6	29.1	28.6

续表

城市	1	2	3	4	5	6	7	8	9	10	11	12	13	14	15	16	17	18	19	20	21	22	23	24
武汉	30.6	30.3	30.0	29.8	29.7	29.9	30.4	31.1	31.7	32.3	33.0	33.6	34.0	34.3	34.3	34.2	34.0	33.6	33.0	32.4	32.0	31.6	31.2	30.9
长沙	29.7	29.3	29.0	28.7	28.6	28.9	29.5	30.4	31.2	32.1	32.9	33.6	34.2	34.6	34.6	34.5	34.2	33.7	32.9	32.2	31.6	31.1	30.6	30.2
广州	29.1	28.8	28.5	28.2	28.2	28.4	28.9	29.6	30.4	31.1	31.8	32.4	32.9	33.2	33.2	33.1	32.9	32.4	31.8	31.1	30.6	30.2	29.8	29.5
深圳	29.1	28.8	28.5	28.3	28.2	28.4	28.9	29.6	30.2	30.8	31.5	32.1	32.5	32.8	32.8	32.7	32.5	32.1	31.5	30.9	30.5	30.1	29.7	29.4
南宁	29.0	28.6	28.3	28.1	28.0	28.2	28.8	29.6	30.4	31.1	31.9	32.5	33.1	33.4	33.5	33.3	33.1	32.6	31.9	31.2	30.7	30.2	29.8	29.4
海口	28.4	28.0	27.6	27.3	27.2	27.5	28.2	29.2	30.1	31.0	31.9	32.7	33.4	33.8	33.8	33.6	33.4	32.8	31.9	31.1	30.5	29.9	29.4	29.0
重庆	30.9	30.6	30.3	30.1	30.0	30.2	30.7	31.4	32.0	32.6	33.3	33.9	34.3	34.6	34.6	34.5	34.3	33.9	33.3	32.7	32.3	31.9	31.5	31.2
成都	26.1	25.8	25.5	25.2	25.1	25.4	26.0	26.8	27.6	28.3	29.1	29.8	30.4	30.7	30.7	30.6	30.3	29.8	29.1	28.4	27.9	27.4	27.0	26.6
贵阳	24.9	24.6	24.3	24.0	23.9	24.2	24.7	25.4	26.2	26.9	27.6	28.2	28.8	29.1	29.1	29.0	28.8	28.3	27.6	27.0	26.5	26.0	25.7	25.3
昆明	20.7	20.3	20.0	19.8	19.7	19.9	20.5	21.3	22.1	22.8	23.6	24.2	24.8	25.1	25.2	25.0	24.8	24.3	23.6	22.9	22.4	21.9	21.5	21.1
拉萨	17.0	16.6	16.1	15.8	15.7	16.0	16.8	17.8	18.8	19.7	20.7	21.6	22.3	22.7	22.8	22.5	22.3	21.6	20.7	19.9	19.2	18.6	18.0	17.6
西安	28.8	28.4	28.0	27.7	27.6	27.9	28.6	29.4	30.3	31.2	32.0	32.8	33.4	33.8	33.8	33.6	33.4	32.8	32.0	31.3	30.7	30.0	29.7	29.3
兰州	23.6	23.2	22.8	22.4	22.3	22.6	23.4	24.5	25.6	26.6	27.6	28.5	29.3	29.7	29.8	29.5	29.3	28.6	27.6	26.7	26.0	25.3	24.8	24.3
西宁	18.2	17.7	17.2	16.9	16.7	17.1	18.0	19.1	20.3	21.4	22.5	23.6	24.4	24.9	24.9	24.7	24.4	23.6	22.6	21.6	20.8	20.1	19.5	18.9
银川	23.9	23.5	23.1	22.7	22.6	23.0	23.7	24.7	25.8	26.7	27.7	28.6	29.4	29.8	29.8	29.6	29.3	28.7	27.8	26.9	26.2	25.5	25.0	24.5
乌鲁木齐	25.9	25.5	25.1	24.7	24.6	24.9	25.7	26.8	27.9	28.9	29.9	30.8	31.6	32.0	32.1	31.8	31.6	30.9	29.9	29.0	28.3	27.6	27.1	26.6

夏季透过标准玻璃窗的太阳总辐射照度最大值
（日射得热因数最大值）$D_{j.max}$ 　　　　　　附录 2-10

城市	北京	天津	上海	福州	长沙	昆明	长春	贵阳	武汉	成都	乌鲁木齐	大连
东	579	534	529	574	575	572	577	574	577	480	639	534
南	312	299	219	158	174	149	362	161	198	208	372	297
西	579	534	529	574	575	572	577	574	577	480	639	534
北	133	143	145	139	138	138	130	139	137	157	121	143
城市	太原	石家庄	南京	厦门	广州	拉萨	沈阳	合肥	青岛	海口	西宁	呼和浩特
东	579	579	533	525	524	736	533	533	534	521	691	641
南	287	290	216	156	152	186	330	215	265	149	254	331
西	579	579	533	525	524	736	533	533	534	521	691	641
北	136	136	136	146	147	147	140	146	146	150	127	123
城市	大连	哈尔滨	郑州	重庆	银川	杭州	南昌	济南	南宁	兰州	深圳	西安
东	534	575	534	480	579	532	576	534	523	640	525	534
南	297	384	248	202	295	198	177	272	151	251	159	243
西	534	575	534	480	579	532	576	534	523	640	525	534
北	143	128	146	157	135	145	138	145	148	128	147	146

窗 玻 璃 的 C_s 值 　　　　　　附录 2-11

玻璃类型	C_s 值	玻璃类型	C_s 值
"标准玻璃"	1.00	6mm 厚吸热玻璃	0.83
5mm 厚普通玻璃	0.93	双层 3mm 厚普通玻璃	0.86
6mm 厚普通玻璃	0.89	双层 5mm 厚普通玻璃	0.78
3mm 厚吸热玻璃	0.96	双层 6mm 厚普通玻璃	0.74
5mm 厚吸热玻璃	0.88		

注：1. "标准玻璃"系指 3mm 的单层普通玻璃；

　　2. 吸热玻璃系指上海耀华玻璃厂生产的浅蓝色吸热玻璃；

　　3. 表中 C_s 对应的内、外表放热系数为 $\alpha_i = 8.7W/(m^2 \cdot K)$ 和 $\alpha_0 = 18.6W/(m^2 \cdot K)$；

　　4. 这里的双层玻璃内、外层玻璃是相同的。

窗内遮阳设施的遮阳系数 C_i 　　　　　　附录 2-12

内遮阳类型	颜色	C_i
白布帘	浅色	0.50
浅蓝布帘	中间色	0.60
深黄、紫红、深绿布帘	深色	0.65
活动百叶帘	中间色	0.60

窗的有效面积系数值 C_a 　　　　　　附录 2-13

系数 ＼ 窗的类别	单层 钢窗	单层 木窗	双层 钢窗	双层 木窗
有效面积系数 c_a	0.85	0.70	0.75	0.60

附录 2-14

透过无遮阳标准玻璃太阳辐射冷负荷系数值 C_{LQ}

地点	房间类型	朝向	1	2	3	4	5	6	7	8	9	10	11	12	13	14	15	16	17	18	19	20	21	22	23	24
北京	轻	东	0.03	0.02	0.02	0.01	0.01	0.13	0.30	0.43	0.55	0.55	0.56	0.17	0.18	0.19	0.19	0.17	0.15	0.13	0.09	0.07	0.06	0.04	0.04	0.03
		南	0.05	0.03	0.03	0.02	0.02	0.06	0.11	0.16	0.24	0.34	0.46	0.44	0.63	0.65	0.62	0.54	0.28	0.24	0.17	0.13	0.11	0.08	0.07	0.05
		西	0.03	0.02	0.02	0.01	0.01	0.03	0.06	0.09	0.12	0.14	0.16	0.17	0.22	0.31	0.42	0.52	0.59	0.60	0.48	0.07	0.06	0.04	0.04	0.03
		北	0.11	0.08	0.07	0.05	0.05	0.23	0.38	0.37	0.50	0.60	0.69	0.75	0.79	0.80	0.80	0.74	0.70	0.67	0.50	0.29	0.25	0.19	0.17	0.13
	重	东	0.07	0.06	0.05	0.05	0.06	0.18	0.32	0.41	0.48	0.49	0.45	0.21	0.21	0.21	0.21	0.20	0.18	0.16	0.13	0.11	0.10	0.09	0.08	0.07
		南	0.10	0.09	0.08	0.08	0.07	0.10	0.13	0.18	0.24	0.33	0.43	0.42	0.55	0.55	0.52	0.46	0.30	0.26	0.21	0.17	0.16	0.14	0.13	0.07
		西	0.08	0.07	0.07	0.06	0.06	0.07	0.09	0.10	0.13	0.14	0.16	0.17	0.22	0.30	0.40	0.48	0.52	0.52	0.30	0.13	0.12	0.11	0.10	0.09
		北	0.19	0.18	0.16	0.15	0.14	0.31	0.40	0.38	0.47	0.55	0.61	0.66	0.69	0.71	0.71	0.68	0.65	0.66	0.53	0.36	0.32	0.28	0.25	0.23
西安	轻	东	0.03	0.02	0.02	0.01	0.01	0.11	0.27	0.42	0.54	0.59	0.57	0.20	0.22	0.22	0.22	0.20	0.18	0.14	0.10	0.08	0.07	0.05	0.04	0.03
		南	0.06	0.05	0.04	0.03	0.03	0.07	0.14	0.21	0.30	0.40	0.51	0.53	0.67	0.68	0.54	0.44	0.39	0.32	0.22	0.17	0.14	0.11	0.09	0.07
		西	0.08	0.08	0.07	0.06	0.05	0.07	0.10	0.12	0.14	0.16	0.18	0.19	0.26	0.35	0.44	0.51	0.52	0.48	0.16	0.14	0.12	0.11	0.10	0.09
		北	0.19	0.17	0.15	0.14	0.13	0.27	0.36	0.41	0.46	0.54	0.61	0.65	0.69	0.70	0.70	0.67	0.65	0.61	0.40	0.34	0.30	0.27	0.24	0.21
	重	东	0.03	0.02	0.02	0.01	0.01	0.18	0.31	0.41	0.48	0.48	0.45	0.22	0.23	0.23	0.23	0.21	0.19	0.17	0.13	0.12	0.11	0.09	0.08	0.07
		南	0.07	0.06	0.05	0.04	0.03	0.12	0.17	0.22	0.30	0.39	0.47	0.48	0.58	0.57	0.54	0.41	0.37	0.32	0.25	0.21	0.19	0.17	0.15	0.13
		西	0.08	0.08	0.07	0.06	0.05	0.07	0.10	0.12	0.14	0.16	0.18	0.19	0.26	0.35	0.44	0.51	0.52	0.48	0.16	0.14	0.12	0.11	0.10	0.09
		北	0.19	0.17	0.15	0.14	0.13	0.27	0.36	0.41	0.46	0.54	0.61	0.65	0.69	0.70	0.70	0.67	0.65	0.61	0.40	0.34	0.30	0.27	0.24	0.21
上海	轻	东	0.03	0.02	0.02	0.01	0.01	0.11	0.27	0.42	0.53	0.58	0.56	0.19	0.20	0.21	0.20	0.19	0.17	0.13	0.09	0.07	0.06	0.05	0.04	0.03
		南	0.07	0.06	0.05	0.04	0.03	0.08	0.16	0.24	0.34	0.43	0.54	0.57	0.69	0.70	0.67	0.50	0.44	0.36	0.26	0.20	0.16	0.13	0.11	0.09
		西	0.03	0.02	0.02	0.01	0.01	0.03	0.06	0.09	0.12	0.15	0.18	0.19	0.24	0.33	0.44	0.54	0.60	0.58	0.09	0.07	0.06	0.05	0.04	0.03
		北	0.10	0.08	0.07	0.05	0.04	0.20	0.36	0.45	0.48	0.59	0.68	0.75	0.79	0.81	0.80	0.76	0.70	0.66	0.37	0.29	0.24	0.19	0.16	0.12

续表

地点	房间类型	朝向	1	2	3	4	5	6	7	8	9	10	11	12	13	14	15	16	17	18	19	20	21	22	23	24
上海	重	东	0.06	0.06	0.05	0.05	0.09	0.20	0.32	0.41	0.47	0.46	0.44	0.21	0.22	0.22	0.21	0.20	0.18	0.15	0.12	0.11	0.10	0.09	0.08	0.07
		南	0.13	0.12	0.10	0.09	0.10	0.14	0.20	0.26	0.35	0.43	0.50	0.52	0.59	0.58	0.55	0.45	0.40	0.34	0.27	0.23	0.21	0.18	0.16	0.15
		西	0.08	0.07	0.06	0.06	0.06	0.07	0.10	0.12	0.14	0.16	0.17	0.20	0.28	0.36	0.44	0.49	0.49	0.43	0.15	0.13	0.11	0.10	0.09	0.08
		北	0.18	0.17	0.15	0.14	0.17	0.29	0.38	0.44	0.48	0.55	0.62	0.67	0.70	0.71	0.69	0.69	0.65	0.58	0.39	0.34	0.30	0.26	0.24	0.21
	轻	东	0.03	0.02	0.02	0.01	0.01	0.08	0.23	0.39	0.52	0.58	0.57	0.21	0.22	0.23	0.22	0.20	0.18	0.14	0.10	0.08	0.06	0.05	0.04	0.03
		南	0.09	0.08	0.06	0.05	0.04	0.08	0.20	0.32	0.45	0.56	0.65	0.72	0.77	0.78	0.76	0.70	0.61	0.47	0.34	0.27	0.22	0.18	0.15	0.12
		西	0.03	0.02	0.02	0.01	0.01	0.02	0.06	0.09	0.13	0.16	0.19	0.21	0.26	0.35	0.47	0.56	0.60	0.55	0.10	0.08	0.06	0.05	0.04	0.03
		北	0.10	0.08	0.06	0.05	0.04	0.14	0.32	0.47	0.58	0.63	0.67	0.74	0.79	0.82	0.82	0.79	0.75	0.64	0.35	0.28	0.22	0.18	0.15	0.12
广州	重	东	0.07	0.06	0.05	0.05	0.05	0.15	0.28	0.39	0.46	0.47	0.44	0.22	0.23	0.23	0.22	0.21	0.19	0.16	0.13	0.11	0.10	0.09	0.08	0.07
		南	0.17	0.15	0.13	0.12	0.11	0.15	0.24	0.34	0.43	0.51	0.58	0.63	0.67	0.68	0.66	0.61	0.54	0.44	0.35	0.30	0.27	0.24	0.21	0.19
		西	0.08	0.07	0.06	0.06	0.05	0.06	0.09	0.11	0.14	0.16	0.18	0.20	0.27	0.36	0.45	0.50	0.51	0.42	0.15	0.13	0.12	0.11	0.10	0.09
		北	0.19	0.17	0.15	0.13	0.13	0.25	0.37	0.46	0.53	0.58	0.61	0.66	0.69	0.72	0.73	0.72	0.69	0.58	0.38	0.33	0.30	0.26	0.24	0.21

注：其他城市可按下表采用：

代表城市	适用城市
北京	哈尔滨、长春、乌鲁木齐、沈阳、呼和浩特、天津、银川、石家庄、太原、大连
西安	济南、西宁、兰州、郑州、青岛
上海	合肥、成都、武汉、杭州、拉萨、重庆、南宁、南昌、长沙、宁波
广州	贵阳、福州、台北、昆明、海口、厦门、深圳

附录 2-15

设备冷负荷系数 C_{LQ}

工作小时数 (h)	从开机时刻算起到计算时刻的持续时间																							
	1	2	3	4	5	6	7	8	9	10	11	12	13	14	15	16	17	18	19	20	21	22	23	24
1	0.77	0.14	0.02	0.01	0.01	0.01	0.01	0.01	0.00	0.00	0.00	0.00	0.00	0.00	0.00	0.00	0.00	0.00	0.00	0.00	0.00	0.00	0.00	0.00
2	0.77	0.90	0.16	0.03	0.02	0.02	0.01	0.01	0.01	0.01	0.01	0.01	0.01	0.01	0.00	0.00	0.00	0.00	0.00	0.00	0.00	0.00	0.00	0.00
3	0.77	0.90	0.93	0.17	0.04	0.03	0.02	0.02	0.02	0.01	0.01	0.01	0.01	0.01	0.01	0.01	0.01	0.01	0.01	0.01	0.01	0.00	0.00	0.00
4	0.77	0.90	0.93	0.94	0.18	0.05	0.03	0.03	0.02	0.02	0.02	0.02	0.01	0.01	0.01	0.01	0.01	0.01	0.01	0.01	0.01	0.01	0.00	0.00
5	0.77	0.90	0.93	0.94	0.94	0.19	0.06	0.04	0.03	0.03	0.03	0.02	0.02	0.02	0.02	0.02	0.01	0.01	0.01	0.01	0.01	0.01	0.01	0.00
6	0.77	0.90	0.93	0.94	0.95	0.95	0.19	0.06	0.05	0.04	0.04	0.03	0.03	0.03	0.02	0.02	0.02	0.02	0.02	0.02	0.02	0.01	0.01	0.01
7	0.77	0.91	0.93	0.94	0.95	0.95	0.96	0.20	0.07	0.05	0.05	0.04	0.04	0.03	0.04	0.03	0.02	0.02	0.02	0.02	0.02	0.02	0.01	0.01
8	0.77	0.91	0.93	0.94	0.95	0.96	0.96	0.97	0.20	0.07	0.06	0.06	0.05	0.04	0.04	0.03	0.03	0.03	0.03	0.03	0.02	0.02	0.02	0.01
9	0.78	0.91	0.93	0.94	0.95	0.96	0.96	0.97	0.97	0.21	0.08	0.07	0.06	0.05	0.05	0.04	0.03	0.03	0.03	0.03	0.03	0.03	0.02	0.01
10	0.78	0.91	0.93	0.94	0.95	0.96	0.96	0.97	0.97	0.97	0.21	0.08	0.07	0.06	0.06	0.04	0.04	0.04	0.04	0.04	0.03	0.03	0.02	0.01
11	0.78	0.91	0.93	0.94	0.95	0.96	0.96	0.97	0.97	0.98	0.98	0.21	0.08	0.08	0.07	0.05	0.05	0.04	0.04	0.04	0.04	0.04	0.03	0.02
12	0.78	0.92	0.94	0.94	0.95	0.96	0.96	0.97	0.97	0.98	0.98	0.98	0.22	0.08	0.08	0.07	0.06	0.05	0.05	0.05	0.04	0.04	0.03	0.02
13	0.79	0.92	0.94	0.94	0.96	0.96	0.97	0.97	0.98	0.98	0.98	0.98	0.98	0.22	0.09	0.08	0.07	0.06	0.06	0.06	0.05	0.04	0.04	0.02
14	0.79	0.92	0.94	0.95	0.96	0.96	0.97	0.97	0.98	0.98	0.98	0.98	0.98	0.99	0.22	0.09	0.09	0.07	0.07	0.06	0.06	0.05	0.04	0.03
15	0.79	0.92	0.95	0.95	0.96	0.96	0.97	0.97	0.98	0.98	0.98	0.98	0.98	0.99	0.99	0.22	0.09	0.09	0.07	0.07	0.06	0.06	0.05	0.03
16	0.80	0.93	0.95	0.95	0.96	0.97	0.97	0.97	0.98	0.98	0.98	0.99	0.99	0.99	0.99	0.99	0.22	0.09	0.09	0.09	0.07	0.06	0.05	0.03
17	0.80	0.93	0.95	0.95	0.96	0.97	0.97	0.98	0.98	0.98	0.99	0.99	0.99	0.99	0.99	0.99	0.99	0.23	0.09	0.09	0.07	0.07	0.06	0.04
18	0.81	0.94	0.96	0.96	0.97	0.97	0.98	0.98	0.98	0.98	0.99	0.99	0.99	0.99	0.99	0.99	0.99	0.99	0.23	0.09	0.09	0.07	0.07	0.05
19	0.81	0.94	0.96	0.96	0.97	0.98	0.98	0.98	0.98	0.99	0.99	0.99	0.99	0.99	0.99	0.99	1.00	1.00	1.00	0.23	0.09	0.09	0.07	0.05
20	0.82	0.95	0.97	0.97	0.98	0.98	0.98	0.99	0.99	0.99	0.99	0.99	0.99	0.99	0.99	0.99	1.00	1.00	1.00	1.00	0.23	0.10	0.10	0.06
21	0.83	0.96	0.97	0.97	0.98	0.99	0.99	0.99	0.99	0.99	0.99	0.99	0.99	1.00	1.00	1.00	1.00	1.00	1.00	1.00	1.00	0.23	0.10	0.07
22	0.84	0.97	0.98	0.98	0.99	0.99	0.99	0.99	0.99	0.99	1.00	1.00	1.00	1.00	1.00	1.00	1.00	1.00	1.00	1.00	1.00	1.00	0.23	0.10
23	0.86	0.98	0.99	0.99	1.00	1.00	1.00	1.00	1.00	1.00	1.00	1.00	1.00	1.00	1.00	1.00	1.00	1.00	1.00	1.00	1.00	1.00	1.00	0.23
24	1.00	1.00	1.00	1.00	1.00	1.00	1.00	1.00	1.00	1.00	1.00	1.00	1.00	1.00	1.00	1.00	1.00	1.00	1.00	1.00	1.00	1.00	1.00	1.00

附录 2-16

照明冷负荷系数 C_{LQ}

工作小时数 (h)	从开灯时刻算起到计算时刻的持续时间																							
	1	2	3	4	5	6	7	8	9	10	11	12	13	14	15	16	17	18	19	20	21	22	23	24
1	0.37	0.33	0.06	0.04	0.03	0.03	0.02	0.02	0.02	0.01	0.01	0.01	0.01	0.01	0.01	0.01	0.01	0.00	0.00	0.00	0.00	0.00	0.00	0.00
2	0.37	0.69	0.38	0.09	0.07	0.06	0.05	0.04	0.04	0.03	0.03	0.02	0.02	0.02	0.02	0.01	0.01	0.01	0.01	0.01	0.01	0.01	0.01	0.01
3	0.37	0.70	0.75	0.42	0.13	0.09	0.08	0.07	0.06	0.05	0.04	0.04	0.03	0.03	0.02	0.02	0.02	0.02	0.01	0.01	0.01	0.01	0.01	0.01
4	0.38	0.70	0.75	0.79	0.45	0.15	0.12	0.10	0.08	0.07	0.06	0.05	0.05	0.04	0.04	0.03	0.03	0.02	0.02	0.02	0.02	0.01	0.01	0.01
5	0.38	0.70	0.76	0.79	0.82	0.48	0.17	0.13	0.11	0.10	0.08	0.07	0.06	0.05	0.05	0.04	0.04	0.03	0.03	0.02	0.02	0.02	0.02	0.02
6	0.38	0.70	0.76	0.80	0.82	0.84	0.50	0.19	0.15	0.13	0.11	0.09	0.08	0.07	0.06	0.05	0.05	0.04	0.04	0.03	0.03	0.03	0.02	0.02
7	0.39	0.71	0.76	0.80	0.82	0.85	0.87	0.52	0.21	0.17	0.14	0.12	0.10	0.09	0.08	0.07	0.06	0.05	0.05	0.04	0.04	0.03	0.03	0.02
8	0.39	0.71	0.77	0.80	0.83	0.85	0.87	0.89	0.53	0.22	0.18	0.15	0.13	0.11	0.10	0.08	0.07	0.06	0.06	0.05	0.04	0.04	0.03	0.02
9	0.40	0.72	0.77	0.81	0.83	0.85	0.87	0.89	0.90	0.55	0.23	0.19	0.16	0.14	0.12	0.10	0.09	0.08	0.07	0.06	0.05	0.05	0.04	0.04
10	0.40	0.72	0.78	0.81	0.83	0.86	0.87	0.89	0.90	0.92	0.56	0.23	0.20	0.17	0.14	0.13	0.11	0.09	0.08	0.07	0.06	0.06	0.05	0.04
11	0.41	0.73	0.78	0.82	0.84	0.86	0.88	0.89	0.91	0.92	0.93	0.57	0.25	0.21	0.18	0.15	0.13	0.11	0.10	0.09	0.08	0.07	0.06	0.05
12	0.42	0.74	0.79	0.82	0.84	0.86	0.88	0.90	0.91	0.92	0.93	0.94	0.58	0.26	0.21	0.18	0.16	0.14	0.12	0.10	0.09	0.08	0.07	0.06
13	0.43	0.75	0.79	0.83	0.85	0.87	0.89	0.90	0.91	0.92	0.93	0.94	0.95	0.59	0.27	0.22	0.19	0.16	0.14	0.12	0.11	0.09	0.08	0.07
14	0.44	0.75	0.80	0.84	0.86	0.87	0.89	0.91	0.92	0.93	0.94	0.94	0.95	0.96	0.60	0.28	0.22	0.19	0.17	0.14	0.13	0.11	0.10	0.08
15	0.45	0.77	0.81	0.85	0.86	0.88	0.90	0.91	0.92	0.93	0.94	0.95	0.95	0.96	0.96	0.60	0.28	0.23	0.20	0.17	0.15	0.13	0.11	0.10
16	0.47	0.78	0.82	0.86	0.87	0.89	0.90	0.92	0.93	0.94	0.94	0.95	0.96	0.96	0.97	0.97	0.61	0.29	0.23	0.20	0.17	0.15	0.13	0.11
17	0.48	0.79	0.83	0.87	0.88	0.90	0.91	0.92	0.93	0.94	0.95	0.95	0.96	0.96	0.97	0.97	0.98	0.61	0.29	0.24	0.20	0.18	0.15	0.13
18	0.50	0.81	0.85	0.88	0.89	0.91	0.92	0.93	0.94	0.95	0.95	0.96	0.96	0.97	0.97	0.97	0.98	0.98	0.61	0.29	0.24	0.21	0.18	0.16
19	0.52	0.83	0.87	0.89	0.90	0.92	0.93	0.94	0.95	0.95	0.96	0.96	0.97	0.97	0.98	0.98	0.98	0.98	0.98	0.62	0.30	0.24	0.21	0.18
20	0.55	0.85	0.88	0.90	0.92	0.93	0.94	0.95	0.96	0.96	0.96	0.97	0.97	0.98	0.98	0.98	0.99	0.99	0.99	0.99	0.62	0.30	0.25	0.21
21	0.58	0.87	0.91	0.92	0.93	0.94	0.95	0.96	0.97	0.97	0.97	0.98	0.98	0.98	0.98	0.99	0.99	0.99	0.99	0.99	0.99	0.63	0.30	0.25
22	0.62	0.90	0.93	0.94	0.95	0.96	0.96	0.97	0.99	0.98	0.98	0.98	0.98	0.99	0.99	0.99	1.00	0.99	0.99	0.99	0.99	0.91	0.63	0.31
23	0.67	0.94	0.96	0.97	0.97	0.98	0.98	0.98	1.00	0.99	0.99	0.99	0.99	0.99	1.00	0.99	1.00	1.00	1.00	1.00	1.00	1.00	1.00	0.63
24	1.00	1.00	1.00	1.00	1.00	1.00	1.00	1.00	1.00	1.00	1.00	1.00	1.00	1.00	1.00	1.00	1.00	1.00	1.00	1.00	1.00	1.00	1.00	1.00

附录 2-17

人体冷负荷系数 C_{LQ}

工作小时数 (h)	从开始时刻算起到计算时刻的持续时间																							
---	1	2	3	4	5	6	7	8	9	10	11	12	13	14	15	16	17	18	19	20	21	22	23	24
1	0.44	0.32	0.05	0.03	0.02	0.02	0.02	0.01	0.01	0.01	0.01	0.01	0.01	0.01	0.01	0.00	0.00	0.00	0.00	0.00	0.00	0.00	0.00	0.00
2	0.44	0.77	0.38	0.08	0.05	0.04	0.03	0.03	0.03	0.02	0.02	0.02	0.01	0.01	0.01	0.01	0.01	0.01	0.01	0.01	0.01	0.00	0.00	0.00
3	0.44	0.77	0.82	0.41	0.10	0.07	0.06	0.05	0.04	0.04	0.03	0.03	0.02	0.02	0.02	0.02	0.01	0.01	0.01	0.01	0.01	0.01	0.01	0.01
4	0.45	0.77	0.82	0.85	0.43	0.12	0.08	0.07	0.06	0.05	0.04	0.04	0.03	0.03	0.03	0.02	0.02	0.02	0.02	0.01	0.01	0.01	0.01	0.01
5	0.45	0.77	0.82	0.85	0.87	0.45	0.14	0.10	0.08	0.07	0.06	0.05	0.04	0.04	0.03	0.03	0.03	0.02	0.02	0.02	0.02	0.01	0.01	0.01
6	0.45	0.77	0.83	0.85	0.87	0.89	0.46	0.15	0.11	0.09	0.08	0.07	0.06	0.05	0.04	0.04	0.03	0.03	0.03	0.02	0.02	0.02	0.02	0.01
7	0.46	0.78	0.83	0.85	0.87	0.89	0.90	0.48	0.16	0.12	0.10	0.09	0.07	0.06	0.06	0.05	0.04	0.04	0.03	0.03	0.03	0.02	0.02	0.02
8	0.46	0.78	0.83	0.86	0.88	0.89	0.91	0.92	0.49	0.17	0.13	0.11	0.09	0.08	0.07	0.06	0.05	0.05	0.04	0.04	0.03	0.03	0.02	0.02
9	0.46	0.78	0.83	0.86	0.88	0.89	0.91	0.92	0.93	0.50	0.18	0.14	0.11	0.10	0.09	0.07	0.06	0.06	0.05	0.04	0.04	0.03	0.03	0.03
10	0.47	0.79	0.84	0.86	0.88	0.90	0.91	0.92	0.93	0.94	0.51	0.19	0.14	0.12	0.10	0.09	0.08	0.07	0.06	0.05	0.05	0.04	0.04	0.03
11	0.47	0.79	0.84	0.87	0.88	0.90	0.91	0.92	0.93	0.94	0.95	0.51	0.20	0.15	0.12	0.11	0.09	0.08	0.07	0.06	0.05	0.05	0.04	0.04
12	0.48	0.80	0.85	0.87	0.89	0.90	0.92	0.92	0.93	0.94	0.95	0.96	0.52	0.20	0.15	0.13	0.11	0.10	0.08	0.07	0.07	0.06	0.05	0.04
13	0.49	0.80	0.85	0.88	0.89	0.91	0.92	0.93	0.93	0.94	0.95	0.96	0.96	0.53	0.21	0.16	0.13	0.12	0.10	0.09	0.08	0.07	0.06	0.05
14	0.49	0.81	0.86	0.88	0.90	0.91	0.92	0.93	0.94	0.95	0.95	0.96	0.96	0.97	0.53	0.21	0.16	0.14	0.12	0.10	0.10	0.08	0.07	0.06
15	0.50	0.82	0.86	0.89	0.90	0.91	0.93	0.93	0.94	0.95	0.96	0.96	0.97	0.97	0.97	0.54	0.22	0.17	0.14	0.12	0.11	0.09	0.08	0.07
16	0.51	0.83	0.87	0.89	0.91	0.92	0.93	0.94	0.95	0.95	0.96	0.97	0.97	0.97	0.98	0.98	0.54	0.22	0.17	0.14	0.12	0.11	0.09	0.08
17	0.52	0.84	0.88	0.90	0.91	0.93	0.94	0.94	0.95	0.96	0.96	0.97	0.97	0.98	0.98	0.98	0.98	0.54	0.22	0.17	0.15	0.13	0.11	0.10
18	0.54	0.85	0.89	0.91	0.92	0.93	0.94	0.95	0.95	0.96	0.97	0.97	0.98	0.98	0.98	0.98	0.98	0.99	0.55	0.23	0.17	0.15	0.13	0.11
19	0.55	0.86	0.90	0.92	0.93	0.94	0.95	0.96	0.96	0.97	0.97	0.98	0.98	0.98	0.98	0.99	0.99	0.99	0.99	0.55	0.23	0.18	0.15	0.13
20	0.57	0.88	0.92	0.93	0.94	0.95	0.96	0.96	0.97	0.98	0.98	0.99	0.99	0.99	0.99	0.99	0.99	0.99	0.99	0.99	0.55	0.23	0.18	0.15
21	0.59	0.90	0.93	0.94	0.95	0.96	0.96	0.97	0.98	0.98	0.99	0.99	0.99	0.99	1.00	1.00	1.00	1.00	1.00	1.00	1.00	0.56	0.23	0.18
22	0.62	0.92	0.95	0.96	0.97	0.97	0.97	0.98	0.98	0.98	0.99	0.99	0.99	0.99	0.99	1.00	1.00	1.00	1.00	1.00	1.00	1.00	0.56	0.23
23	0.68	0.95	0.97	0.98	0.98	0.98	1.00	0.99	0.99	0.99	1.00	1.00	1.00	1.00	1.00	1.00	1.00	1.00	1.00	1.00	1.00	1.00	1.00	0.56
24	1.00	1.00	1.00	1.00	1.00	1.00	1.00	1.00	1.00	1.00	1.00	1.00	1.00	1.00	1.00	1.00	1.00	1.00	1.00	1.00	1.00	1.00	1.00	1.00

附录 3-1

几种铸铁散热器的综合性能表

序号	型号	规格	单片尺寸(mm) 高度	宽度	长度	进出口中心距	重量(kg/片)	散热面积(m²/片)	传热系数[W/(m²·℃)] 计算公式	Δt=64.5℃传热系数的数值	单片散热器(W/片) 计算公式	Δt=64.5℃时的散热量
1	椭柱 132 型 SC(WS)TTZ2-5-6(132)	中片	582	132	80		5.6		$k=2.644(\Delta t)^{0.274}$	8.28	$\dot{q}_\mathrm{r}=0.6267(\Delta t)^{1.274}$	126.6
		足片	660			500	6.0	0.237				
2	四柱 760 型 TZ4-6-5(8)	中片	682	143	60		6.0		$k=2.357(\Delta t)^{0.316}$	8.79	$\dot{q}_\mathrm{r}=0.5538(\Delta t)^{1.316}$	133.3
		足片	760			600	6.7	0.235				
3	四柱 660 型 TZ4-5-5(8)	中片	582	143	60		4.9		$k=2.810(\Delta t)^{0.276}$	8.88	$\dot{q}_\mathrm{r}=0.5620(\Delta t)^{1.276}$	114.5
		足片	660			500	5.6	0.200				
4	椭四柱 813 型 SC(WS)TTZ4-642-6	中片	725	160	58		5.9		$k=2.389(\Delta t)^{0.306}$	8.55	$\dot{q}_\mathrm{r}=0.6570(\Delta t)^{1.306}$	151.7
		足片	813			642	6.3	0.275				
5	翼型 THW(Ⅰ)100-500-0.8	中片	580	100	58		5.2		$k=1.698(\Delta t)^{0.277}$	5.38	$\dot{q}_\mathrm{r}=0.713(\Delta t)^{1.277}$	141
		足片	660			500		0.42				
6	翼型 THW(Ⅰ)100-600-0.8	中片	680	100	58		6.2		$k=1.533(\Delta t)^{0.310}$	5.59	$\dot{q}_\mathrm{r}=0.736(\Delta t)^{1.310}$	173
		足片	760			600		0.48				
7	柱翼 750 型 SC(WS)TZY3-6-6(750)	中片	670	100	60		5.1		$k=2.224(\Delta t)^{0.29}$	7.45	$\dot{q}_\mathrm{r}=0.5738(\Delta t)^{1.290}$	123.9
		足片	750			600	5.4	0.258				
8	柱翼 450 型 SC(WS)TZY3-3-6(450)	中片	370	100	60		3.0		$k=3.521(\Delta t)^{0.232}$	9.26	$\dot{q}_\mathrm{r}=0.4472(\Delta t)^{1.232}$	75.8
		足片	450			300	3.3	0.127				
9	板翼 560 型 SC(WS)TBY2-1.8/5-6	足片	560	60	180	500	8.8	0.330	$k=2.949(\Delta t)^{0.250}$	8.36	$\dot{q}_\mathrm{r}=0.9732(\Delta t)^{1.250}$	177.8
							—					

注：本表根据陆耀庆主编的《实用供热空调设计手册》中提供的有关数据编辑。

几种钢制柱型散热器的综合性能表

附录 3-2-1

序号	型号	单片尺寸(mm)				重量 (kg/片)	散热面积 (m²/片)	传热系数[W/(m²·℃)]		单片散热器(W/片)	
		高度	宽度	长度	进出口中心距			计算公式	Δt=64.5℃时的数值	计算公式	Δt=64.5℃时的数值
1	ZG-2-6-1.0	678	95	60	600	2.75	0.116	$k=2.426(\Delta t)^{0.356}$	10.7	$\dot{q}_r=0.2814(\Delta t)^{1.356}$	80
2	ZG-2-10-1.0	1078	95	60	1000	3.73	0.18	$k=2.337(\Delta t)^{0.376}$	11.2	$\dot{q}_r=0.4207(\Delta t)^{1.376}$	130
3	ZG-2-15-1.0	1578	95	60	1500	4.95	0.27	$k=2.407(\Delta t)^{0.369}$	11.2	$\dot{q}_r=0.6498(\Delta t)^{1.369}$	195
4	ZG-2-20-1.0	2078	95	60	2000	6.17	0.35	$k=2.635(\Delta t)^{0.354}$	11.5	$\dot{q}_r=0.9222(\Delta t)^{1.354}$	260
5	ZG-3-6-1.0	678	120	60	600	3.44	0.181	$k=1.710(\Delta t)^{0.387}$	8.6	$\dot{q}_r=0.3095(\Delta t)^{1.387}$	100
6	ZG-3-10-1.0	1078	120	60	1000	4.50	0.281	$k=1.674(\Delta t)^{0.393}$	8.6	$\dot{q}_r=0.4703(\Delta t)^{1.393}$	156
7	ZG-3-15-1.0	1578	120	60	1500	5.80	0.408	$k=1.821(\Delta t)^{0.363}$	8.3	$\dot{q}_r=0.7428(\Delta t)^{1.363}$	222
8	ZG-3-20-1.0	2078	120	60	2000	7.15	0.534	$k=1.961(\Delta t)^{0.343}$	8.2	$\dot{q}_r=1.0472(\Delta t)^{1.343}$	282

注: 本表根据陆耀庆主编的《实用供热空调设计手册》中提供的有关数据编辑。

几种钢制扁管型散热器的综合性能表

附录 3-2-2

序号	型号	单片尺寸(mm)				重量 (kg/片)	单体散热器(一米长)的散热量(W/块)	
		高度	宽度	长度	进出口中心距		计算公式	Δt=64.5℃时的散热量(W/块)
1	GBG/D-360	416	50	1000	360	12.85	$\dot{q}_r=3.425(\Delta t)^{1.287}$	730
2	GBG/D-470	520	50	1000	470	16.60	$\dot{q}_r=3.918(\Delta t)^{1.295}$	864
3	GBG/D-570	624	50	1000	570	19.80	$\dot{q}_r=4.531(\Delta t)^{1.3061}$	1046
4	GBG/D-360	416	50	1000	360	21.80	$\dot{q}_r=4.111(\Delta t)^{1.333}$	1062
5	GBG/DL-470	520	50	1000	470	23.80	$\dot{q}_r=4.531(\Delta t)^{1.345}$	1230
6	GBG/DL-570	624	50	1000	570	25.20	$\dot{q}_r=5.308(\Delta t)^{1.3486}$	1463
7	GBG/SL-360	416	117	1000	360	36.00	$\dot{q}_r=7.738(\Delta t)^{1.3203}$	1896
8	GBG/SL-470	520	117	1000	470	43.40	$\dot{q}_r=8.018(\Delta t)^{1.3287}$	2034
9	GBG/SL-570	621	117	1000	570	50.6	$\dot{q}_r=9.816(\Delta t)^{1.3375}$	2584

注: 1. 本表数据来源于陆耀庆主编的《实用供热空调设计手册》；
2. 型号中: D-单板; DL-单板带对流片; SL-双板带对流片。

不同温度下水的密度

温度 (℃)	表压力 (10^3 kPa)	密度 (kg/m³)	温度 (℃)	表压力 (10^3 kPa)	密度 (kg/m³)	温度 (℃)	表压力 (10^3 kPa)	密度 (kg/m³)
0	0	999.8	64	0	981.13	88	0	966.68
10	0	999.73	66	0	980.05	90	0	965.34
20	0	998.23	68	0	978.94	92	0	963.99
30	0	995.67	70	0	977.81	94	0	962.61
40	0	992.24	72	0	976.66	95	0	961.92
50	0	988.07	74	0	975.48	97	0	960.51
52	0	987.15	76	0	974.29	100	0.03	958.38
54	0	986.21	78	0	973.07	110	0.046	951.0
56	0	985.25	80	0	971.83	120	0.102	943.1
58	0	984.25	82	0	970.57	130	0.175	934.8
60	0	983.24	84	0	969.30	140	0.268	926.1
62	0	982.20	86	0	968.00	150	0.385	916.9

注：表中数据来源于 В. М. Спиридонов и др.. Внутренние санитанро-технические устройства. Ч.1 Отопление. Москва：Стройиздат，1990.

索　引

教育部高等学校建筑环境与能源应用工程专业教学指导分委员会规划推荐教材

征订号	书　名	作　者	定价(元)	备　注
23163	高等学校建筑环境与能源应用工程本科指导性专业规范（2013年版）	本专业指导委员会	10.00	2013年3月出版
25633	建筑环境与能源应用工程专业概论	本专业指导委员会	20.00	
34437	工程热力学（第六版）	谭羽非 等	43.00	国家级"十二五"规划教材（可免费索取电子素材）
35779	传热学（第七版）	朱　彤 等	58.00	国家级"十二五"规划教材（可免费浏览电子素材）
32933	流体力学（第三版）	龙天渝 等	42.00	国家级"十二五"规划教材（附网络下载）
34436	建筑环境学（第四版）	朱颖心 等	49.00	国家级"十二五"规划教材（可免费索取电子素材）
31599	流体输配管网（第四版）	付祥钊 等	46.00	国家级"十二五"规划教材（可免费索取电子素材）
32005	热质交换原理与设备（第四版）	连之伟 等	39.00	国家级"十二五"规划教材（可免费索取电子素材）
28802	建筑环境测试技术（第三版）	方修睦 等	48.00	国家级"十二五"规划教材（可免费索取电子素材）
21927	自动控制原理	任庆昌 等	32.00	土建学科"十一五"规划教材（可免费索取电子素材）
29972	建筑设备自动化（第二版）	江　亿 等	29.00	国家级"十二五"规划教材（附网络下载）
34439	暖通空调系统自动化	安大伟 等	43.00	国家级"十二五"规划教材（可免费索取电子素材）
27729	暖通空调（第三版）	陆亚俊 等	49.00	国家级"十二五"规划教材（可免费索取电子素材）
27815	建筑冷热源（第二版）	陆亚俊 等	47.00	国家级"十二五"规划教材（可免费索取电子素材）
27640	燃气输配（第五版）	段常贵 等	38.00	国家级"十二五"规划教材（可免费索取电子素材）
34438	空气调节用制冷技术（第五版）	石文星 等	40.00	国家级"十二五"规划教材（可免费索取电子素材）
31637	供热工程（第二版）	李德英 等	46.00	国家级"十二五"规划教材（可免费索取电子素材）
29954	人工环境学（第二版）	李先庭 等	39.00	国家级"十二五"规划教材（可免费索取电子素材）
21022	暖通空调工程设计方法与系统分析	杨昌智 等	18.00	国家级"十二五"规划教材
21245	燃气供应（第二版）	詹淑慧 等	36.00	国家级"十二五"规划教材
34898	建筑设备安装工程经济与管理（第三版）	王智伟 等	49.00	国家级"十二五"规划教材
24287	建筑设备工程施工技术与管理（第二版）	丁云飞 等	48.00	国家级"十二五"规划教材（可免费索取电子素材）
20660	燃气燃烧与应用（第四版）	同济大学 等	49.00	土建学科"十一五"规划教材（可免费索取电子素材）
20678	锅炉与锅炉房工艺	同济大学 等	46.00	土建学科"十一五"规划教材

欲了解更多信息，请登录中国建筑工业出版社网站：www.cabp.com.cn查询。在使用本套教材的过程中，若有何意见或建议以及免费索取备注中提到的电子素材，可发 Email 至：jiangongshe@163.com。